U0270275

食品安全出版工程
Food Safety Series

陆伯勋基金赞助

总主编 任筑山 蔡 威

# 确保全球食品安全
## ——探索全球协调

# Ensuring Global Food Safety
## Exploring Global Harmonization

【美】克里斯廷·博伊斯罗伯特 【挪】亚历山德拉·斯杰帕诺夫
【韩】吴桑硕 【荷】休伯·勒列菲尔德 等编著
陆贻通 吴时敏 施春雷 等译

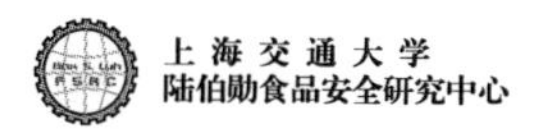

**内容提要**

本书是由来自国际学术界、企业界和监管部门的三十多位著名食品科学家或食品安全专家合著的、着眼于协调全球食品安全的佳作。

本书介绍了各国食品安全法律法规,对如何协调全球食品安全法规和立法提出了对策和倡议。本书讨论了食品、食品配料和食品包装材料的安全性及风险评估方法,还研究论述了食品污染和检测、食品毒理及添加剂、食品营养与安全等确保食品安全的科学问题。

本书可作为食品科学与工程及相关学科高年级本科生和研究生的参考教材,也可供食品质量与安全监管人员及相关领域工程技术人员参考。



**图书在版编目(CIP)数据**

确保全球食品安全:探索全球协调/(美)博伊斯罗伯特(Boisrobert, C.E.)等编著;陆贻通等译.—上海:上海交通大学出版社,2015
ISBN 978-7-313-13721-0

Ⅰ.①确… Ⅱ.①博…②陆… Ⅲ.①食品安全—研究—世界
Ⅳ.①TS201.6

中国版本图书馆 CIP 数据核字(2015)第 206639 号

**确保全球食品安全——探索全球协调**

编　　著:[美]克里斯廷・博伊斯罗伯特　　译　　者:陆贻通　吴时敏　施春雷 等
　　　　[挪]亚历山德拉・斯杰帕诺夫
　　　　[韩]吴桑硕
　　　　[荷]休伯・勒列菲尔德 等
出版发行:上海交通大学出版社　　地　　址:上海市番禺路 951 号
邮政编码:200030　　电　　话:021-64071208
出 版 人:韩建民
印　　制:上海天地海设计印刷有限公司　　经　　销:全国新华书店
开　　本:710mm×1000mm　1/16　　印　　张:33.25
字　　数:572 千字
版　　次:2015 年 11 月第 1 版　　印　　次:2015 年 11 月第 1 次印刷
书　　号:ISBN 978-7-313-13721-0/TS
定　　价:136.00 元

食品安全出版工程

# 丛书编委会

**总主编**
任筑山　蔡　威

**副总主编**
周　培

**执行主编**
陆贻通　岳　进

**编　委**
孙宝国　李云飞　李亚宁
张大兵　张少辉　陈君石
赵艳云　黄耀文　潘迎捷

# 译者序

两年前，美国农业部前副部长、上海交通大学陆伯勋食品安全研究中心顾问委员会主席任筑山博士，向我们推荐了爱思维尔出版商新出版的《确保全球食品安全——探索全球协调》一书，该书汇集了三十余位来自世界各国学术界、企业和政府管理部门的食品领域专家的真知灼见，精辟论述和分析了近年来有关食品法规与管理、食品污染和检测、食品毒理及添加剂、食品营养与安全等，尤其对如何协调全球食品安全法规和立法提出了对策和倡议。该书内容丰富，涉及面广，实属是一本以全球视野来讨论食品安全问题的佳作，因此，该书列入了陆伯勋食品安全研究中心与上海交通大学出版社联合组织的“食品安全出版工程”重要译著之一，旨在通过全面了解国际先进的食品安全技术、法规、差异，达到完善我国食品安全监管体系，积极推动全球食品安全法规协调之目的。在此，我们谨向陆伯勋食品安全研究中心和上海交通大学出版社表示衷心的感谢！

全书的翻译由上海交通大学食品科学与工程系教师，以及农业与生物学院相关专业教师与博士后承担，具体译者如下：

| | | | | | |
|---|---|---|---|---|---|
| 序 | 吴时敏译 | 前　言 | 吴时敏译 | 第 1 章 | 孙向军译 |
| 第 2 章 | 盛　漪译 | 第 3 章 | 吴金鸿译 | 第 4 章 | 孙向军译 |
| 第 5 章 | 赵大云译 | 第 6 章 | 邓　云译 | 第 7 章 | 史海明译 |
| 第 8 章 | 钱炳俊译 | 第 9 章 | 施春雷译 | 第 10 章 | 张建民译 |
| 第 11 章 | 陆　伟译 | 第 12 章 | 王大鹏译 | 第 13 章 | 牛宇戈译 |
| 第 14 章 | 钟　宇译 | 第 15 章 | 连紫璇译 | 第 16 章 | 焦顺山译 |
| 第 17 章 | 宋立华译 | 第 18 章 | 隋中泉译 | 第 19 章 | 陆维盈译 |
| 第 20 章 | 张建华译 | 第 21 章 | 张建华译 | 第 22 章 | 吴　艳译 |
| 第 23 章 | 吴时敏译 | 第 24 章 | 敬　璞译 | 摘要 1 | 刘墨楠译 |
| 摘要 2 | 吴时敏译 | 摘要 3 | 蒋磷蕾译 | 缩略语 | 施春雷译 |

上海交通大学农业与生物学院陆贻通教授统稿并校译了全书，吴时敏教授、施春雷副教授参与了审校。陆伯勋食品安全研究中心富伟燕女士在组织翻译与出版过程中也付出了辛勤劳动。

鉴于英文原著作者来自世界各国，专业用词习惯及写作风格各异，给翻译带来一定困难，译文定有错误和不足之处，恳请读者指正。此外，需要说明的是，文章中一些国家有关食品安全的法规在翻译过程中已经颁布或更新，请读者理解当时的用语。

本书可供高等院校食品安全与质量相关专业师生使用，也可供食品安全监管者及食品科学研究人员参考。同时，本书的出版正值我国新《食品安全法》颁布实施之际，我们期望该书对所有关注食品安全的读者有所裨益。

2015 年 7 月

# 序

食品的生产、加工、分销、零售、包装和标签都有大量相关的法律、法规和实践指导守则，其中绝大多数都是在第二次世界大战后的第一个十年制定的，那时，食品分析手段尚远不如当前先进。最新相关食品安全立法和法规的出台，往往源于媒体对食品安全的高度关注。目前的困境是，不同国家间的食品安全法规存在差异，各国相关部门会因生产商或进口国、原料产地等因素，一遍又一遍地重复开展食品安全检验。这样一来，除了耗费时间和财力外，往往还伴随有更严厉的措施，例如：出于保护本国消费者的目的，仅仅因法规差异而将大量的食品销毁，尽管这种销毁处罚缺乏任何科学评判。但另一方面，世界上尚有大量人口食不果腹，正遭受营养不良之苦。本书列举了大量案例，讨论了改善目前食品法规领域状况的可能手段，强烈支持建立全球公认的食品安全协调体系。实际上，这一想法已由"全球食品安全法规标准统一化科学家协调组织(Global Harmonization Initiative)"发起，以帮助消除各国食品安全法规和法律之间的差异。因此，就协调全球食品安全法规和立法而言，本书迈出了重要一步。

本书旨在汇集大量食品法规信息，将其融合成一本全面的食品法规信息参考书，并将全球食品供应链相关的现代食品安全问题的最新信息，完整地呈现给读者。本书涵盖了从农场到餐桌整个食品供应链中的各种问题和事例，包括微生物的风险控制，食品的低污染和加工管理，食品中的抗生素，传统和有机食品的营养安全，食品毒理(致癌性和毒性)，以及食品健康和安全风险之间的平衡等。

本书特意邀请了三十多位来自学术界、工业领域和政府部门的科学家与食品安全专业人士，融合了科学、技术和法律之多方观点，阐述了保证食品质量与安全的真知灼见和专业观点。


维克多·奈多维支博士

塞尔维亚科技部助理部长(负责国际科技合作)

塞尔维亚贝尔格莱德大学农学部食品工程与生物化学系副教授

欧洲食品科学技术联盟(EFFoST)委员

# 前　言

食品安全通常是指食品的生物、物理或化学特性不会导致消费者的过度安全风险，如损伤、生病甚至死亡。食品安全风险评估常常含有政治或规范性考量，或者两者都有。各国政府促进和颁布的食品安全法律、法规和立法，可能会与其他国家形成鲜明差异。这些差异常常打着保护公众健康的幌子而成为繁重的贸易壁垒。从食品安全的角度来看，对食品状况的科学评判和当然的科学共识，反而可能在食品安全的制订规则过程中被忽视。

食品安全法规的国际差异会阻碍贸易，而且常引发消费者对食品公共卫生状况的误解。出口国视为安全的食品，到了进口国可能被认为不安全。这种争论往往导致没收和销毁食品缺乏明确的科学依据和理由。同样地，新型食品加工技术、保鲜技术或新的食品配料的安全性评估措施等，往往因不同国家而异。这些安全性评估措施，可用来保护本国消费者接触可能对健康产生负面影响的食品。

一般很难想象，对某一国人民认为是安全的食品，对另一国家却是不安全的。然而，由于各国在食品的用途和加工上的差异，导致食品安全法规的制定常常基于当地的历史和传统，而不是基于科学。食品安全法规的统一或协调将有可能减少缺乏科学性、却又合乎所在国法律的食品销毁事件。同样，统一或协调法律法规和标准，可减少对新食品或食品原料的双重安全的证明，从而也满足了地方当局降低食品安全评估检测成本的需求。

全球食品安全法规标准统一化科学家协调组织(Global Harmonization Initiative, GHI)是一个非政府组织，该组织旨在全球范围内寻求各国科学家之间的共识，解决有争议的食品安全法律法规问题。由 GHI 发布的共识文件和白皮书可作为强有力的工具，用于利益相关者之间的讨论，也用来推动基于科学的法律法规的制定。本书作者们描述了各国食品安全法规不尽相同的诸多原因，以及为解决这些分歧，必须要克服哪些困难。本书提供了洞察世界各地食品安全法规的详细视角，并讨论了评定食品、食品配料和食品接触材料安全性的方法。本书还涉及食品污染物,包括在食品中虽以极低含量存在、但有可能导致食品安全风险的有害物。此外,本书还提供了可通过出版商网站获得的、与全球食品安全法规协调相关的附录阅读文献,包括食品安全整体风险评估和成本效益分析,食品添加剂和添加到食品中的其他物质,有机食品的好处与风险等。

本书不涉及转基因食品,主要是考虑这方面已出版了大量的文献,以及转基因食品话题的复杂性。

我们万分感谢为本书付出了巨大精力和宝贵时间的各章作者!此外,我们也感谢爱思唯尔出版社的编辑 Nancy Maragioglio 和 Carrie Bolger 在本书的出版过程中给予的支持和耐心!

克里斯廷·博伊斯罗伯特,亚历山德拉·斯杰帕诺夫
吴桑硕,休伯·勒列菲尔德
2009 年 8 月

# 目 录

# 第1章　确保全球食品安全——公共健康和全球责任

只有我们齐心协力才能有效应对国际食品安全问题以及确保食品安全。

——Margaret Chan 博士，世界卫生组织总干事

虽然国际上还存在着政治上的分歧，但全球化趋势已势不可挡。国际货币基金组织把全球化定义为“思想、人口、服务、资金逐渐自由流动的过程，形成经济和社会的一体化”(IMF，2006)。全球化的核心是一个自由贸易经济学驱动的过程，其最终目标是为全世界人民带来更大社会效益。换言之，全球化承诺更多的利益，比如提高生产力，获得新技术和大量信息，为发展中国家和发达国家带来更好的生活、环境和劳动条件。批评家们指出，发达国家和发展中国家之间固有经济和基础设施的不平衡，阻碍了欠发达和贫穷国家充分意识到这些利益。

中国、印度、越南等国已充分认识到相互关联的国际市场的一些社会经济利益，这些国家显著降低的贫困率得益于其更加开放的国际贸易政策。尽管多年来一些国家体会到全球化的好处，但是，世界经济全球化的日益发展也带来了切实的挑战。农产品的生产及分销供应链是挑战的关键问题之一，进入21世纪的近10年间，在全球范围内保障食品安全和食品营养的挑战更加复杂化。最近的统计数据表明，世界范围内的饥饿、营养不良，以及由食物和水传播的疾病是国际社会所面临的全球公共健康的关键问题。例如：根据联合国粮农组织(FAO)2008年国际食品安全报告，营养不良人群从2007年的9.23亿人(FAO，2007)上升到9.63亿人。尽管世界范围内食品价格稳定，FAO官员报告低价格并没有解决发展中国家的粮食危机。因此，世界粮食首脑会议提出的到2015年将世界饥饿人口数量下降50%的目标引起极大关注。

世界卫生组织(WHO)报告食源性腹泻疾病是全世界最常见疾病之一，估计每年发病在220万例到400万例之间(WHO，2004；Schlundt，2008)。每天有数千人死于可预防的食源性疾病。在发展中国家，每年有180万5岁以下儿童死于

腹泻疾病。其中,高达70%的病例可能由食源性致病菌引起(WHO, 2004; Schlundt, 2008)。在发达国家,每年有三分之一的消费者感染了与微生物或其毒素有关的食源性疾病。这还不包括那些与黄曲霉毒素、丙烯胺酰胺、呋喃以及二噁英等天然或人为的化学污染物相关的疾病(Schlundt, 2008)。

“WHO评估全球食源性疾病压力倡议”提出食品贸易全球化的快速发展增加了全球食品污染的可能性,将给更多的人带来不良影响(WHO, 2004)。由于食品供应链变得更加错综复杂,对于食源性疾病感染、发病率、残疾和死亡率的控制异常困难,增加了由病原体、化学物质、病毒和寄生虫引起的食源性疾病大规模爆发的风险。全球化的快速发展也暴露了各国以及国际上在充分保证食品安全和质量方面的短板。当全球商业变得更加一体化,各国基础设施和技术的保障能力与国际食品生产、分销、处理标准及法律之间的不协调更为突出。由此,WHO以及其他食品相关的国际公共卫生、发展和标准制定团体将聚焦这些关键问题,通过合作强化了在“一个全球市场”的背景下,采用统一国际食品安全管理体系的必要性。为了充分发挥效力,这些合作组织认为统一的国际食品安全管理体系必须包括:

(1) 推进风险分析和管理机制,从而更好地引导资源向食品安全高风险领域倾斜。

(2) 为国际食品安全活动提供科学依据。

(3) 从传统“纵向”的国家内部法规转向更加“横向”的国家间裁定,以实现统一标准和减少贸易壁垒。

(4) 推广及应用食品安全新技术、检测和预防策略,提升抵抗世界食源性疾病公共卫生健康风险的能力。

在本书中,“全球一致倡议”(GHI)成员推进了世界对话,探讨促进科学方法、标准和管理机制统一的途径。GHI发起于2004年,是国际科学组织和科学家的交流平台,以期在科学的食品管理法规和法律方面达成共识,确保全球所有消费者获得健康、安全的食品。在个体会员及团体会员的支持和参与下,GHI举办了一系列会议,重新严格评估目前支撑产品成分、工艺操作以及预防食源性疾病技术的全球法规的科学依据。本书中各章指出了现有法规的不同之处,说明为什么需要根据WHO、FAO和食品规范委员会(CAC)等国际公共卫生和食品安全权威机构的评估结果做出调整。

GHI的首要目标是为管理者、决策者和公共卫生权威机构提供有效、合理、科学的国际规章制度的依据,消除食品安全科技发展的障碍。例如,国际贸易渠道越狭窄则商业交往越困难。国家之间不同的甚至矛盾的进出口规则造成的贸易壁垒，使食品行业难以在海外市场得到发展。对食品安全的担忧常常被各国作为支撑其制定法律法规、设立贸易壁垒以及其他限制自由贸易的正当理由。遗憾的是，有时候由于支持制定食品安全政策的科学依据不足、不一致甚至矛盾，给推广明显有利于保护公共健康的一些法规造成了障碍。各国在食品安全法律法规方面的分歧也对食品科技的发展亮起红灯。尽管全世界许多食品企业对食品安全和营养技术研发投入了大量资金，在一个不确定的国际管理环境中，工业界仍对新技术的采用犹豫不决。通过简化国际规章、法律和标准，GHI 期望私有企业更多地意识到投资食品安全与营养研发的益处，使各个国家的食品工业在国际市场上更具竞争力。全球统一法规促进了创新技术的应用，又推动工业界将资金和其他资源投入到保障全球食品供应安全和质量的新技术中。

最终，基于充分科学依据的“全球化”的食品安全法律法规，将有助于增强公共卫生短板，为各国带来实现经济全球化承诺的长远利益，包括：显著降低全球食源性疾病发病率和死亡率；增加食品供应以解决营养不良的问题；保障食品安全以及通过提高参与全球经济的能力，降低欠发达国家和贫穷国家的贫困率。对于负责监管国际食品供应链安全的公共卫生机构，统一的食品安全质量标准和规章将对监管带来更强的信心，包括：采取的风险降低策略和食品安全措施；所做的决策不是来源于与公共卫生目标相悖的政治议程，而是基于可靠的科学依据，以及使现有资源向迫在眉睫的食源性疾病相关领域倾斜。

借用 WHO 总干事 Chan 的话，我们只有齐心协力才能充分担当全球责任，有效应对食品安全和营养方面的挑战。正如本文作者所证实，我们将要实现统一的食品规章和标准，由此在确保全球公共健康方面取得更大成果，履行这种全球责任需要合作和达成共识。

## 参考文献

[1] Food and Agriculture Organization. The state of food insecurity in the world 2008 [J]. www. fao. org/docrep/011/i0291e/i0291e00. htm.

[2] International Monetary Fund. Glossary of selected financial terms [S]. http://www. imf. org/external/np/exr/glossary/showTerm. asp#91, 2006.

[3] Schlundt J. Food safety: A joint responsibility [C]. 14th World Congress of Food Science and Technology, Shanghai, China. 20 October 2008.

[4] World Food Summit. www. fao. org/WFS/index_en. htm. 1996.
[5] World Health Organization. Global burden of disease [R]. :2004 update. http://www. who. int/healthinfo/global_burden_disease/2004_report_update/en/index. html.

# 第2章　全球食品立法的发展[1]

## 2.1　引言

### 2.1.1　民以食为天

毫无例外，饮食是每个人生存的必需品。作为一种习俗，我们与所有我们同时代的人、祖先在这一点上相差无几。很显然，一旦确立了食品方面的立法理念，很快会导致食品获取和分销领域规则的形成。德国关于食品立法方面的文献（例如，Lips 和 Beutner，2000）经常提及古代腓尼基碑文，这一碑文可以追溯到公元前1000年。一些人认为这是现存最古老的食品法规[2]。碑文写道："你不可对邻舍的酒施法"。

然而，食品法律方面存在着大量的法律性文件，不仅仅局限于法令、法规。对食品法律的回顾，可以追溯到更遥远的过去。例如，最古老的一篇文字记载是古埃及颁布的食品标签法令（Seidlmayer，1998）。这可以追溯到第一王朝，即公元前三千年。考古学家都非常喜欢标签，因为它们提供了社会文化多方位的丰富信息。标签至少含有三方面的内容：产品名称[3]、数量和规格[4]、生产日期[5]。对于律师来说，推测标签背后对产品信息、数量规格和生产日期做出的法律规定，这只是一小方面。当时的统治者是否因为宗教信仰或当时人的观念而对此做出法律的规定，这都无关紧要。上述讨论的种种因素，都会理所当然地反映到法律中去。当然，我们不知道违反法律规则会有什么样的后果，会有什么样的制裁，买家是否可以退回未被正确标注标签信息的产品。在古代埃及的食品法规中，执政者所起的作用也是未知数。圣经创世纪章节中提到[6]，一位副法老在丰收的年份里储藏了足够多的食品，因此在饥荒的年头里可以拯救他的人民，这种做法被认为是极其明智的。虽然对他的这种行为十分赞赏，但看起来为民担忧并不被认为是一个统治者必须履行的职责之一。

### 2.1.2 食品和价值

在当代,获取食品普遍被认为是一种人权。在世界人权宣言(第 25 条)上提及,获得足够食品是一项权利,并在其他一些国际条约中也有所体现。在所有的国际条约中,经济、社会和文化权利国际公约(第 11 条)可能是最重要的规定。国际组织如联合国粮农组织(FAO)和联合国经济、社会和文化权利委员会,进一步阐述了该权利[7]。获得足够食品的权利是指:

(1) 人们能够从食品中获得足够的营养素和能量,用以维持健康和积极的生命。

(2) 能够远离食品中的风险因素。

(3) 在自己的文化习惯里,能够获得食品;权利与义务总是如影随形,人权与国家义务是对等的。关于食品获得权,有三类义务是值得一提的:

① 尊重。一般说来,人们倾向于照顾自己和家人。如果没有健全的法律和法规,这种能力将无法限制;这和其他基本权利是一致的,例如言论自由权。

② 保护。如果公民自身的权利受到其他公民威胁,那么政府必须尽力保护这些公民免受威胁。

③ 履行。这种义务包含了政策义务和救济义务这两方面。一方面,一个谨慎的政府将采取政策支持和促进人民提高(食品)自给自足的能力,而另一方面在人民因自身以外的原因而处于无法提供自足食品时,政府必须尽力提供援助。

本章我们将了解当今全球食品安全监管体系,其主要针对食品安全的第二个方面特征,以及有关食品的第二项义务(保护的义务)。

### 2.1.3 关于本章

食品立法不仅沿着历史的长河演变,同时还与空间有关。全球每一个角落都存在着食品的法律,但本书并未对全球食品法律做出综合性的回顾。本章将介绍不同的法律体系(国际、印度、南非、东非、澳大利亚和新西兰、美国、加拿大、拉丁美洲、欧盟、近东、东北亚、中国和俄罗斯联邦),让读者对这些国家和地区的法律体系概貌有所了解,并理解这些法律形成的原因。每一章节都有独立的作者,在章节开始处列出他们的姓名。作者对这些内容的撰写建立在一个开放性的问题基础之上,并不是要建立严格的规则。在研究问题上,各类形式和方法因人而异,都值得尊重。

在这些法律体系里,我们不断发现复杂的情况,部分原因是这些法规分布在不同的主管部门。我们找到食品具体的规定和立法基本属性之间的规律。在本章介绍的所有体系中，安全是一个非常重要的考虑因素，立法者在这一点上越来越依赖于科学依据。为了讲清国际法规的发展和标准，我们将反复提到诸如食品法典这样的参考资料。出于这个原因，本章将首先介绍国际食品法规，并以其作为讨论不同国家和地区的法律体系的前提。

## 2.2 国际食品法

### 2.2.1 食品法典

1961年联合国粮农组织(FAO)和世界卫生组织(WHO)共同建立了食品法典委员会(CAC)。多年来CAC已经成立了多个专业委员会，这些委员会的成员国遍布世界各地。大约有175个国家参与食品法典的工作，覆盖了全球98%的人口。

食品标准通过国家之间的协商程序而制定(FAO/WHO，2006)。所有被认可的食品标准汇总得到“食品法典”。在拉丁美洲称之为“食品法令”。它可以被认为是汇编了各类食品标准的虚拟书本。这些食品标准为各自国家的立法提供了样板。

除了食品产品标准，食品法典还包括推荐性的食品技术规范或者指南。这些规范和指南主要针对食品企业。

目前食品法典包括了200多个食品标准、近50个食品卫生和技术规范、60个左右的食品指南、超过1 000项的食品添加剂和污染物评价指标和3 200多个农药、兽药最大残留限量。最后，食品法典中的文件还包括标签和声称以及分析测试和取样方法。

### 2.2.2 程序手册

程序手册是食品法典的“宪法”。程序手册不仅给食品法典的标准和指南制定过程确定了程序和格式，还确定了一般原则和定义(见表2.1)。这些原则关系到食品法典运行的科学依据并对食品安全采用风险分析原理。

### 2.2.3 标准

食品法典委员会的工作是以统一的格式汇编国际公认的食品标准。这些标

表 2.1　食品法典程序手册中的一些定义

| |
|---|
| 食品是指可供人类食用或饮用的物质，包括加工食品、半成品和未加工食品，不包括烟草或只作药品用的物质 |
| 食品卫生是在食品的培育、生产、制造直至被人摄食为止的各个阶段中，为保证其安全性、有益性和完好性而采取的全部措施 |

表 2.2　食品法典程序手册中的一些原则

| |
|---|
| 食品法典决策过程中科学全面的原理陈述：<br>（1）食品标准和食品法典委员会的各项建议应当基于可靠的科学分析和证据，全面审查所有相关信息以使该标准能够确保食品供应的质量和安全；<br>（2）制定食品法典时要考虑在特定情况下影响健康的因素，以保护消费者和促进公平的食品贸易；<br>（3）在此方面应当注意的是食品标签起着促进这两个目标的重要作用；<br>（4）必要情况下，食品法典成员在保障健康的情况下持有不同意见，可以放弃接受相关标准而非阻止法典的决策 |

准大部分是具体产品的性质。他们处理所有主要的食品，包括加工的、半加工的食品和原料。一个自然的标准水平被称为“通用标准”，比如通用预包装食品标签标准。

根据这个通用标准，食品包装的标签中应当包括以下信息[8]：

（1）食品的名称：必须能表达食品的真实属性。

（2）配料表（特别是 8 种过敏原）。

（3）净含量。

（4）公司名字和地址。

（5）标明原产地以免误导消费者。

（6）产品批号。

（7）生产日期、保质期和储藏说明。

（8）使用说明。

### 2.2.4　法规

除了正式接受的标准外，食品法典还包括被称作行为准则或指南的推荐条款。例如“国际食品贸易道德准则”[9]、“国际推荐食品卫生通用操作规范”和“危害分析和关键控制点（HACCP）系统和准则及其应用”（见表 2.3）。

表2.3 根据食品法典原则的HACCP体系

| | |
|---|---|
| 步骤1 | 进行危害分析 |
| 步骤2 | 确定关键控制点(CCPs) |
| 步骤3 | 建立关键限值 |
| 步骤4 | 建立一个CCP监测系统 |
| 步骤5 | 建立当监控表明某个关键控制点失控时应采取的纠偏行动 |
| 步骤6 | 建立验证程序以确保HACCP体系有效运行 |
| 步骤7 | 建立关于所有适用程序和这些原理及其应用的记录系统 |

### 2.2.5 法律效力

食品法典委员会的标准并不代表法定标准,他们提出国家立法模式,成员国承担改造法典标准并将其归入国家立法的任务。然而,如果他们不遵守这个承诺也不会受到制裁。

与会各国通过商定非强制性标准得到共识,所有国家和国际法意见统一。例如,当他们见面洽谈关于食品时,其意思是"食品"在食品法典的定义。这同样适用于"牛奶"、"蜂蜜"和所有已商定的标准。HACCP的概念已经在食品法典的框架上被开发,食品法典为人们提供了更多的参考框架[10]。

事实上,食品法专家参与讨论这些标准将会影响到他们在国内的工作,公务员在起草法律时会寻找案例,他们会在食品法典中找到许多有关食品的案例。因此即使没有法律制约,食品法典仍可能会对许多国家食品法的发展产生重大影响。

非强制性规范往往会逐渐稳固,一旦协议达成,成员国往往比最初期望的更加重视它们。这在食品法典上同样适用,随着时间发展,法规会逐渐获得更大的准约束力。

### 2.2.6 世界贸易组织/卫生和植物检疫协定

世界贸易组织[11](WTO)试图消除贸易壁垒,为此WTO已经采取了一些降低关税的措施,然而非关税壁垒更为人所关注。关税及贸易总协定(GATT)是关税和贸易规则的多边国际协定。根据自由贸易,关贸总协定承认某些例外情况以保护健康和(食品)安全。

食品贸易中,技术标准的差异可能会造成一些问题,如在食品包装上的要求。食品安全,人类健康,动植物健康,这会让各国相应采取妨碍自由贸易的措施。为了解决这一问题,世贸组织达成了《世界贸易组织贸易技术壁垒协议》(TBT)和《实施动植物卫生检疫措施的协议》(SPS)这两个重要协议。

SPS 协议是为了确保动物健康(卫生措施)和植物安全(检疫措施),以保障人类健康。SPS 协议囊括了贸易中食品安全的各个方面。TBT 协定涵盖了 SPS 协议中没有覆盖的内容,比如标签。因此 TBT 和 SPS 可以看做是互补的。

某种意义上说 WTO 是国家之上的组织,条约是成员国之间的约束力。此外 WTO 还提供了解决冲突的程序,如果发生冲突,争端解决实体(DSB)是 WTO 设立的常设性的管理争端机构。如果一方不满意 DSB 的调解,可以上诉到上诉机构(AB),世贸组织没有权利在仲裁程序中做出决定。如果过失方不执行仲裁决定,获胜方可以对过失方实施经济制裁。出现问题的国家通常要附加额外关税。DSB(或 AB)如果赦免了这一关税,并不会认为其违背了 WTO 的条款。

综上所述,SPS 在食品安全方面扮演着重要的角色,该协议采取科学合理的卫生手段,通过保护动物健康和植物安全,进而保障人体健康。这些措施不能认为是阻碍国际贸易的壁垒。

如果这些措施均符合国际标准,就不需要其他的科学证据来认证其必要性。国际法典委员会、世界动物健康机构(IOE)[12]和国际植物保护公约(IPPC)共同制定了 SPS 中最重要的国际标准,食品和食品安全的标准主要在食品法典中[13]。

### 2.2.7 小结

SPS 协议归入食品法典后大大增强了它的作用。遵循食品法典的世贸组织成员就不必证明采取的卫生和植物检疫措施。如果他们的方法并不是基于法典的,则必须提供方法的科学依据。

## 2.3 印度

### 2.3.1 前言

印度政府有责任向消费者们提供充足、营养且安全的食物。食品安全是生产、加工、科学技术、毒理学家和食品监管部门多学科的任务。一般市民可能认为,“安全食品”是指食品零风险。但是,从监管的角度来看,是指有适当保护水平(ALOP)的食品。如今,食品贸易的全球化使得食源性病原菌出现了跨界传播的风险。食品法典委员会关于卫生操作的标准、指南和建议是 WTO 协调的基础。

印度作为WTO成员方，应当基于风险分析采取符合法律的措施。此外，食品安全并不局限于食源性病原菌、物理危险或毒素，如今它还包括营养、食品质量、标签和食品安全认识。印度食品控制体系满足了这些额外的要求。

印度食品法50年来取得了可喜的进步，由大规模的食品掺假改变为少量食品污染的问题。这反映了社会、经济、政治和科学因素的相互交融，但在发展过程中仍然存在着检测方法过于复杂、相互矛盾、缺乏统一等问题。这些缺点在2006年新的食品安全和标准法案中得以解决。

### 2.3.2 印度食品法

在大多数古代文化中，食品法律用于应对食品安全和消费者关注的问题。《查拉克本》集中提到了食品质量关系到人体健康。伟大经济学家Chanakya所著的《政事论》写于公元前375年，其中提及反社会活动中食品掺假的交易商要受到惩罚。在古代人们就知道食品的好处和其安全性的重要，销售掺假食品是犯罪行为，应当受到惩罚。

在印度食品法中，对于食品掺假的处理可以追溯到1860年印度刑法中的处理，然而专门的食品法是在20世纪早期建立的。1947年独立之前，在英国统治下的印度各省份有自己的法律法规来预防食品掺假(例如，1919年的孟加拉食物掺杂法、1925年的孟买防止食品掺假法、1923年的加尔各答市法、1918年的马德拉斯防止食品掺假法、1929年的旁遮普纯净食品法等)。

这些法律主要根据1872年英国的食品和药品法，针对谷类和豆类的掺杂、香料中添加色素和牛奶中加水等问题。受到起诉后，这些食品不得不被扣押在法院。1943年，中央顾问委员会成立，建议设立中央立法以实现统一的食品法规。

因此，国家食品法即《防止假冒伪劣食品法案》(PFA)于1954年颁布，由卫生和家庭福利部于1955年5月10日颁布，1955年6月1日起生效。PFA法的目的是保护消费者免受不纯、不安全食物以及欺诈性食物标签的危害。PFA包括食品生产、加工、配方、包装、标签和分销这些方面。此外食品添加剂和污染物的限量指标已经明确。这些标准和规定同时适用于国内食品和进口食品。

卫生和家庭福利部下属的卫生服务总署通过食品标准中央委员会，制定了食品标准，并有权修改标准。规则通过州政府和地方机构实施，如今为了满足SPS、TAT和WTO要求的安全性，规则已经修订了超过200次。表2.4列出了至今一些重大修订。

表 2.4 印度发展中的重点食品法规

| | |
|---|---|
| 1976 年 | 参与食品掺假人员最少受到六个月监禁 |
| 1986 年 | 消费者保护法中消费者有资格用国家实验室对提交的食品进行检测 |
| 1998 年 | 为了避免掺假,植物油不能零售,必须有包装 |
| 2004 年 | 统一了食品法规中对食品添加剂例如人造甜味剂、增量甜味剂、防腐剂和抗氧化剂等在传统甜食、零食、即溶粉、糖果中的使用。基于危害分析,确定了杀虫剂残留、抗生素残留、金属毒素和黄曲霉毒素的限量标准 |
| 2004 年和 2006 年 | 水产品、水果、蔬菜和奶制品微生物要求相继出台 |
| 2008 年 | 预包装食品强制要求标注营养标签,包括蛋白质、脂肪、碳水化合物、热量、补充维生素、矿物质及反式脂肪(含氢化植物油的产品);允许对产品进行健康声称 |

### 2.3.3 印度食品立法状况

印度立法的演变包括以下 3 个方面:①立法;②管理;③利益相关人员的参与。以下是简要讨论。

2.3.3.1 *立法方面*

除了 PFA,重要的质量法规修订已经出台,用于监管不同类别的加工食品,如加工水果和蔬菜制品,肉及肉制品,奶及奶制品,植物油等。同年,一些重要法规颁布如下:

1) 1955 年制定的必需品法规

此法规用以监管商品,包括食品的生产、供应、分销、贸易等。这些法规包括:

(1) 1955 年的水果产品条例,由食品加工产业部管理。它规定了对加工水果和蔬菜产品的卫生和清洁要求,以及食品添加剂和食品污染物(MoFPI, 1955)的标准。

(2) 1973 年的肉制品条例,由农业部的市场检验总局(MoA, 1973)制定颁布许可证和卫生要求。

(3) 1967 年的溶剂浸出油、脱油谷物和食用面粉(控制)条例,是由消费者事务部制订其包装和标签要求。

(4) 1998 年的植物油制品条例,由人造黄油董事会、消费者事务部下属的植物油和脂肪部门执行,为生产单位颁发许可证并规定了这些产品(MoCA, 1998)的标准。

(5) 1992 年的奶和奶制品条例,是由农业部实施的。供应商必须注册且达到规定的卫生要求。

2）1963年的出口（质量控制和检验）法规（修订于1984年）

政府在商务部之下成立了出口检验委员会，为了确保食品的安全和质量，需通过产品委托检测、经营场所检验、实施质量保证体系验证，如GMP[14]，GHP[15]和/或HACCP在加工过程中的使用（MoC，1963）。

3）1976年的度量衡标准法规

在这项法规的指导下，为规范州际贸易，1977年颁布了预包装产品条例，由消费者事务部监管。条例包括：①产品名称；②每单位包装体积中的净含量；③单位产品销售价格；④生产商、包装商和经销商名称。

4）自愿性的产品认证

（1）印度标准局法规（1986年）。

1947年印度组建了印度标准学会（ISI），承担标准制定任务。1986年，印度设立标准局（BIS），正式取代印度标准学会成为印度法定的全国性标准及认证管理机构。该组织被称为"BIS"，对一些加工食品进行自愿认证。根据PFA法的规定，需要BIS强制认证的产品有食品添加剂、炼乳、奶粉、婴儿奶粉替代品及包装矿泉水。

（2）AGMARK分级和标识法规（1937年）。

农业部市场营销和检验董事会实施原料和加工农产品（AGMARK，1937）的自愿认证。

2.3.3.2　管理方面

PFA法和规则细化了国家食品（卫生）局的执法权，规定合格的食品安全官员必须经过培训并具有足够的安全意识，并且要有国家认证中心/国家检测实验室颁发的分析师/化学家能力要求证明。

2.3.3.3　相关组织

由于食品安全与政府、食品行业和消费者的利益息息相关，因此选出的委员会应当能代表这些利益相关人员。

### 2.3.4　综合食品法的发展

显而易见，由不同部委和部门实施的印度食品法是多种多样的，为了避免跨部委的困惑和矛盾，2002年专责小组被任命审查食品和农业行业管理政策（TASK FORCE，2002）。其中一个主要建议是把各类食品法合并，这一机构就可以制定、监督和有效实施各种食品法。食品加工产业部（MoFPI）于2002年起草了一份正式的新食品法案。政府于2005年组建了起草食品安全和标准草案的小组，该草案由农业委员会审核通过，于2006年8月24日生效。该法案生效后，PFA法和基本商品法随之废除。

根据新法案，中央政府组建了由各部委、食品行业和食品技术专家等22名成员构成的印度食品安全与标准管理局(FSSAI)，由食品添加剂、污染物、标签、转基因食品、保健食品等小组组成。该法案有望加强对食品加工行业的科学化、透明化有效监管。

## 2.4 南非[16]

### 2.4.1 引言

南非于1919年出台了《公共卫生法》，随后在1929年出台《食品药品及消毒剂法》。这些法案已经被后来的法案所替代。1994年建立民主制度后，南非成为了食品法典、IPPC[17](植物卫生)和OIE[18](动物卫生)的成员国。1995年，南非成为WTO的成员国之一。

在南非，食品的管理权分配给国家、省、地方的多家部门及其组成机构。通常情况下，国家政府部门监管食品安全，负责编写政策和法规，而地方当局负责执行。这里所说的食品还包括动物、动物制品、植物、植物制品或繁种材料。管理的目标是通过食品安全和营养、食品质量和动植物卫生保障人类健康，经济和环境因素也发挥了一定的作用。南非的相关立法和参与立法管理与执行的政府部门将在下面进行讨论。

### 2.4.2 食品、化妆品和消毒剂法

《食品、化妆品和消毒剂法，1972》(1972年第54号法案)(FCD法案)是卫生部最重要的一部食品法律。该法案中有关食品的条款由卫生部食品管理局负责制定，并由地方政府在其管辖范围内执行。进口食品则由省级卫生部门代表国家卫生部管理。

根据其名称，该法案是用来“管理食品、化妆品和消毒剂的生产销售和进口，并提出附带事项”。其目的可概括如下：

(1) 禁止出售可能会对人体健康有毒有害的食品、化妆品和消毒剂。

(2) 保护消费者免受虚假或误导性的广告推销带来的侵害。

(3) 为消费者提供必要的信息，以便他们根据个人的需求和愿望做出明智的

选择。

第二和第三个目的显然指的是标签。

该法案的原则是反应性和禁止性。

反应性：由于此前没有此类食品的登记、审批或是没有此类商品的标签先例，根据法规规定，执法人员还应负责确认产品是否在生产、进口或销售。在这种特殊情况下，为确保安全，执法人员不能进行登记或审批。然而，法案也规定可以对包含某些特定成分的商品进行审批。例如允许的食品添加剂名单，以及食品中特定物质最大允许量的条例。

禁止性：除非是法规允许、食品生产需要或加工过程中自然产生的以外，向食品中添加物质或除去食品中成分都是不允许的。

表 2.5 列出了一些由卫生部部长签署发布的法案。

FCD 法案（包括其他法案）会按照需要随时进行修订，以包括重要变化。

**表 2.5　南非 FCD 法案（1972 年第 54 号法案）中的食品规定**

| |
|---|
| 食品中抗结块剂的含量 |
| 发酵粉和化学膨松物质 |
| 防腐剂和抗氧化剂 |
| 辐照食品 |
| 乳化剂、稳定剂和增稠剂及食品中的含量 |
| 食品的标签和广告 |
| 禁止瓜尔豆胶作为食品 |
| 食品中的着色剂 |
| 软饮料 |
| 药草和香料 |
| 牛奶和乳制品 |
| 食品中的金属 |
| 食品强化 |
| 食品微生物标准和相关事项 |
| 食品中的碳氢类矿物 |
| 食品中农药最大残留限量 |
| 食品的放射性 |
| 海产食品 |
| 某些农产品种子的允许量 |
| 某些小麦和黑麦中食品添加剂的使用 |
| 食盐 |
| 葡萄酒、其他发酵饮料和烈酒中的添加剂、含量和允许量 |
| 食品中酸、碱和盐类的含量 |
| 食品中真菌毒素的允许量 |
| 含有亚硝酸盐和/或硝酸盐和其他物质的食品添加剂 |

（续表）

| |
|---|
| 食品中甜味剂的相关使用 |
| 兽药和家畜补偿最大残留限量 |
| 食用油脂 |
| 婴幼儿和儿童类食品 |
| 特定溶剂 |
| 运输和处理中的进口物品或出口到博兹瓦纳、莱索托和斯威士兰的出口物品 |
| 易腐食品 |
| 检测员和分析师的职责 |
| 果酱、蜜饯、橘子酱和果冻 |
| 蛋黄酱和其他沙拉酱 |
| 未加工的 Boerewors（一种独特的南非香肠）、纯种香肠和混合香肠的成分和标签 |
| 生产或加工过的食品 |
| 危害分析和关键控制点 |

### 2.4.3 其他食品法规

#### 2.4.3.1 卫生法

《卫生法，1977》（1977 年第 63 号法案）。该法案用来管理食品工厂（包括收奶站）和食品运输的卫生。它同样是由卫生部的食品管理局制定，由地方政府在其管辖范围内执行。

#### 2.4.3.2 IHR 国际卫生管理条例

《国际卫生管理条例（IHR）》。世界卫生组织制定的 IHR 规定了食品供应和处理及全球关注的食源性疾病控制，因而这部法规被南非政府采纳。其中，卫生部负责审批来自港口、机场、船舶和飞机上的消费类食品。目前，省卫生部门代表国家卫生部门进行审批。法规还规定地方政府负责考察工厂并提取食物样品进行分析。

#### 2.4.3.3 农产品标准法

《农产品标准法，1990（1990 年第 119 号法案）》。这部法规提出了在国内销售的食品和出口食品的明确标准（如肉类、奶制品、谷物、罐头类制品、水果和蔬菜），并由农业部的食品安全和质量保障部门管理和执行。易腐产品出口管制局等众多部门也根据该法案对食品进行物理性检测。

#### 2.4.3.4 酒类产品法

《酒类产品法，1989（1989 年第 60 号法案）》。该法案用来管理葡萄酒和烈性酒。它也同样是由农业、林业和渔业部下的食品安全和质量保障部门负责管理和执行。

2.4.3.5 酒类法

《酒类法，1989(1989 年第 27 号法案)》。这部法案由司法部负责管理和控制，诸如酒类营业执照和营业时间等方面的条款。

2.4.3.6 肉类安全法

《肉类安全法，2000(2000 年第 40 号法案)》。该法案由农业、林业和渔业部下属的食品和兽医服务部门管理，并用以规范屠宰场的食品安全和卫生标准。这些规定主要由省级农业部门执行，国家农业部门则是负责未加工肉类的进出口。

2.4.3.7 动物疾病法

《动物疾病法，1984(1984 年第 35 号法案)》。该法案同样是由农业、林业和渔业部下属的食品和兽医服务部门管理，除了进口方面由国家农业部门负责之外，由省级农业部门执行。该法案监管动物和动物制品，包括肉类、鸡蛋及其制品。

2.4.3.8 转基因生物法

《转基因生物法，1997(1997 年第 15 号法案)》。由农业、林业和渔业下属的生物安全部负责管理和执行该法规。该法规管理转基因生物的许可和进口，目前转基因生物有玉米、大豆和西红柿。

2.4.3.9 国家监管机构的强制性规范法

《国家监管机构的强制性规范法，2008(2008 年第 5 号法案)》。该法案由南非国家强制性要求管理部门(NRCS)(原名为南非标准局)管理。NRCS 是贸易工业部下的一个机构，负责技术法规的管理，包括基于人类健康、安全和环境的强制性标准。NRCS 于 2008 年 10 月成立，主要负责下列产品的强制性规范：

(1) 肉罐头和肉罐头类产品。

(2) 鱼、海洋软体动物和甲壳类动物罐头。

(3) 冷冻鱼和海洋软体动物。

(4) 冷冻岩石龙虾。

(5) 冷冻虾、海螯虾和螃蟹。

(6) 烟熏杖鱼。

NRCS 负责这些产品的进出口管理。它也得到了欧盟及其他国家的认证，成为鱼类和鱼类制品出口证明的主管机构。

2.4.3.10 肥料、饲料、农业补偿和家畜补偿法

《肥料、饲料、农业补偿和家畜补偿法，1947(1947 年第 36 号法案)》。该法规由

农业、林业和渔业部下属的饲料、家畜补偿、农药和肥料部门进行管理。该法规由于规定了动物饲料、家畜补偿和农业救济，因而也对食品安全产生了间接的影响。

2.4.3.11 药品及药物制品法

《药品及药物制品法，1965(1965 年第 101 号法案)》。该法规由卫生部下属的主要行政部门——药品管理局管理和执行。法规规定了兽药的注册以及具有药用效果或声称具有药用效果的食品或食品补充剂的注册。

2.4.3.12 农业性法规

《植物育种者权利法，1976(1976 年第 15 号法案)》、《植物改良法，1976(1976 年第 53 号法案)》以及《农业害虫法，1983(1983 年第 36 号法案)》均由农业、林业和渔业部的各有关部门负责。这些法规中的某些条例会对一些食品产生影响。例如《农业害虫法，1983》就规定管理了植物、植物产品、蜂蜜、养蜂设备和珍禽异兽等物品的进口。

2.4.3.13 工业法规

《贸易计量法，1973(1973 年第 77 号法案)》和《商标法，1963(1963 年第 62 号法案)》。两者均对食品的标签有一定的影响。前者由 NCRS 管理，后者则是由南非标准局(SABS)管理。

### 2.4.4 食品立法咨询小组

几年前，食品管理局通过邀请各个利益相关方提名人选的方式成立了食品立法咨询小组(FLAG)，该小组可以在监管责任方面提供建议。FLAG 是非法定咨询组织，成员们也是利用私人时间自费参加会议(每两年一次)。尽管 FLAG 是唯一的一个咨询组织，但其成员大部分都是食品管理中各个领域的专家。这些专家也对相关法规的编制和修订起重要作用。小组的目标在于在法律草案公开征求意见前，各方尽可能地达成一致。表 2.6 列出了 FLAG 旗下的代表性组织。

**表 2.6 南非食品立法咨询小组的成员**

| 成员 |
|---|
| 卫生部(不同的国家和省级结构) |
| 农业部(食品安全和质量保证局) |
| 贸易工业部 |
| 南非国家标准局 |
| 科学与工业研究理事会 |
| 农业研究委员会 |
| 南非国家强制性标准委员会 |

（续表）

| |
|---|
| 南非过敏协会 |
| 南部非洲营养学协会 |
| 南非消费品委员会 |
| 南非食品科学技术协会 |
| 南非风味和香味制造商协会 |
| 南非牛奶烘焙协会 |
| 南非软饮料协会 |
| 斯坦林布什大学 |
| 博兹瓦纳卫生部 |
| 国家消费者论坛 |
| 南非国际生命科学研究所 |

## 2.5 东非

### 2.5.1 引言

建立世界范围的食品安全法规，对于像非洲的许多发展中国家来说有着深远的影响。在许多非洲国家，食品供应的质量和数量都不充裕，这里的居民普遍营养不良。据调查，至少60%的食品供应是依靠进口来弥补当地生产的不足[19]。这种情况下，亟须建立一套食品安全监督体系，以保证食品安全和农产品贸易。

鉴于许多非洲国家尚未建立有效的食品安全法规，因此无法保障进口食品的安全，使得食品中大规模污染的风险增加[20]。现以坦桑尼亚为例。

坦桑尼亚和许多其他希望建立较高食品安全标准的国家，需要修订现行食品安全法规来和国际标准以及重要国家地区的法规相适应，像SPS协定、食品法典委员会、国际植物保护公约，欧盟法规等[21]。

食品安全的重要性在于健康和国际贸易需要。首先，食品安全是食品安全性的一个关键因素。其次，不安全食品会导致食源性疾病的爆发，不仅给人们带来痛苦，同时也提高食品生产的直接和间接成本。再者，提高食品安全更有助于减少、甚至避免损失。简而言之，食品安全会让食品更有价值[22]。综上所述，非洲国家提高食品安全面临的重要挑战是如何提高他们的基础设施，诸如电力、水源安全、运输以及储存等常规环节[23]。这些国家还需要食品安全规划的能力建设。援助者提供的技术支持和跨国运输，也应通过监测，以防止不合标准的食品进口[24]。

到目前为止，在社会经济学和政治方面，非洲的食品安全并没有像预期的那样有所进步。许多非洲生产的食品依然不符合国际食品安全和质量标准，这阻碍了整个非洲各国以及国际农产品贸易。使许多非洲农民错过了提高经济收入的机会[25]。

下节将讨论坦桑尼亚，随后转向非洲联盟。

### 2.5.2 坦桑尼亚

#### 2.5.2.1 现状

坦桑尼亚的经济主要依靠农业(包括动物制品和渔业)，农业产值占 GDP 的 60%，超过 80%的人口以从事农业为生。

坦桑尼亚的食品安全现状和非洲其他国家一样，存在很多问题。来自新闻界的报道令人不安。2008 年，由于一些人提供了不适合人食用的食品，他们在达累斯萨拉姆(Tabata Dampo)的店面被法院判令拆除[26]。在坦桑尼亚，进口食品似乎很难符合食品安全的标准，通过政府销毁了不适合食用的食品证明了这一点[27]。例如，桑给巴尔的药品和化妆品管理局宣称，由迪拜进口到三岛的 70 吨大米和小麦粉不适合食用，并予以销毁[28]。类似的销毁行为多次发生在食品已在市场销售之后[29]，这些食品来自于坦桑尼亚的港口。由此引发了更多问题，如：这类食品是如何通过港口的？难道相关监管机构没有责任？这些被销毁的食品是否等同于所有进口食品？如果这些食品被发现不适合食用，那么还有多少通过港口进口的食品影响了当地居民的健康？

据透露，从迪拜进口的大米和小麦粉出现了绿色霉菌，而且在缺乏保质期和生产日期标识时就被出售。这不仅危害健康，也侵犯了公众/消费者决定购买与否之前了解产品信息的权益[30]。根据粮农组织，坦桑尼亚应该致力于建立有效的食品安全体系，这是一项紧迫的任务，能够拯救生命和为整个非洲大陆经济发展创造机会[31]。

所有这些例子表明，有必要创造一个“自下而上”的民主制度，使居民提高他们的认知水平，在考虑食品安全时以另一种方式来给自己的需求提出相应要求[32]。在委员会关于全球化所涉社会问题的年度报告上，芬兰总统 T. Halonen 和坦桑尼亚联合共和国前总统 B. W. 姆卡帕表达了如下讲话：

“这是一个广泛的国际协议，我们必须加紧努力：……一个充满活力的公民社会，能够通过联想和言论自由权力来反映和表达意见和利益，充分体现多样性；存在代表公共利益、穷人和其他弱势团体的组织，这在确保参与性和社会公平上十分重要。”这是综合考虑两方面后，提出的应对发展中国家在全球体系中的挑战，特别是非洲。

“一个是国内，一个是国际性的。……将从这两个方面解决问题。如果他们不能解决国内贸易问题和认真地制订贸易规则，那么非洲国家将很难在全球贸易谈判中发挥任何影响。这正成为那些参与这些会议的国家的一大法宝，参与、战略性和高招使他们在谈判中更有作为。”这种话语是指全球贸易的法律，但它可以很容易地应用到食品安全法上来。我们的想法是，这个问题是在国际和国家层面都要面对的，通过明确的参与、计划以致成为强有力的对话者。

在过去的 20 年里，坦桑尼亚已进行与世界全球化和市场自由化的趋势一致的微观和宏观调控。这种调整已经认识到食品安全是作为国家粮食安全、区域与国际食品贸易的先决条件。正是鉴于这种认识，在国内重新组建食品监管职能，以确保食品安全和卫生[33]。

2.5.2.2　法律

考虑到食品安全作为粮食安全性的先决条件，且两者紧密相连，在坦桑尼亚，由卫生、农业和食品安全部，自然资源和旅游部以及工业和贸易部开展食品安全和质量控制。法律规定这些部门具有监测和控制国际安全突发事件的功能。这些法律包括坦桑尼亚食品、药品和化妆品法和食品安全法。

法律中还有关于必要的信息交流的规定。特别是第 12 条规定：

(1) 根据本法，为确保其正当职能，要求各部门、机构、机关或团体以书面形式提供所需粮食安全的计划，这些信息的提供和执行需经董事会认可。

(2) 填报资料人应符合(1)的要求，拒绝或未能遵守该规定的人，即属违法犯罪，一经定罪，可处以罚款(不超过一万先令)或监禁(不超过 6 个月)，并由原审法院责令其提供所需的信息。

前述规定是单向的，信息仅仅是由管理部门转向公民。预期的目标应该是通过提供对公民和一般民间组织(非政府组织，国际组织等)的“参与权”，进行相互合作。

坦桑尼亚食物及药物管理局(TFDA)颁布了食品、药品和化妆品法规，该局是食品安全控制的主要机构，主要职能如下：①监管食品、药品、草药药品、医疗器械、毒物和化妆品的质量安全；②规范进口、生产、标签、标记或标识、贮存推广、销售，及根据该法规定的食品、药品、化妆品、草药药品和医疗器械等产品的原料和来源。

事实上，事情的发展是一个持续的过程，从观察获取的信息来看，法规制定是不断变革的工作。最重要的是，食品安全机构形成共同网络的意识还很薄弱。不过，食物及药物管理局的主要目标是在2015年成为监管食品、药品、化妆品和医疗器械的最权威机构。

### 2.5.3 非洲联盟和统一的食品法

#### 2.5.3.1 非洲在生物技术安全方面的示范法

最主要的目的是在非洲联盟(非盟)创建食品安全对话平台。非洲联盟是国际和国家之间的废除种族隔离壁垒的样板，是促进国际机构和国内组织建立联系的平台。

非洲联盟应在国际组织、各非洲国家和国内社会，与世界贸易组织和国际组织之间充当对话者这一角色。2003年7月，非盟大会推进卡塔赫纳协议生效，确认了2001年5月起草的非洲示范法生物技术安全草案。示范法是为了统一非洲现有和未来的生物安全立法，提供了生物安全法规的全面框架，旨在保护非洲的生物多样性、环境和健康。为了贯彻实施非洲示范法，建立相关的主管部门是当务之急。

非洲示范法规定(第3条)，政府应指定或设立一个主管当局跟进、监督和控制该法的实施。主管机关的权力和职责应包括：推行法律效力，确立准则、标准、指南和法规；在转基因生物进口、转移、使用、释放和投入市场方面，充分考虑国家生物安全委员会的建议和指导意见；在生物安全问题方面，建立生物安全委员会，提名独立的小组或合适的技术专家；定期审查全球转基因生物，当它们被怀疑危害人类健康或环境时，禁止其穿越国境，并通知信息交流中心、海关和贸易部门及卡塔赫纳协议秘书处；如果可能，基于公众要求，建立一个转基因生物和可直接用于食品、饲料或加工的转基因生物产品数据库。

该法还规定，国家生物安全委员会成员包括政府和非政府组织代表，以及相关的私营企业。委员会应当由政府成立，向主管部门提供合适的政策建议和指导方针。委员会将根据其主要职责和职权范围，制订自己的工作规则和程序。

国家生物安全委员会的成员在发生利益冲突的情况下，必须申明并回避。当涉及转基因生物或产品的进出口、装运、使用、释放或投入市场，将建立生物安全委员会，以控制审批程序、保障安全。

#### 2.5.3.2 风险评估

2007年8月23日至25日在亚的斯亚贝巴举行了生物技术安全组织非洲联盟专家研讨会[34]，修订了非洲示范法。该法按照国际标准，首次尝试了卡塔赫纳生物安全协议风险评估。

其目的是让参与国了解生物安全协议背景下的风险评估和风险管理[35]，审查的一般概念、原理和方法；交流实践经验；评价有关风险评估和风险管理的现有指导材料；考虑是否需要进一步指导；评价风险评估报告的审查格式和关键要素；确定专家和机构之间的合作和交流。

非洲联盟所做的努力将是其在统一非洲食品安全监管方面的首个成果。值得一提的是，非洲联盟委员会以及其他成员国确定了改性活生物体风险评估与管理的相关目标。

2005年10月3—6日在非洲津巴布韦哈拉雷举行的FAO/WHO食品安全区域会议，是促进非洲食品安全的另一个合作尝试。会议参与者涵盖了几乎所有的非洲国家，以及食品安全和观察员国家，如意大利和美国的一些国际组织[36]。

会议讨论的重要问题是非洲国家食品安全体系——情况分析[37]、能力建设活动优先发展和协调[38]、非正式的食品分销部门(街头食品)：重要性和挑战[39]，确保中小型食品企业生产食品的安全和质量[40]，国际、区域、地区和国家的食品安全合作[41]。本次会议还制订了一项决议，以确保解决与非洲食品安全相关的问题[42]。

日益增加的食品贸易全球化引发了食品消费模式的转变，推进了新的生产方法和技术，以及区域之间微生物和化学危险的快速跨境转移[43]。因此，若没有对食品工业主要参与者的全面监控与处理，很难对食品安全进行有效监管[44]。事实上，加强合作十分必要。在国家、地区、区域和国际层面上的合作为改善人类健康和经济发展提供了更好的机遇[45]。这些都是全球范围内实施标准和发展交流的很好实例。前述例子证明，政府合作有助于促进非洲食品安全、保障基本人权。

### 2.5.4 小结

需要在国家和国际两个层面上来发展东非的食品行业，坦桑尼亚已建立了食品安全局，在整合全球标准“共同核心”方面迈开了一小步，例如食品安全立法与公众参与权。公民能够参与决策过程的透明程序等，将有助于信息的有效传达。

需进一步指出，建立泛非食品安全标准不但能够拯救生命、改善人民健康，而且也将大大有助于帮助非洲人民参与国际贸易和提高生活水平，但仍有很长的路要走。尤其在极度贫穷的农村[46]。

非洲联盟面临着生物技术和生物安全问题的挑战，已经制定了安全的生物技术的示范法，将有助于在食品法中建立相关的风险评估条款。

## 2.6 澳大利亚和新西兰

### 2.6.1 国际食品法的发展及其在澳大利亚的应用

国际食物法的发展显而易见。O'Keefe (1968)总结了 6 个世纪以来食品中普遍存在的掺假现象、政府的不作为以及英国提出的解决这些问题的法律法规等。此外分析化学的发展,提高了人们解决食品掺假问题的意识。由 Lancet 等发表的一系列文章以及特殊议会委员会(1855)的设立,为 1860 年英国的饮食掺假议案的颁布打下了基础。在当时的澳大利亚白人殖民地中,由英国施行的法律用于新南威尔士州的新殖民地。然而,英国国会随后颁布的法规未在殖民地公开,因此该地区没有遵循 1860 年英国的议案。

### 2.6.2 联邦和各州的职责

澳大利亚包含 6 个州联邦政府和 2 个共和区。在 1788 年,当地仅仅作为新南威尔士殖民地;新西兰为第一个分裂出去的州,随后是维多利亚和昆士兰,紧跟着澳大利亚的其他州也陆续发出公告。在 1901 年澳大利亚联邦化之前,各州为彼此独立的英国殖民地,且有其独立的食品监管体系。

为应对过度的食品掺假问题,维多利亚州于 19 世纪中叶颁布了最早的食品管理法。1854 年的维多利亚公共卫生议案赋予地方卫生局检查、收缴和毁掉对身体有害食品的权利(Anon, 1988)。立法的健全和食品分析技术的发展使得可以检验食品添加物。在 1838 年,新南威尔士州政府通过了一项面包掺假议案,随后在 1879 年颁布了第一部食品掺假预防法综合法规。然而,该法规作用甚微,甚至完全不起作用(Madgwick,未发表材料)。当澳大利亚成为联邦国家时,食品立法并未在共和区生效,且每个州各自立法来控制食品的生产和销售。这项运动由维多利亚州领头,于 1905 年颁布《纯净食品法》,到 1912 年,绝大部分州也颁布了类似法规用于控制掺假食品的出售。新西兰于 1876 年解散了各省政府,1877 年食品和药物销售法在全国正式生效(Farrer, 1983)。在州食品法案基础上逐步形成了食品和商标的管理条例。新南威尔士州在此基础上组建的纯净食品咨询委员会对食品生产商进行了大量咨询,并以此作为立法过程的参照(PFAC minutes)。

澳大利亚食品立法为迅速发展的州间贸易造成了一些困难,因此在 1910 年、1913 年、1922 年和 1927 年举行了一系列共和区/州内会议,以实现食品的统一标准。大部分标准采用了州食品议案中的相同法规并延续到 20 世纪 50 年代。但统一这些法规的重要性依然不言而喻。1925 年召开的一次皇家会议努力尝试克服前述问题，但效果甚微。委员会特别提出了以下建议：州政府应赋予共和区立法权以控制食品和药物安全(Downer, 1995)。1936 年，共和区卫生部建立了国家健康和药品研究协会(NHMRC)，该会负责共和区和州政府公共卫生问题。食品问题属于公共卫生问题范畴内，因此也属该协会管辖。NHMRC 首要考虑的食品问题是澳大利亚食品供应的营养价值。早期，NHMRC 关于食品立法的报告中并无涉及，直到 1952 年 11 月，NHMRC 参考了公共卫生委员会(由各代表和共和区人员组成)关于统一的食品和药物监管的建议。NHMRC 注明了共和区、州政府咨询委员会和工业组织进一步增进联系的必要性，即生产工会和食品技术协会(CAFTA)需共同实现该目标。从而推动了 NHMRC 中食品标准协会(FSC)的组建。

### 2.6.3　实现正规化食品标准

FSC 于 1955 年召开第一次会议并提出了其目的，即为 NHMRC 食品标准化提供建议，并且不需要进行实质性的改变，即可统一各州立法。然而该行为不涉及监控管理的司法机构，此机构仍保持各州独立。FSC 由各州和联邦政府的高级成员以及由 CAFTA 提名的工业代表组成。该系统的独特之处在于修正案均会由 CAFTA 提供，这使得工业组织拥有完全参与标准制定的机会。FSC 希望工业组织通过 CAFTA 与之联系，而不是直接联系。这清楚表明了 FSC 确保 CAFTA 以稳定和合法的方式与工业组织进行联系与交流(Reuter, 1997)。在 FSC 组建之前，NHMRC 通过参照防腐剂和食品色泽，对食品供应中存在的添加剂和污染物控制进行了复查。该行为由 1953 年食品防腐剂委员会建立而得以实施。Farrer (1990)对该委员会的工作做了详细说明。在食品防腐剂委员会逐步成为 FSC 的组委会后，该委员会的受理范围包括询问 FSC 关于如下食品科技问题的建议：

(1) 详细阐明食品添加剂的纯度和特性。

(2) 食品添加剂安全的技术需要。

(3) 食品污染物。

(4) 化妆品、药物和食品着色剂的使用。

澳大利亚为 1956 年的 FAO/WHO 食品添加剂专家联会(JECFA)首次会议提供了一名发言人，随后每年进行惯例性发言。尽管 NHMRC 及其组委会主要考虑的食品安全问题为食品中的化学物，微生物标准也逐渐出现于食品标准，尤其在奶制品中，并在20世纪60年代中期成为特殊参考依据。随着微生物在食品安全中重要性的认知进一步增强，1965年，食品微生物学组委会(FMC)组建，并协助FSC建立食品微生物标准(Smith, 1978)。由于对澳大利亚食品的微生物状态的知识过于匮乏，FMC的首要目标便是组织一个州范围综合调查，范围包括一系列速食食品，并由标准实验室进行病理学分析。FSC不希望在微生物立法标准中出现模棱两可的数值标准，因此屡次就相关业务法规进行咨询。

由于各州在食品法案中的问题由来已久，不能参照NHMRC建议的统一食品标准，1975年，为促进各州和共和区遵循食品法案举行了一系列措施。这项措施动又称"食品标准化运动"，最终在1980年卫生部长会上被通过。实现这项运动的路程充满了艰难，后来，食品标准委员会的第一位主席对该过程进行了记载(Reuter, 1997)。随后，各州历经几年的时间修正各自的食品法案，使得NHMRC提出的标准食品法案顺利融入各州的立法。该过程是由食品标准化活动促进，由各大工会支持，并在1986年由澳大利亚食品安全立法标准以公报形式正式发布。虽然各州政府顺利统一法案，但是食品标准统一化仍任重道远。此外，立法标准及其修正案依然被生产商和对市场情况感兴趣的消费者所诟病，生产商代表抱怨立法规则过于循规蹈矩，难以修正且抑制创造性，而消费者则批评商标上的信息不足。

### 2.6.4 改革之风

在1989年，食品标准发展由NHMRC负责改为由共和区政府的消费者事务局管理。虽然增加了过去的食品标准委员会的职责，但该委员会在生产商眼中依然存在着不足。当时，至少共和区政府的三个主要审查委员会通报过这种观点。随着各州州长的进一步讨论，在1990年，一个新的体系——国家食品局(NFA)，后成为澳大利亚-新西兰食品局(ANZFA)——成为公众健康和公众服务监管的组织。ANZFA经过一系列措施重新更正了食品监管系统，其核心便是实现国内食品标准化的一系列目标，包括：

(1) 保护公共卫生安全。

(2) 提供足够的食品原料信息，并使消费者在知晓信息的前提下做出选择。

(3) 推动国际标准的优良贸易惯例。

(4) 推动国内标准统一化以达到世界标准，并推动食品工业的贸易和商业活动。

NFA提出的建议供由各州卫生部长以及共和区消费者事务部长组成的国家食品标准委员会参考。国家食品标准委员会由统一食品法诠释委员会支持，食品法诠释委员会由州和共和区成员、首席食品监察官或同等职位的人员组成，他们通常从原先的机构中调整而来。新西兰卫生部的卫生检查员开始参加NFA的会议，正如他们之前在AFSC一样。这些检察院有监察权，并且提供了很多建议。而共和议会法案不但促成了NFA的组建，食品监察政策也开始覆盖进口食品。

在1991年共和区、州和当局政府签署的政府间协议作用下，各州和当局开始一字不改地采用NFA建议的食品标准。该协议的作用便是巩固一个特殊机构推行食品标准的权利，并确保各州和当局不断采纳和推行食品标准化。

1996年，澳大利亚和新西兰政府同意组建一个两国间的组织以推动食品标准在两国顺利实施，通过签署条约得以实现。该条约列出4条目标，包括采用联合系统以推进食品标准化，用于减少不必要的阻碍。正如上文所言，这项条约对AFSC提出的绝大部分食品标准有效，除了农业和兽医两方面化学物质的残留标准，这两项标准在新西兰由当地食品安全局负责(Winger，2003)。该标准也允许新西兰在面对极度的健康、安全、贸易、环境和文化问题时可以不参照联合标准，例如新西兰选择不参与立法规则中的产地商标要求。该条例由澳大利亚-新西兰食品局提出，随后根据2000年共和区、各州和当局协议促成的修正案，该局成为澳大利亚-新西兰食品标准局(FSANZ)。2000年协议声明FSANZ的首要任务是推动新标准的制订，但是既定标准由食品管理部委员会负责，并由食品管理常委会协助。推动食品标准的目标减少到3个，但是保护公共健康和安全仍然是重中之重(Healy，Brooke-Taylor和Liehne，2003)。

针对进口食品，澳大利亚已开始实施入关的立法。1992年进口食品控制法案要求进口食品安全须符合澳大利亚食品立法标准。在新西兰，进口食品由1996年制定的新西兰海关和税务法案监管。除此之外，澳大利亚-新西兰条约对第三国出口要求并无限制。在跨塔斯曼中立区单边协议中依然存在着不统一的重大问题。这项1997年制订的条约规定，符合任一国食品法规的食品均可在两国进行出售。具体来说，尽管澳大利亚食品标准法要求食品应具有产地标签，但没有标签的新西兰进口食品仍可以在澳大利亚销售。1985年新西兰出台了膳食补充剂管理法，使得添加了维生素、矿物质及其他物质的食品和饮品能够合法出售。在TTMRA下，这些产品可以合法地从新西兰进口并在澳大利亚出售，尽管这对澳大利亚的生产商可以说是一种冒犯。

1994年,澳大利亚食品标准法全面复查,这成为进一步发展澳大利亚-新西兰联合食品标准法规则的媒介。这次复查的基本原则是使立法变得高效且有成效。食品标准改革的目的是,使更大范围内的食品可以适用较为统一的标准(Healy et al.，2003)。第一个完成的综述性标准是食品添加剂联合标准,这也是第一个被采用的澳大利亚-新西兰联合标准。在基础水平上进行的食品添加剂标准复查确保了食品添加剂一般标准的推行(Codex Alimentaris Commission，1995),也包括对两国贸易伙伴的食品添加剂管理(Brooke-Taylor，Baines，Goodchap，Gruber 和 rHambridge，2003)。

最显著的改革便是食品卫生标准。在澳大利亚,除了小部分微生物标准,食品健康标准详细说明了额外的要求,它一直被各州或当局的市政委员会(澳大利亚第三级政府)立法管理。这导致一系列全国管理的不统一以及许多惯例性的要求,但是和食品安全几乎没有关系。倡导改革的政策要求食品安全标准能够代表国际上最领先的实践经验,最值得强调的是引进危害分析与关键控制点(HACCP)体系,这是由食品法典委员会于1997年提出的[47],在新西兰通过食品安全局和国家生产部已部分地引入使用。使用HACCP被作为非常重要的参考内容。

在食品标准立法规则中,基本的食品卫生要求包括4条食品安全标准,其中3条在2000年通过并作为强制标准。这些标准为:

(1) 标准3.1.1解释和发表。

(2) 标准3.2.1,食品安全程序——明确要求HACCP作为食品安全计划的基础,为自愿采纳这一体系的国家和地区提供一整套的样板。这些标准虽然不统一,但是依然起到了极大的促进作用。此外,食品标准法包括了一项新的强制标准。

(3) 标准3.2.2食品安全实践和总体要求。

(4) 标准3.2.3食品厂址和设备。

(5) 标准3.3.1对易受害人群食品服务的食品安全系统,也涉及标准3.2.1。

### 2.6.5 标准食品法案

各州各区的统一食品法案依然是食品管理的重中之重。1980年食品标准法案虽然被通过,但是在各州和各区依然只能断断续续地推行。2000年10月,第二个"食品标准法案"正式确认。在2000年11月3日,澳大利亚政府委员会(COAG)签署了政府间协议,并认定了一个全新的食品管理系统。澳大利亚共和区、各州和各地区全部在该项协议上签字。最新的安排要求，在和新西兰之前达成一致意见的基础上，就条约进行重新商议。这次政府间协议也称为食品管理协议。协议声明，各州和区域在签署协议当日起 12 个月内，尽全力遵从各自的议会立法机构，这些机构将使得协议中的附录 A 和附录 B 尽快生效，使得食品标准法（包括食品安全标准）有效并长期实行。附录 A 必须毫无修改地采用，除要遵循各区基础安全生产标准的相关法则。附录 B 则是完全可选的。部分州和区域立刻实行了协议。新南威尔士州则在 2003 年违反了条例。

### 2.6.6　展望

至本文结束时，FSANZ 依然在推行基础的生产标准，并为一个完整的食品供应链铺平安全道路。海鲜和奶制品生产标准已经制定完毕，而蛋类、家禽、肉类和奶制品（鲜奶制品）产业仍在进行中。新西兰和新南威尔士州的一些生产作坊的安全标准仍然存在一些问题。

2008 年 10 月，食品管理委员会原则性同意建立一个食品标签法和政策的独立的综合委员会。这项复查工作将由这一独立的专家工作小组执行。该专家组由业内著名专家构成，并由管理委员会任命，专家具有公共健康、法规、经济和公共政策、法律和消费者行为，以及商业领域的资深背景。澳大利亚政府依然在推行食品管理改革中非常活跃。绝大部分改革的推动来自共和生产委员会。在 2008 年 10 月，COAG 商业管理和竞争公会达成一致，由委员会于 2009 年推行食品安全管理基准。在 2008 年 11 月和 2009 年早期，澳大利亚政府委员会（COAG）同意就促进全国监管和加强食品标准法、食品标签法方面做出工作。该行为被视作在食品管理上愿意承担更多义务的姿态。但正如 1925 年至今的多次尝试，该行为仍未形成正式决议。

## 2.7　美国和加拿大

### 2.7.1　引言

随着食品加工和贸易的增长，食品掺假的概率也随之扩大，然而食品立法却没有跟随上食品安全的形势。科学家及相应的分析方法在提高食品安全风险意识上至关重要。同时，公众的态度也发挥了一定作用。出于利己主义，食物业内人士在改进食品安全方面也扮演着重要的领导角色。然而，仅仅考虑其中某一因素是不够的。频频出现的食品安全问题引起了科学家、公众和食品行业领导者的广泛关注，极大程度上推进了食品法的修订。

### 2.7.2 早年

*粉笔、明矾和石膏是卖给穷人的面包。*

——阿尔弗雷德·丁尼生勋爵，茂德(1886)

食品掺假的历史和食品贸易一样古老(哈特，1952)。相应的食品法和检测掺假的历史也伴随着贸易一样久远(同上)。最早的掺假比较简单，很大程度是因为食物主要是未加工的。例如，相比研磨咖啡，整颗咖啡豆掺假的机会更小。加工程序越复杂，掺假机会越大。将谷物磨成面粉的过程提供了一个掺假的机会，而将面粉混合、烘烤成面包又提供了掺假机会。因此，早期的食品法律主要涵盖的就是加工食品：例如面包、葡萄酒和啤酒(同上)。

早年，消费者自己检验食品。他们通过嗅觉判断鱼和肉类是否新鲜，通过挤压查看果蔬是否完整，并检查谷物是否发霉(詹森，1975)。缺乏分析技术限制了检测掺假的能力。然而，大多数食品贸易发生在本地，所以消费者会评估食品供应商的信誉。

在美国和加拿大建国前的殖民时代，使用英国普通法作为最早的食品安全法。普通法的本质简单而直接：①食品没有毒；②不掺假(哈特，1960)。在普通法中，“掺假食品”指含有不适合人类食用或对人类有害物质，对人体健康产生危害的食品(同上)。当时，食品包装标签很罕见，所以普通法中没有涉及关于贴错标签的罪行。然而，现在我们认为贴错标签等同于触犯了普通法中关于虚假描述商品的条款(同上)。

16～18世纪是美国和加拿大地区殖民扩张的时代。这种扩张伴随着新大陆农产品贸易的增长(哈特，1952)。出口需求的增加、产品价值的上升，同样促进了掺假机会(同上)。同一时期，粮食生产开始从家庭转移到工厂。随着人口城市化，消费者购买了更多加工食品。信誉作为控制手段的作用被削弱。虽然法律规定禁止掺假，但因为没有检测分析方法，法律只能提供最低限度的保护(同上)。

这个时代的食品立法在很大程度上保护了商业，而很少关注食品安全问题。例如，17世纪殖民地有关面包的法律会惩罚缺斤少两，却不能追踪面包制造商(詹森，1975)。制造商推动建立食品检验法律，因为他们认识到了伪劣产品带来的营销问题，希望创造一个公平的竞争环境(同上)。诚实交易对于创造和维护出口市场非常重要，因此殖民地建立了食品出口法。

### 2.7.3 美国国家和地方立法时代

在北美，1785年3月8日马萨诸塞州通过的“反对销售不健康食品法案”是第一个食品安全法(哈特，1952年；詹森，1975)。然而，直到19世纪下半叶，主要的食品安全法律才正式制定。19世纪初，分析方法快速发展，而这些分析手段明确了食品掺假的严重程度。1820年，弗雷德里克·阿克姆发现，食品掺假行为非常普遍，以至于很难找到不掺假的食品；有些食物，几乎未找到真的(阿克姆，1820；赫特和哈特，1984)。公众对此感到震惊和沮丧，但立法改革却姗姗来迟。19世纪初自由资本主义发展到顶点，这种经济理念要求企业放宽管制，而不是保护食品[48]。而此时，人口城市化还在进一步发展。19世纪中叶，大城市的发展增加了食品贸易。越来越多的人购买加工食品，掺假也随之增加。随着科学家发现新的检测掺假方法，食品供应的丑闻逐渐被记录下来[49]。(Batrershall，1887年；贝克，1846；伯恩，1852；费尔克，1880；霍斯金斯，1861；理查兹，1886年)。

1865年至1900年是加强国家立法的时期。1867年，格鲁吉亚法典中关于因销售不卫生的食物或饮料而采用罚款、监禁、鞭打或囚禁一年等处罚的条例有39项(哈特，1952)。马萨诸塞州、纽约州、密歇根州、新泽西州、罗得岛以及其他司法管辖区也都在此期间通过了食品法律(同上)。

### 2.7.4 联邦时代

加拿大和美国都是联邦制国家。联邦政府只享有某些权力，各个独立州保留其他权力。这种权力分配会导致联邦政府在食品调控中出现问题。随着国家和国际贸易日益增加，国家调控的问题日益严重。

这两个联邦政府都有权管辖食品贸易。然而与美国不同，1867年加拿大宪法法案不仅规定联邦政府在刑法方面的权限，也涉及健康安全方面的权利。因此，加拿大联邦政府享有食品安全立法方面的权利。

#### 2.7.4.1 加拿大

加拿大于1867年建邦。仅仅7年后(1875年)，加拿大就制定了第一个联邦食品法，即税务法令[50]。法令禁止食物和饮料掺假，也包括酒精和药物。掺假的定义与普通法几乎一样，也与那个时代的英国法规类似(赫特和哈特，1984)。掺假的定义是：销售的食品或饮料中混有有害成分，或含有的成分低于其已知或隐含的价值。”(布莱克尼，2009)。

假酒显然是一个值得关注的问题。掺假产品包括硫酸亚铁、鸦片、大麻、士的宁和烟草(格尼尔斯,2008)。据税务法专员报告,当时加拿大出售的食品中有50%掺假(同上)。与美国相仿,几乎所有咖啡和胡椒制品掺假、牛奶兑水稀释、茶和巧克力等其他高价值物品也往往掺假(同上)。1874 年,检验法建立了关于粮食产品,如黄油、面粉和谷物的品质分级检查制度(布莱克尼,2009)。虽然评级对国内产品是自愿的,但出口货物需强制进行部分评级(同上)。1884 年对 1875 年版的税务法令进行了修订,并重新命名为 1884 年掺假法。1894 年首次制定了茶叶的相关标准,很快牛奶、奶制品、蜂蜜、枫产品和其他食品的标准也陆续出台(格尼尔斯,2008)。这些标准曾是防止掺假和控制食品安全的重要工具。

2.7.4.2 美国

面临新形势,人们将聪明才智和狡猾诡计应用于制作假冒食品中。食品被制作得面目全非,以此欺骗消费者。

——美国国会记录,1886 年 49 届国会第一次会议

19 世纪后期,美国早期几乎所有的食品法律都是由州和地方政府颁布。联邦政府主要在规范进口方面进行立法。例如,1883 年,美国国会颁布了一项法律,防止进口掺假茶叶。而在 1896 年,因为乳制品行业反对出售经着色看起来像黄油的脂肪产品,美国通过了人造奶油法规[51]。1890 年,国会为了促进肉类出口销售,通过了肉类检查法案(赫特和哈特,1984)。活牛检验法也随后在 1891 年通过(同上)。1899 年,国会授权农业部在公众认为食品有害时,具有检查和分析所有进口食品、药物或酒类制品的权利(同上)。

从一开始,分析化学就在联邦法规制定中发挥了重要作用。1862 年美国农业部(USDA)建立的时候,国会就授权该机构雇用化学方面专家。这个化学部门最终于 1930 年演变成美国食品和药物管理局(FDA)(哈特,1990)。1940 年,美国食品和药物管理局从美国农业部分离。1883 年,哈维威利博士成为美国农业部化学局的首席化学专家。威利博士展开了食品的研究和检测,并记录了普遍存在的掺假行为(FDA, 2002)。通过大力宣传“缉毒队(Poison Squad)”,引起公众的广泛关注。通过缉毒队志愿者食用可疑的食品添加剂,如硼酸和甲醛,记录产生的不良影响和症状,为食品添加剂安全性提供数据[52]。

2.7.4.3 1906 年纯净食品和药品法案

随着记者曝光食品工业中令人震惊的欺诈和掺假行为,例如在食品中使用有毒防腐剂和染料,公众对于联邦食品药品法推行的支持率逐渐增长。促成变革的

最终催化剂是1905年厄普顿·辛克莱的《丛林》的出版(辛克莱,1905年)。辛克莱对肉类加工业胡乱做法和脏乱环境的真实描写吸引了公众的关注。1906年6月30日,西奥多·罗斯福总统签署了纯净食品和药品法案[53]和肉类检验法[54],使之成为正式法律。

2.7.4.4　进化的食品法规

纯净食品和药品法案通过后不久,立法部门开始扩大和加强立法实施。食品行业带领者要求制定更严格的产品质量标准,以创造公平的竞争环境。消费者也希望加强食品安全标准和公平性贸易。然而1906年法案的修订一直停滞不前,直到超过百名儿童因磺胺而死亡的惨剧发生,促使了1938年联邦食品、药品和化妆品法案的通过。这种国家食品法主要修订的模式不断重复着。只有一个悲剧是不够的,只有一些利益相关方的关注也是不够的。通常情况下,科学家、食品行业和公众都必须关注这类问题。

公众的担忧和关注促进了食品法律的持续发展。20世纪50年代,对合成食品添加剂、农药和癌症担忧程度都很高。因此,1958年颁布了食品添加剂修正案,要求建立食品添加剂的安全评估。德莱尼修正案禁止在食品中使用任何使实验动物致癌的物质。

1920年的食品和药品法所取代了加拿大掺假法案。后者受英国法律显著影响,而这部新法与1906年美国纯净食品和药品法案(格尼尔斯,2008)更类似。1920年制定加拿大食品和药物法案在1952—1953年进行了修订,涵盖了化妆品和治疗设备,并增加了标签、包装和广告的监管(布莱克尼,2009)。

### 2.7.5　小结

食品法再次走到十字路口。在分析技术快速进步的同时,全球贸易上升且食品在消费之前也进行了更多的加工处理。这种环境使得食品掺假增加、公众义愤、市场不稳定,需要加强食品安全监督管理。

过去十年,美国一直在尝试解除食品安全管制,这使得美国人民对政府未能确保食品安全的意识日益强烈。一系列食源性疾病的暴发:宠物食品及人类食物中发现三聚氰胺;菠菜、生菜中发现大肠杆菌;因沙门氏菌召回西红柿、辣椒和花生酱,都使公众感到危机,对食品安全体制改革的呼声更为强烈。企业在召回和失去的市场份额中已经损失了数亿美元。

食品掺假的历史表明,频繁加工和全球贸易给确保食品纯净和安全带来了极大的挑战。历史表明立法不会领导食品安全改革。在提高食品安全风险意识方面，科学家起着至关重要的作用。公众的态度也起到一定作用。食品行业必须发挥领导作用。当必须保护和发展食品贸易时，食品行业必须对食品安全做出严格而公平地监管。只有当科学家、公众、食品行业领导者等所有人都引起广泛关注的时候，食品法才会有较大的改革。可悲的是，只有悲剧发生才能引起所有人的震动。

## 2.8 拉丁美洲

### 2.8.1 引言

由于社会、经济和文化条件的差别，拉丁美洲是一个非常复杂的区域，且面临着各种各样的挑战。其中的每个国家乃至每个子区域都有自己的优势、劣势和挑战，所以很难用简短的篇幅进行概括进而描绘整个区域。拉美国家对“全球化进程”并不陌生，并以其独特的产品迅速赢得了全球市场的位置。此外，拉美地区是一个巨大的市场，对世界各地的公司都非常有吸引力，另外通过加入一些自由贸易协定，该地区的商业活动也得到不断增加。这些新的市场机会，帮助并塑造了该地区的工业和食品法规，激发了积极参与到国际组织（如食品法典）中的兴趣。

拉美国家的政策最近才开始从促进保护民族工业为目的的公开保护主义向开放市场和促进“全球市场”框架内竞争的自由贸易转变。转向自由市场这一举措并不是没有遭到反对。当然，国家有责任捍卫本国消费者的健康和安全。然而，大多数拉美国家受到来自私营企业的压力，在努力寻找鼓励更加开放的贸易与确保进口产品安全之间的平衡。在初级生产中，从温饱型农业转变到有竞争力的生产体系面临诸多文化性的限制。同时，在许多国家中，土地改革已经到了几乎没有合作就没有竞争力的阶段。小中美洲生产者怎么与规模经济竞争？当中美洲自由贸易协议全面实施时他们如何做出转变？他们有什么选择？它们真正的竞争优势是什么？

### 2.8.2 迈向协调的第一步

统一对于拉丁美洲地区来说并不是一个新的概念。事实上，在世界其他地区开始构思跨越国界的食品标准框架之前，早在 1924 年布宜诺斯艾利斯召开的第一届拉丁美洲化学国会会议上，由两名来自每个国家的代表组成的委员会，提出了食品法典 Sudamericanus 的建立。该委员会完成了他们的目标，并于之后 1930 年在蒙得维的亚的下一届国会会议上提出了一个包含 154 个条款的法典，并被所有的拉丁美洲国家所接受。该法典包含食品的定义和其一般属性。遗憾的是，当时和现在一样，将提议转变成现实并不容易。尽管许多拉美国家接受了“现代”的观念，并对食品立法做了深入考虑，但是作为一个地区拉丁美洲没实现早期有效的区域食品监管。在之后的拉丁美洲化学国会会议上，有关于同一主题，即拉丁美洲法典的愿景，多次被反复讨论。在 1955 年加拉加斯举办的第六次会议上，经过反复讨论，投票选举了由各个国家的官方代表组成的一个新的委员会。此外，食品科学领域专家组成了一个专家小组。该专家组负责此项目，并经过 3 年的努力后，委员会提出了一份新的文件，得到大家一致的认可。经修订的拉丁美洲食品法典于 1960 年用西班牙语发行。这份文件具有非常重要的意义，它代表了区域向着统一的努力。此外，它的价值在于与欧洲的立法相结合，成为食品法典的来源(Acosta & Marrero, 1985; Nader 和 Vitale, 1998)。尽管付出了大量的努力，但是鉴于该地区的多样性和差异性，以及拉美地区不得不面对的诸多问题，食品监管仍面临着很多挑战这一事实并不足为奇。

拉丁美洲的食品法典协调委员会(CACCLA)创建于 1976 年，其任务是确定该地区所面临的挑战以及其对食品法规和监管体系的要求，加强监管的基础力量，建议建立符合地区利益的产品的国际标准，特别是那些委员会裁决的可能在国际市场有商业潜力的产品；建立针对区域性产品贸易的区域性法规；确定该地区所面临的特有的重要挑战；并促进协调国际组织、区域性政府和非政府组织的所有食品监管活动(Acosta & Marrero, 1985)。

### 2.8.3　区域性食品监管所面临的挑战

由泛美卫生组织(2008 年)和粮食及农业组织资助的一项关于拉丁美洲食品监管的研究于 1988 年指出该地区普遍存在以下方面的不足之处：

(1) 在国家层面上的对保障食品安全所承担的责任不够。

(2) 相关责任机构之间缺乏协调。

(3) 法律法例不健全。

(4) 法律法规执行机构的基础设施存在问题。

(5) 信息缺乏。

(6) 国际规范制订过程中参与度不高，因此导致在接受和实施过程中存在困难。

(7) 调查研究不足。

(8) 缺乏环境卫生教育。

自 1988 年以来该地区在克服其中一些不足之处中已经取得了很大进展,但仍有很长的路要走。根据 Pineiro (2004)称,该地区还有几个关键问题。这些问题可归纳为三个主要方面:①不健全的食品质量控制系统(FCS);②缺乏协调统一的综合性国家级的防控政策和战略;③意识和资金不足。这些因素单独或组合起来对健康和经济具有重要影响。在这些问题中,首当其冲的便是薄弱的 FCS。Pineiro 将 FCS 定义为由食品生产者、加工者、营销人员和国家或地方当局执行的自愿性和强制性的活动系统,对消费者提供保护并确保所有食品,不论国产还是进口,都满足国家要求的质量和安全标准。健全的食品质量控制系统包括几个主要部分,如食品法规、质量保证、食品检验与分析(包括基础设备和人力资源)、食品控制管理和信息及合作。另外两个关键问题必然存在于不健全的 FCS 中,并使任何区域性的努力变得更加困难。

统一性也因为 FCS 的差异性而变得更加复杂,因为 FCS 处于不同的发展阶段,并不总是组织有序的、发达的、全面的或有效的。在大多数拉美国家,该系统面临着人口不断增长和资源缺乏问题的严重挑战。在许多情况下,虽然有健全的食品法规,但执法能力的不足使得食品安全供应的效果并不能令人满意。尽管付出了大量努力,在许多情况下,监管体系与国际标准并不统一。

### 2.8.4 区域性的促进意向:泛美委员会食品安全(COPAIA5)

确保食品品质和安全并促进食品贸易的法规统一性,正受到美洲国家越来越多的关注。在一般情况下,该区域不存在实现这些目标的统一框架和流程。美洲国家建立区域性的框架和流程已通过泛美卫生组织(PAHO)的一系列活动得到了加强和促进,PAHO 是世界卫生组织和联合国粮农组织 6 个区域性组织中的一个。例如,PAHO 计划并实施了许多在美洲的培训活动。最近,PAHO 支持建立了一个食品安全的委员会(COPAIA)。在 COPAIA 和美洲的学术机构之间的相关培训和研究对于促进合作并充分利用资源将会十分有效(FAO, 2002)。

PAHO 最初的研究过了将近 20 年之后,尽管在现实中看起来好像是框架有所改善,且现有的商业格局试图去统一监管系统,但是所面临的挑战仍然是大同小异。2008 年 6 月 10 日,在里约热内卢召开的泛美委员会关于食品安全第五次会议(COPAIA - 5)中,委员会做出以下声明(该委员会的成员由卫生和农业部门的代表及安第斯地区的子区域、英属加勒比、中美洲、拉丁美洲加勒比海、南锥体和北美的消费者和生产部门的代表组成)：

认识到获得安全食品和营养充足的膳食是每一个人的权利，我们深信：

(1) 食品安全是一个重要的公共卫生职能，以保护消费者免受与食品相关的生物、化学和物理危害所造成健康风险。

(2) 如果不加控制，与食品相关的风险可能成为疾病和过早死亡的主要原因，以及导致生产率的降低，并对农业，畜牧业和旅游业造成严重的经济损失，包括农产品工业、食品加工、食品分销及零售商。

(3) 有效的风险管理和风险交流要求监控系统能够将疾病暴发和病害与特定的食品供应链联系起来。

(4) 国家之间和国家内部实施恰当的食品安全措施，可以提高区域性和全球的食品安全。

(5) 综合性的食品安全系统可以使从生产到消费的整个生产链的潜在风险管理成为可能。

(6) 针对食品安全的措施应基于科学证据和风险分析原则，避免在食品贸易中引起不必要的障碍。

(7) 生产安全的食品是食品工业的主要责任。

(8) 消费者教育在推动相关条款来确保食品安全及食品销售方面通常是一个重要的因素。

(9) 与消费者互动沟通对确保我们在做决策时可以考虑到社会的价值观和期望起到重要作用。

因此，COPAIA－5 的代表建议：

(1) 把有能力的食品安全机构在全面的法律框架内作为一个独立实体，包括从生产到消费的整个食品链。

(2) 采用基于风险分析的法规及其他措施，以确保从生产到消费的整个食品链上的食品安全，始终满足食品法典委员会和其他相关组织的规范和标准。

(3) 通过基于风险分析方法，如危害分析和关键控制点(HACCP)，尽可能地保证食品法规的有效执行。

(4) 采用食品监测程序、总膳食研究和疾病监测系统，以获取关于食物传播疾病的出现和传播以及食品来源中的生物化学危害等方面的及时可靠的信息。

(5) 在整个食品行业中，建立如追溯和预警系统的程序，以快速鉴别和调查食物污染事故，并通过国际食品安全官方网络(INFOSAN)或 IHR 中心，报告给国际卫生组织(WHO，2005)中的世界卫生组织预期事故。

(6) 食品行业以及其他相关部门,要促进与消费者之间的沟通和协商,以制订、实施和审查食品安全政策和优先事项,包括对从生产到消费的整个食品链的系统关注与教育。

(7) 通过加强发达国家和发展中国家,以及发展中国家内部之间的有效合作,以继续加强相关食品安全的能力建设,促进食品安全。

(8) 根据成员国授权,建立对存在共同利益的食品安全领域的国际和区域技术合作组织之间的合作方案。

这个声明似乎涵盖了该区域所面临的所有挑战。然而,最大的挑战在于法典和促进区域统一的条款的实际执行情况。

### 2.8.5 通常的监管框架

对于拉美国家通常有很多的划分策略。这些划分基于地理位置、文化背景、语言和发展水平等。以下陈述基于地域划分和共同的监管结构划分。这是一种非正式的划分。一般来说,加勒比国家有其对消费品的法律法规。一些隶属于欧盟或美国的岛屿,采用欧盟或美国的监管体系;而其他一些岛屿决定采用食品法典委员会的标准作为自己的监管体系。中美洲国家有各自的法律和法规,同样在很多情况下他们选择采用食品法典的标准。大多数南美洲国家对产品有独立的法律和法规。然而,五个国家加入了南方共同市场(MERCOSUR)。此外,即使在一些国家,如玻利维亚、智利、哥伦比亚、厄瓜多尔、马尔维纳斯群岛、法属圭亚那、圭亚那、巴拉圭、秘鲁、苏里南,也存在一些贸易协定,以及保护特定产品的法律法规。例如在智利,对儿童产品中甲苯残留的限制,有非常具体的法律法规。

### 2.8.6 贸易协定

有几个协会和区域性的贸易协定。各项贸易协定在其适用范围和统一的程度方面有很大的不同。

### 2.8.7 北美自由贸易协议

墨西哥、美国和加拿大之间的北美自由贸易协定(NAFTA)已对墨西哥的法规条例产生了深远的影响。因此,即使严格上来说这不是一个拉丁美洲的协议,但它对于这个地区来说仍然是非常重要的。NAFTA 包括卫生和植物检疫措施,是仿照了乌拉圭回合协议的卫生和植物卫生措施。NAFTA 的第 756 条款建议这三个国家“追求各自卫生和植物检疫标准的等效性”。这个条款的起草,是为了协助避免三者之间关于食品制备和加工的食品贸易争端。其理念就是国家承诺在可行的前提下，尽可能统一食品生产流程，避免条款成为变相的贸易限制。

为了避免贸易壁垒，NAFTA 鼓励各国在制定各自 SPS 措施的时候尽可能采用相关的国际标准。然而，每个国家都允许采用比国际标准更为严格的、基于科学原则的标准，以实现对人类、动物和植物所期望的保护水平。NAFTA 签署国已同意在降低保护标准的前提下，承认与 SPS 措施等效的条款。等效性即采用不同的方法措施来达到相同的保护水平。每个国家都同意接受别国与 SPS 措施等效的其他措施，只要出口国所采用的 SPS 措施可以达到进口国所期望的保护水平且基于风险评估技术(Looney，1995)。

墨西哥纳入 NAFTA，已经使她达到与美国相当的水平，而其他拉美贸易伙伴可能几年都达不到这个水平。不过在此之前，墨西哥、美国和加拿大的官员花了数年的时间去比较食品监管标准，并做一些改变来达成共识，使这个贸易伙伴关系可以向前迈进。没有其他的拉丁美洲国家曾试图，更不用说实现，而这个时刻正是墨西哥做了，以确保纳入与美国一起的区域贸易协定。

### 2.8.8　安第斯共同体

安第斯共同体(秘鲁、厄瓜多尔、哥伦比亚和玻利维亚)是一个南美组织，其成立的宗旨是鼓励工业、农业、人文和贸易合作。2005 年，该组织和南方共同市场(MERCOSUR)签署了协议。通过这件事，安第斯共同体获得了四个新的准成员，阿根廷、巴西、巴拉圭和乌拉圭。该协会的宗旨之一是促进区域一体化进程，以逐渐形成一个拉丁美洲共同市场。在撰写本书时，各技术委员会已经能确定了一些常见的(统一的)安第斯标准，还有一些仍在研究中。安第斯共同体成员国也正在努力实现对生产的食品、药品和化妆品在健康和消费者安全方面的要求的统一。各成员国也在考虑设立特设委员会来负责涉及安第斯共同体成员在安全、健康、消费者保护、环境和国防等相关方面的标准。安第斯共同体国家已采用 ISO/IEC 的相关标准化和合格评定程序的指南。至于采用别的标准或开发安第斯共同体自身标准，决策 376 设定了优先权，即按照下列顺序：国际性标准，区域性标准，会员国的国家标准，非成员国的国家标准，最后是一些私营的标准组织(OAS，1998)。

### 2.8.9　加勒比共同体和共同市场

加勒比共同体和共同市场(CARICOM)是一个旨在整合其成员和经济体并创建一个共同市场的组织。其成员包括：安提瓜和巴布达、伯利兹、格林纳达、蒙特塞拉特、圣文森特和格林纳丁斯、特克斯和凯科斯群岛、巴哈马群岛、英属维尔京群岛、圭亚那、圣基茨和尼维斯、苏里南、巴巴多斯、多米尼加、牙买加、圣卢西亚、特立尼达和多巴哥。由于加入了WTO，对于进出口的食品，CARICOM国家应当做到国家和区域性的标准和食品法典标准一致，并遵守WTO食品安全相关条例。

加勒比食品安全倡议（CFSI）是由CARICOM秘书处、美国农业部（USDA）、美国食品和药品管理局（FDA）和美洲开发银行（IDB）筹划。这一举措的目的是要建立一个模型和样板，以协助各国履行其WTO卫生与植物检疫的义务。CARICOM成员国首先利用此方法来实现国家和区域食品安全政策和基础设施的统一，推进发展中国家之间的技术合作，并充分利用国际捐助团体的资金支持（FAO，2002）。

### 2.8.10 中美洲共同市场

中美洲共同市场（CACM），是一个整合得很好的中美洲经济体，由5个中南美洲国家经济体组成（危地马拉、洪都拉斯、萨尔瓦多、尼加拉瓜和哥斯达黎加）。经过40年努力之后，在此区域一体化下取得的成果是CACM。CACM是一个意义深远的贸易协定，除其他一些方面外，它首先确保了区域内99.9%的土特产实行零关税的自由贸易。CACM还在许多领域提供统一监管体系，从产品注册服务到争端解决方案。该地区为把共同市场升级为中美洲海关联盟已经付出了几年的努力。这意味着一体化进程到达了相当的程度，即对于区域性贸易来说内部海关手续变得多余并应被淘汰，而与此同时，对非区域伙伴贸易的海关手续实施统一和共同管理。然而，虽然现在中美洲国家已经采用食品法典作为自己的准则，但是实际情况是每个国家仍然遵循自己的特有规则。

### 2.8.11 南方共同市场

1991年3月亚松森条约的签署表明阿根廷、巴西、巴拉圭和乌拉圭决定一起创建南方共同市场（MERCOSUR）。最初创建MERCOSUR的宏伟目标是建立一个类似于欧盟的共同市场。委内瑞拉在2006年成为正式成员。类似于欧盟，MERCOSUR有不同的立法和技术组织来制定法规和标准，如果这些法规和标准投票通过的话，它们就会纳入到国家法律。到目前为止，虽然数以百计的标准被MERCOSUR采用和实施，各个国家对于这些标准的实施执行还是明显滞后。在食品委员会的监督下，食品法已经统一由SGT-3（技术条例规范化工作小组）实施。本来其目的是在统一市场开始之前统一所有的食品法规。然而，截止到

1995年1月不仅很少的MERCOSUR决议被采用，而且在这些决议当中，实际上很少有成员国真正实施。总之，下面列举的是在MERCOSUR没有成立之前那些成员国取得的进展(De Figuereido Toledo，2000)：

(1) 认真准备由政府和私人机构共同讨论的提案。

(2) 在SGT－3食品委员会的例会期间，将提案提交给所有成员国。

(3) 由具体的专案小组对提案进行讨论。

(4) 提案被一致表决通过。

(5) 努力制订MERCOSUR技术法规项目。

(6) 所有有关各方成员国对于项目的内部讨论。

(7) SGT－3对于该项目的批准。

(8) 将协调统一后的提案提交给GMC认证。

为了完善制定食品标准所需要的科学知识，食品法典委员会标准、指南和建议，以及欧盟的一些指令和美国FDA的规定都被用来作为参考。这个过程正在逐渐完善。然而，随着参与的4(现在是5)个国家有不同的法律、习惯、特质和利益，协调统一的进程并没有走在最初规划的道路上。

### 2.8.12　小结

虽然统一的食品法规对建立全球食品贸易公平竞争的环境尤为必要，但事实上，实施过程中受到诸多障碍与挑战。在拉美地区，这些挑战是由于国家间食品质量控制体系的发展水平不均而变得更加复杂。每个国家在参与区域性活动之前，必须首先面对来自于国内的挑战。通过采用已有的国际公认的标准，如食品法典，可以促进统一化过程的发展。然而，非常重要的一点是必须考虑到每个国家都有自己的特质和需要，因而接受和实施的水平仍可能有很大差别。区域协调统一的过程中仍然会需要一些时间，这将取决于得到技术援助和使用合理的风险评估技术的情况，国际组织可以提供相关的帮助和信息。在某些情况下，协调统一的对象是明确的，但是实现起来仍困难重重。

## 2.9　欧盟

### 2.9.1　引言

欧洲经济共同体自1958年成立之初开始就对农业高度重视。最初的动机是希望能够自给自足，并满足农村和农业人口的需要。随即，欧共体开始使用立法去规范食品行业[55]。起初，这项法律源于农业部门(DG)，后来又转移到负责工业、企业和内部市场的部门。

从 20 世纪 60 年代初直到 90 年代中期，疯牛病危机爆发前，欧洲的食品法主要是为了指导在欧盟内部建立食品市场。这个面向市场的过程可以分为两个阶段。第一阶段，重点是通过垂直指令以达到统一，这个阶段以“Cassis de Dijon”判例法为标识结束。在第二阶段期间，重点转移至通过水平指令达到协调一致[56]。

20 世纪 90 年代，疯牛病危机和其他食品恐慌暴露了当时欧洲食品法的许多严重缺陷。显然，需要根本性的改革。2000 年 1 月，欧盟委员会在“食品安全白皮书”中宣布其对欧洲食品法未来发展的憧憬[57]。

“食品安全白皮书”强调委员会计划将食品法由共同市场发展转移到保持食品安全的较高水平。自其发布以来，欧盟食品法规已经发生了全面的改革。

### 2.9.2 创建欧洲内部食品市场

1957 年，当 6 个欧盟创始成员国签署了罗马公约后，一个与经济特征有关的团体建立。这不仅体现在它原始的名字——欧洲经济共同体上，而且其目标也是逐步建立一个共同市场。公约的主旨是为了实现欧盟的 4 项自由目标：劳动、服务、资本和货物的自由流动。货物的自由流动[58]一直是食品法发展至关重要的一部分。在实现贸易无国界宏大构想的第一年期间，共同体立法的主要目标是通过国家标准的统一促进内部市场的发展。关于食品质量和标签的协议被认为是必要的。为了达成这样的协议，颁布对某些特定食品成分规定的条例。这就是所谓的垂直(配方、成分或技术标准)立法。垂直立法类似于食品法典的产品标准。

早期的尝试是通过规定统一产品成分以解决食品在欧洲共同市场中遇到的两个主要障碍。第一，当时在理事会要求所有的法律一致，这使得各成员国在新的立法上有了虚拟的否决权。第二，这是一个规模庞大的任务：通过浏览欧盟成员国超市货架产品种类，欧共体意识到有太多食品需要处理。为每个产品创建成分标准是不可能完成的任务，委员会明智地选择了替代品。然而相当多的产品仍然在成分标准上受限于欧洲法规[59]。这些成分标准构成了第一阶段遗留下来的欧盟食品法。它们需要及时更新或更换，但没有新的产品添加进来。

### 2.9.3 判例法的促进作用

欧洲共同体法院的裁决表明解决现有僵局的方法是通过对货物在共同市场

自由流通上提出新的、广阔的、关键的诠释：欧共体条约第28条[60]。这个条款禁止对进口货物在数量进行限制[61]。

这项条款应该与欧共体第30条条款放在一起解读，因为其中包含了可能产生例外情况的货物自由流通，如人、动物或植物的健康和生命的保护措施。在这种情况下，Cassis de Dijon具有里程碑式意义[62]。一家德国连锁超市试图从法国进口Cassis de Dijon（一种水果利口酒）。然而，德国当局拒绝批准该产品进口，因为酒精含量低于德国国家法律允许的标准：德国国家法律规定这种酒应含25%以上的酒精，而Cassis de Dijon的酒精含量仅为20%。德国当局承认这是对贸易的限制，但仍尝试从低酒精含量饮料会带来一定风险的基础上坚持拒绝进口该类饮料。德国当局认为，低酒精含量饮料比酒精含量高的饮料能更容易提高人们对酒精的容忍限度，而且喜欢较高酒精含量产品的消费者购买该类产品时，可能会感觉受到欺骗。最后，德国认为在缺乏相关法律规定的情况下，低酒精含量饮料将受益于不公平竞争，因为根据德国的法律，对酒类产品征税很高，因此进口低酒精饮料的售价比德国本土产品售价明显偏低。

法院认为，德国当局提出的争议是有意义的，尽管欧盟条约规定的例外条款并不包括该情况，但这些争议是迫切需要解决的。这就是所谓的理性原则。法院认为，德国公众健康的说法不符合紧迫感这一标准。法院特意列举了许多存在于德国市场上的酒精含量低于25%的饮料。至于消费者因为比预期酒精含量低而感到被欺骗，法院认为，这种风险可以利用市场上常见的通过在饮料标签上标示酒精含量来解决。

针对这种情况，没有对各成员国之间的贸易进行限制的具体理由，法院引入了一般规则：已合法生产并在成员国之一销售的产品，不应被其他成员国以不符合本国规定的理由拒之门外。这就是所谓的相互承认的原则。凭借其裁决，法院在卢森堡奠定了一个运转良好的共同市场法律基础。进口食品必须符合本成员国的法定要求，原则上才能被其他成员国所接纳[63]。

一些评论者表示担心，Cassis de Dijon决议将导致基于最低共同标准的产品标准。很显然，采用最宽松的安全/技术要求或法律程序的成员国的生产商将获得竞争优势。

相互承认原则的局限和缺点需要在欧洲范围内进一步协调食品行业。对于有更严格国家标准的成员国，它们寄希望于建立欧盟层面的立法，以提高水平相对较低成员国的标准。Cassis de Dijon裁定促进了欧洲范围内的统一协调，并带来了显著变化。在裁定之前，统一只是内部市场运作的一个条件。随后，重点转移到缓解内部市场的需求上。同样地，Cassis de Dijon 裁定之后，法律条款也朝着协调统一的目标推进。在立法上，重点从具体产品立法转移到横向立法，这意味着统一的法规为常见的食品问题提供了解决方法。

互认原则至今仍然适用。产品只要合法的进入任何一个成员国，原则上应可以在欧盟全境出售而没有任何限制。

### 2.9.4 崩溃

基于相互认可，以市场为导向的食品法在鼎盛时期以悲剧结束。20 世纪 90 年代，欧盟的粮食和农业部门遭受了重创。一系列危机导致消费者对公共当局、工业和科学界的信心崩溃。只有当创伤得到理解，现有的欧盟食品法第三阶段才能达成共识。

虽然疯牛病(BSE)危机不是第一次，在死亡人数方面，也不是欧盟最严重的食品安全危机[64]，但它也引起了欧洲法律和监管环境的震动。随后的食品安全恐慌[65]、动物疾病的爆发[66]和丑闻欺诈行为，增加了当局紧迫感，促使其采取保护措施。这些欺诈行为包括动物饲料中添加废弃物[67]和黑社会参与到供给和使用生长激素[68]并升级为对兽医的谋杀，这些使当局和公众的注意力转移到非法物质的使用上(Butler, 2002)。

公众对疯牛病疫情的态度以及英国和欧洲当局解决问题的时间表，对欧洲食品安全合作提出了重大挑战。当危机的程度公布于众，欧盟出台了一系列关于禁止英国牛肉出口的命令。作为回应，英国采用了与欧洲机构非合作的政策，并试图否认疯牛病问题的严重程度[69]。

欧洲议会在化解这场危机中起到了至关重要的作用。临时咨询委员会被任命专门来调查卷入危机的国家和欧洲机构的行动[70]。该咨询委员会在 1997 年初提交了报告(Ortega Medina Report, 1997)。该报告强烈批评英国政府以及欧盟委员会。欧盟委员会被指责错把行业利益置于公众健康和消费者安全之上，科学被扭曲且透明度不够。奇怪的是，这份问责报告随后带来的对欧洲议会的谴责，反而向欧盟委员会提供了它迄今为止最为缺乏的动力。实际上这是一次很好的机会，通过主动调整欧洲食品法，大大加强其自身力量。欧盟委员会承诺将长久地坚决执行委员会的建议。

发展沿着制度以及政策方针进行。总局(DGXXIV)两年前创建的“消费者政策”，被改进并更名为“消费与健康保护政策”，包括源自于 DGs 的关于工业和农业方面的科学咨询委员会[71]。并成立了一个科学指导委员会，为了给消费者的健康问题带来更全面的科学背景和解释。内部市场的"产品预警系统"也从DGIII(农业)转移到DGXXIV。自1997年起,食品立法的重心从DG农业转移到现在被称为"SANCO"的DGXXIV。

早在1997年5月,该委员会[72]发表了一份关于欧盟食品法[73]一般原则的绿皮书。它设定了一个有能力对食品生产进行牢牢把握的法律体系结构。保护消费者始终应放在第一位。该委员会致力于加强其食品安全控制功能。这直接导致1997年在都柏林建立食品和兽医办公室(FVO)[74]。该办公室负责在食品安全领域执行委员会的控制措施,包括控制动物健康和福利以及审计那些希望出口到欧盟的第三国。此外,委员会宣布成立一个独立的食品安全局[75]。该委员会在1997年之后不断努力,最终在危机高潮时采取的对英国的反制措施得到了欧洲法院的支持[76]。2000年1月12日欧盟委员会公布了其著名的食品安全白皮书[77]。

### 2.9.5 白皮书:看待食品法新视角

欧盟委员会对欧盟食品法未来形态的愿景和蓝图,可以说全部写进了这本食品安全白皮书。疯牛病危机爆发之前,欧洲食品安全法是服从于国内市场的发展的。在危机处理上的缺点清楚地表明需要一个新的、综合性的食品安全管理方法。该委员会的目的是恢复和保持消费者的信心。白皮书着重于对食品法规进行审查,以使其更加连贯、全面和始终保持最新,并加强执法。此外,欧盟委员会支持成立一个新的欧洲食品安全局[78],以从科学的角度对整个联盟进行思考,从而提高对消费者的健康保护水平。

### 2.9.6 实现愿景

上述白皮书的附件是食品安全的行动计划,有84个立法步骤,委员会认为有必要建立一个监管体系来保护消费者和确保公众健康。世纪之交见证了欧洲食品法按计划自我完善的开始。第一个新的条例于2002年生效,在编写过程中,84个步骤中的大部分已被接受[79]。新的监管框架是基于条例,而不是指令。

该白皮书公布后仅两年,奠定了新欧洲食品法的基础:"欧洲议会条例178/2002和2002年1月28日欧盟理事会指定的食品法总则和要求,建立了欧洲食品安全局并制订了食品安全问题的处理程序[80]"。这种调节通常在英语被称为"通用食品法"("GFL")。德国人认为它相当于"Basisverordnung"——或许是一个更准确的词,鉴于实际上的监管依赖于现正重建的欧洲和国家食品法的基础上[81]。一般食品法的主要目的是保障与食品相关的公众健康与消费者利益。确实如此,它通过阐明一般原理，建立了欧洲食品安全局，并制订了突发事件处理程序。

在一般食品法后，下面是整个新立法的清单(见表 2.7)。

**表 2.7 在欧盟食品法的改革摘要**

| | |
|---|---|
| 2002 | 条例 178/2002(GFL) |
| 2003 | 条例 1829/2003 和 1830/2003 GMO 包装 |
| 2004/2005 | 条例 852 - 854/2004 卫生包装 |
| | 条例 882/2004 官方控制 |
| | 条例 1935/2004 食品接触材料 |
| 2006/2007 | 条例 1924/2006 营养与健康声明 |
| 2007 | 白皮书——对欧洲在营养、超重和肥胖相关健康问题的策略 |
| | 肥胖政策 |
| 正在进行的 | 现代化农药立法 |
| | 对添加剂、调味剂、酶和新型食品立法的现代化 |
| | 现代化标签法例 |

对于接下来我们将留在欧盟食品法第三阶段能长达多久和之后还会发生些什么，这是很难预测的。

由 20 世纪 90 年代的动物健康和食品安全恐慌引发的在食品方面大范围立法的机会，现在看起来似乎将要结束。一些定稿提案仍在处理中。如果没有重大的危机引发新的动力，似乎不太可能有更多根本性的法律会在不久的将来施行。欧盟立法者可能会觉得这是促使自己做出简化和减少食品行业负担的一种尝试。

对今后几年的议程中最紧迫的问题可能是超重和肥胖。到目前为止，欧盟立法者一直没有找到合适的手段来处理这个问题。措施目前仅限于直接和通过食品标签向消费者提供信息[81]。新的欧洲食品法显示出几个特点：更强调横向法规(原来注重垂直立法)，更强调法规制定的目标必须实现，所谓目标管理；采用条例(而不是指令)，从而增加集中化。

### 2.9.7 分析

欧盟关于食品的法规数量是压倒性的。食品行业已成为欧盟第三大行业(汽车及化学品之后)。然而，仔细观察却发现结构可谓是相当简单。包括执法部门[82]，危机管理和立法等公共权力来解决食品贸易问题。

立法解决食品贸易问题通常可以分为三类：产品标准立法、交易过程立法和产品宣传立法。整个结构被嵌入在一般原则里。

2.9.7.1　欧盟食品法的原则

一般食品法提供了一些基本概念、义务、要求和食品法的原则。食品法应着眼于保护人的生命和健康，以及(其他)消费者的权益(第5条款)。保护生命和健康应该以科学的基础，并基于风险分析(第6条款)。当科学的风险评估是不确定的时候采用预警原则，实施临时措施从而避免遭受可能存在的风险(第7条款)。负责风险评估的机构是欧洲食品安全局——EFSA(第22条款)。

凡国际标准——如食品法典的存在——或即将实施的，一般应当考虑不断完善或适应食品法(第5(3)GFL条款)。如对食品的定义和HACCP原则都是食品法典制定的，但都已被欧盟食品法所采纳(见下文)。由食品法典提出的产品标准的法规对欧盟立法影响较小，因为欧盟基本上已经放弃了针对特定产品标准的法律(见上文)。

食品企业有责任承诺遵守。成员国负责执行(第17条款)。

2.9.7.2　产品

立法解决的产物可以进一步细分为3类：①成分标准；②市场准入要求；③限制。上面我们已经遇到过对产品成分或质量(垂直)立法。这种类型的损失是相关联的。一般的规则是，生产者可以自由地选择成分。越来越多的例外在于需要对一定的产品做出批准。批准的产品都包含在所谓的正面列表中(可使用的产品的清单)。

最重要的需要审批的类别有：食品添加剂[83]、转基因食品[84]和新型食品[85]。食品添加剂是人工合成的物质，本身不是食品，而是因一些技术原因而添加到食品中的物质，如防腐剂、胶凝剂和一些色素。转基因食品是指食品包括或由使用基因技术的生物体来制造或生产的食品。新型食品是指1997年之前欧盟没有大量消费的其他食品。

审批最重要的标准是科学的风险评估。

最后，还有一个立法是限制食品中有害物质(污染物)或微生物的存在[86]。限制是在科学风险评估的基础上设置的。为了那些没有被批准或不满足最低安全级别的产品，采取零容忍的做法。目前关于此立法现代化的提案正在审议中。

2.9.7.3　流程

人们已经认识到，为了确保食品安全，食品生产以及交易的整个流程必须加以控制。旨在预防食品安全风险的做法被称为“卫生学”。欧盟立法关于食品卫生的核心就是所谓的HACCP体系——危害分析和关键控制点[87]。此体系要求食品企业对他们的流程进行这样的分析，使他们知道可能发生的危害，如何识别它们，以及如何处理它们，以保证食品安全。采用该体系必须做到认真记录归档。

在贸易可追溯性的要求上适用第 18 GFL 条款。食品企业必须记录他们的原料来源以及产品销往何处。如果发生食品安全事件，这些信息必须确保当局可以迅速识别问题来源以及扩散程度，已消除问题源并处理后续问题。

最后，企业有理由相信，当他们的食品不符合食品安全要求时，他们有义务将产品从食物链中召回并告知消费者(第 19 GFL 条款)。

2.9.7.4 介绍

有很大一部分食品法规是用来规范食品企业通过广告，主要是标签，向消费者提供的相关产品信息。这些法规中最重要的法典是欧洲议会的指令 2000/13 和 2000 年 3 月 20 日欧盟理事会颁布的各成员国使用有关食品标签来展示和广告食品，这就是所谓的"标签指令"[88]。标签是指"任何言语、资料、商标、品牌名称、图片或与食品有关的符号，放置于任何包装、文件、告示、标签、环或垫圈随附或引用此类食品"。标签不能用来误导消费者。所有预包装食品必须用通俗易懂的语言进行标示。通常，这意味着是该成员国的本国语言。其他信息是强制性限制或禁止的。

标签一般包含所需的(必需的)大约 12 种信息，其中最重要的是：该销售产品的名称；配料表；某些成分或类别的数量；过敏原存在的情况；预包装食品的净含量；食品的最低保存条件和日期，从微生物的角度来看，很容易腐烂的食品都是"在××以前食用"；制造商或包装商的名称或企业名称和地址，或销售商信息。具体标签规定要求在标签上要提及存在的添加剂、新型配料和转基因生物。

2006 年关于营养和健康声明的新条例公布[89]。营养声称必须符合本附件的规定。附件说明了一些额外的事情，比如只有在食品中某些特定营养成分和能量被减少了至少 30%的情况下，才可以使用"低"这种表达。健康声称如某种食物对健康有影响，则需要进一步的批准和科学依据。有健康声明的食品称为"功能性食品"。目前的营养标签，如在产品中提到存在营养成分和能量，一般都是自愿的行为，除非有声明强制规定[90]。目前正准备立法来强迫执行该项行为。

### 2.9.8 欧盟食品法中的科学

在欧盟食品法的一般原则是基于科学的，主要是指当局需要科学建议——为此欧洲食品安全局负责这一工作——当他们对某些食品或健康声明的批准请求做出决定或当他们设定的最高的污染物水平。

## 2.10　近东地区

### 2.10.1　地理

当讨论这个地区的食品安全问题时，必须注意使用正确的地缘政治术语。“近东地区”是食品法典中所使用的术语。食品法典中所列出的近东国家是本节将要讨论的内容。包括阿尔及利亚、巴林、埃及、伊朗（伊斯兰共和国）、伊拉克、约旦、科威特、黎巴嫩、利比亚、阿曼、卡塔尔、沙特阿拉伯、苏丹、阿拉伯叙利亚共和国、突尼斯、阿拉伯联合酋长国和也门。认识到这个列表与世界卫生组织和各国政府所认为的区域组织国家之间的区别是非常重要的。从食品安全的角度，上述“近东地区”名单中列出的国家与各种地缘政治中所谓的“中东”的国家并不完全一致。

### 2.10.2　历史

近东地区食品安全的历史很短。其中一个原因是此地区中的一些国家近代以来才宣布独立，因此还没有足够的时间来建立国家食品安全体系。第二个原因是近东地区国家是食物净进口国。直到最近，出现一种有时依赖于食品出口国当局采取相关措施来确保出口食品安全的趋势，但这种局面将不复存在。各国现在将进口食品和出口食品的安全都视为重点，制订了一系列食品安全方案。此外，在大多数国家，多个部门将同时评估食品安全。这常常导致了各部门间不必要的重复和沟通上的障碍。对本地生产食品和进口食品采取不同的食品安全标准使得问题更加复杂，通常对进口食品采用更为严格的食品标准。迅速发展的旅游业也是推动该地区确保食品安全的重要动力。确保国家和区域内的食品安全供应需要更多的努力。

近东地区一些国家，包括约旦、沙特阿拉伯、阿联酋、埃及和黎巴嫩，近年来在食品安全计划的现代化和精简化方面已经取得显著的成就。

### 2.10.3　约旦

2003 年 4 月 16 日，约旦成立了约旦食品与药品监督管理局（JFDA）。它是在 2003 年 JFDA 法案的基础上成立的。食品法律第 79/2001 条是约旦在食品安全控制方面的基本法规。这条法律授权 JFDA 成为管理和监督食品安全行为的官方机构。最近投入了大量的人力物力来确保食品法律与 WTO 规则和国际标准相一致。实验室设施也得到显著改善。

### 2.10.4 沙特阿拉伯

2003 年 3 月 10 日，沙特阿拉伯成立了沙特阿拉伯食品与药品监督管理局(SFDA)。将之前与食品药品安全相关的部门合并为一个机构——SFDA。沙特阿拉伯食品药品管理局有 5 年的时间来建立其架构，雇佣员工以及建造实验室。在这之后需要提交一份食品安全法律来确保所有进口和本土食品都符合国家和国际认可的标准。

### 2.10.5 阿拉伯联合酋长国

阿联酋(UAE)有标准化和计量机构来规范食品安全标准。阿联酋 7 个酋长国的食品安全由各自治区负责。其中最大的是在迪拜(公共卫生部门下的食品安全局)和阿布扎比(阿布扎比食品安全局，ADFCA)。每个酋长国有其独立的食品监管系统和食品安全实验室。在迪拜召开的食品安全年会是探讨国家及国际食品安全问题的会议。

### 2.10.6 埃及

埃及的食品法律要追溯到 20 世纪 40 年代。现在，公共部门和私人机构都认为此法律、监管部门和食品安全实验室远远不够。

埃及采取了很多措施，通过建立一个单一的、统一的食品安全机构来改进整个食品安全系统。在编写此书的时候，一份食品安全法草案正被提交给埃及国会。

### 2.10.7 黎巴嫩

黎巴嫩已把确保食品安全和健康视为首要任务。食品安全法规正逐渐现代化，同时正逐渐加强对整个食品链上的食品品质和安全的公共管理。黎巴嫩经贸部长要求黎巴嫩食品安全小组在 2003 年 5 月前根据国际要求起草完成新的黎巴嫩食品安全法。这项工作目前仍在进行。

### 2.10.8 其他国家

阿尔及利亚、巴林、伊朗(伊斯兰共和国)、伊拉克、科威特、利比亚、阿曼、卡塔尔、苏丹、阿拉伯叙利亚共和国、突尼斯和也门也不同程度的致力于其国家食品安全计划的改革与现代化。在这些国家中,伊朗在食品安全方面有着最悠久的历史。伊朗农业、健康、卫生、医疗部门以及伊朗兽医组织(IVO)都致力于食品安全工作。伊朗标准与工业研究学院在1960年成立。

### 2.10.9 协调

许多积极的信号表明近东地区各国的食品安全法规正逐渐走向统一。他们也逐渐认识到与国际认可的食品安全法规保持一致的重要性。2005年迪拜和阿布扎比签署的关于食品监管和兽医行业方面的谅解备忘录(MOU),是国家层面上统一的一个很好例证。此举能够促进阿联酋两个机构之间在食品安全和公众健康问题上的更好的协调。

海湾合作委员会(GCC)的国家之间有一个关于食品安全控制的协调机制,并在被进一步完善中。GCC国家包括:巴林、科威特、阿曼、卡塔尔、苏丹和阿联酋。

区域层面上协调而取得的利益,可以以关于近东国家之间进出口认证的相互承认协议的讨论文件为例。这份文件于2005年约旦、近东地区的联合FAO/WHO食品标准计划,FAO/WHO协调会议的第三个板块中被发布。它描述了相互承认协议对该地区国家之间的双边和/或多边基础上的应用程序的统一和区域合作方法的概念框架。该文件强调了进出口的认证,并因为这个需求,建立基于等效系统的食品进出口监管机制的重要性。

关于区域协调一致的努力,最近一些的例子包括起草零售食品的行业规范、鲜活鱼类包装和运输的区域性行业规范、营养标签区域性的统一规范、哈里萨辣酱、乳酸饮料、石榴和含有鹰嘴豆泥的哈尔瓦的区域性标准。在2009年1月的FAO/WHO近东地区协调会议上讨论了上述所有问题。

总之,近东地区所有国家都在努力改进和完善其食品安全系统。完成这个任务也需要注意与国际标准和程序协调一致。

## 2.11 东北亚

### 2.11.1 引言

近几年食品安全事件的频繁爆发,如疯牛病、二噁英、三聚氰胺等,引发了越来越多的公众对食品安全的担忧。为了保护公众健康,东北亚地区在修改和完善现有的食品法规和管理系统上取得了明显进展。

这个地区的食品法规过去关注的是传统的食品安全监管措施，例如必要的法律权力、相关政府部门、监管执法、刑事调查、进口管制、营业执照、检验和认证体系、食品质量和安全标准、禁止未经批准或非法使用药物和化学品，以及对食品掺假/虚假标签和欺诈性的健康声明的处罚。

然而近几年，重点放在和国际标准的接轨、基于科学的风险分析、加强风险交流、机构间更好的协调和突发事件应急机制。日本和韩国近来实施的“食品安全基本法”，为相关机构在协调监管框架和政策执行上互补提供了法律基础。

### 2.11.2 发展

大多数国家的食品法规过去主要关注的是传统食品安全监管措施，例如必要的法律权力、有关政府部门、监管执法、刑事调查、进口管制、营业执照、检验和认证体系、食品质量和安全标准、禁止未经批准或非法使用药物和化学品以及对食品掺假/虚假标签和欺诈性的健康声明的处罚。由于食品产品种类繁多、性质复杂，从农业、渔业、肉类和禽类产品到加工食品，各部门和地方政府都需要参与到食品控制计划中来，通过责任分担来确保在不同阶段食品供应链上的食品质量和安全，如生产、制造、分销和零售。

在过去的几十年里，中国、日本和韩国都有食品卫生法，涵盖了卫生操作基本规范和保障公众健康的食品安全需求，在其国家食品安全控制体系中发挥了重要作用。每个国家都有自己的食品卫生法，日本首先于 1947 年颁布，其次是韩国 1962 年颁布，最后是中国于 1965 年颁布。

国际食品贸易量自 1995 年成立世界贸易组织(WTO)以来一直呈增长趋势。由于不断发生的食品安全事件，如疯牛病、二噁英、三聚氰胺污染等，引发了越来越多的对食品安全的担忧，迫切需要对食品法规和食品安全控制体系进行显著的更新和升级。为试图恢复公众和消费者信心，推出了名为食品安全基本法的新法规，其中涵盖了一些新的控制措施，如在紧急情况下做出快速反应，确保以科学为基础的风险分析方法，通过成立食品安全委员会或食品安全理事会来加强不同部门间的协调与合作以避免监控系统中的任何漏洞。

日本于 2003 年制定了食品安全基本法，韩国于 2008 年颁布了食品安全基本法。中国于 2009 年 2 月 28 日颁布食品安全法，同时宣布成立国务院下属食品安全委员会，以更有效地控制并协调不同部门或机构的工作。韩国食品安全委员会全面掌控有关当局在政策方向和协调方面的活动，而日本的食品安全委员会进行风险评估活动,和其他负责风险管理决策的政府机构互相独立。在撰写此书的时候,将要成立的食品安全委员会在中国扮演怎样的角色还尚未确立。但是,于2009年6月1日正式生效的中国食品安全法,完全取代原食品卫生法。

食品安全基本法普遍反映了当下各国消费者要求更好的公共健康保护,强调信息的透明、信息公开与可追踪性,全国性食品安全教育,及时应对和防备紧急情况的重要性。此外,强调基于可靠的科学证据、政府和企业经营者的责任以及消费者的作用的国际标准的统一,对确保食品安全的重要性。

### 2.11.3 日本的食品法规

日本目前的食品法规和管理是基于2003年5月颁布的食品安全基本法,以及食品卫生法、屠场法、禽类屠宰业务控制和检疫法及其他相关法律[91]。食品安全基本法的推出是有关当局为解决因2001年疯牛病(牛绵状脑病,BSE)爆发而引发的各种问题。一种国际统一的风险分析方法被广泛地应用到日本的食品安全政策,通过建立内阁办公室下属的独立于卫生劳动保障部(MHLW)和农业部(MOA)的食品安全委员会,来主要负责基于科学的风险评估。

食品安全委员会由7名成员、16个专家委员会及秘书处组成。“规划专家委员会”、“风险交流委员会”,以及“应急委员会”及其他11个专家委员会负责审查技术资料并对食品中的潜在危害进行风险评估。于1947年制定的食品卫生法(共11章,79条款),已经修改了30多次。它涵盖了对食品生产和销售、营业执照、食品的标准/规范、食品添加剂和食品包装的卫生要求和责任。屠场法、禽类屠宰业务控制和检疫法涵盖了牲畜肉制品加工销售的卫生要求。卫生劳动保障部主要负责食品安全生产和销售,而农业部负责农业、渔业、肉类和家禽产品的安全生产,依据农产品质量控制法和其他相关法规,如植物保护法和检疫法。

### 2.11.4 韩国的食品法规

韩国目前的食品法规和管理是基于2008年6月颁布食品安全基本法、食品卫生法、肉类和禽类产品加工法、健康功能性食品法、农产品质量管理法,以及其他相关检疫规定。

2008年的食品安全基本法强调增强各机构处理各种食品安全问题时更有效的协调与合作。成立总理办公室下属的食品安全委员会,以全面监督和协调食品安全活动和问题,强调风险管理、风险评估以风险交流的方法来加强相关部门之间的合作,同时强调应急体系、信息公开、可追溯性、专家委员会以及努力与国际标准和规范统一。

食品卫生法(共13章,102条款)在2009年被全面修订,涵盖了制造、加工、分销及零售食品,食品标准/规范,食品添加剂和食品包装材料的基本责任和卫生要求。卫生、福利、家庭事务部(MOHWF)和韩国食品药物监督管理局(KFDA)负责政策方向和实施整体的食品安全控制体系。食品卫生法的最新修订版强化了政府的应急准备和应急反应,食源性疾病监测、检验,官方实验室认证,立即召回、禁止销售受污染食品,广泛监测进行风险评估,建立食品安全信息中心,增强消费者的参与以更好保障消费者在各种食品安全问题上权利。

1962年颁布的肉类和家禽产品加工处理法,强调了由农业部管理的肉类和家禽产品(分销及零售)在加工和处理过程中对卫生方面的要求和条件。

### 2.11.5 中国的食品法规

中华人民共和国食品安全法[92]于2009年2月28日颁布,全面修订并取代了1965年颁布的食品卫生法,并于2009年6月1日生效。在1965年由国务院授权并实施的食品卫生法规已经被修正和更新为各种形式的法规,如食品卫生法、产品质量法、动物检疫法及其他相关法规。

2009年颁布的食品安全法(共10章,104条)包括食品生产、加工、分销及零售的基本卫生要求,食品添加剂和新型食品的强制性安全评估要求,标准的合法化,食品规范,食品添加剂,食源性疾病事件的报告,记录保存,风险评估,以及进出口检验和认证系统和相关部门的责任和角色。

食品安全法还授权国务院设立食品安全委员会,以加强相关部门之间的有效协调与合作。卫生部负责全面协调和综合管理[93],并调查重大食品安全事故,而农业部专注于生产部门以及其他有关部门。国家质量监督与检验检疫总局(国家质检总局)负责食品的进出口和检疫,以及食品制造的检验。国家食品药品监督管理局(SFDA)负责监督餐馆以及药品的卫生要求。国家工商总局(SAIC)规范消费产品的市场活动和贸易,包括出售的食品。

本章下一节将更加详细地讨论中国的情况。

### 2.11.6 小结

基于不同的社会、政治和文化背景,中国、日本和韩国的食品法规与食品管理体系存在一些异同。为了提升公众信心和保障消费者安全,日本和韩国已通过新的立法——食品安全基本法,来建立主管部门之间的互补合作和更好的协调。还强化了食品卫生法律中对频繁发生的食品安全突发事件的迅速反应和管理机制的条款。

中国最近颁布的食品安全法补充和替代了之前的食品卫生法，以最大限度地减少食品安全事故的发生，并加强参与食品安全控制体系的多个部门间的协调。日本食品安全委员会发挥了基于科学的风险评估活动的作用，而韩国的食品安全委员会主要通过协调相关部门的各个方面食品安全活动起到决策的咨询作用。中国的食品安全委员会将有望发挥与韩国食品安全委员会类似的作用，以加强在食品安全管理体系中相关机构间的协调。

由于包括互联网和手机通信技术的迅速发展，以及国际食品贸易的增加，食品安全问题已经不分国界。因此，应当更加努力地去加强食品安全监管体系以提高保护消费者健康的能力，确保国际食品贸易的公平进行。

## 2.12 中国

### 2.12.1 引言

中国是世界上人口最多的国家，保证人民的食品安全，是一项艰巨的任务。随着经济和社会的发展，人们生活水平的提高，人们对食品安全、健康和营养有了越来越高的要求和期望。然而，中国境内外反复出现的食品安全问题引发了公众的极大关注，降低了他们对食品安全的信心。2008年的三聚氰胺事件是一个很好的例子。食品安全立法对于在保护消费者和食品贸易来说都是很重要的。中华人民共和国食品安全法的实施是改革的催化剂。在此背景下，食品安全方面的一些事件有助于我们更好地理解改革的必要性。

#### 2.12.1.1 现有食品法律框架的缺口

20世纪70年代改革开放以来，中国的法律框架发生了巨大变革。虽然中国是一个统一的国家，但其立法结构是多层次的，包括由全国人民代表大会及其常务委员会制定的宪法和基本法、国务院及其各部门制定的行政法规、地方人大和政府制定的地方性法规等等[94]。自1978年12月起，食品相关法律法规总数达到了832件，但超过40件已经失效(张，2008)。在现行有效的法律中，食品卫生法和产品质量法是相对重要的。食品卫生法的目的是规范食品活动，如食品生产、加工、配送、仓储、采购、营销和展示等。产品质量法旨在规范加工食品的生产和销售。这两部法律覆盖了食品生产链的不同阶段，由不同政府部门实施监管，但是食物链上从农田到餐桌的每一阶段并没有完全考虑到。例如，食品卫生法并不包括种植农产品和养殖农产品，2008 年奶粉污染事件就是因为缺乏对收奶站的监管而造成的。因此，一个系统和完整的食品安全法律体系尚未建立。部分原因是因为在制定法律的时候仅仅是权宜之计，并且立法权力被分配到不同职能和不同水平的各部门。结果造成了重复、监管空白地带和矛盾。此外，现有的食品卫生法不足以满足大陆地区在整个食品安全监管活动的需要。在这种情况下，期待已久的首部中国食品安全法已经颁布，并于 2009 年 6 月 1 日生效。

2.12.1.2　*落后的食品技术标准*

随着科学技术的发展，食品安全的技术标准已经过时，并且使事态更糟的是，大部分中国的食品技术标准建立于 20 世纪 60 年代，当时食品安全问题还没有得到很好的认识。一般来说，食品技术标准现存的问题可分为 6 个方面：①制定标准的机构数量太多，引起了标准之间的矛盾，如卫生标准和质量标准之间的矛盾；②某些标准和相关的法律并不一致；③食品公司制订的标准与政府标准相矛盾；④某些已经大规模生产和销售的食品却缺乏卫生标准；⑤相同食品在不同的标准中具有不同的界限值；⑥大量的食品标准已经作废（杜钢建，2008）。

在多层次的食品监管体系中，一个典型的问题是主管部门职能和责任模糊。包括卫生部、农业部、国家工商行政管理总局和商务部、质检总局和检验检疫总局（AQSIQ）等。此前，为了尝试解决这个问题，已经付出了大量努力。根据 1995 年的食品卫生法第 3 条，国务院下属的卫生部、主管全国的食品卫生工作，国务院下属的其他各部门在各自的职权范围内负责食品卫生监管工作。然而，由于职能和责任划分不够明确，导致这一体系被戏称为“8 个部门管不了一头猪”。在这种情况下，2004 年，国务院出台了关于进一步加强食品安全管理的规定，明确各部门的职能和职责。直到 2007 年，各部门职能被划分为：农业部负责初级农产品的监管；质检总局负责监管食品生产的卫生和质量；国家工商总局负责食品的市场流通和销售；卫生部负责企业食堂和餐馆。国家食品药品监督管理局统一食品安全监管工作和负责重大食品安全事件，进出口农产品和食品由质量监督和检验检疫部门负责[95]。遗憾的是，在 2008 年大部制改革中，卫生部进行了重组，国家食品药品监督管理局（SFDA）纳入卫生部之下。各部门的职能和职责重新分配。SFDA 从前的职责被移交给卫生部，SFDA 的职责仅剩为负责食品流通和销售。到目前为止，新建的“超级卫生部”在防止食品犯罪行为的问题上从来没有成功过，例如三聚氰胺事件。

## 2.12.2 中国食品安全法

2.12.2.1 简介

在2009年第十一届全国人民代表大会第七次会议上，中国食品安全法通过了第四次审查，并将很快生效。经过多次修改，这部法律更重视对中央政府（相关问责主管部门）和地方两级政府的监管义务与食品经营者的责任。该食品安全法具有重要意义，说明如下：

2.12.2.2 食品安全法管理局

食品安全监管是由政府实施，来确保食品安全和促进食品贸易的管理。鉴于其在食品安全监管框架法律上的重要作用，食品安全法应该遵循基本法律。作为一个基本法律，它应该由全国人民代表大会和政府部门制定和实行。换句话说，食品安全法一旦生效，食品安全监管主管机构须遵循法律开展相关执法活动。

2.12.2.3 食品安全法的主要组成

如前所述，食品安全法是一个基本法律，其主要关注点是基本原则和要求。中国的立法一般参照已制定的原则和要求，即使国家和国家之间会有所不同。通常来说，国家/地区的现有基本食品法或国际组织，如联合国粮农组织和世界卫生组织推荐的法规来制定。

2.12.2.4 科学在风险分析中的作用

由于对人类健康造成威胁的风险越来越多，食品安全法规应以科学为依据，这已经达成共识。在此背景下，风险评估、风险分析，已被广泛应用于发达国家。风险分析由风险评估、风险管理和风险交流三部分组成。然而，在现实中，各个国家的风险应用分析有所差异。在中国，唯一的风险评估现在已投入到位。在这方面，中国食品安全法设立了风险评估的规定，使其以科学为根据。几个问题已经得到重视，其中包括风险监控系统，风险信息流通和风险评估及应用[96]。

2.12.2.5 食品标准

中国食品标准由国家标准、地方标准、行业标准和企业标准组成。多级标准有时互相冲突，并且大多数标准已经作废或低于国际标准。为了使这些标准系统化，中国已承诺统一国家食品安全标准，通过卫生部授予制定标准的权力[97]。此外，对于不合格食品的生产和销售，相互冲突的标准、过时的监管标准或尚无既定标准，也须遵循一般原则，保证标准的均匀性和一致性。为此，第23条已规定食品安全国家标准应当通过国家委员会批准，该委员会由具有食物相关背景的专家与和政府官员组成。除此之外，标准制定前，委员会应以不同利益相关者的意见和风险评估的结果作为制定标准的依据[98]。

2.12.2.6 监管体系

如上所述,虽然经过2008年初的新一轮行政改革,但食品监管制度仍未能确保食品安全。鉴于问题的严重性,国家不得已将食品安全法的职能和责任转给卫生部。此外,将成立一个新的国家食品安全委员会,负责食品安全领域的合作和协调工作。由于新委员会的结构不清晰以及可能与卫生部的功能职责产生冲突(已在法规中的协调工作功能中有提到),现在估计其在食品安全法制定和实施过程中发挥的作用还为时尚早。

### 2.12.3 小结

诚然,大家对中国的食品安全法有很高的期待。因为该法案将新规范用于安全监管,作为健全的法律基础。然而,制定了新的食品安全法在解决现有食品安全问题还不是万能的,因为这也取决于执法和遵守程度。针对目前情况,新的食品安全法还有很大的提升空间。但是,食品安全法的制定和实施对改善中国食品安全监管仍然是一个必不可少的步骤,因为作为在这一领域的"宪法",食品安全法将为人们提供法律依据,确保他们获得充足的食物,并使监管者和被监管者分别履行其义务。

## 2.13 俄罗斯联邦

### 2.13.1 引言

食品法尚不是俄罗斯联邦法律体系中一个独立的分支。政治家和科学家认为食品质量和安全与粮食安全不同。而粮食安全是一个能够决定社会稳定的更复杂的系统,并将其纳入国家安全的一般概念(见图2.1)。

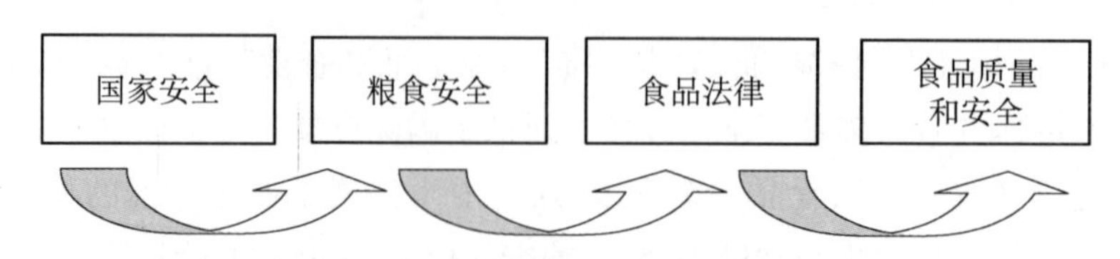


图2.1 粮食安全在俄罗斯国家安全的一般概念的层次结构

食品法包括宪法、民法、行政法、刑法、海关法和其他与联邦立法规则不同的项目以及众多的附则(政府法规、部门指导、法规、法令,等等)。

食品法是保障消费者安全、甚至国家安全的一个重要因素，由以下几方面决定：

(1) 国内外大量的假冒伪劣食品，日益威胁到消费者的生命和健康。根据保护消费者权益的国家基金统计，俄罗斯联邦市场中有50%～85%(Chernova，2008)的食品和95%(Khurshudyan，2008)的生物活性补充剂是部分或全部伪造的。酒精饮料位列榜首。

(2) 国内外生产的假冒伪劣食品都不符合规范要求。测试食物中有10%～13%不符合标准(Platishkin，2007)。卫生管理当局每年检查的食品量有300多万。仅在2007年，就有20%的进口鱼和海鲜、14%的罐头食品、66%的谷物和60%的人造黄油因有问题而拒绝(APK，2008)。俄罗斯每年约有100万人由于非自然原因过早死亡，其中主要原因之一是消化系统疾病。

(3) 越来越多的香肠、糖果、酸奶、巧克力、糕点、面包、玉米、马铃薯、烟草等食品是转基因食品。虽然食用转基因食品的后果还没有充分研究，然而根据一些肿瘤、肝、血液、肾脏疾病的研究结果，已经引起了科学家们的警觉，这类食品可能引起肥胖和过敏的症状。卫生当局公布每年大约2 000例转基因食品未被通报(Platishkin，2007)，所以消费者不了解食物成分，其选择权受到侵犯。

(4) 其他因素。较差的食品质量可以导致很多人口、医疗、社会等其他问题。

当国内市场上的进口食品达到17%～20%的份额时就会引起关注。发达国家正在计划将进口食品的份额减少到零。而在俄罗斯，进口食品超过40%，某些大城市达到了70%。这些相关因素已严重威胁到俄罗斯联邦公民的身体健康和生命安全。这就是俄罗斯联邦政府为什么建立国家粮食安全体系的重要原因，其在食品法领域中建立和运作法律法规方面的作用不可低估。它可以显著降低风险、改善目前状况。

### 2.13.2　立法现状

通过分析俄罗斯联邦食品法，俄罗斯是在食品质量和安全方面立法最先进的国家。但事实是，俄罗斯面临的更大问题是数量太多和质量较低。各部门(目前总数超过10个)职能相互交叉，阻碍了法律条款的实施，在整个食物链过程中效率低下。这直接导致官僚主义的增长，催生了腐败和大规模违法犯罪行为。

除此之外，俄罗斯立法中的部分声明性条款结合了各自状况。要实施法律，许多机构和部门在联邦食品法外，不得不又自行制定法规指令，但它们之间不能相互协调。这也会催生腐败并阻碍有效监控。

人们可以明确看出，俄罗斯在食品领域的正式立法是为保障公民的食品安全权利。1993年的俄罗斯联邦宪法中有数条细则(第7，17，41条等)，阐明了社会的职能和保护公民的医疗体系，以及确保粮食供应是保障人民生活和发展的条件。

俄罗斯联邦国家食品主要规范性的基础通过食物链有以下几种主要的联邦法律：

(1) No. 52－Φ3　人口的卫生和流行病学调查，1999. 3. 30，2007颁布。

(2) No. 29－Φ3　食品质量和安全，2000. 1. 2，2008颁布。

(3) No. 86－Φ3　国家基因工程法规，1996. 6. 5，2000颁布。

(4) No. 184－Φ3　技术管理条例，2002. 12. 12。

(5) No. 2300－1　保护消费者的权利，1992. 2. 1，2008颁布。

如上所述，俄罗斯联邦议会(杜马)和政府有几个基本的规范性法规。具体如下：

(1) 俄罗斯联邦的食品安全原则。

(2) 关于俄罗斯联邦粮食安全的联邦法律。

(3) 关于食品市场的标准、技术法规和联邦项目。

目前关于食品安全卫生的规定已经有7 000条，其中1 024条针对化学卫生指标；1 432条针对微生物卫生指标；2 890条针对农药卫生指标；917条针对与食品接触的物质和材料(Tutelyan, 2008)的相关指标；797条针对生物活性物质的指标。“食品假冒”和“食品识别”等基本概念由前述“关于食品质量和安全的联邦法律”定义，术语“假冒产品”在民法典中被定义。但是俄罗斯联邦刑法典和行政违法法规在各个层面上缺乏足够的概念阐明，来成功防范相应的违法违纪行为。现有体系不能充分对食品质量和安全进行控制和监督，无法适应当今农业生产和经营的变化，对农产品原料缺乏足够重视。现代质量管理体系是基于对整个工艺生产过程的深入研究，不能有效地对制造项目进行控制和监督。另一个显著的缺点是立法者只对某些控制和监督参数感兴趣，例如，强制性安全标准评价测试，而忽视了其他质量指标。这对食品法的发展产生消极作用。

### 2.13.3 展望

即将加入世界贸易组织的俄罗斯联邦应考虑多项法律和组织问题。市场融合需要国家法律与国际标准技术相配套。特别委员会正在研究是否应将国家标准和规定纳入食品法典。

2007年2月,俄罗斯农业部和欧盟开展了一个合作项目。该项目包括兽医和草药监督,以协调俄罗斯草药安全法规的规范。该项目耗时30个月,预算为4 000 000欧元。

综上所述,俄罗斯联邦充分意识到全球一体化的积极作用。由于初涉这个全球一体化的国际市场体制,它仍需继续努力。

## 2.14 总结回顾

### 2.14.1 引言

本章很可能是唯一的把构建食品法作为一个国际学术项目。这可能是第一次有这么多行政辖区在同一本书中被提到。本章汇集的关于全球范围内食品法规发展的内容是一种探索性的。我们不能做出一个硬性结论,但可以观察到一些有趣的东西。

### 2.14.2 现状

#### 2.14.2.1 以权利为基础?

在本章提到的一切国家和地区,食品法的主旨显然与经济、社会、文化权利以及同类文件的国际公约中确认的食品权的范围有关。确保人类获得安全和卫生食物,防范生命和健康风险是关键问题。然而,只有在少数特定章节提到"人权"(如东非、拉美、中国和俄罗斯)。大概食品法通常被认为不是基于人权。

#### 2.14.2.2 事件驱动

本章表明,自旷古以来食品立法就在全世界范围内不断发展,但最近一个世纪发展最为迅速。在本章大多数例子中(除东非和近东地区),我们看到食品立法有着悠久的历史(当前的形势往往是基于19世纪的英国、印度、南非、澳洲、新西兰、美国和加拿大的食品立法)。在经过一段较长时间的发展后,食品法已成为一个复杂的结构(如印度、南非、澳大利亚和新西兰)。各种或多或少同时发生的事件(动物卫生事件,尤其是欧盟和日本的疯牛病事件)以及欺诈掺假事件(南非、澳大利亚、新西兰、美国、中国和俄罗斯)促进了食品立法的发展,后者根据刑法进行了处理(印度、美国)。

我们已经看到了地点相距甚远却同时发生的事件。例如俄罗斯联邦的观察("50%~85%的食品和95%的生物活性添加剂在俄罗斯联邦批发市场是全部或部分伪造的”)，听起来一个几乎完美复制的话在美国被重复(“Frederick Accum大量记录掺假，以至于他发现很难找到一种不掺假的食品，甚至对于一些食品他从未找到过真实的”)，以及加拿大(“当时在加拿大出售的食品中50%是掺假的，和美国相似，几乎所有的咖啡和胡椒被掺假，牛奶用水稀释，一些其他高价食品，比如茶和巧克力，也往往是掺假的”)。俄罗斯的部分所指的情况代表今天。然而另一方面，美国和加拿大那部分，是关于遥远的过去(几乎分别是两个世纪和一世纪之前)。显然，对掺假的战斗是食品法一个永恒的特点。在俄罗斯联邦，食品安全甚至被视为国家安全问题。一些作者观察到事件的发生和技术发展之间存在一种关联。加工食品的新方法会给掺假带来新机会并由此带来新的风险(美国、加拿大)。特别是前面提到过的基因修饰问题(如非洲东部、欧盟和俄罗斯)。另一方面，新技术给问题鉴别带来新的可能(美国、加拿大)。

与防范风险事故和实现自身价值相关的促进食品法发展的一个因素是促进联邦国家内的跨州贸易(印度、澳大利亚、美国)、国际贸易(WTO，食品法典委员会，东非，拉美，欧盟，俄罗斯)和某种程度上由电信发展(东北亚)推动的更普遍的全球化(东非)。甚至旅游业也是刺激的食物法发展的一个因素(近东地区)。

### 2.14.3 未来之路

#### 2.14.3.1 食品法的质量

在食品立法中遇到的问题可以用以下专业术语来概括：复杂性、碎片化、缺乏合作、协调(拉丁美洲)、连贯性和一致性(印度、俄罗斯、中国)、冲突条款(中国)、分散责任(南非、近东地区、东北亚)、重叠能力(印度、俄罗斯、中国)、官僚主义和腐败(俄罗斯)。实施、监督和强制执行也是一个棘手的问题(澳大利亚、新西兰、东非、拉丁美洲、美国、中国、俄罗斯)。

国内及国际贸易的发展和更普遍的国际化，促进了食品工业发展的同时也伴随着掺假的增加(美国、加拿大、俄罗斯)，还促进了采取旨在减少贸易壁垒澳大利亚、新西兰、欧盟)并保护公众健康和食品安全(澳大利亚、新西兰)措施的紧迫感。这是所有国家首先讨论的问题，特别是在那些出现食品安全危机而导致公众愤怒的国家(磺胺—美国、疯牛病—欧盟、三聚氰胺—中国)。

#### 2.14.3.2 普通法

绝大多数国家食品法已发展成为法律的一个分支，然而有的国家(如俄罗斯联邦)才刚刚开始。这种发展旨在尝试整合整个产业链(从农场到餐桌，从牧场到餐盘)(澳大利亚、新西兰、拉丁美洲、欧盟、中国)以及一本法律原则的实施(欧盟：

一般食品法，2002 年；日本：食品安全基本法，2003 年；印度：食品安全标准法案，2006 年；韩国：食品安全基本法，2008 年；中国：食品安全法，2009 年）。也许非洲的生物技术安全示范法也应该包括在内。

协调统一（拉丁美洲、欧盟、近东地区、俄罗斯）和互认（澳大利亚、新西兰、拉丁美洲、欧盟、近东地区）也反复被提到。

2.14.3.3　食品安全当局

许多国家都成立了专门的团体或中央机构，以解决在“一把伞”制度下的食品安全问题。这些机构的角色差异很大，有咨询（FLAG—南非），协调（食品安全委员会—韩国、中国），风险评估（EFSA—欧盟；食品安全委员会—日本），监管（FDA—美国），执行（国家食品药品监督管理局—中国），或其中的组合（印度食品安全和标准的权威；约旦食品和药物管理局）。在某些情况下，独立的重要性凸显出来（东非、欧盟、日本）。

### 2.14.4　展望

本章展示的情况总体来看是很乐观的。食品法规正在发展和完善。难免会有一些质疑其确保食品安全的能力（中国和俄罗斯）。除了前面提到的太严格的立法可能抑制创新以外，几乎没有其他任何副作用。我们没有提到放松管制，但这也可能引起一些问题（美国）。

### 2.14.5　未来食品法规的特点

2.14.5.1　全世界共同点

21 世纪的食品法，我们似乎会在世界各地遇到类似的情况，如对食品添加剂、食品补充剂和转基因上市前的许可（南非、欧盟、中国），这种许可强调通过食品卫生（包括 HACCP）（食品法典、印度、南非、澳大利亚、新西兰、拉丁美洲、欧盟）和事件管理权利来保护人们健康，甚至强调食品的可追溯性（欧盟、日本、韩国），并规定食品标签必须印有相关信息以防止消费者做出错误选择（食品法典、印度、南非、澳大利亚、新西兰、欧盟）。既得利益者的参与似乎是一个新的特点，并且影响到食品法规标准的制定（印度、南非、东非、澳大利亚、新西兰、拉丁美洲、日本、韩国、中国）。当然，减少贸易壁垒的目标实质上仍然存在于所有体系中。

2.14.5.2　以科学为基础

更为明显的是，我们看到 WTO 在世界范围的影响力越来越大，并且在保护公众健康的风险分析方法中越来越依赖国际标准（特别是食品法典）（印度、南非、东非、澳大利亚、俄罗斯、东北亚)和自然科学(食品法典、SPS协议、印度、东非、澳大利亚、新西兰、拉丁美洲、欧盟、近东地区、东北亚、中国)。所以科学肩负着越来越多的责任,在全球协调行动中最关键的正是这种责任。

## 注　释

1　Bernd van der Meulen 教授是荷兰 Wageningen 大学法学领域的学者,见:www. law. wur. nl. 他主编这一章节,并亲自撰写了国际食品法规和欧盟食品法规这两个部分。这两部分的内容阐述了他在欧盟食品法规手册中的见解。如有意见欢迎联系:Bernd. vanderMeulen@wur. nl。

2　这一点存在争议。古巴比伦的汉谟拉比法令大约有上千年的历史,它被认为是一项关于食品掺杂和掺伪的法令。

3　他们提供了关于语言的信息。

4　他们提供了测量和称量方面的信息。

5　他们提供了关于年代的信息——对考古学家来说至关重要。

6　创世纪 41:37-57.

7　例如,见自愿准则,在国家食品安全的相关条款中,自愿准则支持逐步实现充足的食品权。http://www. fao. org/docrep/meeting/009/y9825e/y9825e00. htm.

8　预包装食品通用标签标准 1-1985(Rev. 1-1991)。

9　国际食品 CAC/RCP 准则 20-1979(Rev. 1-1985)。

10　推荐的国际食品卫生实施规程　国际食品卫生 CAC/RCP 准则 1-1969, Rev. 3-1997, Amd. (1999)。

11　世界贸易组织于1995年1月1日成立了乌拉圭贸易谈判协议,1994年4月15日签署于马拉喀什,世界贸易组织延续了1947年的关税及贸易总协定(GATT)。

12　法语缩写,国际兽疫局于2003年成为国际动物卫生组织,但仍保留其历史缩写。

13　在技术性贸易壁垒协议(TBT)中也有类似条款。

14　良好作业规范。

15　良好卫生规范。

16　衷心感谢卫生部食品管理局前任局长 Theo van de Venter 教授和卫生部食品管理局现任局长,现任 Andries Pretorius 先生。

17　国际植物保护公约。

18　世界动物卫生组织(原国际兽疫局)。

19　非洲食品安全的地区会议　哈拉雷,津巴布韦 2005年10月3—6日　最终报告 p121。http://www. fao. org/newsroom/en/news/2005/107908/index. html.

20　日内瓦联合国贸易和发展组织:农业食品安全和SPS验证成本:坦桑尼亚联合共和国,莫桑比克和几内亚:热带水果的环境选择问题,在贸易和发展背景下,Unctad/Ditc/Com/2005/2, at 9.

21　FHO/WHO 非洲食品安全的地区会议　哈拉雷,津巴布韦 2005年10月3—6日　最终报告　p34.

22 同上,食品安全的挑战, 35.

23 同上。

24 http://www.fao.org/newsroom/en/news/2005/107908/index.html.

25 Makamba Atoa Msaada Wa Mchele Mbovu Kwa Waliobomolewa Nyumba Tabata,

26 www.jamboforums.comshowthread.phpt.91173KwaWaliobomolewaNyumbaTabata-JamboForums_com.htm (visited on 24 March 2008)。

27 坦桑尼亚标准新闻首页 www.dailynews.habarileo.co.tzsportsindex.phpid2950.htm (visited on 24 March 2008)。

28 同上。

29 同上。

30 Pacific Law Journal, 1988 - 1989, 969。

31 http://www.fao.org/newsroom/en/news/2005/107908/index.html。

32 值得注意的是,尽管努力尝试,舆论仍然低估了达到高标准食品安全是人类健康保护的重要性。见非洲食品安全和可追溯性会议报告总结的关键点。2007 年 4 月 11 日至 13 日举行的非洲食品安全和可追溯性会议,参会超过 120 人。这次会议由贸易和工业部主持举办,由 GS1 肯尼亚、Insysnc 有限公司和先正达公司赞助。发言人包括政策制定者、学术业界权威和供应商。

33 坦桑尼亚标准局(TBS)是参与监管制度和标准制定体系的机构,同时还有工信部和贸易部、农业部的权威机构植物保护服务部(PHS)、食品及药物管理局(TFDA)和卫生部。见联合国会议贸易与发展的研讨会、农业食品安全和 SPS:坦桑尼亚,莫桑比克和几内亚联合共和国:热带水果,及贸易与发展等商品问题, 2005 年。

34 出席研讨会的有来自 25 个国家和参与风险评估和风险管理 16 组织 57 人参加。当中代表的机构,有亚的斯亚贝巴大学,AfricaBio,非洲生物多样性网络,非洲联盟委员会,联合国非洲经济委员会(非洲经委会)和罗马的萨皮恩扎大学。对于有关会议的正式文件,参见 http://www.cbd.int/doc/meetings/bs/rwcbafr-01/official/rwcbafr-01-02-en.pdf。这次会议是最近的全球行动者的努力来解决的标准“语料库”在食品安全中的一个。欲了解更多示例,请参阅在日内瓦举行的 2005 年 10 月 6 日非洲食品安全会议/罗马——由 147 食品监管官员和来自 50 个国家的专家参加了第一个泛非洲食品安全会议上,一致推荐为食品安全战略计划在非洲通过了联合国粮食和医疗卫生机构和非洲联盟。ftp://ftp.fao.org/es/esn/foodsafetyforum/caf/CAF_foodsafetyclose.pdf.咨询关于这一主题的主要的会议列表 http://www.who.int/foodsafety/publications/newsletter/18/en/index.html。

35 议定书案文见 http://www.cbd.int/biosafety/。

36 非洲食品安全 FAO/WHO 区域会议:津巴布韦哈拉雷, 2005 年 10 月 3—6 日,最终报告见 p13 - 30。

37 加纳阿克拉的 FAO 非洲区域办事处的报告,pp47 - 87。

38 粮农组织/世卫组织秘书处报告,pp88 - 97。

39 津巴布韦提供的资料,pp98 - 107。

40 博茨瓦纳提供的资料,pp108 - 120。

41 非洲,BP 06,布拉柴维尔,刚果共和国世卫组织区域办事处编写资料,121 - 131。

42 解决方案,请参阅,pp134 - 135。

43 同上,请参阅 p45。

44 同上。

45 同42解决方案，请参阅p121。

46 同上。

47 见2.2节。

48 这是不是所谓“强盗大亨”的时代。

49 例如，在1880年左右，纽约布法罗有超过73%的牛奶兑水，纽约有41%的咖啡粉掺假，纽约和马萨诸塞州有71%的橄榄油掺假(哈特，1952)。

50 维多利亚民法典37章第8条。

51 人造奶油是1869年专利(赫特和哈特，1984)。

52 数据收集在美国农业部化学局84号公告(1902—1908)。

53 美国法典21卷第1章及以下内容。

54 美国法典21卷第601章及以下内容。

55 经过这几十年的发展，食品法规逐渐成为一个专业的学科。例如，欧洲理事会(CEDR)农业法于1957年制定，欧洲食品法协会(EFLA)于1973年成立。

56 水平和垂直指令间的区别将在下面讨论。

57 委员会白皮书传统上包含了许多具体领域法案的建议，并将逐步完善以促进其在整个欧洲领域的发展。若白皮书被理事会接收，将成为以后的行动基础，并逐步落实。

58 现在是第3条(1)的(c)项和第23—31条欧共体条约。

59 例如糖、蜂蜜、果汁、牛奶、涂抹油脂、果酱、果冻、果酱、栗子酱、咖啡、巧克力、天然矿泉水、肉糜、鸡蛋、鱼。葡萄酒立法本身就包含在法律之中。在食品标准法典中有关新鲜水果和蔬菜的立法仍然占据主要地位。

60 当时编号为第30条。

61 关于第25条的相关欧盟条约禁止关税和相关的收费问题，请参阅布罗贝里(2008年)第2.3和第2.4。

62 欧盟法院1979年2月20日案例120/78(Cassis de Dijon)，ECR1979年，第649页。

63 异常可以只根据欧共体条约或合理规则的第30条解决。

64 见Abaitua Borda et al. (1998)，Gelpíet al. (2002)(在1981年春天，西班牙爆发毒油综合征(TOS)，造成约20 000例新病例。研究人员发现1981年5月1日到1994年12月31日之间，在19 754 TOS病例中1 663人死亡。1981年期间死亡率最高)。中毒原因是食用油中掺入工业用油。

65 其中一个例子是比利时爆发的二噁英危机。它是由工业用油首先进入动物饲料，随后再进入食物链而引起的(Whitney, 1999)。另一个例子是于2002年添加醋酸甲羟孕酮(MPA)到猪饲料中(Graff, 2002)。糖从生产MPA过程中排放，使用一种激素来制作避孕药和激素替代药丸，在猪饲料中使用，MPA通过该途径进入食物链。2004年荷兰爆发二噁英危机。

66 像猪口蹄疫、SARS和禽流感。

67 可能是第一次二噁英危机爆发的原因(Whitney, 1999)。

68 欧盟共同体和国家立法机构已经与使用人工激素斗争多年，特别是己烯雌酚(DES)。当它被证明是不可能将其与身体所需的荷尔蒙分开并加以控制时，最终所有激素都被禁用。关于激素使用和推广的法规始于指令81/602(禁止使用具有荷尔蒙效应和氧化效应的物质)。指令81/602已经辅以指令85/358/EEC并被指令88/146/EEC取代(禁止在肉牛养殖业中使用某些影响荷尔蒙分泌的物质)。下一个指令88/299旨在规范动物和肉类贸易中使用指令88/146中提到的激素的情况。

69 一个象征性的事件是一个电视节目，国务大臣负责人John Gummer用一个汉堡包来喂养他的小女儿，试图以此来说服公众英国牛肉是没有问题的（1990 年 5 月 16 日，英国广播公司）。文字、图片、视频皆出自 BBC（1990 年 5 月 16 日）。

70 OJ 1996 C 261/132。

71 Knudsen & Matikainen-Kallström（1999）；欧洲议会情况说明 4.10.1。消费政策：原则和条款，第 3 章疯牛病危机引起的变革，食品法总则绿皮书。

72 有趣的是，DG 行业是始作俑者。

73 欧盟委员食品法总则绿皮书，COM（1997）176。

74 见 DG Sanco（2002 和 2007）。

75 欧盟委员会的沟通，消费者健康和食品安全 COM（97）183，1997.04.30。另请参阅：James，Kemper，& Pascal（1999）。

76 见案例 C－157/96（皇家渔业和食品部），Case C－180/96（大不列颠及北爱尔兰联合王国委员会）案例 C－209/96（英国）。

77 COM（1999）719 最终决议。不像绿皮书那样是公共讨论的基础，白皮书包含具体的政策意图。

78 在白皮书中委员会的说法是欧洲食品管理局。"安全"这个词是后来加入的。

79 见 Knipschild（2003），Nöhle（2005），和 BERENDS& 卡雷诺（2005）。

80 OJ 1.2.2002 L 31/1。

81 新的欧洲食品法显示出与它前身不同的几个特点：更强调横向法规（原来注重垂直立法），更强调法规制定的目标必须实现，所谓目标管理；采用条例（而不是指令），从而增加集中化。

82 条例 882/2004。

83 条例见添加剂规章指令 89/107，甜味剂指令 94/35，颜色指令 94/36 和其他添加剂指令 95/2。目前关于此立法现代化的提案正在审议中。

84 条例 1829/2003 和 1830/2003。

85 条例 258/97。

86 见框架条例 315/93；条例 881/2006——对霉菌毒素和化学品，条例 2073/2005——微生物标准；条例 396/2005——农药残留；条例 2377/96——兽药，条例 96/22——激素。

87 见条例 852/2004。

88 OJ 6.5.2000 L 109/29。目前关于此立法现代化的提案正在审议中。

89 条例 1924/2006。

90 指令 90/496。

91 日本法律和法规，内阁秘书处，日本。

92 中国食品安全网。中华人民共和国。

93 食品法律与法规，中国轻工业出版社，2006。

94 更多信息可参照 http://www.china.org.cn/english/kuaixun/76212.htm。

95 国务院新闻办公室 2007。对食品质量和安全白皮书。有关更详细的信息，请参见：2004 年国务院关于进一步加强食品安全的决定。

96 中国食品安全法，2009，11－17。

97 中国食品法，2009，21 章和 22 章。

98 中国食品法，2009，23 章。

## 参考文献

[1] Abaitua Borda I, Philen RM, Posada de la Paz M, et al. Toxic oil syndrome mortality: The first thirteen years [J]. International Journal of Epidemiology, 1998, 27: 1057 - 1063. Available from http://ije.oxfordjournals.org/cgi/content/abstract/27/6/1057. Accum, F. (1820). A treatise on adulterations of food and culinary poisons. Longman.

[2] Acosta A, Marrero T. Normalización de alimen-tos y salud para América Latina y el Caribe. 4. Labor del Comité Coordinador Regional de la Comisión del Codex Alimentarius [J]. Bol of SanPPanmn, 1985, 99(6): 642 - 652.

[3] Agmark. Directorate of Marketing and Inspection, Ministry of Agriculture [J], Agricultural Produce (Grading and Marking) Act; www.agmarknet.nic.in. 1937.

[4] Agro-Industrial Complex (APK). Economics and Management, 8, 9. 2008.

[5] (АПК: экономика, управление. 08. 2008. , c. 9). Anon. Report of an inquiry into food regulations in Australia. Part 1—National issue. Business Regulation Review Unit [R]. Common wealth of Australia. 1988.

[6] Batrershall J P. Food adulteration and its detection [M]. London. 1887.

[7] Beck L C. Adulteration of various substances use in medicine and the arts. 1846.

[8] Berends G, Carreno I. Safeguards in food law—ensuring food scares are scarce [J]. European Law Review, 2005: 30, 386 - 405.

[9] BIS. Bureau of Indian Standards, Ministry of Commerce [S]. New Delhi. Available from www.bis.org.in. 1986.

[10] Blakney J. Lecture: The Regulatory Framework [R]. Food Regulation in Canada (on file with the Institute for Food Laws & Regulations, Michigan State University). 2009.

[11] Broberg M P. Transforming the European Community's Regulation of Food Safety [J]. SIEPS, 5. http://www.sieps.se/publikationer/rapporter/transforming-the-european-communitys-regulation-of-food-safety.html. 2008.

[12] Brooke-Taylor S, Baines J, Goodchap J. et al. [J]. Food Control, 2003: 14, 375 - 382.

[13] Butler K. Four men found guilty of contract hit on vet [M]. p. 11. Independent (London), Available from http://findarticles.com/p/articles/mi_qn4158/is_20020605/ai_n12618881. 2002, June 5.

[14] Byrn M L. Detection of fraud and protection of health: A treatise on the adulteration of food and drink [M]. 1852.

[15] Chernova E V. Food safety in Russia: Current condition and provision tenden-cies [J]. Economics and Management, 2008: 2, 39 (Е. В. Чернова Продовольственная безопасность в России: современноесостояниеитенденциио беспечения. //Экономикаи управление 2. 2008. 3. 39).

[16] Codex Alimentarius Commission. General stand-ard for food additives [R]. Rome: Food and Agriculture Organization. 1995.

[17] Codex Alimentarius Commission. Hazard analysis and critical control point (HACCP) system and guide-lines for its application [R]. In: Food hygiene basic texts. Rome: Food and Agriculture Organization. 1997.

[18] Du Gangjian. Several issues on the Legislation of Food Safety Law [J]. Pacific Journal, 2008:3,55.
[19] FAO. New approaches to consider in capacity build-ing and technical assistance—building alliances [C]. In FAO/WHO global forum of food safety regulators, Marrakech, Morocco, 28 - 30 January. 2002.
[20] FAO/WHO. Report of the evaluation of the Codex Alimentarius and other FAO and WHO food standards work [R]. Available from http://www. who. int/foodsafety/codex/eval_report/en/index. html. 2002.
[21] FAO/WHO. Understanding the Codex Alimentarius (3rd ed. ) [M]. Rome. Available from ftp://ftp. fao. org/codex/Publications/understanding/Understanding_EN. pdf. 2006.
[22] Farrer KTH. Fancy eating that (p. 156). Melbourne, Australia: Melbourne University Press. 1983.
[23] Farrer KTH. Food Australia [J]. 1990:42,146 - 152.
[24] FDA (United States Food and Drug Administration) [S]. FDA Backgrounder: Milestones in U. S. Food and Drug Law History. Available from http://www. fda. gov/opacom/backgrounders/miles. html (last accessed August 5,2002). 2002.
[25] Felker P H. What the grocers sell us: A manual for buyers. 1880.
[26] De Figuereido Toledo MC. Southern common market standards. In N. Rees & D. Watson (Eds. ) [S]. International standards for food safety (pp. 79 - 94). US: Springer. 2000.
[27] FSSAI. Food safety and standards authority of India [S]. New Delhi: Ministry of Health and Family Welfare Available from www. fssai. gov. 2006.
[28] Gelpí E, Posada de la Paz M, Terracini B, et al. The Spanish toxic oil syndrome twenty years after itsonset: A multidisciplinary review of scientific knowledge [J]. Environmental Health Perspectives, 2002:110,457 - 464. Available from http://www. pubmedcentral. nih. gov/articlerender. fcgi? artid 1240833.
[29] Gnirss G. A history of food law in Canada [J]. Food in Canada, 2008,38.
[30] Graff J. One sweet mess. Time. Available from www. time. com/time/nation/article/0,8599, 322596,00. htm. 2002, July 21.
[31] Hart F L. A history of the adulteration of food before 1906 [J]. Food, Drug, Cosmetic Law Journal, 1952:7,5 - 22.
[32] Healy M, Brooke-Taylor S, Liehne P. [J]. Food Control, 2003:14,357 - 365.
[33] Hoskins T H. What we eat: An account of the most com-mon adulterations of food and drink. 1861.
[34] Hutt P B. Criminal prosecution for adulterationand misbranding of food at common law [J]. Food, Drug, Cosmetic Law Journal, 1960:15,382 - 398.
[35] Hutt P B. Symposium on the history of fifty years offood regulation under the federal food, drug, and cosmetic act: A historical introduction [J]. Food, Drug, CosmeticLaw Journal, 1990:45,17 - 20.
[36] Hutt P B, Hutt P B, II. A history of government regulation of adulteration and misbranding of food [J]. Food, Drug, Cosmetic Law Journal, 1984:39,2 - 72.
[37] James P, Kemper F, Pascal G. A European food and public health authority. The future of scientific advice in the EU [R]. Available from http://ec. europa. eu/food/fs/sc/future

_food_en. pdf. 1999.

[38] Janssen W F. America's first food and drug laws [J]. Food Drug Cosmetic Law Journal, 1975:30,665 - 672.

[39] Khurshudyan S A. Counterfeited fooditems: Scientific, methodological and nor-mative legal foundations for counterac-tion [J]. Economics and Management, 2008: 9, 56 (. Хуршудян Фальсификация пищевых продуктов: научные, методологические и нормативно-правовые основы противодействия. // Пищевая промышленность No 9. 2008. c. 56).

[40] Knipschild K. Lebensmittelsicherheit als Aufgabe des Veterinär-und Lebensmittelrechts (diss. ). Germany: Nomos Verlagsgesellschaft Baden-Baden. 2003.

[41] Knudsen G, Matikainen-Kallström M. Joint parliamentary committee report on food safety in the EEA [R]. Available from secretariat. efta. int/Web/EuropeanEconomicArea/eea_jpc_resolutions/1999FoodSafety. doc.

[42] Lips P, Beutner G. Ratgeber Lebensmittelrecht (5th ed. )[M]. München. 2000.

[43] Looney J W. The effect of NAFTA (and GATT) onanimal health laws and regulations, Oklahoma. Law Review, 1995,48(2):367 - 382.

[44] Madgwick W J. (unpublished). History of food law in new South Wales.

[45] Masson-Matthee M D. The Codex Alimentarius Commission and its standards. An examination of the legal aspects of the Codex Alimentarius Commission [M]. The Netherlands: Asser Press. 2007.

[46] van der Meulen B, van der Velde M. European food law handbook [M]. Wageningen、Academic Publishers. Available from http://www. wageningenacademic. com/foodlaw. 2008.

[47] MoA. Meat food products order [S]. New Delhi: Directorate of Marketing and Inspection, Ministry of Agriculture. Available from www. agmarknet. nic. in/mfpo1973. htm. 1973.

[48] MoC. Export (Quality Control and Inspection) Act, 1963. Ministry of Commerce [S]. Available from www. eicindia. org. 1963.

[49] MoCA. Solvent extracted oil, de-oiled meal and edi-ble flour (control) order [S]. New Delhi: Department ofConsumer Affairs, Ministry of Food and Consumer Affairs. Available from http://www. fcamin. nic. inwww. fcamin. nic. in. 1967.

[50] MoCA. Vegetable oil products (regulation) order [S]. New Delhi: Directorate of Vanaspati, Vegetable Oils and Fats, Ministry of Food and Consumer Affairs. Available from www. fcamin. nic. in. 1998.

[51] MoFPI. The fruit products order [S]. New Delhi: Ministry of Food Processing Industries. Available from www. mofpi. nic. in. 1955.

[52] MoHFW. The Prevention of Food Adulteration Act 1954, and Rules [S]. New Delhi: Directorate General of Health Services, Ministry of Health and Family Welfare. Available from www. mohfw. nic. in/pfa. htm. 1954.

[53] Nader A, Vitale G. Legislación alimentaria—alalcance de la mano. Revista Alimentos Argentinos No. 8. S. A. G. P. y A. —Dirección de Promoción de la CalidadAlimentaria, Buenos Aires, Argentina, September, 1998 [S]. Available from http://www. alimentosargentinos. gov. ar/0-3/revistas/r_08/08_06_codex. htm (accessed March 20, 2009).

[54] Nöhle U. Risikokommunication und Risikomanagement in der erweiterten EU. Zeitschrift des gesammten Lembensmittelrechts [J], 2005,3:297 - 305.

[55] OAS. Standards and the regional integra-tion process in the western hemisphere [S]. Organization of American States. Trade Section. Available from http://www. sedi. oas. org/DTTC/TRADE/PUB/STUDIES/STAND/stand2. asp (accessed March 20, 2009). 1998, February.

[56] O'Keefe J A. Bell and O'Keefe's sale of food and drugs (p. 8). London: Butterworth & Co. Ortega Medina Report. (1997)[R]. Report of the Temporary Committee of Inquiry into BSE, set up by the Parliament in July 1996, on the alleged contraventions or maladministration in the implementation of community law in relation to BSE, without prejudice to the juris-diction of the community and the national courts of 7 February 1997, A4 - 0020/97/A, PE 220. 544/fin/A. The report is often referred to by the name of the chairman of the Enquiry Committee, namely the Ortega Medina report. Available from http:// www. mad-cow. org/final_EU. html. 1968.

[57] Pan American Health Organization. Agriculture and health: Alliance for equity and rural development in the Americas [C]. In Fifteenth inter-American meeting at ministe-rial level on health and agriculture, Rio de Janeiro, Brazil, 11 - 12 June. 2008.

[58] Pineiro M. Mycotoxins: Current issues in South America [M]. In D. Barug, H. P. Van Egmond, R. López-García, W. A. van Osenbruggen, & A. Visconti (Eds.), Meeting the mycotoxin menace (pp. 49 - 68). The Netherlands: Wageningen Academic Publishers. 2004.

[59] Platishkin A. Russian food bas-ket Russian Federation Today, 9. 22 [S]. (ПлатишкинЧтонастолероссиянин 9. 2007. 22).

[60] Reuter F H. The Australian Model Food Act [J]. Personal reminiscences on the road to uniform food legislation in Australia. Food Australia (Suppl.), 1997:49,3.

[61] Richards E H. Food materials and their adulterations. Seidlmayer, S. (1998). Van het ontstaan van de staat tot de 2e dynastie. In: Regine Schulz en Matthias Seidel (red.) Egypte. Het land van de farao's, Köln. 1886.

[62] Seidlmayer S. Van het ontstaan van de staat tot de 2e dynastie. In: Regine Schulz en Matthias Seidel (red.) Egypte. Het land van de farao's, Köln. 1998.

[63] Sinclair U. The jungle. 1905.

[64] Smith S W C. Food Technology in Australia, 1978,30:255 - 259.

[65] TASK FORCE. Task force report on India's Food and Agro-industries Management Policy [S]. Available from www. nic. in/pmecouncils/reports. food/. 2002.

[66] Whitney C. Food scandal adds to Belgium'simage of disarray [R]. New York Times. Available
from http://query. nytimes. com/gst/fullpage. html? res9F06E0DC1139F93AA35755C0A 96F958260. 1999, June 9.

[67] Winger R. Food Control, 2003,14,355.

[68] World Health Organization. International health regu-lations (2nd ed.)[M]. Switzerland: WHO. 2005.

[69] Zhang J X, Chen Z D. Food regulations in China. In Food Laws and Regulations (pp. 268 - 315)Beijing, China: China Light Industry Press. 2006.

[70] Zhang Y. Objective assessment of the severity of food safety issues and further strengthening the food legislation in China [R]. Shantou University Law Review, 2008,2, 9.

## 附加文献

[1] Butler K. Why the mafia is into your beef: The EU ban on growth hormones for cows has created a lucrative black market [S]. Independent (London) Available from http://findarticle com/p/articles/mi_qn4158/is_19960319/ai_n14035042. 1996, March 19.

[2] Sanco D G. European Commission's Health and Consumer Protection DG [S], FVO at Home and Away, 7 Consumer Voice, September. 2002.

[3] Sanco D G. European Commission's Health and Consumer Protection DG [S], Safer Food for Europe—over a decade of achievement for the FVO, Health & Consumer Voice, November. 2007.

[4] Downer A H. [J]. Food Technology in Australia, 1985,37:106 - 107.

[5] European Commission. Green Paper on the General Principles of Food Law in the European Union, COM (1997) 176. Available from http://www. foodlaw. rdg. ac. uk/eu/green-97. doc.

[6] European Commission. White Paper on Food Safety COM (1999)719 final. Available from http://ec. europa. eu/dgs/health_consumer/library/pub/pub06_en. pdf. 2000.

[7] FSANZ Annual Report. Food Standards Australia New Zealand [R]. Available from http://www. foodstandards. gov. au/newsroom/publications/annual-report/index. cfm. 2006/2007.

[8] Goodrich vs People, 3 Park Cr. 630(1858),19 NY, 578(1859).

[9] Hilts P J. Protecting America's health: The FDA, busi-ness, and one hundred years of regulation [M]. New York: Alfred A. Knopf. 2003.

[10] Kwak N S, Park S, Park E J, et al. Current food and drug policies in China. In Policy review on food and drug safety in foreign countries (pp. 202 - 235)[R]. KFDA Policy Report 55. Seoul: KFDA. NSW Pure Food Advisory Committee minutes, 2008,1909 - 1912.

[11] Squibb E R. Address to the Medical Society of the State of New York, Proposed Legislation on theAdulteration of Food and Medicine. 1879.

[12] USDA (United States Department of Agriculture), Bureau of Chemistry (1902 - 1908) [S]. Bulletin no. 84.

[13] Wilson B. Swindled: The dark history of food fraud, from poisoned candy to Counterfeit Coffee [M]. Princeton University Press. 2008.

# 第3章　全球协调行动

## 3.1　引言

在过去的几十年里已经见证了食品供应的全球化趋势明显加速。当世界发展到21世纪，食品系统在全球经济和社会变革的驱动下正以前所未有的速度发生着变化(FAO，2004)。近年来随着一批高危害性及广泛传播的食品安全恐慌事件的出现，包括从疯牛病(牛海绵状脑病，BSE)到最新的三聚氰胺掺假事件，食品系统的复杂性在不断增加，相互依存和一体化的现代化食品供应系统已成为大家关注的焦点。

尽管各国政府对这些食品安全事件迅速反应并从严立法，以恢复消费者对食品安全的信心，但这些食品安全危机的深远影响就是指出人们对食品安全法律法规全球统一的关键和迫切需要。随着世界联系变得更加紧密，根据各国基本原则协调食品安全法规和达成全球共识也是同样的关键和迫切(Motarjemi，van Schothorst 和 Käferstein，2001)。

## 3.2　全球协调食品安全的立法和监管的驱动力

### 3.2.1　全球食品安全——安全和有益健康食品的可用性

当代关于食品安全性的公共健康辩论是不可避免的，而且本质上与长期存在的主要全球食品安全问题有关。

3.2.1.1　*食品权*

正如3.1节所强调，世界人口在快速增长，确保安全和健康食品的全球供应仍然是世界发展的主要挑战之一。食品权，即安全食品权，是基本人权和国际法下的有约束力的义务，被1948年联合国(UN)所采用的世界人权宣言以及1966

年关于经济、社会和文化权利的国际公约(Motarjemi et al.，2001；UN，2006)所认可。

3.2.1.2 定义食品防御安全性

起源于20世纪70年代中期，食品防御安全的最初概念主要集中于食品供应的数量及其稳定性(FAO，2003)。随后的几十年里人们不断尝试对其进行定义，这本质上反映了在公共政策上对这种现象复杂性和多面性的广泛认可。到90年代中期，食品防御安全的概念扩大到包括食品安全和营养平衡。尽管食品防御安全还没有确切的定义，1966年在罗马举行的世界粮食首脑会议(WFS)期间，这个话题引起了最新和最深入的考虑。本次峰会由联合国食品和农业组织(FAO)召开，重申全球要致力于战胜饥饿，它定义食品防御安全为现在的"所有人在任何时候都能够在物质上和经济上获得足够的、安全的和富有营养的粮食来满足其积极和健康生活的膳食需要和食物喜好"(FAO，1997)。

3.2.1.3 世界粮食首脑会议和千年发展目标

由于成功地提高了国际社会对全世界饥饿和营养不良程度的认识，1996年的世界粮食首脑会议产生了被185个国家和欧共体采用的《世界粮食安全罗马宣言》和《世界粮食首脑会议行动计划》。这两个文件提出在所有国家实现食品安全防御和消除饥饿的战略，其明确和直接的目标是到2015年把营养不良人口减少一半(FAO，1997)。随着新世纪的开始，在2000年纽约举行的千年首脑会议上，世界各国领导人承诺将建立新的全球合作伙伴关系以降低极端贫穷人口比重。在通过联合国千年宣言中，他们更新了他们对世界粮食首脑会议的时限目标的承诺，把消除饥饿和极端贫困放置在联合国八个千年发展目标(MDGs)的首位(UN，2000)。

尽管全球关注千年发展目标及在某些地区的巨大成功，但是迄今为止的结果显示对于到2015年把饥饿人口数量减半的MDG目标仍然进展不足(UN，2008a)。在迄今为止作出的最新最全面的全球进展评估中，联合国警告说2006年在发展中国家中仍有超过1.4亿的营养不良的儿童，高昂的食品价格现在正威胁到之前取得的一些成就(UN，2008a)。展望2015年，对于不可能达到WFS和MDG饥饿人口减少目标的前景，FAO也表达了类似的担忧(FAO，2008a)。在2008年世界粮食不安全状况中，FAO报道世界上长期饥饿的人数实际上已经首次超过1990—1992基线，在2007年预计总人数可达到9.23亿。FAO列举出众多潜在的影响因素，包括产量下降、饮食结构改变、市场波动、新兴的生物燃料需求和贸易政策，并进一步谴责了高粮食价格导致近年来长期饥饿人口的快速增加。

**全球粮食安全防御和食品安全——事实和数字**

- 据 2008 年 8 月世界银行发布的数据预测，在发展中国家，有高达 14 亿人(四分之一)在 2005 年生活在极度贫困中(UN, 2008d)。
- 较高的粮食价格预计导致 10 亿人挨饿，2 亿人营养不良(UN, 2008d)。
- 5 岁以下营养不良的儿童比例从 1990 年的 33%降低为 2006 年的 26%。然而，到 2006 年，发展中国家体重不足的儿童数量仍将超过 1.4 亿(UN, 2008d)。
- FAO 预测 2007 年世界上处于长期饥饿的人口数量达到 9.23 亿，比 1990—1992 最低时期还增加了 8 千多万人(FAO, 2008a)。
- 世界人口预计将从 2006 年的 67 亿增加到 2050 年的 92 亿。这一增长将主要来源于欠发展国家(UN, 2007)。
- FAO 估计全球粮食生产到 2050 年必须接近翻倍才能养活超过 90 亿的世界人口(FAO, 2008b)。
- 食源性和水源性腹泻病是欠发达国家中生病和死亡的主要原因，每年导致约 220 万人死亡，其中 180 万是儿童(WHO, 2002)。
- 在发达国家中，每年有多达 30%的人口受到食源性疾病的影响(WHO, 2002)。
- 据 1995 年美国研究的预测，由七种病原菌导致的 330 万～1 200 万个食源性疾病病例的年度费用总计为 65 亿～350 亿美元(WHO, 2002)。

根据 2008 年公布的 2005 年国际比较项目(ICP)的结果，世界银行已经更新了过去的国际贫困线，从每天 1 美元调整为 2005 年的每天 1.25 美元。

3.2.1.4　安全食品的权利

由于全球食品安全防御受到长期威胁，安全的食品供应就更为关键。正如 2005 年第一届非洲 FAO/WHO 食品安全地区会议所强调，食物的匮乏甚至更需要强调保证食物安全性的重要性。例如，在非洲，16 个国家中有 15 个国家饥饿患病率已经超过 35% (FAO, 2008a)，由食用黄曲霉毒素污染的玉米导致的急性中毒事件据称在 2004 年夺去了 120 个人的生命。随之而来的就是在 6 个月时间内为 180 万疫区人口提供 166,000 吨安全的替代食品的巨大经济成本和挑战(FAO/WHO, 2005)。

在 1992 年的国际营养会议期间，联合国世界卫生组织(WHO)与 FAO 一起首次明确承认“获得营养充足和安全的食品是每个人的权利”(FAO/WHO,

1992)。8年后,随着越来越关注由食品中微生物病原体、生物毒素和化学污染物引起的对于数以百万计人口健康的威胁,WHO在第53届世界卫生大会(WHO, 2002)的WHA53.15决议中支持食品安全作为一个必要的公共健康职能。食源性和水源性腹泻病是欠发达国家中致病和死亡的主因,据估计每年约有220万人,其中大部分是儿童(WHO, 2002)。即使在较发达国家中,每年也有30%的人口受到食源性疾病的影响。食品安全是一项基本人权和全球公共健康的优先事项。因此,在这个意义上,每个人应该被提供同等水平的食品安全保证和免受食物传播危害的相同程度健康保护,食品安全立法和法规的全球协调统一是实现这一权利的关键步骤(Motarjemi et al., 2001)。

再以非洲为例,每年在这个地区估计有700 000人由于食源性和水源性疾病死亡。由于把这种难以承受的公共健康负担归因于缺乏有效的食品安全系统,聚集在2005年FAO/WHO非洲食品安全地区会议上专家和官员们特别提醒,对于大多数非洲国家,应当特别注意过时的、不全面和不完整的食品法规。因此,当为非洲食品安全制定五年战略计划时,与会人员迅速确定把该地区各国之间食品安全标准和法规的统一及与国际标准的接轨作为关键因素(FAO/WHO, 2005)。尽管有人可以辩解说提高食品安全性的标准也将减少由于食物变质引起的损失,从而提高食品可利用性,但仍然要注意到食品安全法规的统一将不会单独保证所有个人享有安全和健康的食品(Motarjemi et al., 2001)。适当的消费者保护需要额外的关键元素,包括食品控制管理、食品检验、执法、实验室服务、食源性疾病监测系统和公共信息、教育与沟通。这种责任取决于所有利益相关者——政府、食品生产商、食品加工商、零售商、消费者以及学术和科研机构。对于食品安全能力建设的能力和需要的讨论,请参考第8章(能力建设:协调和实现食品安全)和第9章(能力建设:建立针对微生物食品安全的分析能力)。

### 3.2.2 食品安全问题的全球化

虽然人类对于安全食品的普遍权利是食品安全法规统一的根本依据,20世纪晚期和21世纪早期世界经济和社会的快速全球化增加了国际食品安全标准无可置疑的必要性(Motarjemi et al., 2001)。随着国界越来越渗透到货物、资金、人口和信息流动中,在一个国家受到污染的食品更可能对其他国家造成危害(Käferstein, Motarjemi 和 Bettcher, 1997; Käferstein 和 Abdussalam, 1999; Motarjemi et al., 2001; WHO, 2002)。实际上这种食品安全问题的全球化是许多相互依赖而导致的一种复杂结果(Motarjemi et al., 2001)。

3.2.2.1 农业贸易和食品供应链的全球化

在过去的几十年中，多种技术进步已经很大程度上促进了食品供应的全球化(Motarjemi et al.，2001)。通过保存产品质量、减少运输成本和缩短交付时间，以及在加工、包装、物流和运输技术中的发展已经使千里之外的消费者享受到生鲜食品成为可能(Motarjemi et al.，2001；Coyle，Hall 和 Ballenger，2001；Bruinsma，2003)。例如采用空运一直是从非洲和亚洲到欧洲和北美食品贸易快速增长中的一个重要的因素(Saker，Lee，Cannito，Gilmore 和 Campbell-Lendrum，2004)。

这个过程在20世纪90年代通过各种双边、地区和全球贸易协议的建立进一步加快，其中最著名、最成功的是1994年乌拉圭回合多边贸易谈判的成功完成和随后1995年世界贸易组织(WTO)的建立(Motarjemi et al.，2001；Saker et al.，2004；Hawkes，Chopra，Friel，Lang 和 Thow，2007)。通过建立一个框架以减少农产品贸易的壁垒和扭曲，乌拉圭回合农业协议(URAA)标志着农业贸易系统改革的历史点，并且为国际食品贸易自由化奠定了基础(Diakosavvas，2001；Bruinsma，2003)。作为贸易自由化的证明，据报道世界农产品出口额从19世纪60年代初期到现在已经增加了10倍，2004年达到约6 040亿美元(FAO，2007)。同年，加工食品约占总食品贸易额的65%。与这种食品贸易增加紧密联系的是农业和食品企业进入大型跨国公司(TNC)和农业食品行业整体全球化的不断巩固(Chopra，Galbraith 和 Darnton Hill，2002；Hawkes et al.，2007)。TNC通常立足于在美国和西欧并进行垂直整合，利用全球品牌和营销战略主导当今全球市场，同时仍然适合当地的口味(Chopra et al.，2002；Bruinsma，2003；Saker et al.，2004)。此外，通过利用廉价的运输系统，这些公司能够从世界不同地区采购材料，在廉价劳动力地区生产产品，并把产品销往世界各地(Saker et al.，2004)。同样，通常由跨国公司拥有的在许多国家的标准化零售店和食品服务网点在过去十年有了前所未有的扩张(Frazão，Meade 和 Regmi，2008)。一个有趣的例证是在拉丁美洲的超市销售份额在19世纪80年代之前从15%的全国零售食品销售增加到30%，而在2001年增加到50%～70%，显示出在美国过去20年所经历的增长水平超过了过去50年。

伴随农业食品行业的整合与巩固，食品贸易全球化正在改变食品生产和分销的模式。规模经济的增长及农业种植和生产方式的改变正在形成一个新的环境，这也将会导致一些已知的和新的食源性疾病的爆发(Käferstein et al.，1997；Käferstein & Abdussalam，1999；WHO，2002)。例如，集约化畜牧业技术虽然有助于降低生产成本，但已成为人体感染人畜共患病的一个因素（WHO，2002）。同样的，复杂和庞大的分销系统可能导致受污染食品和饲料在全世界广泛传播，正如在英国爆发的疯牛病变异型克-雅氏病（BSE/vCJD）（Motarjemi et al.，2001；WHO，2002；Saker et al.，2004）。危害可能在食品链上的任何一点被引入或加剧，从农场到消费者餐盘中（WHO，2002）。在一次事件中，在中国的牛奶采集中心，发生了为增加表观蛋白质含量而添加三聚氰胺的欺诈行为，由于含有牛奶和牛奶源成分的广泛产品证明被污染而引发多批次召回。被污染的产品从婴儿配方奶粉到饼干和糖果，很快就在所有的地区都被发现，不仅影响中国，而且影响了新加坡、中国香港地区、日本、韩国、泰国、印度尼西亚、新西兰、澳大利亚、英国、荷兰、法国、南非、坦桑尼亚、美国和加拿大。

事实上，在2008年度的全球风险报告中，世界经济论坛（WEF）全球风险网络指出，供应链的脆弱性成为未来十年可能影响世界经济和社会的四大新兴问题之一（WEF，2008）。报告认识到技术和全球物流的进步，再加上贸易壁垒的减少，已经导致过去20年中国际贸易的高效和历史性的扩张。然而，报告也警告说，供应链的不断扩张可能增加供应链弱点断裂的可能性并加剧风险。

3.2.2.2 国内和跨国界人口流动——移民、城镇化和旅行

技术创新和较少的贸易壁垒已经明显降低了货物和人口流动的交易成本（Bruinsma，2003）。虽然人口流动性不是一个新现象，但是目前的量、速度和行程范围都是空前的（Saker et al.，2004）。更便宜和更快速的运输、更便捷的通信和互联网的出现都增加了人们对于世界的认识和好奇心，使人们出行更频繁，并到达更远的地方。根据联合国世界旅游组织（UNWTO）报告，全世界国际到达的总数在2007年达到创纪录的9亿多，而休闲旅游占其中一半以上（UNWTO，2008）。据UNWTO对旅游业2020年前景的进一步预测，到2020年国际到达人数将增长到接近16亿，包括3.78亿长途旅客。与短途旅行类似，长途迁移已经快速增长。在2005年，国际移民人数为1.91亿（UNFPA，2008），与此相比，在1965年为7 500万（UNFPA，2003）。国内迁移的规模甚至更大，十亿人口，约占六分之一的世界人口，20世纪80年代中期在各国国内流动（Saker et al.，2004），人口流动的增加与食源性疾病的发生和传播密切相关，从而增加了食品安全问题的全球化（Käferstein et al.，1997）。国际旅客可能接触到他们以前从未遇到的感染，因此也不能幸免，例如由贾第虫引起的肠胃炎（Saker et al.，2004）。此外，虽然疾病的潜伏期保持不变，但是在过去两个世纪人们所能到达的距离和旅行速度的增加，已经使旅客可能在一个国家遭受食源性疾病，然后感染千里之外的其

他人(Käferstein et al.，1997)。取决于不同的旅行目的地，感染食源性疾病的风险可能高达50%。这种现象在一些国家产生影响的进一步证据是，在斯堪的纳维亚半岛的80%～90%沙门氏菌病例都被归因于国际旅行。

最后，国际和国内迁移加上人口增长已经导致城市化进程的加快，特别是在发展中国家，许多个居民总数超过1 000万的“大城市”自1945年以来已经出现(Saker et al.，2004)。在2008年突破50%大关后，全世界城市人口预计到2050年将达到70% (UN，2008b)。加剧的城市化对食品的运输、存储和制备提出更高的要求(WHO，2002)。收入增加和城市生活方式往往会导致较大份额的在外消费食品。近年来，发展中国家已经见证了食品消费从自制食品到通常由摊贩制备的即食食品的转变(WHO，2002；FAO/WHO，2005)。相反，在发达国家的消费者把多达50%的食品预算花费在非自制食品上(WHO，2002)。这种对外面食品的更高依赖性增加了消费者暴露于单一来源污染的可能性，可能具有全球影响。特别危险的是发展中国家，他们受到过度拥挤、卫生设施不足、难以获得安全饮用水和安全食品生产设施等方面的严峻挑战(WHO，2002；Saker et al.，2004)。

3.2.2.3 改变人口统计学和食品消费模式的全球化

除了城市化进程的加快，国际食品贸易的自由化和食品行业的全球化已经导致各个国家和地区的食品消费模式越来越趋同(Bruinsma，2003；Frazão et al.，2008)。世界各地的饮食随着时间推移正变得越来越相似。例如，日本和美国的饮食模式相似性从1961年只有45%上升到1999年的约70% (Bruinsma，2003)。此外，世界各地的饮食偏好和饮食习惯受到零售和食品服务链标准化和不断扩张的相互影响(Frazão et al.，2008)。在2000—2005年之间，全世界包装食品的销售从10.95亿美元增加到14.55亿美元，即食食品在这个时期统计有45%的增长(Hawkes et al.，2007)。

在发展中国家，收入水平增加已经导致从以谷物为主饮食方式向以畜牧业为主饮食方式的转变(Bruinsma，2003)。这种对于肉类和家禽的偏好将会增加食源性疾病暴发的可能 (WHO，2002)，特别是在冷链基础设施不足的情况下。在富裕的经济体中，消费者已经习惯了常年供应各种各样的食品，不需要考虑生长季节及地理位置(Saker et al.，2004)。此外，这类消费者正在通过要求新鲜和最低限度的加工食品而提高食品安全的标杆，这些食品具有更长的保质期、无化学防腐剂和更低的盐和糖含量(Käferstein 和 Abdussalam，1999)。

公众对食源性疾病的担忧已经超越国界。在严重食品安全事件频发以及广泛的媒体报道的氛围中，发达国家和发展中国家的消费者都日益关注食品供应中由致病菌和化学成分所带来的风险（Motarjemi et al.，2001；WHO，2002；FAO/WHO，2005）。发达国家长期致力于不断提高消费者的维权意识，这目前对发展中国家也显得尤为重要（FAO/WHO，2005）。

这些趋势影响发达国家和发展中国家人口特征的变化。更长的预期寿命、人口老龄化和不断增加的低免疫力（有较高食源性疾病风险）人口数量（Käferstein和Abdussalam，1999；WHO，2002）。

#### 3.2.2.4 环境因素——全球气候变化

进一步考虑人类活动的影响，全球食品安全面临新的环境挑战。最值得注意的是，贸易和物流全球化导致的跨国病虫害和疾病的压力，在全球气候变化的条件下将不断增加（FAO，2008b）。根据政府间气候变化委员会第四次评估报告所述，到20世纪末全球气温预计升高1.8～4℃（IPCC，2007）。虽然科学证据还不明确，事先考虑到这种可能性是明智的。除了全球变暖外，气候变化也可能导致更频繁的出现极端天气，例如强降水和干旱（FAO，2008c）。气候影响，特别是温度和湿度，对食源性和水源性疾病流行的影响已经被详细记录，并且是逐步上升的病原感染和真菌毒素污染威胁的原因。例如，持续数周升高的环境温度通常标志着感染沙门氏菌和弯曲杆菌病例的增加。同样，厄尔尼诺气候事件一直是秘鲁霍乱和腹泻病增加的原因（Käferstein和Abdussalam，1999；FAO，2008c）。对于已经证实的致病菌的胁迫反应，例如肠出血性大肠杆菌和沙门氏菌，在气候变化条件下也可能表现出更强的忍耐性。

#### 3.2.2.5 21世纪国际法规框架

随着经济与社会的快速发展和不断融合，食品安全已成为一个国际性的挑战，需要各国共同承担责任并在全球范围内解决。这就无可争议地要求在制定标准和法规中加强国际合作（Käferstein et al.，1997）。同时，全球食品安全标准的建立将降低世界各地的人们遭受食源性疾病的风险，并使他们享受到食品贸易全球化带来的诸多好处（Motarjemi et al.，2001；WHO，2002）。获得多种多样实惠的安全、高质量食品，不仅有助于建立健康和营养均衡的饮食习惯，还可以通过各种口味和美食的选择丰富消费者的饮食体验。虽然是间接的，但是同样重要的是，贸易自由化和全球化为发展中国家创造更多机会，利用它们的食品出口增加外汇收入（WHO，2002；FAO/WHO，2005）。国际统一标准的采用和实施将有利于这些国家获得更有利可图的市场，这反过来也将促进经济的发展，从而提高人口福利。在缺少统一标准时，一些国家的出口前景将大大受限。为了证明这一观点，Otsuki、Wilson 和 Sewadeh (2001)分析了欧盟标准中针对黄曲霉素污染水平的改变对非洲和欧洲之间双边贸易流动的影响。通过使用1989年和1998年之间对于15个欧洲国家和9个非洲国家贸易和法规的监测数据，他们估计，虽然新的欧盟标准每年可以减少1.4人次/每10亿人次死亡的健康风险，但是与之前实施国际标准相比，将降低非洲向欧洲出口总值为6.7亿美元的谷物、干水果和坚果[1]。

尽管许多国家政府都在保证食品供应安全方面取得了很大的成就，但是他们也根据各自食品市场特定的、不同的情况发展多元化的法规和监管体系(Bruinsma, 2003)。各个国家独自制定政策的悠久历史必然导致监管差异，从而阻碍食品贸易。随着全球化步伐的加快，国际社会和世界贸易需要一个一致的、统一的法律和法规框架，这将解决共同的威胁，尤其是在发展中国家，将从全球市场中获得更多福利(Josling, Roberts 和 Orden, 2004a)。

## 3.3 协调食品安全政策的进展与成就[2]

如果我们回顾历史，制定国际食品标准的正式努力从18世纪90年代就已经开始，建立食品法典委员会 Austriacus 来帮助调控奥匈帝国的食品流动(FAO/WHO, 2006)。在1903年成立的国际乳品联合会参与制定牛奶和奶制品国际标准，也可以被认为是早期的一种努力。然而，直到20世纪中叶，食品标准的统一才开始得到国际上关注。最重要的是，分别成立于1945年和1948年的联合国粮食与农业组织(FAO)和世界卫生组织(WHO)授权建立国际食品标准解决营养和人类健康问题。在几个地区的努力之后，例如在1949年提出的拉丁美洲食品代码“Código Latino-Americano de Alimentos”和1958年在奥地利领导下创建的欧洲食品法典“Codex Alimentarius Europaeus”，FAO 和 WHO 在1963年建立国际食品法典委员会(CAC)以实施它们的联合食品标准计划[3]，目的是保护消费者健康、确保食品贸易中的公平贸易惯例和促进由政府和国际组织承担的所有食品标准工作的协调统一。CAC 由代表99%世界人口的170个成员方组成，这种政府间标准制定机构通常被称为“食品法典”，随着1994年乌拉圭回合多边贸易谈判的结束和世界贸易组织(WTO)的实施获得了进一步的突出成就，从而成为全世界食品安全标准统一的重要法典。

### 3.3.1 食品法典委员会和世界贸易组织

首先是应对农产品贸易自由化，乌拉圭回合多边贸易谈判于1986年在乌拉圭的埃斯特角城开始，1994 年在摩洛哥的马拉喀什结束，建立了世界贸易组织(WTO)以取代关税与贸易总协定(GATT)作为国际贸易的联盟组织。虽然为了鼓励自由贸易同意减少对于许多农产品的关税壁垒，但是参加谈判的国家意识到各国可能会使用越来越多的非关税壁垒，例如卫生、植物检疫和其他技术要求，作为一种手段排斥进口并间接设立了贸易壁垒(WHO，1998；FAO/WHO，2006)。这种担忧导致产生了两个与食品安全法规有关的绑定多边协议：关于卫生和植物检疫措施的应用协议(SPS 协议)和技术性贸易壁垒协议(TBT 协议)。专门针对食品安全和动物与植物卫生法规，SPS 协议承认 WTO 成员方有权采取卫生和植物检疫措施，条件是这些措施是基于科学原理和只用于保护人、动物和植物健康的必要程度。不能对情况相同或类似的成员方之间实行随意或不合理的区别对待(WHO，1998)。为了尽可能在广泛的基础上统一卫生和植物检疫措施，SPS 规定进一步鼓励政府把本国的需求建立在已有的国际标准、指南和建议的基础上。在食品安全案例中，附件 A 的 SPS 协议明确提到"由食品法典委员会建立的标准、指南和建议，与食品添加剂、兽药和农药残留、污染物、分析和取样方法以及卫生实践的准则有关"。因此，符合食品法典标准的国家条款被认定为与 SPS 协议条款是一致的。虽然 WTO 成员保留了维持或引进卫生措施产生更严格标准的权利，但 SPS 协议要求这些措施是合理的，并且是基于科学风险评估的，并采用相关国际组织制订的风险评估技术。除了规定当前 153 个 WTO 成员的权利和义务外，SPS 协议还建立了信息交流和强制执行的机制(Bruinsma，2003)。包括通知程序，用于通知贸易伙伴有关 SPS 措施的改变，建立 SPS 委员会连续讨论这些问题，以及使用 WTO 纠纷解决系统及时解决各国之间扭曲贸易障碍上的冲突。通过采用食品法典标准作为评估国家措施和规定的基准，SPS 协议也因此在促进食品安全法规的国际统一中发挥关键作用(WHO，1998；Motarjemi et al.，2001)。TBT 协议作为 SPS 协议的补充，覆盖所有其他技术法规和标准，例如对包装、标识和标签的要求，并同样鼓励各国在适当情况下使用国际标准。然而，并不要求它们由于标准化的结果而改变它们的保护水平[4]。

可以预期，特定识别法典标准作为 WTO 内多边法律框架的一个不可或缺部分已经在食品法典委员会的活动中引起相当大的兴趣(FAO/WHO，2006)。因此，委员会已经观察到出席率的显著增加，特别是发展中国家。由于意识到在国家法规统一中的关键作用，食品法典委员会承认每个国家在法典标准制定中发挥积极作用的重要性(WHO，1998；FAO/WHO，2006)。虽然制定标准的责任在于食品法典委员会及其附属机构，由 FAO 和 WTO 建立的独立专家委员会也通过承担风险评估功能为CAC的工作提供必要的科学基础。一些团体的出版物可以作为国际参考标准，包括食品添加剂的联合FAO/WHO专家委员会(JECFA)、农药残留的FAO/WHO联合会议(JMPR)和微生物风险评估的FAO/WHO专家联合会议(JEMRA)(FAO/WHO, 2006)。

自成立以来，食品法典委员会坚持以科学为基础的原则，正式通过了近300个关于商品和食品安全问题的标准，超过3 000个对于农药和兽药残留最大限量方面的标准，超过1 000个食品添加剂的规定，几十个对于污染物的指南以及防止污染的行为准则和已经成为全球性基准的食品卫生的各种文本(FAO/WHO, 2006; UN, 2008c)。在乌拉圭回合谈判初期，委员会已意识到增加法律上的相关性，如SPS协议将赋予法典标准，并因此着手审查和明确规定其标准制定的程序(Jukes, 2000)。在1991年FAO/WHO食品标准会议上，经过首次重申科学在其标准化工作中的基础性作用后，食品法典委员会开始认识到其他更主观但合理的因素，例如消费者的关注、技术需要以及道德和文化方面的考虑应该被纳入其决策过程。这最终导致食品法典委员会在2003年采纳风险分析框架，包含三个相互关联的组成部分：风险评估、风险管理和风险交流(FAO/WHO, 2006)。

欧洲消费者对转基因(GM)食品和激素处理的牛肉的反对以及他们对欧盟食品安全法规的影响，引出了其他合法因素(OLF)的重要性和有效风险沟通方面的挑战(Motarjemi et al., 2001; Verbeke, Frewer, Scholderer和De Brabander, 2007)。后一种情况具有特别重要的意义，因为涉及SPS协议的第一个WTO纠纷集中在欧盟与美国关于肉牛中使用促生长激素的长期争端(Bruinsma, 2003)。它们在1995年被食品法典委员会批准后不久，对于肉类激素的最大残留限量(MRL)在美国作为参照点，挑战欧盟的激素禁令(Jukes, 2000)。这个纠纷通过WTO的裁决系统正式解决，由于科学论证不足，结果有利于美国。然而，欧盟继续禁止激素处理的牛肉，因此遭受报复性关税。在疯牛病危机和食品恐慌加剧，强烈消费需求下降的背景下，欧洲政府要恢复公众的信心将十分困难(Jukes, 2000; Josling et al., 2004a)。这种官方的决议在本质上仍不能满足各方要求，这意味着当公众普遍认知不同时，科学和科学共识在寻求监管统一时的实际作用受到很大限制(Josling et al., 2004a)。考虑到消费者对风险的认知可能与专家明显不同，这也进一步说明有效风险交流策略的必要性(Verbeke et al., 2007)。

### 3.3.2 通过区域经济一体化和双边协定的其他协调工作

在WTO的支持与全球贸易一体化的背景下，实现区域经济一体化的趋势也促使各个地区实现食品安全法规的统一。最值得注意的是，欧洲已经历了历史悠久的，以超越国家组织机构为基础的一体化（McKay, Armengol 和 Pineau, 2005）。自从1957年成立罗马条约以来，欧洲经济共同体，后来成为欧洲联盟(EU)，一直特别重视农业（van der Meulen & van der Velde, 2008）。起初，主要是建立一个关于食品的内部共同市场，欧洲食品法规的统一经历了第一时期垂直立法调整（即成分的标准），然后是20世纪80年代中期的第二时期水平立法的调整。在20世纪90年代中期，疯牛病危机和其他食品恐慌导致旨在确保高水平食品安全的第三个新阶段的欧盟食品法规的统一与制定。基础法规（EC）No 178/2002的生效，确立了食品法的通则，并建立了独立的欧洲食品安全局（EFSA），形成了27个成员国中的食品和饲料法规的基础。

北美自由贸易协定（NAFTA），包括加拿大、墨西哥和美国，是另一个区域联盟的例子，虽然在正式机构合作的程度上要低于欧盟（McKay et al., 2005）。与乌拉圭回合谈判重叠，NAFTA谈判也提出了对随意使用健康和安全规则来进行极端贸易保护的类似担忧（Bruinsma, 2003）。因此，纳入NAFTA的三个贸易伙伴的早期版本最终变成SPS协议。

在食品法规多边协调的区域中更加雄心勃勃的是亚太经合组织（APEC）（Bruinsma, 2003; Josling et al., 2004b）。APEC考虑建立APEC食品系统，包括食品安全与贸易自由化。食品安全部分的计划已经产生了一个框架，建立在SPS协议基础上的APEC食品相互承认协议，允许国家进行谈判协定，以促进亚太地区的食品贸易。在西南太平洋，澳-新双边紧密经济关系贸易协定（ANZCERTA），一般被称为CER，导致一个双国家食品机构的形成（Bruinsma, 2003）。自1996年以来，这两个国家通过澳大利亚新西兰食品管理局（ANZFA）共同管理食品安全问题，后来更名为澳大利亚新西兰食品标准局（FSANZ）。

食品法规的双边协定的另一方向是尝试利用美国和欧盟之间的跨大西洋合作伙伴关系（Bruinsma, 2003）。尽管已经达成许多潜在的具有重大意义的协议，但这些往往是测试和认证的相互承认，而不是对跨大西洋伙伴标准的认可。特别值得注意的是不断增加的以及尚未解决的贸易紧张关系，如接踵而至的世界上最大的两个经济体之间对于转基因食品法规的纠纷（Patterson 和 Josling, 2001）。然而，这两个合作伙伴很早就认识到进行科学合作是更好地保护公众健康的需要。在 2007 年，美国食品和药品管理局（FDA）与欧洲食品安全局（EFSA）签署了一份具有里程碑意义的协议，以促进在食品安全风险评估领域中机密科学信息的共享（FDA/EFSA，2007）。这正式迈出的第一步也体现了更紧密合作以促进未来法规统一的希望。

## 3.4　全球协调倡议[5]

无论在世界何处，消费者都应该从对食源性疾病危害的足够保护中受益（WHO，1998；Motarjemi et al.，2001）。尽管对于食品安全法规的统一已经取得实质性进展，但是食品供应的快速全球化、人口结构和消费者偏好的改变、新威胁的出现以及新兴科学技术的发展，不断使低凝聚力的国际框架暴露出弱点并使之进一步恶化。

### 3.4.1　全球协调倡议的发布

在由许多食品科学家参加的 2004 年度食品技术协会（IFT）年会期间，IFT 的国际分部和欧洲食品科学和技术联盟（EFFoST）的代表们讨论了由国家食品安全法律和法规之间的不一致而导致的一些不利后果（Lelieveld，Keener 和 Boisrobert，2006）。

在食品安全问题日益严重的背景下，可能最令人担忧的是对于化学残留物和污染物的国家规定阈值之间的差异。这可能导致大量食品的过度破坏或引起国家间严重的贸易壁垒（Keener 和 Lelieveld，2004）。特别是食品安全法规可能明确地禁止某些有害化学物质在食品中的存在——即所谓的“零容忍”（Lelieveld et al.，2006）。随着分析和检测方法精确度和灵敏度的不断提高，多年前可检测物质为千分之几或百万分之几，现在可检测到十亿分之几或甚至百亿分之几（Hulse，1995；Lelieveld & Keener，2007）。因此污染物的零容忍不是一个绝对的数值，而是取决于分析灵敏度。尽管最初设计是为了保护公众健康，但这样的法规显得越来越难以驾驭，例如坚持采用正确的科学风险评估方法以及与消费者风险水平相当的控制措施（Hanekamp，Frapporti 和 Olieman，2003）。

在当前关注食品安全的趋势下同样重要的是新技术引进所提出的挑战（WHO，2002）。虽然一些新技术可能会增加农业生产和使食品更安全，但是它们的功效和安全性必须以一种显而易见的方式被证明，以保证消费者可以接受。在应对消费者对安全、新鲜和最低限度加工食品日益增加的需求时，食品行业通常与学术界和政府机构合作，在新型非加热加工保藏技术的研发中投入了巨大精力(Lelieveld et al.，2006；Lelieveld 和 Keener，2007)。随着这些技术成为现实的商业选择，在国家之间的认证程序和安全性评估模型的差异就成为它们引进市场的障碍(Fister Gale，2005)。遗憾的是，尝试遵守一些重复的、相互冲突的或不一致的国家标准所带来的费用和努力，可能阻止食品行业在国际规模上应用这些新型技术。食品公司的确不愿意承担增加的额外开销、不必要的开支或首当其冲投资一种被监管部门批准只能在特定市场使用的新型食品安全技术。与此类似，为迎合重视健康的消费者人数的不断上升，全球范围内都在进行新型或功能性食品的研发，它们面临复杂且完全不同的国际监管环境(Lupien，2002)。只需采用国际通用的方法证明一次，无需过度重复食品的安全性，这会减少障碍并有利于新型食品和加工技术的更快上市及更好发挥作用(Lelieveld 和 Keener，2007)。

在努力消除食品科技发展的障碍中，EFFoST 和 IFT 的国际部与食品安全杂志和 Elsevier 合作，决定在这次非常会议上发布全球协调倡议[6](GHI)。此后不久，许多科研组织参与并支持这一倡议，包括食品科学与技术国际联盟(IUFoST)、国家食品安全与技术中心(NCFST)、谷物科学与技术国际协会(ICC)、欧洲化学与分子科学协会食品化学分部(EuCheMS - FCD)、欧洲卫生工程和设计集团(EHEDG)以及世界各地的许多大学。

通过发起促进食品安全法规和立法的全世界统一，GHI 坚信对关键食品安全问题形成科学共识对于维持全球食品供应的完整性是必要的。因此，这个组织提议对于科学问题的全球性讨论，以用来支持各个政府和国际监管机构做出的决策。通过实现对食品法规和立法的科学共识，GHI 的目的是确保在全球范围内为消费者提供安全和健康的食品。这一概念体现在 2005 年 4 月在第一次 GHI 研讨会期间 GHI 宪章的第一稿中(Lelieveld et al.，2006)。该宪章草案制定和发布在 GHI 网站上以便得到评论与反馈。宪章的最终版本如图 3.1 所示。

图3.1 全球统一倡议章程(GHI)

重要的是要注意到 GHI 将不会试图对任何食品安全法律或法规的直接改变产生影响。相反，GHI 打算为全世界各个食品科学家和技术人员提供平台和机制，以达成支撑这些政策的科学共识。还应当注意的是，GHI 不谋求组织和政府间的共识，但寻求全球科学家和技术人员之间的共识，无论他是属于哪个机构。GHI 的理念是一旦达到这种全球共识并公开发布，利益相关者将使用这些信息来实现所期望的改变。

此外,GHI显然不打算与食品法典委员会或其FAO/WHO专家机构的活动进行竞争,也不打算复制它们的本职工作。相反,该组织致力于发展成为国际科学专家资源库,这些独立的科学家和专家成员将通过白皮书和类似的工具进行论述,为国际食品安全法律和法规的统一提供透明和公正的科学依据。

**"对食品法规和立法的科学达成共识以确保安全和健康食品对所有消费者的全球同步上市。"**

## 章　程

倡议的目标是确保安全和健康食品对所有消费者的全球同步上市。要实现这个目标,必须克服以食品安全保护作为幌子对自由贸易的过度壁垒。这些壁垒包括全球国家之间的法规和立法的差别。因此,国际科学界必须努力实现关于科学基础食品法规和立法的全球共识。这将通过下列目标的达到而实现:

(1) 确定相关的科学组织。

(2) 邀请和鼓励这些科学团体参与到全球统一倡议中,并邀请它们的成员加入本次活动中他们各自的专业领域。

(3) 确定相关的非科学利益相关者。

(4) 在非科学和科学组织之间建立有效的沟通。

(5) 邀请所有利益相关者(组织和个人)确定和提交需要注意的关键问题。

(6) 优先考虑关键问题,随后形成工作组以起草关于这些问题的科学正确性的白皮书或共识声明。

(7) 督促工作组评估现有的最佳证据,并与科学界讨论他们的发现,努力建立共识。

(8) 在期刊、杂志和报纸上发表关于每个问题基础的结果。

(9) 以书本的形式集中出版所产生的共识声明。

(10) 展示结果并参与适当的会议。

(11) 为所有的利益相关者提供结果,特别是那些负责制定或修订法规和法律的人、全球传播者、风险管理者和评估人。

所有这些都将以一种开放、透明的方式被完成,以避免偏见或偏见、政治或其他因素的出现。

### 3.4.2 GHI 协会

在 2007 年 10 月，倡议作为一个非政府性、非盈利的协会获得正式的法律地位，并在奥地利的维也纳注册为“GHI 协会”。GHI 的目标“对食品法规和立法的科学达成共识以确保安全和健康食品对所有消费者的全球同步上市”被小心地并入章程[7]中(Lelieveld, 2009)。同样，GHI 执行委员会尽力确保德国翻译和其他改变必须遵守奥地利法律，决不改变如章程所述的目标。

图 3.2 列出了协会的组织结构。直到按照章程中规定的程序进行选举为止，执行委员会目前由 Huub Lelieveld(总裁[8]，荷兰)、Larry Keener(副总裁[9]，美国)、Gerhard Schleining(奥地利)、Sangsuk Oh(韩国)、Vishweshwaraiah Prakash(印度)和 Christine Boisrobert(美国)代表。

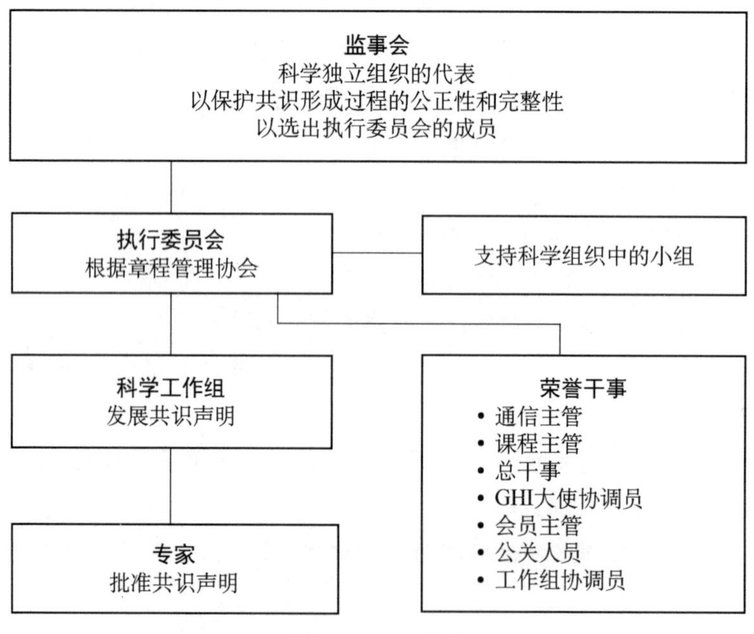


图 3.2　GHI 结构

从成立之初，GHI 已经认识到科学共识过程的公正性将是能够与来自全世界的科学家合作的一个基本要求。这已经导致监事会的建立，它也被牢牢地嵌入章程中。由于它由来自全球的独立科学成员组织的代表组成，它的主要任务是保护共识形成过程的公正性、完整性和整体透明性(Lelieveld et al.，2006)。代表 ICC(谷物科学和技术国际协会，一个办公地点在维也纳的独立的科学组织)的

Roland Poms 博士已经接受了主持这个监事会，第一要务是扩大监事会以符合其目标。

此外，GHI 打算主要通过其姐妹科学组织扩大其个人会员资格[10]，也使用 IUFoST 的服务，其中 IFT 是一个组织成员，而 EFFoST 是欧洲分组(Keener 和 Lelieveld, 2004)。自 2004 年以来，GHI 在获得国际科学界内部的兴趣和支持中已经取得很大的进步。EFFoST 和 IFT 都已经形成特殊兴趣小组(SIG)以支持 GHI 的活动。为了更好地管理逐渐增加的关于全球统一的通信量，对于通信的责任已经在执行委员会成员和特殊兴趣小组成员之间按照地域划分，以覆盖亚洲、北美、拉丁美洲、欧洲和非洲。同时，很明显更多的科学家愿意协助区域活动中的有效通信，例如在中东、南非、俄罗斯、前南斯拉夫、黎巴嫩和伊朗。

### 3.4.3 会议和研讨会

凭借其各个成员和成员组织的支持和参与，GHI 已经在芝加哥(美国)、新奥尔良(美国)、索菲亚(保加利亚)、、巴黎(法国)、奥兰多(美国)、南特(法国)、科克(爱尔兰)、海牙(本 荷兰)、里斯本(葡萄牙)、果阿(印度)、博洛尼亚(意大利)、首尔(韩国)、察夫塔特(克罗地亚)、上海(中国)和卢布尔雅那(斯洛文尼亚)召开或参与了各种专题讨论会、研讨会、讲习班和会议[11]。

在会议期间，成员被邀请制订方法以严格评估用于在产品组成、处理操作和设计用于放置食物中毒的技术或措施中支持现有法规的科学证据。在制订时，GHI 计划在阿姆斯特丹(荷兰)、布拉格(捷克)、阿纳海姆(美国)、哥本哈根(丹麦)和孟买(印度)另外举行会议。

### 3.4.4 工作组

根据以前的工作组和会议的结果，在里斯本的研讨班的参与者共同举办 2007 EFFoST - EHEDG 联合会议，对于提出的 GHI 共识过程选择 4 个全球性问题作为示例。这些问题分别解决微生物食品安全性、毒理安全性、食品保藏和检测方案的统一，导致建立下列工作组(WG)(Lelieveld, 2009)。

1) 关于“即食食品(RTE)中的李斯特菌”的工作组

在即食食品(RTE)中对李斯特菌的食品安全性要求有明显的差异。例如，尽管欧盟已经设定最大水平为每克形成 100 个菌落单位(cfu/g)，但美国要求在 25 克食品中没有菌落形成。同样，所使用的微生物学方法在不同国家之间也不同。显然，关于构成安全的最高水平和应该使用何种测试方案确定这个水平的科学共识对于 RTE 食品的国际贸易是必不可少的。有关更详细的讨论，请参阅第 10 章（微生物风险控制的全球统一）。

2）关于“食品中所选择抗生素的最大残留水平”的工作组

许多国家已经对食品中某些抗生素的存在采取零容忍的政策。随着分析方法灵敏度的不断提高，检测食品供应中的微量抗生素的概率增加。这能够导致大体积食品的强制销毁，正如 2006 年欧洲法院的裁定所示。工作组将考虑应用科学风险评估方法学以解决这个问题。

3）关于“食品的高压加工”的工作组

高压加工（HPP）已经成为一种相当成熟的食品加工技术。它已经在商业上被实施，并已经在美国、欧盟和日本进行了充分的研究。然而，对于 HPP 的法规要求仍然缺乏或在不同国家之间不同。特别是需要回答什么样的工艺条件将足以确保 HPP 灭菌食品安全性的问题。

4）关于“毒理学试验草案”工作组

目前，使用整体动物模型和无能肝细胞检测毒性。然而，越来越多的证据显示这些检测通常与人类无关。使用这些检测显示毒性的物质可能对人体是无毒的，而那些被显示为安全的物质可能实际上是有毒的。相反，使用具有代谢功能的肝细胞能够产生可靠的结果，并且将需要动物试验。本工作小组的目标是对这种方法达成共识。这个问题不仅与食品生产商相关，而且与食品加工设备和包装材料的制造商相关，以建立食品接触材料的安全性。

目前，也有极大的兴趣设立有关“纳米技术和食品”、“通常认为是安全（GRAS）状态”、“预防原则”和“霉菌毒素”的额外工作组。应该注意不是 GHI 决定工作组。原则上，任何利益相关组都可能开始工作组。每个工作组将收集和评估现有的科学证据，并在全世界的食品科学家中循环查找科学家进行辩论和评论。一旦已经制订和起草科学建立的共识提议，它可以被递交到 GHI。然后，这个共识文档可能由 GHI 送给尽可能多国家的合格的主题专家进行审查和最终批准。这些专家首先必须由同行共同承认为他们领域的专家，并且得到 GHI 监事会的认可。这个反复过程的预期结果是为全世界的监管部门获得科学共识声明。

## 3.5 小结

GHI 期望制定食品法规和立法的科学将帮助缩小监管差异，同时也可能有助于集中食品安全性研究在目前缺乏支持性科学证据的领域。监管差异的消除将减少和有希望及时防止食品的过度破坏。此外，它将更多地吸引私营企业投资食品安全性研究和开发，从而加强每个国家的食品行业和供应食品部门行业的竞争力(Larson Bricher，2005)。协调全球法规将有助于吸收和应用新技术以及鼓励食品行业投资新工具，以提高安全性、实用性和全世界消费者食品供应的质量。

尽管食品安全性法规的全球统一是21世纪的一个明确挑战，它现在已成为快速全球化领域中的一个最主要的必需品(Motarjemi et al.，2001)。特别是鉴于当前的食品危机(FAO，2008a)，GHI认识到尊重、保护和满足每一个人对安全食品的权利需要所有利益相关者的全体和持续的集体努力，包括国际科学界。

## 注　释

1　世界银行最近的一份报告显示，欧盟协调的黄曲霉素法规对非洲出口的实际影响由于其他因素而比原先估计低得多(Diaz Rios & Jaffee，2008)。第12章(霉菌毒素管理:国际挑战)提供了对这个话题的更深入考虑。

2　对于本章的目的，只考虑食品安全法规的统一。关于私营部门标准通过国际标准化组织(ISO)和全球食品安全倡议(GFSI)的国际统一的讨论请参考第20章(国际标准的统一)。

3　FAO/WHO食品标准—食品法典委员会可以从网址 http://www.codexalimentarius.net 访问(2009年3月31日访问)。

4　WTO法律文本-WTO协议可从网址:http://www.wto.org/english/docs_e/legal_e/legal_e.htm (2009年3月31日访问)获得。

5　请注意“协调”一词期是在美国开会时GHI提出的。

6　更多信息，请访问全球协调行动网站(www.globalharmonization.net)。

7　GHI章程(“Vereinsstatuten”)和对应的英语翻译被张贴在GHI网站上(www.globalharmonization.net)。

8　尽管在章程中使用的奥地利法律术语可能会有所不同，GHI的实际结构保持与GHI网站张贴的和图3.2中所示的结构相同(见 http://www.globalharmonization.net/structure.htm)。

9　奥地利法律要求用“总裁”和“副总裁”取代主席。

10　食品科学和技术专业人员目前能够 http://www.globalharmonization.net/application-form.htm 在线申请“科学家个人会员”。

11　关于这些事件和展示的报告可在GHI网站上找到(www.globalharmonization.net)。

## 参考文献

[1] Bruinsma J. (Ed.). World agriculture: Towards 2015/2030—an FAO perspective [M]. London: Earthscan Publications Ltd. 2003.

[2] Chopra M, Galbraith S, Darnton-Hill I. A global response to a global problem: The epidemic of overnu-trition [J]. B World Health Organ, 2002,80(12):952 - 958.

[3] Coyle W, Hall W, Ballenger N. Transportation technology and the rising share of US perishable food trade [M]. In A. Regmi (Ed.), Changing structure of global food consumption and trade. WRS01 - 1, (pp. 31 - 40). Washington, DC: Economic Research Service, US Department of Agriculture. 2001.

[4] Diakosavvas D. The Uruguay Round Agreement on Agriculture: An evaluation of its implementation in OECD countries [R]. Paris: Organisation for Economic Co-operation and Development. 2001.

[5] Diaz Rios L B, Jaffee S. Barrier, catalyst, or distraction? Standards, competitiveness, and Africa's groundnut exports to Europe [C]. Agriculture and Rural Development Discussion Paper 39. Washington, DC: World Bank. 2008.

[6] FAO. Report of the World Food Summit [C]. 13 - 17 November 1996. WFS 96/REP. Rome: Food and Agriculture Organization of the United Nations. Online. Available at: http://www.fao.org/wfs/index_en.htm(accessed 31 March 2009). 1997.

[7] FAO. Trade reforms and food security—conceptualizing the linkages [R]. Rome: Food and Agriculture Organization of the United Nations. 2003.

[8] FAO. Globalization of food systems in developing countries: Impact on food security and nutrition [R]. FAO Food and Nutrition Paper 83. Rome: Food and Agriculture Organization of the United Nations. 2004.

[9] FAO. The state of food and agriculture 2007—paying farmers for environmental services [R]. Rome: Food and Agriculture Organization of the United Nations. 2007.

[10] FAO. The state of food insecurity in the world 2008—high food prices and food security—threats and opportunities [R]. Rome: Food and Agriculture Organization of the United Nations. 2008a.

[11] FAO. High-level conference on world food security: The challenges of climate change and bioenergy [C]. Report of the Conference. Rome, 3 - 5 June 2008. HLC/08/REP. 2008b.

[12] FAO. Climate change: Implications for food safety [R]. Rome: Food and Agriculture Organization of the United Nations. 2008c.

[13] FAO/WHO. International conference on nutrition—world declaration and plan of action for nutrition [R]. Rome: Food and Agriculture Organization of the United Nations and World Health Organization of the United Nations. 1992.

[14] FAO/WHO. Regional conference on food safety for Africa. Final Report. Harare, 3 - 6 October 2005 [R]. Rome: Food and Agriculture Organization of the United Nations. 2005.

[15] FAO/WHO. Understanding the codex alimentarius (3rd ed.)[M]. Rome: World Health Organization and Food and Agriculture Organization of the United Nations. 2006.

[16] FDA/EFSA. EFSA and FDA Strengthen Cooperation in Food Safety Science [R]. FDA News. 2 July 2007. Online. Available at: http://www.fda.gov/(accessed 31 March 2009). 2007.

[17] Fister Gale S. Industry waits for green light on harmonized food safety standards [J]. Food Safety Magazine (October/November), 2005,42 - 49.

[18] Frazão E, Meade B, Regmi A. Converging patterns in global food consumption and food delivery systems [J]. Amber Waves, 2008,6(1):22 - 29.

[19] Hanekamp J C, Frapporti G, Olieman K. Chloramphenicol, food safety and precautionary thinking in Europe [J]. Environmental Liability, 2003,6:209 - 221.

[20] Hawkes C, Chopra M, Friel S, et al. Globalization, food and nutrition transitions [R]. WHO Commission on Social Determinants of Health. Ottawa: Globalization Knowledge Network. Online. Available at: http://www.who.int/social_determinants/resources/gkn_hawkes.pdf (accessed 31 March 2009). 2007.

[21] Hulse JH. Science, agriculture, and food security [R]. Ottawa: National Research Council Canada, NRC Research Press. 1995.

[22] IPCC. IPCC fourth assessment report: Climate change 2007—synthesis report. Geneva: Intergovernmental Panel on Climate Change. 2007.

[23] Josling T, Roberts D, Orden D. Food regulation and trade: Toward a safe and open global system—an overview and synopsis. American Agricultural Economics Association (New Name 2008: Agricultural and Applied Economics Association), 2004 Annual Meeting, Denver, 1 - 4 August. 2004a.

[24] Josling T, Roberts D, Orden D. Food regulation and trade: Toward a safe and open global system. Washington, DC: Peterson Institute for International Economics. 2004b.

[25] Jukes D. The role of science in international food standards. Food Control, 11(3),181 - 194. 2000.

[26] Käferstein F, Abdussalam M. Food safety in the 21st century [J]. B World Health Organ, 1999,77(4):347 - 351.

[27] Käferstein F K, Motarjemi Y, Bettcher D W. Foodborne disease control: A transnational challenge [J]. Emerging Infectious Diseases, 1997,3(4):503 - 510.

[28] Keener L, Lelieveld H. Global harmonisation of food legislation [J]. Trends in Food Science Technology, 2004,15:583 - 584.

[29] Larson Bricher J. Harmonisation: A green light for food safety? [J]. International Food Ingredients, 2005,5:107 - 109.

[30] Lelieveld H. Progress with the global harmonization initiative [J]. Trends in Food Science Technology, 2009,20:S82 - S84.

[31] Lelieveld H, Keener L. Global harmonization of food regulations and legislation—the global harmonization initiative [J]. Trends in Food Science Technology, 2007,18:S15 - S19.

[32] Lelieveld H, Keener L, Boisrobert C. Global harmonisation of food regulations and legislation—the global harmonization initiative [J]. New Food, 2006,4:58 - 59.

[33] Lupien J R. Implications for food regulations of novel food: Safety and labeling [J]. Asia Pacific Journal of Clinical Nutrition, 2002,11(S6):S224 - S229.

[34] McKay J, Armengol MA, Pineau G. (Eds). Regional economic integration in a global framework [M]. Frankfurt: European Central Bank. 2005.

[35] Motarjemi Y, van Schothorst M, Kferstein F. Future challenges in global harmonization of food safety legislation [J]. Food Control, 2001,12:339 - 346.

[36] Otsuki T, Wilson J S, Sewadeh M. Saving two in a billion: Quantifying the trade effect of European food safety standards on African exports [J]. Food Policy, 2001,26:495 - 514.

[37] Patterson L A, Josling T. Biotechnology regulatory policy in the United States and the

European Union: Source of transatlantic trade conflict or opportunity for cooperation? [C]. European Forum Working Paper. Stanford University, Institute for International Studies. 2001.

[38] Saker L, Lee K, Cannito B, et al. Globalization and infectious diseases: A review of the linkages. Social, Economic and Behavioural Research [R]. Special Topics No. 3. TDR/STR/SEB/ST/04. 2, Geneva: TDR, World Health Organization of the United Nations. 2004.

[39] UN. United Nations Millennium Declaration [R]. A/RES/55/2. Online. Available at: http://www.un.org/millennium/declaration/ares552e.pdf(accessed 31 March 2009). 2000.

[40] UN. Report of the Special Rapporteur on the right to food [R]. E/CN. 4/2006/44. United Nations Commission on Human Rights. Online. Available at: http://www.unhcr.org/refworld/docid/45377b1b0.html(accessed 31 March 2009). 2006.

[41] UN. World population prospects—the 2006 revision—highlights [R]. New York: United Nations Department of Economic and Social Affairs. 2007.

[42] UN. The millennium development goals report 2008 [R]. New York: United Nations Department of Economic and Social Affairs. 2008a.

[43] UN. World urbanization prospects—the 2007 revision—executive summary [R]. New York: United Nations Department of Economic and Social Affairs. 2008b.

[44] UN. Agriculture: Report of the Secretary-General. E/CN. 17/2008/3. United Nations Commission on Sustainable Development [R]. Online. Available at: http://www.un.org/esa/sustdev/csd/csd16/documents/sgreport_3. pdf (accessed 31 March 2009). 2008c.

[45] UN. Goal 1: Eradicate extreme poverty and hunger—fact sheet [R]. Online. Available at: http://www.un.org/millenniumgoals/2008highlevel/pdf/newsroom/Goal%201%20FINAL.pdf (accessed 31 March 2009). 2008d.

[46] UNFPA. State of world population 2003 [R]. New York: United Nations Population Fund. 2003.

[47] UNFPA. State of world population 2008 [R]. New York: United Nations Population Fund. 2008.

[48] UNWTO. Tourism highlights (2008 ed.) [R]. Online. Available at: http://www.unwto.org/facts/eng/pdf/highlights/UNWTO_Highlights08_en_HR.pdf (accessed 31 March 2009). 2008.

[49] van der Meulen B, van der Velde M. European food law handbook [M]. Wageningen: Wageningen Academic Publishers. 2008.

[50] Verbeke W, Frewer LJ, Scholderer J, et al. Why consumers behave as they do with respect to food safety and risk information [J]. Analytica Chimica Acta, 2007,586:2-7.

[51] WEF. Global risks 2008—a global risk network report [J]. Geneva: World Economic Forum. 2008.

[52] WHO. Food safety and globalization of trade in food—a challenge to the public health sector. WHO/FSF/FOS/97. 8 Rev 1 [R]. Geneva: World Health Organization of the United Nations. 1998.

[53] WHO. Global strategy for food safety: Safer food for better health [R]. Geneva: World Health Organization of the United Nations. 2002.

# 第 4 章　怎样理解和使用食品安全目标和绩效目标

## 4.1　引言

由食源性致病菌引发的疾病构成了世界公共卫生问题，预防这类疾病是全社会的主要目标。微生物食源性疾病一般由细菌或其代谢产物、寄生虫、病毒和毒素引起。不同食源性疾病在不同国家的严重性取决于所摄取的食品，所采用的食品加工、处理、储藏技术，以及人群的敏感性。事实上，完全消灭食源性疾病是一个难以实现的目标，因此公共卫生管理人员和工业界致力于降低食源性疾病的发病率。但是，实现这一目标会产生额外的社会成本。其不仅包括资金，还需考虑文化、饮食习惯等因素，比如，禁止某种特殊的商品，像未经杀菌的牛奶在一些国家可以接受，在其他国家则不能。尽管所有各国以降低食源性疾病为目标，但是多数国家未明确声明食源性疾病数量下降的程度。而且，他们在关于怎样平衡成本与降低食源性疾病的关系方面会持不同意见。

一直以来，各国努力通过为初级和加工产品建立微生物标准以改善食品安全状况。但是，传统的食品检验程序中的采样频率和范围，无法为消费者提供食品安全保障。在多数情况下，所设立的微生物标准对降低食源性疾病风险的作用没有进行评估。有时，如果某国对不同食品设立的微生物标准比国际标准严格，会被其他国家视为国际贸易壁垒。100 多个国家签署了世界贸易组织的“动植物卫生检疫(SPS)协议”(WTO, 1994)。协议声明“尽管一个国家具有主权决定对其公民的保护程度，如果需要，其必须提供所采用的保护水平基于的科学依据”。因此，如果一个国家针对某种食品中特定的健康危害，设立了微生物标准或者其他限制条款，其必须提供科学数据解释该标准所考虑到的风险和社会危害，以及基本原理和依据。另一个 WTO 协议，“技术性贸易壁垒(TBT)协定”(WTO, 1995)也要求一个国家不能对其所进口商品的安全程度标准高于其本土商品。

## 4.2 良好的操作规范和危害分析关键控制点

由于传统检测方法存在采样、测试和食品安全保证方面的缺陷，20 世纪 70 年代初期产生了危害分析关键控制点(HACCP)的概念，显著改善了安全食品生产的水平。HACCP 的目标聚焦于特定食品中的危害因素，如果不加以控制可能会威胁公共健康，其包括产品、加工、商品化以及使用条件等过程的控制点。HACCP 需建立在良好农业操作规范(GAPs)和良好卫生操作规范(GHPs)等基础上，以降低产品和生产环境危害。HACCP 涉及特定生产过程的危害评估，确定影响食品安全的关键环节。而且，HACCP 还规定限制、监测规程和纠正措施。但是，HACCP 只针对生产企业，并不能将这种有效措施直接与所期望的公共健康保护水平联系起来(如降低一个国家食源性疾病数量)。

## 4.3 设定公共健康目标——适当保护水平的概念

过去十年间，人们积极探索更有效的将食品安全计划与所期望的公共健康关联起来的方法，并且付诸了大量努力。本章介绍两种工具："食品安全目标"(FSO)和"绩效目标"(PO)(ICMSF，2005；CAC，2007a)。这两种工具用于在食品安全方面与工业界、贸易伙伴、消费者和其他国家的沟通。在良好操作规范和 HACCP 系统中，保留必要的食品安全管理措施以实现 FSO 或 PO 标准。

设立公共卫生目标是政府的权力和职责。这些目标需确切规定一种食品中允许存在有害细菌的最大数量，这是根据科学数据和社会因素而确定。其成本包括由改变加工工艺而产生的工业成本，由提高价格或减少某些产品供应而产生的消费成本，以及在监管方面产生的管理成本。

在许多国家，政府依靠疾病和食品监测数据，结合流行病学、食品微生物、食品技术等领域专家的建议，评估引发食源性疾病的有害微生物种类和数量。可以用定性的方式表示风险水平(比如高、中或低风险)，如有可能，也可以用每年一定数量人群中发生食源性疾病的病例数表示。而在发展中国家，疾病监测数据有限，甚至几乎没有。在这种情况下，风险评估只能依靠临床数据(例如，在多少粪便样本中发现沙门氏菌)结合食品微生物调查结果，结合对生产食品的品种、生产方式、储藏条件，以及食用方法的评价。少量国家使用定量微生物风险评估(QMRA)等科技手段评估疾病风险，其涉及食品中微生物数量和食源性疾病关联性的专业知识。

无论采用什么方法评估食源性疾病风险，下一步都将决定这种风险是可以承受还是需要降低。一个社会所能接受的风险水平被称为“适当的保护水平”(ALOP)。如果进口国对于一种特定的危害(如有害细菌)有更严格的标准，可能会被要求根据 SPS 协议确定这样做对于 ALOP 的意义。然而，多数国家希望降低食源性疾病的发生率，并且可以设立将来的 ALOPs 目标。比如，目前李斯特菌病水平为每年每百万人中有 6 例，有些国家希望将其降低到每年每百万人中 3 例。

## 4.4　食品安全目标

当政府发布与疾病发生相关的公共健康目标，这并不能为食品生产者、分销商、贸易伙伴提供达到降低疾病水平所需要的信息。为了实现政府设立的食品安全目标，需要将其转化为政府机构可进行评估的标准和生产者进行生产食品的参数，所提出的 FSOs 和 POs 理念是为这一目标服务的。这些概念在食品链条中的位置如图 4.1 所示。

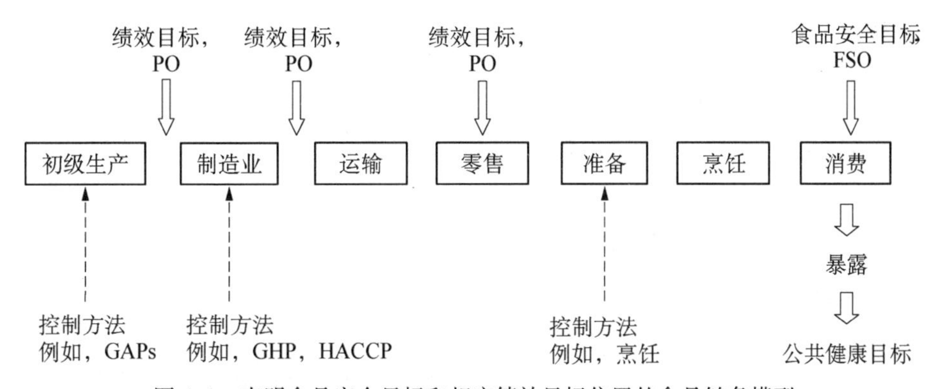


图 4.1　表明食品安全目标和相应绩效目标位置的食品链条模型

FSO (CAC，2007b)是指“在消费时，一种危害因素存在于食品中的最大概率或浓度，作为适当的健康保护水平(ALOP)的依据”，将公共卫生目标转化成在特定食品中一种危害的频率水平或浓度。FSO 设立了食品链条的目标，但是并没有说明如何实现这一目标。因此，FSO 对食品供应链的要求具有灵活性，可根据实际情况采用最合适的操作和处理技术使食品中的危害因素不超过规定的最大水平。比如，牛奶一般采用热处理保证安全，但是将来也可能采用其他技术手段。

不同国家采用不同技术，为保护消费者安全而又不增加贸易壁垒，则需要评估这些技术是否能够达到规定的食品安全水平。

## 4.5 绩效目标

FSO对于一些食品中的危害因素的标准规定得很低，有时为“不存在于消费的食品中”。对于那些生产烹调的食品或配料的生产者，这一标准很难被采用。因此，需要对食品供应链中早期环节提出要求，这一水平被称为“绩效目标”(PO)。一个PO可以通过FSO确定，但并非都是如此。PO被定义(CAC，2007b)为“在食品消费之前，一种危害因素在食品供应链规定环节中的最高频率或浓度，其适用于FSO或ALOP”。

烹调食品在烹饪前可能含有害细菌，可能污染厨房中的其他食品。减少交叉污染的可能性对于实现公共卫生目标至关重要。在这种情况下，不允许超过的污染水平即为一个绩效目标。例如，生鸡可能被沙门氏菌污染，尽管经过烹饪之后鸡肉会变得安全，但在准备饭菜的过程中生鸡可能污染其他食品。“含有沙门氏菌的生鸡胴体不超过规定比例”的绩效目标可以降低沙门氏菌对其他食品的交叉污染。对于即食性食品，POs可通过FSO计算得到，即两点之间预计的细菌污染或生长数量的差值。

## 4.6 食品安全目标、绩效目标以及微生物标准之间的区别

微生物标准包含食品、抽样方法、检测方法，以及微生物指标等信息。传统的微生物标准主要用于检测食品是否合格，尤其在不清楚该食品加工方法的前提下。相比之下，FSO或PO指的是限量标准，没有说明检测所需的细节。然而，微生物标准建立在POs基础之上，在某种情况下可通过对食品中特定微生物的检测进行验证。现有的几种取样方法(例如，抽样检测，过程控制检测)，都是将获得的数据与预先设定的限量(比如，微生物的数量)进行比较。目前，已开发出一些新的方法和手段，通过检验微生物特性、存在与否以及取样方法，以确定微生物的危害浓度(Legan，Vandeven，Dahms和Cole，2001)。这些方法有助于根据POs和FSOs等风险管理标准将抽样检测进行量化，将微生物检测作为验证所选择的控制方法的手段。

## 4.7 设立食品安全目标的责任

决定是否运用FSO及何时运用是政府的职责；从食品安全角度决定是否接受某种危害因素水平是政府的传统职责，但是通过数量或频率表达食品中的某种危害(如细菌或毒素)(FSO)对政府提出了新的要求。政府应向食源性疾病、食品微生物和食品加工领域的专家以及其他利益相关者咨询，作为采用FSO的依据。有时，政府也需要非常快速的反应，即通过请教专家小组做出决定和快速通报。SPS协议要求在特定情况下采用这些有效的行动作为临时措施。FSOs应仅在将对公共健康产生影响的情况下设立。因此没有必要对所有的食品都设立FSOs。确定特定食品中何种危害是最主要的，预测将来的食品安全问题，设计食品加工和准备流程以预防食源性疾病的发生，是学术界和工业界开展食品微生物研究的主要目标。这些领域的专家能够帮助政府制定客观可行的FSOs。

## 4.8 设立绩效目标

当FSO已经设定，可通过考虑POs控制点之间以及消费环节的危害因素(如有害细菌)水平或频率的变化，在食品供应链的上游设立POs。这些策略要求在分销、贮藏和食用特定食品的过程中对有害细菌污染采取更严格的控制措施。在某些情况下，例如，对于烹饪食品，POs可能比FSO更宽容。考虑到工业界的多样性，政府可能决定将设立POs作为在食品消费阶段达到FSOs要求的手段。政府也可能在没有FSO的情况下，或者将食品原料看做交叉污染来源的情况下设立POs。在食品供应链中能够而且应该采取控制措施的一个环节或多个环节设立POs以预防食源性疾病。例如，对于食品的每一个环节，要求有害菌低于一个特定水平。POs应该考虑食品在做任何处理之前最初的危害水平，以及在消费之前降低或者有可能增加的水平。数十年来，这种措施是安全食品生产的基础，随着FSO或POs的引入和实施，将继续发挥作用。事实上，FSO和POs是食品工业构建食品安全体系以确保食品安全的有效工具。

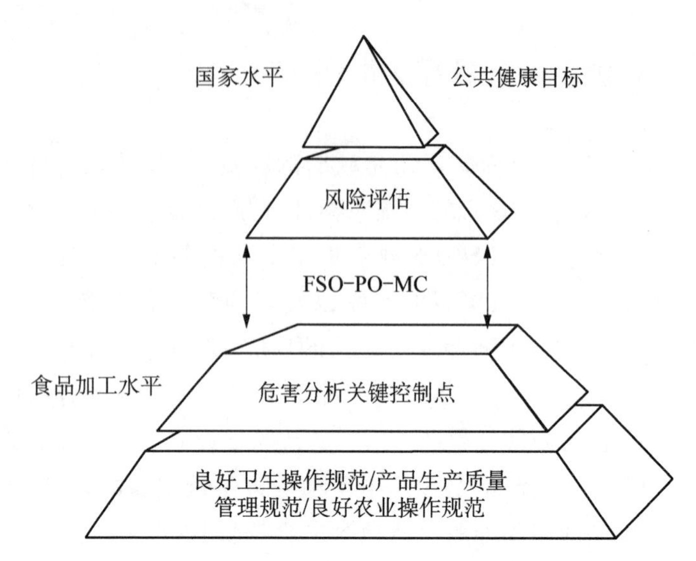


图 4.2 FSOs 和 POs 是食品生产者通过良好操作规范和 HACCP 传达公共卫生目标的手段。而且，工业界能够通过设立 POs 以确保实现 FSOs

## 4.9 遵守食品安全目标的责任

销售安全并且能够以消费者期望的方式食用的食品是食品企业的责任。随着引入 FSO 和 PO 的概念，这种责任不会发生改变。实际上，FSOs 和 POs 概念的采用将使食品专业人员更清楚地认识到各自需要分担的责任。政府或第三方机构能够对良好操作规范和 HACCP 等程序进行评估，证实产品达到 FSOs 要求的依据。由于一些国家要求进口的产品遵循 GHP 和 HACCP 食品安全管理体系，由此使食品安全成为国际性问题。

## 4.10 达到食品安全目标

由于 FSO 是危害因素在消费环节允许的最高水平，这一水平一般很低。正因为如此，在大多数情况下不可能检测到这一水平。有时可通过微生物检测验证食品生产是否遵守供应链上游所设立的 POs。然而在大多数情况下，通过验证控制方法、确认监测关键控制点的结果，以及审查良好操作规范和 HACCP 体系提供可靠的证据证明达到 POs 和 FSO 的要求。如果 POs 和 FSO 已规定微生物危害水平，微生物标准可以从中获取。如果没有明确的危害水平，可在适当情况下制定微生物标准。ICMSF (2002)提供了微生物标准制定指南。

## 4.11 不是所有食品安全目标都切实可行

当建立FSOs时，政府需通过与相关专家和利益相关者讨论以确定其可行性。在某些情况下，在实践中不可能遵守已设立的FSO，政府可能决定设立一个标准较低的FSO。这个FSO可能是暂时设立，直到通过改进加工技术使设立更高标准的FSO成为可能。另一个选择是保留更严格的FSO，并且提供一个改变加工工艺以达到FSO的时间表。在第一种情况下，与消费者交流食品安全风险是比较恰当的方式。另一个手段就是禁止特定产品，比如禁止出售食用牛肉的高风险组织(脊髓、神经节、扁桃体)，因为难以在这些组织中检测和排除疯牛病的风险。

## 4.12 小结

食品安全目标和食品安全绩效目标是新引入的概念，以进一步帮助政府和工业界传达和遵守公共卫生目标。这些工具是对GAPs、GHPs和HACCP等现有体系的补充，以达到POs和FSOs的水平。因此，POs和FSOs是建立在现有的食品安全实践和概念之上的，而不是取而代之。以结果为依据的风险管理新方法具有操作灵活性，这有利于在特定区域或操作条件下采取最有效的控制方法。然而，就全球食源性疾病而言，食品安全控制与管理新方法是否能够更快的开发和实施是这些新进展的关键。今天所面对的很多食品安全问题实质上更复杂，常常不是采取一种措施，而是需要采取一连串的措施才能有效进行风险控制。我们希望新的风险管理指南提供新的体系，促进利益相关者之间就选择最有效的食品安全管理措施进行交流，从而促进风险管理体系的发展。最近得益于这些进展的食品法典委员会的一个实例是“婴幼儿配方奶粉的卫生操作规范”(CAC, 2008)。

新出现阪崎肠杆菌(Cronobacter species)的公共健康威胁引起了食品法典委员会的关注，要求FAO和WHO在2004年2月(WHO/FAO, 2004)召开该专题的专家咨询会议，运用风险管理原则研讨在婴儿奶粉生产及之后食用中的一系列降低风险的控制措施。重要的是，这些措施有助于婴儿护理人员、消费者和工业界等利益相关者提出宝贵建议，最终促成在2008年及时更新管理条例(CAC,

2008)。

更重要的是,这些基于危机的新措施也可以用于评价使用联合控制方法的新工艺流程,是否能够提供与传统处理方法相应的保护水平。对于工业界,基于风险的工艺开发方法提供了安全创新的指导方针,这将有利于创新技术的发展。对于学术界,在创新工艺技术、数学建模和基于防腐剂的多重保护基础研究领域存在很多机遇,将促进基于风险评估的加工工艺的开发(Stewart, Tompkin & Cole, 2002; Anderson, 2009)。

## 参考文献

[1] Anderson N. Risk-based process development: The Food Safety Objective approach [R]. Resource: Engineering and Technology for a Sustainable World (January/February), 12 - 13. 2009.

[2] CAC. Principles and guidelines for the Conduct of Microbiological Risk Management (MRM) [S]. Codex Alimentarius Commission, CAC/GL-63. Rome: Food and Agriculture Organization. 2007a.

[3] CAC. Joint FAO/WHO Food Standards Programme [S]. Procedural Manual (17th ed), Codex Alimentarius Commission, ISSN 1020 - 8070. 2007b.

[4] CAC. Code of hygienic practice for powdered formulae for infants and young children [S]. Codex Alimentarius Commission, CAC/RCP 66 - 2008. 2008.

[5] ICMSF. Microorganisms in foods 7. Microbiological testing in food safety management [M]. New York: Kluwer Academic/Plenum Publishers. 2002.

[6] ICMSF. Impact of Food Safety Objectives on microbiological food safety management [C]. Proceedings of a workshop held on 9 - 11 April 2003 Marseille, France. Food Control, 2005, 16(9): 775 - 832.

[7] Legan J D, Vandeven M H, Dahms S, et al. Determining the concentration of microorganisms controlled by attributes sampling plans [J]. Food Control, 2001, 12(3): 137 - 147.

[8] Stewart C M, Tompkin R B, Cole M B. Food safety: New concepts for the new millennium [J]. Innovative Food Sci Emerg Technol, 2002, 3: 105 - 112.

[9] WHO/FAO. Enterobacter sakazakii and other microorganisms in powdered infant formula [R]. Meeting report. http://www.who.int/bookorders/anglais/detart 1.jsp? sesslan 1&codlan 1&co-dcoll 5&codcch 606. 2004.

[10] WTO. Agreement on the Application of Sanitary and Phytosanitary Measures [R]. World Trade Organization, 16 pp. (Available at: http://www.wto.org/english/docs_e/legal_e/legal_e.htm). 1994.

[11] WTO. Uruguay Round Agreement, Agreement on TechnicalBarriers to Trade [R]. World Trade Organization. http://www.wto.org/english/docs_e/legal_e/17-tbt.pdf. 1995.

## 补充书目

[ 1 ] Cole M B，Tompkin R B. Microbiological performance objectives and criteria [M]. In J. Sofos（Ed.），Improving the safety of fresh meat. Cambridge：Woodhead Publishing Ltd. 2005.

[ 2 ] FAO. Assuring food safety and quality—Guidelinesfor strengthening national food control systems [R]. FAO Food and Nutrition paper number 76. ISSN 0254 4725. 2003.

[ 3 ] ILSI-Europe. Food Safety Management tools [M]. ISBN：1 - 57881 - 034 - 5. 1998.

[ 4 ] JEMRA. Training and technology transfer [R]. http://www. fao. org/es/esn/jemra/transfer_en. stm. 2005.

# 第5章　全球相协调的食品分析方法

## 5.1　引言

“正如我们相信上帝一样，我们相信一切带有数据的其他东西。”这句话是由在管理理论界有着重要影响的W·爱德华兹·戴明在总结数据重要性时声明的。这句话同样适用于绝大多数其他的行业。对日益全球化的食品行业当然也不例外。消费者的信任度和满意度是食品行业最关心的问题，直接与分析方法相关联。不论出于怎样的目的，分析数据都极其重要。在食品行业中，数据可以用来量化食品成分、判定其市场价值、监控生产过程中的关键参数、构建食品标签上的营养成分表以及保证食品安全无污染。无论是简单还是复杂的食品原料，食品工业生成的数据很大程度上都依赖于化学的分析方法。

全球食品分析方法和立法一致性的缺乏，导致食品化学分析的复杂化。由于食品加工制造的多样性，使得最基本的分析方法也变得五花八门。虽然每一种方法都是为了能获得精确的或者是所谓的“正确”数据，然而，许多适用方法的不一致性也往往造成贸易壁垒、资源浪费和经济损失。与食品有关的数据测定方法非常明确，有重量分析、电量测定、酸碱滴定、色谱分析、原子吸收或原子发射和质谱分析。潜在技术的广泛应用使得食品分析变得复杂。

在许多领域，比如食品标签的标注确立、制作以及食品中有害物质的检测，正确的分析方法很重要，也备受关注。使用不同的方法分析，结果可能不同。特别是采用新的快速检测法和试剂盒时，一些分析组分的验证范围有限，缺乏参照物。在食品生产和消费大国，层层叠叠的分析检测方法客观上需要统一的规则；实际上，有时这些方法是统一的，但大多数情况下是混乱的。最终，这种因为不同国家使用不同的食品分析检测而造成的低效率给消费者带来了不便。当前的形势是，无论是销售食品还是开发有营养价值的新产品，都迫切需要建立一套统一的分析方法和政府标准。

针对这个问题,为了简化州际、省际以及不同地方之间的贸易,大多数食品拥有国际协会和方法委员会确立的统一检测方法。一般是先关注食品的基本质量保障和产品参数,接着处理关键污染物和其他分析物。举个例子来说,国际乳业联盟(The International Dairy Federation, IDF)有如下常设委员会:牛奶主要成分委员会、微量成分及物理性质研究委员会、质量保障委员会、数据统计和取样委员会、牛奶中污染物和添加剂分析方法委员会。这些委员会和国际标准组织(International Organization for Standardization, ISO)合作共同制订统一的标准方法。

本章虽然没能详尽地阐述统一的各个分析方法,但很多团体都在专注于这项重要的工作。监管机构不应该在规章中制订特定的分析方法,而应该致力于研究规章的科学依据。这些机构应该明确定义可接受的分析方法的性能参数,而不是讨论如何显示一致性。如果各家都有自己的一套分析方法,即使国际上已经存在通过科学共识达成的统一分析方法,贸易中还是需要重复测试。

确定和统一食品的分析方法至少需要两个权威机构 ISO 和 AOAC 相互合作。他们提出了确保检测方法有效性的最低要求。这些组织合作研究,在分析方法上谋求共识,是为建立一个结果可信的分析系统。这些条款,或者说标准规定了合作实验室和检测材料的最低要求,以充分验证分析方法。

AOAC 为分析科学团体提供必要的工具和实验处理等服务,这些团体可通过一致的实验,开发适宜的检测方法来确保高质量的分析检测。例如,印度一个有名的研究所报道了软饮料的农药残留问题[1],从而导致了这些饮料在印度好几个邦的销售被禁止[1]。之后两个主要的软饮料生产商联合了 AOAC、一些行业专家和印度政府,共同建立了一套检测软饮料中农药残留的方法,该方法同时适用于生产商和监管部门。通过此方法,生产商和监管部门在检测方法上达成了共识。不需要任何一方改变自己的规定,而是双方在分析检测方法上遵守了一致的规定。

在食品行业中,“寻求契合检测目的的分析方法”这一概念尤其重要,许多专家都在试图定义这个概念。选择一种适用于某种特定目标下的分析方法,有很多注意事项,表 5.1 列出了这些注意事项(Nielsen, 1998)。数据是否有用取决于对所用方法是否有帮助。

本章将讨论食品分析三个方面内容:①定义方法以分析食品基本组成、质量和经济价值;②设计方法以评价食品营养价值;③遴选方法以检测食品污染物或确保食品安全。每一方面都至少讨论两个例子衬托出方法选择的重要性,以及当前全球存在的妥协和分歧。

表 5.1 食品分析方法的选择标准

| 特性 | 焦点问题 |
| --- | --- |
| 固有属性 | |
| 专一性 | 检测指标和标注的是否相同？采取了哪些措施保证高度的专一性？ |
| 精密度 | 方法的精密度如何？是否有批间，批与批之间或天到天间的变化？实验中影响最大的是哪一步？ |
| 准确性 | 新方法相对于老方法或现有标准的准确度是如何体现的？回收率为多少？ |
| 实验室通用方法 | |
| 取样量 | 样品需要多少？对于你的需要是多是少？是否适合仪器和玻璃器皿？ |
| 试剂 | 试剂是否准备良好？稳定性如何？保存时间和条件？分析方法受试剂影响多大，轻微或适度？ |
| 设备 | 有没有合适的设备？实验员是否会操作？ |
| 成本 | 实验设备、试剂和操作人员的经费是多少？ |
| 有效性 | |
| 时间要求 | 有多快？需要有多快？ |
| 可靠性 | 从精密度和稳定性来看有多可靠？ |
| 需求 | 有没有达到需求？还是更好地满足了需求？方法是否需要改进？ |
| 实验人员 | |
| 安全性 | 是否需要特殊的防护措施？ |
| 步骤 | 谁来描述实验步骤和试剂准备？由谁来完成要求的计算？ |

来自 Nielsen (1998)

## 5.2 食品基本组成、质量和经济价值分析方法的建立

食品基本组成和质量的分析方法往往成为评价其经济价值的指标。同如何防止假冒伪劣商品一样，如何通过测定什么组分以及如何正确评价食品的经济价值，是食品分析所关心的问题，这也是国际上一致认为的。无论对于动物还是人来说，食品掺假事件都会造成可怕的后果，如发生在 2007 和 2008 年的三聚氰胺事件。尽管国际上存在蛋白质分析方法的一致标准和法规，但这个检测方法是非特异性的。直接的方法往往花费大量的时间和成本，应用广泛的是快速的、经济

的、间接的分析方法。经典的凯氏(Kjeldahl)定氮法和杜马斯(Dumas)燃烧法对总有机氮含量的测定,是通过一个适当的折算系数把总氮含量折算成粗蛋白的含量(Mermelstein, 2009)。这两种方法的应用前提是,食品中蛋白质是确知的并且食品样品中除蛋白之外不含有其他含氮化合物。

值得庆幸的是,快速且经济的分析方法的开发正在起步(Mermelstein, 2009)。现在,越来越多的定量蛋白质的方法可供选择。提高检测方法的效率和敏感度还是很有希望的。目前的蛋白质分析方法,除去后续的检测和定量,蛋白质的消化这一步就需要24个小时,有仪器公司把微波应用到消化中,以减少消化时间。还有其他用栀子黄色素的偶氮染料与蛋白结合达到定量目的。首先在样品中加入过量的染料,然后用比色法测定出未结合到蛋白质上的多余染料,就可以计算出蛋白质含量。由于蛋白质检测方法的精准化,为经济利益而掺假非法含氮物就无容身之地了,因此,有效地防止了掺假。

某些商品的定价是基于其蛋白质含量,以至于有几种商品,不法分子有机会用根本不含有蛋白质的含氮化合物来掺假,而且也易于实现。为了获得经济利益,三聚氰胺和类似的化合物就被非法添加到食品中。为了防止类似的食品造假出现,食品工业必须在建立更准确、快速、经济、专一性的蛋白质测定方法上加大投资。笔者看来,如果仅仅局限于检测某一种掺假物的分析,在未来整个行业又将面临另一种掺假物的愚弄。

另一个有分析挑战的例子是关于果汁真实度的检测。目前还没有任何一种确定的一次性检测手段。几种不同的检测指标,诸如有机酸、还原糖、二糖、矿物质含量用来与真实产品中的同类指标进行比较来判定真假。然而,即使分析检测方法运用得再恰当,也并不能完全判断果汁的真假。通常,富有经验的实验室也会对检测结果持怀疑态度。再由于果汁的原料生长地理环境的差异性,更使得分析困难。

基于以上原因,专家们为找到测定果汁商品中真实果汁含量的合适检测方法做了很多尝试。分析的难题主要是,果汁产品的复杂性和水果中成分的多变性(Fügel, Carle 和 Schieber, 2005)。然而正在进行的基于DNA和质谱分析系统的研究显示出了良好的前景。Knight (2000)建立了一种用PCR技术检测果汁真实性的方法,定量检出了含2.5%柑橘汁的橙汁饮料。通过同位素比值质谱法来表征糖和有机酸特殊的同位素特性,可以把非法添加到天然果汁饮料或浓缩物中的假冒的糖区别开来(González, Remaus, Jamin, Naulet 和 Martin, 1999)。

水分含量,是食品成分中又一重要的检测指标,同样也缺乏统一的检测方法。水分对食品的物理化学性质和微生物活性有很大影响。用直接法测定水分含量,通过烘干、蒸发、提取或者其他物理化学技术和重量称量相结合的直接手段进行。在实验室分析中，直接法被广泛采用。直接法的优点是准确度很高、绝对误差很小，但很耗时，且需要手动操作。也有比较快速的测量方法，在工业应用中可实现连续自动化。烘干减重法是常规水分含量分析方法中最常用和最简便的了。

有时方法的实用性比其科学上的正确性更重要。乳品行业通常采用烘干减重法测水分含量，而实际研究表明，乳品中的真实值与测量值之间有差异。第6章（食品中水分含量的测定）将更深入地阐述这个问题。但是，行业中还是一直在用这种方法，因为一致的方法对每个产品都是公平的。如果这个行业中有一部分采用了更准确的卡尔费休法（Karl Fischer）测定水分含量，而其他商品仍然使用烘干减重法，这就不公正了。也许这就是阐明了“寻求契合检测目的的分析方法”这一理念的一个例子，因为乳品行业希望保持这种简单、无化学试剂的检测方法而不是采用更科学的方法。实际中，商业成本使问题变得复杂，但是全行业遵守了统一标准，至少公平性得到保证，而不是局限于科学上的准确性。

值得关注的是，采用烘干减重水分测定法不仅仅只在乳制品中出现上述问题。为了获得真实的水分含量，了解哪些因素影响烘干减重方法至关重要。样品的重量、干燥炉的温度和干燥后的实验操作，都是影响实验准确性和重复性的因素。然而，很多食品中，减重烘干法在特定的温度和时间条件下测定的水分含量确实不是真实值。但为了计算卡路里值，这个方法就被接受了。AOAC也在烘干法的改进和应用上做了很多努力。

建立统一的食品成分测定和质量检验方法，可以减少食品造假和食品安全问题。只有用标准的方法监控食品，供应商才可以向购买者保证食品的品质。然而，正如大家所知道的一些例子，食品造假所造成的后果远比经济损失所造成的负面影响大，所以，统一到更为专一的检测方法能使问题得到很好的解决。如果标准是间接的方法，行业应用中倾向于使用一种更为复杂的检测方法。使用直接检测法，每10个样中抽检一个样，得到的结果可追踪到每一个供应商，这种特定的专一方法也会对供应商形成威慑。国际食品协会应当努力建立一致化的直接食品分析法，以消除未来不法分子掺假的动机。希望通过建立新的实用分析方法，可以使原本有利可图的食品造假变成一件风险巨大并且毫无经济利益的事情。

## 5.3 食品营养成分分析方法的建立

多数食品都含有几种或全部机体所需的营养物质。一种健康的饮食，有些营养物质是必需的，而有些却不是。营养失衡，即营养过度或不足都会导致不健康。营养素通常分为两大类：一类是宏量营养素（如碳水化合物、脂肪、纤维素、蛋白质和水），另一类是微量营养素（如矿物质和维生素）。多数宏量营养素分析检测通常与企业利益和生产监控挂钩，本章上一节已经对其进行了分析讨论。就营养价值来说，分析方法不同，得到的结果也不同，最早估算食品中碳水化合物是通过分析不同结果间的差异，根据 Atwater 系数计算含热量。

与蛋白质和脂类一样，碳水化合物也是食品中一种主要的营养素。尽管对其已有一个明确的定义，但它到底是由哪些组分构成，仍然经常困扰着我们。定量食品中碳水化合物的方法，有从上文提到的最简单的"差异法"到深入分析具体的单糖、二糖、寡糖和其他碳水化合物复合物。一些国家食品标签中营养成分表上的数值就是通过差异法计算得来的。但这种计算结果往往夸大了食品中实际营养素的含量，特别是当产品中存在一定量的纤维素或糖醇时。

1997 年在联合国粮农组织（The Food and Agriculture Organization, FAO）和世界卫生组织（The World Health Organization, WHO）联合举办的关于碳水化合物的联合专家座谈会（FAO/WHO, 1997）上，颁布了以下几条有关食品碳水化合物分析的重要规定：

(1) 用来表述碳水化合物的术语应该规范，即应该用通过分子质量（用聚合度 $DP$ 表示）将碳水化合物进行标准化分类：单糖（$DP = 1 \sim 2$）、寡糖（$DP = 3 \sim 9$）、多糖（$DP \geqslant 10$），并根据单糖组成进一步细分。

(2) 食品分析实验室应测量膳食中总的碳水化合物含量，作为所有单一碳水化合物的总和，而不是通过"差异法"。

(3) 不管出于什么目的，如对碳水化合物进行分析或贴标签，应参考相关化学部分推荐的信息。碳水化合物也有其他分类方法，可分为多元醇、抗性淀粉、非消化性低聚糖和膳食纤维，前提是每一类都要有明确的划分。

随着非营养甜味剂和多纤维成分的出现，碳水化合物行业迅速变革。现在测定碳水化合物含量的重要性不断提高，涉及饮料和食品的质量控制、对食品标签标注的监管以及甜味剂的分析和鉴定等。对碳水化合物的分析不仅涉及测定样品的总糖，还有成分鉴别、构象和组分构成分析。

美国营养膳食协会（The American Dietetic Association, ADA）和英国营养协会（The British Nutrition Foundation, BNF）分别推荐 20～35 g 和 12～24 g 作为健康成年人每天纤维素的最低摄入量。"膳食纤维"一词原意是不易消化的植物成分。即使用最明确的化学组成来定义，但是，作为非淀粉多糖，膳食纤维组成复杂多样，包括果胶物质、半纤维素、纤维素和木质素等在内的多种物质。随着食品加工和功能食品的发展，非细胞壁来源的纤维素被添加到食品中，摄入量大幅增加，同时对其声称作为营养素的监管要求也在日益增加。因此，膳食纤维的概念扩大到包括低聚糖（如低聚果糖）和非消化性多糖（如果胶、树胶、植物黏液和抗性淀粉）。

膳食纤维的定义已经过了几次修改，还需要进一步完善。分析膳食纤维的方法很多，缺乏统一的规定。具体的分析方法有酶解-重量法、酶解-化学法、酶解-化学-重量联用法、非酶解重量法以及其他方法。随着膳食纤维定义的逐步完善，为确保准确测定在生理条件下不被消化多糖的量需要调整相应的测定方法。

脂类是要介绍的最后一种宏量营养素，由一大类溶于有机溶剂但微溶于水的化合物组成。脂肪酸是脂类的重要组成部分。类似于水分含量，很多食品行业采用快速溶剂萃取法迅速测定食品中粗脂肪含量。萃取物中含有多种成分如色素、磷脂、糖脂、脂溶性维生素和酚类，其中有些并不是脂类物质。所以溶剂萃取法分析食品中脂类的含量与脂肪酸分析法相比，结果往往是偏大的。欧盟将食品中所有的脂类（单脂、二脂、甘油三酯、磷脂等）都包含在脂类定义内；美国 FDA 规定仅用甘油三酯形式存在的总脂肪酸含量来定义脂类。两种不同的定义容易导致测定结果有差异。然而，多数情况下检测方法是很接近的。因为资本密集型的脂肪酸加工业都不会使检测方法偏离传统的粗脂肪检测方法太远。可是对于一些食品原料，这些差别可能足以使检测方法做相应的改变。实际上，考虑到满足特别的成本和质量要求，食品工业仍然采用粗脂肪法，但营养标签上也会注明总脂肪酸和热量值。

营养标签描述的是某种具体食品种所含的营养成分，旨在指导消费者选择健康的食品。随着营养标签逐渐起到规范所标注的营养信息的作用，对用来证实其标注内容的分析方法也应规范统一。当成员国出台或更新规定以及鼓励国家标准与国际标准接轨时，《营养标签法法典指南》起到重要指导作用。销往不同国家的产品往往要符合营养标签的多种规定和格式，每个国家标签的包装材料往往也不同。第 17 章（营养与生物利用度：营养标签的意义和问题）中对营养标签进行了深入探讨。某些情况下，采用同种方法计算热量和碳水化合物还是会出现不同的结果。在欧盟，尽管通过了一些一致性的规范，但一些差异依然存在。这些差异使产品的开发变得复杂，同时延长开发过程，最终导致成本的提高。

## 5.4 检测或验证食品中污染物的方法

食品中含有极其微量或不含有毒化学污染物，是预防急性和慢性危害的有效途径。这个非常简单的概念促使了一个庞大产业的形成。监管机构的职责是明确食品中什么是允许的，含量是多少。仪器制造商高价设计出更好的分离和检测设备，并且价格越来越贵。分析测试实验室竞争着给客户提供最低灵敏度和最广泛的分析物指标。在 ppm 水平上检出 200 种分析物、在 ppb 水平上检出 400 种分析物，或者在更低的检测限上检出更多的分析物，这些是有效地解决方案吗？所有的努力会使食品更安全吗？这种情况会抬高成本而并非真正的造福于人类吗？

在这里，还不能对上述问题做出解答，但可以采用风险利益分析法尝试解答。没有任何领域不需要更多的监管统一。"追求零"的话题必须引起重视，而且在风险方面要达到科学的共识；只是因为检测到了低含量的化合物，不一定就意味该物质有害。法规中不应该限定特殊的测定食品中污染物的方法，而是应该罗列出满足操作方法的基本参数，这样可以使检测技术的选择具有多样性。

污染物检测方法的整个分析过程都非常重要。将取样(取样量和取样方法)、样品前处理和分析方法作为一个整体，研究对污染物水平总变化值的影响。如霉菌毒素，采样对整个分析过程有很大的影响。真菌毒素可能在研究材料上随机的小区域内分布，恰当的采样方法至关重要。因此，只关注降低检测限，不结合适当的样品量和前处理参数，最终会影响结果的准确性(EUROCHEM, 2007)。

Whitaker (2006)和 Ozay (2006)等人分别研究了取样量和样品前处理对杏仁和榛子中黄曲霉毒素的影响，结果表明，榛子样本的黄曲霉测试程序中取样量、前处理和分析步骤对总差异的影响分别达到了 99.4%、0.4%和 0.2%(Ozay 等人，2006)，在杏仁样品的测试结果中，三者的影响也分别占 96.2%、3.6%和 0.2%(Whitaker 等人，2006)。检测其他商品中的真菌毒素，第一步取样量对结果的影响最大，接着是样品的前处理和之后的分析步骤。黄曲霉检测过程中，降低总变异系数最好的方法是增大样品量(Whitaker 等人，2006)。

事实表明，要想精确地测定食品中污染物的含量，取样至关重要，欧盟明确定义了样品的取样方法(委员会指令 98/53/EC)。该指令附件一中明确定义了官方检测某些食品中黄曲霉毒素水平的取样方法。取样量大时，可以参考下列公式：(单位：kg)

$$\text{采样频率}(SF) = \frac{\text{取样分量} \times \text{样本增量}}{\text{总样本分量} \times \text{每份包装量}}$$

上式中增量样品的重量是 300 g，取多少份由总样本大小决定，范围通常为

10～100。指令附件二中讨论了官方检测某些食品中黄曲霉毒素水平的前处理方法和相关准则。检测机构没有规定具体的分析方法，而是明确给出分析方法必须遵循的取样量和取样标准，确保不同实验室数据的可比性。

2004年，加州总检察长办公室第65号提案对34个制造商提起了诉讼，称他们生产的糖果铅测试呈阳性。该提案给公众对易接触到的含致癌物和生殖毒素的产品敲响了警钟。加州出售的具有墨西哥风味的糖果一般都含有辣椒粉和罗望子。数据表明，其中有一些糖果已被铅污染。有研究证实，糖果中的部分铅来自辣椒粉和罗望子配料。美国FDA推荐，小孩经常吃的糖果中铅含量应不超过0.1 ppm，因为在良好制造规范(GMP)条件下这个推荐水平是可以实现的，此外，对幼儿也不会造成任何不良影响。

2006年这项诉讼在七大生产商的共同努力下得到了解决。解决方案中涉及建立一个认证过程和一项教育基金。签署协议的公司包括世界上最大的糖果制造商和来自墨西哥的三大流行辣味糖果销售巨头。认证过程中要审计生产中明确铅污染的可能来源，审计员给出的关于根除铅污染源的建议，定期抽检确定某种糖果是安全的。加州法律不会授权3～5年内出台新的具体技术，但可以采用各种分析步骤使生产出的糖果符合规格。

检测食品中残留物和污染物的方法已有了显著的改进，并随着新技术的介入不断得到完善。若取样不恰当或检测极限不会构成安全或毒性风险，提高检测方法的灵敏度与确保食品安全两者并没有很大的关联。如果取样本身就有问题，提高灵敏度也不会增加监测系统的效率。但基于风险的策略对当前降低食品中残留物和污染物的监测系统能起到改善作用。

## 5.5 小结

全球协调的条规和标准的分析方法有利于食品工业的发展，但更重要的是使世界各地的消费者受益。分析食品基本组成和质量的方法应该要更具体，这样可有效减少食品安全隐患和廉价掺假物的威胁。建立食品营养成分分析方法，各地也要相互协调，避免出现新产品开发过程的延长，开发成本的提高，如强化食品进入全球市场。最后，协调食品污染物的分析和管理方法，分析检测的努力也将集中到确保食品安全和减少对安全食品的破坏上来。

## 注　释

1　印度软饮料中发现的有毒农药：http://newfarm. rodaleinstitute. org/international/news/080103/081103/in_pest_drinks. shtml.

## 参考文献

[1] EUROCHEM. Measurement uncertainty arising from sampling: A guide to method and approaches [S]. , p. iii (www. eurachem. org/guides/ufs. 2007. pdf). 2007.
[2] FAO/WHO. Expert consultation on carbohydrates in human nutrition [C]. , 14 - 18 April, Rome. 1997.
[3] Fugel R, Carle R, Schieber A. Quality and authenticity control of fruit purees, fruit preparations and jams-a review [J]. Trends in Food Science Technology, 2005,16:433 - 441.
[4] Gonz a lez J, Remaus G, Jamin E, et al. Specific natural isotope profile studied by isotope ratio mass spectrometry (SNIP-IRMS): 13C/12C ratios of fructose, glucose, and sucrose for improved detection of sugar addition to pineapple juices and concentrates [J]. Journal of Agricultural and Food Chemistry, 1999,47:2316 - 2321.
[5] IDF. ISO 14501/IDF 171. Milk and milk powder-Determination of aflatoxin M1 content-Clean-up by immunoaffinity chromatography and determination by high-performance liquid chromatography [S]. 2007.
[6] Knight A. Development and validation of a PCRbased heteroduplex assay for the quantitative detection of mandarin juice in processed orange juices [J]. Agro FoodInd Hi Tech, 2000,11:7 - 8.
[7] Mermelstein N H. Analyzing for melamine [J]. Food Technology, 2009,63(2):70 - 75.
[8] Nielsen SS. Food analysis (2nd ed. ) [M]. Aspen Publishers. 1998.
[9] Ozay G, Seyhan F, Yilmaz A. et al. Sampling hazelnuts for aflatoxin: Uncertainty associated with sampling, sample preparation, and analysis [J]. JAOAC, 2006,89(4): 1004 - 1011.
[10] Whitaker T B, Slate A B, Jacobs M, et al. Sampling almonds for aflatoxin, Part I: Estimation of uncertainty associated with sampling, sample preparation, and analysis [J]. JAOAC, 2006,89(4):1027 - 1034.

# 第6章　食品中的水分测定

## 6.1　引言

跨国销售产品时，产品必须符合接收国的要求，而这些要求可能与供应国的规定不同。因此，在相关国家的法律或消费期望不同的情况下，贸易合作伙伴必须达成妥协或一致意见。当然，最理想的解决方法是让两个国家的规定一致，如果涉及多个国家，则所有国家的规定需保持一致。

上述考虑对农产品和食品的贸易是至关重要的。某一产品可能以特定成分为特征，其可能是价格的决定因素，因此，必须分析这些成分的含量。因为各国的测定方法可能不同，如果把其中一个国家的方法作为标准，那么该国就可能拥有优势。另外，也需要达成一致意见。第5章(全球协调分析方法)概述了测定食品基本成分和品质的方法。

另一个问题是，可能存在一种被普遍接受的或国际公认的、但未经科学验证的方法。因此，即使结果在法律上可能是正确的，但是它们无法反映真值。然而，如果用另一种科学的方法取代现有方法，那么当合作伙伴想保留现有方法时，该方法难以被推行。本章将讨论这一问题。

必须根据水分直接测定法校准间接测定法。在首选方法不适用的情况下，可以采用校准方法，但校准方法可能出现偏差，即使偏差可能不显著。下文给出了一例。

## 6.2　水分含量

### 6.2.1　水分含量测定的重要性

水是食品中最重要的物质之一(Isengard，2001)。食品都含有水分，且含量各异，在干制品中，水分含量非常低，而在饮料中则很高。水分含量在很多方面都至关重要，会影响导热性、导电性、密度、流变性或腐蚀性，设计工艺流程时必须考虑这些因素。食品中的水分含量是食品营养价值和口味的决定因素。在某些情况下，可以把水分视为杂质。物料中的水分含量非常重要，通常以干重或初始质量来说明。食品的稳定性和保质期很大程度上由水含量决定（由水活性决定），因为水对微生物生命和多数酶活性至关重要。因为水相对比较便宜，所以它普遍存在于食品中，尤其是，在高附加值产品中添加水分引起了人们的商业兴趣。为此，制定了关于水含量的法规。基于上述原因，人们针对食品最频繁分析的当然就是水含量测定。

### 6.2.2　水分含量的测定方法

测定水分含量的目的是检测样品中的水分。直接法测定水分是通过物理方法把样品中的水分分离，测定其质量或体积。另一种方法就是通过选择性化学反应测定。间接法根据样品特性，如密度、声速、介电性或导电性测定水分含量；或者根据样品中水分子对物理影响的响应，测定水分含量。测定方法包括：近红外光谱法、微波法或核磁共振法等。使用间接法测定水分含量时，需要根据直接法加以校准（Isengard，1995）。

6.2.2.1　干燥法

干燥法是测定水分含量的最常用方法，即，在烘箱中以某一特定温度将产品烘干，来测定水分含量。

就干燥法而言，不论是“经典的”烘箱干燥、真空干燥、冷冻干燥、红外还是微波干燥，都未把水和其他挥发物区分开。这些方法测定的不是水含量，而是产品在特定条件下遭受的质量损失。可以根据需要自由选择测定条件，包括样本大小、温度、压力、时间、能量输入和停止测定的标准。测定的结果很大程度上取决于这些条件，但是重复性好。这表明，改变参数的情况下可以产生不同结果，导致测定方法可能是不适宜的，因为水分含量在特定的样品中具有特定的值。因此，从科学角度而言，不应把干燥法获得的结果称为“水分含量”，而是指“干燥质量损失”。过去几年里，人们更经常地使用“水分含量”来表述。这表示在干燥条件下，水（但可能不是所有的水）和其他挥发性化合物挥发造成的相对质量损失。

所有干燥法存在的问题在于它们没有测定水分本身含量。在测定条件下，所有挥发性化合物都造成了质量损失；甚至在测定期间通过化学反应形成了一些样本中原本不含有的化合物，尤其是在较高温度下，可能发生分解反应形成了新的化合物。另一方面，强结合水可能未被检测。这两个相对立的误差，包括挥发物和未检测到的水，在合理选择干燥参数时能够相互补充（Isengard，1995；Isengard 和 Walter，1998；Isengard 和 Färber，1999；Heinze 和 Isengard，2001；Isengard 和 Präger，2003）。当然，如果要合理选择参数，必须选定一种方法直接测定真实的水分含量。然后，必须选定一种与直接法测定的水分含量一致的方法确定间接法的参数。用这种方式校准间接法之后，就可以把它用于测定某一特定产品中的水分含量。该方法对微波或红外干燥等快速干燥法尤为重要。

6.2.2.2 卡尔费休滴定法

测定水分含量最重要的直接法就是卡尔费休滴定法，该法以水相关的特定的化学反应为基础：

$$ROH + SO_2 + Z \longrightarrow ZH^+ + ROSO_2^- \qquad (6.1)$$

$$ZH^+ + ROSO_2^- + I_2 + H_2O + 2Z \longrightarrow 3ZH^+ + ROSO_3^- + 2I^- \qquad (6.2)$$

总反应式为

$$3Z + ROH + SO_2 + I_2 + H_2O \longrightarrow 3ZH^+ + ROSO_3^- + 2I^- \qquad (6.3)$$

式中：Z 表示反应基（通常都使用咪唑）；ROH 是醇（通常都为甲醇）。

首先，用二氧化硫酯化，形成烷基硫。反应基提供了一个非常完全的反应，如式(6.1)所示。其次，用碘将该烷基硫氧化；这一反应要求有水的参与，如式(6.2)所示。总反应如式(6.3)所示，其中碘的消耗量在化学计量方面等同于样本中存在的水。

## 6.3 奶粉中水分的测定

奶粉是以干物质的形式出售的。因此，水分测定在这个领域是十分重要的。几乎所有的奶粉都含有乳糖，该组分会导致干燥问题。

### 6.3.1 乳糖问题——科学背景

乳糖存在多种异构体。α-异构体在低于 93℃下非常稳定。每摩尔水和 α-异构体能够催化一摩尔乳糖。此外，乳糖也以非晶态形式生成，其中可能含有少量的水。依生产条件的不同，奶粉可能包含这些形态的化合物。除了普通水和结晶水外，产品通常还含有少量的表面水。

通常,烘箱法测定乳制品水分,温度为102℃。在这一温度下,常规干燥时间并不能让α-乳糖中的结晶水完全挥发,需要更高的能量才能将该部分水从中分离出来(Rüegg 和 Moor, 1987; Rückold, Isengard, Hanss 和 Grobecker, 2003)。标准干燥2小时后,仅去除了其中的部分水。因此,该法的测定结果与真值或多或少有些不同。事实上,因为所有乳制品中都含有乳糖,而且医药行业也通常用到这种物质,所以这一问题影响了诸多产品,尤其是那些乳糖含量高的产品,如乳清粉或乳糖制品。

一般情况下,干燥法测定结果比真实的水分含量低。但是,特殊情况下,结果可能会偏高。如果产品中含有的其他挥发性物质,或者干燥过程中形成的挥发物质超过了未检测到的水分,就可能导致结果偏高。

### 6.3.2　乳糖问题——经济方面

奶粉是根据干重进行销售的。干重($DM$)等于产品的质量($m_0$)减去产品中水的质量($m_w$),如式(6.4)所示。可以根据水分含量($WC$)计算水的质量,如式(6.5)所示。式(6.6)表明,干重与水含量密切相关。

$$DM = m_0 - m_w \tag{6.4}$$

$$WC = m_w / m_0 \Rightarrow m_w = WC \cdot m_0 \tag{6.5}$$

$$\begin{aligned} DM &= m_0 - m_w \\ &= m_0(1 - WC) \end{aligned} \tag{6.6}$$

水分越多,干重越低。如果该测定方法求得的值比真实水含量更低,则高估了干重。这可能就给产品供应商带来了私利,而买家可能为该产品支付了过多金额。这种情况是很有可能在奶粉贸易中发生的。

### 6.3.3　测定奶粉中水分的标准方法

国际乳业联合会(IDF)制订了测定奶粉中水分含量的方法。人们也特别为测定奶粉中的水分含量设计了一种新的干燥装置(de Knegt 和 van den Brink, 1998)。国际标准化组织(ISO)也使用了这种方法(ISO 5537|IDF 26,2004)。

该方法的引进受到了乳品行业的极大支持。人们忽视了提出的科学观点和国际实验室间试验的比对结果(Rückold, Grobecker 和 Isengard, 2000)。尤其是除了可能的经济利益之外(参看上文),人们提出了引进和确立这种方法的两种观点。第一种观点认为,这种新方法求得的结果(参看下文)实际上与根据前面用传统烘箱法得到的结果一致(但是和重复样本之间存在较小的标准差),与地理位置(环境的海拔、空气压力和相对湿度)无关。第二个观点认为,这种方法求得的结果并不完全是水分含量,并非所有的水分都会让奶粉盈利。因为有些水分可能是产品中的自由水(Isengard, 2006,2008)。

### 6.3.4 质量损失、湿度、水分含量——对比不同方法在各种奶粉中的测定结果

几种奶粉被用于分析研究干燥时的质量损失及水分含量:乳糖、脱脂奶粉、全脂奶粉、乳清粉和酪蛋白钙。

用了两种干燥法:传统的烘箱干燥(OD)和新的"标准干燥"(RD)法。

用卡尔费休滴定法(KFT)测定了水含量。

6.3.4.1 烘箱干燥(OD)

根据上文所述的IDF标准法进行实验,测定干燥的奶粉和奶油中的水分含量(IDF 26A, 1993)。必须注意的是,当时把测得的质量损失定为"水分含量",当时正式替代该方法的新方法是把测得的质量损失限定为"湿度"。

在本研究中,把大约2 g的样本放在一个通风的烘箱中,在102±2 ℃环境下将其烘干。在干燥器烘干和冷却前后2小时,称取样本的重量,测得质量损失。根据这种方法,再把样本烘干1小时,直至连续测定结果之间的偏差低于0.5mg。在该研究中,经过多次烘干来分析样本,以更接近烘干过程(参看下文)。然后,把2小时后获得的结果进行对比,并与其他方法获得的结果进行比较。实验使用的是德国图特林根Binder公司的FD 115烘箱。

6.3.4.2 标准干燥法(RD)

把样本(5.0±0.3)g置于一个位于聚乙烯过滤器之间的直径为20 mm,高度为90 mm的容器(不带针的塑料注射器)中,并在(87±1)℃环境下的加热器中将其烘干5小时(每次测定的烘干次数高达8次)。干燥压缩气体以33 mL/min的速率与样本一起穿过容器。在烘干过程前后(在干燥器中冷却后)称样本和容器的重量,从而测定质量损失;然后把测得的质量损失作为水分含量。质量恒定时就不用调节了。这种标准干燥法以新的标准方法为基础,使用了德国柏林Funke-Dr. N. Gerber Labortechnik公司提供的RD 8干燥器。

6.3.4.3 卡尔费休滴定法(KFT)

使用了瑞士产701卡尔费休滴定仪(Metrohm, Herisau),其带有一个热静电外壳的滴定池。在使用这种方法时,把Hydranal®滴定剂2作为滴定液,而把

Hydranal®溶剂作为工作介质。所有的化学品都产于德国 Seelze 的 Sigma-Aldrich 公司。为了让样本在工作介质中更快地溶解或分散，以缩短滴定时间，实验在 50℃环境下进行。

6.3.4.4 一般程序(Isengard 等人，2006a)

同一天用 3 种方法分析了不同的样本。各样本进行了 5 次的卡尔费休滴定。首先，用标准干燥法对各样本的 8 个部分烘干，在 3、4、5 和 6 个小时后把两组重复样品进行了测试(标准烘干时间为 5 个小时)。把各样本的 12 个部分置于烘箱中。在 60、80、100、120、150 和 180 分钟后对各两个部分进行分析研究(标准烘干时间为 120 分钟)。

此外，研究表明，标准烘干结果与干燥参数无关(Isengard, Kling 和 Reh, 2006b)。

6.3.4.5 结果与讨论

表 6.1(出自 Isengard 等人，2006a)比较了新的标准方法(标准干燥法，RD)、传统的烘箱干燥法(OD)和卡尔费休滴定(KFT)测定的结果。为了更好地进行对比，OD 结果为 2 小时后获得的结果，而 RD 结果为正常 5 小时后求得的值。以下给出了烘箱干燥和标准干燥的其他干燥时间测得的值。卡尔费休滴定曲线的形状表明该法能完整、正确地测定所有样本的水分。

**表 6.1 样品水分含量[用卡尔费休滴定法(KFT)测定]和质量损失[用烘箱(OD)干燥 2 h 和标准干燥(RD)测定]($n$ 表示重复次数)**

| 样品 | 水分含量(KFT)<br>($n=5$)[g/100 g] | 质量损失(OD)<br>($n=2$)[g/100 g] | 质量损失(RD)<br>($n=2$)[g/100 g] |
|---|---|---|---|
| 乳糖 | 4.45±0.19 | 2.45±0.13 | 1.04±0.03 |
| 脱脂奶粉 | 3.92±0.07 | 3.85±0.00 | 3.94±0.13 |
| 全脂奶粉 | 2.65±0.05 | 2.46±0.02 | 2.72±0.14 |
| 乳清蛋白粉 | 4.46±0.05 | 2.12±0.01 | 2.24±0.07 |
| 酪酸钙 | 6.19±0.11 | 5.62±0.03 | 5.73±0.02 |

两种奶粉获得的结果非常相似。KFT 和 OD 结果并不存在显著差异。烘干时间更长时，OD 结果(2 小时烘干后获得)与 KFT 结果更接近：烘干时间为 2.5 小时，脱脂奶粉获得的结果为(3.90±0.01)g/100 g，而全脂奶粉在烘干 3 小时后获得的结果为(2.58±0.01)g/100 g(见图 6.3)。其他情况下，测得的水分含量和质量损失结果明显不同。对于乳糖和乳清粉，它们之间的结果存在巨大差异。

为了确定测试过程中的变化特性，运用两种干燥方法测定了不同干燥时间的情况，其结果如图 6.1 至图 6.5 所示(Isengard et al, 2006a)。

乳糖样本(见图 6.1)不仅包含 α-乳糖，还包括了无水物。卡尔费休滴定测得的水分含量略低于 5 g/100 g。用干燥法时不容易达到该值，因为结晶水的吸附性很强。

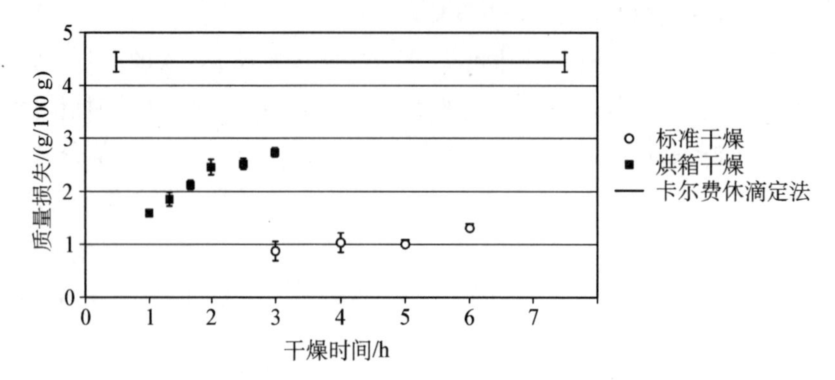


图 6.1 用标准干燥和烘箱干燥测定的不同干燥时间内晶化乳糖的质量损失和用卡尔费休滴定法测定的水分含量(g/100 g)的比较

从检测结果可以发现，干燥法不仅可以检测到"自由"水(通常都在 0.1 g/100 g的范围内)，也可以检测到部分"结合"水。因此，不能说只有新的标准方法才能检测到自由水。事实上，没有限定测定的部分，其既不是自由水，也不是所有的水分。这是标准方法存在的一个很大不足。

对于两种奶粉样本(见图 6.2 和图 6.3)而言，干燥的质量损失几乎等于卡尔费休滴定法测定的水含量。未被到检测的部分水可能被在较高温度下分解形成的挥发物所抵消。从结果可以明显看出，使用"标准干燥法"时，如果干燥时间比常规的 5 小时更长，那么求得的数值比卡尔费休滴定结果更高。但是，两种奶粉被烘干 5 小时后求得的结果与水分含量非常一致。

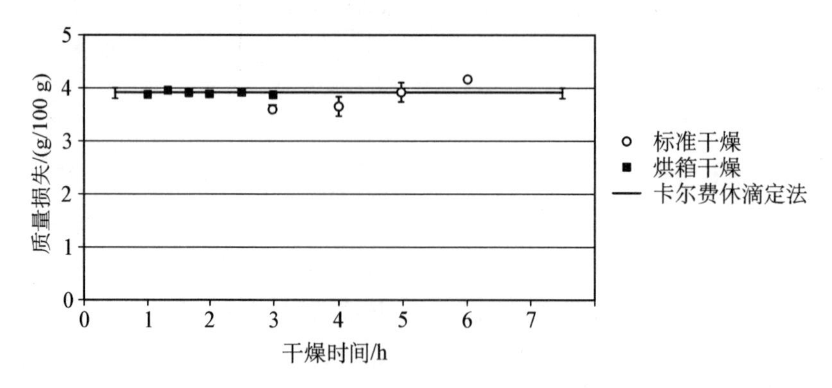


图 6.2 用标准干燥和烘箱干燥测定的不同干燥时间内脱脂奶粉的质量损失和用卡尔费休滴定法测定的水分含量(g/100 g)的比较

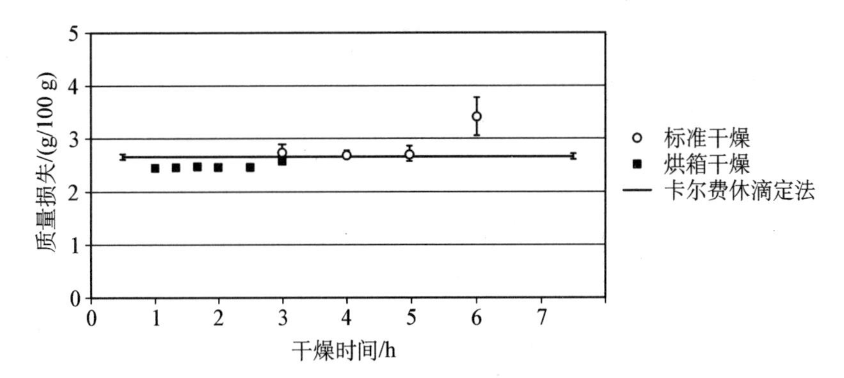


图 6.3 用标准干燥和烘箱干燥测定的不同干燥时间内全脂奶粉的质量损失和用卡尔费休滴定法测定的水分含量(g/100 g)的比较

乳清粉(见图 6.4)的主要组分是85%的乳糖,而其部分被结晶化。这种情况下,干燥的质量损失低于水分含量。其他持水性高的成分可能也会导致这一结果。

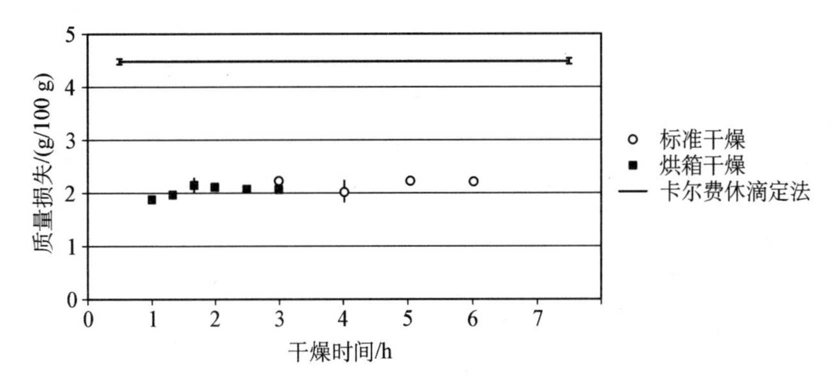


图 6.4 用标准干燥和烘箱干燥测定的不同干燥时间内乳清蛋白粉的质量损失和用卡尔费休滴定法测定的水分含量(g/100 g)的比较

酪蛋白钙样本(见图 6.5)不含有乳糖,其干燥结果过低的原因可能在于水从粒子核心扩散至表面的速度过慢。显然,标准干燥器中的气流非常有益于干燥过程,因为它能够让样本上方的水维持很低的压力。如果干燥时间更长,那么就很有可能达到卡尔费休滴定值。

图 6.1~图 6.5 表明,标准干燥法求得的结果很大程度上取决于干燥时间。气流、样本大小和温度等其他参数也会影响检测结果,如表 6.2~表 6.4 所示(Isengard et al, 2006b)。

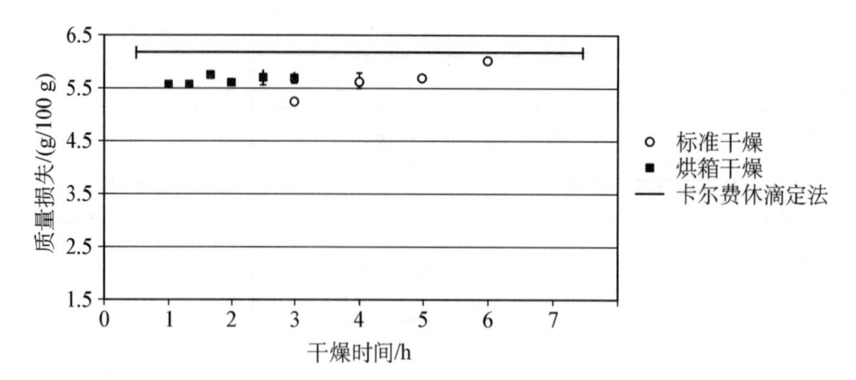


图 6.5 用标准干燥和烘箱干燥测定的不同干燥时间内酪酸钙的质量损失和用卡尔费休滴定法测定的水分含量(g/100 g)的比较

**表 6.2 用标准干燥(87℃，5 h)测定的不同空气流行下奶粉的质量损失和用卡尔费休滴定法测定的水分含量(g/100 g)的比较(*n* 表示重复次数)**

| 样品 | 不同空气流速下的质量损失/(g/100 g) | | 水分含量(KFT)/(g/100 g) |
|---|---|---|---|
| | 33 mL/min | >33 mL/min | |
| A | 2.44±0.54($n=3$) | 2.83($n=2$) | 2.58±0.02($n=3$) |
| B | 3.38±0.17($n=3$) | 4.35($n=2$) | 3.39±0.02($n=3$) |
| C | 3.26±0.34($n=5$) | 3.93($n=2$) | 2.97±0.05($n=3$) |
| D | 5.91±0.40($n=3$) | 6.06($n=2$) | 5.98±0.13($n=3$) |

**表 6.3 用标准干燥(87℃，5 h，空气流速为 33 mL/min)测定的不同重量奶粉的质量损失**

| 样品重量 | 2 | 3 | 4 | 5 | 6 |
|---|---|---|---|---|---|
| 质量损失/(g/100 g) | 5.31 | 4.21 | 4.43 | 4.10±0.49 | 3.73 |

注：重量为 2、3、4 和 6 g 的样品重复次数为 2 次，重量为 5 g 的样品重复次数为 5 次；样品水分含量为 3.42±0.02 g/100 g，由卡尔费休滴定法测定($n=3$)。

**表 6.4 用标准干燥(102℃)测定的不同干燥时间的乳糖的质量损失**

| 干燥时间/h | 2 | 3 | 4 | 5 | 6 | 7 |
|---|---|---|---|---|---|---|
| 质量损失/(g/100 g) | 1.79($n=2$) | 2.37±0.56($n=4$) | 2.65±0.51($n=6$) | 3.00±0.32($n=6$) | 3.17±0.30($n=4$) | 3.35($n=2$) |

注：在 87℃下标准干燥 5 h 后乳糖的质量损失为 1.08±0.14 g/100 g($n=3$)；样品水分含量为 4.46±0.10 g/100 g，由卡尔费休滴定法测定($n=4$)；*n* 表示重复次数。

检测的质量损失随着流速的增加而增加，但随着样本量的增大而降低。温度为 102℃时测得的质量损失比 87℃时的更高，而且与时间无关。102℃条件下，甚至烘干 7 小时后也没有达到总水分含量的值(即卡尔费休滴定值)。

6.3.4.6　小结

卡尔费休滴定法测得的干燥质量损失和水分含量明显不同。随着 α-乳糖含量的增加,会导致差异越大,而对于纯乳糖而言,其差异性更大。干燥法既不能单独测定总的水分含量,也不能单独测定自由水含量。支持新标准方法的人认为,结晶水实际上不重要,因为它不影响奶粉的分子流动性,而几乎对微生物繁殖不具有任何影响,因此也不影响产品的保质期。但这一观点没有考虑到如下事实,即产品溶解时,结合水会释放出来,而在制订测定方法时必须考虑这一因素。因此,测定总的水分含量(包括结晶水)是很重要的。

标准方法测定结果很大程度上取决于干燥时间和其他参数(de Knegt 和 van den Brink, 1998; Isengard et al, 2006a, b)。只有普通奶粉的测定结果才与卡尔费休结果接近。对于其他成分的产品,可能需要选定其他针对具体产品的参数。这也表明,新的标准方法存在局限。

卡尔费休法选择性地测定总的水分含量。卡尔费休法测定结果的精度很高,即使样本大小比干燥法所用样本小很多,也可以达到很高的精度。新标准方法的精度并不比烘箱干燥法的高。

相对卡尔费休法而言,干燥法花费的时间更长。传统的烘箱干燥要花费好几个小时,而且很难真正达到质量恒定值。经验表明,建议 2 小时后停止测定。这让结果更具可比性,因为很多情况下,额外的质量损失可能是分解过程导致的。标准干燥法相当费时间(一组 8 个样本实际要花费 8 天时间)。迄今为止,卡尔费休法是测定一个样本的最快方法(几分钟时间)。但是,卡尔费休法的劣势在于要用到化学品。

众多研究(Rückold et al, 2000; Isengard et al, 2006a, b)表明,标准干燥法仅能针对普通奶粉测得正确的结果,但对于其他干制奶粉没有任何用处。相反,卡尔费休滴定法一般都能用于测定这些产品,而且可能是一种更合理的标准方法。

从科学角度而言,这些考虑事项都非常清晰和直接,而且不可置疑。但是,尝试把卡尔费休法作为测定奶粉中水分含量的标准方法时,乳制品行业坚决反对,反对原因可能就是未发现销售的产品中因水分含量带来的经济利益。如果根据干重计算产品的价格,那么真实水分含量的测定可能会使产品价格降低。

迄今为止,科学事实还不足以辩驳经济观点。所以,必须寻求科学事实和准确性与经济权益的平衡。就道德方面而言,平衡的目的在于达成诚信、合适的交易。

## 6.4 近红外光谱法测定水分含量

### 6.4.1 近红外光谱法快速测定水分含量

近红外光谱法是一种快捷的方法,甚至能够实现在线测量。一旦根据直接法进行适当校准,这种方法就能够分析样本的诸多特性。近红外光谱法以光吸收样本中的化学成分为基础,而这些成分中的其中一种成分或一组成分必定与所测定的特性存在联系。该特性可能是样本的物理特征或者样本中某一化合物或一组化合物的浓度或质量浓度。水是近红外光谱法能够测定的其中一种化合物。

### 6.4.2 近红外光谱法测定乳清粉中的水分含量(Isengard et al, 2009)

根据干燥的质量损失和卡尔费休滴定法测定的水分含量校准近红外光谱法后,测定了含有乳清粉的乳清(瑞士洛桑的雀巢公司提供)中的水分含量。之前的实验结果表明,烘箱中干燥奶粉通常所用的温度(大约为 102℃)不足以把该产品中的水释放出来(Merkh, 2006)。因此,需要使用更高的温度。该例子展示了干燥温度为 145℃时的结果。用瑞士 Metronhm 公司 841 卡尔费休滴定仪测定,其中把 Hydranal®滴定剂 2 作为滴定液,而把 Hydranal®溶剂和杂交液以 2∶1 的比例混合作为工作介质;所有的化学品都是德国 Seelze 的 Sigma-Aldrich 公司提供的。为了缩短滴定时间,在 40℃条件下的双壁滴定杯中进行测定。用瑞士乌茨维尔 Bühler 公司(如今为德国埃森 Büchi 取代)提供的 NIRVIS 傅里叶变换近红外光谱仪记录了近红外光谱。

### 6.4.3 近红外法测量的结果与讨论

图 6.6 是以质量损失为基础的校准线。如果干燥的质量损失确实是所分析的特性,那么就可以接受该校准。但是,如果测定了水分含量,那么该校准是没用的。原因在于卡尔费休滴定法测定的水分含量仅在带阴影的矩形范围之内(见图 6.7)。

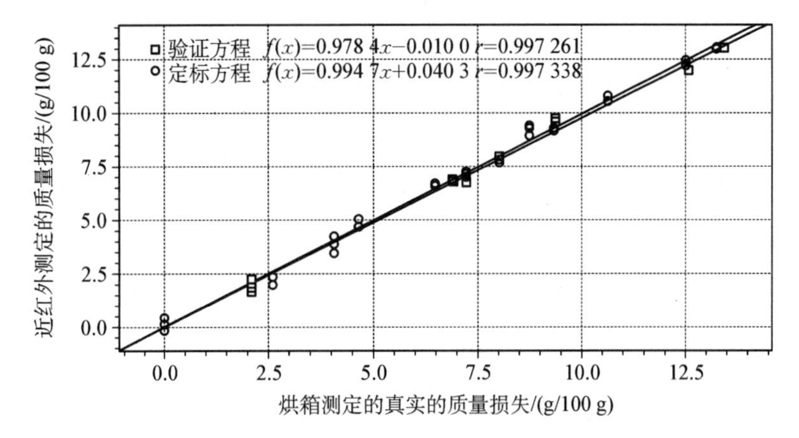


图 6.6　近红外光谱法和烘箱法（145℃）测定的雀巢乳清粉（Lactoserum Euvoserum）质量损失比较

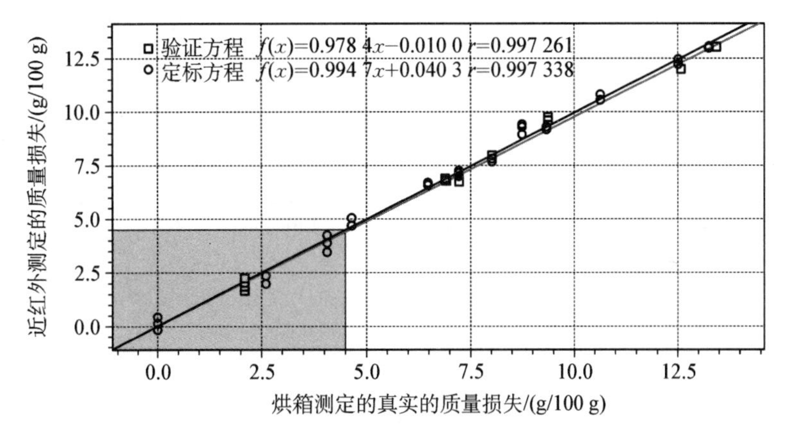


图 6.7　近红外光谱法和烘箱法（145℃）测定的雀巢乳清粉（Lactoserum Euvoserum）质量损失比较，图中的阴影区域显示了粉末的水分含量

根据卡尔费休滴定法测定的真实水分含量进行校准时，获得的校准线如图 6.8 所示。

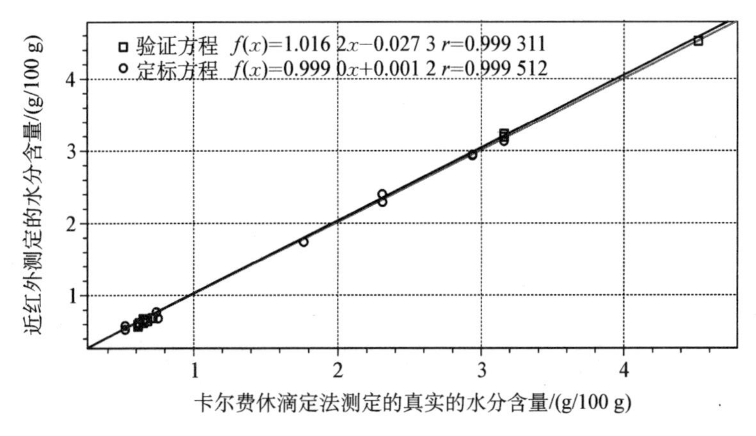


图 6.8　近红外光谱法和卡尔费休滴定法测定的雀巢乳清粉（Lactoserum Euvoserum）水分含量比较

出现这种现象的原因在于，在所使用的温度条件下产品质量继续损失，如图 6.9所示。在经历不同时长的干燥后，用卡尔费休滴定法测定了干制品的水分含量。一段时间后，虽然质量损失仍然增加，但残余的水分保持恒定。显然，产品发生了降解，形成了挥发性物质。这也可以从其越来越暗的颜色中推导出来。干燥曲线达到卡尔费休值时，样本中仍然存在一半左右的水。进一步分析研究结果表明，干燥部分发现的相对恒定的水分含量很大程度上是处理(干燥器冷却、称重和转移至滴定杯)期间吸湿性物质吸收的水。

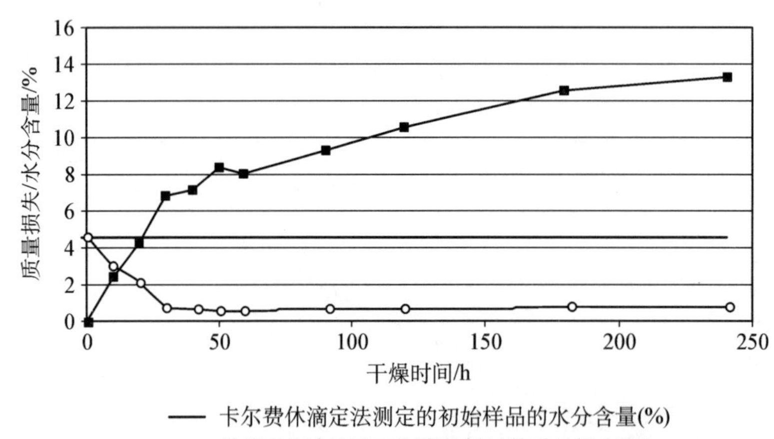


图 6.9 在 145℃干燥温度下雀巢乳清粉(Lactoserum Euvoserum)干燥曲线及干燥样品的水分含量

根据 145℃条件下烘箱干燥法校准近红外光谱法时，无法测定该产品的水分含量。通过这种方法校准时，求得的质量损失结果具有良好的相关性。但是，如果要测定水分含量，那么必须根据卡尔费休滴定法进行校准。把水从 α-乳糖中释放出来的温度和该产品降解的温度重叠。因此，在产品未降解的情况下，无法选定一个让水分完全蒸发的温度。

### 6.4.4 小结

在确立一种方法分析样本特性和另一种方法测定特性之间的关系时，存在产生良好的校准线，但不能正确给出样本性质的结果，在利用化学计量学评价近红外光谱等测定方法时尤为如此。

整个方法取决于标准方法的“正确性”，因为总有可能通过数据点画出一条回归线。使用各种分析测量方法时，都可以求得分析物的对应浓度，即使精度很高，也不能证明其正确性，无法检测到可能产生的误差，因为结果都是根据相同的错误条件和推断求得的。因此，标准方法本身是否正确是至关重要的。测定乳清粉产品中水分含量时就证明了这一前提条件的重要性。

## 6.5 总结

为了避免贸易争端和问题，必须协调测定方法。但是，达成统一的方法必须在科学上是正确的，而且要符合现状。为了正确比对研究结果，必须非常详尽地介绍展开的各种测定所用的方法，因为测得的结果取决于所用的方法和参数。

政治或经济利益可能会影响标准方法的选择，而且会导致标准方法在科学方面不正确。初看起来可能无碍，因为所有相关人士都以同样的方式使用这一方法。但是，事实并非如此。如果统一的测定方法不能求得正确的结果，那么这在道德方面是不可取的。另外，也会让贸易的一方处于经济劣势。此外，不正确的结果可能产生负面的影响。因此，在所举的奶粉例子中，用正规标准方法测定产品中的水分含量可能会让购买产品的人认为，注明的水分含量就是真实的水含量。但是，把产品溶解于水中时，未被检测到的水会被释放出来，而溶液中含有的奶粉干重将比该方法预测的低。

用不正确的标准方法校准间接法时，可能会获得良好的具有令人满意的相关系数的校准线，但事实上并没有校准预期的特性，所测得的错误结果即使完全没有任何意义，但是人们并不非常清楚这一情况。

### 参考文献

[1] De Knegt R J, van den Brink H. Improvement of the drying oven method for the determination of the moisture content of milk powder [J]. International Dairy Journal, 1998,8:733-738.

[2] Heinze P, Isengard H-D. Determination of the water content in different sugar syrups by halogen drying [J]. Food Control, 2001,12:483-486.

[3] IDF 26A. Dried milk and dried cream, Determination of water content [S]. 1993.

[4] Isengard H-D. Rapid water determination in foodstuffs [J]. Trends Food Science and Technology, 1995,6:155-162.

[5] Isengard H-D. Water content, one of the most important properties of food [J]. Food Control, 2001,12:395-400.

[ 6 ] Isengard H-D. Harmonisationofanalyticalmethods—Best solution is same regulations everywhere [J]. Food Engineering & Ingredients, 2006,31(2):22 - 26.
[ 7 ] Isengard H-D. Water determination—Scientific and economic dimensions [ J ]. Food Chemistry, 2008,106:1393 - 1398.
[ 8 ] Isengard H-D, Färber J-M. 'Hidden parameters' of infrared drying for determining low water contents in instant powders [J]. Talanta, 1999,50:239 - 246.
[ 9 ] Isengard H-D, Felgner A, Kling R, et al. Water determination in dried milk: Is the international standard reasonable? [M] ISBN 0 - 8493 - 2993 - 0,631 - 637. 2006a.
[10] In M. del Pilar Buero, J. Welti-Chanes, P. J. Lillford, and H. R. Corti (Eds.), Water Properties of Food, Pharmaceutical, and Biological Materials [M] (pp. 631 - 637). Boca Raton, Florida, USA: CRC Press, Taylor & Francis Group.
[11] Isengard H-D, Kling R, Reh CT. Proposal of a new reference method to determine the water content of dried dairy products [J]. Food Chemistry, 2006b,96:418 - 422.
[12] Isengard H-D, Merkh G, Schreib K, et al. The influence of the reference method on the results of the secondary method via calibration [J]. Submitted to Food Chemistry. 2009.
[13] Isengard H-D, Präger H. Water determination in products with high sugar content by infrared drying [J]. Food Chemistry, 2003,82:161 - 167.
[14] Isengard H-D, Walter M. Can the true water content in dairy products be determined accurately by microwave drying? [ J ] Zeitschrift für LebensmittelUntersuchung und-Forschung, A 1998,207:377 - 380.
[15] ISO 5537 | IDF 26. Dried milk—Determination of moisture content (Reference method) [S]. 2004.
[16] Merkh G. Vergleichende Untersuchungen von Methoden zur Wassergehaltsbestimmung in einigen pulverförmigen Milchprodukten [D]. Master thesis (Diplomarbeit) University of Hohenheim, Institute of Food Science and Biotechnology, Stuttgart, Germany. 2006.
[17] Rückold S, Grobecker K H, Isengard H-D. Determination of the contents of water and moisture in milk powder [J]. Fresenius' Journal of Analytical Chemistry, 2000,368:522 - 527.
[18] Rückold S, Isengard H-D, Hanss J, et al. The energy of interaction between water and surfaces of biological reference materials [J]. Food Chemistry, 2003,82:51 - 59.
[19] Rüegg M, Moor U. Die Bestimmung des Wassergehaltes in Milch und Milchprodukten mit der Karl-Fischer-Methode, V. Die Wasserbestimmung von getrockneten Milchprodukten [J]. Mitteilungen Gebiete Lebensmitteluntersuchung und Hygiene. , 1987,78:309 - 319.

# 第7章　基于人肝脏感受态细胞的食品安全评价

## 7.1　食品安全评价及存在的问题

有关日常饮食在癌症发病机理中所起到的决定性作用已被广泛报道(Sugimura，1982，2000；Knasmüller 和 Verhagen，2002；Steck et al.，2007)。大量流行病学研究表明，40%～70%癌症的发生与膳食因素有关(Steck et al，2007)。

我们所摄入食物的性质和饮食习惯会在很大程度上影响健康状况。食品应该是美味、营养而安全的。食品供给的安全，是一个包括从农田到餐桌的过程，是需由食品生产企业、监管部门和消费者多方共同承担的责任。作为食品安全保障的一部分，对食品及食品成分中潜在的危害进行评价十分必要。

食品安全风险评估过程，即评估因食品成分的暴露而可能产生的危害性，必须有可靠的科学数据，且过程中需采用公开透明的程序，遵循国际统一的标准开展(Verhagen et al.，2003)。这对于确保消费者对食品安全的信心来讲是十分必要的，尤其在食品的国际贸易中。

传统的食品添加剂风险评估是基于体外和体内模型的毒理学实验，但这些模型存在不可忽视的缺陷：

(1) 体外模型中使用的细胞具有代谢缺陷，需添加外源性酶匀浆来催化活化因含致癌物而具有遗传毒性的食品。该方法通常采用大鼠肝细胞中细胞色素P450 酶的活力来进行评价，因此，体外测试往往仅反映了调控食品致癌物遗传毒性的部分机制。显然，体外模型无法充分体现机体内特定的作用模式(如检测保护效应和协同效应)(Kassie et al.，2003a，2003b；Knasmüller et al.，1998，2003，2004a；Mersch-Sundermann et al.，2004)。

(2) 体内模型中,动物摄入量远高于人类可能的摄入水平。因此在评估人类的安全摄入剂量时,是通过对数据进行外推法处理来确定安全系数,该方法并不能定量反映暴露量及其对健康影响之间的关系,也不能有效评估新型食品及日常饮食中大量摄入的大分子物质的安全性(Knasmüller et al. , 1998, 2003, 2004 a)。

现有大量数据表明,多种植物成分可以降低特定食品毒素的遗传毒性和致癌性(Knasmüller et al. , 1998; Kassie et al. , 2003a, b; Mersch-Sundermann et al. , 2004)。协同效应和拮抗效应可能在影响人类患癌症的风险中发挥了重要的作用,但上述效应在传统的体外测试体系中无法充分反映。迄今为止,预测化合物与致癌物活化/解毒代谢途径相互作用的协同和拮抗诱变效应,唯一可靠的方法是采用实验动物体内模型。然而,采用该方法耗时多且费用昂贵,并且筛选中需要大量的动物也颇具争议。因此,需要将最新的科学技术运用于新方法的建立中。

## 7.2 使用人肝癌 HepG2 细胞评估人类膳食成分潜在的遗传毒性

人肝癌 HepG2 细胞具有以下特质:

(1) 源于人类肝脏(与人类直接相关)(Natarajan 和 Darroudi, 1991)。

(2) 其具有活化待测化合物的能力,可直接开展诱变效应研究,使得测试简单易行,同时可以用于短寿命代谢物的诱变活性研究。

(3) 可制备获得 HepG2 细胞中的亚细胞组分,并作为外源物用于代谢活化中国仓鼠卵巢细胞、人淋巴细胞以及艾姆斯沙门氏菌(Darroudi 和 Natarajan, 1993, 1994; Darroudi, Knasmüller 和 Natarajan, 1998)。

(4) 研究中使用的 HepG2 细胞保留了许多相关酶的活性,包括一相酶(细胞色素 P450)和二相酶(具有解毒作用),在目前使用的其他细胞中这两种酶由于细胞培养均丧失了活性。这些酶在 HepG2 细胞中的活性与在人肝细胞中的活性大体相同,而其中的部分酶在 DNA 活性致癌物的活化/解毒过程中发挥了关键的作用(Wilkening, Stahl 和 Bader, 2003; Westerink 和 Schoonen, 2007a, 2007b)。

(5) 多种基于 HepG2 细胞,用于测定不同种类膳食成分和环境混合物(空气、水)暴露而诱导 DNA 氧化损伤的生物方法得到了开发和成功验证(Natarajan

和 Darroudi，1991；Darroudi，Meijers，Hadjidekova，和 Natarajan，1996；Darroudi et al.，1998；Uhl，Helma 和 Knasmüller，1999，2000；Uhl et al.，2001，2003a，2003b；Bezrookove et al.，2003；Lu et al.，2004；Filipic 和 Hei，2004；Yuan et al.，2005；Jondeau，Dahbi，Bani-Estivals 和 Chagnon，2006；Buchmann et al.，2007）。

（6）此外，最先进的技术如微阵列芯片和蛋白质组学方法已被应用于 HepG2 细胞研究，并用于解析不同种类膳食致癌物、非致癌物及抗癌物的作用模式（Harries，Fletcher，Duggen 和 Baker，2001；Gerner et al.，2002；Breuza et al.，2004；van Delft et al.，2004；Hockley et al.，2006，2009）。

（7）该体外模型可应用于致突变性实验，从而可限制、减少和替代动物实验（Russell，1995），并能保障人类和动物的健康，且具有环保的优点（Rueff et al.，1996；Kirkland et al.，2007）。

## 7.3　验证人肝癌 HepG2 细胞在检测已知致癌物和非致癌物的有效性

HepG2 细胞可用于代谢活化系统的研究和 DNA 损伤评价（Natarajan 和 Darroudi，1991；Knasmüller et al.，1998，1999，2004a）。此外，从 HepG2 细胞中分离出的 S9 片段用于体外中国仓鼠卵巢细胞和艾姆斯沙门氏菌模型，研究其对前致突变致癌物的活化能力（Darroudi 和 Natarajan，1993）。多种生物终点，如姐妹染色单体交换、双核细胞中的微核（MN）、异倍体 MN 模型与泛着丝粒探针组合、细胞毒性、基因突变（在 HPRT 位点）、彗星实验以及 γ－H2AX 和 Rad 51 foci 生成等均，在 HepG2 细胞中得到了验证及应用（Darroudi 和 Natarajan，1993；Darroudi et al.，1996，1998；Darroudi，Ehrlich，Tjon 和 Knasmueller，2009；Natarajan 和 Darroudi，1991；Knasmüller et al.，1998，2003，2004a；Lamy et al.，2004；Mersch-Sundermann et al.，2004）。

研究结果（见表 7.1）显示人肝癌细胞系在反映遗传毒性致癌物的活化/解毒方面，比其他当前所用的指示细胞响应更好，因此，可以更好地预测食品中拮抗诱变和协同诱变的成分（Schmeiser，Gminski 和 Mersch-Sundermann，2001；Mersch-Sundermann et al.，2001，2004；Kassie et al.，2003a，b；Knasmüller et al.，2004a；Wu，Lu，Roos 和 Mersch-Sundermann，2005）。

**表 7.1 化合物在体外人肝癌 HepG2 细胞中遗传毒性数据(S9 微粒从 HepG2 细胞或鼠肝细胞中获得)与体内致癌毒性/非致癌毒性数据的比较研究**

| 化合物 | 致癌物质（体内） | HepG2（体外） | CHO 细胞(体外) | | 艾姆斯沙门氏菌模型 | |
|---|---|---|---|---|---|---|
| | | | S9 微粒来源 | | | |
| | | | HepG2 细胞 | 大鼠肝细胞 | HepG2 细胞 | 大鼠肝细胞 |
| 2-乙酰氨基芴 | + | + | + | − | | |
| 4-乙酰氨基芴 | − | − | − | − | | |
| 苯并(a)芘 | + | + | + | + | | |
| 芘 | − | − | − | − | | |
| 环磷酰胺 | + | + | + | + | | |
| 赭曲霉毒素 A | + | + | + | − | | |
| 赭曲霉毒素 B | − | − | − | | | |
| 二甲基亚硝胺 | + | + | + | + | | |
| 六甲基磷酰胺 | + | + | + | − | + | − |
| 黄樟油精 | + | + | + | − | + | − |

HepG2 细胞系显示出检测和区别结构类似物、致癌物和非致癌物的能力。体内强致癌物如 2-乙酰氨基芴，苯并芘和赭曲霉毒素 A 在 HepG2 细胞中(体外)表现出潜在的遗传毒性。相反，据报道类似化合物如 4-乙酰氨基芴，芘和赭曲霉毒素 B 在体内均无致癌性，经微核实验和彗星实验显示它们在 HepG2 细胞中也没有遗传毒性(Natarajan 和 Darroudi, 1991; Knasmüller et al., 2004a, 2004b)。目前测试的所有化合物在人肝癌 HepG2 细胞(体外)和脊椎动物模型(体内)上所得到的实验结果呈正相关。

## 7.4 使用 HepG2 细胞评价真菌毒素潜在的遗传毒性

为了将人肝癌 HepG2 细胞用于测定不同种类膳食成分的遗传毒性，研究人员设计了多项实验加以确证(Ehrlich et al., 2002a, 2002b; Knasmüller et al., 2004b)。此项实验主要针对那些可诱导动物产生癌症，以及目前为止在哺乳动物体外实验或在艾姆斯沙门氏菌模型中均无阳性结果(黄曲霉毒素 B1 除外)的化学物质(如真菌毒素)。

食品和饲料中人们关注的天然真菌毒素有：

(1) 雪腐镰刀菌醇、2-脱氧雪腐镰刀菌醇、T2 毒素、赭曲霉毒素 A(小麦、大麦、燕麦中)。

(2) 醋酸瓜类萎蔫醇X,伏马菌素B1、赭曲霉毒素A(玉米中)。

(3) 黄曲霉毒素B1(玉米、花生中)。

所有的真菌毒素在贮藏、碾磨过程中都十分稳定,且在高温下不易被破坏(IARC, 1993)。

通常大部分真菌毒素的数据是通过动物实验获得。赭曲霉毒素A具有强烈的肾毒性,脱氧雪腐镰刀菌醇可引发全身毒性,摄入经镰刀菌污染玉米饲料而产生的伏马菌素会引起脑白质软化(马)、肺水肿(猪)和肝癌(鼠)(Ehrlich et al. 2002a, 2002b; Knasmüller et al., 2004b)。在所有受试的真菌毒素中,黄曲霉毒素B1是最强的体内致癌物质,也是唯一一个在体外实验中被报道具有潜在遗传毒性的物质。

目前还没有遗传毒性的数据和流行病学研究结果表明食品中的真菌毒素会增加人类患食道癌的风险。

化合物如雪腐镰刀菌醇、脱氧雪腐镰刀菌醇、伏马菌素B1、橘霉素和赭曲霉毒素A,在人肝癌HepG2细胞中均被发现具有强烈的遗传毒性(见表7.2)(Ehrlich et al., 2002a, 2002b; Knasmüller et al., 2004b; Darroudi et al., 2009)。在一项基于与空白组样品相比促进微核增高2倍的剂量的对比研究中,各化合物的毒性排序如表7.2所示,已知致癌物黄曲霉毒素B1是最强烈的毒性物质;其最小毒性浓度为0.2 μg/mL,相比之下伏马菌素B1最小毒性浓度为25 μg/mL。

**表7.2 真菌毒素在HepG2细胞中的遗传毒性**

| 化合物 | 雪腐镰刀菌醇 | 脱氧雪腐镰刀菌醇 | 伏马菌素B1 | 黄曲霉毒素B1 |
|---|---|---|---|---|
| 最低有效剂量/(μg/mL) | 50 | 50 | 25 | 0.2 |
| 排序 | 3 | 3 | 2 | 1 |

注:最低有效剂量是指与空白组样品相比微核率增高2倍的剂量。

这些数据首次阐明了特定真菌毒素在体外模型中的潜在遗传毒性,为进一步评价这些化合物遗传毒性的起源和机制提供了可能,这将有助于确保人类的健康。有趣的是,与致癌物赭曲霉毒素A结构类似的非致癌物赭曲霉毒素B在相同条件下,未在HepG2细胞中显示遗传毒性(Knasmüller et al., 2004b)。这些数据同时也阐明了HepG2细胞系具备区分致癌物和非致癌物的潜力。

## 7.5 使用 HepG2 细胞评价杂环芳胺类潜在的遗传毒性

杂环芳胺类物质(HAAs)常见于富含蛋白质的食物中(IARC，1993)，并且是原核生物的诱变剂(Sugimura，1982，2000)。最常见的杂环芳胺，如 IQ、MeIQ、MeIQ$_x$、PhIP、Trp-P-1 和 Trp-P-2 已采用 HepG2 细胞进行了遗传毒性研究(见表 7.3)。现有数据表明 HAAs 对原核生物和真核生物具有诱变能力。啮齿类动物实验也表明这类食源性化合物可以诱发癌症。此外，流行病学研究表明，这类化合物可能与人类结肠癌的发生有关。

**表 7.3 杂环芳胺化合物(加工食品诱变剂中)在 HepG2 细胞上的遗传毒性**

| 化合物 | IQ | MeIQ | MeIQ$_x$ | PhIP | Trp-P-1 | Trp-P-2 |
|---|---|---|---|---|---|---|
| 最低有效剂量(μg/mL) | 80 | 50 | 30 | 30 | 15 | 5 |
| 排序 | 5 | 4 | 3 | 3 | 2 | 1 |

注：最低有效剂量是指与空白组样品相比微核率增高 2 倍的剂量。

已采用基于鼠沙门氏菌/肝微粒体的体外微生物模型对 HAAs 进行了大量的研究，并发现它们是潜在的诱变剂(Sugimura，1982，2000)。但是，与使用哺乳动物细胞系获得的遗传毒性实验结果却大相径庭(Knasmüller Sanyal，Kassie 和 Darroudi，1995；Knasmüller et al.，1999，2004a；Knasmüller，Murkovic，Pfau 和 Sontag，2004c；Majer et al.，2004a，2004b)。

许多杂环芳胺，如 IQ、MeIQ、MeIQ$_x$、Trp-P-1、Trp-P-2 和 PhIP 已在 HepG2 细胞上开展了微核实验、彗星实验和单细胞电泳实验(SCGE)(Knasmüller et al.，1999，2004a，2004c)，上述实验均显示阳性结果。值得注意的是，与中国仓鼠卵巢细胞实验和沙门氏菌/微粒体实验相反的是，HAAs 的遗传毒性潜力排序与它们在啮齿类动物中的致癌毒性呈相关性。此外，对大多数 HAAs 而言，单细胞电泳实验和微核实验的灵敏度相似。

## 7.6 HepG2 细胞和人肝细胞中一相酶和二相酶的对比分析

鉴于人们对药物代谢中涉及的酶及其抑制或诱导潜力的了解，有必要对新药物的研发以及膳食成分和环境诱变剂进行筛选。由于人原代肝细胞可表达大部分的药物代谢酶、对酶诱导剂具有响应并产生与体内代谢相似的体外代谢途径，被看做是一种标准的细胞模型。但是,原代肝细胞表型不稳定且来源有限。过去,人们曾采用多种细胞来替代,如从人类肝癌细胞中获得的细胞系。与原代肝细胞培养相比,肝癌细胞系更易获得且其培养条件已标准化(Westerink 和 Schoonen, 2007a, 2007b)。

为明确 HepG2 细胞系的代谢能力,研究人员进行了许多尝试。不同的管家基因,如胆色素原脱氨酶、次黄嘌呤转磷酸核糖基酶、ATP 合成酶、甘油醛-3-磷酸脱氢酶、延长因子-1-α,在 HepG2 细胞和原代肝细胞中表达量相当(见图 7.1)。多种细胞色素 P450s 酶(CYP1A1、CYP1A2、CYP2B6)以及一些二相酶(如葡萄糖醛酸基转移酶(UGT)、乙酰转移酶 1(NAT1))在其中也有持续表达(Wilkening et al., 2003)。此外,如图 7.1 所示,上述酶经苯并芘诱导在 HepG2 细胞和人肝细胞中得到的诱导因子相似,这意味着,一些难以或不能使用诱导型鼠肝 S9 微粒体来检测的致癌物质(如香樟油精、六甲基磷酰胺),经使用从 HepG2 细胞中获得的 S9 肝微粒体,可检测其在 HepG2 细胞中的诱导遗传毒性,及中国仓鼠卵细胞和艾姆斯沙门氏菌的遗传毒性(见表 7.1)。在人肝细胞和 HepG2 细胞中,培养时间可对药物代谢酶(如 CYP1A1 和 2B6)的表达量产生影响(Wilkening 和 Bader, 2003)。因此,需采用早代细胞进行研究并保持相同的培养条件。

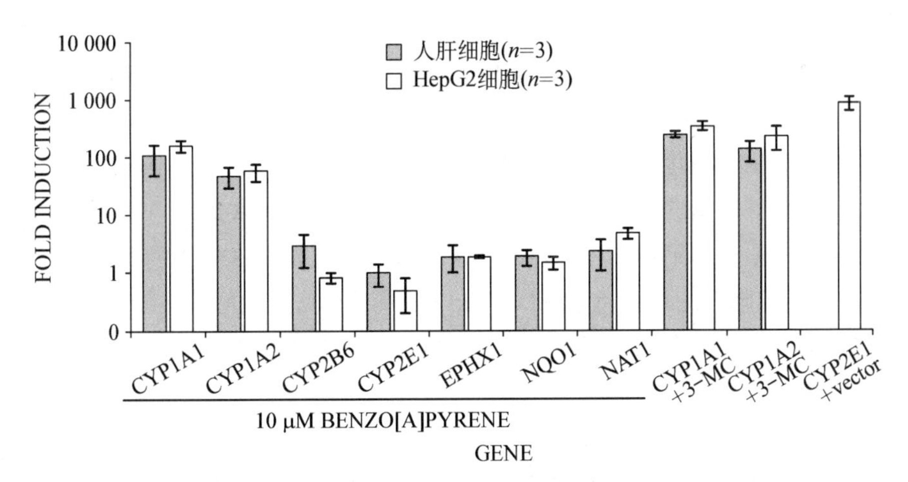


图 7.1 苯并(a)芘处理 HepG2 细胞和/或人肝细胞后基因表达谱的定量。用 2 μM 甘油醛-3-磷酸脱氢酶(3-MC)处理后诱导 CYP1A1 和 CYP1A2。数据为三组独立的不同代数肝细胞的平均值和标准差。

从 HepG2 细胞中获得的 S9 微粒体(Darroudi 和 Natarajan, 1993)对检测杂

环芳胺如 IQ 和 $MeIQ_x$ 潜在的致癌性特别有效。因为这些化合物需要乙酰化，S9 微粒体在中国仓鼠细胞系如 CHO 细胞中水平很低，比 HepG2 细胞中大约低 20 倍，而其在 HepG2 细胞中与人肝细胞中的水平相等。但是，这些化合物虽可被 HepG2 细胞中 S9 微粒体活化，因缺乏醋酸酯代谢物而难以进入细胞。

此外，HepG2 细胞可作为一个有效的模型来衡量化学保护剂在促进 G-谷氨酰半胱氨酸合成酶(GCS)和谷胱甘肽表达量的作用。谷胱甘肽是一种重要的抗氧化剂和解毒代谢的辅助因子，可通过诱导 GCS 来提高 GSH 的含量(Scharf et al.，2003)。

Westerink 和 Schoonen(2007a，b)研究了 HepG2 细胞中的二相代谢，并比较了 HepG2 细胞和冷冻保藏的人类原代肝细胞中的转录水平和酶活力。他们使用定量 PCR 测定葡萄糖醛酸转移酶 1A1、1A6，磺基转移酶(SULT)1A1、1A2、1E1、2A1，微粒体谷胱甘肽-s-转移酶 1(mGST-1)，N-乙酰基转移酶 1 和环氧化物酶(EPHX1)的转录水平。此外，HepG2 细胞中二相酶的诱导活性可以经芳香烃受体、组成型雄烷受体和孕烷 X 受体激动剂处理进行测定。

在 mRNA 表达分析的基础上，可以发现 HepG2 细胞中具有除 UGTs 以外的一系列二相酶。HepG2 细胞中二相酶的调控与之前原代肝细胞中报道的结果相关性良好。因此，与原代肝细胞不同的是，在研究人肝细胞二相酶的调控方面，HepG2 细胞相对更容易操作(Westerink 和 Schoonen，2007a，2007b)。因此，鉴于二相酶在催化几种化合物解毒过程所起到的作用，HepG2 细胞或许在预测毒性方面是一个有价值的工具。但是，值得注意的是，对于那些细胞色素 P450 代谢在毒性中发挥重要作用且二相酶代谢在解毒过程中起到关键作用的化合物而言，如果 HepG2 细胞中的细胞色素酶(CYPs)水平较低，其毒性可能被低估。这种不一致或许解释了一些在原代肝细胞中具有毒性的化合物在 HepG2 细胞中未表现出毒性的原因。

## 7.7 采用人 HepG2 细胞基于 NAD(P)H，ATP，DNA 含量(细胞增殖)，谷胱甘肽缺乏，钙黄绿素摄取和氧自由基等指标评价化合物的毒性和作用机理研究

减少制药工业中分析大量合成化合物费用的一种办法，就是引入培养基和采

用 Alamar Blue、Hoechst 33342 染色和免疫化学发光法的高通量体外毒性筛选(Schoonen, De Roos, Westerink 和 Debiton, 2005a; Schoonen, De Roos, Westerink 和 Debiton, 2005b)。其中 AB、ATP-Lite 和 Cyto-Lite 考察的是细胞的能量状态,而 Hoechst 33342 考察的是细胞中 DNA 的含量。二氯荧光乙酰乙酸盐、monochlorobimane 和 calcein-AM 分别是检测活性氧的形成、定量谷胱甘肽和细胞膜稳定性的荧光染色剂(Schoonen et al., 2005a, 2005b; Miret, De'Groene 和 Klaffke, 2006)。

该领域的进一步发展,可以构建早期预测化合物毒性的体外细胞模型,从而可大幅减少动物实验。候选药物开发中,由于其毒性导致很高的淘汰率(如 50% 化合物),因此早期对化合物进行筛选,引起了制药行业研发人员越来越浓厚的兴趣。为了初步了解化合物的毒性,需要用简单的模型去明确其初步的细胞毒性,对正常细胞生理机能的干扰,如能量代谢和细胞增殖,可以作为评价细胞毒性的简便指标。

人肝癌 HepG2 细胞系已被用于上述模型来检测 100~110 种不同作用机制的标准化合物。同时,60~100 种化合物使用 HeLa 细胞、CHO 细胞和人子宫内膜细胞(ECC-1)进行检测。最高受试剂量从 $3.16\times10^{-3}$ 到 $3.16\times10^{-5}$ 不等,在不同模型中,最低毒性剂量从 $3.16\times10^{-3}$ 到 $3.16\times10^{-8}$ 不等(Schoonen et al., 2007a)。

研究结果显示,上述 4 种细胞系对于同一系列的药物(直接作用)均有响应;但是,对于一些药物而言,HepG2 细胞较其他 3 种细胞系更为灵敏。一般而言,HepG2 细胞可预测高达 75%药物的毒性。这意味着可采用该方法建立高通量的毒性筛选模型,且该模型可应用于非直接作用、需外源性激活的药物筛选中。此外,这些从人肝细胞来源的细胞系,较之从大鼠、小鼠、仓鼠、猴子细胞系更易获得人体的预测结果,且准确性更高。

此外,有报道显示,降低谷胱甘肽和摄取钙黄绿素模型具有相似的效果,且这两种模型均比测定 ROS 灵敏度更高。因此,体外筛选法可以作为脊椎动物体内实验一种有效的替代方法。

Miret 等在 HepG2 细胞中使用了其他体外细胞毒性模型,包括采用阿尔玛蓝染料(Alamar Blue)测定细胞内的 ATP 含量、通过检测 AK 的释放量来衡量细胞坏死,通过 Caspase-3 荧光测定、Apo-ONE 均质 Caspase-3/7 模型和 Caspase-Glo 法测定 Caspase-3/7 活性。为评价这些模型,检测了一些已知具有细胞毒性的化合物,如二甲基亚砜(DMSO)、丁酸、碳酰氰-4-三氟甲氧基苯胺

(FCCP)、喜树碱(Miret et al.，2006)。结果显示，评价化合物潜在细胞毒性的最好方法是开展上述一系列相关实验。此外，在 HepG2 细胞中结合 ATP 水平、细胞坏死和 Caspase－3/7 模型可得到有效的分析结果。

## 7.8 HepG2 细胞体系在检测膳食中抗遗传毒性成分的应用

越来越多的证据表明，有些化学物质非但不具有毒性，还对健康有益(如膳食成分、维生素)，甚至具有抗癌活性(Knasmüller et al.，2002)。然而，传统的体外实验结果显然并不具有说服力，许多实验并不能充分反映在哺乳动物中复杂的激活和解毒过程，实验结果并不能外推到人体上。在使用外源激活物(肝 S9 微粒体)的指示细胞进行体外实验时，一些膳食成分表现出 DNA 保护活性，但在使用啮齿类动物的实验中却未显示该活性，甚至加强了杂环芳胺引发的 DNA 损伤(Schwab et al.，1999,2000)。此外，某些在啮齿动物的传统体内实验中，鉴于其测定杂环芳胺毒性时仅获得边缘数据或阴性结果，因此不能作为确认食品中保护性成分的合适手段(IARC，1993)。

我们在 HepG2 细胞中采用微核实验测定了一系列杂环芳胺的潜在遗传毒性(见表 7.3)，其毒性排序如表所示。值得注意的是，在 HepG2 细胞中得到的杂环芳胺潜在遗传毒性排序与中国仓鼠卵巢细胞和艾姆斯沙门氏菌/微粒体模型中的结果不同，该排序与杂环芳胺对啮齿类动物的致癌毒性呈正相关性。在以下实验中，研究人员在 HepG2 细胞中尝试用微核和彗星实验研究了膳食成分(包括维生素)抑制杂环芳胺(如 IQ、MeIQ、$MeIQ_x$、Trp－P－1、Trp－P－2、PhIP)遗传毒性的活性(Sanyal et al.，1997；Dauer et al.，2003；Steinkellner et al.，2001；Laky et al.，2002；Kassie et al.，2003a，b；Uhl et al.，2003a，2003b；Knasmüller et al.，2004a，2004c；Mersch-Sundermann et al.，2004；Lhoste et al.，2004；Majer et al.，2005)。

表 7.4 总结了在 HepG2 细胞中杂环芳胺和 α－苯并芘诱变研究的数据，同样证明了 HepG2 细胞系是一种有效筛选膳食中抗遗传毒性物质的体外模型(Kassie et al.，2003a，b；Knasmüller et al.，2004a，2004c；Mersch-Sundermann et al.，2004；Majer et al.，2005；Darroudi et al.，2009)。有趣的是，实验结果表明抗氧化剂，抗坏血酸和 β－胡萝卜素，分别在高浓度(20 和 10 mg/mL)时对 HepG2 细胞具有遗传毒性。

**表 7.4 膳食成分中保护 HepG2 细胞不受杂环芳胺(HAAs)和苯并(a)芘(B(a)P)损伤的抗遗传毒性研究**

| 假定抗诱变物 | 剂量 | 终点 | 杂环芳胺 | 结果 | 备 注 |
|---|---|---|---|---|---|
| 抗坏血酸(Vc) | 20 μg ~ 20 mg/mL | SCGE | IQ，PhIP | +/+ | ＞20 mg/mL 具遗传毒性 |
| 球芽甘蓝 | 1.0 μg/mL | SCGE | IQ | + | |
| 咖啡因 | 1～500 μg/mL | MN | IQ | + | MeIQ，$MeIQ_x$， |
| β-胡萝卜素 | 10 μg～10 mg/mL | SCGE | IQ，PhIP | +/+ | ＞10 mg/mL 具遗传毒性 |
| 白杨素 | 1.3～33 μg/mL | MN | PhIP | + | |
| 香豆素 | 1～500 μg/mL | MN | IQ | + | |
| 甜菜碱 | 1 mM | MN | Trp-P-2 | + | 艾姆斯沙门氏菌模型中抗诱变+从 HepG2 细胞获得的 S9 微粒体 |
| α-萘黄酮 | 20 μg～20 mg/mL | MN | IQ | + | |
| β-萘黄酮 | 20 μg～20 mg/mL | MN | PhIP | + | |
| 苯乙基异氰酸酯 | 0.25～1.0 μg/mL | MN | PhIP | + | 艾姆斯沙门氏菌模型中抗诱变+从 HepG2 细胞获得的 S9 微粒体 |
| 丹宁酸 | 5～500 μg/mL | MN | IQ | + | |
| 香草醛 | 1～500 μg/mL | MN | IQ | + | MeIQ，$MeIQ_x$，Trp-P-1，PhIP |
| 黄酮醇抗苯并(a)芘遗传毒性的活性[50 μM]: | | | | | |
| 非瑟酮 | 10～100 μM | SCGE | | + | 50 μM 有效 |
| 山柰酚 | 10～100 μM | SCGE | | + | 50 μM 有效 |
| 杨梅素 | 10～100 μM | SCGE | | + | 50 μM 有效 |
| 槲皮素 | 10～100 μM | SCGE | | + | 50 μM 有效 |

注:采用了两项生物终点:单细胞凝胶电泳(SCGE)和微核实验(MN)。+表示膳食成分对特定杂环芳胺具有抗诱变活性。咖啡因和香草醛还表现出抑制其他类型杂环芳胺遗传毒性的活性。

## 7.9 HepG2 细胞中基因组学和蛋白质组学技术的应用

借助 DNA 微阵列和蛋白质组学技术,监测细胞内转录水平和翻译水平的变化,有助于我们从分子水平了解其相关生理过程(Gerner et al.，2002；Yokoo et al.，2004；Breuza et al.，2004；Staal，van Herwijnen，van Schooten 和 van Delft，2006)。

由化学致癌物导致的 DNA 损伤是引发癌症的重要诱因。但是,随着癌变细胞的增加引起了细胞内的其他一些变化，可能涉及由致癌物引起的基因表达变化。因此，广泛了解致癌物对特定细胞的影响，可为阐明致癌物的作用机理提供相关信息，并能扩大个体对致癌物敏感性变化候选基因的数量。微阵列技术为分析基因的大致轮廓谱（在致癌物暴露下沉默和/或表达）提供了一种很好的方法。因此，该技术可深入了解经食品或环境暴露下不同种类化学物质的致癌和抗癌活性（Tien, Gray, Peters 和 van den Heuvel, 2003）。基因表达谱也应用于人肝癌 HepG2 细胞系来进行遗传毒性和非遗传毒性致癌物的区分（van Delft et al., 2004）。

此外，比较了经致癌物 α-苯并芘及其非致癌物异构体 e-苯并芘处理后，人肝癌 HepG2 细胞系和 MCF-7 细胞系在基因表达上的变化（Hockley et al., 2006, 2009）。细胞经 α-苯并芘处理后，包括上调抗癌基因和下调促进细胞周期停滞和凋亡的致癌基因，同时促进细胞存活的抗细胞凋亡通路以及促进癌症生长的信号通路同样被激活（Hockley et al., 2006）。相反，在相同浓度下 e-苯并芘并未引起相同的基因表达变化。有趣的是，在另一项研究中，多个已确认的基因（如 CYP1B1 和 NQO1）在人乳腺上皮细胞中被 α-苯并芘诱导变化（Keshava, Whipkey 和 Weston, 2005）。这表明在这两株细胞系中所观察到的基因表达变化非癌症表型所示。

## 7.10 结论

HepG2 细胞系已被证实是一种检测环境和膳食中遗传毒性物质和抗遗传毒性物质的有效体外模型。而且，该模型具备鉴别结构相似的致癌物和非致癌物、遗传毒性致癌物和非遗传毒性致癌物的潜力，并能够区分染色体断裂剂和非整倍体毒剂。

基因表达谱和蛋白质组学将为阐明膳食中不同种类致癌物，如真菌毒素、杂环芳胺、水污染物等的作用机制和动力学提供有效手段，而在这些物质早期的大部分研究中，使用传统的实验方法并不能揭示其 DNA 损伤毒性。

此外，常用啮齿类动物细胞系（如 CHO、CHL、V79、L5178Y 等）进行的毒理试验，易出现如缺乏 p53、染色体组型不稳定、DNA 修复缺陷等特征，是导致高比例假阳性实验结果的可能原因。由于可能出现外源性的代谢，也是这些细胞体系出现假阳性/阴性结果的可能原因。相反，在使用 HepG2 细胞时得到假阳性结果的可能性较低，且在其基础上发展起来的多种生物模型也巩固了该细胞系作为人类遗传毒性风险评估模型的地位，同时也使得其在诱变/致癌实验中替代脊椎动物的使用成为可能。

人肝癌 HepG2 细胞系已标准化，其有效性也得到了确证，可用于食品安全法规的全球一体化研究中。

## 致　谢

本研究由欧盟资助项目 HEPADNA (QLK1 - CT - 1999 - 0810)提供部分经费资助。
本文作者对 Huub Lelieveld 教授提出的宝贵意见以及支持表示由衷的感谢。

## 参考文献

[1] Bezrookove V, Smits R, Moeslein G, et al. Premature chromosome condensation revisited: A novel chemical approach permits efficient cytogenetic analysis of cancers [J]. Gene Chromosome Cancer, 2003,38:177 - 186.

[2] Breuza L, Halneisen R, Jano P, et al. Proteomics and endoplasmic reticulum-golgi intermediate compartment (ERGIC) membrane from Brefeldin A-treated HepG2 cells identifies ERGIC - 32, a new cycling protein that interacts with human Erv46 [J]. The Journal of Biological Chemistry, 2004,279:47242 - 47253.

[3] Buchmann C A, Nersesyan A, Kopp B, et al. DIMBOA and DIBOA, two naturally occurring benzox-azinones contained in sprouts are potent aneugens in HepG2 cells [J]. Cancer Letters, 2007,246:290 - 299.

[4] Darroudi F, Natarajan A T. Metabolic activation of chemicals to mutagenic carcinogens by human hepatoma microsomal extracts in Chinese hamster ovary cells (in vitro) [J]. Mutagenesis, 1993,8:11 - 15.

[5] Darroudi F, Natarajan A T. Induction of sister chromatid exchanges, micronuclei and gene mutations by indirectly acting promutagens using human hepatoma cells as an activation system [J]. ATLA, 1994,22:445 - 453.

[6] Darroudi F, Meijers C M, Hadjidekova V, et al. Detection of aneugenic and clastogenic potential of X-rays, directly and indirectly acting chemicals in human hepatoma (Hep G2) and peripheral blood lym-phocytes, using the micronucleus assay and fluorescent in situ hybridization with a DNA centromeric probe [J]. Mutagenesis, 1996,11:425 - 433.

[7] Darroudi F, Knasmüller S, Natarajan A T. Use of metabolically competent human hepatoma cells for the detection and characterization of mutagens and antimutagens: An alternative system to the use of vertebrate animals in mutagenicity testing, Netherlands Centre Alternative to Animal Use [J]. News Letter, 1998,6:6 - 7.

[ 8 ] Darroudi F, Ehrlich V, Tjon J, et al. The mutagenic potential of nivalenol and deoxynivalenol in human HepG2 cells and in Ames Salmonella test (Mutation Research)[R]. 2009.

[ 9 ] Dauer A, Hensel A, Lhoste E, et al. Genotoxic and antigenotoxic effects of tannins from the bark of Hamamelis virginiana L. in metabolically competent, human hepatoma cells (HepG2) using single cell gel electrophoresis [J]. Phytochemistry, 2003,63:199 - 207.

[10] Ehrlich V, Darroudi F, Uhl M, et al. Fumonisin B1 is genotoxic in human derived hepatoma (HepG2) cells [J]. Mutagenesis, 2002a,17:257 - 260.

[11] Ehrlich V, Darroudi F, Uhl M, et al. Genotoxic effects of ochratoxin A in human-derived hepatoma (HepG2) cells [J]. Food and Chemical Toxicology, 2002b,40:1085 - 1090.

[12] Filipic M, Hei T K. Mutagenicity of cadmium in mammalian cells: Implication of oxidative DNA damage [J]. Mutation Research, 2004,546(1 - 2):81 - 91.

[13] Gerner C, Vejda S, Gelbmann D, et al. Concomitant determination of absolute values of cellular protein amounts, synthesis rates and turnover rates by quantitative proteome profiling [J]. Molecular & Cellular Proteomics, 2002,1(7):528 - 537.

[14] Harries H M, Fletcher S T, Duggen C M, et al. The use of genomics technology to investigate gene expression changes in cultured human liver cells [J]. Toxicolology in vitro, 2001,15:399 - 405.

[15] Hockley S L, Arlt V M, Brewer D, et al. Time and concentration-dependent changes in gene expression induced by benzo(a)pyrene in two human cell lines, MCF - 7 and HepG2 [J]. BMC Genomics, 2006,7:260 - 283.

[16] Hockley S L, Mathijs K, Staal YCM, et al. Interlaboratory and interplatform comparison of microarray gene expression analysis of HepG2 cells exposed to benzo(a) pyrene [J]. OMICS, 2009,2:115 - 118.

[17] IARC. Some naturally occurring substances: Food items and constituents, heterocyclic aromatic amines and mycotoxins [J], vol. 56. Lyon: IARC Press. 1993.

[18] Jondeau A, Dahbi L, Bani-Estivals M H, et al. Evaluation of the sensitivity of three sublethal cytotoxicity assays in human HepG2 cell line using water contaminants [J]. Toxicology, 2006,226:218 - 228.

[19] Kassie F, Laky B, Gminski R, et al. Effects of garden and water cress juices and their constituents, benzyl and phenethyl isothiocyanates, towards benzo(a)pyrene-induced DNA damage: a model study with the single cell gel electrophoresis/HepG2 assay [J]. Chemico-Biological Interactions, 2003a,142:285 - 296.

[20] Kassie F, Mersch-Sundermann V, Edenharder R, et al. Development and application of test methods for the detection of dietary constituents which protect against heterocyclic aromatic amines Review [J]. Mutation Research, 2003b,(523 - 524):183 - 192.

[21] Keshava C, Whipkey D, Weston A. Transcriptional signatures of environmentally relevant exposures in normal human mammary epithelial cells: Benzo(a)pyrene [J]. Cancer Letters, 2005,221:201 - 211.

[22] Kirkland D, Pfuhler S, Tweats D, et al. How to reduce false positive results when undertaking in vitro genotoxicity testing and thus avoid unnecessary follow-up animal tests: Report of an ECVAM Workshop [J]. Mutation Research, 2007,628:31 - 55.

[23] Knasmüller S, Cavin C, Chakraborty A, et al. Structurally related mycotoxins,

ochratoxin A, ochratoxin B, citrinin differ in their genotoxic activities, and in their mode of action in human derived liver (HepG2) cells: Implication for risk assessment [J]. Nutrition and Cancer, 2004b,50:190 - 197.

[24] Knasmüller S, Mersch-Sundermann V, Kevekordes S, et al. Use of human-derived liver cell lines for the detection of environmental and dietary genotoxins; current state of knowledge [J]. Toxicology, 2004a,198:315 - 328.

[25] Knasmüller S, Murkovic M, Pfau W, et al. Heterocyclic aromatic amines—still a challenge for scientist [J]. Journal of Chromatography B, 2004c,802:1 - 2.

[26] Knasmüller S, Parzefall W, Sanyal R, et al. Use of metabolically competent human hepatoma cells for the detection of mutagens and antimutagens Review [J]. Mutation Research, 1998,402:185 - 202.

[27] Knasmüller S, Sanyal R, Kassie F, et al. Induction of cytogenetic effects by cooked food mutagens and their inhibition by dietary constituents in human hepatoma cells [J]. Mutation Research, 1995,335:62 - 63.

[28] Knasmüller S, Schwab C E, Land S J, et al. Genotoxic effects of heterocyclic aromatic amines in human derived hepatoma (HepG2) cells [J]. Mutagenesis, 1999,14:533 - 539.

[29] Knasmüller S, Steinkellner S, Majer B J, et al. Search for dietary antimutagens and anticarcinogens: Methodological aspects and extrapolation problems [J]. Food and Chemical Toxicology, 2002,40:1051 - 1062.

[30] Knasmüller S, Uhl M, Pfau W, et al. Use of human cell lines in toxicology [J]. Toxicology, 2003,191:15 - 16.

[31] Knasmüller S, Verhagen H. Impact of dietary factors on cancer causes and DNA integrity: New trends and aspects [J]. Food and Chemical Toxicology, 2002,40:1047 - 1050.

[32] Laky B, Knasmüller S, Gminski R, et al. Protective effects of Brussels sprout towards BaP induced DNA damage: A model study with the single cell gel electrophoresis (SCGE)/Hep G2 assay [J]. Food and Chemical Toxicology, 2002,40:1077 - 1083.

[33] Lamy E, Kassie F, Gminski R, et al. 3-Nitrobenzanthrone (3 - NBA) induced micronucleus formation and DNA damage in human hepatoma (HepG2) cells [J]. Toxicology Letters, 2004,146:103 - 109.

[34] Lhoste E F, Gloux K, De Waziers I, et al. The activities of several detoxication enzymes are differentially induced by juices of garden cress, water cress and mustard in human HepG2 cells [J]. Chemico-Biological Interactions, 2004,150: 211 - 219.

[35] Lu W-Q, Chen D, Wu X J, et al. DNA damage caused by extracts of chlorinated drinking water in human derived liver cells (Hep G2) [J]. Toxicology, 2004,198:351 - 357.

[36] Majer B J, Hofer E, Cavin C, et al. Coffee diterpenes prevent the genotoxic effects of 2 - amino - 1 - methyl - 6 - phenylimidazo[4,- 5b]pyridine (PhIP) and N-nitrosometh-ylamine in a human derived liver cell line (HepG2) [J]. Food and Chemical Toxicology, 2005,43: 433 - 441.

[37] Majer B J, Kassie F, Sasaki Y, et al. Investigation of the genotoxic effects of 2 - amino - 9H-pyrido[2,3 - b]indole (AalphaC) in different organs of rodents and in human derived cells [J]. Journal of Chromatography B, 2004a,802:167 - 173.

[38] Majer B J, Mersch-Sundermann V, Darroudi F, et al. Genotoxic effects of dietary and

lifestyle related carcinogens in human derived hepatoma (HepG2, Hep 3B) cells [J]. Mutation Research, 2004b,551:153 - 166.

[39] Mersch-Sundermann V, Knasmüller S, Wu X, et al. Use of a human derived liver cell line for the detection of cytoprotective, antigenotoxic and cogenotoxic agents Review [J]. Toxicology, 2004,198:329 - 340.

[40] Mersch-Sundermann V, Schneider H, Freywald Ch, et al. Musk ketone enhances benzo [a]pyrene induced mutagenicity in human derived Hep G2 cells [J]. Mutation Research, 2001,495:89 - 96.

[41] Miret S, De Groene E M, Klaffke W. Comparison of in vitro assays of cellular toxicity in the human hepatic cell line HepG2 [J]. Journal of Biomolecular Screening, 2006,11:184 - 193.

[42] Natarajan A T, Darroudi F. Use of human hepatoma cells for in vitro metabolic activation of chemical mutagens/carcinogens [J]. Mutagenesis, 1991,6:399 - 403.

[43] Rueff J, Chiapella C, Chipman J K, et al. Development and validation of alternative metabolic systems for mutagenicity testing in short-term assays Review [J]. Mutation Research, 1996,353:151 - 176.

[44] Russell W M. The development of the three Rs concept [J]. Alternatives to Laboratory Animals, 1995,23:298 - 304.

[45] Sanyal R, Darroudi F, Parzefall W, et al. Inhibition of the genotoxic effects of heterocyclic amines in human derived hepatoma cells by dietary bioantimutagens [J]. Mutagenesis, 1997,12:297 - 303.

[46] Scharf G, Prustomersky S, Knasmüller S, et al. Enhancement of glutathione and g-glutamylcysteine synthetase, the rate limiting enzyme of glutathione synthesis, by emoprotective plant-derived food and beverage components in the human hepatoma cell line HepG2 [J]. Nutrition and Cancer, 2003,45(1):74 - 83.

[47] Schmeiser H, Gminski R, Mersch-Sundermann V. Evaluation of health risks caused by musk ketone [J]. International Journal of Hygiene and Environmental Health, 2001,203: 293 - 299.

[48] Schoonen WGEJ, De Roos JADM, Westerink WMA, et al. Cytotoxic effects of 110 reference compounds on HepG2 and HeLa cells and for 60 compounds on ECC - 1 and CHO cells. II. Mechanistic assays on NAD(P)H, ATP and DNA contents [J]. Toxicology in vitro, 2005b,19:491 - 503.

[49] Schoonen WGEJ, Westerink WMA, De Roos JADM, et al. Cytotoxic effects of 100 reference compounds on HepG2 and HeLa cells and for 60 compounds on ECC - 1 and CHO cells. I. Mechanistic assays on ROS, glutathione depletion and calcein uptake [J]. Toxicology in vitro, 2005a,19:505 - 516.

[50] Schwab C E, Huber W W, Parzefall W, et al. Search for compounds which inhibit the genotoxic and carcinogenic effects of heterocyclic aromatic amines [J]. Critical Reviews in Toxicology, 2000,30:1 - 69.

[51] Schwab C, Kassie F, Qin H M, et al. Development of test systems for the detection of compounds that prevent the genotoxic effects of heterocyclic aromatic amines: Preliminary results with constituents of cruciferous vegetables and other dietary constituents [J]. Journal of Environmental Pathology, Toxicology and Oncology, 1999,18:109 - 118.

[52] Staal Y C M, van Herwijnen M H M, van Schooten F J, et al. Modulation of gene expression and DNA adduct formation in HepG2 cells by polycyclic aromatic hydrocarbons with different carcinogenic potencies [J]. Carcinogenesis, 2006,3:646 - 655.

[53] Steck S E, Gaudet M M, Eng S M, et al. Cooked meat and risk of breast cancer—Lifetime versus recent dietary intake [J]. Epidemiology, 2007,18:373 - 382.

[54] Steinkellner H, Rabot S, Frewald C, et al. Effect of cruciferous vegetables and their constituents on drug metabolizing enzymes involved in the bioactivation of DNA-reactive dietary carcinogens [J]. Mutation Research, 2001,(480 - 481):285 - 297.

[55] Sugimura T. Mutagens, carcinogens, and tumor promoters in our daily food [J]. Cancer, 1982,49:1970 - 1984.

[56] Sugimura T. Nutrition and dietary carcinogens Review [J]. Carcinogenesis, 2000,21:387 - 395.

[57] Tien E S, Gray J P, Peters J M, et al. Comprehensive gene expression analysis of peroxisome proliferator-treated immortalized hepatocytes: Identification of peroxisome proliferator-activated receptor alpha-dependent growth regulatory genes [J]. Cancer Research, 2003,63:5767 - 5780.

[58] Uhl M, Darroudi F, Seybel A, et al. Development of new experimental models for the identification of DNA protective and anticarcinogenic plant constituents [M]. In I. Kreft & V. Skrabanja (Eds.), Molecular and genetic interactions involving phytochemicals (pp. 21 - 33). 2001.

[59] Uhl M, Ecker S, Kassie F, et al. Effect of chrysin, a flavonoid compound, on the mutagenic activity of 2 - amino - 1 - methyl - 6 - phenylimidazo[4,5 - b]pyridine (PhIP) and benzo(a)pyrene (P(a)P in bacterial and human hepatoma (HepG2) cells [J]. Archives of Toxicology, 2003a,77:477 - 484.

[60] Uhl M, Helma C, Knasmüller S. Single-cell gel electrophoresis assays with human-derived hepatoma (Hep G2) cells [J]. Mutation Research, 1999,441:215 - 224.

[61] Uhl M, Helma C, Knasmüller S. Evaluation of the single-cell gel electrophoresis assays with human hepatoma (HepG2) cells [J]. Mutation Research, 2000,468:213 - 225.

[62] Uhl M, Laky B, Lhoste E, et al. Effects of mustard sprouts and allylisothiocyanate on benzo(a) pyrene-induced DNA damage in human-derived cells: A model study with the single cell gel electrophoresis/HepG2 assay [J]. Teratogenesis, Carcinogenesis, and Mutagenesis (Supplement 1),2003b,273 - 282.

[63] van Delft J H M, Agen van E, Breda van S G J, et al. Discrimination of genotoxic from non-genotoxic carcinogens by gene expression profiling [J]. Carcinogenisis, 2004,25(7):1265 - 1276.

[64] Verhagen H, Aruoma O I, van Delft JHM, et al. The 10 basic requirements for a scientific paper reporting antioxidant, antimutagenic or anticarcinogenic potential of test substances in in vitro experiments and animal studies in vivo [J]. Food and Chemical Toxicology, 2003,41:603 - 610.

[65] Westerink W M A, Schoonen W G E J. Cytochrome P450 enzyme levels in HepG2 cells and cryopreserved primary human hepatocytes and their induction in HepG2 cells [J]. Toxicology in vitro, 2007a,21:1581 - 1591.

[66] Westerink W M A, Schoonen W G E J. Phase II enzyme levels in HepG2 cells and cryopreserved primary human hepatocytes and their induction in HepG2 cells [J]. Toxicology in vitro, 2007b,21:1592 - 1602.

[67] Wilkening S, Bader A. Influence of culture time on the expression of drug-metabolizing enzymes in primary human hepatocytes and hepatoma cell line HepG2 [J]. Journal of Biochemical and Molecular Toxicology, 2003,17:207 - 213.

[68] Wilkening S, Stahl F, Bader A. Comparison of primary human hepatocytes and hepatoma cell line HepG2 with regard to their biotransformation properties [J]. Drug Metabolism and Disposition, 2003,31:1035 - 1042.

[69] Wu X, Lu W Q, Roos P H, et al. Vinclozolin, a widely used fungicide, enhanced BaP-induced micronucleus formation in human derived hepatoma cells by increasing CYP1A1 expression [J]. Toxicology Letters, 2005,159:83 - 88.

[70] Yokoo H, Kondo T, Fujii, et al. Proteomic signature corresponding to alpha fetoprotein expression in liver cancer cells [J]. Hepatology, 2004,3:609 - 617. .

[71] Yuan J, Lu W Q, Dai W T, et al. Chlorinated drinking water caused oxidative damage, DNA migration and cytotoxicity in human cells [J]. International Journal of Hygiene and Environmental Health, 2005,208:481 - 488.

# 第 8 章　能力建设:食品安全的协调和实现

## 8.1　引言

20 世纪后半叶以来,包括食品和粮食在内的国际贸易飞速发展。新兴市场的开放和国际经济体的参与,使得发展中国家和一些新的供应链成员受益颇多。1980—1994 年间,发展中国家的食品交易在国际贸易总量中增长了 3.5%,而欧盟增长了 4.2%,北美地区仅增长了 2.4%(the United Nations Industrial Development Organization, UNIDO, 1997)。新的增长点大部分源自发达国家的积极采购。总部设在欧洲、美国、日本及“八国集团”其他成员国的许多跨国公司将其供应链拓展到新的区域,以期获得更多利润和更大市场。据联合国工业发展组织(UNIDO)的估计,全球食品产业总值超过 5 万亿美元(Mirandada et al., 2009)。

许多新闻媒体早已预见到印度、中国以及巴西会发展为低成本原料供应国。世界银行相关数据显示,食品贸易的飞速发展使这些国家的经济受益巨大,贫困率急剧下降(Thompson, 2005)。此外,令人意想不到的是,每个国家的国内食品和国际贸易食品的卫生状况也得到了改善。这些成就的取得来之不易。

食品贸易成功的同时,也伴随了一系列耸人听闻的食品安全事件。大部分的安全事件都可归咎于常规操作的不规范(例如,对细菌、真菌、寄生虫,以及工业、农业、环境化学污染物的控制)。例如,2007—2008 年间,中国生产的乳制品、婴幼儿配方奶粉以及各种其他食品中出现的三聚氰胺污染。同样,1994 年,从中国进口的受肠毒素污染的蘑菇在美国引发了严重的食源性疾病(Ballentine, 1989)。另据报道,2004 年印度出口的食品配料引发了一场骇人听闻的国际食品安全事故,原因是使用了食品行业禁用的工业染料苏丹红 I 号(Mishra et al., 2007)。

但是，以上事实并不能说明仅中国、印度、巴西三个国家是全球食品供应链的不安全因素。事实上，应受谴责的国家，不仅包括这些发展中国家，而且还包括一些发达国家，数量众多，且正日益增多。预防并减少食品安全事件的发生对于保护公众健康、维持全球食品贸易至关重要。保证食品安全最基本的要求，就是参与全球食品贸易的每个国家都具备与时俱进的科研能力及制订相应的规章制度。归纳起来，这些过程都称之为能力建设。

## 8.2 能力建设

在探究食品安全事件的原因时，流行病学家和监管人员开始认识到不完善的科研与管理是造成食品安全事故的主要原因。这些方面能力的缺乏会导致无法提供食品安全监督机制来确保全球食品贸易的安全运转。随着全球食品供应链不断向经济欠发达地区的延伸，能力缺乏问题越来越严重，亟待解决。一些人均年收入低于1 000美元的非洲、亚洲及美洲国家，正在成为发达国家的食品及食品配料供应国（见表8.1）。

**表8.1 潜在食品配料供应国的人均日收入及人口数量数据统计**

| 国家 | 人口<br>（百万）** | 比例<br><$1/天* | 比例<br><$2/天 |
|---|---|---|---|
| 中国 | 1 299 | 16.6 | 46.7 |
| 印度 | 1 065 | 34.7 | 79.9 |
| 印度尼西亚 | 239 | 7.5 | 52.4 |
| 巴西 | 184 | 8.2 | 22.4 |
| 巴基斯坦 | 159 | 13.4 | 65.6 |
| 俄罗斯 | 144 | 6.1 | 23.8 |
| 孟加拉国 | 141 | 36.0 | 82.8 |
| 尼日利亚 | 126 | 70.2 | 90.8 |
| 墨西哥 | 105 | 9.9 | 26.3 |

*来源：世界银行，世界发展指数数据库（Thompson，2005）。
**来源：美国CIA资料，人口统计数据，世界6,536,473,538,2006年8月。

统计数据显示，一个国家的人均收入与其保障出口食品安全的科研能力和监管基础设施具有一定的相关性。例如，2003年，PAHO与WHO对其地区成员国的食品安全评估验证了以上统计结果。表8.2显示了经济发达国家与欠发达国家在食品安全体系方面的差异。例如，巴西、加拿大、智利、美国（见表8.2中第

1行和第7行)在PAHO/WHO的评估中得分较高。相反,其他29个参与评估的经济相对落后的国家,其得分未达到最低国际标准(PAHO/WHO, 2003)。考虑到这些相对落后的国家在国际食品贸易中所占的份额,以上统计结果令人沮丧。

**表8.2 PAHO/WHO对美洲各地区成员国的食品安全评定**

| 代表国家 | 国家数量 | 评定结果/% |
|---|---|---|
| 1(巴西、加拿大、美国) | 3 | 96~100 |
| 2 | 14 | 25~60 |
| 3(墨西哥) | 5 | 58~81 |
| 4 | 4 | 25~60 |
| 5 | 3 | 58~81 |
| 6 | 3 | 58~81 |
| 7(智利) | 1 | 58~81 |

注:美洲35个国家中的33个参与了此项评定调查(古巴和海地因食品安全体系数据不全而被排除在外)。4个国家的食品安全体系被定义为优秀。相反,另外的29个国家的食品安全体系被评定为发展水平较低。

PAHO与WHO的调查主要强调了以下几个在食品安全体系发展中的不足之处:

(1) 惩罚及调控机制的规范性建设的缺乏或不足。

(2) 起草食品管理制度过程中透明度的缺乏或不足(没有整合食品领域的部门,未征求相关食品各部门意见,管理章程主要由政府部门起草)。

(3) 与国际标准不完全一致,食品售后服务及召回制度缺失。

(4) 政府各职能部门职权规定不明确(在某些活动的控制中出现多部门职责重复或缺失)。

联合国工业发展组织(UNIDO)在对非洲25个国家的食品安全体系进行评估时得出了相同的结论(Ouaouich, 2005)。如表8.3所示,在UNIDO的调查中,即使评估结果最好的国家,其食品安全体系也存在一定的缺陷,且这些缺陷会导致所出口的食品配料引发公共安全问题。UNIDO总结了食品安全体系发展中的主要缺陷(见表8.4),而这些缺陷与PAHO/WHO所报道的基本一致。与美洲国家相似,非洲国家也存在食品安全标准与国际标准不符、管理体系混乱、国际食品安全政策缺失等问题。

通常,食品安全专家将导致食品安全事件的原因归于三个主要方面:微生物、化学物质和外源污染物。然而,在食品安全事件爆发原因调查中,食品安全能力

**表 8.3 联合国工业发展组织(UNIDO)对 25 个非洲国家的能力建设评估结果(2005)**

| 国家 | 食品安全政策 | 食品安全信息 | 规章制度 | 食品安全管理 | 审计 | 监测中的科技投入 | 实验室 |
|---|---|---|---|---|---|---|---|
| 塞内加尔 | 3 | 3 | 3 | 3 | 3 | 3 | 3 |
| 毛里塔尼亚 | 2 | 3 | 3 | 2 | 3 | 2 | 3 |
| 几内亚 | 2 | 3 | 2 | 2 | 3 | 1 | 1 |
| 乌干达 | 3 | 3 | 3 | 3 | 3 | 3 | 3 |
| 坦桑尼亚 | 3 | 3 | 3 | 3 | 3 | 3 | 3 |
| 肯尼亚 | 3 | 3 | 3 | 3 | 3 | 3 | |
| 安哥拉 | 2 | 3 | 2 | 2 | 3 | 2 | 2 |

注:表中数据为被调查的 25 个国家中评估结果最好的 7 个国家(3 -满意)。
来源:Ouaouich, 2005。

**表 8.4 UNIDO 在非洲国家调查中的总结**

| 食品安全因素在 UNIDO 项目中出现的频率 | (%) | 受调查国家的执行效力 |
|---|---|---|
| 食品安全政策 | 68 | 少数国家拥有食品安全政策 |
| 食品安全信息/认知度 | 100 | 高度认知及充足的锻炼机会 |
| 立法、规定、标准 | 76 | 50%的国家与国际标准一致<br>25%的国家正在完善其标准<br>25%的国家没有立法行动 |
| 国际食品安全管理框架 | 75 | 各部门之间合作较差<br>7/25 的国家建设有国际管理框架 |
| 监测与审计项目 | 96 | 18/25 的国家具有高强度的监测机构,在过去的 10 年中培养了 750 名监测员 |
| 监督监测中的科技投入 | 88 | 发展水平较低,5/25 的国家具有食品风险评估能力 |
| 实验项目 | 84 | 13/25 的国家具有国际水平的实验室<br>7/25 的国家正在逐步规范<br>5/25 的国家缺乏基础设施及相应职员 |

来源:Ouaouich, 2005。

不足已日益被认为是主要或关键因素。

监管机构及健康管理部门认为,在全球的食品供应国进行能力建设是保证公众健康、保持全球食品供应质量统一的主要因素。

"公众健康全球化"作为一个全新的概念出现在各国制定的政策中。在日益相互依存的世界,这个概念体现了公众健康所面临的威胁,包括食源性的和水源性的疾病。由于食源性疾病和化学污染物是没有地理界限的,而且微生物污染也是不受国家概念的限制,面对出现和反复出现的不规范处理或加工造成的食品安全威胁(部分归咎于食品贸易的全球化),公众会感到恐慌与不安。

## 8.3 多边协议在保障食品安全中的作用

食品安全已成为国际法中日益重要的议题。该议题意义深远,且影响着许多多边机制,如世界卫生组织(WHO)、国际卫生条例(IHR)和世界贸易组织(WTO),与贸易有关的知识产权协定(TRIPS)、卫生和植物检疫(SPS)协议,以及FAO/WHO联合食品法典委员会的食品安全标准[1]。实现与食品供应完整性相关的公共健康目标是全球性的巨大挑战,它超越了单个政府的能力。实现食品安全需要协调一致的全球治理策略。纵观历史,国际法在这一过程中起到了重要的作用,因为许多国家已经在使用跨国条约和公约来解决公共健康问题。

### 8.3.1 食品安全管理和多边协议的历史

1924年的泛美卫生法典是一个很好的多边协议例子[2]。其目的是为了遏止传染病和其他"可能通过国际贸易传播的危险疾病"的蔓延(泛美卫生组织)。值得注意的是,监控和共享流行病学数据是法典条款的重要组成部分。1924年版的卫生法典取代了狭隘的1905年版。1905年版仅规定了针对该地区当时发生的一系列特殊传染性疾病的监控。1951年,这些区域性多边协议的成功,为WHO国际卫生条例(ISR)的采纳搭建了平台。该条例于1969年被更名为国际健康条例(IHRs),并于1973年和1981年分别进行了修订。据WHO,IHRs是专注于全球监测传染病最早的多边监管机制之一。自1997年起,IHRs在法律上对除澳大利亚外所有WHO成员国具有法律约束力。但是,IHRs的效力和影响力颇具争议,在WHO成员国之间也饱受争议。讽刺的是,一个反对IHRs的主要观点竟与报道的监控数据有关。例如,在1994年瘟疫爆发被报道后,印度遭受了近二十亿美元贸易额的损失,这些损失均由其他国家过度强加的禁运所导致。同样,在1997年霍乱被报道之后,一些东非国家的经济由于欧共体对新鲜鱼类的进口禁令而蒙受损失(Aginam, 2002)。另一个IHRs无效的原因是由于法规不灵活、无法适应不断变化的国际贸易和公众健康环境所造成的。无疑,从1981年修改IHRs以来,食品及粮食国际贸易已经改变了很多,带来了其能否有效控制食源性疾病传播的质疑。促进食品安全看似是IHRs的目的,但并不明确。该法规的颁布及随后修订,为霍乱、鼠疫、黄热病以及除霍乱外的非食源或水源性疾病的跨境传播提供了一种控制和共享流行病学信息的机制。

### 8.3.2 WTO的动植物卫生检疫(SPS)协议

1995年WTO的SPS协议涵盖了一些风险控制措施,如对进口农产品的检疫要求。这是为了防止在WTO成员国境内引入可能损害本国产业或自然环境的害虫或疾病。该措施还包括了对进口食品中含有危害公众健康的污染物或添加剂的禁令。SPS协议对成员国为避免造成人类、动物或植物健康风险的法规形成,存在着潜在而广泛的影响。希望通过WTO成员方之间的协调,推动SPS协议,减少其对贸易的影响。

SPS协议第3.1条要求,各成员国SPS协议的制定都必须以相关国际标准、指南和建议为基准,即食品法典委员会(食品安全)、国际兽疫局国际办公室(动物健康)和国际植物保护公约(植物健康)。然而,实现完全一致的SPS协议是不可能的。例如,当一个国际标准未获得一致认可,或某些WTO成员国选择了更严格的规定,那么各成员国的SPS协议就无法统一。SPS协议第3.3条明确允许成员国在有科学依据的情况下采取更严格的国家法规。该协议的两项规定对判定法规是否具有科学依据十分重要。第一个规定是第2.2条,WTO成员国必须基于"科学原理"引入任何SPS协议条款,并确保"在没有足够的科学证据的情况下不对已有的SPS协议条款进行修改"。然而,第2.2条服从于一个例外条款(第5.7条)。该条款允许成员国"在相关的科学证据不足的情况下"和"基于有效相关信息"通过SPS协议条款。

第二个规定是第5.0条,它规定了各成员国有义务保证其SPS协议必须基于"风险评估"。此外,在开展风险评估过程中,各成员必须考虑"有效科学证据"和SPS协议第5.1条规定的国际风险评估技术标准。

虽然SPS协议条款是基于风险分析制定的,但是WTO文件并没有明确提及风险管理。风险分析通常包括:风险评估、风险交流和风险管理。

SPS协议已经引起了WTO成员之间的冲突。发展中国家抱怨,他们实施着比发达国家更繁重的SPS协议。这种差异阻碍了贫困地区的经济发展。SPS协议中标准的提高和条款的增加对发展中国家提出了更高的挑战。例如,如何节约且有效地满足外部监管或供应链的要求?许多发展中国家都在该协议下寻求外部援助,世界银行支持这些技术援助和其他相关措施,而且需求在不断地增加。到目前为止,还没有全面评估这些援助在发展中国家取得的效果、效率及可持续性。

如前所述,因全球食品供应带来的公共卫生问题的监管“能力”,由两个独立且相互关联的要素组成。理想情况下,食品安全法律法规应建立在客观健全的科学基础之上。食品安全能力是一个融合了科学和法律的概念。两者是一个国家保障和维护公众健康能力的基础。而 WTO 的 SPS 协议则处于科学方法和法律体制的交叉点。

### 8.3.3　FAO/WHO 和国际食品法典委员会

1961 年,联合国粮农组织(FAO)第 11 届会议通过决议,成立了国际食品法典委员会。1963 年 5 月,第 16 届世界卫生大会批准设立 FAO/WHO 联合食品标准计划,并通过了国际食品法典委员会的章程。根据国际食品法典委员会文件,该委员会的设立是为了统一标准,以推进公共卫生和保障食品安全贸易。如前所述,WTO 的 SPS 协议特别参照了国际食品法典,并进一步指出,WTO 成员方在制定本国的 SPS 协议时应遵守国际食品法典的指导方针和标准。此外,WTO 已越来越多地使用该法典作为解决食品安全和保护消费者权益争端的国际参考标准。

国际食品法典委员会须遵循以下 5 项指导原则:

(1) 保护消费者的健康,并确保公平的食品贸易。

(2) 促进协调所有国际上政府和非政府组织制定的食品标准。

(3) 在相关组织的帮助下,确定优先事项、发起并指导标准草案的编写。

(4) 根据上述(3)的原则,制定最终标准。政府接受后,将其发表于国际食品法典,作为地区性或全球性的标准,尽可能与第(2)项已定的国际标准结合起来。

(5) 根据标准执行情况调查,修订已公布的标准。

为确保国际食品法典委员会标准的执行,各国需要完善的食品法律、技术能力和管理基础措施。显然,国际食品法典委员会从根本上认识到,那些自愿接受这些指导方针和标准的国家需要同时具备认证和执行能力。多年以来,FAO 和 WHO 为发展中国家提供了援助,使他们能充分受益于国际食品法典委员会的工作。

根据食品法典委员会的规定,对发展中国家的援助包括:

(1) 召开专家会议,包括 FAO/WHO 食品添加剂专家联合委员会(JECFA)和 FAO/WHO 农药残留专家联合委员会(JMPR),以向国际食品法典委员会提供建议。

(2) 建立并加强国家食品控制体系,包括食品法规(法规和条例)和符合国际食品法典委员会的食品标准的制定和修订。

(3) 举办研讨会和培训班,不仅可以传递与食品控制相关的信息、知识和技能,而且可以提高对国际食品法典以及委员会开展活动的认识。

(4) 加强实验室分析和食品检验能力。

(5) 提供多方面的食品安全培训,包括保护消费者健康和确保食品销售过程中的诚信。

(6) 在国际食品法典委员会的不同会议和专题讨论会上递交相关论文,为食品安全条款的制定提供保障。

(7) 拓展直接与国际食品法典相关的指南,如对采用生物技术生产的食品安全进行评估。

(8) 制订、发布与食品质量控制相关的手册及文本,以及为食品质量和安全体系的开发和运行提供建议。

(9) 帮助建立和加强食品控制机构,以及开展必要的技术和管理技能培训,以确保其有效运行。

(10) 制订、发布有关食品检验和质量安全保证的培训手册,尤其是关于HACCP体系在食品加工行业的应用。

自1963年以来,国际食品法典委员会的成员结构发生了显著变化。从图8.1可以看出,来自发展中国家与发达国家的委员数量发生了巨大改变。到1997年,发展中国家的委员人数与发达国家委员人数约3∶1(Codex Commission)。这种趋势有些反常,其原因是较小和欠发达国家较少参与国际标准制定机构,如国际食品法典委员会。这是他们在提高食品安全能力上面临的关键问题。事实上,

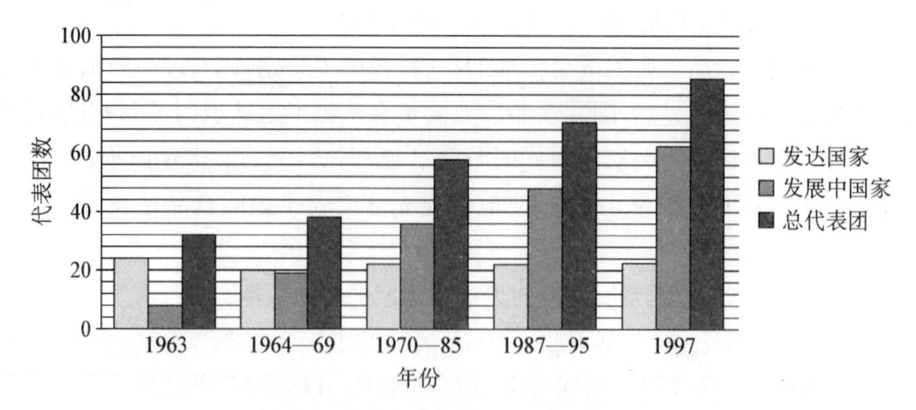


图8.1 国际食品法典委员会代表团成员结构变化(1963—1997)

1963年至1997年,参加国际食品法典委员会的发展中国家与发达国家代表团组成和数量的变化

对于许多贫穷国家,派遣一个代表团参加委员会会议,往往因费用而望而却步。

## 8.4 结论

即使是经济和科技发达的国家,要提高并维持食品安全能力建设也有一定难度。例如,美国,世界上经济最发达的科技强国,也开始了一场食品安全体系现代化改革。在宣布这场现代化改革时,美国总统指出美国每年因食品安全引起疾病的事件已从20世纪90年代的100例上升至2008年的350例。主要由于在食品加工与销售的过程中监管力度不足(Obama, 2009)。奥巴马总统还指出,对食品安全监督机构的投入不足已对公众健康构成了一定的威胁。因此,据报道,美国将投入10亿美元对其食品安全监管体系进行现代化改革。中国在20世纪90年代也经历了类似的问题。那段时间,中国因其较低的成本迅速发展成为全球食品供应商。考虑到国家的国际声誉及未来经济发展,中国部署了一项积极的国家计划,以提高人们对食品安全的认识,并加强其科技能力建设,完善监管框架,限制食源性疾病的暴发。关于该计划的具体经济投入尚不可知,但专家估计在十亿美元左右。

对于渴望加入全球食品贸易的发展中国家来说,这样的巨额投入令人望而生畏[3]。例如,根据美国中央情报局的世界概况统计,2004年,乍得共和国的国内生产总值仅150亿美元。很难想象这样一个拥有1 100万人口的中非国家,会根据其在全球食品供应中的地位相应地投入一定比例资金来监管其食品生产与流通体系。

FAO和WHO的报告指出,发展中国家的食品监管体系差异较大。相对于发达国家来说,发展中国家的食品监管体系在组织、系统和效力方面都有所欠缺。报告同时指出,这些国家的食品安全体系受到各方面的挑战,如人口快速增长,城市化以及环境问题。此外,FAO还提到一个问题,虽然发展中国家的食品安全标准可能已经达到了国际标准,但是,由于相应技术和制度方面的缺失,无法切实保障在实际操作中能够达到这些标准。FAO的结论是,这种情况是由于这些国家缺乏相关科技基础设施,如检测实验室、人力和财力资源、国家立法和监管框架、执法能力、管理和协调。这些结论与PAHO/WHO在美洲进行的食品安全体系评估,以及与UNIDO对25个非洲国家的食品安全评估结果相一致。

全球食品经济与食品生产环境的快速变化已经证明,食品供应链中的所有因素都是相互依存的,同时,这些变化也说明了经济与环境对保证食品安全的重要性。近年来,很多国家相互之间通过协商达成了一系列协议,以控制疾病和病原体的传播。例如,1924 年,美洲国家之间签订了卫生协议,该项协议是研究此类协议成功与否的重要案例。该项协议制定内容过于狭隘、垄断,不能满足科技快速发展的要求。同样,WHO 所制定的国际卫生条例也遇到了同样的问题。这些现象说明了一个问题,即食品供应链中的所有因素,包括食品生产、加工与流通,都与食品安全息息相关。科技以及基于科技的监管部门都应对食品供应的安全负责。此外,为保障食品安全,较之事后的风险应对,事前的风险规避更有效。

食品安全被定义为,"从生物、化学或物理方面保证食品的安全消费,并不会引发对机体伤害,致病与死亡"(Keener, 2004)。各食品供应国在食品安全保障能力、科技与管理水平之间的不平衡对全球食品贸易构成一定威胁。要提高一个国家的科技创新水平,完善其监管体制以保证食品安全,需要极大的经济投入。对于许多发展中国家和欠发达国家,因提高其食品安全保障能力的成本过高,往往难以采取相应举措。而国际贸易数据显示,这些国家在未来食品供应中所占据的份额将会越来越大。

为提高科技水平,完善管理机制,保障食品安全和农业资源的监管力度,发展中国家将需要向西方国家寻求经济援助。要建立一个综合的食品安全监管体系,完善的分析能力至关重要,需要专业技术人才以及相应的仪器设备。如前文所述,在 UNIDO 和 PAHO/WHO 的调查中,许多国家都存在分析能力缺乏的问题。Babu 和 Rhoe (2001)指出了发展中国家在食品安全体系的系统化与现代化过程中所面临的一系列典型问题。根据报告,这些问题包括人力资源缺乏,基础设施建设、人才培养及体系维护等资金匮乏。提高人员的基本实验操作技能,特别是提高微生物检测能力,需耗费巨额资金。同时,还需要专业技术人员的指导。这对于保证公众健康,维护食品全球贸易具有重要的意义。在第 9 章,来自印度中央食品技术研究所(CFTRI)的 M. C. Varadaraj 博士将会提供一种应对分析能力和微生物检测能力建设问题的对策。

## 注　释

1　食品法典委员会,http://www.codexalimentarius.net/web/index_en.jsp.

2　全美卫生组织,公共食品法典 1924, Chapter 1, http://www.paho.org/English/PAHO/code-1999.pdf.

3　中情局实况报告,GDP 和人口数据(2004)。

## 参考文献

[1] Aginam O. International law and communicable diseases [J]. Bulletin of the World Health Organization, 2002,80:946-951.

[2] Babu S, Rhoe V. Food security, regional trade, and food safety in Central Asia—Case studies from Kyrgyz Republic and Kazakhstan [S]. Washington, DC: International Food Policy Research Institute. 2001.

[3] Ballentine C. Cloud over mushrooms [R]. FDA Consumer Magazine, 23. 1989.

[4] Keener L. Nonthermal Processing Technologies and the Global Harmonization Initiative [C], IFT/EFFoST NPD Conference, Cork, Ireland. 2004.

[5] Miranda-da-Cruz S, Schebesta K. Global development of the food industry—Perspective of UNIDO [R]; http://www. futurefood6. com/files/1. Global% 20development% 20of% 20the%20food%20industry. pdf. 2009.

[6] Mishra K K, Dixit S, Purshottam S K, et al. Exposure assessment to Sudan dyes through consumption of artificially coloured chilli powders in India [J]. Int J Food Sci Tech, 2007, 42(11):1363-1366.

[7] Obama B. US President's Statement on Food Safety Modernization March 14. Associated Press International. 2009.

[8] Ouaouich A. A review of the capacity building efforts in developing countries: Case study Africa [C]. Presented at the 6th World Congress on Seafood Safety, Sydney, Australia. 2005.

[9] PAHO/WHO. National Food Safety Systems in the Americas and the Caribbean—A Situation Analysis [R]. http://www. fao. org/docrep/meeting/010/a0394e/A0394E20. htm. 2003.

[10] Thompson R L. World Ag Trade Negotiations: Doha Development Agenda, IFT annual convention [R]. New Orleans, LA, USA; http://ift. confex. com/ift/2005/techprogram/paper_27890. htm. 2005.

[11] UNIDO. Trade Developments in Food and Contributions of Developing Countries [R]. Tapia, M. IFT Presentation 2004, Las Vegas, NV, USA. 1997.

## 补充书目

[1] Berrios M. Participation and civic engagement in poverty reduction strategy [C]; 13th Inter-American Meeting PAHO/WHO Washington DC. 2003.

[2] Food and Agriculture Organization of the United Nations. Improving the effectiveness of national food control systems in the English-speaking Caribbean (PAHO) [C]. FAO/WHO Regional Conference on Food Safety for the Americas and the Caribbean. 2005.

[3] Food and Agriculture Organization of the United Nations. Capacity building on Food Safety in Mongolia [R]. FAO/WHO Global Forum of Food Safety Regulators. 2002.

[4] Tapia M, De Andrade. Global regulatory situation; Case study: Regulatory development in the Americas [C]. IFT Annual Convention, Las Vegas. 2004.

# 第9章　能力建设:增强微生物食品安全分析能力

## 9.1　引言

虽然没有统一的关于食品安全的定义,但是,一般来说,它可理解为“消费某一生物、化学或物理状态的食品,将不存在导致伤害、发病或死亡的风险”。食品安全问题与社会发展、经济发展、生活方式和饮食习惯的变化密切相关(Doores,1999)。随着工作、就业和贸易的全球化,大大增加了人类出游和迁徙的机会。这种生活方式的改变,慢慢促使人们养成了外出就餐的习惯,这便为更省时间的方便食品和加工食品带来了无限的发展机遇(Meng 和 Doyle,2002)。这种改变刺激了国际食品贸易,原材料源自不同地区和国家,并且在不同的工厂加工。食品供应链的全球化加上消费者认知水平的增长,提高了对安全食品供应的要求(Stringer,2005)。

世界卫生组织(WHO)宣布获得营养充足和安全的食物是每个人的权利。世界卫生组织敦促政府卫生机构、整个食品行业和消费者在食品安全领域承担更大的责任。世界卫生大会于2000年5月通过了关于食品安全的决议。这一决议吁请各国通过能力建设项目将保障食品安全作为国家公共卫生的必要功能。这一决议被认为是公共卫生史上一个里程碑,因为这是 WHO 创立50多年来第一次将食品安全作为公共卫生团体的重要目标和必要功能(Miliotis 和 Bier,2003)。在全球范围内,许多监管机构和组织已经与研发机构合作去参与此类项目的实施。

## 9.2　微生物食品安全的重要性

在食品安全范畴内,最重要的目的和作用是微生物食品安全。在20世纪到21世纪更迭之际，微生物已经取代了化学添加物成为引起食物中毒的主要致病因子。由于国际上的一些变化，包括人口爆炸、城市化和生活方式的改变、最少加工即食食品的消费、食品和动物饲料国际贸易、国际旅游和移民、饮用水的短缺等，导致这一情况日趋严峻。食物很容易被微生物污染，并带来一些不良改变，如导致食物腐败和/或具体危害健康。更严重的是，由于潜在致病微生物的存在及其有毒代谢产物的产生导致食物中毒的爆发。已知的食源性病原体包括多细胞动物寄生虫、原生动物、真菌、细菌和病毒等。

了解威胁食品安全的主要细菌种类是能力建设的关键。细菌性食物中毒有两种类型：感染型和中毒型。感染型中毒是由于活体微生物繁殖诱发炎症导致的疾病。在这种情况下，活菌细胞会和食物一起被人体摄入。即使微生物会在胃肠道或其他器官中增殖，导致感染症状所需的剂量还是随微生物种类的不同而有差异。常见导致食源性感染的细菌包括沙门氏菌、痢疾志贺氏菌、空肠弯曲杆菌、产气荚膜梭菌、大肠杆菌、小肠结肠炎耶尔森氏菌、单核细胞增生李斯特菌和副溶血弧菌。中毒型是严格意义上的食物中毒，是由于摄入携带毒素的食物而产生的。常见中毒型细菌包括金黄色葡萄球菌、蜡样芽孢杆菌、肉毒梭菌等。

在大多数食物中毒中，食物只是作为传播工具。食物不仅有利于病原体的生存，也可以作为适宜的培养基供微生物快速增殖和分泌毒素，如产外毒素的微生物。在这个重要时刻，全球面临的挑战在于检测方法的能力建设，这需要大量的智力投入来研发准确和可靠的检测方法来用于具有致病性/毒力细菌种类的检测。

作为基本的步骤，食品微生物学家一直在使用传统的方法分离纯培养物中感兴趣的生物体，并利用预设的生化实验来鉴定这一培养物，包括其致病性/毒性(Mossel, 1986)。所有现行的方法在灵敏性和特异性方面均存在局限性。考虑到不断变化的全球食品安全框架，最理想的分析方法，需具备简单易行、成本低廉、可靠和重复性好等优势，并可以提供实时的结果。微生物的检测(尤其是那些已知的且可危害健康的微生物)主要是针对那些微量微生物的检测；而且，所有检测方法聚焦在通过检测方法可提供有关食品样品安全相关的完整信息。从不断发展的食品链和微生物食品安全的公众意识角度来看，大家都有持续的兴趣来开发用于研究食品中微生物分析的可行的商品化方法。微生物的快速和自动化检测是一个活跃的研究领域，需利用微生物、化学、生化、生物物理、免疫学和血清学等方法来改善临床、食品、工业和环境样品中微生物的分离、早期检测、鉴定和定量。

以下介绍的检测方法主要针对目前四种重要的与食品安全相关的细菌性病原体，包括金黄色葡萄球菌、小肠结肠炎耶尔森氏菌、单核细胞增生李斯特菌和蜡样芽孢杆菌等。

## 9.3 葡萄球菌及其种类

### 9.3.1 特征

葡萄球菌是一种非常重要的生物,因为它能导致人类和动物患上多种疾病或导致感染。它会导致局部支持性皮肤损伤和脓肿,或诸如骨髓炎和心内膜炎的深度感染,或更严重的皮肤感染,如疖病。因为金黄色葡萄球菌(*Staphylococcus aureus*)和表皮葡萄球菌(*Staphylococcus epidermidis*)会对许多抗生素产生耐药性,所以它们是医院病原体的主要类群,会导致外科手术伤口感染及内置医疗器械引起的感染。金黄色葡萄球菌是引起中毒型食物中毒的主要危害因子,它导致食物中毒的主要原因是向食物中分泌肠毒素。腐生葡萄球菌(*Staphylococcus saprophyticus*)会导致尿路感染,而其他葡萄球菌是罕见的病原体。

除解糖葡萄球菌(*Staphylococcus saccharolyticus*)这一真正的厌氧菌外,葡萄球菌都是不运动、不产芽孢、过氧化氢酶阳性的兼性厌氧球菌。在有氧条件下,它生长更迅速、生物量更大,并产生乙偶姻(acetoin)这一葡萄糖代谢的终产物。甘露醇发酵是金黄色葡萄球菌的一大特征。在琼脂平板上菌落表现为光滑、圆形的凸起(Baird-Parker, 1965)。葡萄球菌分泌很多胞外蛋白质,包括金黄色葡萄球菌特征性的酶和毒素,例如溶血素、核酸酶、脂肪酶、凝固酶、葡激酶(纤溶酶)、大量细胞毒素、溶细胞素和肠毒素。分泌热稳定性的核酸酶(耐热核酸酶)(TNase)是金黄色葡萄球菌(*S. aureus*)、中间葡萄球菌(*S. intermedius*)和猪葡萄球菌(*S. hyicus*)的一大特征;肉葡萄球菌(*S. carnosus*)会表现出延迟反应,而表皮葡萄球菌(*S. epidermidis*)、模仿葡萄球菌(*S. simulans*)和猪葡萄球菌产色亚种(*S. hyicus* subsp. *Chromogenes*)则为阴性到弱阳性反应(Genigeorgis, 1989)。

检测食物中的葡萄球菌及其肠毒素当然是我们首要关心的问题。灵敏度差的检测方法往往成为准确报告食品安全检测结果的瓶颈。灵敏度差与食品材料的复杂性相关,其中有许多食品组分会干扰影响某一方法的检测结果。然而,多年来,为提高检测灵敏度、特异性和检测速度所做的努力已经使其有了很大的改善。

### 9.3.2 检测方法

早期研究工作者用类似猴子和小猫的生物,通过系统喂饲试验确定葡萄球菌的肠毒素,并提供了一种检测未知肠毒素的方法。然而,这些方法是不可靠的,无法区分毒素的类型,而且处理动物也很麻烦。最早的基于血清学/免疫学原理的检测方法是微载玻片法(micro-ouchtulony,载玻片测试),这是 AOAC 批准的方法,被 FDA 用于肠毒素的检测。由于该方法可以有效地检测到食品中提取到的少量肠毒素(0.1～0.2 g),而得到了广泛的应用(Casman 和 Bennett, 1965)。Reiser、Conaway 和 Bergdoll (1974)改良了实验步骤,能够在 1～3 天内检测到食品提取物中 0.05 g/mL 的肠毒素。微载玻片法的缺点如耗时、灵敏度差等被其他方法如 Laurell 的电免疫扩散法(Gasper, Heimsch 和 Anderson, 1973)克服了,但是灵敏度仍然不能满足需求。

一些血清学方法如反向被动血凝试验(RPHA)和固相放射免疫检测(RIA)也在适时改进。这些方法能够检测 1.5 ng/mL 的肠毒素(Bergdoll, Reiser 和 Spintz, 1976)。用于肠毒素检测和分型的酶免疫测定法(EIA),尤其是酶联免疫吸附试验(ELISA)和反向被动乳胶凝集试验(RPLA),逐渐成为最灵敏的检测方法(Baird-Parker, 2000)。一种酶联免疫过滤试验(ELIFA)能够在 1 小时内检测人工添加在牛奶样品中低至 1 ng/mL 的葡萄球菌肠毒素 B (Valdivieso-Garcia et al., 1996)。RPLA 方法使用纯化的抗葡萄球菌肠毒素的免疫球蛋白来提高乳胶粒的灵敏度,能够与同源的肠毒素发生凝集反应。尽管偶尔会出现非特异性反应的报道,但是这种方法简单、易于操作(Marin, Rosa 和 Cornejo, 1992)。

Freed、Evenson、Reiser 和 Bergdoll (1982)开发了一种基于 ELISA 原理的检测葡萄球菌肠毒素的方法。ELISA 已被证明是一种出色的免疫检测体系,具备很高的灵敏度和特异性。一种使用单克隆抗体的间接双夹心 ELISA 法被应用到食品样品中肠毒素 A、B、C1 和 D 的检测(Lapeyre, Janin 和 Kaveri, 1988)。然而,ELISA 法的一个缺陷是它无法识别和鉴定可与抗体发生免疫反应且给出阳性信号的抗原。食物的多样性和复杂性决定了,即便通过适当的控制,也很难排除抗体与食物基质的交叉反应。这促进了基于核酸的检测系统的发展,该系统克服了通常在其他检测方法中遇到的问题,因而成为一种极佳的替代方法。这些技术是至关重要的,因为它们快速、灵敏和特异,使其成为记录食源性疾病暴发的一个不错选择(Hill 和 Keasler, 1991)。以核酸探针为基础的检测方法已开发出来用于食源性致病菌的检测和定量。几种应用 DNA 探针的试剂盒已经商业化(Jones, 1991)。涉及聚合酶链反应(PCR)的方法已被证明是最有前景的微生物快速检测方法。下面将详细介绍这些方法在食品中葡萄球菌及其肠毒素检测方面的应用。

9.3.2.1 核酸探针

理想的探针是一种单链的寡核酸分子，且只与检测靶标杂交。探针可以是DNA或RNA。迄今为止，大部分方法都使用DNA探针(Wolcott, 1991)。为了检测杂交的发生与否，DNA片段必须加以标记。这种标记可以是放射性同位素也可以是某一化学组分。由于放射性同位素处理的问题，使得放射性标记使用较少。非同位素标记的出现，像一些高效的化学物质如地高辛、呋喃香豆素等促进了DNA探针这一诊断工具的应用。探针可以从限制性内切酶处理的基因组DNA片段中筛选，也可以使用已知功能基因或毒力基因的特异序列。

DNA探针检测通常采用两相DNA杂交模式。点杂交模式需要将包含目的片段的粗提或纯化DNA固定在硝酸纤维素膜或尼龙膜上。菌落杂交法是将平板中细菌细胞转板影印到硝酸纤维素膜或尼龙膜上(Swaminathan 和 Feng, 1994)。Wilson等(1994)发明的非同位素DNA杂交法是用地高辛标记的总基因组DNA探针来鉴定金黄色葡萄球菌。GENE-TRAK™和AccuProbe (GEN-PROBE) DNA探针检测体系也可用来检测金黄色葡萄球菌。GENE-TRAK检测是利用半定量试纸条，基于比色法测定金黄色葡萄球菌。

9.3.2.2 聚合酶链反应

在商业化的检测系统中，DNA探针法无法占据主导地位。然而，其基本原理已被利用在许多新技术上(Feng, 2001)。聚合酶链反应(PCR)技术已用于许多食物样本的检测，并证实是最有前景的快速微生物检测和鉴定方法。该方法是利用一对特异的引物和热稳定性的DNA聚合酶来实现目标核酸序列的酶法扩增(Lantz, Hahn-Hägerdal 和 Radstrom, 1994)。已经开发出各种方法在单一PCR反应中检测单个或多个基因。肠毒素A-K的编码基因序列的公布使PCR方法检测产肠毒素的葡萄球菌成为可能。Jones 和 Khan (1986)完成了第一个肠毒素B基因的完整核苷酸序列测序后，许多研究人员开始做类似的工作，陆续完成了葡萄球菌肠毒素A、C、D、E、G、H、I、J和K的编码基因测序，并公布在公共数据库中。

作为一种提高检测灵敏度的手段，Wilson、Cooper 和 Gilmour (1991)采用了嵌套PCR方法，利用内部引物来扩增特定基因。以 *nuc*、*entB* 和 *entC* 基因的嵌套引物可检测1 fg纯化的金黄色葡萄球菌DNA，而采用单一引物时，检测灵敏度只能达到100 pg。当用这个体系用于脱脂牛奶检测时，灵敏度会降低，这可能是牛奶中存在某些PCR抑制剂的缘故。这一灵敏度的问题由 Tsen 和 Chen (1992)解决了，他们使用针对肠毒素A、D或E的编码基因引物，从各种自然污染的食物样本(如牛肉、猪肉、鸡肉和鱼)中检出了污染水平在 $10^0 \sim 10^1$ cfu/g 的产肠毒素葡萄球菌。同一研究小组(Tsen, Chen 和 Yu, 1994)还开发了一种 PCR 方法直接检测食物中产肠毒素的金黄色葡萄球菌,不需要经过前增菌就可以达到100 cfu/g 食品样品的灵敏度。

Khan 等(1998)开发了一种针对金黄色葡萄球菌耐热核酸酶编码基因 *nuc* 的 PCR 方法。采用改良的快速煮沸法直接从人工污染牛奶样品中提取细菌 DNA,灵敏度可达到 100%。*nuc* 基因已被微生物学家作为一个分类标记来区分食物和临床样本中的金黄色葡萄球菌(Kim et al., 2001)。PCR 方法在临床微生物学上得到了广泛应用。目前耐甲氧西林金黄色葡萄球菌(MRSA)临床分离株的检测,通常采用甲氧西林酶基因 *mec* 作为检测靶点(Mehrotra, Wang 和 Johnson, 2000)。单重 PCR 反应的主要缺点是需要通过一系列独立的反应来鉴别识别单个基因或一组基因,而多重 PCR 的优点是能够在一个反应中同时检测和鉴别多个基因。在多重 PCR 中,同一个反应会使用对不同的 DNA 片段特异的多对引物,使多个目标序列得到扩增。多重 PCR 反应中使用的引物应该具有相似的退火温度或 $T_m$。多重 PCR 优于常规 PCR 之处在于其相对于多管单重 PCR 反应检测成本更低,花费的准备时间和结果分析时间更少(Phuektes, Mansell 和 Browning, 2001)。PCR 反应的灵敏度取决于模板 DNA 的质量。金黄色葡萄球菌 DNA 的提取通常因需要经过酶法处理而变成一个漫长而艰巨的任务。很多研究人员已经简化了食物样本中金黄色葡萄球菌 DNA 的分离方法,以克服抑制剂的干扰,提高检测的灵敏度(Tamarapu, McKillip 和 Drake, 2001; Ramesh, Padmapriya, Chandrashekar 和 Varadaraj, 2002)。

PCR - ELISA 是一种有效的定量检测方法。它结合 PCR 技术,将 ELISA 作为 PCR 后的分析手段。该检测方法利用内部生物素标记的探针来捕获 PCR 扩增的毒素基因,通过酶法放大比色检测系统中产生的可量化的信号。PCR - ELISA,有时被称为酶联寡核苷酸吸附试验(ELOSA),研究者很少使用该方法来检测金黄色葡萄球菌及其肠毒素(Gilligan et al., 2000)。在许多有关 PCR - ELISA 的报道中,主要用来定量检测食物和水系统中的诸如大肠杆菌、空肠弯曲杆菌、单核细胞增生李斯特菌、链球菌等致病菌(Daly, Collier 和 Doyle, 2002; Ge, Zhao, Hall 和 Meng, 2002; Sails et al., 2002)。当采用 PCR - ELISA 时 PCR 检测的灵敏度得到了提高。

许多研究人员采用实时 PCR 和双探针分析来鉴定和区分细菌种类(Logan, Edwards, Saunders 和 Stanley, 2001; Vishnubhatla et al., 2001)。金黄色葡萄

球菌及其肠毒素的快速定量方法包括 MPN - PCR 和 PCR - ELISA 等。然而,这些方法都是耗时费力的。另一种可替代的快速检测方法是实时定量 PCR (RTQ - PCR),它可准确量化 DNA,从而有可能对微生物细胞进行定量。该系统结合了基因扩增仪和荧光探测器来实现 PCR 的快速循环。Hein 等(2001)使用两种不同的方法基于 RTQ - PCR 定量检测奶酪中污染的金黄色葡萄球菌的 *nuc* 基因,第一种方法是通过使用双链 DNA 结合的荧光探针——TaqMan 探针,另一种方法是采用 SYBR Green I 的荧光染料嵌入法。定量结果证明 SYBR Green I 法(60 nuc 基因拷贝/μl)不如 TaqMan 探针法(6 nuc 基因拷贝/μl)灵敏。

9.3.2.3 分子分型

金黄色葡萄球菌等葡萄球菌的种内鉴别对于食源性疾病暴发的流行病学调查是至关重要的。现在有各种葡萄球菌分型方法可用,包括噬菌体分型、核糖体分型、质粒图谱比较、限制性片段长度多态性(RFLP)、DNA 随机扩增多态性(RAPD)和脉冲场凝胶电泳(PFGE)等。这些方法都是基于这样一个前提:同一克隆系所具备的生物特征可以使之与其不相关的生物体区分开来(Fueyo, Martin, Gonz'alez-Hevia 和 Mendoza, 2001)。

脉冲场凝胶电泳已被众多科研工作者证明是最方便的鉴别工具,不仅可以用于菌种鉴定,还可以解析临床和食品来源金黄色葡萄球菌不同克隆系之间的关系(Shimizu et al., 2000)。PFGE 检测结果显示:在中国和日本发生由金黄色葡萄球菌引发的食物中毒爆发事件是由凝固酶 VII 型和肠毒素 A 型葡萄球菌引起的。在这两个案例中,染色体 DNA 被 *Sma* I 酶解后显现了金黄色葡萄球菌菌株的特征及其遗传多样性,这可能与其地理分布和菌株来源相关(Shimizu et al., 2000)。另外,结合 PCR 的 RFLP 技术也已经用于葡萄球菌物种的鉴定(Yugueros et al., 2001)。

9.3.2.4 微阵列或生物芯片

DNA 芯片为很多基因及其表达水平的平行分析提供了强大的工具(Cho 和 Tiedje, 2002)。在一项研究中,DNA 芯片用来鉴别葡萄球菌的种类和甲氧西林耐药性。这一芯片可用于鉴别葡萄球菌属的细菌,该方法所涉及的 5 条选择性捕获探针可同时识别 5 种临床上很重要的葡萄球菌(金黄色葡萄球菌、表皮葡萄球菌、溶血葡萄球菌、人葡萄球菌和腐生葡萄球菌),还包括一个葡萄球菌属中保守的 *femA* 基因序列的捕获探针。杂交和鉴定过程在不到 2 个小时内完成。这些结果有助于我们理解低密度基因芯片的应用,一个强大的 PCR 后多基因型分析可以与常规细菌鉴定媲美(Hamels et al., 2001)。

## 9.4 小肠结肠炎耶尔森氏菌

### 9.4.1 特征

耶尔森氏菌属由 11 个种构成,其中包括小肠结肠炎耶尔森氏菌(*Yersinia enterocolitica*)、鼠疫耶尔森氏菌(*Yersinia pestis*)和假结核耶尔森氏菌(*Yersinia pseudotuberculosis*)在内的 3 种菌是可以引起人类疾病的,剩下的 8 个种,包括弗氏耶尔森氏菌(*Y. frederiksenii*)、中间耶尔森氏菌(*Y. intermedia*)、克氏耶尔森氏菌(*Y. kristensenii*)、伯氏耶尔森氏菌(*Y. bercovieri*)、莫氏耶尔森氏菌(*Y. mollaretii*)、啮齿耶尔森氏菌(*Y. rohdei*)、鲁氏耶尔森氏菌(*Y. ruckeri*)和阿氏耶尔森氏菌(*Y. aldovae*),虽然是不同的种,有时也被称为类小肠结肠炎耶尔森氏菌。它们没有像小肠结肠炎耶尔森氏菌、鼠疫耶尔森氏菌和假结核耶尔森氏菌那样得到较多的研究,因而尚未明确证明可导致人类疾病(Sulakvelidze, 2000)。小肠结肠炎耶尔森氏菌是一种革兰氏阴性菌,无芽孢,无荚膜,氧化酶阴性,过氧化氢酶阳性,能还原硝酸盐,兼性厌氧,呈杆状(偶呈球状)。该菌属尿素酶阳性,与其他耶尔森氏菌不同的是,可特征性的发酵蔗糖,对鼠李糖和蜜二糖发酵呈阴性(Bercovier & Mollaret, 1984)。

致病性小肠结肠炎耶尔森氏菌可以通过特定的生化实验来鉴别,如吡嗪酰胺酶活性测定(Kandolo 和 Wauters, 1985)、自凝试验(Gemski, Lazere 和 Casey, 1980)、结晶紫染色(Bhaduri, Conway 和 Chica, 1987)、钙依赖性试验(Salamah, 1990)、刚果红染色(Prpic, Robins-Browne 和 Davey, 1983)、水杨苷发酵-七叶苷水解和 D-木糖发酵试验(Farmer, Carter 和 Miller, 1992)等。人类是通过摄入被活菌污染的食物和水或通过直接输血感染小肠结肠炎耶尔森氏菌的(Bottone, 1997)。在肠道中,小肠结肠炎耶尔森氏菌可引起急性肠炎(特别是儿童)、小肠结肠炎、肠系膜淋巴结炎和回肠末端炎。通过临床表现症状才能得知感染了致病性小肠结肠炎耶尔森氏菌,但是致病菌必须动用一系列功能因子才能成功跨越病灶而感染人类。

小肠结肠炎耶尔森氏菌是一种侵入性肠病原体,但有趣的是,并非所有菌株都是有致病性的;其致病性是由染色体和一个 70 kb 的毒性大质粒(pYV)编码的毒力因子所决定的。这些毒力因子在黏附、侵袭和定殖肠上皮细胞和淋巴结;巨噬细胞内生长和存活、杀死中性粒细胞和巨噬细胞、赋予血清抗性等方面是必需的(Bottone, 1997)。

小肠结肠炎耶尔森氏菌的致病性等可以通过动物实验来测试，比如豚鼠角结膜炎模型(Sereny 测试)、乳鼠试验、小鼠腹腔注射测试和鼠口服后腹泻和脾感染测试(Aulisio et al.，1983；Feng 和 Weagant，1994)等。通过口服或腹腔注射导致小鼠感染小肠结肠炎耶尔森氏菌欧洲血清型后，小鼠会产生腹泻；而毒性更强的美洲血清型菌株则会出现小鼠死亡(Feng 和 Weagant，1994)。然而，由于动物实验往往成本高昂，再加上公众的日益反对，所以渐渐被其他测试方法取代了。

免疫学方法主要是凝集试验和免疫分析也用于小肠结肠炎耶尔森氏菌的检测(Feng 和 Weagant，1994)。Sory 等(1990)开发出一种利用由 pYV 编码的外膜蛋白 P1 的兔多克隆抗血清检测致病性小肠结肠炎耶尔森氏菌(O:3，O:5，27，O:8 和 O:9)的方法。商业化的检测小肠结肠炎耶尔森氏菌 O:3 和 O:9 抗血清的试剂盒一般采用乳胶玻片凝集和管凝集法。免疫分析像表面黏附免疫荧光(SAIF)、酶免疫测定(EIA)和酶联免疫吸附试验(ELISA)技术也用于小肠结肠炎耶尔森氏菌的检测。SAIF 已被用于检测肉汤和富集的肉培养物中的小肠结肠炎耶尔森氏菌。EIA 检测需要用到耶尔森氏菌与免疫球蛋白(Ig)的复合物。不过，免疫印迹和 ELISA 法是以耶尔森氏菌的外膜蛋白(yops)作为检测靶标的，比其他血清学测试更灵敏和特异(Ramesh，Padmapriya，Bharathi 和 Varadaraj，2003)。

### 9.4.2 核酸检测方法

#### 9.4.2.1 DNA 杂交法

几种针对小肠结肠炎耶尔森氏菌毒力相关基因的 DNA 探针已开发出来。这样的基因探针可用于菌落杂交或点杂交来直接检测小肠结肠炎耶尔森氏菌。菌落杂交不需要增菌或分离纯培养物，能够完成所有致病性血清型的快速检测和计数。小肠结肠炎耶尔森氏菌的 GENE - TRAK 比色杂交法是利用特异的 16S rRNA 标签序列探针进行检测。这种检测方法方便、快捷，但不能够鉴别菌株是否具有致病性(Ramesh et al.，2003)。Weagant 等(1999)使用地高辛标记的 *virF* 和 *yadA* 基因的 PCR 扩增产物来检测人工污染豆腐和巧克力牛奶样品中的致病性小肠结肠炎耶尔森氏菌。以染色体编码的毒力因子，如黏附侵袭位点(*ail*)，侵袭基因(*inv*)和热稳定性肠毒素基因(*yst*)为检测对象的探针也已开发出来。*inv* 基因存在于所有耶尔森氏菌，而 *ail* 基因只存在于致病性小肠结肠炎耶尔森氏菌。在此基础上，Goverde 等(1993)开发了一种非放射性菌落杂交方法，使用地高辛标记的 *inv* 和 *ail* 探针检测和鉴别致病性和非致病性的小肠结肠炎耶尔森氏菌菌株。

9.4.2.2 PCR法

PCR是一种快速的选择性检测工具,可用于检测临床、食品和环境样品中的病原体,因为它所满足特异和灵敏的检测准则。与其他方法相比,它能更快地检测病原的致病性。人们已经设计了不同的PCR方法来检测纯培养物或自然样本中的致病性小肠结肠炎耶尔森氏菌。针对染色体毒力基因的PCR方法已经开发出来,这是因为小肠结肠炎耶尔森氏菌在传代培养过程中会出现质粒丢失的现象(Blais & Phillippe, 1995)。

尽管PCR方法在纯培养物的检测上,能够做到可靠和灵敏,但是在应用到更复杂的食物和临床样品时其检测效率会显著降低。这主要是由于这样的样品中存在潜在的抑制剂或高水平的背景杂菌(Ramesh et al., 2003)。在这类样品中,蛋白酶、胆汁和血红素是重要的PCR抑制剂(Rossen, Nørskov, Holmstrøm 和 Rasmussen, 1992)。因此,需要充分的样品前处理来消除这些抑制剂或富集目标细胞以便获得令人满意的检测结果。几种富集和分离自然样品中小肠结肠炎耶尔森氏菌的方法,包括增菌、稀释、过滤、离心、吸附和浮选等。在PCR检测前,对样品进行增菌或选择性增菌的方法已经得到了应用(Jourdan, Johnson 和 Wesley, 2000; Boyapalle, Wesley, Hurd 和 Reddy, 2001)。

DNA提取一般通过裂解细胞壁释放DNA或使用更费力的DNA纯化步骤来完成。PCR检测之前,经常通过加热来破碎微生物的细胞壁、灭活不耐热的PCR抑制剂。然而,当检测自然样品时,仅仅热处理对小肠结肠炎耶尔森氏菌是不够的(Fredriksson-Ahomaa 和 Korkeala, 2003)。在热裂解法获取小肠结肠炎耶尔森氏菌DNA之前需用蛋白酶K处理,获得的模板可用于PCR方法直接检测自然样品中小肠结肠炎耶尔森氏菌(Simonova, Vazlerova 和 Steinhauserova, 2007)。传统酚/氯仿提取、乙醇沉淀的DNA纯化方法可用于直接检测自然样品中的小肠结肠炎耶尔森氏菌的PCR检测(Özbas, Lehner 和 Wagner, 2000; Simonova et al., 2007)。

PCR产物的检测涉及琼脂糖凝胶电泳和溴化乙啶染色。这种方法能够判断产物的大小和数量,还能粗略估算产物浓度。然而,这种方法并不能确保PCR引物扩增的产物是否具有正确的序列。另外,溴化乙啶是诱变剂,可能不适合在食品监测实验室常规使用。为了克服这些问题,Rasmussen、Rasmussen、Christensen 和 Olsen (1995)发明了可用于小肠结肠炎耶尔森氏菌基因扩增产物杂交的寡核苷酸固定微孔板和荧光检测法。开发的5′核酸酶PCR (TaqMan)分析法可供选择以解决凝胶电泳的问题。该方法利用Taq DNA聚合酶的5′-3′核酸酶外切活性来释放与目标基因片段杂交的探针(带有荧光报告染料和淬灭剂)。当探针与目标基因杂交时，报告染料被切下来，从而发出荧光信号，达到实时检测的效果(Vishnubhatla et al.，2000；Boyapalle et al.，2001)。

Myers、Gaba和Al-Khaldi (2006)基于4种毒力基因开发出一种DNA微阵列芯片；该方法以所有的革兰氏阴性菌中(包括耶尔森氏菌在内)保守的16S核糖体DNA片段作为阳控，对22株小肠结肠炎耶尔森氏菌分离株进行检测。DNA微阵列芯片法可特异性地对小肠结肠炎耶尔森氏菌进行基因分型。该基因芯片法用于检测并验证牛奶样品中的小肠结肠炎耶尔森氏菌，其检出限达到1 000 cfu/反应。

## 9.5 单核细胞增生李斯特菌

李斯特菌属是革兰氏阳性、微好氧、不形成芽孢的杆菌。过去25年关于李斯特菌的调查和研究结果使这一细菌成为最值得研究的革兰氏阳性菌。目前已知李斯特菌有6个种：单核细胞增生李斯特菌(*Listeria monocytogenes*)、英诺克李斯特菌(*Listeria innocua*)、塞氏李斯特氏菌(*Listeria seeligeri*)、威氏李斯特菌(*Listeria welshimeri*)、伊氏李斯特氏菌(*Listeria ivanovii*)和格氏李斯特菌(*Listeria grayi*)。直到20世纪80年代，作为“李氏杆菌病”的病原——单核细胞增生李斯特菌逐渐成为食品安全的主要问题，这一细菌迅速成为关注的焦点，其发展速度是其他食源性致病菌无法比拟的。

### 9.5.1 传统分离方法

从食品和其他环境样品中分离包括单核细胞增生李斯特菌在内的李斯特菌属菌株，是微生物学家一项具有挑战性的任务。从人工接种或自然污染的食品中检测、分离和鉴定李斯特菌或修复亚致死损伤的李斯特菌相当具有挑战性和趣味性。直接涂板、冷冻富集、选择性增菌和几种快速方法单独使用或以不同的组合方式来检测食品、临床和环境样品中的单核细胞增生李斯特菌。早期试图从含有大量土著微生物菌群的样品中分离少量的李斯特菌主要依靠直接涂板，并经常以失败告终。

检测李斯特菌传统培养法一般由前增菌、选择性增菌和涂板以及随后的菌落形态观察、糖发酵试验和溶血试验来鉴别不同种类的李斯特菌(Janzten et al.，2006)。即使在今天，这些方法也是灵敏的，并被视为“金标准”。然而，从样品分析开始到确认阳性结果所需的时间通常是5～7天(Paoli，Bhunia和Bayles，2005)。大量的其他竞争性细菌、少量目标菌和食品中的抑制成分等因素都妨碍了单核细胞增生李斯特菌的检测(Janzten et al.，2006)。

在此背景下,近几年又开发出几种食品中单核细胞增生李斯特菌的高效分离方法。基于抗体或分子技术(DNA 杂交和 PCR)的其他高效检测方法也已开发出来,它们都同样地灵敏和快速,能够在 48 小时内给予确证的阳性结果。实时定量 PCR 方法正越来越多地用于食品中单核细胞增生李斯特菌的检测诊断。此外,芯片和生物传感器技术也用于检测食品中的李斯特菌。

Gray 发明的冷增菌技术需要把样品用胰蛋白胨肉汤均质,然后在 3 个月储存时间内,4℃培养,每周或每两周涂一次胰蛋白胨琼脂平板。这是检测单核细胞增生李斯特菌的一种标准方法,经过长时间的 4℃培养,即使在其他杂菌存在的情况下,李斯特菌也可得到修复并增殖成为优势菌群。通常,紧随冷增菌之后的是选择性增菌,在升高的温度下(30～37℃)使用选择性或抑制性试剂,这样可选择性地抑制其他微生物的生长,同时允许李斯特菌的生长。选择性试剂包括化学品、抗生素和染料,这可以抑制土著微生物的生长,让单核细胞增生李斯特菌生长。所使用的各种选择性试剂及其功能如表 9.1 所示。

**表 9.1　分离李斯特菌用到的选择性试剂**

| 选择性/抗菌性试剂 | 浓度/mg/l | 用　途 | 参考文献 |
|---|---|---|---|
| 亚碲酸钾 | 5～15 | 李斯特菌将亚碲酸还原成碲而生成黑色菌落 | Gray, Stafseth, and Thorp (1950) |
| 氯化锂/苯乙醇 | 0.5 mg/1～15 g/l | 抑制革兰氏阴性菌,增殖李斯特菌 | Hao, Beuchat, and Brackett (1989) |
| 萘啶酸 | 20～40 | 通过干扰 DNA 旋转酶来抑制除假单胞菌和变形杆菌外的革兰氏阴性菌 | Farber, Sanders, and Speirs (1988); Ortel (1972) |
| 吖啶黄(吖啶染料) | 5～25 | 抑制包括保加利亚乳杆菌和嗜热链球菌在内的革兰氏阳性菌 | Ralovich et al. (1971); Ortel (1972) |
| 多黏菌素 B | $1\sim10^6$ U | 抑制革兰氏阴性菌和链球菌 | Doyle and Schoeni (1986); Rodriguez, Fernandez, and Garayzabal et al. (1984). |
| 拉氧头孢 | 20 | 广谱抗生素,可抑制多种革兰氏阳性菌和阴性菌,包括葡萄球菌、变形杆菌和假单胞菌 | Lee and McClain (1986) |
| 头孢他啶 | 4～50 | 广谱头孢类抗生素 | Lovet et al. (1987); Lovet (1988) |
| 放线菌酮 | 50 | 抑制真菌 | Curtis et al. (1989b) |

这里将简单介绍一些获取单核细胞增生李斯特菌的选择性增菌肉汤和分离培养基。FDA 和 USDA－FSIS 推荐用佛蒙特大学(UVM)研究的选择性肉汤对食物样品进行增菌;随后,在这个培养基的基础上人们做了一些改进。Donnelly 和 Baigent (1986)改进后的培养基被命名为李斯特菌增菌肉汤(LEB),可用于选择性地富集原料奶中的单核细胞增生李斯特菌。Fraser 肉汤(Fraser 和 Sperber, 1988)是一种改进的 UVM 肉汤,其中李斯特菌的培养物可在 48 小时培养过程中由于七叶苷水解而使肉汤变黑。现在这种培养基已经被 USDA 推荐,取代了 LEB,作为肉类、家禽和环境样品的二次增菌培养基(USDA/FSIS, 2002)。与 USDA－LEB 培养基以及 Beckers、Soentoro 和 Asc (1987)发明的胰蛋白胨肉汤加抗生素培养基相比,van Netten 等(1989)发明的 PALCAM 增菌肉汤从自然污染的奶酪、肉、发酵香肠、生鸡肉和香肠中检测单核细胞增生李斯特菌的效果更好。

McBride 李斯特菌琼脂(MLA)是第一种广泛用于选择性分离单核细胞增生李斯特菌的平板培养基。它是 McBride 和 Girard (1960)发明的,是在苯乙醇琼脂中加入氯化锂、甘氨酸和绵羊血。随后,这种培养基经多次改进,在侧光下可看到平板上蓝色或蓝绿色的李斯特菌菌落(Lovett, Francis 和 Hunt, 1987)。氯化锂-苯乙醇-拉氧头孢(LPM)琼脂是由 Lee 和 McClain (1986)改进的一种 MLA 培养基。这种 LPM 培养基加上七叶苷和三价铁离子已被 FDA 采纳为选择性琼脂。Curtis、Mitchell、King 和 Griffen (1989a)发明的 Oxford 琼脂去掉了侧面照明步骤。改良 Oxford 琼脂(MOXA)加入了拉氧头孢,成为 USDA－FSIS 推荐的选择性平板培养基。Oxford 琼脂是 FDA 推荐的选择性增菌培养基之一(Carnevale 和 Johnston, 1989)。

PALCAM(多粘菌素-吖啶黄-氯化锂-头孢他啶-七叶苷-甘露醇)琼脂是一种用于初次或二次增菌后的选择性平板培养基。PALCAM 琼脂板在 30℃微好氧条件下(5%氧气, 7.5%二氧化碳, 7.5%氢气, 80%氮气)培养 48 小时,长出的李斯特菌菌落呈灰绿色,中心带有黑色的凹陷。PALCAM 培养基以及 L－PALCAMY 增菌肉汤是荷兰政府食品检验局(NGFIS)用于分离和检测李斯特菌的基础方法。Gunasinghe、Henderson 和 Rutter (1994)比较了两种培养基(PALCAM 和 Oxford)在检测肉类产品中李斯特菌的表现,结果发现 PALCAM 能更有效地抑制背景中的其他微生物菌群,因而在这种培养基中李斯特菌的分离和鉴定更加容易。

从上述几种增菌肉汤和选择性分离琼脂培养基中,人们通过比较研究,已经挑选出了效率最高的几种。那些被推荐的培养基已经在全球食品行业得到了广泛的应用,即便它们是灵敏和可靠的,也要在5～6天内才能得到检测结果,非常耗时。在这些检测过程中,常常会遇到无法从所有阳性样品中分离出李斯特菌或无法修复食品加工导致亚致死损伤细胞的现象。

国际标准化组织(1996, 1998)建立的ISO 11290方法使用Frazer肉汤分两步进行增菌,李斯特菌的存在会使培养基变黑。初次和二次增菌的样品被分别涂布在Oxford和PALCAM琼脂平板上来检测单核细胞增生李斯特菌。FDA的方法只有一次增菌步骤,最初是由Lovett (1988)发明的,常用来分离和检测牛奶和奶制品(特别是冰淇淋和奶酪)、海产品和蔬菜中的单核细胞增生李斯特菌。具体操作为25 g食品样品在缓冲李斯特菌增菌肉汤(BLEB)中30℃增菌4小时。经过4个小时无选择性的增菌后,添加选择性试剂(吖啶黄、添加或不添加放线菌酮的萘啶酸),再选择性增菌培养48小时。增菌后的样品被涂布在含有七叶苷的选择性琼脂上,诸如OXA、MOXA、PALCAM或LPM。平板在30～35℃继续培养24～48小时以形成李斯特菌菌落。

国际乳品联合会(IDF)建立了一种从乳制品中分离单核细胞增生李斯特菌的参考方法(Terplan, 1988)。目前国际分析协会(AOAC)批准的IDF方法类似于FDA方法(AOAC, 1996)。经过增菌的样品涂布在Oxford琼脂上,疑似菌落再用其他确证试验来证实。此方法需要至少4天获得结果,通常被欧洲国家用来检测乳制品中的李斯特菌。由美国农业部食品安全检验局(USDA-FSIS)建立的USDA-FSIS方法用于分离肉类、家禽以及环境样品中的李斯特菌(USDA-FSIS, 2002)。它包括一个两步增菌步骤,增菌的样品涂布到MOXA平板上,出现黑色疑似的李斯特菌菌落,然后再用生化试验来进一步证实,如溶血试验、磷脂酶C产生试验、糖发酵试验、侧面照明试验和显色底物培养试验等。当然,灵敏和快速也是检测和分离食品中单核细胞增生李斯特菌时关注的焦点,为努力实现这一目标,相关的免疫学方法和核酸方法已建立起来。

### 9.5.2 免疫学检测方法

这些方法都是基于李斯特菌特异的抗体,它在宿主防御机制中起着重要的作用。某些抗体的独特之处在于能够与活细胞表面的抗原表位结合。针对表面抗原的抗体不需要渗透到细胞内来接触靶标,使它们更适合检测活细胞。ELISA是最常见的用于食品中病原体检测的免疫方法。Ky等(2004)已经开发出针对*iap*基因编码的p60蛋白的单克隆抗体,用于单核细胞增生李斯特菌的检测。几种商品化食源性单核细胞增生李斯特菌的检测试剂盒,如Diffchamb AB公司的

Transia®单核细胞增生李斯特菌平板和 bioMérieux 公司的 VIDAS® LMO 都是基于 ELISA 技术开发出来的(Hitchins, 2003)。基于免疫磁珠分离的免疫捕获技术是另一种免疫学检测技术,包覆特定抗体的磁珠用来从其他竞争微生物菌群和抑制性食品组分中分离目标生物体,这一方法已用于直接从食物和环境样品中捕获和富集李斯特菌(Mitchell et al., 1994; Hudson, Lake 和 Savill, 2001)。

### 9.5.3 核酸检测方法

单核细胞增生李斯特菌(血清型 1/2a、4b 和 6a)和英诺克李斯特菌完整基因组序列的测定有助于更好地理解单核细胞增生李斯特菌致病的分子机制(Buchrieser et al., 2003)。此外,它们还为单核细胞增生李斯特菌的分子检测提供了新的检测靶点。DNA 杂交、聚合酶链反应(PCR)和核酸扩增技术等几种核酸检测方法用来筛查大量样品中的单核细胞增生李斯特菌和其他李斯特菌。

聚合酶链反应将目标生物的特定 DNA 序列加以指数式扩增。缓冲的 PCR 体系包括寡核苷酸引物、脱氧三磷酸核苷酸、DNA 模板和耐热的 DNA 聚合酶。有许多关于单核细胞增生李斯特菌 PCR 检测的研究进展综述(Levin, 2003)。不同类型的 DNA 提取方法、细胞裂解、DNA 纯化技术直接应用到食品或增菌肉汤的检测上,灵敏度会有所差异。PCR 检测方法高度灵敏、快速、重现性好。

多个基因已经被用作单核细胞增生李斯特菌检测的靶点,这其中包括编码李斯特菌溶血素的 *hlyA* 基因(Mengaud et al., 1988);编码入侵相关 p60 蛋白的 *iap* 基因(Kohler et al., 1990);编码胞内细菌推进和胞间入侵所需表面蛋白的 *actA* 基因(Kocks, Gouin 和 Tabouret, 1992);协助入侵人类红细胞的一种表面蛋白即内化素的编码基因 *inlA* 和 *inlB*(Gaillard et al., 1991);在李斯特菌免疫的小鼠中负责延迟型过敏反应的 *lmaA* 基因(也称为 Dth-18)(Gohmaan et al., 1990);对所有李斯特菌都特异的鞭毛蛋白基因 *flaA*(Dons, Rasmussen 和 Olsen, 1992);编码磷脂酶 C 的 *plcB* 基因(Geoffroy et al., 1991);调节包括李斯特菌溶血素 O 在内毒力因子簇表达的 *prfA* 基因(Leimeister-Wachter et al., 1990);纤维结合素结合蛋白基因(Gilot 和 Content, 2002)等。此外,属和种特异的 16S rRNA 和 23S rRNA 序列也用作了检测靶点(Wesley, Harmon, Dickson & Schwartz 2002; Rodriguez-Lazaro, Hernandez 和 Pla, 2004)。表 9.2 汇总了一些研究所用到的检测靶基因,还有选择的检测靶点、使用的 PCR 引物、扩增产物大小、灵敏度和检测的食品样品类型等信息。

表 9.2　用于单核细胞增生李斯特菌 PCR 检测靶点的汇总信息

| 目标基因 | 引物序列 | 扩增产物大小 | 灵敏度（检测限） | 检测样品 | 参考文献 |
|---|---|---|---|---|---|
| *hlyA* | F - CAC TCA GCA TTG ATT CG<br>R - ATT TTC CCT TCA CTG ATT CG | 276 | — | 牛奶 | Cooray *et al*. (1994) |
| *hlyA* | F - CGG AGG TTC CGC AAA AGA TG<br>R - CCT CCA GAG TGA TCG ATG TT | 234 | 20 cfu | 海产品和软奶酪 | Wang, Cao, and Cerniglia (1997) |
| *hlyA* | F - GGG AAA TCT GTC TCA GGT GAT GT<br>R - CGA TGA TTT GAA CTT CAT CTT TTGC | 183 | 6 cfu/g | 卷心菜 | Hough *et al*. (2002) |
| *hlyA* | F - TTG CCA GGA ATG ACT AAT CAA G<br>R - ATT CAC TGT AAG CCA TTT CGTC | 172 | 10 cfu/ml | 牛奶 | Amagliani *et al*. (2004) |
| *hlyA* | F - CCT AAG ACG CCA ATC GAA<br>R - AAG CGC TTG CAA CTG CTC<br>F - AACCTATCCAGGTGCTC<br>R - CTGTAAGCCATTTCGTC | 701<br><br>267 | 5～10 cfu/25 ml | 生奶 | Herman, DeBlock and Moermans (1995) |
| *hlyA* | F - GCA GTT GCA AGC GCT TGG AGT GAA<br>R - GCAACGTATCCTCCAGAGTGATCG | 456 | — | 猪肉牛肉香肠 | Paziak-Domanska et al. (1999) |
| *hlyA* | F - GTGCCGCCAAGAAAAGGTTA<br>R - CGC CAC ACT TGA GAT AT | 636 | $10^3$ cfu/0.5 ml | 牛奶 | Choi and Hong (2003) |
| *hlyA* | F - CCT AAG ACG CCA ATC GAA AAG AAA<br>R - TAG TTC TAC ATC ACC TGA GAC AGA | 858 | $10^3$ cfu/11 g | 无脂酸奶、切达奶酪 | Stevens and Jaykus (2004) |
| *hlyA* | F - CATTAGTGGAAAGATGGAATG<br>R - GTATCCTCCAGAGTGATCGA<br>F - GAATGTAAACTTCGGCGCAATCAG<br>R - GCCGTCGATGATTTGAACTTCATC | 731<br><br>388 | 10 cfu/g | 山羊肉、水牛肉 | Balamurugan, Bhilegaonkar, and Agarwal (2006) |

（续表）

| 目标基因 | 引物序列 | 扩增产物大小 | 灵敏度（检测限） | 检测样品 | 参考文献 |
| --- | --- | --- | --- | --- | --- |
| *hlyA* | F - GCAGTTGCAAGCGCTTGGAGTGAA<br>R - GCAACGTATCCTCCAGAGTGATCG | 420 | $10^4$～$10^2$ cfu/ml | 牛奶 | Zeng *et al*.（2006） |
| *iap* | F - CAAACTGCTAACACAGCTACT<br>R - TTATACGCGACCGAAGCCAA | 700 | $10^4$～$10^2$ cfu/ml | 牛奶 | Zeng *et al*.（2006） |
| *iap* | F - CAA ACT GCT AAC ACA GCT ACT<br>R - GCA CTT GAA TTG CTG TTA TTG | 371 | 3 cfu/g | 烹饪过的碎牛肉 | Klein and Juneja（1997） |
| *iap* | F - GGGCTTTATCCATAAAATA<br>R - TTGGAAGAACCTTGATTA | 453 | $10^1$～$10^-$2 cells/ml or g | 肉、香肠、奶酪 | Manzano *et al*.（1997） |
| *iap* | F - CAA ACT GCT AAC ACA GCT ACT<br>R - GCA CTT GAA TTG CTG TTA TTG | 371 | $10^1$ cfu | — | Mukhopadhyay and Mukhopadhyay（2007） |
| *actA* | F - GTGATAAAATCGACGAAAATCC<br>R - CTT GTAAAACTAGAATCTAGCG | 400 or 300 | $4\times10^{-2}$～4 cfu/g | 意式软奶酪 | Longhi *et al*.（2003） |
| *actA* | F - GCTGATTTAAGAGATAGAGGAACA<br>R - TTTATGTGGTTATTTGCTGTC | 827 | $10^1$ cfu/25 g | 猪肉、牛奶 | Zhou and Jiao（2005） |
| *inlAB* | F - CTTCAGGCGGATAGATTAGG<br>R - TTCGCAAGTGAGCTTACGTC | 902 | $4\times10^{-1}$ cfu/g | 法兰克福香肠 | Jung et al.（2003） |
| *inlA* | R - AGTTGATGTTGTGTTAGA<br>F - AGCCACTTAAGGCAAT | 760 | 10 cfu | — | Almeida and Almeida（2000） |
| *InlA* | F - ACTATCTAGTAACACGATTAGTGA<br>R - CAAATTTGTTAAAATCCCAAGTGG | 250 | 50～100 cfu/g | 奶制品、肉制品 | Ingianni et al.（2001） |
| *prfA* | F - GGTATCACAAAGCTCACGAG<br>R - CCCAAGTAGCAGGACATGCTAA | 571 | — | 牛奶 | Cooray et al.（1994） |

（续表）

| 目标基因 | 引物序列 | 扩增产物大小 | 灵敏度（检测限） | 检测样品 | 参考文献 |
| --- | --- | --- | --- | --- | --- |
| *prfA* | F - GATACAGAAACATCGGTTGGC<br>R - TGACCGCAAATAGAGCCAAG | 215 | 1 cfu/25 | 烹饪过的火腿 | Jofre et al.（2005） |
| 16S rRNA | F - GCTAATACCGAATGATAAGA<br>R - GGCTAATACCGAATGATGAA | — | $4\times10^{-2}\sim10^{-1}$ cfu/g | 鲜肉、卤肉、鱼、土豆沙拉、蔬菜沙拉、意面、冰淇凌 | Somer and Kashi（2003） |

常规 PCR 每次使用一对引物扩增特异的基因序列来检测一种病原体。该方法可以直接或间接地检测食物中的病原体(Herman, DeBlock 和 Moermans, 1995)。PCR 之前进行前增菌的优势之一是可以消除假阳性结果,这一假阳性可能是由于食品样品中存在死细菌的 DNA 所导致的。DNA 的不同提取方法被用来制备 PCR 扩增模板,即使目标生物的数量很少,这也助于我们更适宜的、更灵敏的检测目标生物(Ramesh et al., 2002; Liu, 2008)。嵌套 PCR 涉及两套引物和两轮热循环。利用嵌套 PCR 的主要优势在于,与常规 PCR 通过一次扩增并增强特异性相比,能够提高几个数量级的检测灵敏度,这是因为任何首轮的非特异性扩增不太可能在第二轮再给出一个阳性的结果(Levin, 2003)。多重 PCR 是在一个反应中有两个或两个以上的基因位点同时被扩增。这种技术广泛用于基于抗原特征和毒力因子的病原体检测。虽然设计稳定的多重食品检测体系具有很大挑战性,但是一旦针对特定的病原体和食品进行了条件优化,这种方法就会具有成本低廉和高效的优点(Ramesh et al., 2002)。

实时 PCR 技术能够在热循环过程中检测并定量 PCR 产物。DNA 的定量是通过检测嵌入 DNA 分子上的染料或杂交探针的荧光信号来完成的。SYBR Green I 是实时 PCR 最常用的 DNA 嵌合染料(Fairchild, Lee & Maurer, 2006)。整个检测过程可在一个小时或更短时间内完成,比常规 PCR 更快。方便和快捷使得实时 PCR 非常适宜替代传统培养或免疫分析方法来检测单核细胞增生李斯特菌(Norton, 2002)。已经有各种利用实时 PCR 检测食品中单核细胞增生李斯特菌的报道(Berrada, Soriano, Pico 和 Manes, 2006)。各种商业化的实时 PCR 试剂盒,如 Bax®- PCR(美国 Dupont-Qualicon 公司)、Probelia®(美国 Bio - Rad 公司)等都是不错的选择。

### 9.5.4 其他方法

近些年随着科技的进步,更新的检测食品中病原体的方法已经开发出来。肠杆菌基因间保守重复序列(ERIC)- PCR 技术用来比较不同来源的李斯特菌分离株。采用这种方法可生成 DNA 指纹图谱,基于该图谱分析,李斯特菌分离株可分成三个主要的类群,每个类群又可分为 1/2a、4b、6a 和 6b 等几种血清型(Laciar et al., 2006)。限制性内切酶分析和脉冲场凝胶电泳(PFGE)用来检测原料全脂奶和农场散装牛奶罐里的李斯特菌;这种方法将分离株分成 16 个克隆型,其中大部分属于 1/2a 血清型(Waak, Tham 和 Danielsson - Tham, 2002)。DNA 芯片是由许多散布的探针组成的,探针的序列是与某一致病菌特异基因序列互补的,可在较短时间内分析成千上万的基因序列。这项技术已经用于环境样品中单核细胞增生李斯特菌的检测(Call, Borucki 和 Loge, 2003)。芯片技术结合脉冲场凝胶电泳和血清型鉴定已经用来分析奶牛场单核细胞增生李斯特菌分离菌株的遗传多样性(Borucki, et al., 2005)。

DNA 芯片是在固相支撑物如玻璃上固定许多散布的探针,其中每个探针的序列都与致病菌的某一特异基因序列互补。

光谱方法,如傅里叶变换红外(FT-IR)和拉曼光谱,可为特定类型的细胞提供独特的光谱指纹,这样就可以从属、种或株水平来区分细菌。这些是整体细胞的无损检测方法;当然也可以使用损伤性的方法,比如基质辅助激光解吸电离质谱法(MALDI-MS)。早在 1995 年,傅里叶变换红外光谱法就用来区分李斯特菌属所有的 6 个种(Holt, Hirst, Sutherland 和 MacDonald, 1995)。

轻易获取快速、可靠、灵敏的检测方法使食品供应链的主导者受益良多,得以在全球化平台上实现监控食品安全。尽管新方法是定期筛查食品和环境样品的有力工具,但是它们尚未完全取代标准的培养方法。我们仍然急需能够区分活的和死的细胞、修复亚致死损伤细胞的快速方法。无论如何,核酸方法允许在短时间内高效地获得可靠的结果,是食品中单核细胞增生李斯特菌检测极具应用前景的方法。

## 9.6　蜡样芽孢杆菌

在重要的致病菌中,蜡样芽孢杆菌作为一种条件致病菌具有其重要意义,它可以在任何给定的情况下占据主导地位,因为它无处不在,可以污染各种食物(Reyes, Bastias, Gutierrez & Rodriguez, 2007; Roy, Moktan & Sarkar, 2007)。蜡样芽孢杆菌及其相关食品的研究证明这种细菌具有形成耐热芽孢及其在各种各样的食品中生长并分泌毒素的能力(Ehling-Schulz, Fricker 和 Scherer, 2004; Ouoba, Thorsen 和 Varnam, 2008)。蜡样芽孢杆菌食物中毒漏报率高,因为由其引起的两种疾病都是相对轻微的,通常持续不到 24 小时。但是这种细菌的独特性(像形成耐热芽孢、产生毒素和嗜冷性)使人们有充足的理由认为这种细菌是危害公众健康的主要原因(Griffiths 和 Schraft, 2002)。蜡样芽孢杆菌引起的食源性疾病分为两种不同类型,即腹泻型和呕吐型(Schoeni 和 Wong, 2005)。目前,从分子水平上已经鉴定了导致食物中毒的三类热不稳定性肠毒素(Tsen et al., 2000)。已经有基于聚合酶链反应检测可能产生毒素的蜡样芽孢杆菌的分子诊断方法(Radhika et al., 2002; Abriouel et al., 2007; Ngamwongsatit et al., 2008)。

## 检测方法

早些年的研究旨在开发简单、快速的蜡样芽孢杆菌定量、分离和鉴定方法。几种可定量的选择培养基和鉴别培养基配方开发出来用以最大限度地从食品中获取蜡样芽孢杆菌(Varadaraj, 1993)。最早的一种方法出现在1955年,先在血琼脂表面涂板,然后在37℃培养18小时,之后观察平板上的菌落是否有水解圈(卵磷脂酶活性)。后来,开发出一种蛋白胨牛肉膏卵黄琼脂中添加氯化锂和多黏菌素B的选择性试剂;在这种培养基上,30℃培养18小时,典型蜡样芽孢杆菌菌落会形成不透明环。通过添加甘露醇进一步改进了这种培养基配方,可以区分非蜡样芽孢杆菌与不发酵甘露醇的蜡样芽孢杆菌(红色菌落)(Mossel et al., 1967)。Kim和Goepfert (1971)发明了含卵黄的培养基(KG培养基),这种培养基能够让蜡样芽孢杆菌在24小时内形成芽孢;这样能够从食品固有微生物菌落背景中将其分离出来,其中多黏菌素提高了培养基的选择性,卵黄用于检测卵磷脂酶活性,而低浓度蛋白胨有助于芽孢形成。

根据蜡样芽孢杆菌利用甘露醇(孔雀蓝色菌落)和卵磷脂酶活性(卵黄沉淀)的特性,Holbrook和Anderson (1980)开发了一种更便于分离食物样品中微生物的培养基,称为多黏菌素-丙酮酸盐-卵黄-甘露醇-溴百里酚蓝琼脂(PEMBA)。培养基中的丙酮酸盐(通过减少菌落大小)限制了该菌以芽孢形式传播的特性。这一培养基能够支持少量细菌细胞和芽孢的生长。正因为这个原因,该培养基被广泛应用在食品中蜡样芽孢杆菌定量相关的研究调查中。利用PEMBA培养基人们可以很容易地从印度小吃和午餐食物中区分蜡样芽孢杆菌和其芽孢杆菌(Varadaraj et al., 1992)。后来,有学者用溴甲酚蓝替代了溴百里酚蓝,又对PEMBA培养基进行了改良(Szabo, Todd和Rayman, 1984)。

虽然蜡样芽孢杆菌分离株表现出多样化的毒性/产毒素特征,但是更重要的是要注意这些分离株显著的磷脂酶活性。被视为毒力因子的磷脂酶可降解富含磷脂的细胞和黏膜,从而导致细胞坏死。鉴于这一重要特性,我们早期的研究以磷脂酶(Pl)寡核苷酸引物从其他蜡样芽孢杆菌相关种类中检测出蜡样芽孢杆菌,并获得了专利(Padmapriya, Ramesh和Chandrashekar, 2004)。另一个与蜡样芽孢杆菌相关的毒力因子是鞘磷脂酶活性;PCR鉴定结果显示:42%的分离株具有鞘磷脂酶活性。早期研究表明,磷脂酶C和鞘磷脂酶是由两个串联的遗传连锁的基因编码,构成一个生物学上有功能的细胞裂解功能区,且在自然条件下发挥作用导致靶细胞的裂解,因此被视为一个有效的溶细胞素(Beecher 和 Wong, 2000)。

尽管蜡样芽孢杆菌有 3 种肠毒素引起的腹泻型食物中毒,包括溶血素(HBL)、非溶血性肠毒素(NHE)和细胞毒素 K (CytK),但是 HBL 肠毒素复合物是蜡样芽孢杆菌的主要致病因子(Hsieh, Sheu, Chen 和 Tsen, 1999)。蜡样芽孢杆菌分离株的 HBL 复合物发挥肠毒性,该复合物由一个结合组分 B 和两个裂解组分 L1 与 L2 三部分组成(Schoeni 和 Wong, 2005)。研究表明,潜在的毒力因子(溶血素、鞘磷脂酶、磷脂酶 C)是在多向性调节子 PlcR 的控制下同时表达的。这些毒力因子之间存在复杂的相互作用模式,可能是合作、协同或拮抗(Slamti et al., 2004)。在另一项研究中,设计了 8 套新的 PCR 引物用以检测蜡样芽孢杆菌群中肠毒素基因的广泛分布模式(Ngamwongsatit et al., 2008)。

## 9.7 中央食品技术研究所的能力建设

20 世纪 90 年代末,印度迈索尔中央食品技术研究所开始基于 PCR 技术开发食源性致病菌检测方法,可以从培养肉汤(见图 9.1)和食品系统中灵敏地检测出金黄色葡萄球菌。此外,优化的多重 PCR 体系能够同时检测牛奶中的金黄色葡萄球菌和小肠结肠炎耶尔森氏菌(见图 9.2),优化的任务包括牛奶中 DNA 的提取方法和 PCR 的反应条件(Ramesh et al., 2002; Padmapriya, Ramesh, Chandrashekar 和 Varadaraj, 2003)。通过 PCR 和菌落杂交方法,从食物样品中检测出蜡样芽孢杆菌分离株(见图 9.3 和图 9.4)(Radhika et al., 2002)。

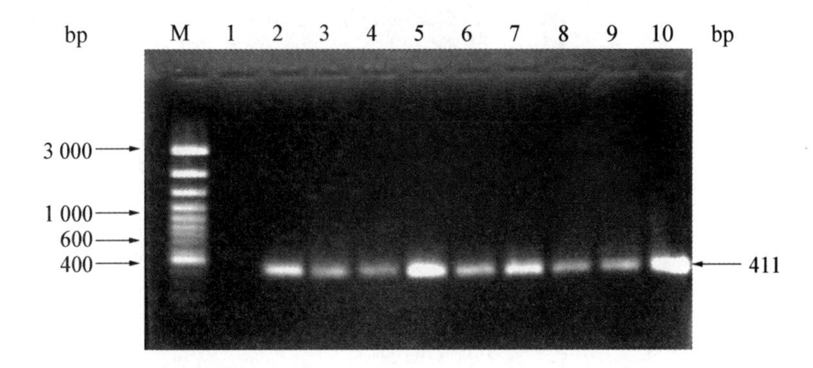


图 9.1 用 *entB* 引物检测自然食品样品中的金黄色葡萄球菌和表皮葡萄球菌的 PCR 产物电泳图。泳道 M, 100 bp 分子量标准;泳道 1~10, 金黄色葡萄球菌和表皮葡萄球菌的自然食品样品分离株。

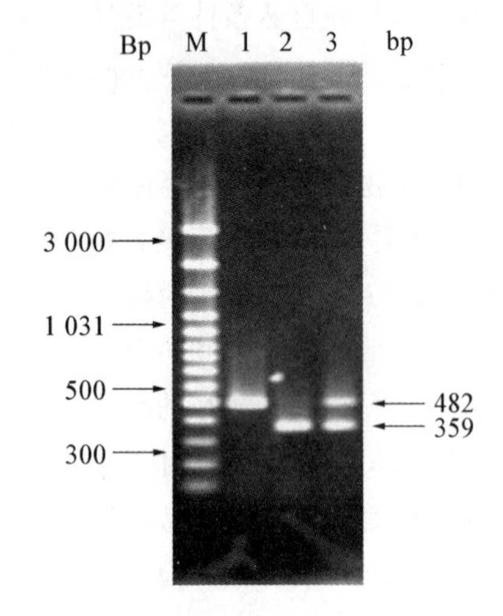


图 9.2 金黄色葡萄球菌 *nuc* 引物和小肠结肠炎耶尔森氏菌 *ail* 引物多重 PCR 扩增产物的电泳图。泳道 M，100 bp 分子量标准；泳道 1，金黄色葡萄球菌；泳道 2，小肠结肠炎耶尔森氏菌；泳道 3，金黄色葡萄球菌和小肠结肠炎耶尔森氏菌。

M 1 2 3 4 5 6 7 8 9

489 bp

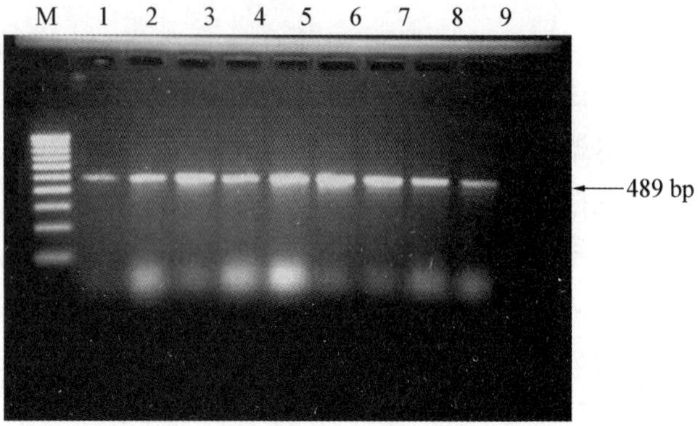

图 9.3 Ha－1 引物检测蜡样芽孢杆菌的 PCR 产物电泳图。泳道 M，100 bp 分子量标准；泳道 1～9，可能产生毒素的蜡样芽孢杆菌自然食品分离株。

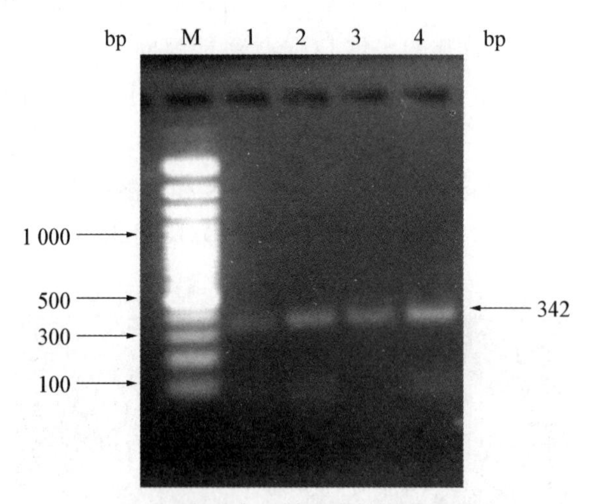


图 9.4 PI 引物检测食品样品中蜡样芽孢杆菌的 PCR 产物电泳图。泳道 M，100 bp 分子量标准；泳道 1，芥菜粉；泳道 2，姜黄粉；泳道 3，辣椒粉；泳道 4，蜡样芽孢杆菌阳控。

在过去 20 年时间里，迈索尔基于 CFTRI 的专长从国家和国际两个层面进行几个合作项目的实施。CFTRI已经与联合国和其他国际组织进行合作,开展培训项目、培训班、研讨会、一对一交流、技术支持和建议等活动,以建立分析和检测的基础设施,并就许多其他全球食品安全焦点问题展开工作。

因为检测和鉴别食品中微生物及其不良代谢产物的各种方法存在很大差异,所以这些方法的标准统一化能够使食品安全监测所需分析能力的提高更容易。这样会提高数据的识别并降低成本。与此同时,还将减少由于缺乏国际公认方法所得检测数据而导致的进口限制。

## 参考文献

[1] Abriouel H, Ben Omar N, Lucas López R, et al. Differentiation and characterization by molecular techniques of Bacillus cereus group isolates from poto poto and dégué, two traditional cereal-based fermented foods of Burkina Faso and Republic of Congo [J]. Journal of Food Protection, 2007,70:1165 - 1173.

[2] Almeida P F, Almeida R C C. A PCR protocol using inl gene as a target for specific detection of Listeria monocytogenes [J]. Food Control, 2000,11:97 - 101.

[3] Amagliani G, Brandi G, Omiccioli E, et al. Direct detection of Listeria monocytogenes from milk by magnetic based DNA isolation and PCR [J]. Food Microbiology, 2004,21: 597 - 603.

[4] Association of Official Analytical Chemists [S]. (1996). 17. 10. 01 AOAC official method 993. 12. Listeria monocytogenes in milk and dairy products. In: Official Methods of Analysis of the Association of Official Analytical Chemists [C]. Gaithersburg, MD: AOAC International.

[5] Aulisio C C G, Stanfield J T, Weagant S D, et al. Yersinioses associated with tofu consumption: Serological, biochemical and pathogenicity studies of Yersinia enterocolitica isolates [J]. Journal of Food Protection, 1983,46:226 - 230.

[6] Baird-Parker A C. The classification of staphylococci and micrococci from world-wide sources [J]. Journal of General Microbiology, 1965,38:363 - 387.

[7] Baird-Parker T C. Staphylococcus aureus. In M. B. Lund, T. C. Baird-Parker, & G. W. Gould (Eds.), The Microbiological Safety and Quality of Food: Vol. 2(pp. 1317 - 1335) [C]. Maryland: Aspen Publishers Inc. 2000.

[8] Balamurugan J, Bhilegaonkar K N, Agarwal R K. A study on suitability of four enrichment broths for PCR-based detection of Listeria monocytogenes from raw meat [J]. Journal of Food Safety, 2006,26:16 - 29.

[9] Beckers H J, Soentoro P S S, Asc EHMD-v. The occurrence of Listeria monocytogenes in soft cheeses and raw milk and its resistance to heat [J]. International Journal of Food Microbiology, 1987,4:249 - 256.

[10] Beecher D J, Wong A C L. Cooperative, synergistic and antagonistic haemolytic interac-

tions between haemolysin BL, phosphatidylcholine phospholipase C and sphingomyelinase from Bacillus cereus [J]. Microbiology, 2000,146:3033 - 3039.

[11] Bercovier H, Mollaret H H. Genus Yersinia. In N. R. Krieg, & J. G. Holt (Eds.), Bergey's Manual of Systematic Bacteriology: Vol. 1 (pp. 498 - 506) [C]. Baltimore: Williams and Wilkins. 1984.

[12] Bergdoll M S, Reiser R, Spintz J. Staphylococcal enterotoxins—Detection in Food [J]. Food Technology, 1976,5:80 - 84.

[13] Berrada H, Soriano J M, Pico Y, et al. Quantification of Listeria monocytogenes in salads by Real-Time quantitative PCR [J]. International Journal of Food Microbiology, 2006, 107:202 - 206.

[14] Bhaduri S, Conway LK, La Chica RV. Assay of crystal violet binding for rapid identification of virulent plasmid bearing clones of Yersinia enterocolitica [J]. Journal of Clinical Microbiology, 1987,25:1039 - 1041.

[15] Blais B W, Phillippe L M. A simple RNA probe system for analysis of Listeria monocytogenes polymerase chain reaction products [J]. Applied and Environmental Microbiology, 1993, 59: 2795 - 2800.

[16] Borucki M K, Gay C C, Reynolds J, et al. Genetic diversity of Listeria monocytogenes strains from a high-prevalence dairy farm [J]. Applied and Environmental Microbiology, 2005,71:5893 - 5899.

[17] Bottone E J. Yersinia enterocolitica: The charisma continues [J]. Clinical Microbiology Reviews, 1997,257 - 276.

[18] Boyapalle S, Wesley I V, Hurd H S, et al. Comparison of culture, multiplex and 5 nuclease polymerase chain reaction assay for the rapid detection of Yersinia enterocolitica in swine and pork products [J]. Journal of Food Protection, 2001,64:1352 - 1361.

[19] Buchrieser C, Rusniok C, Kunst F, et al. The Listeria Consortium, Comparison of the genome sequences of Listeria monocytogenes and Listeria innocua: Clues for evolution and pathogenicity [J]. FEMS Immunology and Medical Microbiology, 2003,35:207 - 213.

[20] Call D R, Borucki M K, Loge F J. Detection of bacterial pathogens in environmental samples using DNA microarrays [J]. Journal of Microbiological Method, 2003,53:235 - 243.

[21] Carnevale R A, Johnston R W. Method for the isolation and identification of Listeria monocytogenes from meat and poultry products. US Department of Agriculture Food Safety and Inspection Service, Washington, DC, Laboratory Communication, No. 57. 1989

[22] Casman E P, Bennett R W. Detection of staphylococcal enterotoxin in Food [J]. Applied Microbiology, 1965,13:181 - 189.

[23] Cho J-C, Tiedje J M. Quantitative detection of microbial genes by using DNA microarrays [J]. Applied and Environmental Microbiology, 2002,68:1425 - 1430.

[24] Choi W S, Hong C H. Rapid enumeration of Listeria monocytogenes in milk using competitive PCR [J]. International Journal of Food Microbiology, 2003,84:79 - 85.

[25] Cooray K J, Nishibori T, Xiong H, et al. Detection of multiple virulence-associated genes of Listeria monocytogenes by PCR in artificially contaminated milk samples [J]. Applied and Environmental Microbiology, 1994,60:3023 - 3026.

[26] Curtis G D W, Mitchell R G, King A F, et al. A selective differential medium for the isolation

of Listeria monocytogenes [J]. Letters in Applied Microbiology, 1989a,8:95 - 98.

[27] Curtis G D W, Mitchell R G, King A F, et al. A selective differential medium for the isolation of Listeria monocytogenes [J]. Letters in Applied Microbiology, 1989b,8:95 - 98.

[28] Daly P, Collier T, Doyle S. PCR-ELISA detection of Escherichia coli in milk [J]. Letters in Applied Microbiology, 2002,34:222 - 226.

[29] Donnelly C W, Baigent G J. Method for flow cytometric detection of Listeria monocytogenes in milk [J]. Applied and Environmental Microbiology, 1986,52:689 - 695.

[30] Dons L, Rasmussen O F, Olsen J E. Cloning and characterization of a gene encoding flagellin of Listeria monocytogenes [J]. Molecular Microbiology, 1992,6:2919 - 2929.

[31] Doores S. Food safety: Current status and future needs [R]. Critical issues colloquia reports, American Academy of Microbiology, http://academy. asm. org/index. php?optioncom_content&taskview&id44&Itemid55. 1999.

[32] Doyle M P, Schoeni J L. Selective-enrichment procedure for isolation of Listeria monocytogenes in soft, surface-ripened cheese [J]. Journal of Food Protection, 1986,50:4 - 6.

[33] Ehling-Schulz M, Fricker M, Scherer S. Bacillus cereus, the causative agent of an emetic type of food-borne illness [J]. Molecular Nutrition & Food Research, 2004,48:479 - 487.

[34] Fairchild A, Lee M D, Maurer J J. PCR basis [M]. In J. Maurer (Ed.), PCR Methods in Foods (pp. 1 - 25). USA: Springer-Science Business Media Inc. 2006.

[35] Farber J M, Sanders G W, Speirs J I. Methodology for isolation of Listeria from foods—a Canadian perspective [J]. Journal Association of Official Analytical Chemists, 1988,71:675 - 678.

[36] Farmer J J, Carter G P, Miller V L, et al. Pyrazinamidase, Cr-MOX agar, Salicin fermentation—Esculin hydrolysis and D-xylose fermentation for identifying pathogenic serotypes of Yersinia enterocolitica [J]. Journal of Clinical Microbiology, 1992,30:2589 - 2594.

[37] Feng P, Weagant S D. Yersinia. In Y. H. Hui, Gorham., K. D. Murrell, & D. O. Cliver (Eds.), Food-borne Disease Handbook: Diseases Caused by Bacteria (pp. 427 - 460) [M]. New York: Marcel Dekker. 1994.

[38] Feng P. Development and impact of rapid methods for detection of foodborne pathogens. In M. P. Doyle, L. R. Beuchat, & T. J. Montaville (Eds.), Food Microbiology: Fundamentals and Frontiers (2nd edn) (pp. 775 - 793) [M]. Washington DC: ASM Press. 2001.

[39] Fraser J A, Sperber W H. Rapid detection of Listeria spp. in food and environmental samples by esculin hydrolysis [J]. Journal of Food Protection, 1988,51:762 - 765.

[40] Fredriksson-Ahomaa M, Korkeala H. Low occurrence of pathogenic Yersinia enterocolitica in clinical, food and environmental samples: A methodological problem [J]. Clinical Microbiology Reviews, 2003,16:220 - 229.

[41] Freed R C, Evenson M L, Reiser R F, et al. Enzyme-linked immunosorbent assay for detection of staphylococcal enterotoxins in foods [J]. Applied and Environmental Microbiology, 1982,44:1349 - 1355.

[42] Fueyo J M, Martin M C, Gonz'alez-Hevia M A, et al. Enterotoxin production and DNA fingerprinting in Staphylococcus aureus isolated from human and food samples. Relations between genetic types and enterotoxins [J]. International Journal of Food Microbiology,

2001,67:139－145.
[43] Gaillard J L, Berche P, Frehel C, et al. Entry of Listeria monocytogenes into cells is mediated by internalin, a repeat protein reminiscent of surface antigens from Gram-positive cocci [J]. Cell, 1991,65:1127－1141.
[44] Gasper E, Heimsch R C, Anderson A W. Quantitative detection of type A staphylococcal enterotoxin by Laurell electroimmunodiffusion [J]. Applied Microbiology, 1973,25:421－426.
[45] Ge B, Zhao S, Hall R, et al. A PCR-ELISA for detecting Shiga toxin-producing Escherichia coli [J]. Microbes and Infection, 2002,4:285－290.
[46] Gemski P, Lazere J R, Casey T. Plasmid associated with pathogenicity and calcium dependency of Yersinia enterocolitica [J]. Infection and Immunity, 1980,27:682－685.
[47] Genigeorgis C A. Present state of knowledge of staphylococcal intoxication [J]. International Journal of Food Microbiology, 1989,9:327－360.
[48] Geoffroy C, Raveneau J, Beretti J L, et al. Purification and characterization of an extracellular 29 kDa phospholipase C from Listeria monocytogenes [J]. Infection and Immunity, 1991,59:2382－2388.
[49] Gilligan K, Shipley M, Stiles B, et al. Identification of Staphylococcus aureus enterotoxins A and B genes by PCR－ELISA [J]. Molecular and Cellular Probes, 2000,14:71－78.
[50] Gilot P, Content J. Specific identification of Listeria welshimeri and Listeria monocytogenes by PCR assays targeting a gene encoding a fibronectin-binding protein [J]. Journal of Clinical Microbiology, 2002,40:698－703.
[51] Gohmann S, Leimester-Wachter M, Schlitz E, et al. Characterization of a Listeria monocytogenes—specific protein capable of inducing delayed hypersensitivity in Listeria-immune mice [J]. Molecular Microbiology, 1990,4:1091－1099.
[52] Goverde R L J, Jansen W H, Brunings H A, et al. Digoxigenin-labelled inv—and ail-probes for the detection and identification of pathogenic Yersinia enterocolitica in clinical specimens and naturally contaminated pig samples [J]. The Journal of Applied Bacteriology, 1993,74:301－313.
[53] Gray M L, Stafseth H J, Thorp Jr F. The use of potassium tellurite, sodium azide and acetic acid in a selective medium for the isolation of Listeria monocytogenes [J]. Journal of Bacteriology, 1950,59:443－444.
[54] Griffiths M W, Schraft H. Bacillus cereus food poisoning [M]. In D. O. Cliv er & H. P. Ri emann (Eds.), Food-borne Diseases (pp. 261－270). London: Academic Press. 2002.
[55] Gunasinghe C P G L, Henderson C, Rutter M A. Comparative study of two plating media (PALCAM and Oxford) for detection of Listeria species in a range of meat products following a variety of enrichment procedures [J]. Letters in Applied Microbiology, 1994, 18:156－158.
[56] Hamels S, Galo J-L, Dufour S, et al. Consensus PCR and Microarray for diagnosis of the genus Staphylococcus, species and methicillin resistance [J]. Biotechniques, 2001, 31: 1364－1372.
[57] Hao D Y Y, Beuchat L R, Brackett R E. Comparison of media and methods for detecting and enumerating Listeria monocytogenes in refrigerated cabbage [J]. Applied and Environmental Microbiology, 1989,53:955－957.

[58] Hein I, Lehner A, Rieck P, et al. Comparison of different approaches to quantify Staphylococcus aureus cells by Real-Time quantitative PCR and application of this technique for examination of cheese [J]. Applied and Environmental Microbiology, 2001, 67:3122 - 3126.

[59] Herman LMF, DeBlock JHGE, Moermans RJB. Direct detection of Listeria monocytogenes in 25 milliliters of raw milk by a two-step PCR with nested primers [J]. Applied and Environmental Microbiology, 1995,61:817 - 819.

[60] Hill W E, Keasler S P. Identification of food-borne pathogens by nucleic acid hybridization [J]. International Journal of Food Microbiology, 1991,12:67 - 76.

[61] Hitchins A D. Listeria monocytogenes [C]. In: Bacteriological Analytical Manual, 8th edn, AOAC International, 10. 01 - 10. 13. 2003.

[62] Holbrook R, Anderson J M. An improved selective and diagnostic medium for the isolation and enumeration of Bacillus cereus in foods [J]. Canadian Journal of Microbiology, 1980, 26:753 - 759.

[63] Holt C, Hirst D, Sutherland A, et al. Discrimination of species in the genus Listeria by Fourier transform infrared spectroscopy and canonical variate analysis [J]. Applied and Environmental Microbiology, 1995,61:377 - 378.

[64] Hough A J, Harbison S A, Savill M G, et al. Rapid enumeration of Listeria monocytogenes in artificially contaminated cabbage using real-time polymerase chain reaction [J]. Journal of Food Protection, 2002,65:1329 - 1332.

[65] Hsieh Y M, Sheu S J, Chen Y L, et al. Enterotoxigenic profiles and polymerase chain reaction detection of Bacillus cereus group cells and B. cereus strains from foods and foodborne outbreaks [J]. Journal of Applied Microbiology, 1999,87:481 - 490.

[66] Hudson J A, Lake R J, Savill M G. Rapid detection of Listeria monocytogenes in ham samples using immunomagnetic separation followed by polymerase chain reaction [J]. Journal of Applied Microbiology, 2001,90:614 - 621.

[67] Ingianni A, Floris M, Palomba P, et al. Rapid detection of Listeria monocytogenes in foods, by a combination of PCR and DNA probe [J]. Molecular and Cellular Probes, 2001,15:275 - 280.

[68] Janzten M M, Navas J, Corujo A, et al. Review: Specific detection of Listeria monocytogenes in foods using commercial methods: From chromogenic media to Real-Time PCR [J]. Spanish Journal of Agricultural Research, 2006,4:235 - 247.

[69] Jofre A, Martin B, Garriga M, et al. Simultaneous detection of Listeria monocytogenes and Salmonella by multiplex PCR in cooked ham [J]. Food Microbiology, 2005,22:109 - 115.

[70] Jones C L, Khan S A. Nucleotide sequence of the enterotoxin B gene from Staphylococcus aureus [J]. Journal of Bacteriology, 1986,166:29 - 33.

[71] Jones L J. DNA probes: Applications in the food industry [J]. Trends Food Science & Technology, 1991,2:28 - 32.

[72] Jourdan A D, Johnson S C J, Wesley I V. Development of a fluorogenic 5 nuclease PCR assay for detection of the ail gene of pathogenic Yersinia enterocolitica [J]. Applied and Environmental Microbiology, 2000,66:3750 - 3755.

[73] Jung Y S, Frank J F, Brackett R E, et al. Polymerase chain reaction detection of Listeria

monocytogenes in frankfurters using oligonucleotide primers targeting the genes encoding internalin AB [J]. Journal of Food Protection, 2003,66:237 - 241.

[74] Kandolo K, Wauters G. Pyrazinamidase activity in Yersinia enterocolitica and related organisms [J]. Journal of Clinical Microbiology, 1985,21:980 - 982.

[75] Khan M A, Kim C H, Kaoma I, et al. Detection of Staphylococcus aureus in milk by use of polymerase chain reaction analysis [J]. American Journal of Veterinary Research, 1998, 59:807 - 813.

[76] Kim H U, Goepfert J M. Enumeration and identification of Bacillus cereus in foods. I, 24-hour presumptive test medium [J]. Applied Microbiology, 1971,22:581 - 587.

[77] Kim C-H, Khan M, Morin D E, et al. Optimization of the PCR for detection of Staphylococcus aureus nuc gene in Bovine milk [J]. Journal of Dairy Science, 2001,84:74 - 83.

[78] Klein P G, Juneja V K. Sensitive detection of viable Listeria monocytogenes by reverse transcription-PCR [J]. Applied and Environmental Microbiology, 1997,63:4441 - 4448.

[79] Kocks C, Gouin E, Tabouret M, et al. Listeria monocytogenes induced actin assembly requires the actA gene product, a surface protein [J]. Cell, 1992,68:521 - 531.

[80] Kohler S, Leimeister-Wachter M, Chakraborty T, et al. The gene coding for protein p60 of Listeria monocytogenes and its use as a specific probe for Listeria monocytogenes [J]. Infection and Immunity, 1990,58:1943 - 1950.

[81] Ky Y U, Noh Y, Park H J, et al. Use of monoclonal antibodies that recognize p60 for identification of Listeria monocytogenes [J]. Clinical and Diagnostic Laboratory Immunology, 2004,1:446 - 451.

[82] Laciar A, Vaca L, Lopresti R, et al. DNA fingerprinting by ERIC-PCR for comparing Listeria spp. strains isolated from different sources in San Luis, Argentina [J]. Revista Argentina de Microbiología, 2006,38:55 - 60.

[83] Lantz P-G, Hahn-Hägerdal B, Radstrom P. Sample preparation methods in PCR-based detection of food pathogens [J]. Trends Food Science & Technology, 1994,5:384 - 389.

[84] Lapeyre C, Janin F, Kaveri S V. Indirect double sandwich ELISA using monoclonal antibodies for the direct detection of staphylococcal enterotoxins A, B, C and D in food samples [J]. Food Microbiology, 1998,5:25 - 32.

[85] Lee W H, McClain D. Improved Listeria monocytogenes selective agar [J]. Applied and Environmental Microbiology, 1986,52:1215 - 1217.

[86] Leimeister-Wachter M, Haffner C, Domann E, et al. Identification of a gene that positively regulates expression of listeriolysin, the major virulence factor of Listeria monocytogenes [C]. Proceedings of the National Academy of Sciences of the United States of America, 87,8336 - 8340. 1990.

[87] Levin R E. Application of the Polymerase Chain Reaction for Detection of Listeria monocytogenes in Foods: A review of methodology [J]. Food Biotechnology, 2003,17:99 - 116.

[88] Liu D. Preparation of Listeria monocytogenes specimens for molecular detection and identification [J]. International Journal of Food Microbiology, 2008,122:229 - 242.

[89] Logan J M J, Edwards K J, Saunders N A, et al. Rapid identification of Campylobacter spp. by melting peak analysis of biprobes in real-time PCR [J]. Journal of Clinical Microbiology, 2001,39:2227 - 2232.

[90] Longhi C, Maffeo A, Penta M, et al. Detection of Listeria monocytogenes in Italian-style soft cheeses [J]. Journal of Applied Microbiology, 2003,94:879 - 885.

[91] Lovett J, Francis D W, Hunt J M. Listeria monocytogenes in raw milk: Detection, incidence and pathogenicity [J]. Journal of Food Protection, 1987,50:188 - 192.

[92] Lovett J. Isolation and identification of Listeria monocytogenes in dairy products [J]. Journal Association of Official Analytical Chemists, 1988,71:658 - 660.

[93] Marin M E, Rosa M C, Cornejo I. Entertoxigenicity of Staphylococcus strains isolated from Spanish dry-cured hams [J]. Applied and Environmental Microbiology, 1992, 58:1067 - 1069.

[94] McBride M E, Girard K F. A selective method for the isolation of Listeria monocytogenes from mixed bacterial populations [J]. The Journal of Laboratory and Clinical Medicine, 1960,55:153 - 157.

[95] Mehrotra M, Wang G, Johnson W M. Multiplex PCR for detection of genes for Staphylococcus aureus enterotoxins, exfoliative toxins, toxic shock syndrome toxin 1 and methicillin resistance [J]. Journal of Clinical Microbiology, 2000,38:1032 - 1035.

[96] Meng J, Doyle M P. Introduction: Microbial food safety [J]. Microbes and Infection, 2002,4:395 - 397.

[97] Mengaud J, Vicente M F, Chenevert J, et al. Expression in Escherichia coli and sequence analysis of the listeriolysin O determinant of Listeria monocytogenes [J]. Infection and Immunity, 1988,56:766 - 772.

[98] Miliotis M D, Bier J W. International Handbook of Foodborne Pathogens [M]. Marcel Dekker, Inc. 2003.

[99] Mitchell B A, Milbury J A, Brookins A M, et al. Use of immunomagnetic capture on beads to recover Listeria from environmental samples [J]. Journal of Food Protection, 1994,57:743 - 745.

[100] Mossel D A A. Developing methodology for food-borne microorganisms: Fundamentals of analytical techniques [M]. In M. D. Pierson & N. J. Stern (Eds.), Foodborne Microorganisms and Their Toxins: Developing Methodology (pp. 1 - 22). New York: Marcel Dekker Inc. 1986.

[101] Mukhopadhyay A, Mukhopadhyay U K. Novel multiplex approaches for the simultaneous detection of human pathogens: Escherichia coli 0157:H7 and Listeria monocytogenes [J]. Journal of Microbiological Methods, 2007,68:193 - 200.

[102] Myess K M, Gaba J, Al-Khaldi S F. Molecular identification of Yersinia enterocolitica isolated from pasturized whole milk using DNS microarray chip hybridization [J]. Molecular and Cellular Probes, 2006,20:71 - 80.

[103] van Netten P, Perales I, van de Moosdijk A, et al. Liquid and solid selective differential media for the detection and enumeration of Listeria monocytogenes and other Listeria spp [J]. International Journal of Food Microbiology, 1989,8:299 - 316.

[104] Ngamwongsatit P, Buasri W, Pianariyanon P, et al. Broad distribution of entertoxin genes (hblCDA, nheABC, cytK and entFM) among Bacillus thuringiensis and Bacillus cereus as shown by novel primers [J]. International Journal of Food Microbiology, 2008, 121:352 - 356.

[105] Norton D M. Polymerase chain reaction-based methods for detection of Listeria monocytogenes: Toward real-time screening for food and environmental samples [J]. Journal Association of Official Analytical Chemists, 2002,85:505 - 515.
[106] Ortel S. Experience with nalidixic acid-trypaflavine agar [J]. Acta Microbiologica Academiae Scientiarum Hungaricae, 1972,19:363 - 365.
[107] Ouoba L I, Thorsen L, Varnam A H. Enterotoxins and emetic toxins production by Bacillus cereus and other species of Bacillus isolated from Soumbala and Bikalga, African alkaline fermented food condiments [J]. International Journal of Food Microbiology, 2008,124:224 - 230.
[108] Özbas Z Y, Lehner A, Wagner M. Development of a multiplex and semi-nested PCR assay for detection of Yersinia enterocolitica and Aeromonas hydrophila in raw milk [J]. Food Microbiology, 2000,17:197 - 203.
[109] Padmapriya B P, Ramesh A, Chandrashekar A, et al. Staphylococcal accessory gene regulator (sar) as a signature gene to detect enterotoxigenic staphylococci [J]. Journal of Applied Microbiology, 2003,95:974 - 981.
[110] Padmapriya B P, Ramesh A, Chandrashekar A, et al. Oligonucleotide primers for phosphotidyl inositol in Bacillus cereus [P]. US Patent, US 6713620 dt. 30/03/2004.
[111] Paoli G C, Bhunia A K, Bayles D O. Listeria monocytogenes. In P. M. Fratamico, A. K. Bhunia, & J. L. Smith (Eds.), Foodborne Pathogens: Microbiology and Molecular Biology [M]. Caister (pp. 295 - 325). Wymondham, Norfolk, UK: Academic Press. 2005.
[112] Paziak-Domanska B, Boguslawska E, Wieckowska-Szakiel M, et al. Evaluation of the API test, phosphatidylinositol-specific phospholipase C activity and PCR method in identification of Listeria monocytogenes in meat foods [J]. FEMS Microbiology Letters, 1999,171:209 - 214.
[113] Phuektes P, Mansell P D, Browning G F. Multiplex polymerase chain reaction assay for simultaneous detection of Staphylococcus aureus and Streptococcal causes of bovine mastitis [J]. Journal of Dairy Science, 2001,84:1140 - 1148.
[114] Prpic J K, Robins-Browne R M, Davey R B. Differentiation between virulent and avirulent Yersinia enterocolitica isolates using Congo red agar [J]. Journal of Clinical Microbiology, 1983,18:486 - 490.
[115] Radhika B, Padmapriya B P, Chandrashekar A, et al. Detection of Bacillus cereus in foods by colony hybridization using PCR-generated probe and characterization of isolates for toxins by PCR [J]. International Journal of Food Microbiology, 2002,74:131 - 138.
[116] Ramesh A, Padmapriya B P, Bharathi S, et al. Yersinia enterocolitica detection and treatment [M]. In B. L. Cabellero, C. Trugo, & P. M. Finglas (Eds.), Encyclopaedia of Food Sciences and Nutrition: Vol. 10(pp. 6245 - 6252). New York: Academic Press/Elsevier, 2nd edn. 2003.
[117] Ramesh A, Padmapriya B P, Chandrashekar A, et al. Application of a convenient DNA extraction method and multiplex PCR for direct detection of Staphylococcus aureus and Yersinia enterocolitica in milk samples [J]. Molecular and Cellular Probes, 2002,16:307 - 314.
[118] Rasmussen H N, Rasmussen O F, Christensen H, et al. Detection of Yersinia

enterocolitica O:3 in faecal samples and tonsil swabs from pigs using IMS and PCR [J]. The Journal of Applied Bacteriology, 1995,78:563 - 568.

[119] Reiser R, Conaway D, Bergdoll M S. Detection of staphylococcal enterotoxins in foods [J]. Applied Microbiology, 1974,27:83 - 85.

[120] Reyes J E, Bastias J M, Gutierrez M R, et al. Prevalence of Bacillus cereus in dried milk products used by Chilean school feeding program [J]. Food Microbiology, 2007,24:1 - 6.

[121] Rodriguez D L, Fernandez G S, Garayzabal JFF, et al. New methodology for the isolation of Listeria microorganisms from heavily contaminated environments [J]. Applied and Environmental Microbiology, 1984,47:1188 - 1190.

[122] Rodriguez-Lazaro D, Hernandez M, Pla M. Simultaneous quantitative detection of Listeria spp. and Listeria monocytogenes using a duplex real-time PCR-based assay [J]. FEMS Microbiology Letters, 2004,233:257 - 267.

[123] Rossen L, Nrskov P, Holmstrm K, et al. Inhibition of PCR by components of food samples, microbial diagnostic assays and DNA-extraction solutions [J]. International Journal of Food Microbiology, 1992,17:37 - 45.

[124] Roy A, Moktan B, Sarkar P K. Characteristics of Bacillus cereus isolates from legume-based Indian fermented foods [J]. Food Control, 2007,18:1555 - 1564.

[125] Sails A D, Bolton F J, Fox A J, et al. Detection of Campylobacter jejuni and Campylobacter coli in environmental waters by PCR enzyme-linked immunosorbent assay [J]. Applied and Environmental Microbiology, 2002,68:1319 - 1324.

[126] Salamah A A. Correlation of pathogenicity and calcium dependency of Yersinia pseudotuberculosis and Yersinia enterocolitica with their plasmid content [J]. Journal of King Saudi University, 1990,2:13 - 19.

[127] Schoeni J L, Wong A C L. Bacillus cereus food poisoning and its toxins [J]. Journal of Food Protection, 2005,68:636 - 648.

[128] Shimizu A, Fujita M, Igarashi He, et al. Characterization of Staphylococcus aureus coagulase type VII isolates from staphylococcal food poisoning outbreaks (1980 - 1995) in Tokyo, Japan, by pulsed-field gel electrophoresis [J]. Journal of Clinical Microbiology, 2000,38:3746 - 3749.

[129] Simonova J, Vazlerova M, Steinhauserova I. Detection of pathogenic Yersinia enterocolitica serotype O:3 by biochemical, serological and PCR methods [J]. Cechoslovaca Journal of Food Science, 2007,25:214 - 220.

[130] Slamti L, Perchat S, Gominet M, et al. Distinct mutations in Plc R explain why some strains of the Bacillus cereus group are non hemolytic [J]. Journal of Bacteriology, 2004, 186:3531 - 3538.

[131] Somer L, Kashi Y. A PCR method based on 16S rRNA sequence for simultaneous detection of the genus Listeria and the species Listeria monocytogenes in food products [J]. Journal of Food Protection, 2003,66:1658 - 1665.

[132] Sory M, Tollenaere J, Laszlo C, et al. Detection of pYV Yersinia enterocolitica isolates by P1 slide agglutiation of foodborne bacterial pathogens: A critical evalunation [J]. Journal of Clinical Microbiology, 1990,28:2403 - 2408.

[133] Stevens K A, Jaykus L A. Direct detection of bacterial pathogens in representative dairy

products using a combined bacterial concentration-PCR approach [J]. Journal of Applied Microbiology, 2004,97:1115 - 1122.

[134] Stringer M. Food safety objectives—Role in microbiological food safety management [J]. Food Control, 2005,16:775 - 794.

[135] Sulakvelidze A, Yersinia other than Y, enterocolitica, Y. pseudotuberculosis and Y. pestis: The ignored species [J]. Microbes and Infection, 2000,2:497 - 513.

[136] Swaminathan B, Feng P. Rapid detection of food-borne pathogenic bacteria [J]. Annual Review of Microbiology, 1994,48:401 - 426.

[137] Szabo R A, Todd E C D, Rayman M K. Twenty-four hour isolation and confirmation of Bacillus cereus in foods [J]. Journal of Food Protection, 1984,47:856 - 860.

[138] Tamarapu S, McKillip J L, Drake M. Development of a multiplex Polymerase chain reaction assay for detection and differentiation of Staphylococcus aureus in dairy products [J]. Journal of Food Protection, 2001,64:664 - 668.

[139] Terplan G. Provisional IDF-recommended method: Milk and milk products—detection of Listeria monocytogenes [S]. Brussels: International Dairy Federation. 1988.

[140] Tsen H-Y, Chen M L, Hsieh Y M, et al. Bacillus cereus group strains, their haemolysin BL activity and their detection in foods using a 16S RNA and haemolysin BL gene-targeted multiplex polymerase chain reaction system [J]. Journal of Food Protection, 2000, 63:1496 - 1502.

[141] Tsen H-Y, Chen T R, Yu G-K. Detection of B and C types enterotoxigenic Staphylococcus aureus using polymerase chain reaction [J]. Journal of the Chinese Agricultural Chemical Society, 1994,32:322 - 331.

[142] Tsen H-Y, Chen T R. Use of the polymerase chain reaction for specific detection of type A, D and E enterotoxigenic Staphylococcus aureus in foods [J]. Applied Microbiology and Biotechnology, 1992,37:685 - 690.

[143] USDA/FSIS. Isolation and identification of Listeria monocytogenes from red meat, poultry, egg and environmental samples [M]. In: Microbiology Laboratory Guidebook, 3rd edn, revision 3, Chapter 8. 2002.

[144] Valdivieso-Garcia A, Surujballi K D, Habib D, et al. Development and evaluation of a rapid enzyme linked immunofiltration assay (ELIFA) and enzyme linked immunosorbent assay (ELISA) for the detection of staphylococcal enterotoxin B [J]. Journal of Rapid Methods and Automation in Microbiology, 1996,4:285 - 295.

[145] Varadaraj M C, Keshava N, Nirmala Devi, et al. Occurrence of Bacillus cereus and other Bacillus species in Indian snack and lunch foods and their ability to grow in a rice preparation [J]. Journal of Food Science & Technology, 1992,29:344 - 347.

[146] Varadaraj M C. Methods for detection and enumeration [J]. Journal of Food Science & Tec hnology, 1993,30:1 - 13.

[147] Vishnubhatla A, Fung D Y C, Oberst R D, et al. Rapid 5′ nuclease (TaqMan) assay for detection of virulent strains of Yersinia enterocolitica [J]. Applied and Environmental Microbiology, 2000,66:4131 - 4135.

[148] Vishnubhatla A, Oberst R D, Fung D Y C, et al. Evaluation of a 5-nuclease (TaqMan) assay for the detection of virulent strains of Yersinia enterocolitica in raw meat and tofu

samples [J]. Journal of Food Protection, 2001,64:355 - 360.

[149] Waak E, Tham W, Danielsson-Tham M L. Prevalence and fingerprinting of Listeria monocytogenes strains isolated from raw whole milk in farm and in dairy plant receiving tanks [J]. Applied and Environmental Microbiology, 2002,68:3366 - 3370.

[150] Wang R F, Cao W W, Cerniglia C E. A universal protocol for PCR detection of 13 species of food-borne pathogens in foods [J]. Journal of Applied Microbiology, 1997,83:727 - 736.

[151] Weagant S D, Jagow J A, Jinneman K C, et al. Development of digoxigenin-labled PCR amplicon probes for use in the detection and identification of enteropathogenic Yersinia and shiga toxin-producing Escherichia colifrom foods [J]. Journal of Food Protection, 1999, 62:438 - 443.

[152] Wesley I V, Harmon K M, Dickson J S, et al. Application of a multiplex polymerase chain reaction assay for the simultaneous confirmation of Listeria monocytogenes and other Listeria species in turkey sample surveillance [J]. Journal of Food Protection, 2002,65:780 - 785.

[153] Wilson G I, Cooper J E, Gilmour A. Detection of enterotoxigenic Staphylococcus aureus in dried skimmed milk: Use of the polymerase chain reaction for amplification and detection of staphylococcal enterotoxin genes entB and entC1 and the thermonuclease gene nuc [J]. Applied and Environmental Microbiology, 1991,57:1793 - 1798.

[154] Wilson I G, Gilmour A, Cooper J E, et al. A nonisotopic DNA hybridization assay for the identification of Staphylococcus aureus isolated from foods [J]. International Journal of Food Microbiology, 1994,22:43 - 54.

[155] Wolcott M. DNA-based rapid methods for the detection of foodborne pathogens [J]. Journal of Food Protection, 1991,54:387 - 401.

[156] Yugueros J, Temprano A, Sanchez M, et al. Identification of Staphylococcus spp by PCR-restriction fragment length polymorphism of gap gene [J]. Journal of Clinical Microbiology, 2001,39:3693 - 3695.

[157] Zeng H, Zhang X, Sun Z, et al. Multiplex PCR identification of Listeria monocytogenes isolates from milk and milk-processing environments [J]. Journal of the Science of Food and Agriculture, 2006,86:367 - 371.

[158] Zhou X, Jiao X. Polymerase chain reaction detection of Listeria monocytogenes using oligonucleotide primers targeting actA gene [J]. Food Control, 2005,16:125 - 130.

# 第 10 章　微生物风险控制的全球统一化

## 10.1　引言

食品中微生物风险控制是指消除或者最大限度地减少特定微生物及其副产物和毒素。为统一这些控制措施，首先要规定控制过程、步骤及结果，因而需要检测相关指标(例如时间、温度、压力、化学浓度、pH 值等)，还需要测定相关结果(例如特定致病菌的缺乏、指示微生物的最小浓度、特定食品酶类的失活等)。在很多情况下，某一指标(例如一种特定受限的微生物浓度达到不可接受的水平)的测定是实施一种或多种有效干预措施来达到控制目的的动力。这些指标的测定方法必须标准化并经过验证。当多个小组开发出自己的方法、程序、过程、步骤或取样方法，必须协调他们的研究成果，统一化是必需的要求之一。

2007 年 11 月在葡萄牙里斯本召开 GHI 研讨会期间，微生物工作组为起草食品微生物白皮书讨论了相关感兴趣的话题。会议重点讨论了微生物检测方法和程序的标准化问题，确定了术语“巴氏灭菌法”应用于热处理工艺和奶制品之外的定义，以及即食食品中单核细胞增生李斯特菌的全球法规统一化。2008 年 11 月在斯洛文尼亚卢布尔雅那召开的欧洲食品科技联盟第一次欧洲大会上讨论了上述最后一个话题，并启动了一个工作小组。这个工作小组随后进一步壮大，并与 Ewen Todd 博士(密歇根州立大学)合作。Ewen Todd 博士曾获得美国农业部州际研究、教育和推广合作局(USDA CSREES)资助，为同一议题开过研讨会。2009 年 5 月 5—7 日，爱思唯尔公司(Elsevier)和欧洲食品科技联盟(EFFoST)在阿姆斯特丹组织相关领域专家展开了后续讨论。本次研讨会的预期成果是就这一议题达成共识的一系列论文并将其刊登在《*Food Control*》的特别版上。本章将重点讨论微生物学方法、准则和标准统一化的需求。

## 10.2　微生物食品安全管理

食源性致病微生物及其控制已经成为保障全球公共健康的主要问题。追溯到最初采用干燥和腌制方法保存食品的时代，预防和减少食源性疾病一直都是并且将来也会是社会的主要目标(ICMSF, 2005)。食品安全问题是复杂的，然而并非一直都有明确和适当的政策响应，因此，国际统一的法规管理就显得尤为重要，也必将促进食品贸易。消费者偏好和社会价值的变化也日益影响着各种政策问题。当国民收入和教育水平提高时，消费者会更加关注食品安全问题(OECD, 1998)。目前，公众对食品相关的健康风险的关注(更难容忍)远超其他制造产品(汽车、烟草)，主要是因为食品的生物学本质，而且这些风险会影响到整个人类(OECD, 1998)。消费者仍然坚持关注食品安全问题，即使他们还不能完全控制局面。众所周知的食品污染事件给食品安全法规的严格实施带来了更大的压力，如那些与疯牛病(BSE)、沙门氏菌、大肠杆菌和单核细胞增生李斯特菌等相关的食品安全事件。

不同食源性疾病在各个国家的重要性不同，这通常取决于所消费的食物、食品加工、制备、处理和存储的方法以及人群对特定致病微生物的敏感性等。尽管彻底消除食源性疾病仍然是遥不可及的，政府公共健康管理部门和食品行业都致力于减少因食物污染而导致的疾病(ICMSF, 2005)。不管是食品生产商还是零售商，在整个食品产业链中提供对消费者无害的产品都是食品企业的责任。食品安全这一受到热烈讨论的主题，对监管部门和食品企业而言，却是一个难以捉摸并常常引起恐慌的概念。评估食品的公共健康(安全)状态是以风险为基础的一个难题，也就是说，什么是可接受的风险水平？对谁来说是合适的水平？以此为背景，食品安全的定义如下："食品安全是食品的生物、化学或物理状态，人类消费后不会招致过度的损伤、发病或死亡风险"(Keener, 2005)。那么，从逻辑上讲，接下去判断食品安全也就是判断风险的可接受性，这是一个理论化的、定性的过程，经常也会演变成政治活动(Stewart, Cole, Hoover 和 Keener, 2009)。

关于食品供应，政府的首要职责是保护消费者，其次是促进贸易。在过去的几十年间，政府和食品企业一直在实施以食品安全为基准的措施，即以风险和科学证据为基础。本着平衡成本(经济成本并适当考虑文化和饮食习惯等)和减少疾病的目的，政府在进行(食品安全)风险交流时使用了"适当保护水平"(ALOP)这一术语。ALOP 被定义为"成员(国)为保护其境内人类、动植物的生命或健康而采取卫生措施时，认为适当的保护水平”(ICMSF, 2002)。同时 ALOP 被定义为一个社会愿意接受的风险程度，许多国家都制订目标以降低食源性疾病的发病率，因此他们在未来可能设定较低的 ALOPs 下限。例如，李斯特菌病目前的发病率可能是每年每百万人中有 6 人发病，一个国家可能想要降低到每年每百万人仅 3 人(ICMSF, 2005)。

世界贸易组织(WTO)的动植物卫生检疫协定(SPS)和技术性贸易壁垒(TBT)协定，推动了国际食品安全标准的实施，同时保持了政府认为适当的提供健康保护水平的自主权(OECD, 1998)。已超过 100 个国家签署了 SPS 协定，该协定指出，“各成员国有权利采取必要的动植物卫生检疫措施，基于科学的原则保护本国公民，保证所实施的检疫措施在所必需的范围之内”。TBT 协定还规定，各成员国应保证所实施的食品安全措施应对本国产品和进口产品无歧视(ICMSF, 2005 年)。各成员国制定的食品安全准则应科学公正并明确的传达给出口国(ICMSF, 2001)。

虽然政府确立了控制疾病发病率的公共健康目标，但食品加工商、制造商、经营商、零售商或商业合作伙伴等，他们却不明确需要做什么以帮助实现这些社会目标(ICMSF, 2005)。因此政府应当把食品安全目标转化为食品加工制造业可遵循、政府机构可评估的参数。食品安全目标(FSO)旨在建立公众健康目标与适当控制措施之间的关联，并允许评估控制措施的等效性。良好农业规范(GAP)、良好操作规范(GMP)、良好卫生规范(GHP)和危害分析与关键控制点(HACCP)依然是食品安全管理系统实现 FSO 或绩效目标(PO)的基础(ICMSF, 2005)。Keener(1999)倡导并开发了一种集成的食品安全体系，即专注于降低生产供应链各个附属元素的累加风险，从而增强产品安全。这种食品安全管理的集成方法载入了 2005 年 9 月发行的 ISO22000:2005 标准，其中第 4 章(《理解和运用食品安全目标和绩效目标的简化指南》)深入的讨论了 FSO 如何通过食品供应链关联政府公众健康目标和控制措施。

现代食品安全管理发源于 20 世纪 70 年代初的危害分析与关键控制点(HACCP)概念。HAACP 是用来解决传统食品抽查和取样/微生物检测中的缺点和不确定性等问题的(ICMSF, 2005)。HACCP 体系的目标是把重点放在一个特定的食物商品潜在危害性上，如果不加以控制可能影响公众健康，并在食品的生产、加工、制造、制备和食用等过程中采取适当的控制措施防止危害的发生。要取得成功，HACCP 必须建立在规范之上，如良好农业规范(GAP)、良好操作规范(GMP)和良好卫生规范(GHP)，所有这些都是基本的卫生条件，在此基础上确保生产安全食品,包括原料选择、标签和编码(Stewart, Tompkin和Cole, 2002)。良好操作规范(GMP)是HACCP体系的基础。生产安全食品需要实施良好卫生规范(GHP)和HACCP原则,发展和实施完整食品安全管理体系,在生产过程中控制显著危害。请查找有关良好农业规范(GAP)、良好操作规范(GMP)、良好卫生规范(GHP)和危害分析与关键控制点(HACCP)的深入讨论。

## 10.3 微生物学准则

微生物限量是指规定了方法和采样计划的"微生物学准则"(ICMSF, 2002)。微生物学准则(MC)应指定要收集的样本单元数、分析方法、分析单元数以符合限值。此外,微生物学准则(MC)应附有以下信息:具体的食品种类、采样计划、检验方法和应达到的微生物限量(ICMSF, 2005)。在某些情况下,微生物学准则用来检验特定的生产批次食品是否合格,特别是在未知生产条件下更是如此。微生物学准则(MC)是制定决策的基础,传统上它们被设计成用于检验大宗食品或者集装箱是否合格。相反的,FSO和PO是不指定检验细节的最高标准(ICMSF, 2005)。然而,MC某些情况下可以是基于PO对食品进行特定微生物检验的有效手段。虽然有多种方法可以使用(例如分批检验、过程控制检验),它们都必须与预设限值相比照。ICMSF (2002)已就建立微生物学准则提供了指导意见。

微生物学准则是基于质量和安全考虑建立起来的(CAC, 1997),并用来设立标准、指导方针和采购规范,其定义如下(ICMSF, 2009):

(1) 微生物标准载入国际法、联邦法律和地方法律。美国的标准较少,大部分都涉及特定的病原体,比如即食食品中的单核细胞增生李斯特菌、碎牛肉中的大肠杆菌O157:H7以及美国农业部减少病原体项目中规定的肉类沙门氏菌和大肠杆菌类。超出某一病原体如沙门氏菌或李斯特菌的标准可能会导致产品召回和/或处罚。

(2) 微生物指导是由加工商或行业协会内部制定的咨询准则。如果违规,加工商会受到警告,并要求采取补救措施。属于这一类准则有很多,例如设备操作前的拭子检验、采样过程的设备以及测试环境样品中是否存在病原体。

(3) 微生物指标或采购规范是买卖双方的协定,并成为交易达成的基础。这些准则可以看做强制性的,因为不合格产品会被退货。

安全食品是遵守GHP和HACCP体系生产的,然而这些食品安全系统的安全等级很少能被定量。FSO和PO的建立(见第4章),为业界提供了可量化的目标(ICMSF, 2009)。虽然FSO和PO都进行了定量,但它们并不是微生物学准则。当没有更有效和高效的方法时,微生物学准则用来确保能够符合GHP和HACCP(如验证)。FSO和PO是要达到的目标,在这种情况下,基于批内检验的微生物学准则用于确定这些目标是否正在提供有关的统计学方法依据(van Schothorst, Zwietering, Ross, Buchanan和Cole, 2009)。ICMSF详细描述了微生物学准则的设立(2009)。微生物学准则被用于以下方面(ICMSF, 2009):

(1) 验证PO和FSO的合规性(在采样和检验限定内)。

(2) 验证HACCP/GHP体系提供所需的控制水平。

(3) 验证HACCP/GHP体系的控制。

(4) 证明针对特殊目的、食物或者成分有效/适用。

(5) 建立易腐食物的保藏性(保质期)。

(6) 作为监管工具推动行业进步。

(7) 实现市场准入。

(8) 基于标准、指南和规范识别不可接受的产品。

国际贸易中食品微生物学准则被载入联合国粮农组织/世界卫生组织(FAO/WHO)食品标准计划,并由国际食品法典委员会实施(CAC, 1997)。这一项目的实施是国家食品立法和世界主要食品市场总体需求之间冲突的直接结果。它成立于1962年,与国际食品微生物标准委员会(ICMSF)同一年成立。不同国家的食品立法引起严重的非关税贸易壁垒(ICMSF, 2002),当时,该委员会的目标是制定国际食品标准、法典和指南,以防止和消除食品贸易中的非关税壁垒。食品卫生法典委员会(CCFH)的主要职责是制定食品卫生规范(良好卫生规范(GHP))。食品卫生法典委员会在处理高度专业化的微生物学问题,尤其在制定微生物学准则时会采纳专家建议。这些建议通常来自ICMSF关于食品抽样计划和微生物学准则设立和应用原则的出版物及其他论文(CAC, 1997; ICMSF, 1998)。

目前有关微生物学准则的问题包括:使用的抽样统计是随机的而污染并非随机;使用太少的样本得出有效的结论;只有数据表明不合规才有意义;阴性结果没有什么价值;重复采样结果无重现性;许多监管标准忽略了建立准则的原则(如零检出);未明确指示剂和病原体对应关系时使用指示剂试验等(Carter, 2008)。

## 10.4　微生物学检验

监测微生物污染是确保各种产品安全的重要步骤，包括食品、药品、化妆品和医疗物品等。因法律法规不同，世界各地实施各种不同的检测方法。然而，缺乏协调统一的微生物检验方法给国际制造商带来额外的负担，同时缺乏协调也导致贸易伙伴国的监管机构之间经常发生冲突和摩擦。

微生物学检验是食品安全管理的有效工具。然而，微生物学试验的选择和应用应基于对其局限性、优势和使用目的的认知（ICMSF，2009）。在许多情况下，食品安全保障的评估比微生物检验更快更有效。食品链各环节对微生物检验的需求也不尽相同，因此，食品链中采样和检测节点的选择应保证此处微生物的状态信息能够为最有效的控制目的服务。食品制造商和政府机构采用了许多不同的微生物检验方法，其中最常见的方法是批内检验，把微生物危害的程度控制在预设的限值内，即微生物学准则（ICMSF，2002）。

ICMSF 撰写了大量关于控制食品微生物危害的原则，同时认识到这些原则同样也适用于可能与腐败相关的微生物或良好卫生和良好生产规范的通用指示微生物的控制（ICMSF，2009）。例如，巴氏杀菌法及后续冷藏是用于减少和控制牛奶中致病菌和腐败菌的有效手段，既生产了安全食品，又延长了货架期。旨在防止制造和包装过程中产品微生物污染的良好卫生规范，可以防止产品受致病菌和腐败菌的二次污染。用巴氏杀菌奶检测病原微生物是不合理的，因为即使非常频繁的取样和检验也证明这一方法能够有效降低微生物水平至不可检出（ICMSF，2009）。但是，常规巴氏杀菌奶检验以菌落总数和大肠菌群作为杀菌效率和后续污染预防有效性的指标。巴氏杀菌奶只是既控制微生物危害又确保微生物质量的一个案例。更进一步地说，微生物学检验结果可以作为监测或控制食品质量与安全的指标。

考虑微生物检测的目的非常重要，因为其结果通常用于决策或裁决。检测的目的决定了检测的类型（指示菌或病原菌）、检测方法（快速、准确、可重复性、重现性等）、采样类型（生产线残留、最终产品）、结果的判定及需采取的措施（拒绝该批次产品、调查性取样或生产过程调整等）。

一些食品微生物检测的基本步骤包括收集样品、按需均质、后续样品的定性或定量分析等。每个步骤都有繁杂的程序，这取决于微生物检验目的和被分析食品的类型。如果微生物的浓度足够高，可以采用其他方法，但定量分析通常采用菌落计数或最大似然数（MPN）法。定性分析包括一个或多个富集步骤，随后是检测技术和目标微生物的分离(如果需要的话还需确认),通过各种手段识别微生物的生长和类型,如肉眼观测、生物化学、免疫学和遗传技术(ICMSF, 2009)。现代检测技术包括酶联免疫法、免疫捕获、免疫共沉淀、核酸杂交、DNA/RNA 杂交、PCR 等核酸扩增法、电化学技术、酶扩增、色谱分离等等。定量微生物检验的大致检测限为(ICMSF, 2009):

(1) MPN:10～100 cfu/g。

(2) 活菌计数:10～100 cfu/g。

(3) 直接表面荧光滤膜计数(DEFT):$10^3$～$10^4$ cfu/g。

(4) ELISA、流式细胞计数、定量 PCR:$10^4$～$10^5$ cfu/g。

(5) 显微镜检、分光光度法:$10^5$～$10^6$ cfu/g。

无论是在国家还是国际层面,微生物检验都被广泛应用于收集流行病学数据(例如食源性疾病暴发、食品召回等)、进行基线研究、开展国际贸易、开展行业协会研究(如产品市场调查)、政府零售调查、企业比较分析不同的生产设备和生产线、客户/供应商关系(购买规范)、确定 HACCP 计划有效性(设备/特殊产品)或确定前提方案是否有效(GMP、GHP;设备/特殊产品)(ICMSF, 2009)。此外,微生物检测在食品安全项目中担当重要角色,如进行危害分析、验证过程、监控关键成分和高风险成品、验证关键控制点、确定潜在的加工后污染、建立清洁和消毒频率、检测清洁和消毒死角、符合性测试、强制性监管程序实施、确定购买规范、记录不良状况、解决问题等等(ICMSF, 2009)。微生物的数据经常仅被用于特定单位的生产验收(如批次、批量、一日产量)。这些数据的趋势分析,可以协助识别问题的最可能来源或查明区域作进一步调查。ICMSF 给出了关于微生物数据的不确定性、抽样方案组成、方法验证要求和实验室资质验证的详细描述(2009 年)。

微生物检验围绕采样具有很多缺陷,例如,无法测试大量样品、非随机抽样可能会导致不正确的结论、没有可行的采样方案可以确保不存在病原菌(Carter, 2008)。此外,该结果仅确定产出,而不确定起因或危害控制。无论出于何种考虑或具体场景,都需要采用具体方法正确评估和确认与安全食品相应的风险控制在可接受的水平。尽管有局限性,微生物检验几乎总是各级政府和行业确保食品安全性集成方案的重要组成部分。

## 10.5 微生物学方法的认证

AOAC 和 ISO 这两个组织提供相似但有所不同的程序进行微生物学方法的

审批和认证。尽管这些组织协助有关监管机构对某一测试方法进行了认证，但一些方法仍然没有在这两个组织获得统一（即通过了 ISO 认证的方法可能未获得 AOAC 认证，反之亦然），从而阻碍了贸易。虽然这些机构没有统一方法学，他们在规程构建上迈出了正确的一步，这些规程可用来决定不同的微生物检测方法能否获得相同的结果，尤其是保证检测限、尽量减少假阳性和假阴性结果以及食品基质对检测结果的影响。

### 10.5.1　美国分析化学家协会(AOAC)

自成立以来，AOAC 已在国际食品法典委员会获得官方观察员的身份，使 AOAC 能够参与食品和农业国际标准的建立；如果 AOAC 方法是可用的，它通常会成为一个食品法典标准（AOAC，2009）。截至今天，食品法典标准引用的多数方法来自 AOAC，许多 AOAC 方法在全世界一些国家、省市和当地的法律及联邦食品标准执行时都是必须要求的（AOAC，2009）。AOAC 的“官方分析方法”已被定义为“官方”通过发布的食品、药品和化妆品法规（21 CFR2.19），得到联邦法规 USDAFSIS 法典第 9 条的认可，并在某些情况下也获得美国环境保护署认可（AOAC，2009）。

2002 年，AOAC 发布食品微生物的官方定性和定量分析方法的验证过程指导方案（Feldsine，Abeyta 和 Andrews，2002），这些规范定义了一些涵盖方法验证过程的步骤，包括实验负责人的选择、耐用性检测、包容性/排他性测试的方法比较或者预协作研究、实验室间合作研究以及 AOAC 的审批程序（Feldsine et al.，2002）。这些微生物学指导是由微生物学和异物方法委员会所倡议的，来明确方法比较及协作研究和实验室间合作的验证标准，以便与 ISO 16140 标准协调统一。这些准则适用于任何替代方法的验证，无论专有还是非专有的，它被提交给 AOAC 作 OMA 身份识别。该指导的目的是与 ISO 16140 标准“替代方法的验证程序”协调统一。由替代方法产生的那些满足程序要求和 ISO 16140 接受准则的数据可以获得相互承认，同时也适用于这些准则中规定的验证要求；但还可能需要提供更多的数据（Feldsine et al.，2002）。

AOAC 建议单一实验室验证流程需经专家评审小组（ERP）和适当的 AOAC 方法委员会审查。单一实验室验证展示某一种方法如何在一个实验室中执行。完整的合作研究则可以显示一个方法如何在多个实验室中开展。单一实验室验证的意义在于它可以展示一个好方法是如何执行的，并衡量自身能否顺利成功完成完整的合作研究。为了确保 8～10 个实验室合作研究的成功，该方法流程是利用 AOAC®官方方法 SMProgram 指导设计出来的，并经过了 AOAC 合适的方法委员会和总仲裁人的批准，ERP 也提供了一些审查意见。AOAC 志愿方法委员会通常由该领域的 7 个或更多的专家组成，这些专家审查总仲裁人、研究负责人和 ERP 的建议，并提供该研究的总体书面评论。研究完成后，研究负责人分析数据并根据其结果写入合作研究报告，并提交给方法委员会审查。如果成功完成，该研究然后被提交给 AOAC 官方方法委员会审查和初步批准。

### 10.5.2 国际标准化组织(ISO)

ISO 16140:2003“替代方法的验证程序”对食品、动物饲料以及环境和兽医样本微生物分析可替代方法的通用准则和技术流程进行了明确规定。这些规定特别适用于可替代方法的官方控制框架以及所得结果的国际认可(ISO, 2003)。基于 ISO 16140:2003 验证流程，也建立了可替代方法验证的通用准则。当可替代方法是基于内部实验室常规使用并且不必满足保证质量(更高的)外部准则，那么此种替代方法的验证应比当前 ISO 16140:2003 中所设置的验证方法更加宽松。未参照相关国际或者欧洲标准验证的替代方法在以下标准是可以接受的：

(1) 根据技术评审小组认定的验证方案进行，并且该研究结果已被完全接受。

(2) 技术评审小组评审工作在进行方法审批的国际认可组织赞助下运作(例如 AFNOR、NordVal、AOAC 国际、AOAC 研究院)。

(3) 该验证包括的研究必须至少符合本标准规定的总样本数和食品基质要求(ISO, 2003)。

根据 ISO 16140:2003，当替代方法同一个国际公认的标准方法(如 AOAC 国际)比较时，如果它们与国际或欧洲标准的参考方法存在细小的差异，并且如果该流程同这一标准类似，那么结果也是可被接受的。如果该方法跟国际或欧洲标准的参考方法有本质上的不同，就需要对是否这些差异将会对方法表现轻微或重大影响做出评估。评估需要考虑有关的补充资料，如果有的话，需要决定程序和/或参考方法的差别(例如初级增菌肉汤)。参考方法包含重大分歧的决定需要连带归档数据得到组织实验室的证实。这些用于决定差异的数据必须加以明确。

## 10.6 即食食品中单核细胞增生李斯特菌的全球法规统一化

控制由单核细胞增生李斯特菌引起的公共健康问题成为全球法规统一化挑

战的一个典型。测定单核细胞增生李斯特菌的存在和浓度对控制即食食品中这一特殊微生物发挥着重要作用。

单核细胞增生李斯特菌是一种食源性致病菌，它能引起轻微的非侵入性疾病（称为李斯特菌胃肠炎），严重的时候甚至危及生命的疾病（称为侵入性李斯特菌病）。侵入性李斯特菌病的特点是高病死率，高达20%～30%（FDA，2008）。李斯特菌病的主要目标人群为（FDA，2009）：

（1）孕妇/胎儿——围产期和新生儿的感染。

（2）糖皮质激素、抗癌药物、移植抑制治疗、艾滋病等导致的免疫功能低下者。

（3）癌症病人——尤其是白血病患者。

（4）糖尿病、肝硬化、哮喘、溃疡性结肠炎患者——较少报道。

（5）老年人。

（6）正常人——一些报告表明，即使预先处置抗酸剂或西咪替丁，正常的健康人也有被感染的风险。一例奶酪引起的李斯特菌病暴发疫情表明，当食品被微生物严重污染时，健康的个体也可能感染该疾病。

李斯特菌病的症状包括败血症、脑膜炎（或脑膜脑炎）、脑炎、孕妇宫内或宫颈感染时可能导致的自然流产（妊娠第二及第三期）或死胎。上述疾病的发作通常先经过含有持续高热等类似流感的症状（FDA，2009）。据报道，在李斯特菌病发生更严重的症状之前，会有很多胃肠道症状，如恶心、呕吐、腹泻，这也可能是唯一表现的症状。比较严重的是李斯特菌病发病时间是未知的，可能从数天到3个星期不等。胃肠道症状的发病时间也不明，可能持续12小时以上。单核细胞增生李斯特菌的感染剂量尚不清楚，相信会随着菌株以及感染者的易感性不同而变化。据原料奶或者巴氏杀菌奶引起的案例估算，少于1 000个菌体就可能导致易感者感染该疾病（FDA，2009）。单核细胞增生李斯特菌在环境中广泛存在，它能在土壤、水、污泥和腐烂的植物中分离到，也可以很容易从人类、家畜、农产品原料和食品加工环境（特别是凉爽潮湿的地方）中分离到（FDA，2008）。单核细胞增生李斯特菌在食品加工环境中的控制一直是许多科学出版物的主题（FDA，2008）。单核细胞增生李斯特菌在冷藏温度下缓慢生长，因此，那些单核细胞增生李斯特菌能生长的冷藏即食食品必须加以适当的管理。

在大多数情况下，人类李斯特菌病是散发的，但是，我们了解的大部分关于该疾病的流行病学来自于爆发的相关病例。甚少例外，已报道的爆发或散发李斯特菌病大都由于单核细胞增生李斯特菌能够在即食食品中生长（包括凉拌卷心菜、用未经高温消毒的牛奶生产的新鲜软质干酪、法兰克福香肠、熟食肉类和黄油)；这往往与食品生产和加工中的失误有关(FDA, 2008)。各种各样来源的信息数据表明,单核细胞增生李斯特菌能够在未消毒或巴氏杀菌的牛奶、高脂乳制品、软奶酪(农夫奶酪、奶油奶酪、里科塔奶酪)、煮好的即食甲壳类、熏海鲜、新鲜软质干酪(墨西哥奶酪)、半软奶酪(蓝纹乳酪、砖型干酪、蒙特勒奶酪)、软质成熟奶酪(比然奶酪、卡门贝尔奶酪、菲达奶酪)、熟肉型沙拉、三明治、鲜切果蔬和生贝类软体动物中不同程度地检测到(FDA, 2008)。然而,这些数据还显示,大多数即食食品中单核细胞增生李斯特菌的污染水平较低。对于许多即食食品来说,单核细胞增生李斯特菌的污染是可以避免的,例如通过实施良好生产规范来控制食品原物料、杀灭或抑制李斯特菌、生熟分开、辅以有效环境监测计划的消毒控制等(FDA, 2008)。

李斯特菌的发病率在发达国家是相似的,这些国家也都制定了相关政策。例如,在美国每百万人中有3.4～4.4例,死亡率为20%～30%;在澳大利亚每百万人中有3例,死亡率为23%;在新西兰每百万人中有5例,死亡率为17%;在欧盟则大约为每百万人中有0.3～7.5例(Todd, 2006)。2000年,据美国农业部经济研究服务署估计,针对2 298个病例每年要花费23亿美元(ERS, 2000)。

已经完成了三个即食食品中单核细胞增生李斯特菌的风险评估,这些丰富的信息来源都为确定这一微生物的微生物学准则提供了科学基础。在2003年,美国FDA颁布了《特定即食食品中食源性单核细胞增生李斯特菌对公共卫生相对风险的定量评估》(HHS/USDA, 2003),美国农业部食品安全及检验局也在同年公布了《熟食肉中单核细胞增生李斯特菌的风险评估》(FSIS, 2003)。随后,FAO和WHO发布了《即食食品中单增李斯特氏菌的风险评估》(FAO/WHO, 2004)。

美国农业部食品安全检验局关于熟食肉类的风险评估结果表明,食品接触表面检测频率的增加和良好的环境卫生会使李斯特菌病的风险降低。多个干预措施(例如微生物试验和食品接触面的卫生、包装前后的处理、生长抑制剂的使用和产品的重制)的结合似乎比任何一个单一的干预更加有效(Todd, 2006)。例如,如果行业对产品采用生长抑制剂和包装后巴氏灭菌相结合,估计每年因为李斯特菌病死亡的人数会从250降到100。根据一些风险评估的信息和方案,美国农业部食品安全检验局在2003年6月6日颁布的暂行条例对即食食品采用不同的监管措施。这些食品必须用三种供选择的控制措施中的一种来生产,以抑制或杀灭单核细胞增生李斯特菌,或抑制和限制其生长。这三种被认为可能用到的措施是：

（1）抑制或者杀灭单核细胞增生李斯特菌的后灭菌处理和加入抗生素或抑制/限制其生长的其他处理(选择 1)。

（2）抑制或者杀灭单核细胞增生李斯特菌的后灭菌处理，或者加入抗生素或采用抑制/限制其生长的其他处理(选择 2)。

（3）专门防止单核细胞增生李斯特菌污染的卫生消毒程序(选择 3，使用选择 3 的生产厂家将频繁被政府监管部门抽检)。

采用选择 1 或选择 2 进行后灭菌处理，如果单核细胞增生李斯特菌减少 2 个数量级，FSIS 对这类产品会较少采样；相比而言，如果单核细胞增生李斯特菌减少 1～2 个数量级，FSIS 会采样更多。另外，FSIS 会认为使用这两种选择方法仅达到 1 个数量级的减少是不合格的，除非有支撑材料证明这种处理有足够的安全系数(FSIS, 2004)。据 HHS/USDA 风险评估(2003)推测，那些高风险食品能够满足单核细胞增生李斯特菌的生长要求。相比之下，那些低风险食品是因为其具备的内在、外在因素或者被加工处理改变了正常食物的特性从而能够抑制单核细胞增生李斯特菌的生长(FDA, 2008)。例如，公认的抑制单核细胞增生李斯特菌生长的情况包括：①该食品的 pH 值小于或等于 4.4；②该食品的水分活度小于或等于 0.92，或③该食品是冷冻的。

时至今日，还没有一个国际通行的公约来规范食品中单核细胞增生李斯特菌的数量控制标准以保护消费者的权益。许多国家即使制订了即食食品中单核细胞增生李斯特菌残留限量，但对于为何确定该数值却没有明确的阐述(Todd, 2006)。1985 年，美国曾发生由于食用墨西哥式软干酪引起的 142 人大规模感染李斯特菌的事件，导致了 48 人死亡。同年，美国 FDA 进行的一项调查显示，单核细胞增生李斯特菌在进出口的鲜奶酪中均有检出。人们普遍认为，对于单核细胞增生李斯特菌，FDA 和 USDA 应负责制定相关的规范和标准(Todd, 2006)。因此，FDA 颁布了单核细胞增生李斯特菌在即食食品中“零检出”的标准，即 25 g 样品中不得检出单核细胞增生李斯特菌(或<0.04 CFU/g)。

欧盟根据食品不同类别，制定了不同单核细胞增生李斯特菌的微生物学准则，比如该食品是否有利于微生物的生长，是用于一般人群还是出于特殊医疗目的等。同时欧盟标准还具体规定了适用时期和场所，不管产品是在市场流通阶段，还是产品出厂之前的质量控制均进行了规范(Table 10.1; Food Safety Authority of Ireland, 2007)。

表 10.1 欧盟即食食品中单核细胞增生李斯特菌的微生物学标准

| 食品类别 | 抽样 | 检出限 | 参考方法 | 标准适用阶段 |
| --- | --- | --- | --- | --- |
| 婴儿即食食品和特殊医疗用即食食品 | $n=10$<br>$c=0$ | 25 g 零检出 | EN/ISO 11290－1 | 市场流通 |
| 适于单核细胞增生李斯特菌生长的即食食品(非婴儿即食食品和特殊医疗用即食食品) | $n=5$<br>$c=0$ | 100 cfu/g | EN/ISO 11290－2 | 市场流通 |
| | $n=5$<br>$c=0$ | 25 g 零检出 | EN/ISO 11290－1 | 产品出厂之前 |
| 不适于单核细胞增生李斯特菌生长的即食食品(非婴儿即食食品和特殊医疗用即食食品) | $n=5$<br>$c=0$ | 100 cfu/g | EN/ISO 11290－2 | 市场售卖流通 |

注:$n$ 为抽检数量;$c$ 为不符合标准抽样数量。

在加拿大,根据爆发风险将即食食品分为三类,1 类属于高风险食品,主要包括曾引起李斯特菌爆发、流行的即食食品和美国卫生部、美国农业部进行风险评估的“高风险”类食品(Health Canada, 2004),此类产品需进行最高级别的优先检测;2 类属于中风险食品,包括货架期＞10 天,适于单核细胞增生李斯特菌生长的即食食品,此类产品需进行第二优先级检验;3 类包含两种类型的即食食品即可能有利于单核细胞增生李斯特菌生长但其货架期＜10 天的食品和不适于李斯特菌生长的食品,这些产品进行最低优先级的检验。对于第 3 类即食食品,生产者如在生产过程中坚持良好生产规范(GMP),控制食品中单核细胞增生李斯特菌数量(控制在小于 100 cfu/g),或者进行健康风险评估,均属于执行有效的产品质控范畴。

2003 年,十五国贸易联合会曾向美国 FDA 提交建议书,要求将不利于单核细胞增生李斯特菌生长的食品检出限修改为 100 cfu/g。该文本强调:李斯特菌在此类食品中检出数值的限定应建立在低含菌量是否对消费者健康产生威胁的基础上,而不是存在与否,因为在这类食品中单核细胞增生李斯特菌检出率较高,但由于其数量较低并没有对消费者健康造成危害。作为回应,FDA 于 2008 年制订了两个草案:“行业指南草案——单核细胞增生李斯特菌在冷藏或冷冻即食食品中的质量控制”以及“政策法规指引草案”。指南文件将食品分为两类:适于单核细胞增生李斯特菌生长的食品属于高风险食品,仍旧保持 25 g 零检出(＜0.04 cfu/g)标准;对于低风险食品,特别是不利单核细胞增生李斯特菌生长的食品,修改为＜100 cfu/g。如果食品所含单核细胞增生李斯特菌数量超出标准,视为不合格产品。该草案的修改,使得美国与欧盟、加拿大的标准趋于一致,并且该草案的强化法规中进一步阐释了适于单核细胞增生李斯特菌生长的食品种类，从而有利于FDA对高风险食品进一步加强监控。FDA同时表示将对低风险食品中李斯特菌的数量进行更严格的监测，以验证新标准实施是否存在安全隐患。该草案的讨论期为60天，但截止本书成稿，未得到官方的最新消息。

食品法规的国际标准化要靠各国政府的通力合作并达成共识，国际食品法典委员会就是为此而建立的国际性组织，通过建立分支机构及研究平台进行探讨，如FAO和WHO评估，以实现国际化目标。而建立在科学分析与研究基础上制定的准则，更容易被各国所接受。比如，控制低风险食品中李斯特菌检出限<100 cfu/g，几乎不会对健康人群造成危害，各国均普遍接受。但各国政府如何要求本国工业企业依据不同的生产技术达到质量控制要求是面临的实际问题。例如，食品生产企业通过添加有机酸、巴氏杀菌(如切片熟肉类)等技术手段实现微生物的质控，而此类技术并不适用于所有食品的生产(如奶酪、水果、蔬菜等)(Todd, 2006)。并且人们对于健康风险的认识与接受还掺杂了文化差异，像原料乳奶酪，这种食品在欧洲国家极具文化底蕴，因此，即使采用零检出的质控标准，也不会有效降低每年李斯特菌病的发生率。另外各国对于不同人群的教育与宣传力度也是不同的(特别是对于孕期妇女的宣传与培训)，但宣传与教育或多或少的会影响到部分人群，有关风险交流的研究还需继续。同时社会中还存在李斯特菌病易感人群，如接受癌症治疗的人群、艾滋病患者、器官移植人群，针对他们需要采取不同的风险研究与宣传策略及标准。目前欧盟虽然整体采用严格的质控国家标准，但其中的很多政策都是针对不同人群、不同地域、不同情况进行分类分级制定的。

## 10.7　小结

消除和减少微生物及其副产物或毒素的过程和流程必须协调统一。检测流程与结果所需的指标必须同步。一个或多个有效干预的实施需要标准化的、经验证的方法和流程来评估结果。我们的目标是要将复杂的方法、程序、过程、规程、采样等多个环节进行协调，最终达成一致、趋于可行。

## 参考文献

[1] AOAC. About AOAC, Association of Analytical Communities [S]. http://www.aoac.

org/about/aoac. htm(accessed 23 March 2009). 2009.

[2] CAC. Codex Alimentarius Commission. Recommended international code of practice for the general principles of food hygiene [S]. CAC/RCP 1 - 1969, Rev. 3. 1997.

[3] Carter M. The steps before PCR: Sampling and enrichment, concentration procedures, compositing, true real time PCR without enrichment [C]. Presented during the Colorado State University Workshop on Molecular Methods in Food Microbiology, CPU Department of Animal Science, 24 June. 2008.

[4] ERS. Economic Research Service USDA. ERS updates foodborne illness costs: Food safety v. 23, i. 3, USDA Sep/Dec00 [S]. http://www. mindfully. org/Food/Foodborne-Illness-Costs-USDA. htm(accessed 23 March 2009). 2000.

[5] FAO/WHO. World Health Organization Food and Agriculture Organization and of the United Nations. Risk assessment of Listeria monocytogenes in ready-to-eat foods [R]. http://www. fao. org/docrep/010/y5394e/y5394e00. htm (accessed 23 March 2009). 2004.

[6] FDA. Food and Drug Administration, Center for Food Safety and Applied Nutrition [S]. Guidance for industry: Control of Listeria monocytogenes in refrigerated or frozen ready-to-eat foods Draft Guidance. http://www. cfsan. fda. gov/~dms/lmrtegui. html (accessed 23 March2009). 2008.

[7] FDA. Food and Drug Administration. Foodborne pathogenic microorganisms and natural toxins handbook Listeria monocytogenes [M]. http://www. foodsafety. gov/~ mow/chap6. html (accessed 23 March, 2009). 2009.

[8] Feldsine P, Abeyta C, Andrews W H. AOAC International methods committee guidelines for validation of qualitative and quantitative food microbiological official methods of analysis [J]. Journal of AOAC International, 2002,85:1187 - 1200.

[9] Food Safety Authority of Ireland [R]. Listeria monocytogenes. http://www. fsai. ie/publications/factsheet/factsheet _ listeria _ monocytogenes% 20. pdf ( accessed 23March 2009). 2007.

[10] FSIS. Food Safety and Inspection Service. RiskAssessment for Listeria monocytogenes in deli meat [R]. http://www. fsis. usda. gov/PDF/Lm_Deli_Risk_Assess_Final_2003. pdf (accessed 23 March 2009). 2003.

[11] FSIS. Food Safety and Inspection Service. Compliance guidelines to control Listeria monocytogenes in postlethality exposed ready-to-eat meat and poultry products [R]. http://www. fsis. usda. gov/OPPDE/rdad/FRPubs/97-013F/Lm _ Rule _ Compliance _ Guidelines_2004. pdf (accessed 20 April 2005). —Note updated May 2006 http://www. fsis. usda. gov/oppde/rdad/FRPubs/97-013F/LM _ Rule _ Compliance _ Guidelines _ May _ 2006. pdf (accessed 20 March 2009). 2004.

[12] HHS/USDA. HHS Food and Drug Administration and USDA Food Safety and Inspection Service. Quantitative assessment of the relative risk to public health from food-borne Listeria monocytogenes among selected categories of ready-to-eat foods [R]. Available in Docket No. 1999N - 1168, Vols 23 - 28 or http://www. foodsafety. dms/Lmr2-toc. html (accessed 23 March 2009). 2003.

[13] ICMSF. International Commission on Microbiologica Specifications for Foods. Microbial ecology of food commodities. In: Microorganisms in foods [M]. London: Blackie

Academic and Professional. ICMSF. 1998.

[14] ICMSF. International Commission on Microbiological Specifications for Foods. The role of Food Safety Objective in the management of microbiological safety of food according to Codex documents [M]. Document prepared for the Codex Committee on Food Hygiene. March 2001. 2001.

[15] ICMSF. International Commission on Microbiological Specifications for Foods. Microorganisms in foods, 7. Microbiological testing in food safety management [M]. NewYork: Kluwer Academic/Plenum Publishers. 2002.

[16] ICMSF. International Commission on Microbiological Specifications for Foods [S]. A simplified guide to understanding and using Food Safety Objectives and Performance Objectives. http://www. icmsf. iit. edu/main/articles_papers. html (accessed 23 March 2009). 2005.

[17] ICMSF. International Commission on Microbiological Specifications for Foods [M]. Microorganisms in foods, 8. Use of data for assessing process control and product acceptance. New York: Springer in press. 2009.

[18] ISO. International Organization for Standardization. ISO 16140:2003 Microbiology of food and animal feeding stuffs—Protocol for the validation of alternative methods [S]. http://www. iso. org/iso/iso_catalogue/cat-alogue_tc/catalogue_detail. htm? csnumber 30158. (accessed 23 March 2009). 2003.

[19] Keener L. Is HACCP Enough for ensuring food safety [J]; Food Testing and Analysis 1999,5(9):17-19.

[20] Keener L. Maximizing food safety return on investment [C]. FI Food Safety and Innovation Seminar. Paris, France. 2005.

[21] OECD. Organisation for economic co-operation and development. Regulatory reform in the global economy: Asian and Latin American perspectives [R]. OECD Publishing. 1998.

[22] Stewart C M, Cole M B, Hoover D G, et al. New tools for microbiological risk assessment, risk management and process validation methodology [C]. In Nonthermal Processing Technologies for Food, in press. 2009.

[23] Stewart C M, Tompkin R B, Cole M B. Food safety: New concepts for the new millennium [J]. Innovation of Food Science Emerging Technology, 2002,3:105-112.

[24] Todd E. Harmonizing international regulations for Listeria monocytogenes in ready-to-eat foods: Use of risk assessments for helping make science-based decisions [R]. http://www. fsis. usda. gov/PDF/Slides_092806_ETodd3. pdf (accessed 20 March 2009). 2006.

[25] van Schothorst R, Zwietering M H, Ross T, et al. Relating microbiological criteria to food safety objectives and performance objectives [J]. Food Control, 2009,20(11):967-979.

# 第 11 章　正常使用倾向(第一部分):一项欧洲氯霉素案例的评估与抗生素全球协调监管潜力的几点思考

## 11.1　引言

食品安全总体来说通常被定义为化学食品安全,也就是指无论什么来源的食品,当不存在或含极低浓度的合成化学物质,如抗生素和农药等,都被看作是安全食物。在本章中,对作为动物饲养的抗生素,是从消费者最终产品的视角来探讨的。抗生素为生产者创造效益,同样,消费者受益于使用抗生素带来的食物丰富和伴随的较低价格的同时,其对消费者产生的风险也需要得到有效的平衡。因此,在处理全球食品安全的时候,我们将专注于食品化学安全,相关政策,以及利益和风险的主题。作为本书报告的介绍性发言:"当今的现实是,国家之间存在分歧,往往导致采用严格的措施,如销毁大量的食物来保护消费者,这种行为缺乏科学的理由,因为仍有很大一部分人口患有营养不良。"

我们无法找到一个关于该主题更好的例子,包括所有的社会、政治、和道德问题,这就是在 2001 年欧洲凸显的氯霉素(以下简称 CAP)案例。这个历史性的案例将是我们的焦点,可以分为三个方面。首先,回顾氯霉素案例及其监管背景。其次,分析监管原因。最后,我们提出协调的方法,根据使用倾向(INU)来调节抗生素在食品生产中的使用。

## 11.2　抗生素的"本质"

自亚历山大·弗莱明于 1928 年发现青霉素以来,它在处理人类和动物的细菌感染过程中发挥的潜力是无法估量的。青霉素是由真菌(青霉)产生的,但当今我们所知道的大多数的抗生素都主要来自放线菌。它们不仅产生多种抗生素,同时也产生杀灭真菌、寄生蠕虫以及昆虫的化学物质(Hopwood, 2007)。许多其他药物,如抗肿瘤药物和免疫抑制剂,也来自放线菌(Walsh, 2003)。抗生素行业的产值大约为每年 250 亿美元。

链霉菌属于放线菌,三分之二以上的商业和医疗用抗生素是通过其复杂的"次生代谢"途径产生的(Bibb, 2005)。因此,链霉菌是医药、兽医及农用抗生素的最重要来源。链霉菌是一类革兰氏阳性丝状菌,存在于土壤,在全世界均有发现。它们是一类为数最多并且广泛存在的土壤细菌,已经适应了利用植物的残渣,由于其在代谢和生物转化过程中的广泛的潜在能力,使其成为在这种环境下生存的关键。这些潜在能力包括其他生物体不溶性残余的降解,使链霉菌成为一种在碳回收中的必要生物(Bentley et al., 2002)。链霉菌与结核病和麻风病(结核分枝杆菌和麻风杆菌)的病原体是属于同一分类顺序的成员。次生代谢产物在所有的可能性上必须赋予一种适应的优势,它大多数的作用还没有被完全理解。对抗生素来说这也是不争的事实,相比其他的栖型微生物,在摄取营养物质达到相同生物量的过程中,抗生素具有竞争优势(Shi & Zusman, 1993)。此外,还观察到一个诱捕策略,首先,参与竞争的生物被吸引,随后被分泌的抗生素杀死,而被当作额外的营养消耗(Chater, 2006)。链霉素是第一种发现的有效抗结核(TB)的抗生素。氯霉素(Ehrlich, Bartz, Smith 和 Joslyn, 1947)是第一种合成生产的抗生素并且证明具有有效的抗伤寒能力(Patel 和 Banker, 1949)。

## 11.3　氯霉素——历史、法规和科学

海产品国际贸易是由众多的食品安全法规来界定的。制定科学的法规标准来标注食品的益处与风险基准,对于行业、政策制定者和消费者都具有重要的意义。在欧洲,食品法的核心监管框架是条例 178/2002/EC (2002)[1]。根据这一条例,"食品"(或"食品原料")是指"无论加工、部分加工或未经加工的,任何可以用来或可被合理预期被人摄取的物质或产品。"

条例 178/2002/EC 的范围涉及"所有生产阶段,食品处理和分配……"其总体目标是提供"人生健康以及消费者利益的高水平保护……"本条例可为所有进入市场的产品设置总的规则。重要的是,条例还设立了欧洲食品安全局(EFSA)并明确其权限。随着欧洲食品安全局的建立,"预防"具体指的是一种作为食品监管的重要原则。特别对用于动物饲养的抗生素,监管更是具有普遍性和预防性。

这与尽可能减少对食品的慢性暴露试验的需求有关，但也有部分原因是出于对风险的预防。这两方面可以通过CAP的案例得到很好的说明。其中条款7描述的预防性原则如下：

(1) 在特定情况下，随着可用信息的评估及健康危害性的确定，科学的不确定性仍然存在，为确保高水平的健康防护，社区将采取必要的临时风险管理措施，如要进行更全面的风险评估则需获得进一步的科学信息。

(2) 在达到社区所要求的高水平保健的同时，在原则(1)的基础上采取的相应措施，并且避免更多的贸易限制。同时，技术和经济可行性等因素均应合法。这些措施应在合理的时间段内被审视，根据确定的生命或健康风险的性质和澄清科学不确定性而所需的科学信息，进行一个较为全面的风险评估。

2001年，从亚洲国家出口到欧洲的虾中检测出一种广谱型抗生素CAP，此事件被视为食品丑闻。欧洲的最初反应是关闭这些国家水产品的进口，主要是针对虾类，同时实验室经常加班加点检测多批次进口货物中的抗生素。目前，一些欧洲国家为了避免公共健康受到威胁，而对这些含有抗生素的食品进行销毁。这一监管反应也蔓延到了其他主要海产品进口国，如美国。对这一事件反应的立法背景可在理事会条例EEC No 2377/90(1990)[2]中找到(截至2009年5月6日已被条例EC No 470/2009所取代；我们将在下面进行评论)，该条例制定了动物源食品中兽药的最高残留限量(MRL)并引入了社区程序，根据人类对食品安全的要求来评价其药理活性物质残留的安全性。药理活性物质只有在准确评价之后才可用于动物食品生产。如果MRLs对保护人类健康是必要的，则其会为设定营销授权的撤回期，以及对成员国边境检查站控制残留提供参考。

条例96/23/EC(残留控制条例)[3]包含具体要求，特别控制可用于食源性动物的兽药中的医药活性物质。主要包括采样和调查过程，使用记录备案以及违反规定使用的约束力条款，并进行针对性的研究，建立和通报监测方案。此外，还有最低要求的性能极限(MRPL)条例L221(2002)[4]。MRPL与欧盟监管(参考)实验室最低检测浓度相仿。欧盟的监管实验室有责任对违禁物质的残留，如CAP，保证其在最低技术条件下可检出。

EEC No90/2377包含一个药理活性物质的附件IV，对于其毒性最大水平(每日可容忍摄入量，TDI；又称每日允许摄入量ADI)不可确定，要么缺乏毒性或药理数据，例如没有一个可定义的NOAEL(未观察到有害效果水平)或LOAEL(最低观测不良效应水平)，要么由于问题化合物具有遗传毒性特征[5]。因此，这些物质将禁止在动物食品生产链中使用。所谓“零容忍”的水平对于附件IV生效的原

因归纳如下:

(1) 因为缺乏科学的数据,使得建立一个实际的 TDI 不可行。

(2) 由于缺乏一个 TDI 而导致后续无法建立 MRL,这在监管方面被理解为"任何剂量都存在危险",需要零容忍的监管。

(3) 随着零容忍概念的引入,附件 IV 上的化合物(如 CAP)已经受到兽医的禁令,当生产者都遵守相应的规定,列表中的化合物才将会从食物链中消失。

(4) 当零容忍得以实施,分析设备仅需能够检测出 PPM(百万分之一;mg/kg)级别的检测限(LOD);现今,检测限至少是 ppb(十亿分之一;μg/kg),当然,这取决于所分析的化学物质。

由于缺乏 CAP 的致癌性和对生殖影响的科学评估信息,而该化合物表现出一定的遗传毒性活性(IPCS-INCHEM)[6],导致 CAP 的 TDI 无法建立。总的来说,CAP 和附件 IV 中的其他物质无论何浓度均不应该在食品中被检出。通过任何类型的分析检测仪检出食品中存在 CAP[7],这不但违反欧盟的法律,并危害公共健康。因此,含有最小残留量的这些食品仍不宜食用。无论出于何目的,零容忍最好是分子级别上的零浓度。只有当附录 IV 的物质完全不存在于食品中,才能完全解除风险。食品中的 CAP 仅仅和非法使用兽药相关;其他来源的不作考虑,甚至不包含在立法中。氯仿、氯丙嗪、秋水仙碱、氨苯砜、二甲硝咪唑、甲硝唑、硝基呋喃类(包括呋喃唑酮)和洛硝哒唑是在附件 IV 中的其他化合物。

## 11.4　毒理学——食品中 CAP 暴露的潜在风险

尽管在动物性食品生产中有禁令,CAP 仍是被人类使用的药物。它具有广谱的抗革兰氏阳性和革兰氏阴性菌的活性。CAP 通常仅限于在严重感染时,其他药物无效的情况下使用。体内感染很少使用 CAP。然而,眼部感染仍然使用 CAP 治疗。在西方世界的市场上的一些注册类药品含有 CAP,用于治疗眼部的感染。在亚洲国家,它仍然被广泛用于治疗,例如伤寒。

骨髓不再产生足够的红细胞和白细胞,是贫血的一种形式。CAP 造成最危险的影响是再生障碍性贫血,尽管其致命,但是作为 CAP 药物治疗的结果是非常罕见的(Benestad, 1979)。我们仍不知道造成再生障碍性贫血相关的 CAP 最小剂量。据 JECFA (FAO/WHO 联合食品添加剂专家委员会)估计,总的再生障碍性贫血发生率约为每年 1.5 例每百万人(IPCS-INCHEM)[8]。其中只有约占总例数 15%的病例是与药物治疗有关的,但 CAP 不是一个主要因素。这些数据大致给出了CAP引起人类再生障碍性贫血的总发病率，小于每年1例每千万人。从来自眼用CAP的流行病学资料看，对这种形式的药物治疗导致的全身暴露接触与诱导再生障碍性贫血是不相关的。然而，由于可用的数据有限，难以确定导致再生障碍性贫血发生的真正剂量反应关系（IPCS-INCHEM）。

再者，在考虑CAP治疗暴露接触和食品CAP残留之间影响的差异时，前者造成的再生障碍性贫血已被观察到（虽然很少见），而后者从未被观察到，这清楚表明，即使假设一个线性剂量-响应的相关性（见下文），CAP也不存在实质性的危险。食物残留的暴露水平，如图11.1所示，是来自RIVM（Rijksinstituut voor Volksgezondheid en Milieu；荷兰国家公共卫生与环境研究所）对虾类中CAP的研究。这表明，低剂量CAP的暴露，无论是作为眼科使用的一个结果或动物性食品中的残留，都与再生障碍性贫血无关（Janssen，Baars，和 Pieters 2001）[9]。

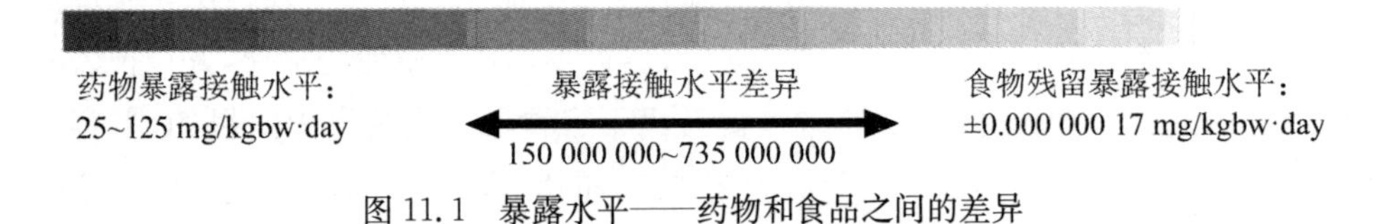


图11.1 暴露水平——药物和食品之间的差异

人类对治疗剂量CAP暴露后的遗传致癌毒性证据有限（Doody et al.，1996）。作为人类可能致癌物的CAP被IARC（国际癌症研究机构）[10]分类为2A组。然而，CAP遗传毒性的现有数据显示，在细菌中主要表现为阴性结果，在哺乳动物则表现为混合结果。结论是，只有在浓度约高于患者采用的最高治疗剂量的25倍时，CAP才必须考虑其遗传毒性（Martelli et al.，1991）。此外，没有足够的研究来评估CAP对实验动物的致癌性。

在上述研究中，RIVM估算了由于食用含CAP虾而患癌症的风险。进口虾中CAP的浓度大约为1～10 ppb（十亿分之一；1～10 μg/kg产品）。在食用含CAP虾之后，估计"合理的最坏情况下的风险"要低于最大可接受的风险水平（MTR）（在一百万的人口中增加1人疾病或死亡的风险，通常表示为1∶1 000 000或1∶$10^6$）至少5 000倍。RIVM在最后的分析中指出由CAP的暴露而致癌的风险可以忽略不计。

## 11.5 毒理学——分析模型

事实证明，监管的零容忍在默认的毒理学建模中存在基础。通过食物链的

CAP 暴露风险是与剂量无关的,这意味着任何剂量都可能引起疾病,主要是癌症。这涉及有遗传毒性的致癌化合物(见图 11.1)的主导线性无阈剂量-响应模型(A; LNT)。极低暴露水平 CAP 的潜在影响是由此模型推导而来,当然,在人群中实际观察到的那些影响不在此讨论之中(因为影响很小)。B 线性阈值(LT)曲线是用于具有毒性阈值的非致癌化合物。

然而,有争论认为剂量-反应最基本的形态不是阈值型的也不是线性的,而是 U 型的(C),因此,对于 CAP 和附件 IV 的其他抗生素,当前的模型 A 和 B 提供的低剂量风险估测并不是那么可靠。这种 U 型通常被称为“毒物兴奋效应”(Moustacchi, 2000; Calabrese 和 Baldwin, 2003; Parsons, 2003; Tubiana 和 Aurengo, 2005; Calabrese, Staudenmayer, Stanek 和 Hoffmann, 2006)。毒物兴奋效应在许多方面等价于哲学观点“杀不死你的会使你更强大”。毒物兴奋效应最适合被描述为对一个低水平的压力或损伤的适应性反应(例如,化学物质或辐射),从而在一定限期内增强生理系统的适应性。更具体地说,毒物兴奋效应的定义为在机体的稳态被扰动后的一个适当的过度补偿。毒物兴奋效应的基本概念分为:①稳态的中断;②适当的过度补偿;③稳态的重新建立;④整体过程的适应性(Calabrese & Baldwin, 2001)。

我们需要一个连续的剂量-反应曲线来定义毒物兴奋效应。对受到暴露的生物存在低剂量效应和高剂量效应(Rozman 和 Doul, 2003)。低剂量可以产生刺激或抑制,无论何种情况,都促使生物脱离稳态的平衡,从而导致(过度)的补偿。例如,如重金属汞促进金属硫蛋白酶的合成,通过循环以去除有毒金属,并且保护细胞免受由正常代谢所产生的自由基对 DNA 的潜在损伤(Kaiser, 2003)。相反,低剂量的抗肿瘤剂通常会加强人肿瘤细胞的增殖,此方式与 hormetic 的剂量-反应关系是完全一致的(Calabrese, 2008)。高剂量迫使生物超出其动力学限制(分布、生物转化或排泄)或动态恢复(适应、修复或可逆性)。这是经典毒理学的研究对象,是公众和监管机构对其关注的结果,而 hormetic 的反应被默认为无关紧要的,甚至是与政策利益相抵触。公众对合成化学物质暴露产生了一种公共抵触情绪,不愿接受毒物兴奋效应。同样,政策制定者也急于对此进行处理,但对于毒物兴奋效应没有任何探索空间,实施监管无可操作性(US EPA, 2004)。

因此,监管驱动的危害性评估应把注意力主要集中在较高剂量-反应曲线来估计 NOAEL 和 LOAEL 的水平,随后通过线性假设建模(Crump, 1984; Weller, Catalano 和 Williams, 1995)。化学品暴露的风险应该被排除在公共领域之外(Calabrese, 2001)。通过毒物兴奋效应,低剂量的毒性/致癌剂可能会降

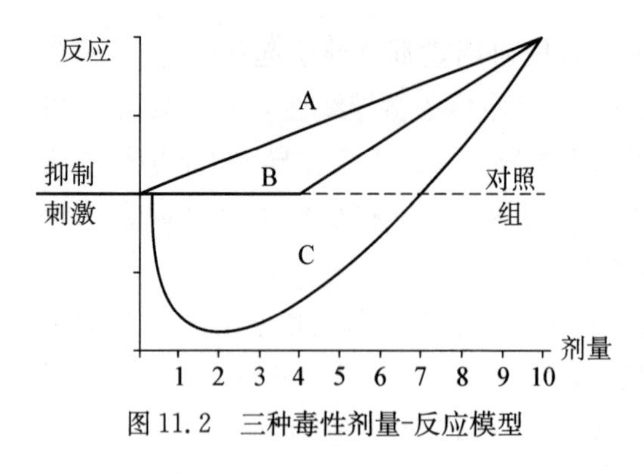

图 11.2 三种毒性剂量-反应模型

低那些在较高剂量下观察到的不良效应。

图 11.2 动物肿瘤数由 Y 轴(响应)表示,相关的剂量由 X 轴表示。动物对照组(不暴露于致癌物质)由水平虚线来表示。当致癌物暴露水平低于剂量 7 时,hormetic 模型 C 预测的肿瘤数比对照组的低。毒物兴奋效应对通常使用低剂量线性估测癌症风险提出了挑战,并强调致癌物质是具有阈值的(Wiener, 2001)。特定选择 LNT 剂量-反应模型用于评估 CAP 暴露风险和预防原则的作用(条例 EC No178/2002)将在本章的最后一节考虑。

似乎可以得出这样的结论:在不同的食品中发现各种浓度水平的 CAP,这不仅包括虾也包括牛奶和奶粉,无论是考虑再生障碍性贫血或癌症,即使是在 LNT 假设下操作,均没有给公众安全造成危害[11]。然而,在 2002 和 2005 年之间对进口到欧盟的多批次食品的一系列相关分析,表明一个在分子水平上的零容忍的解释(如条例 178/2002/EC 中的详细说明,预防性的"有疑问就排除"与"高水平的健康保护"是相关的)与分析技术发展(目前能在 ppb(十亿分之一;μg/kg)甚至 PPT(万亿分之一;ng/kg)范围中检测)的结合。

分析物的检测灵敏度在过去的几十年里已有大幅的提高,包括用于 CAP 的检测方法。基于免疫学的筛选方法检测奶粉中 CAP 的灵敏度平均每 7 年提高 10 倍,而用现有的仪器分析方法平均需要 14 年的时间才使敏感度增加 10 倍。然而,将来仪器分析方法的快速发展也不是没有可能。在过去的几年中,LC-MS-MS 的灵敏度至少提高了 10 倍,但还有提升的空间(Hanekamp et al., 2003)。这种发展使 CAP 零容忍的监管标准产生问题,从而影响食品的风险概念。

## 11.6 监管的发展——欧洲和其他地区

在澳大利亚,无 MRL 的兽药残留问题,与欧洲禁止和销毁含有 ppb 级别违禁抗生素的反应相反,是基于风险而不是预防框架。2003 年 10 月,数据表明在某些进口虾中已发现极低含量的呋喃唑酮代谢物,3-氨基恶唑烷酮[12],被检测到残留,只是十亿分之几(μg/kg)的含量。然而,在没有特定 MRL 的情况下,这些残留物是被禁止的。

风险评估表明,明虾中的这些残留物带来的风险很低,是可安全食用的。因而没有必要召回进入澳大利亚分销的明虾。然而,由于这些残留物不符合食品标准法典,执法当局建议对进口明虾进行硝基呋喃类的残留检测。以及实行与消费者食品安全风险水平相匹配的相对较低频率的检测。

澳大利亚的例子表明,借助于风险评估工具,虽然禁止无 MRL 但含有低水平兽药残留限量的食品,却仍然可以销售。违禁兽药在食品和饲料中检出的法律条款,阐明了超出理事会法规 2377/90 中附件 IV 列表所支持的风险问题,该问题是经过法律反复推敲的。然而,在某种程度上,这一法律缺陷被新的欧盟监管所取代。

为检测来自第三世界国家的进口动物来源食品中某些残留,制定统一标准是一项艰巨的任务,目前的监管未能为其提供明确而统一的标准。委员会 2005 年 1 月 11 日的决议[13]试图缩小这个监管差距。该决议重申:"条例(EEC) No 2377/90 没有为所有的物质,特别是那些被禁止使用或在社区中未被授权的物质提供 MRLs。对于那些物质,任何残留均可能导致相关进口货物遭到拒绝或销毁。"然而,为了解决这一问题,以从第三世界国家进口物质为监管结果,决议 2002/657/EC[14]设定最低要求的性能限制(MRPLs),CAP 为 0.3 ppb,硝基呋喃类代谢物为 1 ppb,这些物质残留的独立检测没有直接的关联。

如前所述,与欧盟监管实验室至少能够检测和确认的浓度水平相比,MRPLs 应该不高于也不低于这个浓度水平;MRPLs 不应该被误认为是一种宽容的限制或任何类似的术语。然而,就关注程度,新的决议给予 MRPLs 一些法律地位。事实上,在产品的分析测试结果低于决议 2002/657/EC 规定的 MRPLs 时,产品可以进入食物链。欧盟委员会将把情况反映给本国的主管当局或原产地国使其引起注意,并且只有当受禁兽药残留重复被检出时,才应作适当的提议。显然,MRPLs 只是用来监管没有 MRL 的物质。无 MRLs 且不属于任何监管结构的一部分的物质,不属于当前 MRPL 的监管,但依然是在零容忍水平下进行监管。我们必须提出一个基本决议,其不是基于可分析化合物的监管列表,而是基于毒理学本身的科学性。

## 11.7　基本决议——使用倾向[15]

现有条例将 CAP 和其他抗生素列为动物性食品生产中禁止的物质,因为其缺乏科学的可接受的每日摄入量。通过零容忍，监管机构认为，禁用物质在食品中的残留对消费者的健康构成风险；而该观点与科学结果不一致。为加强对抗生素的零容忍，引起人们对开发能得到明确和可重复结果的可靠分析方法[16]，和谐的监管，防范的实践模式和有用的风险评估的关注。有效分析方法的灵敏度决定“零”的操作性定义(LODs)，并当分析灵敏度达到 ppb 和 ppt 水平时，鉴于设备成本和检测限制监督等均会提高检出概率。这样的检测很少涉及毒理学的相关部分。

此外，随着分析检测技术的提高，该物质的非预期(或监管的)其他来源可能会显现出来。例如，氨基脲(SEM)，呋喃西林的一个标志物，列在理事会条例 2377/90 附件 IV 上，证明除作为禁用物质外还具有其他的来源，这类抗生素非法使用的法律地位是不明确的，至少可以这么说。氨基脲天然存在于虾和蛋类中，是由天然物质如精氨酸、肌酸所形成的。氨基脲大量产生于次氯酸盐处理过的样品中(Hoenicke et al.，2004)。

此外，随着检测能力的提高，CAP 和许多其他抗生素已经在不同地点的不同水环境中被检出，如医院的排污、污水、污水处理厂、河水和饮用水(Hirsch，Ternes，Haberer 和 Kratz，1999；Lindberg et al.，2004；Loraine 和 Pettigrove，2006；Papa et al.，2007；Watkinson，Murby，Kolpin 和 Costanzo，2009)。而其另一个更分散的来源已经显现出来，并且可能潜在性地污染食品。这些来源物也简称为 PPCPs(医药品和个人护理产品)。其包括所有的药物、诊断试剂(如 X 射线造影剂)、“保健食品”(生物活性食品补充剂)和其他日用化学品，如香水和防晒剂(Kummerer，2008)。从进入水生环境的源点来看，即废水和污水处理厂的排放点，PPCPs 被称为有机废水的污染物(OWCs)(Kolpin et al.，2002)。与农药相类似，人与兽用药品的使用导致其在环境中扩散。这些可以在食品中进行溯源。

更具争议性的问题是与抗生素可能的自然背景浓度有关；毫无争议，事实上几乎所有抗生素都有其天然来源[17]，我们在上述中已简要进行过讨论(Walsh，2003)。在自然条件下链霉菌抗生素的自然总产量(如 CAP)(Piraee，White，和 Vining，2004)尚不明确，以及同样不清楚这些自然背景浓度是否可以被检出(van Pée 和 Unversucht，2003；Adriaens，Gruden 和 McCormick，2007)。

根据 2005 年 1 月 11 日委员会的决议，欧盟委员会试图消除在欧洲和国际社会中关于发展中国家和欧洲贸易区之间食品和饲料产品贸易的相关问题。检出违禁兽药产品及其在食品和饲料中的代谢产物，不应视为会直接对人类或动物造成健康危害。事实上,MRPL 目前是作为一个容许限量,诸如 2001 年出现的虾中 CAP 的检出问题将减少。然而,不确定性仍然存在,因为这些浓度与毒性的相关性并非如此。随着分析技术的发展,MRPLs 会降低,但随之可能会产生新的问题。条例 EC No 470/2009 存在着歧义,因为其与毒理学的相关性未被提及。因此,为了从根本上解决有关任何来源兽药产品的食品安全性,在"使用倾向"的基础上我们提出以下方案。这意味着,应用于动物生产领域的临床物质是经授权的具有正常使用目的性的产品。同时,食品安全监管并不是用来应对人为的滥用。再次,它的侧重点是维护公共卫生。图 11.3 描述了一个决策树,这将有效的组织未来的监管。

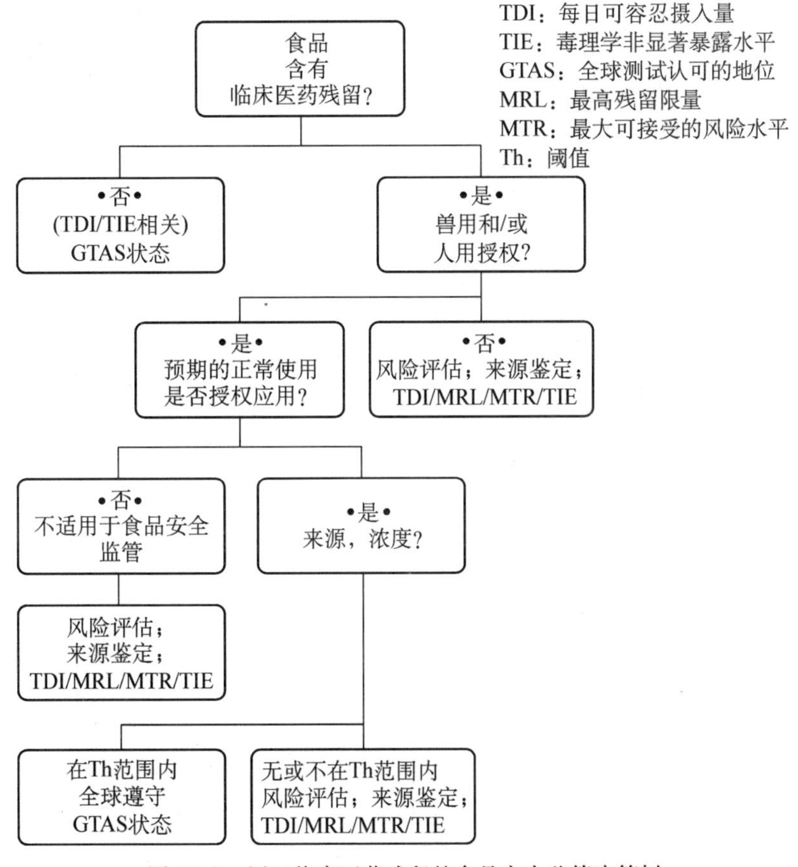


图 11.3　用于临床医药残留的食品安全监管决策树

决策树是以风险评估为基础。一些常用的风险参数可供使用,如:MTR 水平,TDI,相关的 MRL 和毒理学非显著暴露(TIE)水平。后者,毒物兴奋效应是作为一种手段来合理促进食品中化学物质的低水平暴露,并不需要为零(Hanekamp 和 Calabrese, 2007)。基于 TIE 的概念,剂量-响应曲线的 hormetic 部分被"翻译"成毒性阈值。其不应理解为基于 1∶1 000 000MTR 水平的,以毒理学关注阈值(TTC)的概念(Kroes et al., 2004)来完成的评估结果,而是作为一个直接毒性剂量-反应的方式(Calabrese 和 Cook, 2005)。一些(低)水平的暴露没有潜在的危险,而是在一个 hormetic 的适应反应框架中被理解。Renn (2008)观察到:"鉴于毒物兴奋效应,在道德上规定暴露于低剂量潜在有害物质的潜在益处应该纳入风险-收益平衡程序。污染物造成的潜在危害并不能判断使用哪个分类原则。如果健康危在旦夕,风险最小化是不作要求的。需要找出一个被社会广泛接受的风险阈值,低于此阈值时,商品的补偿在法律和道德上是公正的。该阈值可以根据特定的环境来定义,但任何潜在影响健康的人类相关行为,都会影响对接受风险阈值的判断。将毒物兴奋效应纳入风险管理将促使监管者对此阈值清晰化。一旦风险低于这个阈值,所有的正面和负面影响将在可接受性和必要的风险管理策略上达到相对平衡并趋于最终的定夺。"

描述的决策树显示(见图 11.3),INU 不仅限于授权兽医的使用,还包括人类临床使用,因为对于食品生产链来说水生环境可能是一个潜在的临床残留排放源。

显然,经水生环境暴露接触临床医用产品而导致的在食物中的残留浓度比正常预期的兽医用量要低得多。来自地表或地下水的饮用水中,含有大量的外排的临床医用化合物,由于其浓度水平非常低,因此人类健康的任何可衡量的风险与之无关;食品部门中规定的零容忍风险规避方法是不合理并且是不必要的[18]。

将 INU 归入人类药物治疗,其结果使得食物链暴露于这些物质(通过水生环境),是一个基于风险方法提议的合乎逻辑的结果,并且果断地拓宽了基于风险的食品安全法规的窗口。因此,当风险评估策略作为一个中心定理使用的时候,人用和兽用临床医用物质之间的关系可以在图 11.4 中得到最佳的描述。

低剂量毒性的危害证据应当取代当前附件 IV 条例。当由食物残留暴露接触导致的危害证据出现时,该物质就需要被列入修正的"附件 IV"——一个通用禁用物质清单(UBSL)。这是因为难以科学地证明其负面影响,这会产生一个合法的"恶魔"的证据(Hanekamp et al., 2003)。因为缺乏数据来建立一个 MRL,所以就没有足够的理由来禁止某些兽药产品;甚至当这些产品被授权作为人用药物时,其破坏作用将在人体上显现出来。事实上,任何授权的人用和兽用药物,在生物活性剂量上其毒性和有益作用间存在着一个平衡。在人类治疗水平发生的风

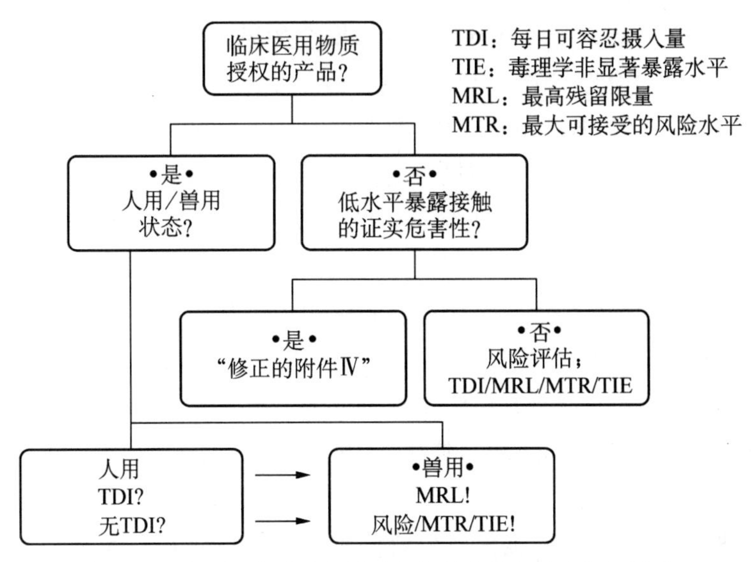


图 11.4　涉及人用和兽用临床医用物质的食品之间的关系

险不等于在兽医上的治疗风险。

为了在分析违规的基础上避免贸易壁垒问题,风险措施应该有一个全球性的管辖权。因此,一个"全球测试批准状态"被引入决策树。分析工具需要水平统一以促进全球规范与公平竞争环境,防止贸易壁垒。国与国之间的贸易将从国际交叉合规中获益,经过适当分析检测的货物将被进口国毫无保留地接受。在非授权的物质被检出的情况下,需要对观察的浓度进行风险分析,此时食品安全将作为唯一的目的。

## 11.8　结论

在全球范围内可接受的最大允许浓度的污染物,如 CAP 需要国际协调的风险评估方法,采用全球商定的方法。法规应该涉及一个 UBSL,这应是基于相关食品暴露接触水平的毒性证明。这里提出的食品安全监管框架是建立在科学基础之上的,必须向检测统一化努力。出口国、进口国和各种内部市场都需要总的准则来排除无保障的贸易壁垒,从建设性来说,是要生成一个面向所有食品生产国的真正的自由和开放的市场。

检测工具需要在国际水平上进行统一化,以产生国际准则和一个公平的竞争环境。国与国之间的贸易将从国际交叉合规中受益,经过适当检测的货物将被进口国毫无保留地接受(全球测试认证状态)。如果禁用物质被检出,就需要对观察到的浓度和潜在的暴露途径进行基于食品安全的风险分析。在TIE的帮助下，将无须进行无尽的检测。在我们看来，这将进一步促进对新一轮授权制造新兽药的兴趣(Hanekamp和Kwakman，2004)。同时通过无损害的证据对预防性零容忍策略的支持，以造就一个谨慎创新的企业文化(Hanekamp和Bast，2008)。

CAP案例是第一个政策上的例子，从中观察到一个从零容忍到阈值措施的监管转变，这可能有希望将一个hormetic的观点不仅列入食品安全法规，也列入环境法规。这显然需要在大体上使安全和保护条例合理化。毒物兴奋效应重新定义了我们对污染的概念，质疑了污染物有害的无条件假设，从而承认人的机体确实具有适应能力。这是具有创新性的，因为现代环境和公众健康的立法很大程度上不仅是建立在好与坏，干净与肮脏，自然与非自然的道德二分法上，而且也建立在安全与健康上。化学物质——无论是天然的或合成的——通常无好坏之分；而是两者兼而有之，取决于被暴露生物的暴露水平和适应性反应(Hanekamp，2008)。关于化学品的安全政策，正如在此提出的关于食品中抗生素的建议，需要抛弃简单的道德善恶二分法，这样才能完善地成为一个条例用来真正解决公众有关食品消费的安全和健康问题。

## 注　释

1　欧洲议会178/2002号法规，2002年1月28日制定食品法的一般原则和要求，建立欧洲食品安全局和制定与食品安全有关的规程。欧洲经济共同体官方杂志L31，页1-24页。

2　欧共体(EEC)2377/90号条例，1990年6月26日规定一个团体制订动物源食品中兽药最大残留限量的程序。欧洲经济共同体官方杂志L224，页1-8页。欧洲议会(EC)470/2009号条例，2009年5月6日规定一个团体制定动物源食品中活性物质残留限量的程序。欧共体(EEC)2377/90号修改指令，2001/82/EC的欧洲议会和理事会法规。欧洲议会(EC)726/2004号条例。欧洲经济共同体官方杂志L152，11-12页。

3　1996年4月29日欧共体理事会指令96/23/EC号，关于活体动物和动物产品中的某些物质和残留物的监管措施。撤销欧共体85/358/EEC和86/469/EEC指令，以及欧共体89/187/EEC和91/664/EEC号决策。欧洲经济共同体官方杂志L125，10-32页。

4　委员会2002年8月12日决定实施理事会96/23/EC号指令，有关的性能分析方法和结果分析。欧洲经济共同体官方杂志L221，8-36页。

5　基因毒性剂(化学品，电离辐射)能够引起DNA损伤。这种损害可能会导致恶性肿瘤的形成。

6　IPCS-INCHEM(政府间化学品安全信息)。见网页 http://www.inchem.org/documents/jecfa/jecmono/v23je02.htm 2009年2月3日访问)。

7　Instituto Technológico Agroalimentario(农业食品技术研究所：AINIA)，2003.食品中的

氯霉素(此报告可从作者处获取)。

8　IPCS-INCHEM(政府间化学品安全信息)。见网页 http://www. inchem. org/documents/jecfa/jecmono/v33je03. htm (2009 年 2 月 3 日访问)。

9　食品暴露接触是在一周消费 8. 4 g 受 10 μg/kg CAP 污染虾的"合理的最坏的情况"下计算的。Kgbw 代表公斤体重(kilogram of body weight)。毒理学数据通常使用此单位。

10　国际癌症研究机构(IARC),1997 年,50 卷药品数据和评估报告的摘要。见网页 http://monographs. iarc. fr/ENG/Monographs/vol50/volume50. pdf (2009 年 2 月 3 日访问)。

11　见 Rechtbank Breda 法院判决 LJN: AU4248,004817 - 02,见网页 http://zoeken. rechtspraak. nl/resultpage. aspx? snelzoeken=true 和 searchtype=ljn 和 ljn=AU4248(2009 年 2 月 3 日访问)。

12　FAO/WHO 有关超过 ADI/MRL 兽药残留的技术研讨会,2004 年 4 月 24—26 日,曼谷,泰国,pp. 37 - 42。

13　2005 年 1 月 11 日委员会决议指定对从第三国进口动物原产品中某些残留物进行试验的协调标准。欧洲经济共同体官方杂志 L16, 61 - 63 页。规定 EC No 470/2009,作为上述我们提及的为动物源性食品中药理活性物质残留限量所建立的新监管标准,特别是涉及检测限的问题时,它在序言中所述,"作为科学和技术进步的结果,它可以检测食品中更低水平的兽药残留。"这造成了一定的问题,已经在这里展示,需要修正,而这个新规定,取代其他 2377/90 EEC,被认为是向前迈进了一步。但是,基本的决议需要的不仅仅是这一规定,还有随后我们要应对的。

14　2003 年 3 月 113 日委员会决议,EC 修改第 2002/657 条,关于要求履行动物原食品中某些残留物最低限量的规定。欧洲经济共同体官方杂志 L71, 17 - 18 页。

15　FAO/WHO 有关超过 ADI/MRL 兽药残留的技术研讨会,2004 年 4 月 24 - 26 日,曼谷,泰国,pp. 37 - 42,81 - 86。

16　关于氯霉素的最终报告——实验室比较研究,Schröder, U. , 2002. Bundesforschungsanstalt für Fischerei, Institut für Fischereitechnik und Fischqualität, GFR, Hamburg. (此报告可从作者处获取)。

17　见 http://toxnet. nlm. nih. gov/cgi-bin/sis/search/f?. /temp/~FE3uhM: 1(2009 年 2 月3 日访问)。

18　关于探讨评价风险分析的原则和方法的讨论文件的评论,2001 年食品中兽药残留法典委员会。FAO/WHO 食品标准法典委员会关于食品中的兽药残留。第三十次会议, Charleston, SC, USA, 4 - 7,12,2001, CX/RVDF 01/9-Add. 1。

## 参考文献


[1] Adriaens P, Gruden C, McCormick M L. Biogeochemistry of halogenated hydrocarbons [M]. In B. Sherwood Lollar (Ed.), Treatise on geochemistry, Vol 9, Environmental Geochemistry. New York, NY: Elsevier. 2007.

[2] Benestad H B. Drug mechanism in marrow aplasia [M]. In C. G. Geary (Ed.), Aplastic anaemia (pp. 26 - 42). London: Balliere Tindall. 1979.

[3] Bentley S D, Chater K F, Cerdeño-Tárraga A-M, et al. Complete genome sequence of the model actinomycete Streptomyces coelicolor A3(2)[J]. Nature, 2002,4 (17):141 - 147.

[4] Bibb M J. Regulation of secondary metabolism in streptomycetes [J]. Current Opinion in Microbiology, 2005,8:208 - 215.
[5] Calabrese E J. The future of hormesis: Where do we go from here? [J] Critical Reviews in Toxicology, 2001,31(4/5):637 - 648.
[6] Calabrese E J. Hormesis and medicine [J]. British Journal of Clinical Pharmacology, 2008,66(5):594 - 617.
[7] Calabrese E J, Baldwin L A. Hormesis: A generalizable and unifying hypothesis [J]. Critical Reviews in Toxicology, 2001,31(4/5):353 - 424.
[8] Calabrese E J, Baldwin L A. Toxicology rethinks its central belief. Hormesis demands a repraisal of the way risks are assessed [J]. Nature, 2003,421:691 - 692.
[9] Calabrese E J, Cook R R. Hormesis: How it could affect the risk assessment process [J]. Human & Experimental Toxicology, 2005,24:265 - 270.
[10] Calabrese E J, Staudenmayer J W, Stanek E J, et al. Hormesis outperforms thresh-old model in national cancer institute antitumor drug screening database [J]. Toxicological Sciences, 2006,94(2):368 - 378.
[11] Chater K F. Streptomyces inside-out: A new perspective on the bacteria that provide us with antibiotics [J]. Philosophical Transactions of the Royal Society B, 2006,361:761 - 768.
[12] Crump K S. A new method for determining allowable daily intakes [J]. Fundamental and Applied Toxicology, 1984,4:854 - 871.
[13] Doody M M, Linet M S, Glass A G, et al. Risks of non-Hodgkin's lymphoma, multiple myeloma, and leukemia associated with common medications [J]. Epidemiology, 1996,7: 131 - 139.
[14] Ehrlich J, Bartz Q R, Smith R M, et al. Chloromycetin, a new antibiotic from a soil actinomycete [J]. Science, 1947,106:417.
[15] Hanekamp J C. Veterinary residues and new European legislation: A new hope? [J] Environmental Liability, 2005,2:52 - 55.
[16] Hanekamp J C. Micronutrients, hormesis and the aptitude for the maturation of regulation [J]. American Journal of pharmaceutical Toxicology, 2008,3(1):141 - 148.
[17] Hanekamp J C, Bast A. Why RDAs and ULs are incompatible standards in the U-shape micronutrient model. A philosophically orientated analysis of micronutrients standardisations [J]. Risk Analysis, 2008,28(6):1639 - 1652.
[18] Hanekamp J C, Calabrese E J. Chloramphenicol, European legislation and hormesis [J]. Dose Response, 2007,5:91 - 93.
[19] Hanekamp J C, Frapporti G, Olieman K. Chloramphenicol, food safety and precautionary thinking in Europe [J]. Environmental Liability, 2003,6:209 - 221.
[20] Hanekamp J C, Kwakman J. Beyond zero-tolerance: A new approach to food safety and residues of pharmacological active substances in foodstuffs of animal origin [J]. Environmental Liability, 2004,1:33 - 39.
[21] Hirsch R, Ternes T, Haberer K, et al. Occurrence of antibiotics in the aquatic environment [J]. The Science of the Total Environment, 1999,225:109 - 118.
[22] Hoenicke K, Gatermann R, Hartig L, et al. Formation of semicarbazide (SEM) in food by hypochlorite treatment: Is SEM a specific marker for nitrofurazone abuse? [J] Food

Additives and Contaminants, 2004,21:526 - 537.

[23] Hopwood D A. Streptomyces in nature and medicine [M]. The antibiotic makers. Oxford: Oxford University Press. 2007.

[24] Janssen P A H, Baars A J, Pieters M N. Advies met betrekking tot chlooramfenicol in garnalen. Bilthoven [R]. The Netherlands: RIVM/CSR. 2001.

[25] Kaiser J. Sipping from a poisoned chalice [J]. Science, 2003,320:376 - 378.

[26] Kolpin D W, Furlong E T, Meyer M T, et al. Pharmaceutical, hormones, and other organic waste water contaminants in U. S. streams, 1999 - 2000: A national reconnaissance [J]. Environmental Science & Technology, 2002,36:1202 - 1211.

[27] Kroes R, Renwick A G, Cheeseman M, et al. Structure-based thresholds of toxicological concern (TTC): Guidance for application to substances present at low levels in the diet [J]. Food and Chemical Toxicology, 2004,42:65 - 83.

[28] Kummerer K. (Ed.). Pharmaceuticals in the environment. Sources, fate, effect and risks [M]. Berlin: Springer Verlag. 2008.

[29] Lindberg R, Jarnheimer P-A, Olsen B, et al. Determination of antibiotic substances in hospital sewage water using solid phase extraction and liquid chromatography/mass spectrometry and group analogue internal standards [J]. Chemosphere, 2004,57:1479 - 1488.

[30] Loraine G A, Pettigrove M E. Seasonal variations in concentrations of pharmaceuticals and personal care products in drinking water and reclaimed wastewater in Southern California [J]. Environmental Science & Technology, 2006,40:687 - 695.

[31] Martelli A, Mattioli F, Pastorino G, et al. Genotoxicity testing of chloramphenicol in rodent and human cells [J]. Mutation Research, 1991,260:65 - 72.

[32] Moustacchi E. DNA damage and repair: Consequences on dose-responses [J]. Mutation Research, 2000,464:35 - 40.

[33] Papa E, Fick J, Lindberg R, et al. Multivariate chemical mapping of antibiotics and identification of structurally representative substances [J]. Environmental Science & Technology, 2007,41:1653 - 1661.

[34] Parsons P A. Metabolic efficiency in response to environmental agents predicts hormesis and invalidates the linear no-threshold premise: Ionizing radiation as a case study [J]. Critical Reviews in Toxicology, 2003,33(3/4):443 - 449.

[35] Patel J C, Banker D D. Chloramphenicol in typhoid fever. A preliminary report of clinical trial in 6 cases [J]. British Medical Journal, 1949,22(2):908 - 909.

[36] Piraee M, White R L, Vining L C. Biosynthesis of the dichloroacetyl component of chloramphenicol in Streptomyces venezuelae ISP5230: Genes required for halogenation [J]. Microbiology, 2004,150:85 - 94.

[37] Renn O. An ethical appraisal of hormesis: Towards a rational discourse on the acceptability of risks and benefits [J]. American Journal of Pharmaceutical Toxicology, 2008,3(1):165 - 181.

[38] Rozman K K, Doul J. Scientific foundations of hormesis. Part 2. Maturation, strengths, limitations, and possible applications in toxicology, pharmacology, and epidemiology [J]. Critical Reviews in Toxicology, 2003,33(3/4):451 - 462.

[39] Shi W, Zusman D. Fatal attraction [J]. Nature, 1993,366:414 - 415.

[40] Tubiana M, Aurengo A. Dose-effect relationship and estimation of the carcinogenic effects of low doses of ionising radiation: The Joint Report of the Académie des Sciences (Paris) and of the Académie Nationale de Mé decine [J]. I Journal of Low Radiation, 2005,2(3/4):1-19.
[41] US EPA. Environmental Protection Agency. An examination of epa risk assessment principles and practices [S]. EPA/100/B-04/001. 2004.
[42] van Pée K-H, Unversucht S. Biological dehalogenation and halogenation reactions [J]. Chemosphere, 2003,52:299-312.
[43] Walsh C. Antibiotics. Actions, origins, resistance [M]. Washington, DC: ASM Press. 2003.
[44] Watkinson A J, Murby E J, Kolpin D W, et al. The occurrence of antibiotics in an urban watershed: From wastewater to drinking water [J]. The Science of the Total Environment, 2009,407:2711-2723.
[45] Weller E A, Catalano P J, Williams P L. Implications of developmental toxicity study design for quantitative risk assessment [J]. Risk Analysis, 1995,15(5):567-574.
[46] Wiener J B. Hormesis and the radical moderation of law [J]. Human & Experimental Toxicology, 2001,20:162-164.

# 第12章　真菌毒素管理——国际性的挑战

## 12.1　引言

真菌毒素是多种真菌次生代谢产物的统称，可污染谷类作物和其他农产品，并影响人类和动物的健康。目前，人们还不清楚到底有多少种真菌毒素，但根据美国农业科学技术理事会(CAST)关于真菌毒素的报告(CAST, 2003)，有毒的真菌代谢物有数千种。然而，目前已知可引起疾病的真菌毒素种类较少。真菌毒素主要分为以下几大类：黄曲霉毒素、单端孢霉烯、伏马毒素、玉米赤霉烯酮、赭曲霉毒素A和麦角生物碱。如果进食高度污染真菌毒素的食品，将迅速出现真菌毒素中毒症状，主要表现为呕吐、腹痛、肺水肿、抽搐、昏迷，少数会导致死亡(Dohlman, 2003)。虽然死亡病例较为罕见，但是死亡病例的出现大多数是因为食物供应匮乏，不得已食用了被严重污染的食物而导致。目前，黄曲霉毒素的风险评估工作是众多真菌毒素中最为完善的，尤其是黄曲霉毒素B1(AFB1)；该毒素已经被国际癌症研究机构(IARC)认定为人类致癌物(IARC, 1997)。此外，乙型肝炎高发人群对于黄曲霉毒素尤其敏感，其患肝癌概率是普通健康人群的60倍(Miller, 1996)。其他真菌毒素也被列为疑似致癌物(IARC, 1997)。人类主要通过以下暴露方式接触真菌毒素：第一，直接食用被真菌毒素污染的农产品；第二，食用饲喂过污染了真菌毒素饲料的动物性产品。有报道称，肉、蛋、奶中均可检测到真菌毒素；真菌毒素的污染影响了畜禽健康，降低了生产力，从而导致畜牧业的经济损失(CAST, 2003)。因此，真菌毒素污染食品和饲料引起了食品安全和经济发展问题；而真菌毒素的控制管理将深刻影响到粮食和农产品贸易。

## 12.2　真菌毒素法规

各国都需通过立法来保护本国消费者免受天然毒素危害。虽然一味地降低风险在经济上是不可行的，但是对不可避免的污染物设定限量标准并非易事。因此，监管机构必须采用合理的风险评估程序，不断地评估人体可接受的污染物暴露水平(CAST, 2003)。风险评估是针对食源性危害对人体健康可能造成的不良影响所进行的科学评估，是建立相关法规的科学基础(FAO, 2004)。主要包括四大部分：危害识别、危害特征描述、暴露评估和风险特征描述。其中，危害识别是根据现有毒理学数据确定某种污染物是否会对健康造成不良影响的定性分析；危害特征描述是根据现有暴露数据对可导致的不良健康作用进行定性或定量评价。除了运用于风险评估程序的数据，其他科学和社会经济因素都会影响到真菌毒素的风险管理，例如，各种真菌毒素的浓度分布、有效的分析方法、其他贸易伙伴国的立法和充足的食品供应等(FAO, 2004)。虽然世贸组织的卫生和植物检疫协定(SPS)中规定国家标准必须建立在健全的风险评估基础上，但管理法规带来的经济和社会影响也同样非常重要，因为对可耐受风险的认知水平极大地取决于各国经济发展水平和各国对农作物污染的敏感度。采样和分析方法的有效性在建立可耐受水平限量时也起着重要作用，对此限量缺乏预期会导致资源浪费或本来非常适宜食用的产品饱受非议(Smith, Lewis, Anderson，和 Solomons, 1994)。世界不同地区对真菌毒素的管控理念存在差异，因为它不能损害合理价格范围内的基本食品供应，所以，在发展中国家，采取适当的保护措施时必须考虑到供给食品的总量。如果已经出现食品供应短缺，强制性法律手段可能会导致食物短缺及由此带来的不良后果。因此，不同国家或多边组织订立的标准存在较大差异(Dohlman, 2003)。根据联合国粮农组织(FAO)对世界范围内真菌毒素管理法规的调查结果，已建立真菌毒素管理法规的国家数量正在稳步增加(FAO, 2004)。2003 年，约 100 个国家已经确立不同真菌毒素在不同食品中的限量标准，并附带推荐的采样和分析操作流程。

## 12.3 统一化法规

20 世纪 90 年代后期，确立毒素的管理限量主要是某一国家的事务。不过，后来几大经济体逐渐统一了他们的管理法规。根据 2004 年 FAO 的报告，包括澳大利亚/新西兰、欧盟、南美共同市场和东盟在内的贸易体都对各自的管理法规进行了统一。

### 12.3.1 澳大利亚/新西兰

2002 年，澳大利亚和新西兰共同发起并编纂了适用于两国的《澳新食品标准法典》,这一转变意味着标准的制定从之前的以危害为基础升级到以风险为基础。目前这些限量标准主要用于花生和坚果中的总黄曲霉毒素和麦角毒素(麦角菌菌核,并非真菌毒素而是麦角生物碱毒素在冬季的一种表现形式)。这些统一后的标准涉及羽扇豆种子中的拟茎点霉毒素、菇类食品和酒精饮料中的松蕈酸等。这些限量标准仅适用于澳大利亚和新西兰,其他国家暂无类似报道。虽然一些进口管理法规推荐了相应的检测方法,但是澳大利亚和新西兰的真菌毒素检测更追求检测效能。为此,实验室必须在获得相应认证后采用合适且已验证的检测方法才能进行相关检测。在起初的风险评估中,检测标准涵盖了赭曲霉毒素 A 和镰刀菌毒素(T-2,雪腐镰刀菌醇、乙酰去氧雪腐镰刀菌烯醇、玉米赤霉烯酮和伏马菌素)。但是,事实证明建立这些真菌毒素的最大限量标准为时尚早。后来的相关法规中也未见这些真菌毒素标准的更新或补充(Cressey, 2008)。

### 12.3.2　欧盟

自 1976 年起,欧盟就在各种食品或饲料中实施统一的黄曲霉毒素 B1 检测标准,包括官方的样品取样和检测分析方法。1998 年,开始强制执行包括样品取样和检测分析方法在内的食品中真菌毒素的检测标准,并逐步推广。2004 年,这一标准扩大到几种真菌毒素和对应的食品(组合)。统一的管理标准中,涉及婴儿配方食品中的展青霉素、黄曲霉毒素 B1 和 M1、赭曲霉毒素 A 和脱氧雪腐镰刀菌烯醇(DON)等;咖啡、白酒、啤酒、调料、葡萄汁、可可及其相关制品中的赭曲霉毒素 A;几种镰刀菌真菌毒素,如单端孢霉烯族化合物(T-2、HT-2 毒素和 DON)、伏马菌素、玉米赤霉烯酮和赭曲霉毒素 A。

### 12.3.3　南美共同市场

南美共同市场主要包括阿根廷、巴西、巴拉圭和乌拉圭。玻利维亚、智利、哥伦比亚、厄瓜多尔和秘鲁是准会员国。委内瑞拉于 2006 年 6 月 17 日签署成员国协议,但是正式成为成员国,还需要巴拉圭和巴西议会的批准。1994 年上述各成员国进行了正式的真菌毒素管理条例的协调工作。该协议对来自于花生和谷物的黄曲霉毒素 B1、B2、G1 和 G2 以及来自于奶制品的黄曲霉毒素 M1 等都给出了最高限量标准。这些标准对每一种真菌毒素及其对应食品种类都规定了样品采集和检测分析的方法。

在南美共同市场内,真菌毒素管理通用法则和指导方针协调了各个国家的真菌毒素管理条例。其中,包括与身体健康和贸易相关的优先产品的定义、各国管理条例与国际标准或条例的比较结果、现行的可供参考的风险评估数据、相应原则和风险分析的采用情况等。在所有特定步骤完成后，最终建立了真菌毒素最大限量标准，目前已融入4大成员国的法律体系并强制执行。但是，因各成员国缺乏相关数据导致履行此标准存在较大的难度。至今，所有成员国将统一的标准用于花生、玉米和其他农产品中总黄曲霉毒素以及液体奶和奶粉中黄曲霉毒素M1的检测。另外，各成员国可以自行颁布法令限定未列在共同体协议中其他农产品的真菌毒素限量。例如，乌拉圭利用既定的真菌毒素最高限量来限定其他农产品中的真菌毒素含量；巴西也采取了类似的做法来限定其他相关真菌毒素。特殊情况下，也可以将国际参考标准当作真菌毒素的检测限量值（Lindner Schreiner，2008）。

### 12.3.4 东盟

目前，东盟包括文莱、柬埔寨、印度尼西亚、老挝、马来西亚、缅甸、菲律宾、新加坡、泰国和越南。大多数国家均有自己的真菌毒素管理条例，目前并未进行协商制定统一的规范。但是，国际法典委员会驻东盟特派小组限定牛奶中黄曲霉毒素M1的最大限量为0.5 μg/kg。东盟参比实验室也制定了真菌毒素的限量标准，并对农药残留、兽药残留、微生物指标、重金属残留和转基因产品进行了限定。另外，东盟食品管理条例（ACFCR）、东盟食品控制系统通用原则、东盟食品包装标识通用原则与条例、东盟食品卫生通用原则与条例等文件已经获批，将来也会成为东盟相关食品系统的指导性原则（Le Chau，2006）。

### 12.3.5 国际食品法典委员会

国际食品法典委员会（CAC）是由世界粮农组织（FAO）和世界卫生组织（WHO）组建，旨在通过设立食品和饲料国际标准促进国际贸易并保障消费者健康。在国际食品法典委员会下辖的食品添加剂和污染物法典委员会（CCFAC）设立了大量的食品添加剂和污染物的最高限量标准，这些标准在解决国际贸易争端中起了重要作用。FAO/WHO食品添加剂专家委员会（JECFA）这一科学组织的主要功能是为国际食品法典委员会提供食品添加剂和污染物方面的咨询服务。该委员会运用官方风险评估方法进行污染物评价。JECFA获得危害识别和危害特征描述的数据后，再对所有毒理学信息进行综合评估并给出暂定周耐受摄入量（PTWI）和暂定日耐受摄入量（PTDI）。“暂定”一词是用来描述因缺少JECFA关切的毒物剂量水平下的人体暴露数据而进行评估所带来的不确定性。这一评估是基于毒理学研究测定出的无可见有害作用水平(NOAEL)和一个不确定系数来完成的,也就是用动物实验得到的最低 NOAEL 除以系数 100(其中 10 来自于动物外推试验或种间差异;10 来自于个体差异或种内差异)。如果毒理学数据不足,就会使用更高的安全系数。这一计算方法得出的就是耐受摄入水平。当评估毒素的致癌性(如黄曲霉毒素)时,这一评估方法就不再适用了。无有效作用浓度限量并不适用于具有遗传毒性的化合物,因为这时小剂量也会带来一定程度的毒害作用。当然,最好是强制性去除所有致癌物质。但是,食品或饲料的天然污染物是不可能完全清除的。对于这一特殊情况,JECFA 设立了可行的最低水平(ALARA),被视为污染物可降低到的最低水平。ALARA 是一个官方毒素限值,避免了无谓地销毁食品或严重影响食品供给(CAST, 2003; FAO, 2004)。

## 12.4　法规对贸易的影响

由于很难精确测定真菌毒素和某些慢性疾病之间的因果关系(Dohlman, 2003),从而导致缺少真菌毒素诱发人类相关疾病所带来的健康和经济损失的相关数据。因此,要想用一致和统一的方式来评估真菌毒素污染的全面影响是非常困难的。真菌毒素会影响生产力和国际贸易,从而直接导致经济损失。因为真菌毒素的限量标准会成为贸易谈判讨价还价的筹码,所以食品贸易的全球化使其法规管理异常复杂。发达国家建立了良好的基础设施用于监测食品安全与质量,而发展中国家的人民因缺少食品质量与安全监测体系且没有有效监测设施,不能得到良好的保护(Cardwell, Desjardins, Henry, Munkvold 和 Robens, 2001)。在一些案例中,发展中国家因长期饱受真菌毒素污染,或被进口国强制执行新的更加严苛的真菌毒素限量标准,从而导致了不小的经济损失(Dohlman, 2003)。研究报告称,美国每年因真菌毒素污染农作物(谷物、小麦和花生)导致约 9.32 亿美元的损失;另外,每年为加强真菌毒素强制管理、检测和质量控制投入经费约4.66 亿美元(CAST, 2003)。但是对于那些容易被真菌毒素污染的农产品,其出口国因更严苛的真菌毒素管理标准会蒙受更大的经济损失。真菌毒素污染是不可避免的,所以经常会导致贸易争端;天气和昆虫活动等诸多环境因素均可影响谷物受真菌毒素污染的水平,这些因素是很难甚至是无法控制的。另外,对真菌毒素耐受风险的预估与一个国家经济发展水平和该国农作物是否易被污染密切相关(Dohlman, 2003)。2001 年,Wilson 和 Otsuki 的一项研究估计,包括美国在内的 46 个国家自 1998 年开始执行基于国际食品法典指导纲要的统一标准以来,谷物和坚果交易额至少增加了 60 亿美元，与之前各自为政时相比，贸易额增加了 50%以上。欧盟对黄曲霉毒素的管理标准（所有食品中黄曲霉毒素的限量为 4 ng/g，而对花生的限量为 15 ng/g）是全球最严格的，这个标准刚好低于统一的国际食品法典标准（Wu, 2008）。当欧盟标准被用于国际贸易时，国际贸易组织担心进口贸易经济体会将这一标准的影响转嫁到出口贸易国。实际上，一些研究表明这一严苛标准给美国、阿根廷和非洲带来了严重的经济损失；但是，却并未给欧盟各国消费者带来显著的健康福利（Otsuki, Wilson 和 Sewadeh, 2001; Wu, 2004）。2005 年，世界银行的一个研究报告表明：由于农产品生产力和其他贸易因素对非洲出口的影响不得而知，Otsuki 与其合作者高估了欧盟黄曲霉毒素限量标准对非洲贸易的影响。但是，该研究发现那些按照欧盟标准成功出口农产品的国家，包括土耳其、巴西和伊朗，却招致了较大的经济损失。2008 年，Wu 预计上述这些研究并未考虑到多元利益主体和适应欧盟标准带来的农产品价格波动；也未考虑到在特定条件下，严格的食品标准给高品质出口市场所带来的经济利益。

另一方面，在高端市场强制施行严苛的标准会对出口国的人民健康带来负面影响。事实上，这些国家拥有更弱势的群体。究其原因，这是因为出口国会把最好的产品用来出口，而质量差的受污染产品留在国内市场进行销售。内销产品往往被那些低收入人群消费掉，而这个群体更易罹患乙型肝炎。2004 年，Wu 估计欧盟将黄曲霉毒素限量标准从 20 ng/g 降至 10 ng/g，甚至从 10 ng/g 降至 2 ng/g；而对于降低该地区人群死亡风险的作用是微乎其微的。但是，乙型和丙型肝炎高发地区（中国和撒哈拉以南的非洲地区）的民众则面临更大的健康风险。

大多数国家意识到必须慎重对待用于保障食品供应链的真菌毒素限量标准，但是对于如何平衡经济损失和人群健康之间的关系仍存在较大的分歧。这个问题对无法实施更有力的产品质量控制措施的国家来说显得尤为重要。通过这些研究报告我们得出的结论是：在制定统一的真菌毒素管理标准时，不管用哪种模型计算出标准对经济影响有多大，对决策者来讲最重要的是权衡人群健康与经济产出之间的关系。既然控制真菌毒素污染是 21 世纪的明确目标，毫无疑问，创建真菌毒素管理标准是我们继续努力的方向。

## 12.5 技术支撑

设定更严格的真菌毒素管理限量时必须要有一定的技术支撑保证真菌毒素

污染的起始风险最小化,减少超出管理限量的可能性。世界银行的贸易分析报告显示在欧盟施行统一的真菌毒素限量标准 6 年后,撒哈拉以南非洲地区蒙受的贸易损失远比预期低(Diaz Rios 和 Jaffee, 2008)。对大部分撒哈拉以南非洲国家来说,欧盟标准显然既非贸易壁垒,也非贸易催化剂,因为这些国家可食落花生出口几十年来在国际贸易中逐渐丧失了竞争力。欧盟标准被实施真菌毒素污染控制系统的其他竞争国抵消了。自从对黄曲霉毒素污染防控有了更多的了解后,升级易污染农产品生产管理制度时可逐步整合良好农业规范(GAPs)和危害分析与关键控制点体系(HACCP)。产品出口前,政府会实施这些改进措施,并在食品产业链不同阶段实施终产品监测。世界银行的一份研究报告显示,即便欧盟实施较为宽松的真菌毒素限量标准,也不会提升非洲落花生的出口量(Diaz Rios 和 Jaffee, 2008)。根据欧盟食品与饲料快速预警系统(RASFF)分析报告显示:2004—2006 年间,欧盟拒收了 80%产自非洲的进口落花生,即使按照国际食品法典标准这些落花生也不合格。如果欧盟采用国际食品法典的标准,那么主要受益者将会是更有竞争力的落花生出口国,如阿根廷、美国、巴西、中国和埃及。这些国家都投资更新了各自的农产品生产系统,不仅提高了产品质量和产量,而且获得了更好的食品安全控制以获取更高的收益回报。但是,一些出口国缺乏技术资源来更新各自的农产品生产系统。那些咖啡出口国亦是如此,必须面对欧盟严苛的赭曲霉毒素 A (OTA)限量标准。这种情况下,FAO 需给这些咖啡出口国提供技术援助,以使这些国家建立适当的管理系统从而提高出口咖啡质量并控制 OTA 的污染。在厄瓜多尔实施的整合型真菌毒素管理系统显示出技术支撑的重要性(López-García, Mallmann 和 Pineiro, 2008),但是,这些系统的有效性取决于生产商的落实和采取适当控制后所带来的收益。后者或许比较困难,因为其他经济因素也会阻碍生产商把貌似高质量的产品卖个更好的价格。但是,对于生产商来说,采取适当管理措施从长远来看的确可以起到提高经济效益的作用;或许只有这样做未来才能获得市场的准入。

## 12.6 小结

各国对真菌毒素污染的全球影响已经达成共识,那么继续设立真菌毒素管理限量用于保障公众健康及市场准入也是理所当然的。但是,这些法规的出台必须基于健全的风险评估过程连同充分的样品采集和分析方法。另外,决策者必须始终考虑到不同标准的经济影响。在统一标准过程中,最重要的是找到一个合适的平衡点，即确保经济利益最大化，又能最大限度地保护各个消费阶层人群的身体健康。因资源环境和食品供应水平差异，各国对风险的预期及期望达到的保护水平绝对是不同的。但是，国际组织对于保护全球公众健康有义不容辞的责任，包括绝大多数并未意识到自己身陷真菌毒素污染风险中的易感人群。建立并实施合理的真菌毒素管理系统是非常重要的，不仅可以降低真菌毒素污染，持续进入高端市场，而且还可以获得高质量产品，在国际贸易中获得更高收益，回馈给生产商。

## 参考文献


[1] Cardwell K F, Desjardins A, Henry SH, et al. Mycotoxins: The costs of achieving food security and food quality [R]. ASPSnet. American Phytopathological Society. August 2001. www.apsnet.org/online/feature/mycotoxin/top.html (accessed 10 March 2009). 2001.

[2] CAST. Mycotoxin: Risks in plant, animal and human systems [R]. In J. L. Richard & G. A. Payne (Eds.), Council for Agricultural Science and Technology Task Force Report No. 139, Ames, Iowa. 2003.

[3] Cressey P. Fungal downunder: mycotoxin risk management in New Zealand and Australia [C]. Presented at The Fifth World Mycotoxin Forum. 17 - 18 November 2008. Noordwijk, the Netherlands. 2008.

[4] Diaz Rios L B, Jaffee S. Barrier, catalyst or distraction? Standards, competitiveness and Africa's groundnut exports to Europe. Agriculture and Rural Development Discussion Paper 39, World Bank. http://siteresources.worldbank.org/INTARD/Resources/AflatoxinPaperWEB.pdf (accessed 10 March 2009). 2008.

[5] Dohlman E. Mycotoxin hazards and regulations: impacts on food and animal feed crop trade [M]. In J. Buzby (ed.), International Trade and Food Safety: Economic Theory and Case Studies, Agricultural Economic Report No. 828, USDA, ERS. 2003.

[6] FAO. Worldwide regulations for mycotoxins in food and feed in 2003 [S]. FAO Food and Nutrition Paper 81. Rome, Italy: Food and Agriculture Organization of the United Nations. 2004.

[7] IARC. Some naturally occurring substances: food items and constituents, heterocyclic aromatic amines and mycotoxins [C]. Summary of data reported and evaluation. International Agency for Research on Cancer Monographs on the Evaluation of Carcinogenic Risks to Humans. Volume 56 last updated 08/21/1997. http://monographs.iarc.fr/ENG/Monographs/vol56/volume56.pdf (accessed 16 March 2009), Lyon, France. 1997.

[8] Le Chau G. ASEAN Approaches to Standardization and Conformity Assessment Procedures and their Impact on Trade [C]. Presented at: Regional Workshop on the Importance of Rules of Origin and Standards in Regional Integration, 26 - 27 June 2006,

Hainan, China. 2006.
[ 9 ] Lindner Schreiner L. Mycotoxins: Regulatory measures in MERCOSUR, the common market of the Southern Cone [C]. Presented at The Fifth World Mycotoxin Forum, 17 - 18 November 2008, Noordwijk, The Netherlands. 2008.
[10] López-García R, Mallmann C A, Pineiro M. Design and implementation of an integrated management system for ochratoxin A in the coffee production chain [J]. Food Additives Contaminants, 2008,25(2):231 - 240.
[11] Miller J D. Foodborne natural carcinogens: Issues and priorities [J]. African Newsletter, 6 ( Supplement 1 ). http://www. ttl. fi/Internet/English/Information/Electronic + journals/African + Newsletter/1996-01 + Supplement/06. htm ( accessed 16 March 2009). 1996.
[12] Otsuki T, Wilson J S, Sewadeh M. What price precaution? European harmonization of aflatoxin regulations and African groundnut oundnut exports [J]. European Review of Agricultural Economics, 2001,28:263 - 283.
[13] Smith J W, Lewis C W, Anderson H G, et al. Mycotoxins in Human and Animal Health. Technical report [R]. European Commission, Directorate XII: Science, Research and Development, Agro-Industrial Research Division, Brussels, Belgium. 1994.
[14] Wilson J, Otsuki T. Global trade and food safety: Winners and losers in a fragmented system. The World Bank. October 2001. http://www-wds. worldbank. org/external/default/WDSContentServer/IW3P/IB/2001/12/11/000094946_01110204024949/Rendered/PDF/multi 0page. pdf (accessed 27 February 2009). 2001.
[15] World Bank. Food safety and agricultural health standards. Challenges and opportunities for developing country exports [R]. Report No. 31207, Washington, DC, USA. 2005.
[16] Wu F. Mycotoxin risk assessment for the purpose of setting international standards [J]. Environmental Science &Technology, 2004,38:4049 - 4055.
[17] Wu F. A tale of two commodities: How EU mycotoxin regulations have affected US tree nut industries [J]. World Mycotoxin Journal, 2008,1(1):95 - 101.

# 第 13 章　食品中的谷氨酸钠及其生物功效

## 13.1　引言

谷氨酸钠是一种食品风味增强剂。日本科学家 Kikunae Ikeda 于 1908 年首次从海藻(*Laminaria japonica*)中提取出谷氨酸钠，并发现它具有食品风味的特性(Ikeda, 1908)。它是一种白色无味的粉状结晶，化学式为 $C_5H_8NNaO_4 \cdot H_2O$，分子量为 187.13。易溶于水，微溶于乙醇，难溶于乙醚。在谷氨酸钠产品中，砷和铅含量分别不得超过 2 mg/kg 和 5 mg/kg，总重金属含量不得超过10 mg/kg(MSG Standard, 2007)。谷氨酸钠不仅可以由人体自己产生，很多食物中也广泛存在，如帕尔玛奶酪、番茄、蘑菇、胡桃、鸡蛋、鸡肉、牛肉、猪肉、胡萝卜、豌豆和其他一些蔬菜中。谷氨酸钠也可以通过发酵淀粉和糖浆(玉米糖浆、甘蔗糖浆、甜菜糖浆)得到。目前有三种商业化的谷氨酸盐:第一种是蛋白质水解精制而得的谷氨酸盐产品，谷氨酸钠含量约为 99%，标记为味精。第二种称为水解蛋白物质(hydrolyzed protein product, HPP)，它是蛋白质水解后的产物，谷氨酸钠的含量低于 99%。第三种是通过添加蛋白酶而加工获得的谷氨酸钠，这种谷氨酸盐产品不需要在食品标签中标示(美国食品药品管理局)。

谷氨酸钠是非必需氨基酸 L-谷氨酸的钠盐，在自然界中含量丰富。它可以以游离态的形式存在，也可以与其他肽或蛋白质类物质结合。人体也可以合成谷氨酸盐，其对人体新陈代谢起着重要的作用。一个体重为 70 kg 的人，每日通过膳食和肠道内的蛋白质降解获得的谷氨酸盐总量为 28 g。人体并不能区分自然存在于食品中和添入食品中的谷氨酸盐。人体每日平均可产生 50 g 游离的谷氨酸盐供给代谢所需。谷氨酸钠可以刺激人的味蕾来增强食品的风味。然而，它并不能增强所有食品的风味，当添加到如禽类、水产品、肉类和蔬菜等食品中时，它的增鲜效果会更明显。

## 13.2 谷氨酸钠的鲜味

自然存在的鲜味物质有3种,分别是谷氨酸钠(MSG)、5′-肌苷酸二钠(IMP)和5′-鸟苷酸二钠(GMP)。这些鲜味物质在食品中含量非常丰富,包括蔬菜(番茄、土豆、卷心菜、蘑菇、胡萝卜、大豆、绿豆),水产品(鱼、海藻、牡蛎、对虾、螃蟹、海胆、蛤蜊、扇贝)、肉和奶酪。食物的味道可以分为以下四个基本的味道:甜、酸、咸、苦。鲜味是第五种味道,具有特殊性(Kumiko, 2002)。关于这一特殊性的假说为:谷氨酸盐感受器可能就是鲜味受体,它与大脑中的谷氨酸盐受体具有结构和药理学上的相似性(Brand, 2000)。谷氨酸盐味道的转化涉及一个或多个受体,这些受体类似于但又不同于大脑中谷氨酸盐受体(Brand, 2000)。神经元谷氨酸盐可以经多种物质刺激而释放。通过微透析技术在体内和体外可以对其进行含量检测。

谷氨酸盐受体有两种类型:离子转移型和代谢型。离子转移型受体包括AMPA受体(iGluR1和iGluR4亚型)、氨酸受体(iGluR5, iGluR7和KA1 KA2亚型)和NMDA受体(NR1, NR2A－D和NR3亚型)。AMPA受体和氨酸受体可调节快速兴奋型突触传递,并与不依赖于电压控制的钠离子去极化电流通道相关(Cotman et al., 1995)。NMDA受体与钙离子调节的电子流有关,这种电子流速度较慢,且持续性长。代谢型受体通过G蛋白与细胞内第二信使结合,它有3种类型:第一种包含亚型mGluR1a, b, c和mGluR5a, b,第二种包含亚型mGluR2, 3,第三种包含亚型mGluR4, 6, 7, 8(Nakanishu和Masu, 1994)。人体对于谷氨酸盐的反应不依赖于其他的味道(Kenzo和Makoto, 1998)。有报道证明了谷氨酸钠和IMP或者GMP之间具有协同作用(Kuninaka, 1967)。

鲜味具有以下几个基本特点:①它不同于其他味道,具有其特征性;②混合其他的基本味道刺激物并不能产生鲜味;③食物中的成分可以诱导鲜味的产生。谷氨酸钠的用量会影响不同品系小鼠对于谷氨酸钠的接受度。有两种假说可以解释鲜味转化(Brand, 2000)。一种假说是,鲜味是通过NMDA型的谷氨酸盐离子通道受体来进行诱导;另一种假说是,鲜味是通过代谢型谷氨酸盐受体来进行转化。Chaudhari, Landin和Roper发现,L－谷氨酸钠受体mGluR4,对于味觉感受细胞具有调节作用。谷氨酸钠中的钠离子可能有助于谷氨酸盐产生鲜味(Hegenbart, 1992)。作为一种食品风味,鲜味具有平衡口感,促进食品口味的作用。实验表明,高谷氨酸钠唾液组和低谷氨酸钠唾液组在一些衡量味道的参量,如在电子味觉测量阈值、谷氨酸钠样品强度、去离子水的接受度和更低的谷氨酸钠浓度等方面并没有显示出差异性。低谷氨酸钠唾液组的结果显示，谷氨酸钠的浓度越高，味道越令人有不适感(Scinska-Bienkowska, Wrobel 和 Turzynska, 2006)。也有报道证明，化学刺激物(如鲜味物质)首先是在味蕾中被受体膜吸收，这种吸收会引发受体细胞释放化学传递介质，这种化学传递介质又可以产生神经冲动来调节味觉敏感度。大脑中的神经网络传递此信息至第一及第二大脑皮层进行信息处理和辨识(Bellisle, 1999)。少量的低钠谷氨酸盐产品的味道比高含量的味道要好，使食品更易被人们接受。

## 13.3 谷氨酸钠在人和动物中的代谢

谷氨酸盐在人体新陈代谢中占据中心位置。它构成了蛋白质总重量的10%～40%，可以在体内合成。谷氨酸盐可以为其他氨基酸的生物合成提供氨基，同时它也是谷氨酰胺和谷胱甘肽的合成底物。谷氨酸钠是大脑中重要的神经递质，可以为某些组织提供能量。

膳食性谷氨酸盐主要来自以下两个方面:摄入膳食蛋白质或摄取含有大量游离谷氨酸盐的食物。这些谷氨酸盐可能是自然存在于食物中，也可能是通过谷氨酸钠或者水解蛋白的形式添加其中。膳食性谷氨酸盐可通过运输系统经内脏吸收进入小肠黏膜细胞，代谢后释放出大量能量。在小肠黏膜细胞中谷氨酸钠可以被代谢为丙氨酸，在肝脏中它可以被转化为葡萄糖和乳酸盐(Stegink et al., 1979)。小肠在膳食性谷氨酸盐和谷氨酰胺的代谢中起着重要的作用(Munro, 1979)。

实际上，膳食性谷氨酸盐几乎不经门脉供血，这就导致谷氨酸钠和其他膳食性谷氨酸盐的摄入基本不会影响血浆中谷氨酸盐的水平。只有当摄入大剂量谷氨酸盐(5 g)时，血浆中谷氨酸盐的浓度才会有所升高。通常来讲，含有可代谢碳水化合物的食物可以使血浆中谷氨酸盐的水平降至 150 mg/kg 体重。摄入谷氨酸钠也会影响母乳中谷氨酸盐的浓度。尽管谷氨酸盐是一种重要的神经递质，血液屏障仍会有效地排除血浆中谷氨酸盐的被动摄入。仅摄入大量谷氨酸钠(3 g)而不摄入食物，可能会使一小部分人群患上如中餐综合征的病症。但是因为谷氨酸钠通常是同食物一起被人体摄入，这种情况鲜有发生。目前也没有理论依据证明谷氨酸钠是导致重要疾病或者死亡的因素。

谷氨酸盐在人体中的代谢途径是通过氧化脱氨基作用或者与丙酮酸盐的转

氨基作用生成丁酮二酸。谷氨酸盐的代谢机理包括脱羧反应生成 γ-氨基丁酸(GABA)和酰胺化作用生成谷氨酰胺。脱羧反应生成 GABA 依赖于吡哆醛磷酸盐，即麸胺酸氨基转移酶，它是谷氨酸脱羧酶的辅酶。

缺乏维生素 $B_6$ 的大鼠血浆中谷氨酸盐水平会升高，且谷氨酸盐清除过程变慢。谷氨酸盐通过氨基酸运输系统吸收进入内脏。这个过程是可饱和的，存在竞争性抑制作用，且依赖于钠离子浓度(Schultz, Yu-Tu, Alvafez 和 Currans, 1990)。在小肠吸收的过程中，一大部分的谷氨酸盐发生转氨基反应生成丙氨酸，从而血液中的丙氨酸水平升高。若摄入大量谷氨酸盐，谷氨酸盐血液水平会升高。这种升高会加快肝脏中谷氨酸盐的代谢，释放出葡萄糖、乳酸盐、谷氨酸盐和其他氨基酸，随后这些物质便进入体循环(Stegink, Filer, Jr.，和 Baker, 1983)。膳食性蛋白质和分泌入内脏的内源性蛋白质均会被吸收分解为游离氨基酸和小肽，这些氨基酸和小肽会被吸收进入小肠细胞。在小肠细胞中肽类物质被水解为游离氨基酸，这个过程中谷氨酸盐也被同步代谢。由于在小肠黏膜细胞中谷氨酸盐被快速代谢，体内血浆水平也会降低。

血浆中谷氨酸盐的水平依赖于摄入剂量和浓度，若口服高剂量谷氨酸盐，血浆水平会升高。若喂食新生大鼠食物中谷氨酸钠的浓度从 2%升高到 10%，这会引起大鼠血浆水平升高 5 倍。婴儿血浆中谷氨酸盐含量比成人血浆高。比较谷氨酸钠/配方奶粉混合物和谷氨酸钠/水混合物饲喂小鼠对血浆谷氨酸盐的水平影响，可以发现前者可以使血浆中谷氨酸盐的水平显著降低。人体中谷氨酸盐吸收量和血浆水平的关系也显示出与此类似的现象。

膳食性碳水化合物不会显著提高血浆中谷氨酸盐的水平。碳水化合物可以提供丙酮酸盐作为同谷氨酸盐发生转氨基反应的底物，从而丙氨酸会大量生成，更少的谷氨酸盐会进入门脉循环(Stegink et al.，1983)。怀孕的猕猴以 1 g/h 的速率摄入谷氨酸钠，其血浆谷氨酸盐水平升高 10 到 20 倍，但是死亡率保持不变。在体外用人类胎盘进行灌注实验，结果表明胎盘可以有效地阻止谷氨酸的代谢转运(Schneider, Moehlenkii Challier 和 Danicis, 1979)。

有关血脑屏障影响的研究表明，在小鼠、大鼠、豚鼠、猪和兔子这些动物中，谷氨酸盐在大脑中的水平远高于其在血浆中的水平。谷氨酸盐从大脑中的流出量是其进入大脑的量的 7 倍，这表明大脑是合成谷氨酸盐的场所。谷氨酸盐从血液流到大脑的转运速率比基本氨基酸的速率低很多。血脑屏障的作用在于控制物质进入大脑中，它会阻止谷氨酸盐流入大脑。因此，大脑只能自己以葡萄糖和氨基酸为原料合成谷氨酸盐。血浆中正常的谷氨酸盐水平是转运速率常数的 4 倍，因此在正常的生理条件下谷氨酸盐的转运系统实际上是饱和的。动物实验表明，每公斤体重给药 2 克谷氨酸盐后，当血浆水平是基本量的 20 倍时，大脑中的谷氨酸盐水平才会显著增加。在中枢神经系统中，L-谷氨酸盐和 GABA 分别为刺激性神经递质和抑制性神经递质。谷氨酸盐也会参与到蛋白质的合成中。谷氨酸是一种刺激性的神经递质，它的前体物质是葡萄糖、谷氨酰胺和 L 酮戊二酸盐(Shank 和 Aprison, 1979)。

谷氨酸盐可以作为某些氨基酸转氨基和脱氨基的共底物。这些反应可以为葡萄糖的生成或者 ATP 的生成提供碳骨架(Brosnan, 2000)。谷氨酸盐在细胞内的氮转化反应中起着重要的作用，而谷氨酰胺却没有这么重要。胎盘可以利用谷氨酸盐作为重要的能量来源(Battagalia, 2000)。在胎盘中，谷氨酸盐清除率可以达到 60%。尽管胎盘可以完全利用从母亲那里得到的谷氨酸盐，但是胎儿的肝脏在提供谷氨酸盐方面也起到重要的作用。

在大脑中，内源性谷氨酸盐可以作为刺激性神经递质，但膳食性谷氨酸盐(MSG)对大脑神经系统有兴奋毒性作用(Meldrum, 1993)，其可能的机制是，氨基酸在大脑中有特殊的局部分布规律，不同于机体其他部位。存在于大脑中的谷氨酸盐及被作为神经递质的谷氨酸盐在神经元中被合成，又从突触中被移除至神经元作为非神经递质(Daikhin 和 Yudkoff, 2000)。低渗透率谷氨酸盐与大脑中新陈代谢机制的结合可以为大脑神经元提供保护，使全身和局部谷氨酸盐浓度不会变化异常(Walker 和 Lupien, 2000)。

## 13.4 谷氨酸钠的营养学研究

对大鼠的营养学研究表明，谷氨酸是非必需氨基酸，但还是需要一定量的谷氨酸来保证大鼠的快速生长。成人组织中的游离氨基酸有 70 g，其中主要的成分是丙氨酸、谷氨酸、谷氨酰胺和甘氨酸。一个体重为 70 kg 的人每日谷氨酸的转化率为 4 800 mg (Munro, 1979)。人的血浆中含有 4.4～4.5 mg/L 的游离谷氨酸和 9 mg/L 的结合谷氨酸。肌肉中谷氨酸总量为 6 000 mg，大脑中为2 250 mg，肾脏中为 680 mg，肝脏中为 670 mg，血浆中为 40 mg。母乳中游离的谷氨酸为 300 mg/L。然而，牛奶中只含有 30 mg/L 的谷氨酸。母乳喂养的婴儿每日摄入游离谷氨酸大约为 36 mg/kg 体重，相当于 46 mg/kg 体重的谷氨酸钠。哈密瓜中含有 0.5 g/kg 的高浓度谷氨酸，葡萄中含有 0.4 g/kg 的高浓度谷氨酸。3 天的新生儿谷氨酸的日摄入量为游离谷氨酸 1.1 g 和结合谷氨酸 0.115 g。5～6 个月婴儿每日食用500 g的牛奶和2罐婴儿食品后可获取4 g结合谷氨酸和0.075 g游离谷氨酸，相当于谷氨酸0.62 g/kg体重。2岁以上的个体的谷氨酸钠日平均摄入量大约是100～225 mg。

稳定同位素实验结果表明，膳食性谷氨酸盐是肠道的主要能量来源，大约是消化过程消耗能量的一半(Reeds，Burrin，Stoll和Jahoor，2000)。人和动物的营养状况是选择食物的决定性因素(Booth和Davis，1973)。若对一种新食物消化不良，则会产生反感恶心的感觉。相反，人们会更喜欢能够提供饱腹感的食物。据估计，大鼠对鲜味的偏好程度也依赖于其营养状况。蛋白质中缺乏某一种必需氨基酸会限制对这种蛋白质的使用，从而限制生长(Leung和Rogers，1987)。有关报道证明，喂食大鼠的膳食中若缺乏赖氨酸，则大鼠不会喜欢含谷氨酸钠的食物。蛋白质严重缺乏的大鼠喜欢氯化钠和甘氨酸(Leung，Rogers和Harper，1968)。如果再次用平衡氨基酸的膳食喂养大鼠，大鼠可以从氨基酸缺乏症中恢复，也会恢复对鲜味食物的喜爱。谷氨酸钠可以增强对食物中食盐的敏感度(Yamaguchi和Kimizuka，1979)。增加谷氨酸钠可以增强对某些目标食物的摄入。蛋白质缺乏症的孩子在营养中心经过治疗后，会变得喜欢食用强化谷氨酸钠的蔬菜汤(Vazquez，Pearson和Beauchamp，1982)。因为谷氨酸盐可以使食物更开胃和更吸引人，它也可以补充到老年人的膳食中。谷胱甘肽是一种在人体防御机制中起到重要作用的抗氧化分子。食源性谷氨酸盐同甘氨酸和半胱氨酸一起在谷胱甘肽的合成中起着重要作用。

## 13.5　谷氨酸钠的毒理学研究

L-谷氨酸在对鼠伤寒沙门氏菌菌株TA98，TA100，TA1537进行测试时无诱变性；同时在对含啤酒酵母菌S-9混合物测试时发现，L-谷氨酸也都无诱变性(Litton Bionetics，1977)。动脉内2%的谷氨酸钠会提高癫痫病发病率；脑池内L-谷氨酸能够引起动物和人体的强直阵挛性惊厥。腹腔注射谷氨酸钠3.2 g/kg体重能够引起未成熟小鼠与大鼠指示视网膜毒性的电流图中β波的可逆性阻塞(Potts，Modrell和Kingsbury，1960)。谷氨酸盐处理可以降低谷氨酰胺酶的活性，增加谷氨酸的天冬氨酸转氨酶的活性。小鼠皮下注射4～8 g/kg L-谷氨酸盐会引起视网膜损伤和神经节细胞坏死。目前已经有关于新生小鼠视网膜退化和肠外谷氨酸钠管理方面的报道。报道称这种损伤对小鼠的弓状核和快速细胞坏死似乎是不可逆的。在豚鼠和鸟类中也观察到了同样的结果。对小鼠喂食1%

或4%的L-谷氨酸和L-谷氨酸钠,并长期观察,两年后没有发现任何恶性肿瘤细胞(Little, 1953)。大脑损伤感应可能高度依赖于谷氨酸盐的信号路径。对小鼠单一皮下注射谷氨酸盐后,血浆谷氨酸浓度增加,紧接着下丘脑弓状细胞核中的谷氨酸达到瞬时积累,表明这可能与弓状神经元的选择性摧毁有关。同时这也暗示血浆谷氨酸盐超过一定浓度可以诱发脑损伤(Yuichi, Seinosake, Masamiche 和 Makoto, 1977)。有研究表明,人体将谷氨酸作为大脑的神经递质,同时在身体的其他组织部位也有谷氨酸响应。谷氨酸受体功能异常会导致某些神经性疾病:如阿尔兹海默病,亨廷顿氏舞蹈病等。对实验室动物注射谷氨酸会引起其大脑神经细胞损伤。但是,食物中谷氨酸摄入不会引起此种效应。谷氨酸受体作为兴奋性神经传递和神经毒性的中间物质,它主要存在于中枢神经系统中(FAO/WHO, 2006)。给幼鼠皮下注射谷氨酸能够引起视网膜内层神经细胞退化(Lucas 和 Newhouse, 1957)。在大脑,尤其是下丘脑的弓状细胞核中也能观测到神经元损伤(Olney, 1969)。围产期谷氨酸盐处理能够显著引起禁食诱导性心跳速率降低和减弱大鼠的耗氧量。这种作用对减少能量摄取特别明显,因为谷氨酸盐处理过的大鼠在增加和降低心跳速率及抵抗冷热时的耗氧量都表现良好(Michelina, Stephanie, Steven,和 Michael, 2005)。实验证明中枢神经系统中高浓度的谷氨酸钠(4 mg/kg 人体体重)会导致下丘脑和室周器官中的神经细胞损伤和坏死。在大鼠实验中,这个浓度对大鼠的肝脏和肾脏也是有毒的。

## 13.6 谷氨酸钠的过敏反应

食物的加工过程中,谷氨酸钠会产生过敏原,即游离的谷氨酸。实际上,所有的蛋白质均含有结合的谷氨酸,只有当结合的谷氨酸转变为游离的谷氨酸时,对于谷氨酸钠敏感的人才会产生过敏反应。谷氨酸钠过敏反应也叫中餐综合征(CRS),过敏症状包括潮热、紧张和麻痹。对谷氨酸钠过敏的人通常也表现出轻微的皮疹,严重的会出现精神抑郁情况甚至引发威胁生命的疾病。这种反应和剂量相关同时和个体差异、饮食习惯以及累积效应均相关。大量的证据表明食用谷氨酸盐威胁人类的健康,对孩子的健康影响最大。据报道,谷氨酸钠还可能诱发脑肿瘤和诸如肌萎缩侧索硬化症、阿尔兹海默病和帕金森病之类的神经退行性疾病(Andreas 和 Pullanipally, 2000)。

## 13.7　谷氨酸钠对婴幼儿的健康效应

谷氨酸钠可以引发大脑的病变，尤其对婴幼儿有较高风险。这些病变引发认知、内分泌和情感上的紊乱。过量的谷氨酸盐会影响婴幼儿神经元的生长椎体。生长椎体在调节大脑高效运作的化学通路方面起着重要作用。研究表明从出生就被喂食谷氨酸钠的大鼠无法逃离迷宫也无法区分外来刺激。这就暗示谷氨酸钠可能会影响婴幼儿的认知能力，学习能力也会下降。

## 13.8　谷氨酸钠的其他效应

独立性研究表明谷氨酸钠的其他副作用包括：头痛/偏头痛，昏睡，嗜睡，焦虑，无端恐慌症，精神错乱，失眠，恶心，腹泻，胃抽筋，肠道易激综合征，胀气，哮喘，呼吸短促，流鼻涕，打喷嚏，口干舌燥等(Leber，2008)。

## 13.9　谷氨酸钠的安全性评价

美国食品及药品管理局已经确定谷氨酸钠对于普通人群的使用是安全的，并把它分类为一般安全。谷氨酸钠的安全性由以下组织审核：美国医学会(AMA)，联合国粮食与农业组织/世界卫生组织(1988)和食品添加剂专家委员会(JECFA)联合组织，欧盟食品科学委员会(SCF，1991)。SCF 的结果与食品添加剂专家委员会(JECFA)相似。JECFA 推断由必要的饮食水平和传统食物引起的总的谷氨酸盐摄入量对身体无害。JECFA 没有给谷氨酸盐规定每日允许摄入量(ADI 值)，说明谷氨酸盐在良好操作规范下使用其作为食品添加剂是无毒性的。因此，确定 ADI 值是没有必要的。据 JECFA 报道，大剂量喂食富含谷氨酸钠的食物(30 mg/kg 体重)，体循环中的肠道代谢和肝代谢会导致谷氨酸盐值升高。婴幼儿对谷氨酸盐的代谢与成人差不多，母乳喂养并不会增加谷氨酸盐的摄入，并且谷氨酸盐也不会越过胎盘屏障。2003 年，澳大利亚新西兰食品标准重申了谷氨酸钠的安全性[1]。在欧洲国家，从食物中摄入的总的谷氨酸钠范围是 5～12 g/天。认为安全的最大摄入量建议为 16 mg/kg 体重(Beyreuther，Biesalski 和 Fernstrom，2007)。

## 13.10 谷氨酸钠的标识问题

美国FDA建议食品的配方表中应该标识谷氨酸钠的含量。澳大利亚新西兰食品标准委员会要求当谷氨酸钠和其他的谷氨酸盐(磷酸二氢钾L-谷氨酸盐、L-谷氨酸钙盐、甘草氨酸、谷氨酸镁盐)作为调料添加剂时应该明确标识名称和编号。据美国实验生物学联合会FASEB的报道,有一部分人群正在承受谷氨酸钠综合征的困扰。此举的目的正是为了保护消费者的健康和安全,促使消费者做出正确的选择,以免受到误导和欺骗。FAO/WHO食品规范联合委员收录了谷氨酸钠作为食品添加剂的通用标准[2],明确规定谷氨酸钠可以加入一般食品中使用,但是不能在婴儿配方、成人配方、用于婴儿的治疗作用的配方以及用于婴幼儿的辅食中。

## 13.11 未来展望

当今全球的快速工业化、城镇化和不断变化的生活方式,刺激了加工食品和餐馆食物消费的增长。而这些食物中可能含有大量谷氨酸钠。导致的结果就是,城市各个年龄段的人们都在不断地接触到谷氨酸钠和谷氨酸钠过敏原,有报道称之为中餐综合征(CRS)。在动物实验中观察到这种增加会对健康产生不利的影响,例如神经变性疾病,脑损伤和视网膜损伤。任何化学品对人和动物的毒性都与其剂量有关。当前的饮食习惯可能导致谷氨酸钠的摄入量与血清谷氨酸水平比阈值要高出几倍,导致对人们存在潜在的伤害。显而易见,有必要从全球的角度进行研究持续摄入谷氨酸钠给人带来的长期影响。综上所述,食品法典不允许在婴儿配方奶粉、后续配方和为婴幼儿提供特殊医疗的配方中添加谷氨酸钠(FAO/WHO, 2005)。世界上的一些国家建议在包装食品的标签中注明是否含有谷氨酸钠。在这种情形下,迫切需要国际组织和联邦政府为消费者去重新评定谷氨酸钠的安全性,这个评定需要把当前的饮食结果和摄入量考虑在内。风险分析可以基于当前人群中弱势群体的饮食习惯来进行评定。

### 注 释

1 澳大利亚新西兰食品标准6月。http://www.foodstandards.govt.nz/standardsdevel-

opment/notificationcirculars/current/notificationcircular2182. cfm。

2　食品添加剂一般标准(CODEX STAN 192－1995, Table 3)。

## 参考文献


[1] Andreas P, Pullanipally S. Glutamate transport and metabolism in dopaminergic neurons of substantia nigra: implications for the pathogenesis of Parkinsons disease [J]. Journal of Neurology, 2000,247(14):1125－1135.

[2] Battagalia F C. Glutamine and glutamate exchange between the fetal liver and the placenta [J]. The Journal of Nutrition, 2000,130:974S－977S.

[3] Bellisle F. Glutamate and umami taste: sensory, metabolic, nutritional and behavioural considerations. A review of the literature published in the last 10 years [J]. Neuroscience and Biobehavioral Reviews, 1999,23:423－438.

[4] Beyreuther K, Biesalski H K, Fernstrom J D. Consensus meeting: monosodium glutamate: An update [J]. European Journal of Clinical Nutrition, 2007,61:304－313.

[5] Booth D A, Davis J D. Gastro-Intestinal factors in the acquisition of oral sensory control of satiation [J]. Behavioral Biology, 1973,11:23－29.

[6] Brand J G. Receptors and transduction processes for Umami taste [J]. The Journal of Nutrition, 2000,130:942S－945S.

[7] Brosnan J T. Glutamate at the interface between amino acid and carbohydrate metabolism [J]. The Journal of Nutrition, 2000,130:988S－990S.

[8] Chaudhari N, Landin A M, Roper S D. A metabolic glutamate receptor variant functions as a taste receptor [J]. Nature Neuroscience, 2000,3(2):113－119.

[9] Cotman C W, Kahle J S, Miller S E, et al. Excitory amino acid neurotransmission [M]. In F. E. Bloom & D. J. Kupfer (Eds.), Psychopharmacology: The Fourth Generation of Progress (pp. 75－85). New York, NY: Raven Press. 1995.

[10] Daikhin Y, Yudkoff M. Compartmentalization of brain glutamate metabolism in neurons and glia [J]. The Journal of Nutrition, 2000,130:1039S－1042S.

[11] FAO/WHO. CAC/STAN 192－199, Rev. 6. 2005.

[12] FAO/WHO. Joint Expert Committee on Food Additives (JECFA). L-glutamic acid and its ammonium, calcium monosodium and potassium salts [C]. WHO Food Additive Series 32, Toxicological Evaluation of Certain Food Additives, Geneva. 1988.

[13] FAO/WHO. Join Expert Committee on Food Additives [R]. A report on the toxic effects of the food additive monosodium glutamate. Presented by John Erb of Canada. 2006.

[14] FAO/WHO. 30th Session of the Codex Alimentarius Commission [C]. 2007.

[15] FASEB. Analysis of adverse reactions to monosodium glutamate (MSG) [R]. Report. Washington, DC: Life Sciences Research Office, Federation of American Societies for Experimental Biology. 1995.

[16] Hegenbart S. Flavor enhancement: Making the most of what's there [J]. Prepared Foods, 1992,159(2):83－84.

[17] Ikida K. Method of producing a seasoning material whose main component is the salt of glutamic acid [P]. Japanese patent No. 14,805. 1908.

[18] Kenzo K, Makoto K. Physiological studies on umami taste [J]. The Journal of Nutrition, 2000,130:931S-934S.

[19] Kumiko N. Umami. A universal taste [J]. Food Revue Internationale, 2002, 18(1): 23-38.

[20] Kuninaka A. A flavor potentiator [M]. In H. W. Schultz, E. A. Day, & L. M. Libbey (Eds.), The Chemistry and Physiology of Flavors (pp. 517 - 535). Washington: AVI Publications. 1967.

[21] Leber M J. Umami, M S G controversy: Cooks know the power of taste but are the ingredients safe? [M] Food Market Place Review, 1-4. 2008.

[22] Leung P M B, Rogers Q R, Harper A E. Effect of amino acid imbalance on dietary choice in the rat [J]. The Journal of Nutrition, 1968,95:483-492.

[23] Leung P M B, Rogers Q R. The effect of amino acids and protein on dietary choice [M]. In Y. Kawarmura & M. R. Kare (Eds.), Umami, a basic taste. (pp. 565 - 610). New York: Marcel Dekker. 1987.

[24] Little A D. Report submitted to International Mineral and Chemical Corporation dated 13 January 1953 [R], submitted to WHO in 1970. 1953.

[25] Litton Bionetics. Mutagenic evaluation of compound FDA 75 - 65, L-glutamic acid. HCl [C]. US Department of Commerce, National Technical Information Sciences, P. B. 266, 889. 1977.

[26] Lucas D R, Newhouse J P. The toxic effect of sodium l-glutamate on the inner layer of retina [J]. American Medical Association Archives of Ophthalmology, 1957,58:193-201.

[27] Meister A. Biochemistry of the Amino Acids (Vol. 1 and 2) (2nd edn). Academic Press. 1965.

[28] Meister A. Biochemistry of glutamate, glutamine and glutathione [M]. In L. J. Filer, S. Garattini, M. R. Kare (Eds.), Glutamic Acid: Advances in Biochemistry (pp. 69 - 84). New York, USA: Raven Press. 1979.

[29] Meldrum B. Amino acids as dietary excitotoxins: a contribution to understanding neurodegenerative disorder [J]. Brain Research Reviews, 1993,18:293-314.

[30] Michelina M M, Stephanie A E, Steven J S, et al. Perinatal MSG treatment attenuates fastinginduced bradycardia and metabolic suppression [J]. Physiology & Behavior, 2005, 86:324-330.

[31] MSG Standard. GB/T8967-2007[S]. Linghua International (Hongkong) Co. Ltd. E-1 Building Bihai Shanzhuang No. 254 East Hongkong Road, Quingdao, China. 2007.

[32] Munro H N. Factors in regulation of glutamate metabolism [M]. In F. J. Filer, Jr., S. Garattine, M. R. Kare (Eds.), Glutamic Acid: Advances in Biochemistry and Physiology (pp. 55-68). New York, NY: Raven Press. 1979.

[33] Nakanishi S, Masu M. Molecular diversity and functions of glutamate receptors [J]. Annual Review of Biophysics and Biomolecular Structure, 1994,23:319-348.

[34] Olney J W. Brain lesions, obesity and other disturbances in mice treated with monosodium glutamate [J]. Science (Washington, DC), 1969,164:719-721.

[35] Ortiz G G, Bitzer O K, Quintero C. Monosodium glutamate-induced damage in liver and kidney: a morphological and biochemical approach [J]. Biomedical Pharmatherapy, 2006,60:86 - 91.
[36] Pardridge W M. Regulation of amino acid availability to brain; Selective control mechanisms for glutamate [M]. In L. J. Filer, S. Garattini, M. R. Kare (Eds.)Glutamic Acid: Advances in Biochemistry (pp. 125 - 137). New York, USA: Raven Press. 1979.
[37] Potts A M, Modrell R W, Kingsbury C. Permanent fractionation of the electroretinogram by sodium glutamate [J]. American Journal of Ophthalmology, 1960,50:900 -907.
[38] Reeds P J, Burrin D G, Stoll B, et al. International glutamate metabolism [J]. The Journal of Nutrition, 2000,130:978S - 982S.
[39] SCF. Reports of the Scientific Committee for Food on a first series of food additives of various technological functions [C]. Commission of the European Communities Reports of the Scientific Committees for food, 25th Series. Brussels, Belgium. 1991.
[40] Schneider H, Moehlenkii Challier J C, Danicis J. Transfer of glutamic acid across the human placenta perfused in vitro [J]. British Journal of Obstetrics and Gynaecology, 1979,86:299 - 306.
[41] Schultz S G, Yu-Tu L, Alvafez O O, et al. Dicarboxylic aminoacid influx across brush border of rabbit ileum [J]. The Journal of General Physiology, 1970,56:621 -639.
[42] Scinska-Bienkowska B A, Wrobel E, Turzynska D. Glutamate concentration in whole saliva and taste responses to monosodium glutamate in Humans [J]. Nutritional Neuroscience, 2006,9(1/2):25 - 31.
[43] Shank R P, Apison M H. Biochemical aspects of the neurotransmitter function of glutamate [M]. In L. J. Filer, S. Garattini, M. R. Kare (Eds.), Glutamic Acid: Advances in Biochemistry (pp. 139 - 150). New York, NY: Raven Press. 1979.
[44] Stegink L D, Filer L J Jr, Baker G L. et al. Factors affecting plasma glutamate levels in normal levels in normal adult subjects [M]. In L. J. Filer, S. Garaltini, M. R. Kare (Eds.), Glutamic Acid: Advances in Biochemistry (pp. 333 - 351). New York, NY: Raven Press. 1979.
[45] Stegink L D, Filer L J, Jr, Baker GL. Plasma amino acid concentrations in normal adults fed meals with added monosodium L-glutamic and aspartame [J]. The Journal of Nutrition, 1983,113:1851 - 1860.
[46] Vazquez M, Pearson P, Beauchamp G K. Flavor. Preference in malnourished Mexican infants [J]. Behavior, 1982,28:513 - 519.
[47] Walker R, Lupien J. The safety evaluation of monosodium glutamate [J]. The Journal of Nutrition, 2000,130:1049S - 1052S.
[48] Watford M. Glutamate at the interface between amino acid and carbohydrate metabolism across the liver sinusoid [J]. The Journal of Nutrition, 2000,130:983S - 987S.
[49] Yamaguchi S, Kimizuka A. Psychometric studies on the taste of monosodium glutamate [M]. In L. J. Filer, S. Garaltini, M. R. Kare (Eds.), Glutamic Acid: Advances in Biochemistry and Physiology (pp. 35 - 54). New York, NY: Raven Press. 1979.
[50] Yuichi O, Seinosake I, Masamiche I, et al. Effect of administration routes of monosodium glutamate on plasma glutamate levels in infant, weanling and adult mice [J]. The Journal of Toxicological Sciences, 1977,2(3):281 - 290.

# 第 14 章　食品包装法规:卫生方面

## 14.1　引言

### 14.1.1　本章范畴

本章涵盖了涉及食品接触材料(FCMs)卫生方面的法律法规,一般适用于拟与食品接触的包装、物品和通用材料。关于包装食品标签(除了与 FCMs 卫生问题直接相关的情况)和计量学的法律法规不在本章讨论范围。本书第 17 章(营养和生物相容性:营养标签的合理性和不合理性)将对食品标签法规进行更为广泛的讨论。

除了食品包装的立法问题,本章还包括 FCMs 国际法规发展的相关信息。

### 14.1.2　食品—包装—环境的相互作用

储藏期内食品、包装与环境的相互作用已被广泛研究。了解相互作用涉及的物理化学原理有助于控制该类作用,进而确保延长产品货架期、改善食品营养及感官品质、保护消费者身体健康。包装材料间的主要相互作用简述如下。

#### 14.1.2.1　塑料和弹性材料

拟与食品接触的塑料和弹性材料主要包括基础聚合物、树脂或非聚合物成分。树脂塑料包括聚乙烯(PE)、聚丙烯(PP)、聚苯乙烯(PS)、聚氯乙烯(PVC)和对苯二甲酸乙二醇聚乙烯酯(PET);弹性树脂包括天然和合成橡胶、丁腈橡胶、热塑性塑料(TPE)等。

非聚合物组分通常包括:

(1) 残留聚合物。例如单体、低聚物、溶剂、乳化剂等。

(2) 添加剂。包括为改善市售材料加工特性而向基础聚合物中加入的物质(稳定剂、抗氧化剂等),为赋予材料特定工艺品质和期望性能而加入的试剂(抗冲击改性剂、增塑剂、颜料、着色剂等)。某些聚合物可作为添加剂少量加入基础聚合物中,其迁移进入食品的概率一般可忽略不计。

高分子量(质量)的大分子链段形成了 FCMs 的聚合物基体,而且它们不会迁移到包含的食品中去。从这个意义上来说,聚合物惰性很强。以热塑材料为例(例如聚乙烯、聚丙烯、聚苯乙烯、PVC、PET 等),聚合物链段相互作用形成基体的主要途径是无定形区的机械缠绕和结晶区的结晶形成,这两种类型的相互作用均属于自然界的非共价键。对于热固性材料(例如环氧树脂、聚氨酯、不饱和聚酯等),它们的相互作用主要是大分子间的共价键。

一般来说,非聚合物组分是低分子量的物质。它们在接触时间和温度的控制下,逐渐迁移到食品中。需要注意的是美国食品和药物管理局(FDA)将基础聚合物及其添加剂均规定为“间接食品添加剂”。

在这些材料中存在的食品—包装—环境三者间的相互作用主要有:

(1) 渗透作用:气体、水蒸气和香气透过包装或者容器壁从环境向食品转移,反之亦然。

(2) 迁移:非聚合物成分经由包装或者容器壁迁移至食品或者环境中。从卫生角度看,只有迁移至食品中的组分才是非常重要的。因此,这些物质都需要通过分析验证方法来进行定量测定。

(3) 吸附或反向迁移:主要食品成分(如水、油、脂肪、血液等)或微量食品成分(如香气、精油等)能够溶解在包装或容器壁中。第一种情况被称为“溶胀”,这通常会改变聚合物基质;而第二种情况被称为“倒流”,这通常不会改变聚合物基质。

(4) 解吸或再迁移:被吸附的物质在再次填充过程中(如可再次填充的塑料包装)透过包装或者容器壁转移至产品中,或者利用可再生材料生产包装或容器过程中向食品迁移。被吸附的物质可以是上述的食品成分,也可以是潜在的有害物质,如杀虫剂、除草剂、清洗剂等,这与消费者过度使用食品包装或容器有关。

以上都是微观物理现象,针对的是不存在宏观断裂的塑料或弹性材料(如孔隙、微孔隙、裂缝或裂纹)中发生的质量传递。这些作用受扩散控制,并且可以通过菲克定律预测。

简言之,以下研究和检测对包装设计师、FCMs 制造商、食品加工人员、公共或私人实验室、研究人员和公共当局单位来说,都是非常重要的:

(1) 透气性:进行包装设计和包装食品货架期预测。

(2) 迁移率:建立符合食品安全法规要求。

(3) 吸附与解吸特性:评估拟与食品接触的可填充塑料包装或可再生塑料材料是否符合食品安全法规要求。

14.1.2.2 金属材料(马口铁、无锡钢、铝)

腐蚀(问题)

当充当电极的两种金属(以马口铁为例,如锡和铁)与充当电解质的罐装食品相接触时,由于镀锡层、聚合物漆面或清漆上可能存在间断点,导致原电池反应。此时,产生了一对氧化还原对反应,导致具有较低电位势的金属发生氧化反应(一般为锡,如溶解态的 $Sn^{2+}$),从而保护具有相对较高电位势的金属(惰性电极,通常是铁)。氧化过程中会释放电子,并且金属表面的电子流与食品中的离子流相对应(Robertson, 1993)。

有时,罐装食品的特性会导致电极的反向或去极化,从而改变氧化反应发生的方式。例如马口铁,在发生去极化的腐蚀过程中,锡不能保护铁,而铁会溶解到食品中(以 $Fe^{2+}$ 存在)。

在铝和无锡钢(TFS)(电解钢也被称为镀铬钢,ECCS)罐头中,受腐蚀作用的影响,铝离子($Al^{3+}$)和铬($Cr^{3+}$)离子会出现在食品中。

这些离子造成食品感官品质的变化:产生金属味、黑色硫化物斑点(由 $Sn^{2+}$ 和 $Fe^{2+}$ 造成)、花青素变色(由罐装蔬菜和水果中的 $Sn^{2+}$ 造成)等。使用较厚的金属(锡或铬)涂层,以及在金属的内表面使用卫生的聚合漆或清漆有助于减轻腐蚀过程,但不能完全消除腐蚀。

腐蚀产生的另一个结果是,在基础金属部分的杂质会污染食品。罐装食品中的重金属和类金属(砷(As)、镉(Cd)、汞(Hg)、铅(Pb)等)具有重要的毒理学特性。食品法规制定了食品中此类元素和锡(Sn)的最大存在水平。

14.1.2.3 玻璃和陶瓷

浸滤(作用)

最常见的用于食品包装的玻璃材料是钠钙玻璃。基本组分包括:二氧化硅,用于降低玻璃熔炉工作温度的碱性氧化物(主要是钠和钾),用于稳定玻璃结构、防止玻璃溶解到水或溶液中去的碱土金属氧化物(主要是钙和镁)以及高价元素。可再生玻璃,即我们所知的碎玻璃,通常被用于制造钠钙玻璃(使用率达到70%~80%)。为尽可能降低钙钠玻璃中的重金属和准金属含量,控制碎玻璃的来源非常重要。

在钠钙玻璃中,与氧原子相连的化学键(如 Si—O 键)是共价键,结构非常稳定。而离子键(如 Na—O 或 K—O 键)相对来说稳定性较差。当玻璃与水、酸或基础溶剂(如食品或饮料)接触时,$Na^+$ 和 $K^+$ 会发生质量传递,该过程与带电粒子相互交换有关。此时,这些离子从包装或玻璃容器向与之接触的食品中迁移,氢离子($H^+$)或水合氢离子($H^+$)进入玻璃中,改变玻璃的结构,从而使玻璃溶解。

钠钙玻璃中碱性物质的量越大，玻璃对化学物质的抗性越差（即耐水能力越差）。

二价离子（如 $Ca^{2+}$ 和 $Mg^{2+}$）或更高价态的离子与氧原子形成的化学键比单价碱性离子更强，且迁移性更小。这种通过玻璃与食品接触面而进行的带电粒子迁移的过程通常被称为“浸滤作用”。

对于釉面玻璃来说，陶瓷、金属、搪瓷或釉料常被用于涂覆与食品接触的表面。这些釉料也属于玻璃，不同的是，其中一些物质能够赋予包装材料特殊的透明度和色彩，或改善涂覆过程中釉料的黏度，或降低釉料的熔化温度。釉料物质通常是铅和铬的氧化物。因此，主要条例规定了釉面玻璃、陶瓷和金属材料中，这些离子的特定迁移量限值。非釉质多孔陶瓷通常被禁止用于制造食品包装材料或容器（Mari，2002）。

水晶玻璃（至少含有 10%的铅和钡氧化物）以及铅水晶（至少含有 24%的铅氧化物）常用于生产优质的、拟与食品短暂接触的餐具或盘子。但通常情况下，在和食品长时间的接触中，包装材料里的铅会迁移到食品内。因此，该类材料通常禁止用于食品包装（MERCOSUR，1992）。

#### 14.1.2.4　纤维素衍生材料（纸、纸板、硬纸板）

萃取（过程）

纤维素衍生材料，主要包括纸、纸板和硬纸板，是用木材、甘蔗渣以及其他自然资源的纸浆（机械、半化学、化学等）生产的。纤维素衍生材料的组成包括初次使用的纤维素（初级纤维），可再生纤维素（二级纤维）以及合成纤维（塑料纤维），多种添加剂（包括颜料）以及无机填充物。在添加剂辅助下，这些纤维紧密结合、形成纤维基质或网络（含有小孔）。其孔径能够通过机械手段缩小，从而降低纤维材料对气体、水蒸气、水和油的通透性。施胶剂以及油脂阻隔剂也常用于此类材料，从而提高包装材料对水和油脂的阻隔性。纤维素衍生材料主要拟与干基食品直接接触。尽管如此，当食品、水分或油脂与纤维素材料接触时，它们能够通过毛细管作用经由材料细孔改变纤维素的网络结构，进而导致包材中的添加剂、填充物以及纤维碎片迁移到食品中。这个过程被称为“萃取”。

由于使用可再生纤维生产的纤维素材料中，重金属、二噁英、五氯苯酚以及多氯联苯的残留较多（Soderhjelm 和 Sipilainen-Malm，1996），可再生纤维素材料仅限用于表面不含油脂的干燥食品的包装（MERCOSUR，1999）。与玻璃材料一样，为了尽量降低这些污染物，控制可再生性纤维来源非常重要（Council of Europe，2005；USFDA，2008b）。

另外需要考虑的一点是，挥发性成分会从纤维素基质中向食材迁移

(Soderhjelm 和 Sipilainen-Malm，1996)，而预防性的感官分析可以有效避免这类污染问题。

### 14.1.3 评估与控制接触材料的重要性

综上所述，每一类 FCM 均与食品发生接触。这种普遍现象被称为"迁移"。而如前所述，质量转移机制取决于材料的类型。

图 14.1 和表 14.1 为接触效应的原理概述。

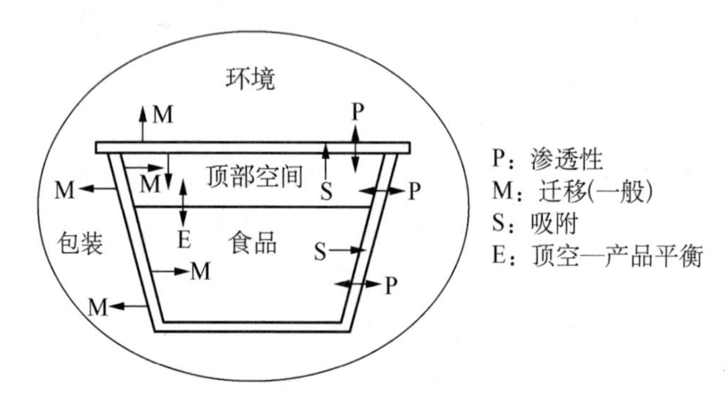


图 14.1 食品—包装—环境的主要相互作用

**表 14.1 FCMs 中的主要迁移物**

| 迁移物质 | 离　子 | FCMs |
|---|---|---|
| 挥发物质和蒸气 | 乙烯单体 | 聚乙烯 |
| | 氯乙烯单体 | PVC |
| | 乙醛 | PET |
| | 溶剂 | 层压塑料、印刷基材、涂料基材 |
| 金属离子 | Na、K、Li、Ca、Mg | 玻璃 |
| | Pb、Cd | 釉面陶瓷、玻璃和金属 |
| | Pb | 水晶、铅水晶 |
| | Sn、Fe | 马口铁 |
| | Al | 铝制品 |
| | Cr | TFS (ECCS)、不锈钢 |
| 液体和低分子量固体 | 添加剂 | 塑料、清漆或油漆、涂料、弹性体、纸和板、可再生纤维素 |

从 FCMs 迁移到食品中的元素和物质最终会被消费者摄入。因此，现实的风险-暴露评估对于控制这种"迁移"现象非常重要(Arvidson，Cheeseman，和 McDougal，2007；Oldring，2007)，设立关于 FCMs 的法规也非常必要。

### 14.1.4 食品接触材料的卫生要求

对于拟与食品接触的包装材料,应基于其应用设立单行法规。

14.1.4.1 FCMs 的基本卫生要求

塑料 FCMs 在过去几十年来一直是卫生规定关注的重点。

下文提及的一些关于塑料 FCMs 的概念也适用于其他材料。

为了对卫生要求有一个大致了解,我们回顾了两个在塑料 FCMs 上有相似法规的体系:欧盟和南方共同市场(MERCOSUR, Mercado Comúndel Sur)。现将卫生要求总结如下(Ariosti, 2002a):

1) 准许进口清单

基础聚合物或树脂(MERCOSUR)、其单体与其他前体物(European Union),以及其中使用的添加剂均受认可物质准许进口清单授权管辖。准许进口清单是严格的、具有强制性的。目前的准许进口清单包括那些已经通过生物学分析等一系列风险评估的物质。因此,这些物质作为 FCMs 应用是安全的,但有时也会受到特定限制。

2) 总迁移量限值

是指从塑料 FCM 迁移到食物或相应食品模拟物中非聚合物质的最大允许量。要验证塑料 FCM 是否符合这些限量,必须按照标准方法或已经通过验证的方法,在食品或其模拟物上进行不同温度、不同接触时间的迁移实验。食品模拟物由一种或多种物质简单混合而成。按照标准方法在不同接触时间和温度下进行迁移实验时,食品模拟物与塑料 FCM 相互作用,其作用与一种或一组食品等同。相关法规标准已对非酸性水溶液、酸性水溶液、酒精和脂肪模拟物做出规定。

总迁移量限值(OMLs)可用以下单位表示:

(1) mg 非聚合物/kg 食品或其模拟物。

(2) mg 非聚合物/$dm^2$ FCMs 表面积。

3) 特定迁移量限值

是指一种特定的非聚合物(单体或添加剂)从塑料 FCMs 迁移到食物或相应的食品模拟物中的最大量。要验证塑料 FCMs 是否符合这些限量,特定迁移实验必须按照前述方法进行。最后,根据 Fick 扩散定律来计算特定物质的潜在迁移率(假设物质可以 100%迁移到食品或食品模拟物)或建立数学模型来预测迁移趋势。

特定迁移量限值(SMLs)可用以下单位表示:

mg 迁移的非聚合物/kg 食品或其模拟物。

4）浓度限量

是指在塑料 FCM 中允许添加物质（单体或添加剂）的最大量。为验证塑料 FCM 是否符合这些限量，只需直接使用塑料 FCM 进行物质浓度测定，不需再进行特定迁移实验。浓度限量、QM（材料中的含量）和 QMA（比表面积含量）可用以下单位表示：

（1）QM：mg 非聚合物/kg FCMs。

（2）QMA：mg 非聚合物/6 $dm^2$ FCMs 表面积。

组限量：另外三种令人关注的（但使用有一定难度）限量，分别是组迁移量限值（SML（T））、组浓度限量（QM（T）和 QMA（T））。这些限量是常见同组化学物质（如异氰酸酯类、二醇类等）的最大允许添加量。组限量可用以下单位表示：

（1）SML（T）：mg 迁移的同组非聚合化学物质/kg 食品或其模拟物。

（2）QM（T）：mg 迁移的同组非聚合化学物质/kg FCMs。

（3）QMA（T）：mg 迁移的同组非聚合化学物质/6 $dm^2$ FCMs 表面积。

这三个限量的分析有一定难度，现在我们来举例说明：如果利用一系列含有二醇基团的物质（乙二醇、二甘醇、乙二醇硬脂酸酯）来制备一种给定的塑料 FCM。为了在准许进口清单中建立它们的 SML（T）限量，我们必须要测定每种物质的特定迁移量。随后，特定迁移的结果也须加入清单中，并与 SML（T）比较，以验证这种 FCMs 符合相关法规。

5）食品的感官特征

食品的颜色、气味、味道、风味和质构不能受添加物或非有意添加物（NIAS）迁移的不利影响。添加物是指那些包含在准许进口清单中，可用于塑料 FCM 配方的物质。非有意添加物是指在塑料 FCM 生产过程中的人为加入物质或添加物的杂质等。

已包装食品的污染问题可以通过仪器分析（GC 或 GC/MS）、感官评定（ISO Standard 13302：2003 或 IRAM Standard 20021：2004）或联用技术（如电子嗅觉测量法）进行分析。这些技术对于预防或改正污染问题十分有效（Fernández & Cacho，2002）。

6）其他要求

（1）规定某种物质在特定塑料中的使用。

（2）规定塑料中某种物质在与特定食品接触时的使用。

（3）特定物质的纯度标准。

14.1.4.2 颜料和着色剂

目前欧盟、MERCOSUR、美国等已建立关于塑料 FCMs 的颜料和着色剂的相关标准。

14.1.4.3　功能性阻隔、法定限量以及食品级可再生材料

在最终 FCM 中，非有意添加物质(non-intentionally added substances, NIAS)也可能会出现。这些物质大部分是不纯净的，有可能是规定成分的异构物；也可能是塑料 FCM 工业生产过程中出现的复合物；还可能是可再生材料中潜藏的污染物(Ariosti, 2002b; Bayer, 1997,2002; Castle, 2007; Franz, Bayer 和 Welle, 2003,2004a, 2004b; van Dongen et al., 2007; Welle 和 Franz, 2007)；另外还包括促销标签油墨中的组分以及为达到市场营销目的而放置在食品包装内的颜料物质(Ariosti, 2002b)，等等。

为了更好地控制这些可能由于迁移出现在食品中的未知的、非规定或规定不严的物质，功能性阻隔的概念应运而生。目前功能性阻隔概念已成为一个日渐完备的理论工具，并开始技术应用。以下法规均对功能性阻隔有所涉及：1995 年 US－FDA 法规(引入法定限量(Threshold of Regulation, TOR)概念)；欧盟法规(Directive 2002/72/EC on plastic FCMs)以及 MERCOSUR 法规(关于含有可再生 PET 的三层 PET 软饮料瓶的 Resolution GMC (Common Market Group) 25/99 法规，以及关于食品级可再生型 PET(多覆盖层以及单覆盖层瓶)的 Resolution GMC 30/07 法规)(Ariosti, 2002b; Bayer, 1997,2002; Franz et al., 2003; Franz, Bayer 和 Welle, 2004a; Franz, Mauer 和 Welle, 2004b; Welle 和 Franz, 2007)。

在一个多层塑料包装中，功能性阻隔指的是一层符合如下定义的物质(Ariosti, 2002b; Bayer, 1997,2002; Franz et al., 2003,2004a, 2004b; Welle 和 Franz, 2007)：

(1) 通常与食物接触。

(2) 将食物与塑料包装外层隔开，这些塑料包装在生产过程中可能使用了未规定物质或是存在潜藏污染物(在净化以及可再生过程之后)。

(3) 能够在货架期阶段有效地控制上述物质迁移进入食品的量，使其不能对人类健康产生毒害，或影响食物的营养及风味特性。

根据 Article 7a of Directive 2002/72/EC (EU, 2002a)，决定某种物质(不会对人体生殖系统产生致畸致癌或毒性作用的一类)是否对人类健康有毒害的一个关键是，通过可靠方法分析计算出它向食物中的迁移量不超过 0.01 mg/kg 食物或模拟物。在一个有着功能性阻隔的多层塑料 FCM 中，一些物质(尽管未列入准许进口清单中)还是可以应用在不与食物接触的包装层中，只要最终的 FCM 在整体以及在这种物质的特定迁移量上符合标准规定。

欧盟法规(EC) 282/2008(EU, 2008a)并没有对拟与食品接触的可再生塑料材料和制品中的特定迁移量做出明确规定。条款4(c)(ii)如下:

“必须要有负荷试验或其他合适的科学依据证明,可再生过程能够使塑料制品中所有污染物含量减小到不会对人类健康产生危害的浓度。”

以多层塑料FCM的规定类推,规定塑料中潜在污染物向食物的迁移量不得超过10 μg/kg是合理的。

FDA(1995,2006)规定法定限量(TOR)的基准含量是0.5 μg/kg饮食量。在一定的假设条件下,可以从TOR中得到两个参数:

(1) 一个参数与QM相当,是每千克塑料中该物质的最大含量。

(2) 一个参数与SML相当,是该物质向每千克食物或是食品模拟物中的最大特定迁移量。

以可再生食品级PET材料为例,这两个参数的规定值分别是220 μg/kg塑料以及10 μg/kg食品或食品模拟物。

如果制造商能够向FDA证明FCM中存在的某种物质最终进入人体饮食的含量低于TOR或符合其他一些衍生指标,那这种物质就可以认为是无毒害的,可以认为不是食品添加剂。

值得注意的是,尽管美国以及欧洲法规在污染物概念上有所差异,其对污染物迁移的限量最终是一致的,都是10 μg/kg食物或食品模拟物。

MERCOSUR法规的完善(关于可再生食品级PET的Resolution 30/07)一般参考FDA的方法,因此也采用了TOR中的两个参数。

## 14.2 欧盟关于食品接触材料的相关法规

在EU,关于FCMs有两类共存法规:协调的EU法规以及成员国的国家法规(Heckman, 2005; Schäffer, 2007)。在本章中,我们只探讨FCMs的EU法规。

在EU, FCMs相关法规的制定是为了克服成员国之间的技术壁垒,因此这些法规主要由两类法律文书组成:指令以及规定。前者要在18个月的限定期内通过内化进入成员国法规体系,而后者可以马上执行。

为批准FCMs使用,必须首先在European Food Safety Authority (EFSA, 2008; EU, 2002b)的指导下进行风险评估,并通过EU Commission、Council of the European Union以及European Parliament的风险管理决议。在EFSA内,科学委员会是由主席以及6名独立专家组成。截至2008年7月,已有11个事务委员会进行

科学研究；其中由 CEF 专家委员会负责 FCMs、酶、风味以及加工助剂的事宜。

EFSA 的最终决议要符合 EU 规定，这既是对来自 EU Commission、European Parliament 以及成员国要求的回应，某些情况下也是它自己设立的初衷。在一些会对人类或动物健康产生严重威胁的情况下，EFSA 会采取必要措施对诉求做出快速反应。EFSA 的所有活动，包括科技事务委员会及其相关科学实验结果都有极高的透明度，所有决议均会公开。

总之，在 EU 水平上，FCMs 及相关事务受以下法规调控(EU，2008c，e)：

(1) (EC) No 1935/2004 法规，包括所有 FCMs 的基本要求，是其他法规的框架法规。

(2) (EC) No 2023/2006 法规，用于规范拟与食品接触的材料和制品的良好生产规范。

(3) 框架法规中列出的涉及某些特定材料和制品的法规。

(4) 用于生产原料和食品接触材料的个别物质或某类物质的指令。

FCMs 分析研究的详细信息可通过查询 Contact Materials Group at the Joint Research Centre (JRC) in Ispra (Italy)的网站获得，网址：http://crl-fcm.jrc.it/index.php?option_com_content 和 task_view&id_31 和 Itemid_62。

### 14.2.1　FCMs 的 EU 框架法规

1976 年 11 月，EU Commission 建立了一项有关所有食品包装材料既定原则的框架指令，以及应该遵循特定指令的具体标准与程序，如塑料、陶瓷等材料以及一些特殊物质(如 PVC 中的氯乙烯单体)(Robertson，1993)。

从历史上看，Directive 76/893/EEC (EU，1976)框架指令建立了如下原则，对所有可能直接或间接接触到食品的材料与对象，不应使材料中可能危及人体健康、对食物成分产生不可接受变化，或是改变食物感官特性的成分转移到食物中(Heckman，2005；Robertson，1993；Schäfer，2007)。指令还介绍了“活性标签”的原则，即所有的 FCMs 和制品(存在例外)必须标明“用于食品”或其他适当符号，如在 Directive 80/590/EEC 法规(EU，1980；Robertson，1993)中列举的一个符号(见图 14.2)。

图 14.2　欧洲共同体关于 FCMs 和制品的标记

1989 年，该框架指令被 Directive 89/109/EEC

(EU，1989)替代，其中有10种材料在新指令中被EU法规和特定指令进一步定义。指令包括了授权材料与物质准许进口清单、一些物质的纯度标准和使用条件、某些组分的特定迁移量限值(主要是已经建立了TDI的物质)以及这些成分进入食品的总迁移量限值。该指令还规定了采样和分析方法的准则。

除了关于拟与食品接触的材料和制品的强制性标签(存在例外)规定外，制造商同时还要提交一份称为"符合性声明"的书面证明，表明他们遵守现行规定。

随后，Directive 89/109/EEC (EU，1989)在2004年10月被欧洲议会和理事会的新法规Regulation (EC) 1935/2004(EU，2004a)替代，由此转化成为了欧洲法律。截至2009年7月，该法规是最后一个由欧盟制定的、关于FCMs的框架法规，该法规被认为是活性智能食品包装的一般要件。

框架法规的进展过程代表了方法上的转变，人们接受了某些有益组分可能会从包装迁移到食品，进而改善食品保藏与控制的看法。

Regulation (EC) 1935/2004设立了确保FCMs在整个生产链所有阶段的可追溯性机制，以方便控制和召回产品并确定责任。规定特别考虑了生产FCMs中应遵循良好的操作规范，并肯定了与国家当局合作召回产品的重要性。

法规还建立了一个能够形成特定EU法规的材料清单，这份清单包括了17种不同的材料与包装体系(如活性智能材料)。截至2009年7月，清单中只有一少部分被EU协调法规涵盖(塑料、陶瓷、可再生纤维、橡胶奶嘴和奶嘴)。

值得一提的是，在没有相关EU法规存在时，每个成员国可以按照Regulation (EC) 1935/2004(EU，2004a)中的一般规则采用自己的国家法规。在相互认可原则(Heckman，2005；Schäfer，2007)下，FCMs在协调的和非协调的领域内均能在整个EU实现商业化。

### 14.2.2 特定FCMs的EU法规

#### 14.2.2.1 塑料

塑料材料和用品是第一批纳入EU协调标准的材料。尽管这种协调标准尚未完成，但还是有一些规定在国家与EU的水平上共存。

Directive 2002/72/EC关于塑料的规定涵盖了单层和多层塑料结构。非塑料材料制成的多层包装，如复合纸盒饮料包装不包括在本指令范围内，此时，国家法律适用。一般来说，包装每层都应符合特定材料法规，并且整体符合Regulation (EC) 1935/2004法规。然而，当不符合规定的物质能够被塑料隔层与食品分开，材料或最终产品符合特定及总迁移量限值时，Directive 2007/19/EC

允许塑料层中加入未经核准的物质组分。前述物质必须无致癌性、无致诱变性、无生殖毒性(EU，2008d)。

Directive 2002/72/EC 指令包含了用于生产塑料材料和制品所需单体和前体的统一准许进口清单，以及一份不完全的塑料添加剂列表。在适用情况下，该列表包含了一些特定的限制条件(主要是特定迁移量限值(SMLs)、材料中最大残留量(QMs)、使用限制等)。该表还列出了可以在国家层面上暂时使用，待 EFSA 评估并给出最终意见的物质。2002/72/EC 指令还制订了总迁移量限值(OML)，即从 FCMs 向食品中迁移的物质不应超过 60 mg/kg(食品/食品模拟物)或 10 $mg/dm^2$(物质/FCMs 表面积)。最后，该指令还包括了如何更新和完成认可物质名单的程序(EU，2008d)。

截至 2009 年 7 月，Directive 2002/72/EC 已被修订(EU，2008d，e)：

(1) Directive 2004/1/EC 规定，截至 2005 年 8 月 2 日，暂停使用发泡剂偶氮二甲酰胺。

(2) Directive 2004/19/EC (EU，2004b)，更新认可物质的准许进口清单；确定认可添加剂列单作为一种准许进口清单，并设置最后期限。

(3) Directive 2005/79/EC (EU，2005a)，更新认可物质的准许进口清单。

(4) Directive 2007/19/EC，确立在垫片中添加邻苯二甲酸盐的必要性，并在迁移测试和功能阻隔概念中引入脂肪消耗折损系数。

该指令还更新了认可物质的准许进口清单，并且规定在发泡塑料材料和制品的生产中禁止使用偶氮二甲酰胺。

(5) Directive 2008/39/EC 更新了能够在生产与食品接触塑料材料和制品过程中使用的认可物质的清单，并明确了从临时列单中删除某类添加剂的标准。指令规定自 2010 年 1 月 1 日起，将 EU 添加剂列单作为准许进口清单。这意味着自此以后，在 EU 范围内只允许使用列单中的添加剂来制造塑料 FCMs。然而，临时列单上的物质仍可根据国家法律继续使用，直到最终决定它们是否能被列入食品添加剂准许进口清单。临时列单包括所有正在被 EFSA 评定的和在 2006 年 12 月前提交申请书的添加剂。

Council Directive 82/711/EEC，设定了测试拟与食品接触的塑料材料和制品中的组分迁移实验所需的基本原则。已由 Directive 93/8/EEC 和 Directive 97/48/EC 修订(EU，2008e)。

Council Directive 85/572/EEC (EU，1985)，最早确定了用来测试与食品接触的塑料材料和制品中组分迁移实验的模拟物，已由 Directive 2007/19/EC 进行修订。这些指令，包括经由 Directive 93/8/EE 和 Directive 97/48/EC 修订的 Council Directive 82/711/EEC，以及经由 Directive 2007/19/EC 修订的 Directive 2002/72/EC，详细地规定了食品模拟物的性质和迁移试验的基本规则(EU, 2008e)。

食品模拟物定义为能够代表一种食品或一类食品不同提取性质的物质。用来检验塑料 FCMs 迁移量限值的主要模拟物包括：

(1) 水的非酸性模拟物：蒸馏水。

(2) 水的酸性模拟物：3%(W/V)的乙酸水溶液。

(3) 酒精模拟物：10%(V/V)乙醇水溶液或者更高浓度的乙醇水溶液。

(4) 高脂肪食品模拟物：精馏过的橄榄油，或合成甘油三酯(或葵花籽油)的混合物。

在最后一种情况(4)中，为了使迁移性测试更容易，能够代替高脂肪的食品模拟物都可以使用，如 95%的乙醇(体积/体积)水溶液、异辛烷或 MPPO(改性聚苯醚)。

Council Directive 85/572/EEC(由 Directive 2007/19/EC 修订)列出了与不同食品或者不同种类食品对应的确定模拟物清单。这份清单十分完备，包括饮料、麦片、巧克力制品、糖、甜点、水果和蔬菜、油脂、动物和奶制品以及其他的食品。有趣的是，在最后的修正指令中，牛奶对应的模拟物是 50%(V/V)的乙醇水溶液。

Commission Regulation (EC) No 372/2007 规定了拟与食品接触的瓶盖垫片中增塑剂的迁移量限值。该规定已由 Commission Regulation (EC) No 597/2008 修订(EU, 2008e)。

如本章前面所提到的(见第 14.1.4.3，功能性阻隔)，Regulation (EC) 282/2008 规定了可用作 FCMs 的可再生塑料材料和制品的必要条件，及可再生材料与最终包装制造过程的必要条件，并建立了制造与食品接触可再生塑料时循环处理过程中的授权程序(EU, 2008a, e)。

14.2.2.2 制陶业

Council Directive 84/500/EEC(由 Directive 2005/31/EC 修订)，规定了制陶业标准(EU, 2005b)。与食品接触陶瓷制品中的重金属氧化物可能会给消费者带来风险，其中铅和铬是主要风险物质(考虑到它们从装饰或者玻璃釉质中释放的可能性)。因此，指令给出了这些金属的特定迁移量限值，并提供了分析方法。按照法规(EC) 1935/2004(EU, 2008e; Schäfer, 2007)特别说明，提交承诺声明是强制性的。

14.2.2.3　可再生纤维

Directive 93/10/EEC(由 Directive 93/111/EC 修订)、Directive 2004/14/EC 和 Directive 2007/42/EC 规定了可再生纤维薄膜的相关内容。合成的可再生纤维包装不包括在指令中,但必须符合相应的国家法规。关于 *Cellophane*® 膜生产有相关的准许进口清单,不包括颜料、油墨或黏合剂(EU, 2008e; Schäfer, 2007)。

### 14.2.3　针对个别物质的 EU 法规

氯乙烯单体(VCM)是存在于聚合物或者共聚物材料中(如 PVC)的残留物,能够迁移到食品中去,因此有限制其毒性的特定指令。Council Directive 78/142/EEC (EU, 1978)规定的 QM 值是 1 mg VCM/kg 最终产品;此指令还规定了 SML 值,即 0.01 mg VCM/kg 食品或者食品模拟物。Directive 80/766/EEC 和 Directive 81/432/EEC 分别制订了拟与食品接触材料或者物品的 VCM 分析方法,以及食品或食品模拟物中 VCM 特定迁移量的测定方法(EU, 2008e)。

Directive 93/11/EEC 规定了从橡胶奶嘴中释放的 N-亚硝胺和 N-亚硝基胺物质的最高水平(EU, 2008e; Schäfer, 2007)。

对于涂料、塑料和环氧树脂胶黏剂,Regulation 1895/2005(EU, 2005c)给出了有毒物质(环氧衍生物)的特定迁移量限值,例如 BADGE(双酚 A 二缩水甘油醚),BFDGE(双酚 F 二缩水甘油醚)和 NOGE(酚醛清漆缩水甘油醚)。对于 BADGE 及其水解产物 BADGE·$H_2O$ 和 BADGE·$2H_2O$,迁移量限值为 9 mg/kg食品或者食品模拟物;对于 BADGE·HCl 和 BAGDGE·2HCl,迁移量限值为 1 mg/kg 食品或食品模拟物;而对于 BFDGE 和 NOGE,则禁止使用(EU, 2008e; Schäfer, 2007)。

### 14.2.4　活性智能 FCMs

考虑到活性包装的新功能以及为确保包装的安全使用,Regulation 1935/2004(EU, 2004a)修订了惰性材料的原则。使用活性 FCMs 和制品是为了延长包装食品的保质期以及维持或改善包装食品的状况。这些活性 FCMs 和制品被设计用来有目的地吸收一些成分,即从包装食品或者食品所处环境中释放的物质或从被包装食品及食品所处环境吸收的物质。另一方面,智能 FCMs 和制品可用来监控包装食品或者周围环境(Wilson, 2007)。

活性材料在某些情况下也会释放一些物质到食品中。这些释放的物质必须符合食品法律(如允许的添加剂和调味品)核准的使用量。消费者不会被食品变化或者关于食品质量的信息所误导。活性和功能材料必须在标签中声明,而且像带有吸收体的小囊(如脱氧气剂和脱乙烯剂)等非食用部分也应该特别标出。Regulation (EC) 1935/2004 建立了活性智能材料的基本要求,而欧盟范围内的有关组织对基本要求的深化发展进行了讨论。

EU 于 2009 年 5 月 29 日最终审批通过了与食品接触的活性智能材料的规定。条文主要包括:

(1) 定义(条款 3)。

(2) 出售活性智能 FCMs 的必要条件(条款 4)。

(3) 可作为活性智能组分的 EU 物质列表(条款 5—8)。

(4) 特定标签(条款 11)。非食用部分或组分必需标明"不可食用"。当技术可行时,标明如 14.3 所示的图标。

图 14.3 与食品接触的活性智能材料中不可食用部分的 European Community 图标

(5) 承诺声明应符合规定(条款 12)。

(6) 辅助文档中的必需条款(条款 13)[1]。

## 14.3 美国关于食品接触材料的相关法规

1938 年美国颁布了联邦食品药品化妆品法(FFDCA),禁止使用不安全食品和未经批准的包装(食品药品监督管理局(FDA)已于那时建立);直到 1958 年,才出台了关于食品包装中食品添加剂管理的修正案;而直到 2005 年,美国才正式出台了食品包装法规(Heckman, 2005)。

美国联邦法典(CFR)公布了其法律要件,包括标题及监管范畴。第21条包含了所有为确保FFDCA及合理包装与标识法案顺利实施的基本法规。FCMs主要受两个法案监管:1958年FFDCA关于食品添加剂的修正案和1969年国家环境政策法案(Robertson, 1993; Twaroski, Batarseh,和Bailey, 2007)。

1958年,美国国会(1969)授权FDA监管食品添加剂。食品添加剂指能够直接或间接改变食品特性,从而达到较好效果并作为食品一部分的物质,(FFDCA第201条例)。定义不包括着色剂、那些通常被认为安全的物质(GRAS),以及在1958年前被批准食用的物质(Twaroski et al., 2007)。FDA认为FCMs是一种间接的食品添加剂(USFDA, 2007c)。

根据FFDCA的描述,除非具有以下特点,食品添加剂一般被认为是不安全的:

(1) 添加剂受到豁免,例如其迁移量在TOR值以下。

(2) 添加剂包含于法规条例中(准许进口清单);或

(3) 添加剂具有有效的食品接触通告(FCN)。

此外,食品添加剂进入州际贸易之前必须遵循售前评估。FDA在食品安全和应用营养中心(CFSAN)内设立的食品添加剂安全办公室下建立了食品接触通告与审查部门,以确保FCMs(包括食品包装和加工设备)的安全使用。

食品添加剂的审批需要提交申请,并公布监管结论。申请过程具体见CFR (USFA, 2002)第21条,第171部分。食品添加剂和包装材料的通用与单行条例在第21条,CFR第170—189部分(见表14.2)中有具体规定。

**表14.2 美国联邦法规第21条中关于食品接触材料的内容**

| 部分 | 描　述 |
|---|---|
| 170 | 食品添加剂 |
| 171 | 食品添加剂申请 |
| 172 | 被允许直接添加到食物中,供人们食用的食品添加剂 |
| 173 | 被允许间接添加到食物中,供人们食用的食品添加剂 |
| 174 | 间接食品添加剂:普通 |
| 175 | 间接食品添加剂:黏合和涂膜物质类 |
| 176 | 间接食品添加剂:纸、纸板部分 |
| 177 | 间接食品添加剂:聚合物 |
| 178 | 间接食品添加剂:辅助剂、酸味剂、防腐剂 |

（续表）

| 部分 | 描　述 |
| --- | --- |
| 179 | 食品辐照产品生产及控制 |
| 180 | 临时允许应用于食品或与食品接触的食品添加剂 |
| 181 | 已批准的食品添加剂 |
| 182 | 一般认为安全的物质 |
| 183 | 被认定为一般安全的直接可食物质 |
| 186 | 被认定为一般安全的间接可食物质 |
| 189 | 禁止用于人们食物中的物质 |

FDA于1995年建立的法定限量(TOR)豁免过程(21 CFR 170.39)可用来代替提交申请的步骤。为满足使用前授权管理需要,可取消某些FCMs物质的申请过程。为获得TOR豁免权,该物质的估计每日摄入量(EDI)必须小于或等于1.5 μg/人・天(或相当于0.5 μg/kg消费食品)。该物质不能具有致癌性,且不含任何致癌物质。企业提交TOR豁免权要求的指南见网页http://www.cfsan.fda.gov/～dms/torguid.html.(USFDA, 2005)。

1997年,美国食品和药物管理局现代法案(FDAMA)修正了联邦食品药品和化妆品法案(FFDCA),改革了FDA食品添加剂审批流程。为达到这一目的,其中一项新程序即为食品接触物质(FCSs)通告程序。法案修正后,FFDCA将FCS定义为"满足制造、包装、运输或者容纳食品需求,拟作为材料组分的物质,且此物质不具备技术效果"(CFSAN Office of Food Additive Safety, December 2007. Available at: http://www.cfsan.fda.gov/～dms/fcnbkg.html)。

当授权FCSs的食品添加剂新应用时,FCN过程使得申请程序成为首要手段(21 CFR Sections 170.100 to 170.106)。然而,FDA具有自由裁量权,它决定在何种情况下申请过程更适于评估数据,从而提供足够的安全保障。

当累积估计日摄入量大于3 mg/人・天(或每人每天0.6 mg有毒化合物)时,FCSs审批须向FDA提交申请书。而当食品没有明显致癌性时,FDA无需审查(Twaroski et al., 2007)。

需强调的是,与TOR的豁免和申请流程相比,FCN过程的授权结果只通知制造商或所列出的供应商(FDA, 2007a, b)。此外,所有FCN过程都需服从NEPA规定(Twaroski et al., 2007)。FDA提供了一份有效FCN清单和TOR豁免名单,可从以下网站查询:http://www.cfsan.fda.gov/dms/opa-fcn.html和http://www.cfsa.fda.gov/dms/opa-torx.html.

使用 FCS 的局限性可能包括 FCM 本身的浓度限制、食品类型，以及 FCMs 必须使用时的时间-温度条件。21 CFR 176.170 中，描述了 9 种类型的食品(新鲜或者加工)，同时把这些归类为水、酸、酒精和高脂肪食品。关于热处理和储藏的条件也有定义。

对于迁移分析，FDA 建议使用不同的食物模拟物来试验，例如：

(1) 对于水和酸性食物，采用 10%乙醇水溶液(V/V)。

(2) 对于低酒精物质，采用 10%乙醇水溶液(V/V)。

(3) 对于高酒精物质，采用 50%乙醇水溶液(V/V)，(可使用的实际乙醇浓度)。

(4) 对于食用油(比如玉米油)，采用 HB307 或者 Miglyol 812[2]。

FCM 的整体管理情况中最重要的考虑因素是单个 FCM 组分的监管地位。CFSAN 体系包含有食品添加剂评价程序，这个程序覆盖了 CFR 第 21 条中提到的可能作为间接添加剂的、超过 3 000 种的物质。需要特别关注的部分如下：第 175 部分(黏合剂和涂料)；第 176 部分(纸及纸板)；第 177 部分(高分子材料)和第 178 部分(佐剂、生产液和消毒液)。它们都是包装或加工设备中可能接触到食物的物质。

## 14.4　日本关于食品接触材料的相关法规

日本是一个对出口国食品(新鲜食品和加工食品)要求十分严格的国家，它要求食品必须妥善保存。所以在 FCMs 法规体系中，日本占据重要的地位。

JETRO(日本对外贸易组织)是日本政府机构。它的一个主要目的就是促进和增加日本与世界其他区域之间的相互贸易和投资。由 JETRO 出版的 3 个特别重要的英文文件是：

(1) JETRO(2006a)。日本食品卫生法。包含了食品卫生法律(Law No 233 dated 24 - 12 - 1947；最新修订：Law No 87 dated 26 - 07 - 2005)，食品卫生法实施条例和食品法实施规定。

(2) JETRO(2006b)。食品、工具、容器、包装、玩具和洗涤剂的规范、标准和测试方法。第 2 章：工具、容器和包装的标准和测试方法，包括了关于工具、容器、包装材料标准和测试条件的概括，详见 Notice No 370, dated 28 - 12 - 1959“工具、容器和包装”部分和 Ministry of Health and Welfare Notice No 499 的最终版，29 - 11 - 2005(符合日本食品卫生法 Article10)。

(3) JETRO(2007)。食品卫生法(总则)中关于食品和食品添加剂的规格和标准。第4章:设备和容器/包装,总结了FCMs测试的标准和方法。

食品卫生法指定了拟与食品接触的容器/包装的常规卫生要求(见Article 4定义)。“容器”包括餐具、厨房用具和机械设备。

卫生法条款1规定,建立该法的目的是保护人类健康,避免因消费食品而受到伤害。这条介绍性条款突出了促进科学、教育、培训和产业自愿性。

(1) 条款2鼓励国家通过教育活动和公共关系手段,促进有关食品卫生的研究,改善与食品卫生相关的控制设施如注册实验室,通过培训来增强相关人员的能力。

(2) 条款3强调如下行为:食品和FCMs制造商应通过自己的努力,获得与产品安全相关的知识技术,以促进自我审查。

在管理领域,卫生、劳动和福利部(MHLW)是风险管理部门,而药事食品卫生审议会是风险评估部门(JETRO, 2006a; Kawamura, 2008)。FCMs制造商也应遵循由工业卫生协会(例如日本烯烃和苯乙烯塑料卫生协会(JHOSPA)、日本PVC卫生协会(JHPA)、日本偏二氯乙烯卫生协会(JHAVC))发布的行业标准。例如,JHOSPA的标准涵盖了29种塑料树脂(Kawamura, 2008)。

(3) 条款25确立了关于食品和FCMs的具体强制审批体系,该体系遵循卫生法;同时规定:必须强制标明食品和FCMs通过了由国家或注册实验室实施的技术审查。

条款26确立了审查食品和FCMs的官方程序。

前述的JETRO文件(3)(JETRO, 2007)涉及不同的FCMs要求,分为常规材料标准和特殊材料标准。最后一种情况包括以下材料:普通玻璃、陶瓷;合成树脂;特定塑料(PVC、PE、PP、PS、PVDC、PET、PMMA、PA、PMP、PC、PVA);酚醛树脂;三聚氰胺;尿素和甲醛树脂;橡胶(包括护理用具)和金属罐。

树脂、塑料、橡胶和具有涂层的罐装包装的OML值一般为30 mg/kg。对应用于高脂肪食品体系中的正庚烷,OML值如下:

(1) 对于PE和PP: 150 mg/kg。

(2) 对于PMP: 120 mg/kg。

(3) 对PS: 240 mg/kg。

(4) 对于PVC: 150 mg/kg。

2007年10月,日本建立了一部新的关于可生物降解塑料——PLA(聚乳酸)的技术规范(Kawamura, 2008)。

在玻璃和陶瓷方面，确定了铅和镉的具体迁移量。对于陶瓷器皿，根据 ISO 6486：1999 对迁移标准进行了更改；对于玻璃器皿和瓶状包装，根据 ISO 6486：1999 与 ISO 7086：2000 做出更改；而搪瓷器皿根据 ISO 4531：1998 更改。

同时确定了金属罐中砷和铅的迁移量。

FCMs 法规也通过了以下材料的应用规范，包括压力和热灭菌包装（罐装和瓶装食品除外）；玻璃、金属、塑料与复合材料制造的软饮料包装（含有果汁成分的除外）；自动售货机、与沙冰和软饮料存储液接触的 FCMs。此外也建立了这些材料的分类、机械性能规格和性能要求。

最后需指出的是，FCMs 法规是制造业标准和乳制品包装（如牛奶、发酵牛奶、奶粉、奶油等）的必要条件。

日本政府正在进行规范与方法的修订工作，于 2008 年起开始对审批制度进行修订（Kawamura，2008）。

## 14.5　南美共同市场关于食品接触材料的相关法规

Ouro Preto 协议（巴西）（1994. 12. 17）确定了现今的南美共同市场构架。最高的决策制定部门是 Common Market Council（CMC），执行机构则是 Common Market Group（GMC）。行政总部在乌拉圭首都蒙得维的亚（Montevideo）。

FCMs 法规由以下方式组织运作（Padula 和 Ariosti，2002）：

（1）包装组：讨论和准备技术问题方面的草案。

（2）食品委员会：负责协调包装组与委员会内其他组织的工作（处理食品污染物、食品添加剂、索赔等），并准备 FCMs 与其他食品事务方面的决议。

（3）3 号工作分组（STG3）：在 STG3 内，协调食品委员会和其他委员会的工作（处理医药产品、玩具等）。

（4）共同市场集团（GMC）：执行决议。

协调的 GMC 决议必须转化为（纳入）成员国的法律。例如，在阿根廷，GMC 决议必须被纳入阿根廷食品法典，在巴西则纳入联邦法令。

决议的协调工作自 1991 年起已经逐步开展，工作基于巴西和阿根廷两国的 FCMs 法规。本章作者 Ariosti 从 1991 年开始，一直参与包装组-食品委员会的工作，在四国的定期会议中与来自其他成员国的同事进行技术层面的讨论。这些技术参考主要来源于 EU 和 FDA 的 FCMs 法规，可周期性地用于更新 MERCOSUR 的 FCMs 法规。

一般来说，南美共同市场的 FCMs 法规类似于 EU 法规。这是由于在成立南美共同市场之前，巴西和阿根廷的 FCMs 法规都基于意大利的法规制定。但南美共同市场的 FCMs 法规也有自己的特点，因为它还集成了一些其他概念如 TOR，以及根据 US－FDA FCMs 法规引入某些物质的准许进口清单及限制量（如橡胶、纸张和纸板）。

准许进口清单在 EU 和 US－FDA 的 FCMs 法规的基础上制订。如果一种 FCS 在这两部法规的准许进口清单之内，这种物质将进入南美共同市场的准许进口清单。如果一种新的物质想要纳入南美共同市场的准许进口清单，它必须首先被包装组-食品委员会认可，再被两部国际参考法规中的一部纳入或被欧洲国家及其他被南美共同市场卫生当局认可的国家纳入准许进口清单。对于欧盟来说，某些塑料添加剂尚未被纳入 EU 准许进口清单，但可在成员国内合法使用，那么它们就可以纳入南美共同市场的塑料添加剂的准许进口清单中。这规则同样适用于被 US－FDA 认可的 FCMs 含有，但未列入 21CFR 准许进口清单中的物质。

FCMs 的南美共同市场框架协议 GMC3/92 建立了食品包装与制品的上市批准系统，这意味着制造商必须向颁发批准/授权证书的卫生主管部门逐项展示他们产品的合法性。同时，食品制造商只能使用已经被卫生主管部门批准的食品包装和制品。20 世纪 80 年代以来，该系统已经在阿根廷全面应用，甚至先于南美共同市场法规的强制推行（1995 年开始）。然而在巴西，目前只有用回收材料制造的食品包装与制品才必须提交到这个上市批准系统审批（Padula 和 Ariosti，2002；Ministry of Agriculture，2006）中。

目前，成员国卫生主管部门相互认可颁发 FCMs 批准证书的工作进行良好（Padula 和 Ariosti，2002）。从其他国家进口到巴西和阿根廷的 FCMs 必须符合南美共同市场法规。市场准入必要条件适用于国家 FCMs，如同前述的巴西与阿根廷的情况。

南美共同市场法规与 EU FCMs 法规的主要相似之处在于：有准许进口清单、OMLs（50 mg/kg 和 8 mg/dm$^2$）、QMs 和 SMLs。MERCOSUR 的 OMLs 更类似于 US－FDA 的 OMLs（50 mg/kg 和 0.5 mg/in$^2$（=7.75 mg/dm$^2$）），与 EU 的 OMLs（60 mg/kg 或 10 mg/dm$^2$）有一些不同。如果考虑到 EU Directive 2002/72/EC 制订的分析方法的误差，这些不同不会引发实质性的问题。

就我们所知，GMC 决议是用西班牙语或葡萄牙语发行，并没有英文版本。自 1991 年以来，以下几种物质的 GMC 决议已被批准：

（1）FCMs 卫生要求的一般标准（框架协议）。

（2）塑料。

（3）金属（马口铁、TFS、铝等）。

（4）纤维材料（纸、纸板、硬纸板）。

（5）玻璃与陶瓷。

（6）弹性材料。

（7）可再生纤维（薄膜和包装）。

（8）食品涂料。

（9）黏合剂。

（10）可再填充 PET 瓶。

（11）用于食品包装的再生 PET（单层或多层）。

表 14.3 中有更详细的情况，涉及各类 FCMs GMC 协议的最终版本（MERCOSUR，2008；Ministry of Economy，2008；Padula 和 Ariosti，2002）。已废止的 GMC 协议未在表 14.3 中列出，但可从参考文献提到的网址中查找。

**表 14.3　MERCOSUR GMC 决议**

| 材料 | 主　题 | GMC 决议号 |
|---|---|---|
| 一般材料 | 框架决议：FCMs 的一般要件 | 3/92 |
| | 更新准许进口清单的一般要件 | 31/99 |
| | 控制 FCMs 的参考分析方法 | 32/99 |
| 塑料 FCMs | 一般要件 | 56/92 |
| | 树脂与聚合物的准许进口清单 | 24/04 |
| | 添加剂的准许进口清单 | 32/07 |
| | 食品与模拟物分类 | 30/92,32/97 |
| | 迁移方法总述 | 36/92,10/95,33/97 |
| | 着色剂与颜料 | 56/92,28/93 |
| | 检测 PVC 中残余氯乙烯单体的方法 | 47/93,13/97 |
| | 检测聚苯乙烯中残余苯乙烯单体的方法 | 86/93,14/97 |
| | 检测单甘醇与二甘醇特定迁移的方法 | 11/95,15/97 |
| | 氟化聚乙烯 | 56/98 |
| | 用于食品的聚合物与树脂涂层 | 55/99 |
| | 用于非酒精碳酸饮料的再填充 PET 包装 | 16/93 |
| | 用于非酒精碳酸饮料的多层 PET 包装，中间层含有再生材料 | 25/99 |

（续表）

| 材料 | 主　　题 | GMC决议号 |
| --- | --- | --- |
| | 用于食品包装的再生PET(多层及单层包装) | 30/07 |
| 金属FCMs | 一般要件 | 46/06 |
| 玻璃与陶瓷FCMs | 一般要件 | 55/92 |
| 纤维FCMs(纸、纸板及硬纸板) | 一般要件 | 19/94,35/97,20/00 |
| | 组分准许进口清单 | 56/97 |
| | 迁移方法总述 | 12/95 |
| | 关于过滤及热烹调的文件 | 47/98 |
| | 可再生纤维 | 52/99 |
| 可再生纤维FCMs | 薄膜 | 55/97 |
| | 包装 | 68/00 |
| 弹性FCMs | 一般要件 | 54/97 |
| | 组分准许进口清单 | 28/99 |
| 黏合剂 | 一般要件 | 27/99 |
| 与食品接触的石蜡 | 一般要件 | 67/00 |

注:GMC决议名称的格式为XX/YY,其中XX是GMC决议号,而YY是批准年限最后两位数字。

## 最新综述与创新(2004—2010)

最新的食品接触塑料聚合物准许进口清单于2004年完成,批准为GMC Resolution 24/04。MERCOSUR准许进口清单监管塑料的聚合物,不同于EU准许进口清单为监管塑料单体。决议的更新始于2009年5月,作为食品委员会2009—2010年度活动中食品包装组活动的一部分。

金属包装的1993 GMC Resolution在2006年修订,更新的技术文件被批准为GMC Resolution 46/06。

最新更新的塑料添加剂准许进口清单(新颖地采用了西班牙和葡萄牙双语)于2007年完成,被批准成为GMC Resolution 32/07。

2007年12月,关于将再生PET材料作为食品级包装材料的技术文件被批准成为GMC Resolution 30/07,涵盖了具有功能阻隔性能的多层包装和单层包装(MERCOSUR, 2007)。

2008年6月完成了最新的用于塑料材料的着色剂和颜料的科技协调文件。文件基于GMC Resolution 30/07 "Resolution AP (89)1:关于着色剂在塑料食品接触材料中的使用(13.09.1989)"制定(见下文),于2009年提交进行公众商议程序,在 2009 年末被批准成为 GMC 决议。

自 2008 年 8 月起,关于总体和特定物质迁移测定方法的 GMC 决议已经开始进行审查。目标是通过 EU 法规和关于这一问题的 CEN(欧洲标准化委员会)标准。最终文件也于 2009 年提交进入公众商议程序,该技术文件于 2009 年第二季度批准成为 GMC 决议。

作为食品委员会 2009—2010 年活动中包装组的部分活动,关于纤维衍生物 FCMs 准许进口清单的更新已于 2009 年开始。

## 14.6　欧洲议会关于食品包装材料的技术建议

欧洲议会(CoE)是欧洲最古老的组织,根据伦敦条约于 1949 年 5 月成立。总部设在 Strasbourg(法国),截至 2008 年 12 月已经有 47 个成员方。

FCMs 的推荐活动按以下几个层次展开(Council of Europe, 2008a; Rossi, 2007):

(1) 特别工作组:讨论和准备关于技术问题的草案。

(2) FCMs 专家委员会:准备决议和技术文件。

(3) 公共卫生委员会:决定是否采纳技术文件。

(4) 部长委员会:是欧委会的决策机构,由各成员方的外长或者他们在 Strasbourg 的代表(大使或常驻代表)组成,决定是否通过决议。

FCMs 协调过程的结果公布形式推荐为以下几种:政策声明、决议、指南和技术文件。

CoE 的建议对成员方不具有约束性,除非它们转变成国家法律。一些欧洲国家采用 CoE 建议作为参考,执行关于 FCMs 的条款"Article 3 of the EU Framework Regulation (EC) 1935/2004 on FCMs"(Rossi, 2007)。MERCOSUR 关于塑料着色剂和颜料的技术文件遵从 CoE Resolution AP (89)1(在 2009 年被批准成为 GMC 决议)。

关于技术问题,CoE 通常采取主动措施(未经 EU 协调)。在缺乏欧盟或者国家法律时,CoE 建议可作为合理参考(Rossi, 2007; Schäfer, 2007)。

以上几个建议已经颁布多年,每种 FCMs 建议的最新版本总结见表 14.4 (Council of Europe, 2008b)。旧版本建议不包括在表 14.4 中,但可以从参考文献的网站中查找。

表 14.4 欧洲议会技术建议

| 主题 | 建议 | 最新版本时间 | 内容 |
|---|---|---|---|
| 塑料着色剂 | Resolution AP (89) 1：拟与食品接触的塑料材料中着色剂的使用 | 13. 09. 1989 | Resolution AP (89)1 |
| 塑料聚合助剂 | Resolution AP (92) 2：拟与食品接触的塑料材料与制品中聚合助剂的控制 | 19. 10. 1992 | Resolution AP (92)2 |
| 金属与合金 | 关于金属与合金的政策声明 | 版本 1，13. 02. 2002 | 技术文件：用于食品接触金属与合金材料的指南 |
| 橡胶 | 拟与食品接触的金属与合金材料的政策声明 | 版本 1，10. 06. 2004 | —Resolution Res AP (2004) 4：拟与食品接触的橡胶产品<br>—技术文件 No 1.：制造拟与食品接触橡胶产品的物质清单(准备妥当)<br>—技术文件 No 1.：Resolution ResAP (2004)4 的用户使用手册(拟与食品接触的橡胶产品)<br>—附录 x1.：生产拟与食品接触橡胶产品的物质目录 |
| 硅酮 | 用于食品接触的硅酮材料的政策声明 | 版本 1，10. 06. 2004 | —Resolution ResAP (2004) 5：用于食品接触的硅酮材料<br>—技术文件 No 1.：制造与食品接触硅酮材料的物质清单 |
| 玻璃 | 关于玻璃餐具铅溶出(至食品)的政策声明 | 版本 1，22. 09. 2004 | —玻璃餐具铅溶出(至食品)指南<br>—附录 x1.：影响铅溶出的参数<br>—附录 x2.：Resolution AP (96)4 中关于铅溶出最高限和指导限的摘录，以及关于采取源头定向措施减少食物中铅、镉和汞污染的摘录 |
| 纤维材料 | 关于厨房用棉纸与餐巾纸的政策声明 | 版本 1，22. 09. 2004 | —指南(涉及：规格、原材料、测试条件和分析方法，可再生纤维素使用、良好生产实践)<br>—4 种技术附录 |

（续表）

| 主题 | 建议 | 最新版本时间 | 内容 |
|---|---|---|---|
| | 拟与食品接触的纸质（纸板）材料与制品的政策声明 | 版本 3，11.12.2007 | —Resolution ResAP (2002) 1：拟与食品接触的纸质（纸板）材料与制品<br>—技术文件 No 1.：生产拟与食品接触纸质（纸板）材料与制品的物质清单<br>—技术文件 No 2.：拟与食品接触的纸质（纸板）材料与制品的测试条件与分析方法指南<br>—技术文件 No 3.：拟与食品接触的可再生纤维素纸质（纸板）材料与制品的指南<br>—技术文件 No 4.：CEPI（欧洲造纸行业同盟）食品接触纸（板）制品的 GMP 指南<br>—技术文件 No 5.：Resolution ResAP (2002)1 的用户使用手册（拟与食品接触的纸质（板）材料与物品） |
| 软木 | 拟与食品接触的软木塞与其他软木材料和制品的政策声明 | 版本 2，05.09.2007 | —Resolution ResAP (2004) 2：拟与食品接触的软木塞与其他软木材料和制品<br>—技术文件 No 1.：生产拟与食品接触软木塞与其他软木材料和制品的物质清单<br>—技术文件 No 2.：拟与食品接触软木塞与其他软木材料和制品的测试条件和分析方法 |
| 离子交换树脂 | 关于食品处理过程中离子交换和吸附树脂的政策声明 | 版本 2，05.09.2007 | —Resolution ResAP (2004) 3：用于食品处理的离子交换和吸附树脂<br>—技术文件 No 1.：生产用于食品处理的离子交换和吸附树脂的物质清单 |
| 油墨 | 用于食品包装中非食品接触表面的包装油墨的政策声明 | 版本 2，10.10.2007 | —Resolution ResAP (2005) 2：拟与食品接触包装材料和制品中非食品接触表面的包装油墨<br>—技术文件 No 1.：拟与食品接触包装材料和制品中非食品接触表面的包装油墨的选择要求 |

（续表）

| 主题 | 建议 | 最新版本时间 | 内容 |
| --- | --- | --- | --- |
| | | | —技术文件 No 2. 部分 1：生产拟与食品接触包装材料和制品中非食品接触表面的包装油墨配方的 GMP<br>—技术文件 No 2. 部分 2：弹性和纤维食品包装的 GMP 代码<br>—技术文件 No 3.：拟与食品接触包装材料和制品中非食品接触表面的包装油墨测试条件指南 |
| 涂层 | 拟与食品接触涂层的政策声明 | 版本 2，29. 01. 2008 | —Resolution ResAP (2004)1：拟与食品接触的涂层<br>—技术文件 No 1.：生产拟与食品接触涂层的物质清单 |

## 14.7 国际食品法典中的食品接触材料

国际食品法典是一组国际广泛认可的，以统一方式呈现的食品标准。由业务法规得来，是对特定食品或一类食品建立详细要求的指南以及措施。目前国际食品法典尚无直接针对通常 FCMs 以及特定包材的标准或指南，但存在一些通用规范。例如，预防和减少罐装食品锡污染的法典(Codex Alimentarius Commission, 2005)就给出了一些关于生产和使用锡罐的建议。值得注意的是，重金属的建议最大使用量是根据特定食品设定的。例如，不同罐装食品中锡含量的规定不同，但是没有关于包装材料的特定参照。

“食品中污染物和毒素的通用标准”包含了应用原则与程序，推荐用于食品和饲料；该标准还建立了污染物和毒素的最高准许含量(Codex Alimentarius Commission, 1995b)。受管制污染物包括真菌毒素，化合物和重金属，例如食品和包装材料中的砷、镉、铅、汞、甲基汞、锡，放射性元素，丙烯腈，二噁英和氯乙烯单体。标准规定的食品中丙烯腈最大检出限是 0. 02 mg/kg，食品中聚乙烯单体为 0. 01 mg/kg，包装材料中聚乙烯单体为 1. 0 mg/kg。

“食品添加剂通用标准”(Codex Alimentarius Commission, 1995a)规定了食品添加剂的使用条件。该标准把食品添加剂定义成“一种有目的地加入食品中的物质，是工艺上为了生产、加工、制作、处理、包装、运输或储藏该食品。其结果或者预期结果（直接或者间接）是，添加剂或其副产物成为食品的组分或者影响食品的特性”。根据这个定义，FCMs 不属于食品添加剂，因为它们不是刻意添加到食品中的，因此不在列表中。

“减少食品中化学污染物含量的来源定向控制措施法典”（Codex Alimentarius Commission，2001）的主要目标是增加对食品或饲料中化学污染物来源的了解以及增加从源头上的保护来避免污染。该法典主要关注环境污染，并未涉及其他法典标准中规定的农药、兽药、食品添加剂或加工助剂，或这些物质向 FCMs 与制品中的迁移。

“预包装食品标签的通用标准”（Codex Alimentarius Commission，1985）适用于食品标准或食品强制标签，以免误导消费者。该标准并未提及食品包装或 FCMs。“罐装食品外观检测程序指南”（Codex Alimentarius Commission，1993a）的确立是为了检测包装中（易拉罐及纸箱）的各种瑕疵，同标签标准一样，该指南亦未提及 FCMs 与制品。

最后一项要点是，国际食品法典包括不同食品处理过程中的多种实际规范，相关章节涉及建筑、设备与人员的良好生产实践及卫生（国际食品法典委员会的相关章节，1993b，1999）。法典为特定食品生产、存储和运输的各项环节提出建议。包装注意事项包括：

（1）储藏过程中确保包装材料的卫生状况和清洁度。

（2）依据食品与处理过程选择适当包装材料。

（3）选择合适包装材料，使得材料向食品中迁移的不良物质含量低于官方确定的可接受限量。

（4）遵循恰当的包装抽样及检测程序，以确保包装符合规格。

## 14.8　FCMs 法规比较

关于上述几种法规的详细对比分析，读者可从相关技术杂志及会议文献中获得，本章将仅对此方面进行概述。

除对锡罐装食品和包装材料中的氯乙烯实行推荐标准（自愿领域）外，国际食品法典没有对 FCMs 进行相关规定。

针对 EU 立法尚未覆盖的领域，Council of Europe 建议各国按照欧盟的毒理学原则对食品安全进行评定。此建议已被多个 EU 成员方（Rossi，2007）及欧洲议会接纳。

日本法规的特点在于，为保障公众健康，不仅政府监管部门（卫生、劳动和福利部）颁布食品卫生法，对 FCMs（包括包装纸、包装容器、餐具器皿等）进行相关规定，私人工业卫生协会也颁布业界自愿遵循的一系列准则。日本食品卫生法颁布了横向 FCMs 要求，适用于各类食品。此外，针对奶制品等特定食品、特定蒸煮包装、软饮料包装、自动售货机以及冰沙生产设备等，食品卫生法还颁布了纵向 FCMs 要求（Kawamura，2008）。

由现有资料发现，针对 FCMs 的法规比较主要集中于 EU 与 US－FDA 法规（Eisert，2008；Heckman，2005；Kuznesof，2002；Schäfer，2007；Twaroski et al.，2007）。下面将这两类法规进行简要比较。

US－FDA 规定，聚合物、添加剂以及其他食品接触物质属于间接食品添加剂。当人们的饮食中出现此类物质时，由于这些物质会从材料迁移到食品中，其含量要高于 TOR。着色剂、GRAS 物质及 1958 年 9 月 6 号前批准的物质不属于间接食品添加剂范畴。此外，餐具器皿和饮用水供水设备也不在 FCMs 相关法规范围内。相反，EU 法规并未将包括餐具器皿在内的 FCMs 定义为食品添加剂，而仅将用于运输和存储饮用水的设备包含在食品添加剂中。两类法规对不同类型 FCMs 均有相关规定。

US－FDA 对确定 FCSs 是否能够纳入准许进口清单建立了两套体系。最初建立的体系主要包含经“申请管理”程序认定为安全的物质，进而纳入公共的一般用途准许进口清单中（管理）。1997 年实行的最新体系包括了遵循“上市通告”系统的所有物质。这些物质可作为 FCNs，其一般信息可公开，但获取产权资料会受到限制。在新体系中，审批物质通过与否是针对申请人个例而言的，如仅针对一个特定 FCMs 制造商。这也就是说，食品制造商只能从固定的生产商那里购买安全的 FCMs。

EU 法规规定，被列于准许进口清单中的物质具有普遍性，即食品制造商可以从不同的生产商那里购买安全的 FCMs，只要其 FCMs 符合设立的规定即可。但在 EU 内，针对可再生的以及活性智能的 FCMs 专门设立了安全物质清单。

EU 和 US－FDA 法规对能够列入准许进口清单的安全 FCSs 在概念上存在一定差异。US－FDA 是根据食品包装材料的暴露风险评估进行界定的，该方法主要考虑以下几个方面：

（1）消费因子（CFs），即体重为 60 kg 的消费者每日饮食（假设每人每天3 kg）预期接触的 FCM。

（2）食品型分配因子（fTs），即每种 FCM 所接触到的不同食品类型，包括水溶液型食品、酸性食品、酒精类食品和高脂肪类食品。

不同食品模拟物的CFs，fTs以及迁移数据是计算其饮食浓度（DCs）和估计每日摄入量（EDIs）的重要依据。如果为实现相似或不同技术目的规定了FCS的不同用途，则必须计算累积估计每日摄入量（CEDI）。EDI值、CEDI值以及FCS每日允许摄入量（ADI）的比较，决定了提交到US-FDA的毒理学数据。此外还需公开每种FCM的预期用途（单次或重复使用）、食品类型、接触时间、温度、预计$M/S$比值（食品质量/FCMs表面积之比值）以及预计FCM厚度等。安全的FCSs即可纳入准许进口清单中，同时需指明其主要理化特性，以便于采购商（食品制造商）对FCMs具有明确的认识。如果采购商确定某种FCM符合这些规格，则可认为在准许进口清单列明的使用条件下，该FCM不会带来健康风险，且与暴露评估的预期相一致。除准许进口清单列明的用途外，FCS不可擅自用于其他用途。

相反，EU是根据毒理学风险评估对FCMs进行审核。这包括待评估FCS（单体、添加剂等）的非观测效应水平（NOEL）和每日容许摄入量（TDI）。保守假设是基于一个体重为60 kg的人每日摄入1 kg食品所接触到的含有FCS的FCM量做出的。根据FCS的TDI值以及前述的假设条件，EU确定了特定迁移量限值（SML）。但EU并未针对CFs、fTs和EDIs/CEDIs进行暴露评估。一般而言，只要某种FCS符合其SML规定或其他相关规定，则允许其用于不同FCM，且在不同条件下均可使用（$M/S$比值，接触时间、温度等）。最后一点需要FCMs制造商仔细研读。Directive 2007/19/EC介绍了确定某些亲脂类物质特定迁移量的几种暴露评估方法，主要由三种校正因子确定。即脂类折减系数（FRF），模拟$D$折减系数（DRF）和由FRF、DRF构成的总折减系数（TRF）（EU，2007a）。

两种不同的评定方法对FCMs和食品制造商的选择带来一些问题和不确定性。美国的评定方法减少了FCMs制造商的分析工作量，但可能限制食品制造商采取FCSs新型应用的灵活性。EU的评定方法假设了更大的FCSs暴露量，从而加大了对消费者的保护力度，但同时增加了FCM制造商确定SML值的工作量。此外，由于FCSs和FCMs在概念上存在一定差异，食品制造商在确定最终材料时通常会有多种选择。在美国，FCMs制造商首先会对材料进行暴露评估（确定其EDI值和CEDI值），再根据暴露评估的结果确定是否需要进行毒理学实验。而在EU，FCSs或FCMs制造商需要先提供毒理学数据，其后再计算SML值，无需进行暴露评估（Heckman，2005；Schäfer，2007）。

最后，值得注意的一点是，US-FDA具有双重角色。首先，FDA可根据请愿或通告的评定结果进行风险评估；其次，FDA 还可以通过颁布法规条例或公认的 FCN 清单进行风险管理。而在 EU，由 EFSA 进行风险评估，由 EU Commission、EU Council of Ministers 和 EU Parliament 进行风险管理。

MERCOSUR 的法规不拘一格，选择性地参考了 EU 和 US - FDA 的相关法令、Council of Europe 建议、准许进口清单及其他要求。部分成员国要求对所有的 FCM 实行上市前审核体系。所有的最终商品制造商必须强制遵循 MERCOSUR 法规，包括食品包装、食品容器、食品材料和餐具器皿制造商，但不包括饮用水运输与储存设备制造商。一旦审核通过，成员国卫生部门将统一发布针对该 FCM 的授权证书(Ariosti, 2007; Padula 和 Ariosti, 2002)。每份授权证书都是针对最终包装或物品制造商的。这样，针对 FCMs 原料或食品制造商就不会存在最终使用不确定的问题(包括接触时间、温度、食品类型、FCM 厚度及分配系数、真实 *M*/*S* 比值等)。审核过程需要较大的分析投入，但是，FCMs 制造商以及各成员国政府已经施行了近 30 年。各国的技术部门都已经培养出关于 FCMs 卫生检测评定的专业人员，如阿根廷的 INTI，巴西的 CETEAITAL (Campinas, Sao Paulo)，巴拉圭的 INTN (Asuncion)，乌拉圭的 LATU (Montevideo)(Ariosti, 2007)。表 14.5 是对不同法规的比较总结。

**表 14.5 FCMs 法规比较**

| 主题 | EU | 美国 | MERCOSUR | 日本 |
|---|---|---|---|---|
| 水平 | 超国家(27 个成员方) | 国家 | 超国家(4 个全成员国；2 个申请成员国；5 个联合国家) | 国家 |
| FCMs 法律地位 | 已有规定<br>饮用水供水设备排除在法规外 | 已有规定<br>饮用水供水设备排除在法规外 | 已有规定<br>饮用水供水设备排除在法规外 | 已有规定<br>同样包括工业卫生协会颁布的自愿标准 |
| | 包括家居用品和餐具 | FCMs 被认为是间接食品添加剂 | 包括家居用品和餐具 | 包括家居用品和餐具 |
| | | 不包括家居用品和餐具 | | |
| 关于 FCMs 卫生要求的法规类型 | 指令(必须转化为国家法规) | 联邦法律 | 规定(必须转化为国家法规) | 食品卫生法律 |

(续表)

| 主题 | EU | 美国 | MERCOSUR | 日本 |
|---|---|---|---|---|
| FCMs 通常法法规/规定 | 规定(EC) 1935/2004 | 联邦食品、药品与化妆品法案(FFDCA)联邦法规代码(CFR)-21 条 | 决议 GMC 3/92 | 食品卫生法(1947)<br>食品安全基本法(2003) |
| 主要受管制的 FCMs | 塑料 | 塑料<br>纸制品(板) | 塑料<br>纸制品(板) | 塑料 |
| | 弹性材料<br>陶瓷 | 弹性材料 | 弹性材料 | 弹性材料<br>金属罐 |
| | 再生纤维素(薄膜) | 再生塑料 | 金属 | 玻璃 |
| | | 活性智能材料 | 玻璃 | 陶瓷 |
| | 再生塑料 | | 陶瓷 | |
| | 活性智能材料 | | 再生纤维素(薄膜和包装箱) | |
| 明确的 FCMs 商标或标签 | 强制和标准商标或强制标签(存在免责条款) | — | — | 强制和标准标签 |
| | 关于可再生塑料 FCMs 的强制标签 | | 关于可二次填充及可再生 PET 包装的强制标签(表明条件) | |
| | 关于活性智能材料强制标签和标准商标(当后者可行时) | | | |
| FCMs 制造商的法律义务 | 服从法规强制公告 | 服从法规 | 服从法规 | 服从法规 |
| | 活性智能 FCMs 的具体强制批准体系 | | 服从法规 FCMs 的具体强制批准体系(尤其适用于巴西) | 服从自愿标准 |
| | | | | 服从法规 FCMs 的具体强制批准体系 |
| 准许进口清单 | 通用准许进口清单,非专有 | 通用准许进口清单,非专有(服从申请管理体系) | 通用准许进口清单,非专有 | 通用准许进口清单,非专有 |

（续表）

| 主题 | EU | 美国 | MERCOSUR | 日本 |
| --- | --- | --- | --- | --- |
| | | 具体准许进口清单（FCNs列单）所有权（服从FCN体系） | | |
| 塑料准许进口清单 | 单体和其他前体（完全协调） | 聚合物（完全协调） | 聚合物 | 聚合物 |
| | 添加剂（部分协调） | 添加剂 | 添加剂（完全协调） | 单体和其他前体 |
| | SML（基于毒理学风险评估数据（NOEI、TDI）） | 一些纯度标准及使用技术参数（基于暴露风险评估、CF、$f_T$、EDI、CEDI、ADI） | SML（＝LME） | 添加剂 |
| | QM | | QM（＝LC） | 聚合助剂 |
| | 极少数纯度标准及使用技术参数 | | 由EU及US-FDA的FCMs法规转化而来的纯度标准及使用技术参数 | 着色剂 |
| | | | | SML |
| | | | | QM |
| | | | | 纯度标准及使用技术参数 |
| 总迁移量限值（塑料） | 60 mg/kg | 50 mg/kg | 50 mg/kg | 30 mg/kg（通常）当使用正庚烷作为脂肪食品模拟物时不同塑料具有不同限量 |
| | 10 mg/dm$^2$ | 7.75 mg/dm$^2$（＝0.5 mg/in$^2$） | 8 mg/dm$^2$ | |
| TOR | 未建立 | 0.5 μg/kg（膳食基础） | 0.5 μg/kg（膳食基础），只适用于消费后净化的可再生PET材料 | — |
| 功能阻隔概念 | 采用 | 采用 | 采用 | — |

(续表)

| 主题 | EU | 美国 | MERCOSUR | 日本 |
| --- | --- | --- | --- | --- |
| 非毒性迁移量限值 | 10 μg/kg | 源自 TOR,不同塑料具有不同限量 | 源自 TOR,只适用于净化的可再生 PET 材料(=10 μg/kg) | — |
| 风险评估部门 | EFSA | US - FDA | 食品委员会 SGT 3 | 药事食品卫生审议会<br>工业卫生协会 |
| 风险管理部门 | EU Commission<br>EU Council of Ministers<br>EU Parliament | US - FDA | GMC | 政府(MHLW)<br>工业卫生协会 |

## 14.9 小结:协调、相互认可与新的法规

正如在 EU 和欧洲议会已经看到的,协调过程先于 FCMs 法规批准,而对于非协调领域,也存在发起成员国之间产品相互认可体系(Ariosti, 2007; Eisert, 2008; Heckman, 2005; Montfort, 2007; Padula 和 Ariosti, 2002; Schafer, 2007)。

US - FDA 和 EU 关于 FCMs 法规之间的差异十分显著,这为两大主要管理机构的协调以及全球化贸易带来壁垒。由于这些差异(前面章节已经谈及),协调过程似乎难以迅速实现。目前一种可行的方法是相互认可制度;但在这个问题上,可能存在由于法规制订基础的不同,导致商品互不兼容双方法规系统的问题,会造成 EU 和美国卫生当局的严重顾虑(Eisert, 2008; Heckman, 2005)。

因此,正如在 2007 年、2008 年和 2009 年(关于全球期 FCMs 立法的 INTERTECH - PIRA 会议上)国际会议上广泛讨论的那样,短期内不会出现明确的协调方案。在此期间,相互认可制度引起了国际参与人员越来越大的兴趣,也使得他们之间更好地分享信息成为一种必然。

在非洲、亚洲和拉丁美洲及加勒比地区也逐渐出现关于 FCMs 的法规。对于这些地区,意识到各自拥有 FCMs 法规体系会带来全球利益,分析两个主要国际法规体系各自的优缺点,确定是否参考这两大法规体系、如有可能再根据地区实际进行改进,都是十分重要的。为促进协调过程或互相认可体系,法规分歧越少,

则战略越容易实现。

上述情况同样适用于欧洲地区，例如不属于 EU 但在西方地区形成联盟（欧洲自由贸易联盟（EFTA））的国家，如冰岛、列支敦士登、挪威和瑞士，一些东欧国家，以及前 USSR 东部国家，它们都已经发展或正在发展自己的 FCMs 法规。

国际食品法典委员会制定的世界公认的食品监管体系可以成为关于食品包装问题全球法规的一个替代。成员国可以向委员会提交具体建议，发起关于食品包装问题新代码实践的讨论会，以保护消费者健康、确保食品贸易中的公平商业惯例。

## 注　释

1　研讨会文档副本（包括 EU 法规草案副本）可由网址 http://www.reading.ac.uk/foodlaw 查询。G/SPS/N/EEC/340 是卫生和植物检疫委员会，欧共体食品接触材料对策报告制定的规定草案，网址：http://docsonline.wto.org/gen_home.asp。

2　HB307 是合成甘油三酯的混合物（EU 法规也接受其作为脂肪类食品模拟物），其脂肪酸组成主要对应于 C12、C10 和 C14。Miglyol 812 是由椰油衍生物制成的模拟物。

## 参考文献

[1] Ariosti A. Aptitud sanitaria de envases y materiales pl a sticos en contacto con alimentos [M]. In R. Catal a & R. Gavara (Eds.), Migración de componentes y residuos de envases en contacto con alimentos (pp. 85 - 100). Valencia, Spain: Instituto de Agroqu i mica y Tecnolog i a de Alimentos (IATA). 2002a.

[2] Ariosti A. Uso de materiales pl a sticos reciclados en contacto con alimentos. Barreras funcionales [M]. In R. Catal a & R. Gavara (Eds.), Migración de componentes y residuos de envases en contacto con alimentos (pp. 261 - 279). Valencia, Spain: Instituto de Agroqu i mica y Tecnolog i a de Alimentos (IATA). 2002b.

[3] Ariosti A. Aptitud sanitaria de materiales en contacto con alimentos. Exigencias legislativas para envases en el MERCOSUR [C]. In: Memorias del Primer Seminario Internacional de Envases Activos para Alimentos—CYTED (Iberoamerican Program of Science and Technology for Development)—USACH (University of Santiago de Chile). Santiago de Chile (28 March) and Puerto Varas (30 March). 2007.

[4] Arvidson K B, Cheeseman M A, McDougal A J. Toxicology and risk assessment of chemical migrants from food contact materials [M]. In K. A. Barnes, C. Richard Sinclair, & D. H. Watson (Eds.), Chemical migration and food contact materials (pp. 158 - 179). Cambridge, UK: Woodhead Publishing Ltd. 2007.

[ 5 ] Bayer F L. The threshold of regulation and its application to indirect food additive contaminants in recycled plastics [J]. Food Additives and Contaminants, 1997,14(6 - 7): 661 - 670.
[ 6 ] Bayer F L. PET recycling for food-contact applications: Testing, safety and technologies: A global perspective [J]. Food Additives and Contaminants, 2002,19(Suppl): 111 - 134.
[ 7 ] Castle L. Chemical migration into food: An overview. In K. A. Barnes, C. Richard Sinclair, & D. H. Watson (Eds. )[J]. Chemical migration and food contact materials (pp. 1 - 13). Cambridge, UK: Woodhead Publishing Ltd. 2007.
[ 8 ] Catal a R, Gavara R. (Eds. ). Migración de components y residuos de envases en contacto con alimentos [M]. Valencia, Spain: Instituto de Agroqu i mica y Tecnolog i a de Alimentos (IATA). 2002.
[ 9 ] Codex Alimentarius Commission. CODEX STAN 1 - 1985 [S]. General Standard for the Labelling of Prepackaged Foods [S]. Available at: http://codexalimentarius. net/search/advanced. do? lang_en 1985.
[10] Codex Alimentarius Commission. CAC/GL 17 - 1993 [S]. Guidelines procedures for the visual inspection of lots of canned foods [S]. Available at: http://codexalimentarius. net/search/advanced. do? lang_en 1993a.
[11] Codex Alimentarius Commission. CAC/RCP 40 - 1993. Code of hygienic practice for aseptically processed and packaged low-acid foods [S]. Available at: http://codexalimentarius. net/search/advanced. do? lang_en 1993b.
[12] Codex Alimentarius Commission. CODEX STAN 192 - 1995[S]. General standard for food additives [S]. available at: http://codexalimentarius. net/search/advanced. do? lang_en 1995a.
[13] Codex Alimentarius Commission. CODEX STAN 193 - 1995, Rev 3 - 2007. General standard for contaminants and toxins in foods [S]. Available at: http://codexalimentarius. net/search/advanced. do? lang_en 1995b.
[14] Codex Alimentarius Commission. CAC/RCP 46 - 1999. Code of hygienic practice for refrigerated packaged foods with extended shelf-life [S]. Available at: http://codexalimentarius. net/search/advanced. do? lang_en 1999.
[15] Codex Alimentarius Commission. CAC/RCP 49 - 2001. Code of practice concerning source directed measures to reduce contamination of foods with chemicals [S]. Available at: http://codexalimentarius. net/search/advanced. do? lang_en 2001.
[16] Codex Alimentarius Commission. CAC/RCP 60 - 2005. Code of practice for the prevention and reduction of tin contamination in canned foods [S]. Available at: http://codexalimentarius. net/search/advanced. do? lang_en 2005.
[17] Council of Europe. Committee of experts on materials coming into contact with food. Resolution ResAP (2002)1 on paper and board materials and articles intended to come into contact with foodstuffs [S]. In: Policy statement concerning paper and board materials and articles intended to come into contact with foodstuffs. 2005.
[18] Council of Europe. www. coe. int/T/e/com/about_coe/(for general information). 2008a.
[19] Council of Europe. www. coe. int/soc-sp (for specific technical documents). 2008b.
[20] Eisert, R. Comparing Food Contact Legislation [C]. In: Proceedings of the INTERTECH-

PIRA conference on global legislation for food contact packaging. Washington, USA, April 2 - 4. 2008.

[21] European Food Safety Authority. Opinion of the Scientific Panel on food additives, flavourings, processing aids and materials in contact with food (AFC) on Guidelines on submission of a dossier for safety evaluation by the EFSA of a recycling process to produce recycled plastics intended to be used for manufacture of materials and articles in contact with food. Adopted on 21/05/2008 [J]. The EFSA Journal, 2008,717:1 - 12.

[22] EU. Council Directive 76/893/EEC on the approximation of the laws of the Member States relating to materials and articles intended to come into contact with foodstuffs [S]. Available at: http://eur-lex. europa. eu/en/index. htm. 1976.

[23] EU. Council Directive 78/142/EEC on the approximation of the laws of the Member States relating to materials and articles which contain vinyl chloride monomer and are intended to come into contact with foodstuffs [S]. Available at: http://eur-lex. europa. eu/en/index. htm. 1978.

[24] EU. Commission Directive 80/590/EEC determining the symbol that may accompany materials and articles intended to come into contact with foodstuffs [S]. Available at: http://eur-lex. europa. eu/en/index. htm. 1980.

[25] EU. Council Directive 85/572/EEC laying down the list of simulants to be used for testing migration of constituents of plastic materials and articles intended to come into contact with foodstuffs [S]. Available at: http://eur-lex. europa. eu/en/index. htm. 1985.

[26] EU. Council Directive 89/109/EEC on the approximation of the laws of the Member States relating to materials and articles intended to come into contact with foodstuffs [S]. Available at: http://eur-lex. europa. eu/en/index. htm. 1989.

[27] EU. Commission Directive 2002/72/EC relating to plastic materials and articles intended to come into contact with foodstuffs, amended by Commission [S]. 2002a.

[28] Directive 2004/1/EC, Commission Directive 2004/19/EC, Commission Directive 2005/79/EC, Commission Directive 2007/19/EC and Directive 2008/39/EC [S]. Available at: http://eur-lex. europa. eu/en/index. htm.

[29] EU. Regulation (EC) No 178/2002 of the European Parliament and of the Council laying down the general principles and requirements of food law, establishing the European Food Safety Authority and laying down procedures in matters of food safety [S]. Available at: http://eur-lex. europa. eu/en/index. htm. 2002b.

[30] EU. Regulation (EC) No 1935/2004 of the European Parliament and of the Council on materials and articles intended to come into contact with food and repealing Directives 80/590/EEC and 89/109/EEC [S]. Available at: http://eur-lex. europa. eu/en/index. htm. 2004a.

[31] EU. Commission Directive 2004/19/EC amending Directive 2002/72/EC relating to plastic materials and articles intended to come into contact with foodstuffs [S]. Available at: http://eur-lex. europa. eu/en/index. htm. 2004b.

[32] EU. Commission Directive 2005/79/EC amending Directive 2002/72/EC relating to plastic materials and articles intended to come into contact with food [S]. Available at: http://eur-lex. europa. eu/en/index. htm. 2005a.

[33] EU. Commission Directive 2005/31/EC amending Council Directive 84/500/EEC as regards a declaration of compliance and performance criteria of the analytical method for ceramic articles intended to come into contact with foodstuffs [S]. Available at: http://eur-lex. europa. eu/en/index. htm. 2005b.

[34] EU. Commission Regulation (EC) No 1895/2005 on the restriction of use of certain epoxy derivatives in materials and articles intended to come into contact with food [S]. Available at: http://eur-lex. europa. eu/en/index. htm. 2005c.

[35] EU. Commission Directive 2007/19/EC amending Directive 2002/72/EC relating to plastic materials and articles intended to come into contact with food and Council Directive 85/572/EEC laying down the list of simulants to be used for testing migration of constituents of plastic materials and articles intended to come into contact with foodstuffs [S]. Available at: http://eur-lex. europa. eu/en/index. htm. 2007a.

[36] EU. Commission Directive 2007/42/EC relating to materials and articles made of regenerated cellulose film intended to come into contact with foodstuffs [S]. Available at: http://eur-lex. europa. eu/en/index. htm. 2007b.

[37] EU. Commission Regulation (EC) 282/2008 of 27 March 2008 on recycled plastic materials and articles intended to come into contact with foods and amending Regulation (EC) No 2023/2006 [S]. Available at: http://eurlex. europa. eu/en/index. htm. 2008a.

[38] EU. Europa, The EU at a glance [S]. Available at: http://europa. eu/index _ en. htm. 2008b.

[39] EU. Food Contact Materials, EU Legislation [S]. Available at: http://ec. europa. eu/food/food/chemicalsafety/foodcontact/eu_legisl_en. html. 2008c.

[40] EU. Food Contact Materials, Legislation on specific materials [S]. Available at: http://ec. europa. eu/food/food/chemicalsafety/foodcontact/spec_dirs_en. html. 2008d.

[41] EU. Food Contact Materials, Legislative List [S]. Available at: http://ec. europa. eu/food/food/chemicalsafety/foodcontact/legisl_list_en. html. 2008e.

[42] EU. Commission Regulation (EC) 450/2009 of 29 May 2009 on active and intelligent materials and articles intended to come into contact with food [S]. Available at: http://eur-lex. europa. eu/en/index. htm. 2009.

[43] FAO. Corporate Document Repository. Agriculture and Consumer Protection. 'The Codex Alimentarius'[R]. Available at: http://www. fao. org/docrep/U3550T/u3550t0p. htm. 2008.

[44] FDA. Food additives: Threshold of regulation for substances used in food-contact articles (Final Rule). US food and drug administration [J]. Fed Reg, 1995,60(136):36582-36596.

[45] FDA. Points to consider for the use of recycled plastics in food packaging: Chemistry considerations, US Food and Drug Administration [S]. http://www. cfsan. fda. gov/~dms/guidance. html. 2006.

[46] Fern a ndez M R, Cacho J. Efectos sensoriales de la migraci o n [M]. In R. Catal a & R. Gavara (Eds. ), Migración de componentes y residuos de envases en contacto con alimentos (pp. 101-125). Valencia, Spain: Instituto de Agroqu i mica y Tecnolog i a de Alimentos (IATA). 2002.

[47] Franz R, Bayer F L, Welle F. Guidance and criteria for safe recycling of post-consumer

polyethylene terephthalate (PET) into new food packaging applications [C]. In Program on the recyclability of food packaging materials with respect to food safety considerations—Polyethylene terephthalate (PET), paper and board and plastics covered by functional barriers. Freising, Germany: Fraunhofer Institute for Process Engineering and Packaging (IVV). 2003.

[48] Franz R, Bayer F L, Welle F. Guidance and criteria for safe recycling of post consumer polyethylene terephthalate (PET) into new food packaging applications [R]. Report EU-Project FAIR-CT98-4318 Recyclability, European Commission, Brussels. 2004a.

[49] Franz R, Mauer A, Welle F. European survey on post-consumer poly (ethylene terephthalate) materials to determine contamination levels and maximum consumer exposure from food packages made from recycled PET [J]. Food Additives and Contaminants, 2004b,21(3):265 - 286.

[50] Heckman J H. Food packaging regulation in the United States and the European Union [J]. Regulatory Toxicology and Pharmacology, 2005,42:96 - 122.

[51] Hern a ndez R J, Gavara R. Plastics packaging. Methods for studying mass transfer interactions [S]. Leatherhead, Surrey, UK: PIRA International. 1999.

[52] JETRO. Food Sanitation Law in Japan [S]. http://www. jetro. go. jp/en/reports/regulations/pdf/food-e. pdf. 2006a.

[53] JETRO. Specifications, standards and testing methods for foodstuffs, implements, containers and packaging, toys, detergents [R]. http://www. jetro. go. jp/en/reports/regulations/pdf/testing2009-e. pdf. 2006b.

[54] JETRO. Specifications and standards for foods, food additives, etc. , under the food sanitation act (summary). 2007.

[55] Katan LL. (Ed. ). Migration from food contact materials (pp. 159 - 180)[M]. Cambridge, UK: Blackie Academic and Professional. 1996.

[56] Kawamura Y. Food contact legislation in Japan [C]. In: Proceedings of the INTERTECH-PIRA Conference on Global Legislation for Food Contact Packaging. Washington, USA, April 2 - 4. 2008.

[57] Kuznesof P M. Legislaci o n sobre envases para alimentos en los Estados Unidos [M]. In R. Catal a & R. Gavara (Eds. ), Migraci ó n de componentes y residuos de envases en contacto con alimentos (pp. 65 - 83). Valencia, Spain: Instituto de Agroqu i mica y Tecnolog i a de Alimentos (IATA). 2002.

[58] Mari E A. Migracion en envases de vidrio y de cer a mica esmaltada [M]. In R. Catal a & R. Gavara (Eds. ), Migraci ó n de componentes y residuos de envases en contacto con alimentos (pp. 329 - 346). Valencia, Spain: Instituto de Agroqu i mica y Tecnolog i a de Alimentos (IATA). 2002.

[59] MERCOSUR. Resoluci o n GMC 55/92 'Envases y equipamientos de vidrio y cer a mica destinados a entrar en contacto con alimentos'[S]. 1992.

[60] MERCOSUR. Resoluci o n GMC 25/99 'Reglamento T e cnico MERCOSUR sobre envases de PET multicapa (u nico uso) destinados al envasado de bebidas analcoh o licas carbonatadas'[S]. 1999a.

[61] MERCOSUR. Resoluci o n GMC 52/99 'Reglamento T e cnico MERCOSUR sobre

material celul o sico reciclado'[S]. 1999b.
[62] MERCOSUR. Resoluci o n GMC 30/07 'Reglamento T e cnico MERCOSUR sobre envases de polietilentereftalato (PET) postconsumo reciclado grado alimentario (PET-PCR grado alimentario) destinados a estar en contacto con alimentos. '[S] 2007.
[63] MERCOSUR. www. mercosur. org. uy. 2008a.
[64] MERCOSUR. www. mercosur. int. 2008b.
[65] Ministry of Agriculture. Secretary of Agriculture, Brazil [R]. Instruc ao Normativa 49. 2006.
[66] Ministry of Economy. Argentina [R]. www. puntofocal. gob. ar. 2008.
[67] Montfort J-P. Key issues to marketing food-contact materials and articles in the EU [C]. In Proceedings of the INTERTECH-PIRA conference on global legislation for food contact packaging. Barcelona, Spain, July 11 - 12. 2007.
[68] Oldring P K T. Exposure estimation—the missing element for assessing the safety of migrants from food [M]. In K A Barnes, C Richard Sinclair, D H Watson (Eds.), Chemical migration and food contact materials (pp. 122 - 157). Cambridge, UK: Woodhead Publishing Ltd. 2007.
[69] Padula M, Ariosti A. Legislaci o n MERCOSUR sobre la aptitud sanitaria de los envases para alimentos [M]. In R. Catal a & R. Gavara (Eds.), Migración de components y residuos de envases en contacto con alimentos (pp. 45 - 64). Valencia, Spain: Instituto de Agroqu i mica y Tecnolog i a de Alimentos (IATA). 2002.
[70] Robertson G L. Food packaging. Principles and practice [M]. New York: Marcel Dekker, Inc. 1993.
[71] Rossi L. Status of the Council of Europe Resolutions and Future Programmes [C]. In Proceedings of Food Contact Polymers 2007. First International Conference. Paper 1, pp. - 28. Smithers RAPRA Ltd, Shawbury, Shrewsbury, U. K. 2007.
[72] Schafer A. Regulation of food contact materials in the EU [M]. In K. A. Barnes, C. Richard Sinclair, & D. H. Watson (Eds.), Chemical migration and food contact materials (pp. 43 - 63). Cambridge, UK: Woodhead Publishing Ltd. 2007.
[73] Twaroski M L, Batarseh L I, Baile A B. Regulation of food contact materials in the USA [M]. In K A Barnes, C Richard Sinclair, D H Watson (Eds.), Chemical migration and food contact materials (pp. 17 - 42). Cambridge, UK: Woodhead Publishing Ltd. 2007.
[74] US Congress. Congressional Declaration of National Environmental Policy. Nacional Environmental Protection Act of 1969 [S]. Available at http://www. nepa. gov/nepa/regs/nepa/nepaeqia. htm. 1969.
[75] USFDA. 'Guidance for Industry. Preparation of Food Contact Notifications and Food Additive Petitions for Food Contact'. Substances: Chemistry Recommendations [S]. Final Guidance. Available at: www. cfsan. fda. gov/~dms/opa2pmna. html. 2002.
[76] USFDA. 'Guidance for Industry. Submitting Request Under 21 CFR 170. 39 TOR for substances used in food contact materials'[S]. CFSAN/Office of Food Additive Safety, April 2005. Available at: http://www. cfsan. fda. gov/~dms/torguid. html. 2005.
[77] USFDA. CFSAN/Office of Food Additive Safety. (2007a). 'Inventory of effective food contact substance notifications'[S]. Available at: http://www. cfsan. fda. gov/~dms/

opa-fcn. html. 2007a.

[78] USFDA. CFSAN/Office of Food Additive Safety, 'Inventory of effective food contact substance notifications. Limitations specifications and use' [S]. Available at: http://www. cfsan. fda. gov/~dms/opa-fcn2. html. 2007b.

[79] USFDA. CFSAN/Office of Food Additive Safety, 'Food Ingredients and Packaging Terms' [S]. Available at: www. cfsan. fda. gov/~dms/opa-def. html. 2007c.

[80] USFDA. 'Code of Federal Regulations. Title 21 Food and Drugs Database'[S]. Available at: http://www. fda. gov/cdrh/aboutcfr. html. 2008a.

[81] USFDA. 'Code of Federal Regulations [S]. Title 21, Part 176, Indirect Food Additives: paper and paperboard components. Section 176. 260 Pulp from reclaimed fiber'. 2008b.

[82] van Dongen W, Coulier L, Muilwijk B. et al. Analytical strategy to assess the safety of food contact materials [C]. In Proceedings of Food Contact Polymers 2007. First International Conference, Paper 7, pp. 1 - 10. Smithers RAPRA Ltd, Shawbury, Shrewsbury, U. K. 2007.

[83] Welle F, Franz R. Recycled plastics and chemical migration into food [M]. In K. A. Barnes, C. Richard Sinclair, & D. H. Watson (Eds. ), Chemical migration and food contact materials (pp. 20 - 227). Cambridge, UK: Woodhead Publishing Ltd. 2007.

[84] Wilson C L. Intelligent and active packaging for fruits and vegetables (pp. 321 - 326)[M]. Boca Raton: CRC Press. 2007.

# 第 15 章　纳米技术与食品安全

## 15.1　引言

纳米物质并不是一个新概念，它已有十几年的历史。然而，自从 20 世纪 80 年代科学家们通过自组装或间接组装的方法获得纳米结构之后，纳米科技便得到了快速的发展。纳米技术现已经发展成为一门综合性学科，主要涉及物理、化学、生物、工程和电子等方面的科学知识，其目的是在纳米级的基础上了解并利用纳米结构和纳米设备。近些年，以纳米为基础的消费产品正在迅速地发展，并且已有很多产品面世。到目前为止，在公共数据库平台中显示已有 600 多个产品的供应商公开表明其产品中含有纳米技术(PEN，2009)。纳米为基础的产品涉及百姓生活的方方面面，到 2014 年全球有 26 万亿美元的纳米技术相关的产业。

纳米材料通常定义为“在 100 纳米以下的，具有一个或多个三维尺寸的分散颗粒”(SCENIHR，2007b)。与宏观物质相比，纳米材料在纳米尺寸下会表现出一些特殊的性能。纳米结构的物理化学特性是以量子力学为理论基础，而不是由更大的尺度决定。相比于宏观物质来说，纳米物质无论在颜色、溶解度、扩散性，还是在材料强度、毒性以及其他特性方面都有明显的不同。由于具有量子力学效应和较大的比表面积，纳米材料还具有较高的反应性，使得它具有独特的性能，并且可以赋予材料很多新的功能特性。纳米技术在食品行业中的应用已备受关注，而且其在食品中的应用范围较广，例如有效传递营养成分、提高配方成分的生物利用率、检测污染物的分子和细胞、食品包装材料等(Chaudhry et al.，2008；Chen，Weiss 和 Shahidi，2006；Das，Saxena，和 Dwivedi，2008；Moraru et al.，2003，2009；Weiss，Takhistov 和 McClements，2006)。

随着各类新应用领域的出现，无论是公众还是科学界对纳米技术潜在的风险和纳米技术产品的毒性，及其对环境和人身安全等方面日益重视。由于纳米材料的颗粒大小可影响到它的作用效果和安全性，因此出于安全考虑，我们需要思考具有独特性能的纳米材料是否应该被看做是新的或是非天然的材料。纳米材料在食品业和制药业应用最主要的障碍是纳米材料与生物体系怎样相互作用，以及是否会引起的潜在安全问题。但是，这方面的知识还相对匮乏。

本章的目的主要是讨论关于纳米技术在食品体系中应用的全球安全性问题和应用过程中监管的问题，重点方面是在执行灾害评估和缺乏测量技术的暴露评估所需的毒理学知识。此外，本章还介绍了食品安全框架调控的现状，同时重点强调了纳米技术在应用和相应监管法规执行过程中存在的缺口。

## 15.2 纳米技术与食品体系

食品科学与技术原来已经通过自上而下(如研磨、微粒化、微粉化)或自下而上(如分子聚集)的方法制造了许多微米级，甚至往往是纳米级的食品颗粒。纳米技术的出现，为食品工业的发展，特别是科学理论和技术上的发展提供了一次机会。但是与大的食品颗粒相比，小尺寸的材料是否应该作为一种新的材料还不能得以确定(Chau, Wu，和 Yen, 2007)。现在的科学研究正在以一种负责任的态度让全世界认识到纳米材料的优点，而不仅仅是它对公众和环境的危害。我们所知道的可控交联、抑制微滴聚合和多层结构的形成等仅是纳米技术的一些简单应用。到目前为止，食品纳米技术的研究、发展和应用主要包括如下几个方面。

### 15.2.1 纳米结构、功能特性及其改性

食品中的蛋白质、碳水化合物和脂肪等大分子物质是由一系列的具有纳米结构的物质组成，这些物质很适合采用纳米技术进行有针对性的研究。食品中绝大多数的碳水化合物和脂类是厚度不到 1 nm 的一维纳米结构，同时很多球蛋白是 10～100 nm 的纳米颗粒。对这些大分子物质中纳米结构的行为和功能的掌握，可以更好地建立合适的加工方法从而提高食品的结构。新物理工具(比如原子力学显微镜，AFM)的应用，使得纳米结构的研究有了进一步发展，并已获得很多关于食品结构与功能关系的理论知识。原子力学显微镜已经成功地用于分子水平的定量研究，比如刚度、硬度、摩擦、弹性和黏附性。在分析生物分子方面，可将原子力显微镜用于聚合物的结构与相变的转化、纳米流变学和摩擦学等特性研究(Boskovic, Chon, Mulvaney 和 Sader, 2002; Morris et al., 2001; Nakajima, Mitsui, Ikai 和 Hara, 2001; Strick, Allemand, Croquette 和 Bensimon, 2000; Terada, Harada 和 Ikehara, 2000)。应用原子力显微技术对树胶和蛋白质类的

生物大分子聚合物的凝胶化能力、凝聚形成的机制及其形成的微观结构的研究已得到广泛开展(Gajraj 和 Ofoli, 2000; Ikeda, Morris 和 Nishinari, 2001; Morris et al., 2001)。

随着扫描探针显微镜(SPM),包括近场扫描光学显微镜、扫描热显微镜、扫描电容显微镜、磁力和共振显微镜以及扫描电镜等技术的发展,纳米材料的研究水平得到了进一步提高。将 SPM、AFM 与其他成像方法,以及机械和光谱方法相结合,可以定量地表征聚合物的微米和纳米级结构,以及分子内和分子间作用力的稳定结构。在复杂的生物聚合物的基体中,采用非侵入性的方法测定局部的相行为和结构,可以最终达到对食品质量和稳定性控制及设计的提高。

纳米材料体系的构建,为食品加工、包装和储藏打开了高性能材料应用的崭新窗口。例如,纳米颗粒技术的研究进展为开发高聚物薄膜在乙醇和甲醇纯化方面的应用提供了广泛的前景(Jelinski, 1999; Kingsley, 2002)。纳米材料的另一种新型应用形式是采用纳米管增强薄膜功能特性。纳米管是细长形的管子,可组装成非常稳定、结实、柔韧性强的蜂窝结构。至今为止,纳米管是强度最强的纤维,一个纳米管的强度是同样重量材料的 10～100 倍。通过人为设计功能化纳米管形成的薄膜,具有可以根据分子的大小、形状和化学亲和性进行有效分离的功能。高选择性的纳米管薄膜可以应用于分析,比如可作为识别酶、抗体、蛋白和 DNA 分子传感器的一部分,或用于生物分子的膜分离(Huang et al., 2002; Lee 和 Martin, 2002; Rouhi, 2002)。纳米管的另一个应用是用于制造具有高断裂性和热电阻的碳纳米管增强型复合材料。这种材料可以替代传统的并广泛应用的材料,包括食品加工设备等(Gorman, 2003; Zhan, Kuntz, Wan 和 Mukherjee, 2003)。在工业级的食品应用上,该技术的成本还太高,但是我们可以预见在不远的将来,它将会用于食品领域的诸多相关行业。

### 15.2.2　营养传递系统

在食品体系中,纳米结构可有效地用于体内营养物质靶向传递。由于在分子水平上可以精准地赋予材料一定的属性和功能,因此纳米材料可以用于开发高效的包封和输送系统。现有的研究中,有很多关于纳米尺寸在关联性胶体的应用例子,如表面活性剂胶束、囊泡、双层、反向胶束或是液晶。在食品应用中,这样的关联性胶体体系可以用于维生素、抗菌剂、抗氧化剂、调味剂、着色剂或防腐剂的载体或是传送系统(Weiss et al., 2006)。与传统的包封系统相比,纳米微球已经被证实具有优异的包封和释放效果(Riley et al., 1999; Weiss et al., 2006)。食品级的生物聚合物，如蛋白质或多糖，可以产生纳米级的封装系统，并且用这些材料封装的功能成分可在特定的环境中释放出来。树枝状聚合物涂覆颗粒和脂质基材料(Cochleates)可以有效地用于制备封装材料和传递系统(Gould-Fogerite, Mannino，和 Margolis, 2003; Khopade 和 Caruso, 2002; Santangelo et al., 2000)。脂质基材料可以用于很多活性物质的包封以及传递，包括水溶性差的成分、蛋白质和肽类药物及亲水性大分子(Gould-Fogerite et al., 2003)。通过纳米乳液也可以解决功能活性成分的包封问题，它的优点是可以通过界面层的机械特性减缓化学物质的降解(McClements 和 Decker, 2000)。这样的体系可以用于功能性食品分子的封装和靶向传递以及控释作用。

### 15.2.3 感官评价及安全性

在食品安全方面，纳米技术应用也较为广泛并且使其获益颇丰，它主要是在病毒检测方面所用的高灵敏的生物传感器和智能抗菌方面的发展和应用。Fellman (2001)的研究结果表明具有三角棱柱形状的纳米颗粒可用于检测生物威胁，如炭疽、天花和比较广泛的肺结核和病原性疾病。Latour 等(2003)研究了两类纳米粒子不可逆结合某些细菌的能力，通过结合和感染两个途径抑制细菌的生长。其中一种类型是将多糖和多肽类物质功能化，促进无机纳米粒子与靶向细菌的细胞相黏附。这项研究可以用于减少人类食源性肠道病原体的数量，如结肠弯曲菌、沙门氏菌和家禽体内的大肠杆菌(Latour et al., 2003)。

Kuo、Wang、Ruengruglikit 和 Huang 等人成功地开发出一种新的生物偶联产品，可以使水溶性的碲化镉半导体量子点依附在抗大肠杆菌的抗体上。这种量子点可用于开发具有高稳定性、灵敏性和可重复性的抗体免疫传感器的探头，还可以用于检测单独的致病性细胞(Kuo et al., 2008)。Jin (2009)等人的研究成果表明采用氧化锌制备的量子点可有效地抑制致病菌生长，如李斯特菌、肠炎沙门氏菌和埃希氏大肠杆菌，这也进一步证明了纳米颗粒在食品安全方面应用的可行性。

### 15.2.4 食品包装与溯源

具有纳米结构的材料，特别是纳米复合材料可以显著地提高食品包装材料的功能特性，还可以提高包装食品的货架期。纳米复合材料是由纳米结构与独特的形貌组成的材料，可提高包装材料的弹性模量和强度，并赋予包装材料良好的阻隔性能。例如，马铃薯淀粉与碳酸钙制成的包装材料具有良好的保温隔热性能，而且质量很轻可以降解。1997 年，有建议用马铃薯淀粉与碳酸钙制成的包装材料替换聚苯乙烯材料用作快餐食品(Stucky, 1997)。纳米材料也曾被认为是塑料啤酒瓶的潜在替代品(Moore, 1999)。天然蒙脱石黏土，特别是蒙脱石和由纳米级厚度的板材组成的类火山物质，可以作为一种添加剂用作塑料的生产，可使塑料更轻、硬度更强、更耐高温、还可改进塑料对氧气、二氧化碳、水分和挥发性物质的阻隔性(Quarmley 和 Rossi, 2001)。近年来由动物纤维的晶须(Mathew 和 Dufresne, 2002)和纳米复合黏土(Park et al., 2003)增强的淀粉基材料，得到了广泛的发展。Weiss 等人也开发出一种基于壳聚糖和羟基磷碳灰石层的纳米复合材料(2006)。

食品包装中的涂膜及薄膜材料也可采用纳米层压材料或是纳米纤维制作。纳米层压材料是指包括两层或是多层的纳米尺寸的材料，每一层之间是由物理吸附或化学键相连接。纳米层压材料采用层层沉淀技术制成，并可以通过精确地控制不同层的厚度而获得不同的性能(Weiss et al., 2006)。纳米纤维是通过界面聚合和电纺丝的方法制备的亚微米直径的聚合丝线。电纺聚合物纳米纤维具有独特的机械、电和热力学特性，它在过滤设备、防护服和生物医学等方面均有应用。在不久的将来，以食品生物聚合物为材料生产的纳米纤维的产品，将扩大纳米纤维的应用领域，可促进其在食品工业中的应用。除此之外，它还可用于包装材料的生产。

## 15.3　纳米材料在食品应用的监管现状

世界卫生组织(WHO)和联合国粮食及农业组织(FAO)的专家一致认为，纳米技术应用于粮食和农业领域时还需要进一步考察其安全性，并且需要提出相应科学建议。专家们认为两个组织应携手共同应对食品中所涉及的纳米材料的安全性，并对其做风险评估程序，还应在全球范围内发展准确完善的食品安全风险评估方法所产生的知识缺口的问题。这一合作将侧重于两个方面，一是纳米技术在食品初级生产中的应用，包括食品加工、食品包装和配送；另一方面是采用纳米检测工具监督和检测食品和农业生产。根据世界粮农组织发布的信息(http://www.fao.org)，这两个组织(WHO 和 FAO)将在以下几个方面进行合作：①预计在未来十年，将现有纳米技术推广应用到食品和农业方面，并开发出产品推向市场；②研究纳米粒子从食品接触材料向食品中迁移的情况；③研究食品接触材料表面的纳米粒子的纯度、粒径分布和性能；④研究纳米粒子在人体内的代谢机制；

⑤研究维生素与营养物质的纳米形式与其生物利用度的关系，包括对其他营养物质的吸收情况以及安全上限的影响；⑥研究纳米颗粒与生物分子、营养物质和污染物之间关系，以及这些关系对人类健康的影响；⑦研究食品及食品接触材料中纳米颗粒的检测、定性和测量技术；⑧对食品及食品接触表面的纳米材料进行风险评估；⑨纳米检测工具在食品及农业生产方面应用的相关信息的统计；⑩调查公众对纳米技术应用于食品及农业领域的看法；⑪明确国家管理部门对相关领域的安全管理和规章制定需求，优先提供相关科学建议。其中最后一点尤为重要，因为纳米技术还处于一个起步阶段，对于不同的国家还有很多问题需要解决。如下简要介绍食品和农业领域中纳米技术产品的发展现状。

### 15.3.1 北美

美国食品和药物管理局(FDA)是负责监管食品、膳食补充剂和药品的政府机构。然而，膳食补充剂和“传统”食品药物产品的法规监管体系不同。事实上，一些膳食补充剂是采用纳米技术进行外层包裹，而现行法规并未对纳米材料的尺寸做出规定。根据美国现行法律，除非某成分或物质是公认的安全的产品(GRAS)，否则添加到食品中的成分或物质都需通过 FDA 批准后方可上市。然而，市场已有的食品添加剂和公认安全的成分中的纳米材料并没有获得 FDA 批准的相关信息指导。多位政策专家已明确表示，在这一领域出台相应的法规及指导信息迫在眉睫，否则含未经 FDA 监管的纳米成分的产品会上市。

美国食品药品安全管理局在其官方网站(http://www.fda.gov)的一份声明中指出，他们出台的法律法规监管的是产品，而非生产所用的技术。然后，纳米技术产品将会作为一种“混合产品”进行严格监督，相应的监管途径已经依法设立。与此同时，鉴于纳米产品的发展所带来的挑战，FDA 于 2007 年 7 月发布了“纳米技术工作组报告”。这份报告已经公开发表，并且可以在 FDA 的网站上查询。该报告承认在 FDA 监管下的大多数产品中都可以用到纳米材料，然而产品在纳米级条件下的安全性和有效性会发生变化，因此会产生一定的风险。这份报告指出，当食品、食品添加剂、食品接触物及膳食补充剂中用到纳米级材料时，FDA 应该出台相应的政策。如果对于纳米产品的潜在危害没有一个合理的认识，而只是对于纳米技术有一个高效而严谨规定是不够的。众议院科学和技术委员会正在研究联邦政府加强力度的必要性，以了解更多关于工程纳米材料潜在的环境、健康和安全风险。在环境保护局(EPA)建议下，EPA、FDA 和美国消费者产品安全委员会加强了对工程纳米材料的监控，旨在加强联邦政府的风险调控能力。由新兴纳米技术项目(PEN)出版的《纳米技术监管:下一届政府的工作议程》的报告(Davies, 2008)中,为国会、联邦机构和白宫对加强纳米材料的监督提供了一系列建议。

“与纳米技术有关的环境、健康和安全联邦政策综述”(美国国家研究委员会,2008)的报告中已经明确指出了(美国)国家纳米技术启动计划(NNI)对于纳米材料可能带来的健康及环境风险的研究存在严重缺陷。根据其他调查报告指出“NNI计划”在确定急需研究的领域上存在失误。例如,对纳米材料在人体中如何吸收和代谢,以及毒性风险等级等方面应进行更全面的评估。实际上,NNI的计划并没有解决控制纳米技术对用户和环境产生的风险的问题,因此NNI也饱受诟病。该报告旨在呼吁全面的革新和国家战略计划改革,以减少纳米技术带来的潜在风险,这将使纳米技术如同医药、能源、交通和通信等技术一样造福人类社会。

纳米技术进展迅速,加拿大正计划成为世界上第一个要求各公司提供详细的关于纳米材料使用状况的国家。这些信息有助于评估纳米材料的风险,并且有助于构建纳米材料的监管框架(Heintz, 2009)。这一计划是在美国环保署污染防治和有毒物质办公室发布纳米级材料管理计划(NMSP)中期报告(EPA, 2009)之后不久开始的。NMSP有助于激励纳米材料的相关信息的研究和发展,为管理决策提供一个健全而系统的基础。在NMSP深入项目中,EPA邀请合作者为纳米材料的基础数据积累工作一起长期工作。

### 15.3.2 欧洲

监管数字显示,目前欧盟(EU)并没有针对纳米方面的特别规定(Chaudhry et al., 2008)。但是,欧盟在纳米技术上的规定是“纳米技术必须在一个安全和可靠的模式下进行”(European Commission, 2008)。为此,欧盟委任了新兴及新确定健康风险科学委员会(SCENIHR),来盘点并确定纳米技术是否已经被其他社会法律所包含,从而确定立法框架,同时兼顾作为实施和执行工具的具体制度。可以说,在原则上欧盟的管理框架覆盖了纳米技术的全部方面(SCENIHR, 2007a)。为与此一致,欧盟成员国将致力于修改现行法律和规则,并为纳米科学和纳米技术领域内的发展提供必要的实施措施。欧洲食品安全局(EFSA)被要求对食品和饲料领域中纳米科学与纳米技术在技术、加工和应用中的具体风险评估方法的需求给出系统的意见。基于EFSA所认知的对在食品中的潜在应用和纳米毒理学上的有限了解,它被认为是目前应用于食品中纳米颗粒的风险评估模式。

15.3.2.1　纳米颗粒与法规

欧洲通用食品法涵盖了欧盟的食品安全条例(EC/178/2002)(EU，2002)。根据欧洲通用食品法规定，所有市场中流通的食品必须是安全的(“不安全的食品不允许出现在市场上”;这里不安全被定义为“有害健康的”或者“不适合人类使用的”)。在进行食品安全评估时，要求生产者重视产品对消费者及后代的当前、短期或长期影响。欧洲通用食品法还规定食品经营者应该有一定的责任心，确保产品符合食品法律的要求。这项制度清楚地规定了系统的风险评估需要放在核心位置。欧洲通用食品法规定，如果食品中存在研究上还未确认但对健康有害的可能性，将会采取更高级别的风险控制措施，以确保消费者的健康不受影响。当更多的科学证据存在，以便进行更全面的风险评估，欧洲通用食品法才允许符合风险预防准则的应用。

化学药品或物质加入食品需要得到授权，这意味着一般情况下材料的安全评估需要在其进入市场之前进行。为了进行评估，开发者应充分掌握材料的毒理学的信息。这也是纳米材料需要授权的原因。然而，在现行的欧洲食品安全法中，关于纳米技术或者纳米级化学物质没有任何相关规定。

在授权程序、法律、指南和指导性文件中，都对授权时需要进行哪种毒理学测试和如何测试做了明确说明。人们普遍认为，对涉及测试纳米粒子的法律、指南和指导性文件进行局部调整是有必要的(SCENIHR，2007a)，尤其是涉及物理化学参数的条文，例如影响该物质的毒理学性质的粒径大小、粒子形状、表面性质和其他属性应该包括在内。此外，在经济合作与发展组织(OECD)安全测试协议中，目前使用的新纳米效应的毒理学检测方法的合法性还需要进一步确认。到目前为止，所使用的毒理学检测方法适用于大多数化学物质。此外，在合理的剂量范围内，纳米材料的毒害作用和消费者暴露评估还需要进一步研究。已经设立的临界值可能不适合个别物质的纳米级变体。如果一种物质的非纳米形态已经进行过评估，其纳米级形态还需要重新评估。值得注意的是，只要尺寸效应关系对于某一化学物质不成立，此物质的纳米级形态都应该被考虑为一种单独的新化合物。

15.3.2.2　市场上使用纳米技术产品的监控

欧洲通用食品法的要求之一便是其成员国必须监控核实食品企业的经营者是否履行了食品法的要求。而且，欧洲食品安全局必须建立监控机制，以识别任何潜在的风险。纳米颗粒的监测需要发展新的分析检测技术。新型食品法规

(EC/258/97)可能与食品当中的纳米技术紧密关联。该法规用于“当前未使用的生产工艺”。由于纳米技术的新颖性,使该法规也可用于监管纳米技术。然而,目前市场上已涉及化学物质纳米变体的食品是否“新颖”有待确认,需要法规进一步完善。现阶段新型食品法规正在修订,这将为解决纳米技术存在的问题创造机会。

总之,为了使纳米技术得到法律的全面监管,目前的食品安全法律体系应该予以调整,使其可以继续保护欧洲的消费者,这样就避免了重新制定法律体系。有关纳米技术和纳米粒子定义的讨论仍将在欧盟科学委员会及世界范围内的 ISO (IRGC, 2008)等机构中继续进行,该结果将会对欧洲的监管架构有直接的影响。然而,人们目前十分关注于毒性检测方法的灵敏度。此问题将在下一节中予以讨论。

## 15.4　食品中纳米材料使用的评估与监管障碍

食品安全的规章制度需要从食品本身及其成分方面做出科学和安全的评估。欧洲食品安全局(EFSA)认为现今使用的危害评估模式也适用于评估食品中含有的纳米颗粒。以下的部分将针对现今安全评估方面的科研空白进行阐述,其中主要涉及食品及相关产品中纳米颗粒的安全评估。

### 15.4.1　缺乏正确的定义

从监管的角度来说,缺乏对纳米技术正确的定义已成为一个重要问题。虽然现在有很多关于纳米技术的定义,但是这些定义或过于严格生硬而不适用于食品领域,或缺乏明确的限制范围而过于宽泛,不能用于立法。例如有些定义,强调纳米技术所涉及的尺度要小于 100 纳米,这就导致了结构尺寸略大于 100 纳米的应用材料无法符合规定。但是若定义过于灵活,例如,定义为“约 100 纳米”,尽管在科学意思上更准确,但也不能在法律文本中使用。由于缺乏明确的定义,现在连对纳米材料进行标示,这样简单的事也不能执行。这将是行业内部透明度的缺失。例如,行业内部正积极地探索纳米技术在食品领域的适用性,但是他们却不愿意承认这件事。

### 15.4.2　人造纳米材料在复杂基质(包括食品)中的检测

相关部门对纳米技术应用的监管需要规范化。规范化流程又需要立法和执法。如果缺乏有效的手段执行规范，监管将失去作用，使其仅仅流于行政程序，无法真正对纳米技术提供保护，并防止不良影响。阻碍纳米技术规范化执行的一个关键问题是检测纳米结构的能力。那么，规范化的实施将意味着，即使在产品制造商否认使用纳米技术的情况下，任何存在的人造纳米材料都可以检测到。

虽然表征食品中的化合物相对简单，但是纳米颗粒的表征则复杂得多，原因如下：首先，从分析角度来看，在食品中表征纳米粒子不可能仅通过一个或是简便的仪器/试剂盒实现。目前可用来表征纳米颗的分析技术种类繁多，既涉及单颗粒技术也涉及组装后的工程纳米材料（ENM）（Hassellov，Readman，Ranville 和 Tiede，2008；Luykx，Peters，van Ruth 和 Bouwmeester，2008；Powers et al.，2006；Tiede et al.，2008）。一般来说，这些技术仅能够表征一种纳米粒子；而对于所有纳米粒子的表征目前还难以做到。因此，我们首先要将研究重点放在纳米表征方法的发展与纳米粒子的检测。理想的情况是：这些方法简便易操作，仪器设备实验室易得。有趣的是，与常规材料相比，有些纳米粒子的定义提出了纳米粒子的一些特异性的功能，然而，用普通手段是难以检测这些特异性的功能。这就为表征纳米粒子提供了一种选择：表征有效功能片段。因此，我们在体外寻找暴露的生物标记，这也许会是一个好方法。

其次，除了一些非常特殊的情况外，想要区分人工的纳米材料和天然的纳米材料是几乎不可能的事情。最后，从毒理学角度来说，如何描述生物剂量的反应关系，以及在这个关系中需要检测的生物指标，现在对这方面知识的掌握还是相对欠缺和不足的。到目前为止，建立一种可以最好地描述可能毒性的单一剂量参数还具有一定的困难。这有可能是因为仅以质量为参数并不完整（SCENIHR，2007a）。但是其他的特性描述，如比表面积、表面电荷（ζ 电位）、单位颗粒尺寸的纳米颗粒数以及每个颗粒的尺寸都可以作为非常有用的剂量标准（Hagens et al.，2007；McNeil，2009；Oberd o rster，Oberdorster 和 Oberdorster，2007a）。鉴于以上所述问题的复杂性，从合理性的角度来说，还不能完全建立一个符合科学要求的纳米结构分析方法。

### 15.4.3 纳米粒子暴露评估

暴露评估是指对于那些通过食品摄入和其他有关途径可能暴露于人体和/或环境的生物、化学和物理性因子的定性和/或定量评价（FAO/WHO，1997）。可靠的暴露评估要依靠合适的分析工具来判断食品中纳米粒子是否存在。一般情况来说，食品中纳米粒子的暴露评估与常规化学品暴露评估的原则一致。一般采用以下三种方法之一来进行数据整合:①点估计②;简单分布;③概率分析(Kroes et al., 2002)。如利用混合抽样、浓度梯度方法在食品样品中进行抽样和变化以及预测特定食品数据等都与传统化学品暴露评估相同。此外,食品供应商应该提供他们在产品中使用纳米粒子的可靠数据。因为当主要数据是当前获得的数据时,暴露评估的质量和可靠性会得到大大的提高。暴露评估的最后一步是整合运行数据和食品消耗数据。这一程序与传统化学品评估相同。

### 15.4.4　纳米颗粒的毒性

已知的具有潜在毒性的纳米粒子的相关数据是有限的,但这个数量正快速增加。然而到目前为止,极少的研究是关于具有生物活性的纳米材料进入人体后或是消散在环境中发生了什么变化(Kuzma 和 VerHage, 2006)。现在有大量研究结果认为,纳米粒子的毒性与同等物质的大分子的毒性有较大的偏差(Donaldson et al., 2001; Nel, Xia, Madler 和 Li, 2006; Oberdorster et al., 2005a; Oberdorster, Stone 和 Donaldson, 2007b)。

目前,科学研究的大部分工作是致力于解决与纳米材料相关的制造业和手工业相关的职业危害。与同质量的相同化学组成的材料相比,纳米材料更容易引发催化反应从而增加火灾与爆炸的隐患(Barlow et al., 2005; Duffinet al., 2002; Lison et al., 1997; Oberdorster, Ferin 和 amp; Lehnert, 1994; Pritchard, 2004)。由啮齿动物和细胞培养实验结果可以发现,纳米粒子的毒性大于相同化学物质的大颗粒毒性。此外,纳米颗粒的表面积与纳米颗粒的其他特性也会影响其毒性,如溶解性、形状和表面化学性质(Donaldson et al., 2006; Duffin et al., 2002; Oberdorster et al., 2005a)。

几种动物实验的研究结果表明,纳米颗粒通过呼吸或肌肤接触极易进入人体,并转移到其他器官中(CDC/NIOSH, 2006; Nemmar et al., 2002; Oberdorsteret al., 2002; Ryman-Rasmussen et al., 2006; Takenaka et al., 2001)。大鼠实验已经证实,与相同物质的更大尺度的颗粒相比,相同质量的直径小于 100 nm 的粒子更容易引起肺部炎症、纤维化、组织受伤和肺癌,并且随着颗粒尺寸的减小或表面积的增大纳米颗粒的毒性也随之增大(Barlow et al., 2005; Duffin et al., 2002; Lison et al., 1997; Oberd orster et al., 1992, 1994; Tran et al., 2000)。通过体外研究表明,单壁和多壁纳米管可以进入人体细胞内,并释放促炎性细胞因子、氧化胁迫和降低身体活力(Maynardet al., 2004; Monteiro-Riviere et al., 2005)。基于 Shvedova 等人的小鼠实验结果,在现在职业安全与健康管理局(OSHA)允许的碳暴露限值为 5 mg/m³ 的条件下,估计当工人暴露在单壁纳米碳管中超过 20 天后,就会有肺部病变的危险。根据美国疾病控制中心/国家职业安全健康研究所(CDC/NIOSH)报告,流行病学研究结果发现,暴露在超细颗粒的气溶胶中会引起肺部损伤、呼吸道疾病、慢性阻塞性肺病纤维化,甚至发展为不同程度的肺癌(CDC/NIOSH, 2006)。

但是,这些研究结果还尚存争议,这也阻碍了这些成果在风险评估的应用。例如,在大多数研究中,有些只有使用单一大小、性能较差的纳米颗粒。有些研究使用的纳米颗粒剂量过高,有些研究则是在一个狭窄范围内展开研究(Oberd orster et al., 2007b)。另外,由于如今纳米粒子的风险分析过于侧重体内研究。运用这些结果进行人体风险评估时,必须谨慎推算结果、分析机理。(Oberd orster et al., 2007b)。体外研究对毒性作用的机理解释与灾害评价分层方法的筛选可能更适用(Balbus et al., 2007; Lewinski, Colvin,和 Drezek, 2008)。

安全评估中最重要的一个问题是检测手段的灵敏度和有效性。同时,虽然对纳米颗粒的潜在危害认识越来越深,但是现在主要是针对口服引起的急性疾病剂量展开的(单剂量)研究。因此对于广泛筛选纳米颗粒进行慢性口腔接触可能存在影响的研究有很大的需求。其他接触途径的毒性研究结果表明,长期接触纳米颗粒对不同系统的器官会产生影响,包括免疫系统、炎症和心血管系统。纳米颗粒对于免疫系统和炎症系统会引起氧化应激,并引发肺部、肝脏、心脏和大脑的炎症。纳米颗粒对心脏系统的影响是引起血栓和心脏功能不良(急性心梗和心律不齐)。此外,纳米颗粒还具有遗传毒性,并可致癌和致畸,但这些尚无参考数据(Bouwmeester et al., 2009)。

### 15.4.5 食品中纳米颗粒的特点和行为

根据 Woodrow Wilson 中心的新兴纳米技术项目研究结果,目前在市场上销售的食品和饮料中,有 84 类产品涉及了纳米技术(PEN, 2009)。包含了一系列直接接触食物的项目,例如铝箔和抗菌厨具,同时也有膳食补充剂(如一种叫 Nanoceuticals™ Artichoke Nanoclusters 的产品)和自由植物甾醇强化菜籽油。允许这样的产品上市会使纳米颗粒直接或间接地进入体内。

在食品中,工程纳米颗粒可能有多种形式。由于潜在风险主要与惰性纳米颗粒,如不能溶解或可生物降解的纳米粒子有关,我们以它们作为讨论重点。纳米粒子很可能以一种团聚体的状态存在于食物中,在摄入后不能排出。这些团聚体会分解,人体最终将会接触到自由态的纳米颗粒。可以预测,由于纳米颗粒的特定理化属性，它能与蛋白质、脂类、碳水化合物、核酸、离子、矿物质、食物中的水分、饲料和生物组织相互作用。现有的实验数据表明，纳米粒子的特点可能会影响他们的吸收，代谢分布和排泄(ADME)(Ballou et al., 2004; des Rieux et al., 2006; Florence, 2005; Jani, Halbert, Largridge 和 Florence, 1990; Roszek, de Jong,和 Geertsma, 2005; Singh et al., 2006)。纳米颗粒存在于食品中，它们与蛋白质的相互作用是重要的(Linse et al., 2007; Lynch 和 Dawson, 2008)。蛋白质吸附到工程化纳米材料上，可能提高膜的穿透性和细胞的渗透性(John et al., 2001, 2003; Pante 和 Kann, 2002)。此外，工程化的纳米材料的交互作用可能会影响蛋白质的三级结构，从而导致蛋白质的生物功能障碍(Lynch, Dawson, 和 Linse, 2006)。纳米粒子的一切作用和交互都以食品基质为前提，这一点十分重要。(Oberdorster, Oberdorster,和 Oberdorster 2005b; Powers et al., 2006; The Royal Society and the Royal Academy of Engineering, 2004)。

纳米粒子通过肠道壁的过程由多个步骤组成。首先，纳米粒子以扩散的形式通过肠道壁黏液层，然后接触肠细胞或者 M 膜细胞。通过细胞中转运或细胞旁转运途径，最后快速完成穿透过程(es Rieux et al., 2006; Hoet, Bruske-Hohlfeld,和 Salata, 2004)。在通过肠上皮之后，纳米颗粒可以进入毛细血管，通过门脉循环进入到肝脏(新陈代谢的主要场所)，或者通过淋巴系统直接进入全身血液循环。因此，血液中的交互影响与纳米颗粒的代谢息息相关。遗憾的是很少有关于纳米颗粒经口腔接触后在人体中分布的报道(Hagens et al., 2007)。但是，纳米颗粒经过其他接触途径进入人体后，可检测到在人体中的普遍分布。通常看来，最小的纳米粒子有最广泛的分布(e Jong et al., 2008; Hillery, Jani 和 Florence, 1994; Hillyer 和 Albrecht, 2001; Hoet et al., 2004; Jani et al., 1990)。纳米颗粒跨越人体中屏障(例如细胞、血-脑、胎盘和血液-乳汁壁垒)的潜在能力对评估其安全性非常重要。

对于口服后纳米颗粒在人体内的生物转化情况人们了解甚少。在所有颗粒性质中，纳米颗粒的新陈代谢主要是依赖其表面化学成分的特性。聚合物的纳米颗粒可以设计成可生物降解的类型。但是，对于金属和金属氧化物纳米颗粒而言，缓慢溶解是研究的重点。纳米颗粒在人体中的代谢情况也研究较少。如以上对纳米颗粒效力与普通食品成分的作用之间关系的阐述，由此引猜想：纳米颗粒是否会作为污染物或外来物质存在于食物的载体，就如同“特洛伊木马”效应一样(Shipley, Yean, Kan 和 Tomson, 2008)。如果真如同猜想一样，可能会导致这些化合物在人体中的异常暴露，对消费者健康造成严重的影响。

一般来说，纳米颗粒的研究重点是不溶解的自由纳米颗粒。纳米技术在食品领域中的另一个应用是纳米胶囊。为了提高生物活性物质的生物利用率，设计师们将药物设计成纳米胶囊的形式，但是纳米颗粒在此方面的应用还要评估其安全问题。在执行一个健全的安全评价过程中，需要收集如下信息，如纳米颗粒的吸收、分布、代谢和排泄机理，以及纳米结构。只有当这些信息齐全，才可建立外推和建模的方法，将其应用于食品中纳米粒子的安全评估。由于毒性效应的潜在影响，安全评估时还特别需要注意某些纳米颗粒可以跨越障碍的可能性（如胃肠障碍，细胞屏障，血-脑屏障，胎盘屏障，血-牛奶屏障）。

## 15.5 未来的发展与挑战

2006 年，美国食品科技协会（IFT）举办了第一届国际食品纳米技术会议，与会者一致认为，纳米技术的发展还处于起步阶段，而其在食品中的应用更是处于初级阶段。虽然如此，我们对纳米材料的发展还应该抱有极大的热情和期待（Bugusu et al.，2006）。消费者的接受态度和监管力度将主导和推动纳米技术的发展。从世界各地现有的强制性食品标签中，还不容易确定现在究竟有多少商业产品包含纳米成分。很显然，纳米技术在传感器和加工创新中的应用具有非常大的风险，而且这个风险还大于将纳米材料添加到食品中甚至被消费者消化而产生的风险。同时，当采用纳米技术改善食品包装材料的某些性能时，还应该对其应用的食品予以特殊的考虑。纳米材料首先是从包装材料中迁移到食品，但是当有助于迁移的食品成分不存在时，这种迁移将不会发生。当然，这种情况还需要考虑一些意想不到的影响因素，但是这种影响与直接将纳米材料添加到食品中产生的影响还是有所不同的。在食品和食品工业中对纳米技术应用的治理应该依赖于纳米技术应用的类型。虽然，纳米技术应用的潜在影响普遍被描述得很好。然而，迄今为止纳米粒子的潜在（生态）毒性效应和影响还很少受到关注。当今，基于纳米颗粒的消费产品正在高速地发展，因此迫切需要对纳米粒子在生物系统中潜在的负面影响进行研究。纳米材料对人类健康和环境的潜在影响知识的缺乏，是现在研究的主要关注点（Bouwmeester et al.，2009）。此外，针对科学的风险评估问题，消费者主要关注的是纳米技术在食品中应用的安全性。需要指出，公众对新技术衍生产品安全性的关注可能不同于对那些已有技术安全性的关注（Siegrist，Stampfei，Kastenholz 和 Keller，2008）。

用于改善食品某些特性的纳米技术应用包括从使用纳米软包装材料（如用于

封装向胃肠道中指定位置提供营养素的微胶囊)到采用纳米配方物质改善粉状食物的流动行为。毒理学专家普遍认为在肠道内可分解的超分子结构所带来的风险相对偏低,前提是要假定构成这些结构的分子是安全的。此外,易溶于水的或是可生物降解的纳米粒子的毒性性相对偏小。然而,对于食品中涉及的纳米技术主要的关注点集中在水不溶性游离的或是持久性的纳米粒子,它们可以通过某些屏障进入人体,随后进入某些组织或某些细胞。因为它们具有持久性,所以可以在组织或细胞中停留较长时间,并诱导产生有害的影响。一个尤为引起关注的事件体现在提高同体积物质生物利用率的纳米制剂。这可能会使化合物产生毒性,因此需要对其进行评估。为了避免消费者受到不可接受危害的影响,具有纳米技术的食品应该和无纳米材料的食品一样有安全保证,使纳米技术食品像不含有纳米材料的食物一样安全,这方面的监控主要应该关注水不溶性的纳米材料,因为它具的功能特性与那些等体积当量的食品不同。

市民普遍将纳米技术与纳米粒子混为一谈,因此经常认定所有应用纳米技术的东西都和应用不溶性纳米颗粒具有相同的风险。由于纳米技术是一种被授权的技术,消费者接触到的包含到纳米技术的产品形式很广泛。因此,应该教育并帮助公众区分各种形式和用途的纳米技术,并认识这些应用之间的风险差异。但是,通过过去一些最先进的技术在应用中的经验表明,这种类型的信息被社会广泛接受需要很长的时间。

对纳米技术的应用做适当的监管和监督可以加速这个领域的发展,因为这将有助于在用户之间建立信任。规章制度的出台意味着至少有一个公正和客观的第三方已审阅并分析了该技术的具体应用可行性,并证明它是安全的。在全球范围内,科学界和工业界需要联合起来解决的问题是纳米技术的安全问题和公众对其认可度的问题。为了充分利用纳米材料的优点且不会对公众造成伤害,需要一个明智的风险分析和管理。如果想在最大程度上为人类造福,我们只有在全球范围内统一有关于纳米材料和纳米技术方面的法律法规。

## 参考文献


[1] Balbus J M, Maynard A D, Colvin V L, et al. Meeting report: Hazard assessment for nanoparticles—report from an interdisciplinary workshop [R]. EnvironmentalHealth Perspectives, 2007,115(11):1654 - 1659.

[2] Ballou B, Lagerholm B C, Ernst L A, et al. Noninvasive imaging of quantum dots in mice

[J]. Bioconjugate Chemistry, 2004,15(1):79 - 86.

[ 3 ] Barlow P G, Clouter-Baker A C, Donaldson K, et al. Carbon black nanoparticles induce type II epithelial cells to release chemotaxins for alveolar acrophages [J]. Particle and Fibre Toxicology, 2005,2:11 - 24.

[ 4 ] Boskovic S, Chon J W M, Mulvaney P, et al. Rheological measurements using cantilevers [J]. The Journal of Rheology, 2002,46(4):891 - 899.

[ 5 ] Bouwmeester H, Dekkers S, Noordamm M Y, et al. Review of health safety aspects of nanotechnologies in food production [J]. Regulatory Toxicology and Pharmacology, 2009, 53(1):52 - 62.

[ 6 ] Bugusu B, Bryant C, Cartwright T T, et al. Report on the First IFT International Food Nanotechnology Conference [R]. June 28 - 29,2006, Orlando, Fla. Available online at http://members. ift. org/IFT/Research/ConferencePapers/firstfoodnano. htm (accessed March 2008). 2006.

[ 7 ] CDC/NIOSH. Centers for Disease Control and Prevention/National Institute for Occupational Safety and Health. Approaches to Safe Nanotechnology: An Information Exchange with NIOSH [S]. Available atwww. cdc. gov/niosh (accessed February 2009). 2006.

[ 8 ] Chau C F, Wu S H, Yen G C. The development of regulations for food nanotechnology [J]. Trends in Food Science and Technology, 2007,19(3):269 - 280.

[ 9 ] Chaudhry Q, Scotter M, Blackburn J, et al. Applications and implications of nanotechnologies for the food sector [J]. Food Additives and Contaminants, 2008,25(3): 241 - 258.

[10] Chen H, Weiss J, Shahidi F. Nanotechnology in nutraceuticals and functional foods [J]. Food Technology, 2006,60(3):30 - 36.

[11] Das M, Saxena N, Dwivedi P D. Emerging trends of nanoparticles application in food technology: Safety paradigms [J]. Nanotoxicology, 2008,3(1):10 - 18.

[12] Davies C J. Nanotechnology Oversight: An Agenda for the Next Administration. Woodrow Wilson International Center for Scholars. Project on Emerging Nanotechnologies (PEN) [R]. Available online at: http://www. nanotechproject. org (accessed February 2009). 2008.

[13] De Jong W H, Hagens W I, Krystek P, et al. Particle size-dependent organ distribution of gold nanoparticles after intravenous administration [J]. Biomaterials, 2008,29(12):1912 - 1919.

[14] des Rieux A, Fievez V, Garinot M, et al. Nanoparticles as potential oral delivery systems of proteins and vaccines: A mechanistic approach [J]. Journal of Controlled Release, 2006,116(1):1 - 27.

[15] Donaldson K, Aitken R, Tran L, et al. Carbon Nanotubes: a review of their properties in relation to pulmonary toxicology and workplace safety[J]. Toxicol. Sci., 2006,92(1):5 - 22.

[16] Donaldson K, Stone V, Clouter A, et al. Ultrafine particles 199[J]. Occupational and Environmental Medicine, 2001,58(3):211 - 216.

[17] Duffin R, Tran C L, Clouter A, et al. The importance of surface area and specific reactivity in the acute pulmonary inflammatory response to particles [J]. The Annals of Occupational Hygiene, 2002,46:242 - 245.

[18] EPA. Nanoscale Materials Stewardship Program (NMSP) [S]. Interim report. US Environmental Protection Agency. The Office of Pollution Prevention and Toxics. Available online at www. epa. gov (accessed February 2009). 2009.
[19] EU. EC/178/2002. Regulation (EC) No 178/2002 of the European Parliament and of the Council of 28 January 2002 laying down the general principles and the requirements of food law, establishing the European Food Safety Authority and laying down procedures in matters of food safety [J]. Official Journal of the European Union L 31,1. 2. 2002.
[20] European Commission. Commission Recommendationof 07 February 2008 on a Code of Conduct for Responsible Nanoscience and Nanotechnologies Research [S]. Available online at http://ec. europa. eu/nanotechnology/index-en. html. 2008.
[21] Fellman M. Nanoparticle Prism could Serve as Bioterror Detector. Available online at http://unisci. com/stories/20014/1204011. htm (accessed 28 May 2002). 2001.
[22] Florence A T. Nanoparticle uptake by the oral route: Fulfilling its potential? [J]. Drug Discovery Today: Technologies, 2005,2(1):75 - 81.
[23] Franco A, Hansen S F, Olsen S I, et al. Limits and prospects of the 'incremental approach' and the European legislation on the management of risks related to nanomaterials [J]. Regulatory Toxicology and Pharmacology, 2007,48(2):171 - 183.
[24] Gajraj A, Ofoli R. Quantitative technique for investigating macromolecular adsorption and interactions at the liquid-liquid interface[J]. Langmuir, 2000,16:4279 - 4285.
[25] Gorman J. Fracture protection: Nanotubes toughen up ceramics 1,3 [J]. Science News, 163. Gould-Fogerite S, Mannino R J, Margolis D(2003). Cochleate delivery vehicles: Applications to gene therapy. Drug Delivery Technology, 2003,3(2):40 - 47.
[26] Hagens W I, Oomen A G, de Jong W H, et al. What do we (need to) know about the kinetic properties of nanoparticles in the body? [J] Regulatory Toxicology and Pharmacology, 2007,49(3):217 - 229.
[27] Hassellov M, Readman J W, Ranville J F, et al. Nanoparticle analysis and characterization methodologies in environmental risk assessment of engineered nanoparticles [J]. Ecotoxicology, 2008,17(5):344 - 361.
[28] Health Council Netherlands. Health significance of nanotechnologies [S]. The Hague: Health Council of the Netherlands publication no. 2006/06.
[29] Heintz M E. National Nanotechnology Regulation in Canada? Posted online at www. nanolawreport. com. 28 January, 2009(accessed March 2009). 2009.
[30] Hillery A M, Jani P U, Florence A T. Comparative, quantitative study of lymphoid and non-lymphoid uptake of 60 nm polystyrene particles [J]. Journal of Drug Targeting, 1994, 2(2):151 - 156.
[31] Hillyer J F, Albrecht R M. Gastrointestinal persorption and tissue distribution of differently sized colloidal gold nanoparticles [J]. Journal of Pharmaceutical Sciences, 2001, 90(12):1927 - 1936.
[32] Hodge G, Bowman D, Ludlow K. (Eds.). New global frontiers in regulation: The age of nanotechnology [M]. Cheltenham UK: Edward Elgar Publishing Ltd. 2007.
[33] Hoet P, Bruske-Hohlfeld I, Salata O. Nanoparticles, known and unknown health risks [J]. Journal of Nanobiotechnology, 2004,2(1):12.

[34] Huang W, Taylor S, Fu K, et al. Attaching proteins to carbon nanotubes via diimide-activated amidation. Nano Letters, 2002,2(4):311 - 314.

[35] Ikeda S, Morris V, Nishinari K. Microstructure of Aggregated and Non-Aggregated k-Carrageenan Helices visualized by Atomic Force Microscopy [J]. Biomacromolecules, 2001,2:1331 - 1337.

[36] International Risk Governance Council (IRCG). A report for IRGC Risk Governance of Nanotechnology Applications in Food and Cosmetics [R]. International Risk Governance Council, Geneva, September 2008. Available online at: http://www.irgc.org/IMG/pdf/IRGC-PBnanofood-WEB.pdf.

[37] Jani P, Halbert G W, Langridge J, et al. Nanoparticle uptake by the rat gastrointestinal mucosa: Quantitation and particle size dependency [J]. The Journal of Pharmacy and Pharmacology, 1990,42(12):821 - 826.

[38] Jelinski L. Biologically related aspects of nanoparticles, nanostructured materials and nanodevices. Available online at http://www.wtec.org (accessed May 2002). In R. W. Siegel, E Hu, M C Roco (Eds.), Nanostructure science and technology. A worldwide study. Prepared under the guidance of the National Science and Technology Council and the Interagency Working Group on NanoScience, Engineering and Technology. 1999.

[39] Jin Z T, Zhang H Q, Sun D, et al. Antimicrobial efficacy of zinc oxide quantum dots against listeria monocytogenes, Salmonella enteritidis and Escherichia coli O157: H7[J]. Journal of Food Science, 2009,74(1): M46 - M52.

[40] John T A, Vogel S M, Minshall R D, et al. Evidence for the role of alveolar epithelial gp60 in active transalveolar albumin transport in the rat lung [J]. The Journal of Physiology, 533(Pt 2),2001,547 - 559.

[41] John T A, Vogel S M, Tiruppathi C, et al. Quantitative analysis of albumin uptake and transport in the rat microvessel endothelial monolayer [J]. American Journal of Physiology Lung Cellular and Molecular Physiology, 2003,284(1): L187 - L196.

[42] Khopade A J, Caruso F. Electrostatically assembled polyelectrolyte/dendrimer multilayer films as ultrathin nanoreservoirs [J]. Nano Letters, 2002,2(4):415 - 418.

[43] Kingsley D. Membranes Show Pure Promise [J]. ABC Science Online, May 1, 2002. Available online at www. abc.net.au (accessed 22 August 2003). 2002.

[44] Kroes R, Muller D, Lambe J, et al. Assessment of intake from the diet [J]. Food and Chemical Toxicology, 2002,40(2 - 3):327 - 385.

[45] Kuo Y C, Wang Q, Ruengruglikit C, et al. Antibody-conjugated CdTe quantum dots for E. coli detection [J]. The Journal of Physical Chemistry C, 2008,112(13):4818 - 4824.

[46] Kuzma J, VerHage P. New Report on Nanotechnology in Agriculture and Food Looks at Potential Applications, Benefits and Risks [R]. Available online at http://www.nanotechproject.org/news/archive/new_report_on_nanotechnology_in/(accessed April 2008). 2006.

[47] Latour R A, Stutzenberger F J, Sun Y P, et al. Adhesion-Specific Nanoparticles for Removal of Campylobacter Jejuni from Poultry. CSREES Grant (2000 - 2003), Clemson University (SC). http://www.clemson.edu (Accessed June 2003). 2003.

[48] Lee S B, Martin C R. Electromodulated molecular transport in gold-nanotube membranes

[J]. Journal of the American Chemical Society, 2002,124(40):11850 - 11851.
[49] Lewinski N, Colvin V, Drezek R. Cytotoxicity of nanoparticles [J]. Small, 2008,4(1):6 - 49.
[50] Linse S, Cabaleiro-Lago C, Xue WF, et al. Nucleation of protein fibrillation by nanoparticles [C]. Proceedings of the National Academy of Sciences of the United States of America, 2007,104(21):8691 - 8696.
[51] Lison D, Lardot C, Huaux F, et al. Influence of particle surface area on the toxicity of insoluble manganese dioxide dusts [J]. Archives of Toxicology, 1997,71(12):725 - 729.
[52] Luykx D M A M, Peters R J B, van Ruth S M, et al. A review of analytical methods for the identification and characterization of nano delivery systems in food [J]. Journal of Agricultural and Food Chemistry, 2008,56(18):8231 - 8247.
[53] Lynch I, Dawson K A. Protein-nanoparticle interactions [J]. Nano Today, 2008,3(1 - 2):40 - 47.
[54] Lynch I, Dawson K A, Linse S. Detecting cryptic epitopes created by nanoparticles [J]. Science's STKE, 2006(327):14.
[55] Mathew A P, Dufresne A. Morphological investigation of nanocomposites from sorbitol plasticized starch and tunicin whiskers [J]. Biomacromolecules, 2002,3(3):609 - 617.
[56] Maynard A D, Baron P A, Foley M, et al. Exposure to carbon nanotube material: Aerosol release during the handling of unrefined single walled carbon nanotube material [J]. Journal of Toxicology and Environmental Health A, 2004,67(1):87 - 107.
[57] McClements D J, Decker E A. Lipid oxidation in oil-in-water emulsions: Impact of molecular environment on chemical reactions in heterogeneous food systems [J]. Journal of Food Science, 2000,65(8):1270 - 1282.
[58] McNeil S E. Nanoparticle therapeutics: A personal perspective. Wiley Interdisciplinary Reviews: Nanomedicine and Nanobiotechnology DOI: 10. 1002/wnan. 006. 2009.
[59] Monteiro-Riviere N A, Nemanich R J, Inman A O, et al. Multi-walled carbon nanotube interactions with human epidermal keratinocytes [J]. Toxicol. Lett., 2005,155(3):377 - 384.
[60] Moore S. Nanocomposite achieves exceptional barrier in films [J]. Modern Plastics, 1999, 76(2):31 - 32.
[61] Moraru C I, Huang Q, Takhistov P, et al. Food nanotechnology: Current developments and future prospects. IUFFoST Handbook [M]. Gustavo Barbosa Canovas (Ed.), In press. 2009.
[62] Moraru C I, Panchapakesan C P, Huang Q, et al. Nanotechnology: A new frontier in food science [J]. Food Technology, 2003,57(12):24 - 29.
[63] Morris V, Mackie A, Wilde P, et al. Atomic force microscopy as a tool for interpreting the rheology of food biopolymers at the molecular level[J]. Lebensmittel—Wissenschaft u-Technology, 2001,34:3 - 10.
[64] Nakajima K, Mitsui K, Ikai A, et al. Nanorheology of single protein molecules [J]. Riken Review, 2001,37:58 - 62.
[65] National Research Council. Review of the federal strategy for nanotechnology-related environmental, health and safety research [S]. National Academies Press ISBN - 10: 0309116996. 2008.
[66] Nemmar A, Hoet P H M, Vanquickenborne B, et al. Passage of inhaled particles into the

blood circulation in humans. [J]. Circulation, 2002,105:411 - 414.
[67] Nel A, Xia T, Madler L, et al. Toxic potential of materials at the nanolevel 622 - 227 [J]. Science, 2006,311(5761).
[68] Oberd o rster G, Ferin J, Gelein R, et al. Role of the alveolar macrophage in lung injury—studies with ultrafine particles [J]. Environ. Health Perspect. , 1992,97:193 - 199.
[69] Oberd o rster G, Ferin J, Lehnert BE. Correlation between particle-size, in-vivo particle persistence, and lung injury [J]. Environmental Health Perspectives Supplement, 1994, 102(S5):173 - 179.
[70] Oberd o rster G, Sharp Z, Atudorei V, et al. Extrapulmonary translocation of ultrafine carbon particles following whole-body inhalation exposure of rats [J]. Journal of Toxicology and Environmental Health, Part A, 2002,65(20):1531 - 1543.
[71] Oberd o rster G, Maynard A, Donaldson K, et al. Principles for characterizing the potential human health effects from exposure to nanomaterials: Elements of a screening strategy [J]. Particle and Fibre Toxicology, 2005a,2:8.
[72] Oberd o rster G, Oberd o rster E, Oberd o rster J. Nanotoxicology: An emerging discipline evolving from studies of ultrafine particles [J]. Environ Health Perspect, 2005b, 113(7):823 - 839.
[73] Oberd o rster G, Oberd o rster E, Oberd o rster J. C oncepts of nanoparticle dose metric and response metric [J]. Environmental Health Perspectives, 2007a,115(6): A290.
[74] Oberd o rster G, Stone V, Donaldson K. Toxicology of nanoparticles: A historical perspective [J]. Nanotoxicology, 2007b,1(1):2 - 25.
[75] Pante N, Kann M. Nuclear pore complex is able to transport macromolecules with diameters of about 39 nm [J]. Molecular Biology of the Cell, 2002,13(2):425 - 434.
[76] Park H M, Lee W K, Park C Y, et al. Environmentally friendly polymer hybrids. Part I: Mechanical, thermal, and barrier properties of the thermoplastic starch/clay nanocomposites [J]. Journal of Materials Science, 2003,38:909 - 915.
[77] PEN Consumer Products. An Inventory of Nanotechnologybased Consumer Products Currently on the Market [S]. Available online at http://www. nanotechproject. org (accessed March 2009). 2009.
[78] Powers K W, Brown S C, Krishna V B, et al. Research strategies for safety evaluation of nanomaterials. Part VI. Characterization of nanoscale particles for toxicological evaluation [J]. Toxicological Sciences, 2006,90(2):296 - 303.
[79] Pritchard D K. Literature Review, Explosion Hazards Associated with Nanopowders [R]. United Kingdom: Health and Safety Laboratory, HSL/2004/12. Available online at http://www. hse. gov. uk (accessed February 2009). 2004.
[80] Quarmley J, Rossi A. Nanoclays. Opportunities in polymer compounds 52 - 53 [J]. Industrial Mineral, 2001,400:47 - 49.
[81] Riley T, Govender T, Stolnik S, et al. Colloidal stability and drug incorporation aspects of micellar-like PLAPEG nanoparticles [J]. Colloids and Surfaces, 1999,B16:147 - 159.
[82] Roszek B, de Jong W, Geertsma R. Nanot echnology in medical applications: State-of-the-art in materials and devices [R]. RIVM report 265001001/2005. 2005.
[83] Rouhi M. Novel chiral separation tool [J]. Chemical and Engineering News, 2002, 80

(25):13.
[84] Ryman-Rasmussen J P, Riviere J E, Monteiro-Riviere N A. Penetration of intact skin by quantum dots with diverse physiochemical properties [J]. Toxicological Sciences, 2006,91(1):159 - 165.
[85] Santangelo R, Paderu P, Delmas G, et al. Efficacy of oral cochleate-amphotericin B in a mouse model of systemic candidiasis [J]. Antimicrob Agents Chemother, 2000,44(9):2356 - 2360.
[86] SCENIHR. Scientific Committee on Emerging and Newly Identified Health Risks. Opinion on: The appropriateness of the risk assessment methodology in accordance with the technical guidance documents for new and existing substances for assessing the risks of nanomaterials [S]. European Commission Health & Consumer Protection Directorate-General. Directorate C, Public Health and Risk Assessment; C7, Risk Assessment. 2007a.
[87] SCENIHR. Scientific Committee on Emerging and Newly Identified Health Risks. Opinion on: The scientific aspects of the existing and proposed definitions relating to products of nanoscience and nanotechnologies [S]. European Commission Health & Consumer Protection Directorate-General. Directorate C, Public Health and Risk Assessment; C7, Risk Assessment. 2007b.
[88] ScienceDaily. Project on Emerging Nanotechnology (2007, May 23)[R]. Nanotechnology Now Used In Nearly 500 Everyday Products. (http://www. sciencedaily. com/releases/2007/05/070523075416. htm). 2007.
[89] Shipley H J, Yean S, Kan A T, et al. Adsorption of arsenic to magnetite nanoparticles: Effect of particle concentration, pH, ionic strenght and, temperature [J]. Environmental Toxicology and Chemistry, 1. 2008.
[90] Shvedova A A, Kisin E R, Mercer R, et al. Unusual inflammatory and fibrogenic pulmonary responses to single walled carbon nanotubes in mice [J]. A merican Journal of Physiology. Lung Cellular and Molecular Physiology, 2005,289:L698 - L708.
[91] Siegrist M, Stampfli N, Kastenholz H, et al. Perceived risks and perceived benefits of different nanotechnology foods and nanotechnology food packaging [J]. Appetite, 2008,51(2):283 - 290.
[92] Singh R, Pantarotto D, Lacerda L, et al. Tissue biodistribution and blood clearance rates of intravenously administered carbon nanotube radiotracers [C]. Proceedings of the National Academy of Sciences of the United States of America, 2006,103(9):3357 - 3362.
[93] Strick T, Allemand J, Croquette V, et al. Stress-induced structural transitions in DNA and proteins [J]. Annual Review of Biophysics and Biomolecular Structure, 2000,29:523 - 543.
[94] Stucky G D. Oral presentation at the WTEC Workshop on R&D status and trends in nanoparticles, nanostructured materials, and nanodevices in the United States [C], May 8 - 9, Rosslyn, VA. 1997.
[95] Takenaka S, Karg D, Roth C, et al. Pulmonary and systemic distribution of inhaled ultrafine silver particles in rats [J]. Environ. Health Perspect. , 109 (suppl. 4),2001,547 - 551.
[96] Terada Y, Harada M, Ikehara T. Nanotribology of polymer blends [J]. Journal of Applied Physics, 2000,87(6):2803 - 2807.

[97] The Royal Society and the Royal Academy of Engineering. The Royal Society and the Royal Academy of Engineering [S]. Nanoscience and nanotechnologies: opportunities and uncertainties. London, UK. 2004.

[98] Tiede K, Boxall A B, Tear S P, et al. Detection and characterization of engineered nanoparticles in food and the environment [J]. Food Additives and Contaminants, 2008, 25(7):795-821.

[99] Tran C L, Buchanan D, Cullen R T, et al. Inhalation of poorly soluble particles. II. Influence of particle surface area on inflammation and clearance [J]. Inhalation Toxicology, 2000,12(12):1113-1126.

[100] Weiss J, Takhistov P, McClements J. Functional materials in food nanotechnology [J]. Journal of Food Science, 2006,71(9): R107-R116.

[101] Zhan G D, Kuntz J, Wan J, et al. Single-wall carbon nanotubes as attractive toughening agents in alumina-based nanocomposites [J]. Nature Materials, 2003,2:38-42.

# 第 16 章　新型食品加工技术及其监管中的问题

## 16.1　引言

人类开始探寻新型食品加工和保鲜技术已经有 100 多年的历史(Lelieveld 和 Keener，2007)，但是在过去 20 多年中食品科学家们已经明显加快了寻找新型食品加工技术的步伐，以期在加工生产食品的同时还能维持其原有品质和风味。此外，其目的在于生产高品质食品的同时保证食品的微生物安全性。目前一些新型的食品加工技术仍处于研究开发阶段，还有一些新技术已被监管机构鉴定并允许可以在食品加工中使用。高静压(HHP)[1] 是目前全世界广泛使用的针对一些特定食品的巴氏杀菌方法；高静压结合热加工灭菌技术作为一种替代技术已经在美国获得使用许可(NCFST：National Center for Food Safety 和 Technology，2009)。非热加工技术和新型热加工技术，比如脉冲电场(PEF)和微波技术，目前已经在预审批阶段[2]。作为替代传统食品加工的新型技术被认证批准的必要条件大部分上已经确定，然而在此之前必须进行一系列的验证实验。由于这些新技术的快速发展，包括还处在实验室研究阶段的其他新型食品加工技术，缺少有价值的加工过程信息(例如，加工过程参数的标准化)，这些是全世界需要解决的共同问题。对于新型食品加工技术的全球统一监管和立法迫切性不仅为食品科学家所关注，同样也是食品监管机构所关心的一个问题；因为不论使用何种食品加工技术，为消费者提供安全的食品始终要放在第一位。建立全球协调倡议就是为解决上述问题的一个最初尝试(Lelieveld 和 Keener，2007)。

本章将着重介绍新型食品加工技术(例如高静压、脉冲电场、辐照和微波)，以及这些新技术必须要解决的标准化加工参数和过程控制问题。

## 16.2 新型食品加工技术

食品科学家们一直在努力寻找一种新型食品巴氏杀菌和高温灭菌的方法，这些方法不但能够生产更为安全的食品，还能得到良好的产品品质、营养成分和感官特性，这也促使科学家们开始探索不同于传统热加工灭菌(热传导或热对流)的其他方法。表16.1介绍了目前国际上两个广泛研究的食品加工技术领域：一个是非热加工技术：灭菌机理不同于热处理，主要是采用物理方法，如压力、电磁场和声波等；另一个是新型热加工技术：主要是利用微波和射频波所产生的热量。然而，仅仅使用这些新技术来达到对食品的灭菌是不够的。一个安全的产品应该是无毒无害的，并且在加工过程中避免接触有毒有害材料(Lelieveld和Keener，2007)。因此，对于新型食品加工技术，在进行市场推广之前必须对整个产品的品质进行评估。

**表16.1 世界范围内的一些新型食品加工与保藏技术**

| 非热加工技术 | 热加工技术 |
| --- | --- |
| 高静压 | 微波 |
| 脉冲电场 | 射频 |
| 辐照 | 欧姆加热 |
| 紫外线辐射 | 感应加热 |
| 超声波 | |
| 冷等离子体 | |
| 臭氧处理* | |
| 密相二氧化碳 | |
| 超临界水 | |

注：* 目前已商业化应用。

值得一提的是，大部分新型食品加工技术都是首先研究针对微生物的灭菌技术，以提高食品的安全性。然而，在研究灭菌的同时也会研究与评估最终产品的品质特性。例如，大多数新型加工技术处理后的食品含有完好的营养成分，独特的感官性能，如颜色、质构和外观，以及形成一些新的芳香类物质。因此，针对微生物的灭菌技术研究，可能不仅可以获得更安全的食品，同时也可以提高食品的整体品质，并提供新产品开发所需的新成分。

还有一点值得注意的是关于新型食品加工技术与环境的关系问题。大多数开发的新型技术是环境友好型，甚至具有显著的节能效果。这种节能在某种程度上是由于通常情况下新型技术所需的加工处理时间较短而产生的。

## 16.3　非热加工技术

目前有很多正在研究的非热食品加工技术，但是最流行的还是超高压技术，20 年前世界范围内的一些研究中心已经开始研究这项技术。如今超高压技术已经在世界范围内被广泛应用，不仅仅在科研领域，在食品工业上应用也很广，许多食品公司生产的超高压食品已经被消费者广泛接受。超高压技术最初成功用来对酸性食品（比如果汁和乳品饮料）进行杀菌。接下来应用于一些包装食品的杀菌从而显著地延长产品货架期，比如即食食品和熟肉制品。目前国际市场上的超高压食品包括鳄梨酱、调味汁、牡蛎、果胶、果酱、水果等。过去对于食品科学家来说最大的挑战是用超高压来处理耐贮藏食品和弱酸性食品（例如孢子灭活）；为此很多科学家不断尝试提高压力（最大到 1 GPa）。然而，这种研究趋势从 2009 年 2 月美国食品药品监督管理局（FDA）认可并批准高压辅助热处理（PATP）[3] 可以作为一种新的灭菌技术后开始发生变化（NCFST，2009），高压辅助热处理不需要特别高的压力，压力在目前已经确定的食品巴氏杀菌范围之内（≤600 MPa），但是需要很好地结合热处理条件和处理时间。随着高压辅助热处理技术的认证，食品科学领域开始了一个新的时代。高压辅助热处理可以得到耐贮食品，如早餐食品、肉、炖菜、汤、乳品甜点、高品质水果和蔬菜、面食调味料等，甚至可用于速溶茶饮料和咖啡，这一方法已经开启了全球商业化推广的新领域——一种新型食品加工技术，不仅在食品品质和安全性上有重要改进，同时也是环境友好型技术。

高压与脉冲电场（PEF）可能是在过去的几十年中研究最深入的两个非热食品加工技术。这其实是基于它们在食品工业领域的应用潜力，如巴氏杀菌、高温灭菌或提取；对于食品加工商来说，关于高静压和脉冲电场在食品加工方面的优势，已经公开发表并通过多种方法传递给工业界和消费者（Ramaswamy，Balasubramaniam，和 Käaletunc，2004a；Jin，Balasubramaniam，和 Zhang，2004b）。

辐照是另外一种已经批准可以在特定情况下使用的非热加工技术。在 1990 年，已经有超过 40 个国家商业化应用辐照技术（Molins，2001）。第一次使用辐照技术还要追溯到 1958 年，尽管辐照实际上只是把能量加到食物上（HPS，2009），但当时美国食品与药品监督管理局（FDA）仍认为辐照是一种添加剂而不是一种处理手段。如今，辐照设备被联邦或州的授权机构管理，根据实际使用剂量的不同，对于微生物灭活，延长产品货架期，或农产品采后保鲜将会产生显著不同的效果。辐照食品种类很多，例如面粉、土豆、香料、猪肉、水果、新鲜蔬菜、家禽、肉类、宠物食品，还有为美国宇航局（NASA）太空计划和免疫受损的患者提供的一些特殊食品。关于辐照技术已经多次报道（FDA，1997A，1997B；HPS，2009；Keener，2009），主要是介绍辐照技术的优势，并探讨人们对于辐照食品放射性的错误理解。甚至有人建议采用其他的术语来代替辐照，比如冷巴氏杀菌（Ehlermann，2009）。

其他一些正处于研究阶段的新型非热加工技术有脉冲电场（PEF）、超声波、紫外线、冷等离子体、臭氧和密相二氧化碳。在这些技术中脉冲电场可能是研究最多的一项技术，从产品的数量和目标微生物就足以证明。脉冲电场技术取得的重要进展和令人鼓舞的结果，是可以作为液体食品巴氏杀菌的替代方法。其他非热加工的例子有利用紫外线和臭氧对水进行消毒，然而，对于不透明液体（如牛奶）和含有细小颗粒的液体，目前仍然处于研究阶段，这对于食品科学家来说也是一个新的挑战。

## 16.4 热加工技术

为寻求新型食品加工技术来替代传统热加工技术，利用食品内部产生的热量来进行微生物灭活和保护产品的品质似乎是一个切实可行的选择。微波的能量可以使极性水分子和食品中带电离子产生运动，使他们在电场的作用下重新排列，从而在分子间产生运动摩擦，进而在食品内部产生热量。因为从热源到食品的热传递时间很短，因此微波处理的食品品质良好。美国华盛顿州立大学参与了一项重要的学术—企业—政府研究联合体来开发和应用微波技术。2008 年 10 月，微波作为一种新型灭菌技术（45 kW，915 MHz；半连续系统）的正式申请书已提交给美国 FDA，并已取得重要进展（Tang，2009）。其他一些正处于研究阶段的新型热加工技术有射频加热、感应加热和欧姆加热，这些是未来几年可能用于食品加工的选择手段。

## 16.5 关于新型技术的立法问题

食品法规范围广且数量多。有大量的关于种植和农业活动、食品配方和标签管理方面的法规，当然还有食品生产和加工技术方面的。对所有食品加工过程进行全球监管的迫切需求已经持续了一段时间(Rogers，1999)。

一个新的工艺或产品在商业化推广之前必须满足一系列的标准和法规。针对不同类型的食品，必须满足一些相应的食品安全法规：HACCP(危害分析与关键控制点)和GMPs(药品生产质量与管理规范)文件所确立的准则，这些准则在生产过程中必须贯彻执行。另外还必须遵守一些国际法规和准则，例如WTO为了确保新产品和新工艺的安全而给出的建议。随着WTO在1995年的成立，寻求食品安全法规的全球协调统一成为一个需要许多国家共同解决的重要问题。一些协议鼓励各国致力于建立关于食品标准、规定和准则的国际法规(Motarjemi，van Schothorst，和Käferstein，2001)，比如实施卫生与植物检疫措施的协定(SPS)和食品法典委员会。

世贸组织并不负责制订食品安全标准，但是它确实有权力来限制和控制一些食品安全行为，通过使用SPS协定和贸易技术壁垒(TBT)协定，这些协定涵盖食品安全和食品质量问题(Mansour，2004)。食品法典和其他非政府机构无疑在全球协调性上起着重要作用，不仅仅在新型技术，同时也针对其他需要全球协调的食品科学问题(Newsome，2007)。

## 16.6 新型技术的全球协调问题

在世界范围内有很多食品安全方面的法规；通常情况是每个国家针对具体的食品建立自己的标准。这些法规的建立主要是为了证明这些食品或配料用来食用或作为食品配方是安全的。然而，同一食品的安全性在不同的国家需要遵循不同的法规。这通常情况下耗时费钱，还要延误整个食品加工产业链(Lelieveld和Keener，2007；Rogers，1999；Sawyer，Kerr，和Hobbs，2008)。另一方面，很多食源性中毒事件的爆发是由于从国外进口食品中所携带的致病菌所导致，有着严格先进的海关监控系统的国家也不例外(Motarjemi et al.，2001)。尽管如此，如果没有与食品相关的国际贸易，很多产品无法在特殊及偏远地区商业化推广。此外，Notermans和Lelieveld (2001)证实来往旅客也是携带细菌病毒的一个来源；在有些国家感染食源性疾病的概率很高(如埃及有63%的概率)，主要是由加工处理食品的卫生条件太差引起。

目前最需要做的是建立食品安全领域的法律法规来规范特定食品的安全性，而不论这个产品是在哪个国家哪个地方加工生产的(Lelieveld和Keener，2007；Motarjemi et al.，2001)。这些法律法规的全球协调统一是需要解决的一个问题，包括确保这些法律法规有效执行的监管机构（Lelieveld 和 Keener，2007）。Horton (1997)把协调性定义为："两个或者更多国家内部有同样的一系列要求"。根据 Horton 的定义，食品领域法规的全球协调性至关重要但是实现起来困难重重。尽管如此，全球法规协调统一会确保产品品质在世界范围内的一致性，这无疑将使消费者更加受益；国家之间的贸易竞争也将更加公平稳定（Motarjemi et al.，2001）。从经济学的角度来看，食品在全球统一的法规监管下将会更经济，因其可以避免不同国家不同标准而带来的额外费用（Horton，1997）。

世界范围内被认可的食品监管和立法机构有食品法典（FAO/WHO 联合委员会）、世界贸易组织（WTO）和欧洲食品安全局（EFSA）等。然而，有些国家不参加这些组织（Lelieveld 和 Keener，2007），有些即使已经加入这些组织并正式签订了国际协议却不执行（Joppen，2005）。在美国，FDA 是主要的管理机构，负责新型食品加工技术和新产品的认证。在欧盟法规中 EC 258/97 也用于管理新开发食品和配方（EU，1997）。欧洲所列出的新型食品存在很多不同的情况，包括采用新型技术加工处理的食品和食品配方，例如在欧盟已经通过了对一个跨国大公司利用超高压技术处理的水果产品的认证（2001 年认证）。

据报道有许多不同的组织试图在其他国家对食品安全进行管理，他们对食品安全有特定的标准（Motarjemi et al.，2001），但这些都是与特定食品相关的区域性组织。美国和欧盟过去在推广全球协调性过程中遇到的障碍涉及经济因素，主要是由于小生产者担心与跨国大品牌竞争会带来经济损失，或担心全球标准统一化的过程将会导致标准美国化（Horton，1996）。

为了消除食品立法与管理上的不同，并建立食品安全管理的基础（Joppen，2005），一个旨在实现全球食品安全法规标准统一化的科学家协调组织（GHI）由美国食品科技学会（IFT）国际分部和欧盟食品科学与技术联合会（EFFoST）于 2004 年发起成立。根据 Lelieveld (2009)的报道，GHI 已经有了重要的进展；GHI 于 2007 年在葡萄牙首都里斯本举行了专题研讨会，四个研究小组针对全球统一化问题进行了讨论交流。其中食品保藏小组专门讨论了超高压食品，正是因为这个新型食品加工技术可能会给世界带来的巨大影响（Lelieveld，2009）。然而，由于没有法规与标准，用超高压技术去生产安全食品变成一件十分困难的事情。例如，超高压处理不具有像传统热加工巴氏杀菌和高温灭菌的时间——温度标准。在 2004 年，国际食品微生物标准委员会（ICMSF）尝试在不同的超高压处理参数之间确立等效换算关系（Balasubramaniam，Ting，Stewart 和 Robbins，2004）。尽管发现在两个或更多国家之间不可能进行等效换算，但是对于不同的目的(生产、工业化、试验等),它们应该有足够多的相似之处(Sawyer et al.,2008)。很多企业对于新型食品加工技术非常感兴趣,但是由于缺少全球法规的监管,投资者总是担心消费者的接受程度(Joppen, 2005)。

在 2006 年,来自 32 个不同机构(主要在欧洲)的一群学术界和工业界的科学家组成了一个研究联合体——NovelQ,主要针对新型技术的应用(De Vries, Lelieveld 和 Knorr, 2007)。他们的研究方向主要集中在超高压和脉冲电场技术对食品进行巴氏杀菌和高温灭菌,还有采用冷等离子体技术来进行表面灭菌等领域,但是他们同时也关注其他一些新型技术,比如微波、欧姆加热和射频技术。针对每种新型技术,该研究联合体计划分阶段推出一系列内部合作项目,从食品科学基础和动力学研究、包装、消费者认知、技术研发到技术转化与管理,从而可以对每种新型技术有一个深入全面的认识。最初实验结果在 NovelQ 研究联合体第一年会议上被报道(De Vries et al., 2007),但这个雄心勃勃的计划却明确被要求在接下来的 5 年里要密切关注 GHI。

在过去 20 多年里超高压技术取得了非常显著的研究进展。我们在超高压对多种食品进行微生物灭活及其相应的包装材料方面,可以找到数以百计的科学文献。然而,在文献报道中超高压处理参数缺乏统一性仍是一个问题。例如,对于超高压技术来说,升温时间在很多的文献中未见报道,这使得不同处理之间的对比变得很困难。此外,因为超高压开始阶段压缩加热的效应不明显,在早期研究中,很多研究并没有报道超高压处理过程中的热效应(Balasubramaniam et al., 2004)。在超高压技术研究的第一年报道了很多重要的结果,但是由于忽视了热效应,因此很难跟最近的一些研究结果进行比较。比较过去和现在超高压处理另外的一些难点还包括设备设计、结构和操作的不同,以及食品组成成分本身的差异和工艺参数的不同;而且有些数据本身定义或描述不清楚也可能是一个很大的问题(Balasubramaniam et al., 2004)。尽管在超高压研究过程中报道的信息跟其他科学实验相似,并且按照科学论文的格式发表,但是在发表数据时存在一些额外需要考虑的因素。根据 Balasubramaniam et al. (2004)的报道,在超高压研究中需要明确指出一些过程工艺参数:如处理时间(升温时间、保温时间和降压时间)、处理压力、初始温度、处理过程中的产品温度(在绝热压缩加热过程中)、传压液体和包装材料。超高压技术的标准化处理目前在世界上大部分的研究中心、大学和企业中被执行。GHI 一直在积极的推动这个标准化的处理过程;对于食品科学家来说,他们的使命就是在接下来的几年时间里尽力宣传推广超高压标准化以及其他一些新型技术。这种努力将会确立全球立法的基础,彻底实现食品安全，让消费者可以享受新型食品加工技术带来的各种好处。

## 16.7 小结

所有新型技术的全球协调性问题是未来几年内必须要解决的一个重要问题。事实已经证明在新型产品商业化时在不同国家之间存在着很多障碍。监管机构必须勤奋工作，与各研究中心和非政府机构在遵循全球协调倡议的前提下，协助建立食品安全法规的制定基础，这是所有新型技术所共同关心的主要问题。设备制造商是标准化过程中的一个重要出发点，可以根据产品的类型和产品配方的主要成分来进行区分。根据产品关键的特性对每个产品进行识别鉴定，这将有助于建立过程标准化的基础，并带来新型食品和技术无障碍的国际商业化。

### 注　释

1 也称作超高压技术(HPP)。

2 2009年微波灭菌技术已经通过美国FDA认证。——译者

3 PATP(高压辅助热处理)和PATS(高压辅助高温灭菌)是相同的意思，但在本章节中偏好使用PATP。

### 参考文献


[1] Balasubramaniam B, Ting E Y, Stewart C M, et al. Recommended laboratory practices for conducting high-pressure microbial inactivation experiments [J]. Innovation of Food Science Emerging, 2004,5:299 - 306.

[2] De Vries H, Lelieveld H, Knorr D. Consortium researches novel processing methods [J]. Food Technology, 2007,61(11):34 - 39.

[3] Ehlermann D A E. The RADURA-terminology and food irradiation [J]. Food Control, 2009,20:526 - 528.

[4] EU. Regulation (EC) No 258/97 of the European Parliament and of the Council of 27 January 1997 concerning novel foods and novel food ingredients [S]. Official Journal of the European Communities, L43,1997,1 - 7.

[5] FDA. Irradiation in the production, processing and handling of food. Food and Drug Administration [S]. Federal Register, 1997a,62(232):64107 - 64121.

[6] FDA. Irradiation in the production, processing and handling of food, Final rule [S]. Food and Drug Administration. Federal Register, 1997b,62(232):64101 - 64107.

[ 7 ] Horton L. The United States Food and Drug Administration: Its role, authority, history, harmonization activities, and cooperation with the European Union [C]. In European Union Studies Association (EUSA), Biennial Conference, 5th, 29 May-June 1, Seattle, WA, 36 pp. 1997.
[ 8 ] HPS. Food Irradiation, Health Physics Society Fact Sheet. Health Physics Society [S]. http://www. hps. org/(accessed 30 March 2009). 2009.
[ 9 ] Joppen L. Global harmonization of food safety regulations: Putting science first. Food Engineering & Ingredients [J], (December), 2005,22 - 26.
[10] Keener K M. Food irradiation. Fact Sheet (FSR 98 - 13)[R]. Raleigh, NC: North Carolina State University, Department of Food Science. 2009.
[11] Lelieveld H. Progress with the global harmonization initiative [C]. Trends in Food Science Technology, 2009,20:S82 - S84.
[12] Lelieveld H, Keener L. Global harmonization of food regulations and legislation-the Global Harmonization Initiative [J]. Trends in Food Science Technology, 2007,18:S15 - S19.
[13] Mansour M. One world for all: International harmonization of food regulations [J]. Journal of Food Science, 2004,69(4):127 - 129.
[14] Molins R A. Introduction. In R. A. Molins (Ed.), Food irradiation: Principles and applications (pp. 1 - 21)[M]. New York: John Wiley & Sons, Inc. 2001.
[15] Motarjemi Y, van Schothorst M, Käferstein F. Future challenges in global harmonization of food safety legislation [M]. Food Control, 2001,12:339 - 346.
[16] NCFST. National Center for Food Safety and Technology receives regulatory acceptance of novel food sterilization process [S]. Press release, 27 February, 2009. Summit-Argo, IL. 2001.
[17] Newsome R. Codex vital in global harmonization [J]. Food Technology, 2007,10:100.
[18] Notermans S, Lelieveld H. Food Safety: A burning issue in the past, present and future [J]. Food Engineering & Ingredients, (May), 2001,33 - 38.
[19] Ramaswamy R, Balasubramaniam B, Kaletunç G. High Pressure Processing [R]. Extension Fact Sheet. Columbus, OH: Ohio State University. 2004a.
[20] Ramaswamy R, Jin T, Balasubramaniam B, et al. Pulsed Electric Field Processing [R]. Extension Fact Sheet. Columbus, OH: Ohio State University. 2004b.
[21] Rogers P. Pending regulations for Canada, Mexico bring closeness in NAFTA [R]. Candy Industry, 1999,50:56.
[22] Sawyer E N, Kerr W A, Hobbs J E. Consumer preferences and international harmonization of organic standards [S]. Food Policy, 2008,33:607 - 615.
[23] Tang J. Personal communication. Pullman, WA: Washington State University. 2009.

# 第17章　营养与生物利用度:营养标签的重要性及其不足

## 17.1　引言

在美国和世界其他国家,慢性病是可预防的主要疾病(HHS, 2001)。众所周知,慢性病通常与饮食有关,因此慢性病可通过合理的膳食和生活方式得到控制和预防。膳食模式的调整需要从购买食物开始就充分地掌握有关信息。这些信息可通过多种途径获得,其中,食品标签是最便捷的信息来源。标示食品营养的食品标签被称为"营养标签"、"营养表"、"营养标示"或者"营养标示表"。现在营养标签中的营养标示表(NFP)是减少膳食相关疾病的重要公共健康工具。其内容主要为每日供给量(%DV),是消费者合理选择食物的重要参考依据。

从1941年开始,美国的营养标签可反映某一时期的饮食及健康相关的科学知识。例如,1973年FDA发布了营养标签变更,变更要求对食品标签中食品营养成分的正面和负面作用做出明确说明,以着重强调膳食和健康的关系(Hutt, 1981)。营养标签及标签上相关的营养信息实际上是鼓励消费者选择健康食品。为了达到健康饮食的目的,美国1993年版的食品标签包含了新的内容,即每日营养摄入量(%DV),旨在使消费者快速有效地理解什么样的食物符合健康饮食。

营养标签的制订是以人群调查为基础,它为消费者提供食品中营养成分的信息,旨在使消费者对食物的选择更健康化(Cowburn和Stockley, 2005)。尽管在营养标签的格式和内容上有所不同,美国、加拿大、澳大利亚及新西兰这些国家均有强制实施的营养标签法(Sibbald, 2003; Curran, 2002)。在欧盟,除非需要对食品的营养成分做特别说明,目前尚未强制实行(Cownurn和

Stockley, 2005)。营养标签有助于预防营养不良、肥胖和其他慢性病。然而,将营养标签与健康生活方式教育相结合至关重要,提出包括食物、健康饮食以及运动的重要性的明确建议。表 17.1 表明目前不同国家总体上有下列不同执行程度的营养标签:①所有预包装食品必须具有营养标签;②除非需要特别说明的营养成分的食品,其他食品可自愿标示营养标签;③特殊膳食需强制标示营养标签,其他食品可自愿标示营养标签;④无营养标签条例(Hawkes, 2004)。

营养标签的目的之一是使食物的选择环境更有利于健康。更健康的食物选择会增加生产力,降低与癌症、糖尿病、心血管疾病及其他慢性病相关的健康服务成本,整体健康状态的改善会减少财政支出。越来越多的预包装食品及加工食品,使人们很难从视觉上判断食品的性质,因此需要标明成分含量、贮藏及制备方法等。食品标签提供的信息实际上是对消费者的保护。比如,在过去的十几年间,食品添加剂在食品加工中的使用日益增多,这需要政府规范食品添加剂的使用;如果消费者对某些食物成分过敏,就会通过阅读食品标签得以避免;许多食品标签条例禁止误导的广告宣传或健康功效宣传,这对消费者是有益的保护,而对食品生产企业则是很好的约束。

流行病学关于改变膳食模式和疾病的关系的调查结果更显示出营养与健康的重要性。许多国家已经建议减少一些营养素如糖、食盐及总饱和脂肪的平均摄入量,另外建议增加全麦谷物、蔬菜和水果的摄入量。营养标签是为了使消费者明确加工食品中食盐、糖、脂肪、胆固醇、矿物质及有些维生素和蛋白质的含量范围。

**表 17.1　74 个国家和地区的营养标签管理目录(Hawkes, 2004)**

| 强制(实施日期) | 自由,除非已制订营养声明[a] | 自由,有特殊用途的食品除外[b] | 无管制 |
|---|---|---|---|
| 阿根廷(于 2006 年 8 月实施) | 澳大利亚[(EC)] | 巴林 | 巴哈马 |
|  | 比利时[(EC)] | 中国[d] | 孟加拉国 |
| 澳大利亚(12/2002) | 文莱达鲁萨兰国 | 哥斯达黎加 | 巴巴多斯 |
| 巴西(9/2001) | 智利 | 克罗地亚 | 伯利兹城 |
| 加拿大(1/2003) | 丹麦[(EC)] | 印度 | 百慕大 |
| 以色列(1993) | 厄瓜多尔[(Codex)] | 科威特[(GCC)] | 波斯尼日和 |

（续表）

| 强制(实施日期) | 自由，除非已制订营养声明 | 自由，有特殊用途的食品除外 | 无管制 |
|---|---|---|---|
| 马来西亚(多数食品)(9/2003) | 芬兰[EC] | 韩国[e] | 黑塞哥维那 |
| | 法国[EC] | 毛里求斯[Codex] | 博茨瓦纳 |
| 新西兰(12/2002) | 德国[EC] | 摩洛哥 | 多米尼加共和国 |
| 巴拉圭(于 2006 年 8 月实施)美国(1994) | 希腊[EC] | 尼日利亚 | 埃及 |
| | 匈牙利(2001，仅针对能源) | 阿曼[GCC] | 萨尔瓦多 |
| | | 秘鲁 | 危地马拉 |
| 乌拉圭(于 2006 年 8 月实施) | 印度尼西亚[C] | 菲律宾 | 香港特别行政区[g] |
| | 意大利[EC] | 波兰[f] | 约旦 |
| | 日本卡塔尔[GCC] | 肯尼亚 | |
| | 立陶宛[EC] | 沙特阿拉伯[GCC] | 尼泊尔 |
| | 卢森堡[EC] | 阿拉伯联合酋长国[GCC] | 荷属安的列斯 |
| | 墨西哥 | | 巴基斯坦 |
| | 荷兰[EC]委内瑞拉 | 土库曼斯坦 | |
| | 葡萄牙[EC] | | |
| | 新加坡 | | |
| | 南非 | | |
| | 西班牙[EC] | | |
| | 瑞典[EC] | | |
| | 瑞士 | | |
| | 泰国[d] | | |
| | 英国[EC] | | |
| | 越南[d] | | |

注：EC＝欧盟关于食品标签的管理条例(理事会指令 90/496/EEC)。

GCC＝海湾合作委员会标准关于营养标签的条例 9/1995。

Codex＝营养标签指南引申条例。

a 规定营养声明一旦制订则需要做出说明，同时要在有特殊用途的食品上贴营养标签的国家。

b 特殊用途食品不定，但一般包括糖尿病患者食品、低钠食品、无谷蛋白食品、婴儿配方食品、奶制品和/或强化食品。

c 有健康声明的食品。

d 面向特殊人群的食品，如老人和儿童。

e 面包、面条和袋装食品或含有标签强调的其他营养素的食品(袋装：干燥后包装的调味包，食用时加水)。

f 包括所有的奶制品，同时奶制品标签上要标明脂肪含量。

g 现正出台条例，授权应用于所有预包装食品上的营养标签，此条例在自愿原则下优先实施。

现阶段，世界各地的营养标签并不要求标注吸收率和生物利用率。但营养标签的主要不足在于，如果考虑生物利用率、食物营养成分的含量并不能完全通过标签信息得以反映。当评价食品中的营养素摄入是否充分时，关于营养素方面的信息就显得非常有限,比如,两种食品具有相同的营养素含量,但是却有不同水平的生物利用率,比如钙的吸收和利用就很好地说明了这一点,牛奶中的钙比蔬菜和谷物中的钙更利于小肠的吸收。谷物、豆类及绿叶蔬菜中的植酸、草酸、长链饱和脂肪酸和膳食纤维通过与钙形成不溶性的钙配合物而降低钙的生物利用率(Fairweather-Tait et al., 1989)。

此外,还有大量膳食和人体自身因素影响营养素尤其是矿物质的吸收(Fairweather-Tait, 1992)。在营养成分表中增加关于营养素的生物利用率将更有利于消费者对健康食物的选择。由于饮食消费和慢性病直接相关,消费者所摄入营养素的生物利用率的相关信息对他们非常重要。本章正是在这样的背景下形成的。因此,本章将简要综述与营养成分表相关的营养和生物利用率的研究现状。

## 17.2　范围

本章主要讨论食品营养标签(食品标签的一部分)而不是整个食品标签。重点简要介绍基本营养标签的有关信息,包括标签中的营养素生物利用率,讨论主要涉及膳食营养补充剂,健康和营养宣传不在本章范围内。关于生物利用率的评价方法和人体吸收机制的详细阐述也不在本章范围内。

## 17.3　方法

利用已有的文献综述,涵盖了科技期刊、贸易期刊、杂志、市场报告、会议论文集、书和其他出版的材料,如果需要,我们也会利用网页信息。除了图书馆数据库和国际组织的网络图书馆,我们使用多种搜索引擎和数据库(比如,EBSCOhost, Ingenta, ScienceDirect, Google, Google Scholar, PubMed)收集文献资料。

## 17.4　综述结构

在本篇综述中,17.1～17.4 节介绍题目、目的、范围和综述结构,17.5 节主要介绍美国、加拿大、澳大利亚、新西兰和发展中国家的营养标签历史,17.6 节进一步讨论国家之间营养标签的异同点，17.7 节阐述消费者对营养标签的理解和营养标签的实验，17.8 节主要介绍生物利用率和营养标签，17.9 节主要是结论和展望，本章的最后是致谢和参考文献。

## 17.5 营养标签综述

### 17.5.1 美国

美国的食品营养标签管理机构是 FDA。1972 年，FDA 提议允许营养标签中有些营养素按照每份食品该营养素占每日膳食摄入标准的百分比列出(Pennington 和 Hubbard, 1997)。美国经历了三个主要的营养标签修订阶段，每一阶段的标签使用了不同参考值。从 1941 年到 1972 年，使用每日最低需要量(minimum daily requirements)的建议标准；从 1973 年到 1993 年，使用每日营养素建议摄入量(US RDAs)；1993 年进行了进一步修改，要求使用每日营养摄入量，旨在允许消费者理解每日总营养素摄入的相对重要性，并利用营养标签计划整套健康饮食(Pennington 和 Hubbard, 1997)。美国根据 1968 年由国家科学研究院发布的推荐膳食摄入量(RDAs)，针对蛋白质、维生素和矿物质提出一套数值，称之为美国推荐膳食摄入量(US RDAs)，RDAs 提出营养素摄入量足够的依据是可满足所有健康成年人的营养需求。1973 年，FDA 发布了最终条例，针对蛋白质、12 种维生素和 7 种矿物质，建立了一套每日膳食营养摄入标准，称为美国膳食营养推荐摄入量(见表 17.2)。

**表 17.2 1973 年美国食品药品管理局营养标签上的日推荐摄食量(RDA)**

| 营养素 | 美国日推荐摄入量 | 美国日推荐摄入量的基础 |
|---|---|---|
| 必需 | | |
| 蛋白质[a] | 65 g[b] | 1968 年男性日推荐摄入量 |
| 维生素 A[a] | 5 000 IU | 1968 年男性日推荐摄入量 |
| 维生素 C[a, c] | 60 mg | 1968 年男性日推荐摄入量 |
| 硫胺素(e)[a, c] | 1.5 mg | 1968 年青少年男子日推荐摄入量，成年男性日推荐量是 1.4 g |
| 核黄素[a, c] | 1.7 mg | 1968 年男性日推荐摄入量 |

（续表）

| 营养素 | 美国日推荐摄入量 | 美国日推荐摄入量的基础 |
| --- | --- | --- |
| 烟酸[a] | 20 mg | 1968 年青少年男子日推荐摄入量，成年男性日推荐量是 18 mg |
| 钙[a] | 1.0 mg | 1968 年日推荐摄入量；成年人 800 mg，青少年 1.2 g |
| 铁[a] | 18 mg | 1968 年女性日推荐摄入量 |
| 非必需 | | |
| 维生素 D | 400 IU | 1968 年成人和儿童日推荐摄入量 |
| 维生素 E | 30 IU | 1968 年男性日推荐摄入量 |
| 维生素 B6 | 2.0 mg | 1968 年男性和女性日推荐摄入量 |
| 叶酸[c] | 0.4 mg | 1968 年男性和女性日推荐摄入量 |
| 维生素 B12 | 6.0 μg | 1968 年男性和女性日推荐摄入量 |
| 生物素 | 0.3 mg | 1968 年日推荐摄入量手册 |
| 泛酸 | 10 mg | 1968 年日推荐摄入量手册 |
| 磷 | 1.0 g | 1968 年日推荐摄入量；高于成年人日推荐摄入量(800 mg)，低于青少年日推荐摄入量(1.2 g) |
| 碘 | 150 μg | 1968 年针对 14～18 岁男子日推荐摄入量；1968 年 18～35 岁男子日推荐摄入量是 140 μg；35～55 岁男子 125 μg，55 岁以上男子 110 μg |
| 镁 | 400 mg | 1968 年青少年男子日推荐摄入量；成年男子 350 mg |
| 锌 | 15 mg | 1968 年日推荐摄入量手册 |
| 铜 | 2 mg | 1968 年日推荐摄入量手册 |

注：a1973 年营养标签中规定的成分；其他没有相关声明或未添加到食品中的成分不做要求。

b 若产品中蛋白质的有效利用率等于或高于酪蛋白，则日推荐摄入量为 45 g；如果低于酪氨酸，则推荐量为 65 g。

c 营养标签中允许使用的同义词：抗坏血酸与维生素 C，维生素 B1 与硫胺素，维生素 B2 与核黄素，叶酸(folacin)与叶酸(folic acid)。

摘自 Pennington 和 Hubbard (1997)。

1990 年，FDA 提议对食品营养标签管理条例进行更新并扩大每日摄入标准，要求食品和膳食补充剂必须使用营养标签，从而使营养标签和教育法(NLEA)正式立法(Pray，2003)。为实施 NLEA，FDA 发布了拟议规则，规则阐明维生素应与其他药物使用同样的标准，考虑部分公司有可能制造虚假宣传，规定所有宣传都必须经受审查(Pray，2003)。NLEA 允许预先核准的营养或饮食-疾病的健康宣传。然而，当美国 FDA 完成对营养物或饮食-疾病相关科研文献完整且综合的调研查阅后，只有少数健康宣传被核准执行。在美国之外，根据健康宣传中所涉及的疾病种类，把该类产品划分为医疗使用用途，在这种情况下，要求分类和核准其作为药物而不是食品。

FDA总结和回顾了1990年的NLEA,要求食品标签按日供给量提供每份食品中10种食品成分的营养信息。这些新法规分别于1993年和1994年公布并实施。其中强制标示的食品成分包括总脂肪、饱和脂肪、胆固醇、钠、总碳水化合物、膳食纤维、钙、铁、维生素A和维生素C(Pennington和Hubbard, 1997)。图17.1为美国食品营养标签的范例,维生素K、硒、锰、铬、钼、氯的每日参考摄入量(RDIs)于1995年制订(Pennington和Hubbard, 1997)。1995年的最终条例中,生物素和叶酸的含量单位从毫克改变为克,钙和磷从克变为毫克(Pennington & Hubbard, 1997);美国于2006年要求食品标签上需标示反式脂肪的含量。

**营养成分表**

食用分量1盎司(28 g/约21片)
每包约两份

| **每份食物数量** | | | |
|---|---|---|---|
| **卡路里 170** | | | 脂肪提供的卡路里110 |
| | | | **日摄入量%*** |
| 总脂肪 11 g | | | 17% |
| 饱和脂肪 1.5 g | | | 8% |
| 反式脂肪 0 g | | | |
| 胆固醇 0 mg | | | 0% |
| 钠 250 mg | | | 10% |
| 总碳水化合物 14 g | | | 5% |
| 食用纤维少于1 g | | | 2% |
| 糖类 0 g | | | |
| 蛋白质 2 g | | | |
| 维生素A 2% | ● | 维生素C | 0% |
| 钙 0% | ● | 铁 | 4% |
| 维生素E 6% | ● | 硫胺素 | 4% |
| 核黄素 2% | ● | 烟酸 | 4% |
| 维生素$B_6$ 2% | ● | 磷 | 2% |

*日常摄入量以2 000卡路里为标准。其值根据卡路里摄入量需求可做调整:

卡路里: 2 000 2 500

| 总脂肪 | 小于 | 65 g | 80 g |
|---|---|---|---|
| 饱和脂肪 | 小于 | 20 g | 25 g |
| 胆固醇 | 小于 | 300 mg | 800 mg |
| 钠 | 小于 | 2 400 mg | 2 400 mg |
| 总碳水化合物 | | 300 g | 375 g |
| 膳食纤维 | | 25 g | 80 g |

每克含卡路里：
脂肪 9 ● 碳水化合物 4 ● 蛋白质 4

图 17.1　美国营养成分表(来源：食品标签营养成分解读及应用指南。华盛顿，食品与药品管理局，食品安全及营养应用中心，2003。http://www.cfsan.fda.gov/～dms/foodlab.Html)

### 17.5.2　加拿大

食品和药品法案是管理所有在加拿大出售食品的标签的主要联邦法令(Canada, 2003)，该法令条文包括成分表(见表 17.2)、营养标签及所有类型的宣传。加拿大卫生部和加拿大食品检验署(CFIA)监督食品标签法的监管过程(CFIA, 2001)。加拿大卫生部负责制定健康和安全标准，根据《食品和药品法案》发展与健康和营养相关的食品标签政策；CFIA 负责管理其他食品标签政策和执行所有的食品标签法规。

加拿大于 1988 年引入营养标签指南和食品和药品监管修正案，除少数例外，基本是自愿执行(Canada, 2003)。营养标签准则规范了标签格式，营养成分信息和食用分量说明(Canada, 1989)。营养信息表需要按照一套营养参考价值即每日建议摄入量，列出每份食品中维生素和矿物质的数量所占的比例(Canada, 1986)。2003 年，加拿大公布和实施新的食品标签法规(Canada, 2003)。新规定制订了大多数预包装食品的营养标签，更新和合并了允许的营养素含量说明，并对与饮食有关的健康说明引入了一个新的监管框架(Canada, 2003)。加拿大的营养标签范例如图 17.2 所示。

2007 年，加拿大强制性要求所有预包装食品使用食品营养标签。该法规是在 2003 年旧版本基础上进行修订，标签法规修订了营养成分含量标示的要求，允许食品标签上使用饮食与健康相关的健康功效宣传。这种观点包括：钠和钾及其与血压的关系；钙和维生素 D 及其与骨质疏松症；饱和脂肪和反式脂肪与心脏病；蔬菜和水果与某些癌症(Canada, 2003)。法规对所允许的宣传有规定的用词。

| 营养成分[1]<br>每四块饼干(20 g) 2 3 | |
|---|---|
| 数量 | 日摄入量% |
| 卡路里 90 | |
| 脂肪 3 g | 5% |
| 饱和脂肪 0.5 g | 8% |
| +反式脂肪 1 g | |
| 胆固醇 0 mg | |
| 钠 132 mg | 6% |
| 碳水化合物 14 g | 5% |
| 纤维 2 g | 8% |
| 糖 2 g | |
| 蛋白质 2 g | |
| 维生素A 0% 维生素 C 0% | |
| 钙 0% 铁 4% | |

4

6 **原料**:全麦,植物起酥油,食盐

5 **低脂肪,无胆固醇,纤维素源**

| 营养成分<br>营养成分<br>每 125 mL(87 g)/每 125 mL(87 g) | |
|---|---|
| 数量<br>数量 | 日摄入量%<br>日摄入量% |
| 卡路里 80 | |
| 脂肪 0.5 g | 1% |
| 饱和脂肪 0 g | 0% |
| +反式脂肪/反式脂肪 0 g | |
| 胆固醇 0 mg | |
| 钠 0 mg | 0% |
| 碳水化合物 18 g | 6% |
| 纤维素/纤维素 2 g | 8% |
| 糖/糖 2 g | |
| 蛋白质 3 g | |
| 维生素 A | 2% |
| 维生素 C | 10% |
| 钙 | 0% |
| 铁 | 2% |

图 17.2 加拿大营养标签举例

1—营养成分表;2—食品的准确量;3—%日常摄入量;4—核心营养素;5—营养声明;6—原料表

(来源:交互式营养标签:了解详情,健康加拿大。http://www.hc-sc.gc.ca/fn-an/label-etiquet/nutrition/cons/inl_main-eng.php;食品标签及广告指南,加拿大食品监察署。http://www.inspection.gc.ca/english/fssa/labeti/guide/ch5e.shtml#5_4)

加拿大法规要求将反式脂肪与饱和脂肪合并,按照 2 000 卡路里饮食能量参考值的 10%计算,每天供给量(%DV)中将反式脂肪与饱和脂肪定为 20 g。表达式%DV在帮助消费者理解食品中这些营养素的数量时非常重要。胆固醇的每天供给量可选择,但加拿大没有蛋白质的每日供给量标准,因为蛋白质摄入没有被列入公共卫生问题。对与 DV 相关的解释脚注类似于美国,被列入在营养成分表中。营养成分表的图表元素受到严格监管,以确保使用一致和清晰的格式。与美国不同的是,除了特指供一人食用的食品外,加拿大的法规没有特定条例用于定义食用分量。

### 17.5.3 澳大利亚和新西兰

澳大利亚新西兰食品标准(FSANZ)规定了食品标签标准(见图 17.2)。FSANZ 于 1991 年由澳新食品标准法案规定建立,以前是澳大利亚新西兰食品局(ANZFA),图 17.3 是该组织机构图。FSANZ 发展了食品标准与行业的共同守

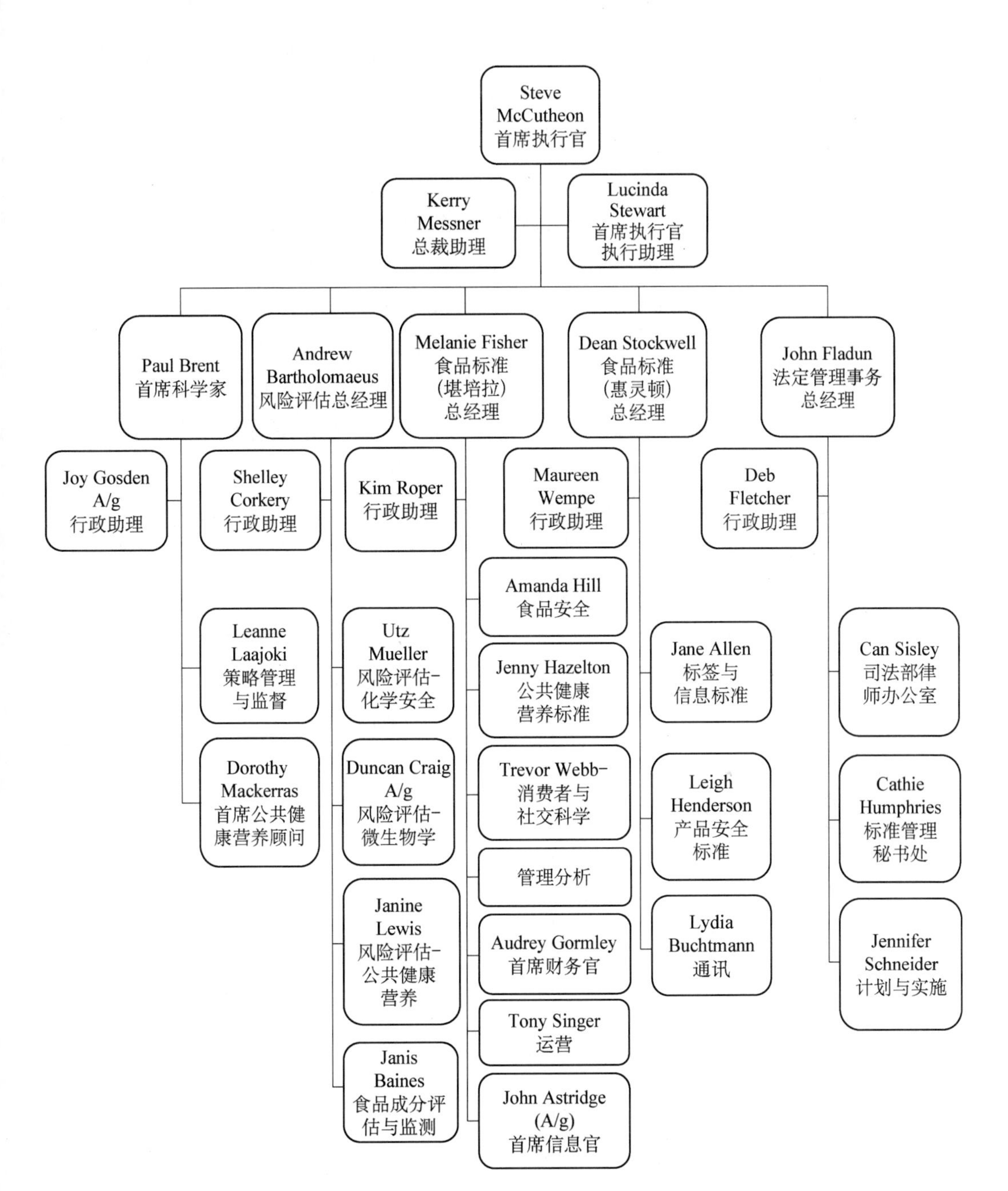


图 17.3　澳大利亚新西兰食品标准组织图
(www. foodstandards. gov. au/aboutfsanz/organizati on chart. cfm)

则，涵盖所有在澳大利亚和新西兰销售食品的内容和标签。两国的联合使澳大利亚与新西兰食品标准代码（代码）相结合，取代了 1981 年的新西兰食品法案中的新西兰食品法规和澳大利亚食品标准代码。该代码成为在澳大利亚和新西兰共同使用的法规。

FSANZ 的主要职责是开发和管理代码，代码对食品添加剂、食品安全、营养标签和转基因（GM）食品都有明确要求。FSANZ 的最终目标是食品的安全供应及向消费者提供准确信息。由于两国间大量的食品贸易，因此需要保持两国之间食品标准的协调性。根据 FSANZ，营养信息表必须有标准格式，即按照每份或每 100 克或每 100 毫升食物中所含营养成分的数量进行标示。图 17.4 所示为营养信息表和应该列出的营养素的范例。一些不需要标注营养信息的例外产品包括：①极小包装食品，大小类似于口香糖包装尺寸的食品；②没有明显营养价值的食物，比如草药或香料；③茶和咖啡；④没有包装的食品（除非需要发布关于该产品的营养标示）；⑤在销售点制作和包装的食品，如，面包房的面包。

平均每份含量 30 g (2/3 标准杯[①])

| | 每份数量 | 每份<br>日摄入量%[②] | 每份加半杯<br>脱脂牛奶 | 每 100 g 数量 |
|---|---|---|---|---|
| 能量 | 450 kJ | 5% | 650 kJ | 1 500 kJ |
| 蛋白质 | 3.0 kg | 6% | 7.6 g | 9.9 g |
| 总脂肪 | 0.5 kg | 0.6% | 0.6 g | 1.5 g |
| —饱和 | <0.1 g | 0.4% | 0.2 g | 0.3 g |
| 碳水化合物 | 20.7 g | 7% | 27.2 g | 68.9 g |
| —糖类 | 4.9 g | 5% | 11.4 g | 16.3 g |
| 食用纤维 | 4.1 g | 14% | 4.1g | 13.5 g |
| —可溶 | 0.7 g | — | 0.7 g | 2.3 g |
| —不可溶 | 3.6 g | — | 3.6 g | 11.9 g |
| 钠[④] | 99 mg | 4% | 156 mg | 330 mg |
| 钾 | 137 mg | — | 342 mg | 455 mg |
| | | 日摄入量%[③] | | |
| 硫胺素(维生素 B1) | 0.28 mg | 25% | 0.33 mg | 0.92 mg |
| 核黄素(维生素 B2) | 0.4 mg | 25% | 0.7 mg | 1.4 mg |
| 烟酸 | 2.5 mg | 25% | 2.6 mg | 8.3 mg |
| 维生素 B6 | 0.4 mg | 25% | 0.4 mg | 1.3 mg |
| 叶酸 | 100 μg | 50% | 106 μg | 333 μg |
| 铁 | 3 mg | 25% | 3.1 mg | 10 mg |

| | | | | |
|---|---|---|---|---|
| 镁 | 38 mg | 12% | 54 mg | 128 mg |
| 锌 | 1.8 mg | 15% | 2.3 mg | 6 mg |

① 杯的度量仅供参考。如果有明确饮食要求请称量每份食品重量。
② %日常摄入量的计算基于成人平均摄入 8 700 kJ。日常摄入量根据能量需求可做调整。
③ 每份推荐饮食摄入量(Aust/NZ)。
④ 麦麸含量 12%和 8%,源于全麦。

原料:全麦(67%),糖类,麦麸(12%),几乎无麦芽提取物,盐,矿物质(铁,锌氧化物),维生素(烟酸,核黄素,硫胺素,叶酸)。

包含面筋谷物,可能含有花生碎片和木质坚果。

含 20%麦麸(麦麸(12%)和全麦(8%))。

图 17.4 营养信息(平均值)。澳大利亚新西兰营养信息表及应被列出的营养素实例(http://www.kelloggs.com.au/Home/tabid/36/Default.aspx)

### 17.5.4 发展中国家——食品法典委员会

一些发展中国家的营养标签采用了食品法典委员会的指导方针。食品法典委员会是拥有超过 170 个会员国的政府间机构。委员会依赖于联合国粮食与农业组织(FAO)/世界卫生组织(WHO)的食品标准计划框架,该框架于 1963 年由联合国(UN) FAO/WHO 建立。

委员会编制了国际采纳的食品标准、指南、守则和食品法典中的其他建议(粮农组织/世卫组织,2007 年),食品法典委员会的目的是保护消费者的健康,并确保食品贸易中的公平做法。法典中的食品营养标签指南于食品法典委员会 1985 年第 16 届会议中被采纳。"食品标签目的的营养参考值"、"营养列表"、"营养成分含量的标示"和"定义"分别于 1993 年、2003 年和 2006 年的第 20 次、26 次和 29 次委员会会议上修订(FAO/WHO, 2007)。食品标签法(第五版)中的营养标签指南(CAC/GL 2 - 1985)直到 2007 年才被食品法典委员会采纳(FAO/WHO, 2007)。

食品法典委员会指导方针的目的是确保营养标签在以下几方面有效:①向消费者提供食品信息,以使他们明智地选择食物;②营养标签作为传递食品营养成分含量信息的一种方式;③鼓励正确使用营养原则,以有利于公共健康;④提供在标签上补充包括营养信息在内的机会。他们的目的也是确保营养标签不存在错误、误导或欺骗性的产品信息,营养宣传适当(FAO/WHO, 2007)。

食品法典委员会对指南中的几个术语给出了定义,包括营养标签、营养声明、营养声称、营养和糖、膳食纤维、多不饱和脂肪酸和反式脂肪酸;指南还提供了关于计算能量和蛋白质的细节内容，营养成分含量描述，格式演示和定期复审；例如，维生素和矿物质的数值信息应该用公制单位，和/或作为营养参考值(NRV)的百分比，即每 100 克、每 100 毫升或每包(FAO/WHO, 2007)。为符合国际标准要求，并与其保持一致，NRV 营养标签的示例如图 17.5 所示。

| 营养素 | 含量 |
| --- | --- |
| 蛋白质(g) | 50 |
| 维生素 A(μg) | 800 |
| 维生素 D(μg) | 5 |
| 维生素 C (mg) | 60 |
| 硫胺素(mg) | 1.4 |
| 核黄素(mg) | 1.6 |
| 烟酸(mg) | 18 |
| 维生素 B6(mg) | 2 |
| 叶酸(μg) | 200 |
| 维生素 B12(μg) | 1 |
| 钙(mg) | 800 |
| 镁(mg) | 300 |
| 铁(mg) | 14 |
| 锌(mg) | 15 |
| 碘(μg) | 150 |
| 硒 | 待定 |
| 铜 | 待定 |

图 17.5 食品法典营养成分标签营养素参考值
(联合国粮食与农业组织/世界卫生组织，2007)

第 37 届食品法典委员会食品标签会议于 2009 年 5 月 4—8 日在加拿大卡尔加里举行。会议提出了指南中营养标签(CAC/GL 2—1985)与营养素目录相关的修订草案，大会建议该草案的修订原则可自愿或强制执行条件下。另外，在临时议程上还列出了利用转基因/基因工程技术获得的食品和食品成分标签。

食品法典委员会还概述了营养标签原则，由营养声明和营养补充信息组成。根据 FAO 和 WHO (2007)的要求，营养声明应该向消费者提供产品的重要营养成分含量的准确信息，信息应该真实，且只传达产品中所包含的营养素含量。营养标示应该对需要进行营养宣传的食品具有强制性，对其他食品则自愿执行。能量值、蛋白质数量、可利用碳水化合物(不含膳食纤维)和脂肪应该在营养声明中强制性标示(FAO/WHO，2007)。关于营养成分列表的更广泛的描述可以从其他地方获得(FAO/WHO，2007)。

除了营养标示外，补充食品标签上的营养信息应具有选择性。此外，补充标签上的营养信息应该还需要对消费者进行营养教育，以增加他们对有关信息的理解和使用。关于营养信息的补充内容，不同的国家会有所不同，即便在同一个国家，也会因为国家的教育方针、目标群体以及目标群体的需求不同而有所不同。如果目标人口文盲率很高和/或他们的营养知识有限，可以用食品符号或其他图形符号或颜色来代替营养说明(FAO/WHO，2007)。

尼日利亚和南非要求有特殊膳食用途和营养宣传的食品具备食品标签(Hawkes，2004)；根据 1998 年的《食品法》，制定了 1999 年的《食品法规》，该法规允许毛里求斯采用营养标签。《条例》提出一系列需要营养宣传的食品，必须对特定的营养成分进行标示(Ministry of Health and Quality of Life，1998)。它还要求对婴儿食品必须按每 100 克包装在标签上标示蛋白质、脂肪、碳水化合物、维生素和矿物质的含量。博茨瓦纳和肯尼亚正在借鉴食品营养标签指导方针，制定营养标签标准。

在拉丁美洲，条例差别很大，有些国家如萨尔瓦多和危地马拉，条例中没有营养标签规定，而在巴西则强制性执行营养标签(Hawkes，2004)，巴西是在 2001 年通过立法强制对所有预包装食品使用营养标签(Hawkes，2004)；阿根廷、巴拉圭和乌拉圭目前对做营养宣传的预包装食品要求使用营养标签(Hawkes，2004)，委内瑞拉和智利，对特殊膳食用途食品和需要营养宣传的食品要求使用营养标签；墨西哥于 1999 年制定了新的规定，要求做营养宣传的食品使用营养标签；加勒比海国家基本不规定使用营养标签(Hawkes，2004)；巴西的营养成分标签范例如图 17.6 所示。印度对有特殊膳食用途的食品要求使用营养标签(Hawkes，2004)；印度尼西亚和泰国，除了做营养宣传的食品需要使用营养标签外，其他食品自愿使用；泰国针对特殊人群的食品，如老人或儿童，要求使用营养标签；目前，孟加拉国、尼泊尔和巴基斯坦均立法要求使用营养标签(Hawkes，2004)；巴林、科威特、阿曼、卡塔尔、沙特阿拉伯和阿拉伯联合酋长国立法要求针对具有特殊膳食用途的食品使用营养标签(Hawkes，2004)。

<table>
<tr><td colspan="3">营养信息<br>每份 g 或 mL<br>每份数量　　　　　　　　　　　　　　日摄入量%</td></tr>
<tr><td>能量值</td><td>.... kcal=.... kJ</td><td></td></tr>
<tr><td>碳水化合物</td><td>g</td><td></td></tr>
<tr><td>蛋白质</td><td>g</td><td></td></tr>
<tr><td>总油脂</td><td>g</td><td></td></tr>
<tr><td>饱和脂肪</td><td>g</td><td></td></tr>
<tr><td>反式脂肪</td><td>g</td><td>无声明</td></tr>
<tr><td>食用纤维</td><td>g</td><td></td></tr>
<tr><td>钠</td><td>mg</td><td></td></tr>
<tr><td colspan="3">“不含大量的……(营养素值和或名称)”<br>(以上名词适用于简化的营养声明中)</td></tr>
<tr><td colspan="3">日常摄入量以 2 000 kcal 或 8 400 kJ 为标准,根据个人能量需求可做调整。</td></tr>
</table>

图 17.6　巴西标准营养标签举例。自 2006 年起同时适用于阿根廷,巴拉圭和乌拉圭(Hawkes, 2004)。

## 17.6　不同国家的异同点

在当前全球经济框架下,为使产品在全球具有竞争力,营养标签也需要有一个共同的框架,因此,标签法规需要进行协调,但不必取代国家标准。例如,在某些情况下,国家可能由于经济原因无法支持全球标准,因为维持该标准需要金融资源,而国家有时是难以承担的。在这种情况下,应该以针对该国制定的国家标准为先。这样的协调将对食品的全球性运转作出积极贡献,也可防止不同国家自订标签法规(Marks, 1984)。尽管标签在不同国家之间存在差异,大多数发达国家已经逐步形成类似的最低规定。

例如,欧盟内部和各正常贸易关系的国家,有 8 种类型的信息应该出现在所有预包装食品上:①销售产品的习惯的、法定的,或描述性的名称;什么条件下的食物,是否以某种方式处理过;②成分的完整列表,排序按照重量依次降低进行,包括化学名称或添加剂编号,某些预包装食品,如新鲜水果和蔬菜可免除;③净含量;④最低保质期;⑤任何特殊的储存条件或销售条件;⑥制造商的名称和地址;

⑦原产地;⑧使用说明(Marks, 1984)。一般来说,澳大利亚/新西兰、奥地利、加拿大、芬兰、挪威、瑞典和美国实施的标签规则比较相似(Marks, 1984)。

以下几点显示出加拿大和美国之间的营养标签的一些相似之处和细微的差别(加拿大,2003)。

(1) 反式脂肪:在加拿大和美国的营养标签上反式脂肪酸必须强制性标示。两国都要求食品制造商在营养成分列表中标示出反式脂肪酸或反式脂肪。然而,美国并没有建立饱和脂肪和反式脂肪或反式脂肪酸总和的参考标准,因此在营养成分列表中没有其每日供给量百分比(%DV)。

(2) 维生素和矿物质的每日供给量百分比(%DV)必需强制性标示:在这两个国家,维生素和矿物质% DV 必须标明。然而在美国,其%DV 是基于 1968 年的美国参考每日摄入量;在加拿大,是以 1983 年的推荐每日摄入为参考。14 种维生素和矿物质的 DV 是有差别的。

(3) 蛋白质:美国要求小于四岁孩子的食品或者低蛋白食品必须标注蛋白质每日供给量,加拿大则无此要求。

(4) 舍入为零:在加拿大,只有当每份食品和产品的每一参考数量含有 0.5 克脂肪和 0.2 克饱和脂肪和反式脂肪时,总脂肪可凑整为 0。

(5) 一人份包装:在美国是强制性的,而在加拿大为可选择性的。在加拿大,不允许采用以“杯”或“勺”为基础的一个人份包装标示。美国(1 杯 240 毫升)和加拿大(1 杯 250 毫升)的测量系统不同。

## 17.7 消费者对营养标签的理解和使用

营养成分表在为消费者识别对健康相对有益的包装食品方面,提供了关于食品选择的最容易获得的信息来源(Blitstein 和 Evans, 2006; Hawthorne, Moreland, Griffin,和 Abrams, 2006)。一般来说,营养成分表中通常包括蛋白质、碳水化合物和脂肪的含量,并在食品包装上以表格的形式列出(Visschers 和 Siegrist, 2009)。营养成分表定义了一份食品的量和宏量营养素的重量(脂肪、碳水化合物、蛋白质)。图 17.7 显示了营养标签的细节信息。

营养成分表的用途是为人们使用和理解表中的信息,来帮助他们做出饮食选择,以减少患某些疾病,如癌症、糖尿病、肥胖和心血管疾病的风险(Visschers 和 Siegrist, 2009)。然而,营养信息往往被曲解(Pelletier, Chang, Delzell,和 McCall, 2004; Hogbin 和 Hess, 1999)。欧洲心脏网络(2003) Higginson, Kirk, Rayner,

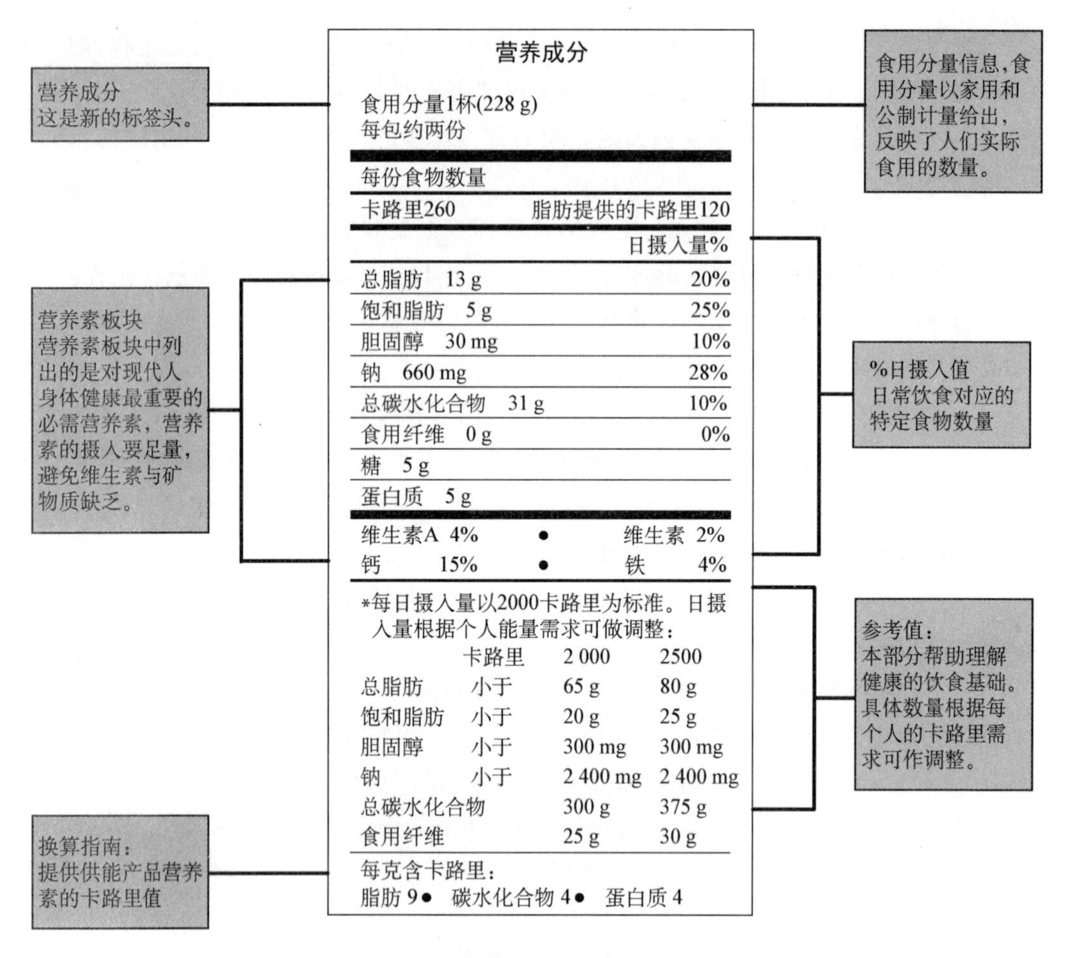


图 17.7 典型标签营养信息面板细节展示

(来源:食品标签营养成分解读及应用指南。华盛顿,食品与药品管理局,食品安全及营养应用中心,2003. http://www.cfsan.fda.gov/~dms/foodlab.html)

Draper (2002)及 Higginson, Rayner, Draper, Kirk (2002)也指出尽管消费者经常表明会阅读主要营养标签,但实际上他们很少做到这一点。消费者给出的解释是“不能通过阅读来正确理解营养标签”。一项研究表明,70%的成年人想要获得更容易理解的食品标签(Kristal et al., 1998; European Heart Network, 2003; Grunert 和 Wills, 2007)。

在 100 项系统回顾研究中,Cow burn 和 Stockley (2005)报道称营养标签混乱不清,许多消费者难以理解每份食品大小的概念。据欧洲心脏网络(2003)报道,消费者能够正确使用营养表的信息进行简单计算和比较;然而,计算产品的总营养价值对他们来说是更具挑战性。根据医学研究所(IOM, 2003)调查,消费者应该理解,糖含量的计算必须包括快餐食品标签上列出的糖、果糖和玉米糖浆。

此外,由 Scheibehenne、Miesler 及 Todd 报道(2007),消费者对食品的选择是基于其某一属性,而不是对该产品多属性的比较。Rothman 等(2006)调查了病人对食品标签的理解,以及其理解能力与文化层次和计算能力的关系。受访者(89%)称他们使用食品标签,并且 69%的受访者正确回答了食品标签问题。没有正确回答的原因包括每份食品分量的错误理解,由于食品标签上额外添加的材料而混淆,以及不正确的计算。

Huang 等(2004)研究了阅读营养标签和从脂肪获得卡路里百分比之间的关系。在青春期男孩和女孩中,阅读营养标签与高脂肪摄入有关,但这并不一定会转变成更健康的饮食。同样,McCullum 和 Achterberg (1997)发现,在青少年如何决定他们的食物选择中,与味道、习惯和价格相比,营养标签排名很低。这可能反映了对标签信息缺乏理解或无法将它转化为实际应用。

在美国的 4 个城市中,利用 8 位消费者调研消费者对食品标签上的营养信息和快餐店菜单的兴趣(Lando 和 Labiner Wolfe, 2007)。结果表明,尽管参与者对有可利用的营养信息更感兴趣,但他们不会在每一个吃饭的场合使用它。受访者认为在某个吃饭的场合所消费的典型食品应该作为单一食用份进行标示,他们还表示,应该在标签和菜单上突出显示更多的健康选择(Lando 和 Labiner-Wolfe, 2007)。

在某些情况下,营养标签已被视为一个有用的教育工具,帮助消费者设计他们的饮食计划。例如,Crane、Hubbard 和 Lewis (1999)指出,48%和 30%的被调查者报告称在阅读营养标签后,改变了他们购买或食用食品的想法。Jay 等(2009)利用纽约市的低收入病人样本,研究了多媒体干预对改善食品标签的理解,他们得出的结论是,对有一定健康知识的患者而言,多媒体的介入能有效改善其对食品标签中简短术语的理解,而对健康知识有限的患者,如何改善他们对食品标签的理解尚需要进一步研究。

Hawthorne 等(2006)评估了青少年对关于营养成分表(NFP)教育计划的理解和回应。最初,55%的预测试问题回答正确,但教育干预后测试分数增加到 70%。研究人员得出结论,青少年可以通过教育培训学习如何阅读和理解营养成分表。Blitstein 和 Evans (2006)调查了造成肥胖的社会人口变量和信念因素,及其与报道的营养成分表信息使用间的关系,报告称 53%的调查对象称始终使用营养成分表信息;那些受教育程度较高的女性,和目前已婚者更有可能使用营养成分表标签;保持健康理想体重相关知识的重要性,是使用营养标签信息的唯一信念因素。

Byrd-Bredbenner、Wong 和 Cottee (2000)调查了 50 名居住在英国(英国)的

女性，评估和比较她们查找和处理信息的能力，以及她们根据美国营养标签规则、欧盟的管理条例和英国1996年的食品标签管理条例来评估营养成分表上营养素内容宣传准确性的能力。研究结果表明，受调查女性在上述三类标签中均可查找和处理信息。然而，值得注意地是，她们能更好地使用美国营养成分表评估营养素宣传内容。研究人员得出结论，有必要对欧盟标签进行改进，这样可能会促进消费者在饮食规划决策中正确使用营养标签。Gorton、Ni Mhurchu、Chen 及 Dixon (2008)在25个新西兰超市中，调查了不同种族购物者对营养标签的了解和喜好。调查仪器评估了营养标签的使用、强制性营养信息表(NIP)的理解，和对4种营养标签格式的偏爱和理解。66%～87%的受访者称总是、经常或有时阅读食品标签。在使用营养信息表来评估食品是否健康的能力方面，不同的种族理解能力有差异。

Scott 和 Worsley (1997)在新西兰开展全国范围的调查，通过了解消费者的观念和与营养标签相关的行为调查，确定了营养标签法规的有效性。300名受访者中，60%的人称在过去10天内阅读过食品包装上标签的营养信息；大多数人关注那些在西方饮食中通常被看做是过量的营养素信息；受访者对那些营养素的介绍方面有一定的知识，但对其他营养术语尚缺乏理解和兴趣。大多数受访者赞成包装食品上实行强制性营养标签。研究人员得出结论，许多消费者认为营养成分表中提供的信息是不相关的，建议进一步研究测试与其他信息标签相比怎样使基础营养成分表更加吸引人，更加易于理解。

## 17.8 生物利用度和营养标签

在鼓励健康食物的选择方面，有效的营养标签是重要的一部分。然而，从全球范围来看，营养标签通常只专注于特定产品营养成分的总量，并没有提供这些营养物质被摄入后的生物利用度。给出产品中营养物质被摄入后的生物利用度，才能完整地描述该产品的营养价值。营养标签上的营养成分并不能保证其营养价值。食物中的营养素和食品可以以不同形式存在，这导致不同水平的生物利用度，因此应该鼓励食品生产商提供营养素的生物利用度信息。营养标签上附加的生物利用度信息会更有利于消费者，使他们做出更加健康的食物选择。

文献报道中关于生物利用度的定义尚不一致。然而，研究人员已经就这一术语提出了一些定义。Reeves 和 Chaney (2008)将生物利用度定义为营养素、毒素或任何其他经口摄入后，在体内的有效利用度或沉积量。他们进一步阐明，口腔暴露于营养物后,生物利用度通常包括吸收、体内利用率和/或沉积;同样地,Welch 和 House (1984)将生物利用度定义为营养介质中的某矿物元素在较活跃的新陈代谢状态吸收的量占其总量的比例;Southgate (1989)则认为,生物利用度代表了人类、动物或培养细胞对饮食或食物的反应,就其本身而言并不是食物的一个内在属性。例如,大鼠对面包中锌的生物利用度是变化的,它取决于体内锌的状态(Hallmans et al. ,1987)。House (1999)指出特定食物中微量元素的生物利用度并不是一成不变的。

生物利用度并没有普遍可接受的定义,它的定义有很多版本。FDA 将生物利用度定义为活性物质或药物中的治疗成分在发挥作用的部位被吸收和利用的速率和程度(Shi 和 Le Maguer, 2000)。Jackson (1997)将生物利用度描述为"在正常的生理功能下,摄取的营养素可被利用和贮存的份数",虽然我们已经知道水溶性维生素叶酸根本不能贮存。Gregory、Quinlivan 和 Davis (2005)将生物利用度描述为吸收效率(即部分吸收,F1)和参与代谢利用(F2)后的吸收情况。

根据 Fairweather-Tait (1992),生物利用度是食物在一餐或饮食中的营养素,在正常的身体功能条件下被利用的比例,其中包括不同阶段,每一阶段都受不同的饮食和生理因素的影响(见图 17. 8)。简单地说,影响营养素生物利用度的因素包括消耗的数量,包括化学形式、膳食成分和胃肠道(GI)分泌物,可被吸收利

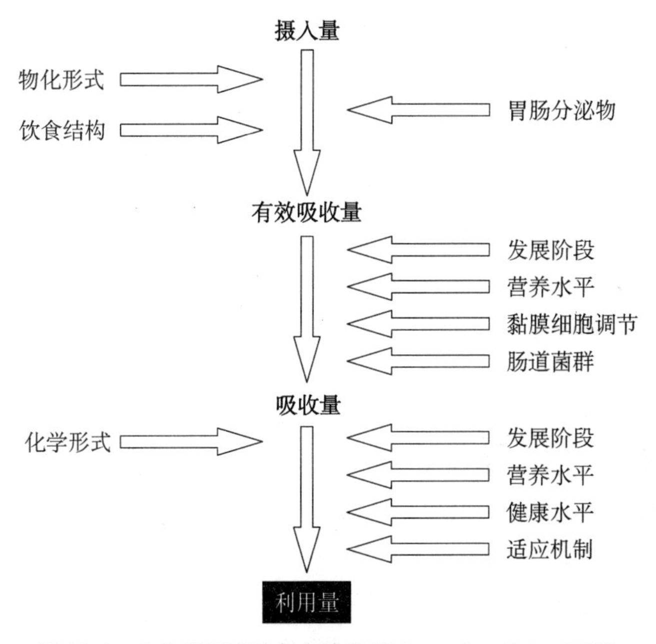


图 17. 8　生物利用度的各个阶段(Fairweather-Tait, 1992)

用的数量还受营养状况和肠道菌群;食品制备或加工;宿主因素和吸收数量等因素的影响。然而,生物利用度非常重要,但其概念往往与吸收的有效性以及消耗营养素的代谢利用相混淆。

在讨论生物利用度时,由于矿物质对保持最佳健康状态非常重要,因此也是讨论的最多的例子。那些对人类或动物必需且有益的微量元素包括碘、铁、硒和锌(House, 1999)。本节讨论钙和铁生物利用度问题,借以强调在营养标签上公开显示营养素生物利用度的重要性。Heaney、Rafferty、Dowell 和 Bierman (2005)表明,产品中的钙吸收效率有所不同。研究人员使女性摄食商业销售的钙强化橘汁与柠檬酸钙、苹果酸钙及磷酸三钙和乳酸钙复合物的生物利用度进行对比,结果表明受试饮料摄入后 9 小时血清钙的增加符合标准。他们的研究结果提示,柠檬酸钙苹果酸(更多被身体利用)较磷酸三钙/乳酸钙能被更好地吸收(Heaney et al. , 2005)。Heaney、Dowell、Rafferty 和 Bierman (2000)也报道大豆饮料中的磷酸三钙生物吸收率比牛奶中所含的钙低 25%。

人类饮食中含有两种基本形式的铁:铁(Ⅱ)、铁(Ⅲ)和血红素铁,即铁与原卟啉Ⅸ的复合物(Bleackley et al. , 2009; Benito 和 Miller, 1998)。然而,铁以氧化状态存在,从负二价,如 $Fe(CO)_4^{2-}$ 中的阴离子到正六价,如高铁酸盐离子 $FeO_4^{2-}$。从生物化学的角度而言,二价铁(Ⅱ)和三价铁(Ⅲ)是最相关的氧化状态(Bleackley et al. , 2009)。通常情况下,饮食中无机铁占铁含量总量约 90%,而血红素仅占剩下的 10%(Sharp 和 Srai, 2007; Anderson et al. , 2005)。铁的吸收随饮食成分、个体的铁状态以及铁的形式不同,其生物利用度显著不同。无机铁的生物利用度依赖于其他膳食成分增强剂如抗坏血酸,通过促进 $Fe^{3+}$(Ⅲ)还原为可溶性 $Fe^{2+}$(Ⅱ),增加无机铁的生物利用度。抑制剂如谷物中的植酸盐和植物多酚类物质,因与无机铁形成不溶性复合物,会减少其吸收(Sharp 和 Srai, 2007)。此外,无机铁的吸收还受到胃中胃酸分泌水平的影响,随着酸度的增加,增强了无机铁的溶解度。膳食铁的吸收部位是在近端小肠专门的上皮细胞,被称为十二指肠肠细胞。

一些研究人员已经表明铁吸收率不同。精制面粉中铁的吸收率很少,因为存在肌醇六磷酸和其他抑制因素(Hurrell et al. , 2002, 2004)。在泰国进行的一项功效试验表明,两种形式的元素铁、电解铁和氢还原铁的生物利用度是硫酸亚铁的 50%~79%(Zimmermann et al. , 2005)。其他两种其他形式的还原铁,一氧化碳还原和铁原子吸收不良(Zimmerman 和 Hurrell, 2007)。乙二胺四乙酸钠铁(NaFeEDTA)作为强化剂在中国的铁强化酱油(Huo et al. , 2002)、越南的鱼露

(van Thuy et al., 2003)和肯尼亚的玉米面粉(Andang'o et al., 2007)显示出有效性。NaFeEDTA 在饮食富含植酸的情况下,其吸收率比硫酸亚铁高两倍到三倍(Bothwell 和 MacPhail, 2004)。

## 17.9　小结

营养标签的目的是使消费者知晓加工食品中盐、糖、脂肪、胆固醇、矿物质、维生素和蛋白质的含量范围。从而使人们使用和理解营养成分表的信息,帮助他们合理选择饮食,以降低患某些类型的慢性疾病如癌症,糖尿病,肥胖和心血管疾病等的风险。将营养标签与健康生活方式的教育相结合至关重要,包括明确给出所有食物对健康的贡献及运动的重要性的建议。

当消费者阅读营养标签时,假设列出的每天供给量 DV 是能被机体利用的量,然而,这并非总是如此。美国食品及药物管理局和其他全球监管机构应该公开讨论关于包括营养素生物利用度的信息,特别是矿物质营养标签。标签法规的协调是符合事宜的,尤其是在当前全球经济框架下。营养标签的通用框架,完成生物利用度信息的完整,将有助于产品销售在全球更具有竞争力。框架的协调将有利于食品的全球化运转,并有助于减少不同国家标签条例的开发。与标签上的其他信息相比,怎样使营养成分标签更能吸引人、更易理解尚需要进一步研究。营养标签上关于营养素生物利用度的信息的涵盖也需要研究,这有利于消费者做出健康的饮食选择。

### 致　谢

作者感谢 Mr. Larry Keener,他是完成本章的核心人物;此外,感谢食品和营养科学顾问委员会,食品和营养科学系以及塔斯基吉大学为完成本章所做的贡献。

### 参考文献

[1] Andang'o P E, Osendarp S J, Ayah R, et al. Efficacy of iron-fortified whole maize flour on iron sta-tus of schoolchildren in Kenya: A randomised control-led trial [J]. Lancet, 2007, 369:799 - 1806.

[2] Anderson G J, Frazer D M, McKie A T, et al. Mechanisms of haem and non-haemiron absorption: Lessons from inherited disorders of iron metabolism [J]. Biometals, 2005,18: 339 -348.
[3] Benito P, Miller D. Iron absorption and bio-availability: An updated review [J]. Nutrition Research, 1998,18:581 - 603.
[4] Bleackley M R, Wong A Y K, Hudson D M, et al. Blood iron homeostasis: Newly discovered proteinsand iron imbalance [J]. Transfusion Medicine Reviews, 2009,23:103 - 123.
[5] Blitstein J L, Evans D W. Use of nutrition factspanels among adults who make household food pur-chasing decisions [J]. Journal of Nutrition Education and Behavior, 2006,38:360 - 364.
[6] Bothwell T H, MacPhail A P. The potential role of NaFeEDTA as an iron fortificant [J]. International Journal for Vitamin and Nutrition Research, 2004,74:421 - 434.
[7] Byrd-Bredbenner C, Wong A, Cottee P. Consumer understanding of US and EU nutrition labels [J]. British Medical Journal, 2000,102:615 - 629.
[8] Canada. Nutrition labelling Information Letter No. 713, July 24 [S]. Ottawa: Food Directorate, Health Protection Branch. 1986.
[9] Canada. Guidelines on Nutrition Labelling. Food Direc-torate Guideline No. 2,30 November [S]. Ottawa: Food Directorate, Health Protection Branch. 1989.
[10] Canada. SOR/2003 - 11. Regulations amending the Food and Drug Regulations (Nutrition labeling, nutrient content claims and health claims). Canada Gazette, Part II, 137, 154 - 405. CFIA. (2001). Guide to Food Labelling and Advertising [S]. Online. Canadian Food Inspection Agency. http://www. inspection. gc. ca/english/fssa/labeti/guide/toce. shtml. 2003.
[11] Cowburn G, Stockley L. Consumer understanding and use of nutrition labeling: A systematic review [J]. Public Health Nutrition, 2005,8:21 - 28.
[12] Crane N T, Hubbard V S, Lewis C J. American diets and year 2000 goals [S]. Agriculture Information Bulletin No. 750. In E. Frazao (Ed.), America's eating hab-its: Changes and consequences (pp. 111 - 133). Washington, DC: US Department of Agriculture. 1999.
[13] Curran M A. Nutrition labeling perspectives of a bi-national agency for Australia and New Zealand. Asia Pacific [J]. The Journal of Clinical Nutrition, 2002,11:S72 - S76.
[14] European Heart Network. A systematic review on the research on consumer understanding of nutrition labeling [S]. Brussels: European Heart Network. 2003.
[15] Fairweather-Tait S J. Bioavailability of trace elements [J]. Food Chemistry, 1992,43:213 - 217.
[16] Fairweather-Tait S J, Johnson A, Eagles J, et al. Studies on calcium absorption from milk using a double-label stable isotope technique [J]. The British Journal of Nutrition, 1989, 62:379 - 388.
[17] FAO/WHO. Guidelines on nutrition labelling CAC/GL 2 - 1985 [S]. In Food labelling (5th ed.). Codex Alimentarius, FAO and WHO of the United Nations, Rome, Italy. ftp://ftp. fao. org/docrep/fao/010/a1390e/a1390e00. pdf. 2007.
[18] Gorton D, Ni Mhurchu C, Chen M-H, et al. Nutrition labels: A survey of use, understanding and preferences among ethnically diverse shoppers in New Zealand [J]. Public Health Nutrition, 2008,17:1 - 7.
[19] Gregory J F, Quinlivan E P, Davis S R. Integrated the issues of folate bioavailability,

intake and metabolism in the era of fortification [J]. Trends in Food Science and Technology, 2005,20:229 - 240.
[20] Grunert K, Wills J. A review of European research on consumer response to nutrition information on food labels [J]. Journal of Public Health, 2007,15:385 - 399.
[21] Hallmans G, Nilsson U, Sjoèstroèm R, et al. The importance of the body's need for zinc in determining Zn availability in food: A principle demonstrated in the rat [J]. The British Journal of Nutrition, 1987,58:59 - 64.
[22] Hawkes C. Nutrition labels and health claims: The global regulatory environment [S]. Geneva, Switzerland: World Health Organization. 2004.
[23] Hawthorne K, Moreland K, Griffin IJ, et al. An educational program enhances food label understanding of young adolescents [J]. Journal of the American Dietetic Association, 2006,106:913 - 916.
[24] Heaney R P, Dowell M S, Rafferty K, et al. Bioavailability of the calcium in fortified soy imitation milk, with some observations on method [J]. The American Journal of Clinical Nutrition, 2000,71:1166 - 1169.
[25] Heaney R P, Rafferty K, Dowell M S, et al. Calcium fortification systems differ in bioavailability [J]. Journal of the American Dietetic Association, 2005,105:807 -809.
[26] HHS The Surgeon General's call to action to prevent and decrease overweight and obesity [S]. Washington, DC: U.S. Government Printing Office. 2001.
[27] Higginson C S, Kirk T R, Rayner M J, et al. How do consumers use nutrition label information? [J] Nutrition Food Science, 2002,32:145 - 152.
[28] Higginson C S, Rayner M J, Draper S, et al. The nutrition label: Which information is looked at? [J] Nutrition Food Science, 2002,32:92 - 99.
[29] Hogbin M B, Hess M A. Public confusion over food portions and servings [J]. Journal of the American Dietetic Association, 1999,99:21209 - 21211.
[30] House W A. Trace element bioavailability as exemplified by iron and zinc [J]. Field Crops Research, 1999,60:115 - 141.
[31] Huang T, Kaur H, Mccarter K S, et al. Reading nutrition labels and fat consumption in adolescents [J]. Journal of Adolescent Health, 2004,35:399 - 401.
[32] Huo J, Sun J, Miao H, et al. Therapeutic effects of NaFeEDTA-fortified soy sauce in anaemic children in China [J]. Asia Pacific Journal of Clinical Nutrition, 2002, 11: 123 -127.
[33] Hurrell R, Bothwell T, Cook J D, et al. SUSTAIN Task Force [R]. The usefulness of elemental iron for cereal flour fortification: A SUSTAIN task force report. Nutrition Reviews, 2002,60:391 - 406.
[34] Hurrell R F, Lynch S, Bothwell T, et al. Enhancing the absorption of fortification iron [J]. International Journal for Vitamin and Nutrition Research, 2004,74:387 - 401.
[35] IOM. Report. Health literacy: A prescription to end confusion. Institute of Medicine. Jackson, M. J. (1997). The assessment of bioavailability of micronutrients [J]. European Journal of Clinical Nutrition, 2003,51:S1 - S2.
[36] Jay M, Adams J, Herring S J, et al. A randomized trial of a brief multimedia intervention to improve comprehension of food labels. Preventive Medicine, 2009,48:25 - 31.

[37] Kristal A R, Levy L, Patterson R E, et al. Trends in food label use associated with new nutrition labeling regulations [J]. American Journal of Public Health, 1998, 88: 1212-1215.

[38] Lando A M, Labiner-Wolfe J. Helping consumers make more healthful food choices: Consumer views on modifying food labels and providing point-of-purchase nutrition information at quick-service restaurants [J]. Journal of Nutrition Education and Behavior, 2007,39:157-163.

[39] Marks L. What's in a label? Consumers, public policy and food labels [S]. Food Policy, 1984,9:252-258.

[40] McCullum C, Achterberg C L. Food shopping and label use behavior among high school-aged adolescents [J]. Adolescence, 1997,32:181-197.

[41] Ministry of Health and Quality of Life. Food Regulations made under the Food Act 1998: Part I Food composition and labeling [S]. Republic of Mauritius http://ncb. intnet. mu/moh/foodr eg. htm. 1998.

[42] Pelletier A L, Chang W W, Delzell J E, et al. Patients' understanding and use of snack food package nutrition labels [J]. The Journal of the American Board of Family Practice, 2004,17:319-323.

[43] Pennington J A T, Hubbard V S. Derivation of Daily Values used for nutrition labeling [J]. Journal of the American Dietetic Association, 1997,97:1407-1412.

[44] Pray W S. A history of nonprescription product regulation [M]. Binghamton, NY: The Haworth Press Inc. 2003, pp. 205-38.

[45] Reeves P G, Chaney R L. Bioavailability as an issue in risk assessment and management of food cadmium: A Review [J]. The Science of the Total Environment, 2008,398:13-19.

[46] Rothman R L, Housam R, Hilary Weiss H, et al. Patient understanding of food labels the role of literacy and numeracy [J]. American Journal of Preventive Medicine, 2006,31: 391-398.

[47] Scheibehenne B, Miesler L, Todd P M. Fast and frugal food choices: Uncovering individual decision heuristics [J]. Appetite, 2007,49:578-589.

[48] Scott V, Worsley A. Consumer views on nutrition labels in New Zealand [J]. The Australian Journal of Nutrition and Dietetics, 1997,54:6-13.

[49] Sharp P, Srai S K. Molecular mechanisms involved in intestinal iron absorption [J]. World Journal of Gastroenterology, 2007,13:4716-4724.

[50] Shi J, Le Maguer M. Lycopene in tomatoes: chemical and physical properties affected by food processing [J]. Critical Reviews in Biotechnology, 2000,20:293-334.

[51] Sibbald B. Canada's nutrition labels: a new world standard? 887 [J]. Canadian Medical Association Journal, 2003,168.

[52] Solomons N. Bioavailability of nutrients and other bioactive components from dietary supplements [J]. The Journal of Nutrition, 2001,131:1392S-1395S.

[53] Southgate D A T. Conceptual issues concerning the assessment of nutrient bioavailability [J]. In D. A. T. Southgate, I. T. Johnson & G. R. Fenwick (Eds.), Nutrient availability: Chemical and biological aspects (pp. 10-12). Special Publication No. 72, Cambridge: Royal Society of Chemistry. 1989.

[54] van Thuy P V, Berger J, Davidsson L, et al. Regular consumption of NaFeEDTA-fortified fish sauce improves iron status and reduces the prevalence of anemia in anemic Vietnamese women [J]. The American Journal of Clinical Nutrition, 2003,78:284 - 290.

[55] Visschers V H M, Siegrist M. Applying the evaluability principle to nutrition table information. How reference information changes people's perception of food products [J]. Appetite, 2009,52:505 - 512.

[56] Welch R M, House W A. Factors affecting the bioavailability of mineral nutrients in plant foods [M]. Special Publication No. 48. In R. M. Welch & W. H. Gabelman (Eds.), Crops as sources of nutrients for humans (pp. 37 - 54). Madison, WI: American Society of Agronomy. 1984.

[57] Zimmerman M B, Hurrell R F. Nutritional iron deficiency [J]. Lancet, 2007, 370: 511 -520.

[58] Zimmermann M B, Winichagoon P, Gowachirapant S, et al. Comparison of the efficacy of wheat-based snacks fortified with ferrous sulphate, electrolytic iron, or hydrogen-reduced elemental iron: randomized, double-blind, controlled trial in Thai women [J]. The American Journal of Clinical Nutrition, 2005,82:1276 - 1282.

# 第 18 章　每日饮食建议服用量与正常人群每日摄入量趋向(第二部分)

## ——风险评估的方法及微量营养素的益处

### 18.1　引言

食品和饮料是人类维持生存、生长发育、体力活动和健康、繁殖以及自我修复的重要因素。世界范围内,人一生中平均需要消费 30 吨食品,包括数以万计的不同种类的食品。人体的消化系统根据食品的营养特征将不同来源的食品分成几大类。

食品是由一种或者多种化学组分构成的复杂的混合物。基于食品的化学组分,食品可以分成以下四类:①营养物质;②食品本身含有的非营养类物质(包括抗营养类物质和天然毒素)[1];③人为污染物;④添加剂。营养物质占食品含量的99%以上,主要包括碳水化合物、蛋白质、脂肪、维生素和矿物质。其中,碳水化合物、蛋白质与脂肪统称为宏量营养素,是人类每日饮食的主要能量来源,是构成机体组织的重要物质。维生素与矿物质称为微量营养素,在膳食中所占比重较少;微量元素是指人体需要较少的营养素。

与食品中其他化学组分不同,宏量营养素为机体的生理活动提供热能供应。如果摄入量过低,会产生副作用(毒性),例如营养不良症。如果摄入量过高,也会产生其他副作用。食品中包含成千上万的不同种类的化学组分,所有的化学组分都有其特有的毒理学特征和表征,它们通常以单独或复配的方式存在,过低或过高摄入都将对人体产生不良影响。

膳食不平衡是食物摄入的高风险因素。两类膳食不平衡风险因素包括重复摄入和偏食。另一方面,营养素缺乏的风险会导致急性(如维生素 C 缺乏导致的坏血病)和慢性疾病(如由于水果和蔬菜摄入较少而引发的癌症)的发病概率。长期过量的摄入食品中某些不利的化学组分(如摄取过量的甘油三酯与碳水化合物会导致肥胖)对人体健康具有较大的危害。

本章我们主要阐述微量营养素与人体健康、风险评估以及相关法规。除了众所周知的维生素和矿物质,我们还将对其他营养成分进行阐述,例如多酚类物质(一类抗氧化剂)。由于摄取量过低或过高对机体产生的副作用统称为毒性。尽管欧洲管理条例对人们从保健品和强化食品中摄入过量的维生素和矿物质提出了异议,但是 James 等(1999)从公众营养的角度,进行了系统研究,报道如下:

“目前欧洲的政策认为解决吸烟问题的途径是‘教育’消费者不要吸烟,而实际上正确解决问题的途径应建立在科学分析的基础上。有些不成熟的解决问题的方法还体现在公共健康等诸多方面,例如妇女怀孕期间的不适当饮食问题,轻出生体重婴儿的实质性问题,欧盟国家的碘缺乏问题,世界范围内妇女儿童的贫血问题,亚裔及其他移民到欧盟后的主要健康问题,成年人慢性疾病的快速增长及欧盟老龄化问题。社会排斥和贫困正在成为欧洲的主要问题,上述问题需要更加客观的科学分析”。

在书中,James 等(1999)主要阐述了很多与公众健康和饮食相关的问题,以及对微量营养素的保健品和强化食品的过度摄入问题,并未就食品和饮料的安全问题进行探讨。与 James 相比,首先,本章将简要介绍欧洲政策中与微量营养素相关的监管条例以及微量元素风险评估方法的优缺点。第二,简要阐述微量营养素和健康的先进技术。第三,对欧洲现有政策进行可行性评估。最后,根据经济发展趋势进行分析,提出一个简单透明的全球范围内微量营养素的作用和风险评估的统一管理标准。这种方法可以最低限度地减少对经济、监管和科学领域的干预,为促进微量营养素对人类健康的影响提供新途径。例如,有益于延长寿命。与以往强加干涉的政策不同,我们主张在欧盟及与欧盟有类似政策的国家,实行将强加干涉政策转变为以食品法典为主导的政策。

## 18.2　食品标准化——欧洲食品标准法规

基于食品作用及其风险建立的相关科学营养的政策标准,有利于食品工业的发展、营养科学的研究工作及消费者自身的健康。在欧洲,食品法规的核心框架是法规 178/2002/EC(普通食品法规,GFL)(欧盟,2002a)。根据该条法律,食品是指可以被人体吸收利用的加工、部分加工或者未加工的任何物质或者产品。法规 178/2002/EC 包括了食品生产、加工和配送的各环节,主要目的是要极大限度地保护人的生命和健康,保护消费者的基本利益。本条例为所有产品制订了相应的规定，包括已经推向市场的保健品和营养强化剂。为此，本条例为食品行业经营者在食品安全、描述、源头等方面提出了基本要求。更重要的是，本条例也为欧洲食品安全局(EFSA)的任务、职权和权力范围做出界定。

食品保健品的欧洲市场需求日益增加，在此背景下，制定微量营养素(维生素和矿物质)及其他营养物质的最低和最高标准是现阶段欧洲最重要的监管热点。其他营养物质是指非维生素和矿物质类，具有营养和生理功能的允许添加到保健品和营养强化食品中的食品内源性物质，例如，氨基酸、脂肪酸、胡萝卜素和多酚类物质等(Scalbert 等，2005)。欧洲食品补充剂指南(指南 2002/46/EC；FSD)规定，如果食品补充剂作为食品销售，就要对补充目的做出详细说明(EU，2002b)。实行欧洲食品补充剂指南是为保障人体健康，因为微量营养素食品补充剂的销量日益增加，人们的每日摄入量也呈上升趋势，而过量摄入微量营养素补充剂，则具有潜在毒性。法规 1925/2006/EC(食品强化剂法规，FFR)为向食品中添加维生素、矿物质及其他特定的营养物质提出了相关的要求。

这两条法规对食品法在法规 178/2002/EC 的制定原则进行了补充。同时，欧洲食品补充剂指南和食品强化剂法规提供了允许服用的维生素和矿物质种类，以及禁止服用的其他营养物质的种类。市场上允许销售的维生素和矿物质种类均在法规允许范围之内，而对未列入禁止服用的其他营养物质按照自由流通的原则进行监管。

由于欧盟国家很多相关法律相同，因此，欧元区内的所有监管措施也应相对统一。食品法规、欧洲食品补充剂指南以及食品强化剂法规中的第 95 条(3)是形成相关法律的基础条例之一。第 95 条(3)为上述法规制定了两条基本准则，原则上与各成员国的法律相似，从而最大限度地保护消费者利益，并消除贸易壁垒。本章我们将严格遵守欧盟条约第 95 条(3)的相关规定(EU，2006b)。

委员会在第一段中(各成员国的法律要求相似，以消除贸易壁垒)提出了有关健康、安全、环保和消费者保护等方面的建议，并对其进行科学阐述，极大限度地保护消费者利益，为今后的新发展提供了新思路。欧洲议会和理事会将会行使他们相应的权利，努力实现该目标。

## 18.3 微量营养素安全问题——危害、风险、益处、预防

如上所述，食品的风险和作用具有多重含义。普通食品法规中的风险是指对人体健康具有的副作用及危害，并具有一定的危险性。危害是指生物、化学或饲

料的潜在物理因素所引起的对健康的不良作用或影响(EU, 2002a)。

食品法典食品营养委员会(CCFNSDU)认为特殊食品的营养风险是指那些营养成分摄入过低或者过度摄取时产生的副作用或是与营养相关的物质对机体产生的副作用。因此,需要制定相关的监管政策,以降低对消费者的危害。按照监管政策限制的营养物质,即使可能会导致摄取量不足,但是这种降低危害的方式也是有利于人体健康的(CAC, 2008)。食品法典食品营养委员会(CCFNSDU)同时指出,营养风险是指人们过低或过度摄取营养组分,或与营养相关的物质对人体造成的副作用,其危害程度比较严重,成为食品中与营养相关的对人体健康不利的间接危害因素。

欧洲食品补充剂指南与食品强化剂法规中提出,食品安全在广义上是指从消费者安全预防的角度出发,规范微量营养素以及其他营养物质的最大摄入量。欧盟最大摄入量的相关规定可以为消费者服用营养补充剂及强化营养品提供理论指导,并对其危害有更深刻的认识。

维生素和矿物质的安全上限(SULs)是指,人们每日服用的对人体没有任何副作用的安全剂量。欧洲食品安全局(EFSA)将安全上限定义为最高耐受摄入量。在欧洲食品安全局规定的术语中,是指每日缓慢摄入营养素(所有食物来源中)的最高水平对人体健康没有任何的不良影响。在这段话中,可耐受摄入量意味着生理可耐受量,并可以通过科学的方法对其进行分析评价。例如,在特定的摄入范围内对人体可能产生的副作用。摄入最高量应该对人体健康没有任何副作用(EFSA, 2006)。

食品风险评估已经引起欧洲议会的重视,被列入预防性政策。食品法规(GFL)的定义如下:尽管未能从科学的角度进行证实,但在生命和健康处于危险的特殊情况下,预警政策应该开启,并提出相应的危害监管方法,以最大限度地保护社区居民(EU, 2002b)。根据欧洲食品法规,微量营养素与营养补充剂和营养强化类食品需要进行相应的风险评估,以及预警政策管理。

常用模型尤其是生理模型,主要通过摄入量过低-摄入过高模型(D-E)[2]对微量营养素进行一般性评估及最高摄入量评估(见图 18.1)。在这个模型的左边部分,摄入量降低和缺乏程度增加,均会对人体的副作用增强。根据每日推荐摄入量(RDA),每日推荐摄入量是指可以满足所有健康人群(97%~98%),在特定年龄阶段或不同性别,对营养素要求的平均值,该理论有利于避免营养素摄入量过低的危害。平均营养素需要量(EAR)是指每日营养摄入的量可以满足一半以上健康人群的需求[3]。

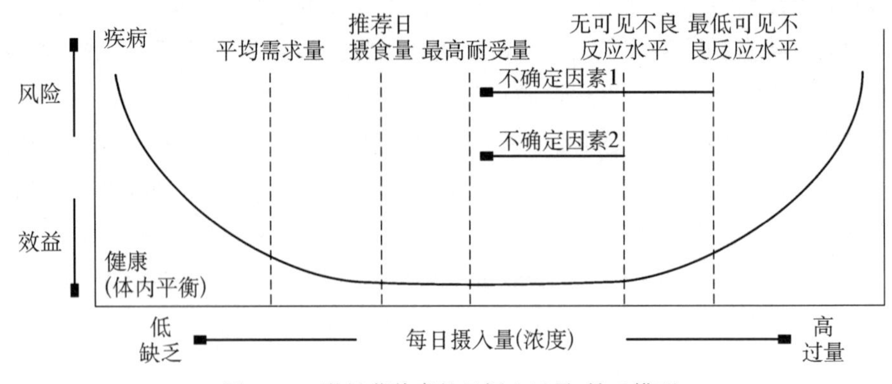


图 18.1 微量营养素的日摄入过量-缺乏模型

在该模型的右边，随着摄入量逐渐升高，对人体的副作用也随之增加。我们来分析一下安全上限的趋势。安全上限是食品工业界产品质量安全问题的标准。在摄入量过低(功能性缺乏)与摄入量过高(安全性缺乏)的范围内，$X$ 轴上的最佳摄入量为每日推荐摄入量，$Y$ 轴上是指所有人群都能得到的足够微量营养素。换句话说，该模型对营养的动态平衡进行了阐述，但并未对其副作用进行说明。实际上，该模型会因不同种类的微量营养素和人群而有所差异。必须指出的是该模型常被用以理论、常规和非物质特异性的方式呈现。这使得设计者们可以艺术地画出非常对称的曲线，来表述现实生活中的物质价值模型，实际上没有任何一个模型可以如此对称，接下来我们将对其进行解释。

为了建立安全上限(消费者毒理学认为是每日摄入耐受量)，微量营养素摄入后，无副作用组(NOAEL)或较小副作用(LOAEL)组被设定为不确定因素(UFs)。安全或不确定因素(UFs)被应用于人体或动物模型中，从而建立一个用于预测危害性的特殊模型。将不确定因素带入到无副作用数据中分析，得到的不确定因素的衍生值将小于科学实验预测的低负面影响值。不确定性越高，不确定因素值越高，不确定因素衍生值越低，使预测的门槛较低，超过该特殊微量营养素的摄入量的风险可能会有所增加。

在本模型中，对非致癌物的最低可见有害作用水平和无明显损害作用水平进行了分析，涉及的人群包括 10 类以及 10 类不同种属的动物。这些独立因素所导致的个体差异和种群差异通过灵敏度得以体现，例如，吸收、代谢或生物效应等方面。这些单独的因素被假定为独立的变量，并以相乘的方式进行计算；无负面影响和每日摄入充足值的标准因素为 100(10×10)。因此，上述方法也可以用于微量营养素由于摄入过低或者过高而造成危害的分析。

2003 年,英国专家报道了维生素和矿物质的安全性评估的规范方法[4]。他们特别提出,摄入量的制订应该充分考虑其摄入量过低或者过高时,对人体可能所产生的影响。维生素和矿物质专家组提出的上述研究模型比较灵活,是一个有意义的典型事例,在其他的微量营养素的安全法规制定方面也应充分考虑与人体营养健康相关的数据。

营养补充剂或微量营养素强化剂产品是否对于人体的健康有益,还尚未利用上述缺乏-过量的模型进行讨论分析,该问题也属于立法机构范围之外。根据立法机构的相关规定,食品安全问题是主要问题所在,而维生素和矿物质的功能性分析不在此讨论。尽管如此,欧盟食品法律一再强调,多样均衡的饮食包含人体所需的微量营养素。原则上,多样均衡饮食可为欧洲消费者与世界上其他地区消费者提供所需所有营养素。因此,多样均衡饮食作为微量营养素以及其他营养成分的来源,在模型中可在 $X$ 轴上与每日推荐摄入量相连。我们随后将讨论该方法是否有效。

## 18.4　欧洲微量元素政策评估——合适、多样、平衡的饮食

本书发现大部分食品安全法规条例建立于第二次世界大战后数十年,而目前大部分法律法规的建立和制定则是迫于媒体曝光的压力。目前,存在的现实问题是国家之间的法规差异容易导致惩罚量刑过重,例如,通过销毁大量食品以保护消费者安全;由于缺乏正确的科学饮食观,并且大量人群都存在营养缺乏,因此,又会引发大量其他问题。比如,怎样通过科技手段改善饮食,获取充足的营养素。

根据欧盟议会立法机关的规定,在欧洲食品补充剂指南(EU, 2002b)的基础上,生产丰富多样化的安全食品可以为欧洲人的健康提供饮食服务。我们重点关注该指南(EV, 2002b)的以下几条:

(3) 丰富而多样化的饮食可以为维持和发展高质量的健康生活提供必要的营养成分,这一点也与已经报道及推荐的可接受的科学数据相一致。但是,调查数据表明不可能从各种不同食物中得到人体所需的全部营养物质。

(5) 为了最大限度地保护消费者的安全,并对他们的选择给予正确指导,市场销售的食品必须具有安全性,并具有完善的食品标签。

(9) 维生素和矿物质通常可通过饮食部分获取,这类营养补充剂是被允许的,但是这并不代表人们需要额外服用该类营养补充剂。对于"摄入该类营养素越多越有助于人类健康"的争议是可以避免的。因此,政府部门必须建立这些有

益维生素及矿物质类物质的详细列表。

(13) 过量服用维生素和矿物质可能会对人体健康产生负面影响,因此有必要建立合理的食品补充剂最大摄入量。生产商必须向消费者提供正确使用该类产品的方法,并对消费者的安全负责。

(14) 因此,维生素和矿物质安全摄入量标准的设定,应该建立在科学风险评估的基础上,人们从正常饮食中摄取的营养物质也应该考虑在内。对于其最高摄入量标准的建立,也应当适当考虑参考摄入量标准。

参考文献中提出了充足多样的饮食是所有必须营养成分的主要来源。事实上,如果人们长期食用合理膳食,并具有选择丰富多样食物的相关知识,就可以从合理的膳食结构中获取所需要的营养素。这里反复阐述了欧共体的观点:充足是默认情况下的充足。如何实现充足并保持充足的饮食,这个问题仍然没有得到解决。更重要的是,人类个体的营养差异也是影响实际饮食结构的重要因素之一。吸收不良(遗传或其他因素)与营养需求增加(如疾病期间)也极大地影响了个人的营养状况和需求。上述几点,欧洲食品补充剂指南以及食品强化剂法规中均未涉及。

因此,随之而来的问题是丰富多样的食品是否能够为人体提供所有必须营养素?在下文中,食品强化剂法规做出了以下的结论性陈述(EU, 2006a):

食品强化剂法规第 7 条:

根据科学数据显示,在正常情况下,丰富多样的饮食可以为人体提供充分的营养成分以维持人体自身的生长发育及保持健康的生活质量。但调查数据表明,这是非常理想的状态,社会上不同人群的维生素和矿物质的摄入量很难达到相应的标准。在食品中添加维生素和矿物质可以有效增加其吸收,这有助于改善人体的营养结构。

食品强化剂法规第 8 条:

尽管不是非常普遍的现象,营养缺乏症仍存在。社会经济局势的改变和不同人群生活方式的不同,也导致了不同的营养需求和饮食习惯的改变。这导致不同人群对能量与营养需求的差异;不同成员国的人群对维生素与矿物质的需求也存在一定的差异。另外,随着科学知识的发展,人们逐渐意识到,用于维持身体健康的某些营养成分的摄入,实际上要高于目前的建议摄入量。

第 7 条中指出,在食品中添加微量营养素有利于人体对整体营养的吸收,尽管可从丰富多样的饮食中摄入营养,但在微量营养素摄入方面仍会有所欠缺(Lucock, 2004; MRC Vitamin Study Group, 1991)。因为较低社会经济阶层的营养膳食结构低于平均水平,且达不到健康生活的基本要求(Shohaimi et al.,

2004)。食品的选择是由经济、生活方式、社会文化和生活条件所决定,因此健康的饮食习惯通常是一个复杂的综合问题,可能会导致营养不良。由于商家为了节省成本,导致食品中的营养密度(特别是微量营养素)显著降低(James, Nelson, Ralph 和 Leather, 1997; Darmon, Ferguson,和 Briend 2002)。

正如 James 等(1997)在欧盟条约中曾经指出的,在美国,营养素缺乏问题是与估计平均需求摄入量相比较,以大多数不同性别/年龄组对营养需求(缺乏)量来定义的,包括维生素 A、E、C 和微量元素 Mg 等。针对某些特殊群体的营养缺乏问题也应该引起关注,例如老年女性对维生素 B6 的摄取;老年男性、女性与青少年女性对锌的摄取;未成年女性和青少年女性对磷的摄取;针对维生素 K、钙、钾和膳食纤维等,尚未建立的营养素估计平均需求量标准问题,应引起关注(Moshfeg, Goldman 和 Cleveland, 2005)。2008 年,荷兰健康委员会曾经关注过上述至少两个相关微量营养素的发展趋势,调查数据显示 20%~30%的荷兰人都可能存在维生素 A 摄取量过低的问题(荷兰健康委员会,2008a)。荷兰所有地区都存在着维生素 D 摄取量过低的状况。更值得关注的是,最近的荷兰社会调查的数据表明,医院及其他相关疗养所的营养不良现象非常普遍,因此,即使是在经济发达的国家或地区,仍不能保证饮食结构的丰富多样(Meijers et al., 2005)。

综上所述,2009 年,美国和欧洲人口的每日营养摄入量仍低于每日营养推荐摄入量。Ames 等(2005)针对微量营养素的营养不足问题,提出了一个解决方案:建立和完善全球监管政策。我们在本章的结束部分将进行详述。

微量营养素的供给可有效调整或改善人体的新陈代谢,这有助于人体健康,特别是对饮食摄入过低的人群疗效显著,例如穷人、年轻人、肥胖或老年人等。这个问题需要通过对公众进行有效的宣传或营养教育,使他们意识到每日摄入复合维生素或矿物质对健康的重要性。人体新陈代谢的调整和改善可以有效延长寿命、改善身体健康,膳食结构失调与人类疾病的发生密切相关,例如,吸烟可以促使人类某些疾病发病率升高。科学家、临床医生和教育家可以通过建立新的研究模型,以探索更有效的方法来预防慢性疾病,改善人体健康。

## 18.5　预防性障碍因素

Ames 引导我们关注目前欧洲微量营养素条例与疾病预防相关的工作。欧洲食品安全部门的预防原则和普通食品法规第 7 条相一致,在欧洲监管发展的食品领域中,本条例占首要地位(EU, 2002a)。预防原则旨在及时地制订防护措施，防止不确定风险的发生，其中不确定风险是指极少数据或者没有数据表明风险的可能性概率和幅度(Wiener, 2001)。不确定风险是关注的重点。预防性措施或公众相关知识的缺乏要求我们把科学研究的重点放在保证食品安全方面，这几乎已成为所有新产品和新工艺研究开发的战略性要求。欧洲委员会在其预防原则中提出(欧洲共同体委员会，2000)：要求申请产品上市许可的国家，要首先假定该产品具有一定的危害性，然后通过企业或研究所对其安全性进行相应的研究，证明其安全性。微量营养元素的防护措施条例的制订，应集中在避免其摄入量过高这一方面。文献报道强调丰富多样的饮食即可作为所有必要营养元素的主要来源，服用食品补充剂和食品强化剂是多余的。

然而，不确定风险性的预防无法真正实现是预防性原则中普遍存在的问题："预防性原则的最主要问题是原则本身的不清晰；原则的制定旨在给公众提供指导思想，但它却未能达到这一目的，因为它所规定的步骤不能完全实现。该原则总是给风险本身创造了新的风险，因此该原则同时严格禁止该风险(Sunstein, 2005)。预防措施的逻辑性困难在于真理要一分为二地看待(McKinney 和 Hammer, 2000)：我们可能会采取相应的行动或者会选择避免承担任务。任何选择—行动或不行动—都需要承担相应的后果—可预见性与不可预见性。然而，关键问题是决策并不是要采取行动，而是要让每个行动都能得到合理的监管，换句话说，风险要通过社会监管得到有效预防，单独采取预防措施没有任何作用。"

微量营养素对人体的影响非常显著。其特点可以通过两个方面：即益处和风险来进行分析(见图 18.2U 型响应曲线)，摄入微量营养素的益处可能并未完全

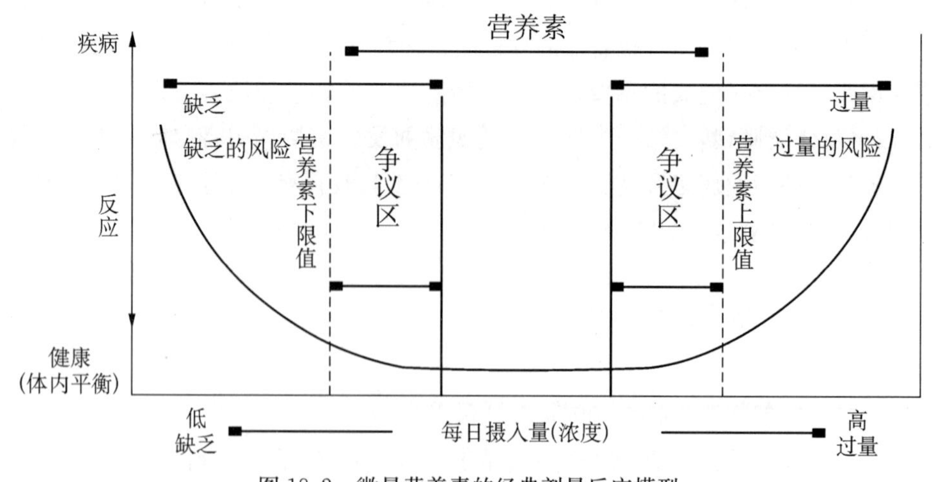


图 18.2　微量营养素的经典剂量反应模型

遵循立法机构关于摄入丰富多样的饮食的规定,但却是对称公式中不可缺少的因素。不可否认,最关键也最不确定问题的解决离不开专家的科学知识及判断力。食品安全问题也不例外。尽管某些价值观念仍然根深蒂固,给科学家们带来极大的挑战,但是有关食品安全、健康的问题仍然是最核心的问题。我们需要利用营养学领域的先进技术,努力解决相关问题。

## 18.6　微量元素、人类健康与科学——现有技术及超越

我们之前提到过的关于摄入量过少-过多的模型,是从计量-响应的 U 型微量营养素生理曲线中演变而来。显然,该 U 型图并没有任何的监管目标,尽管它所强调的营养风险问题是由食品营养法典和特殊食品使用委员会提出的。因此,食品风险问题不仅仅与过量摄入某些特定微量营养素相关,在此我们将其定义为“E-风险”。在摄入量过少的情况下,人体也面临着无法充分得到营养素的危险,我们将其定义为“D-风险”。在微量营养素及其他营养类物质的摄入量范围内,从生物体角度出发,制订了以下方案。

在食品标准制定历史中,最高摄入量的制定(在欧洲食品法律中营养补充剂与强化食品的上限值)并没有像现在这样时髦,因为长久以来营养不良一直占主导地位。目前,世界范围内(包括欧洲在内)营养问题仍是个大问题。在 20 世纪 30 年代经济大萧条时期,食品安全问题是最主要的问题,布德罗曾经指出:“国际联盟的参会代表以及联盟的参会官员推出了世界食品运动,旨在为人体健康提供更多的经济来源”(Boudreau, 1947)。

适当的饮食可以避免典型的微量营养素缺乏症,该类疾病的发生使人们在食品需求方面积累了相关的科学知识。有关微量营养素方面的研究也影响了对微量营养素每日建议摄入量的评估。每日建议摄入量的最初概念是摄入量的目标或者基线,以避免由于摄入量过低而导致营养不良症。根据特定的摄入量标准,每日建议摄入量为每个人群设计膳食标准。最初他们是为食品监察人员作为参考标准使用的,后来逐渐延伸到更多的人群,以使该人群得到充足的营养(Harper, 1987)。基于科学调查的结果,政府制定了每日建议摄入量以改善大多数人口的主要健康问题,成效颇为显著(Hanekamp 和 Bast, 2008)。

但是每日建议摄入量并未考虑到感染、新陈代谢紊乱及退行性疾病等问题,当人们感到自己身体健康的时候,并不会去关注最佳营养组分的摄入量问题。因此,后者变成营养学领域的科学研究重点。现阶段焦点问题已经从表面健康转移

到长期和持续的健康问题。尽管典型的营养缺乏症还未被证明与这类食源性化合物有关,我们不能仅关注维生素和矿物质对机体生理健康的影响,而需要关注加到食品中的与人体健康相关的其他营养组分。

近三十年来,科学研究表明长期的健康和退行性疾病(与微量营养素与其他营养素成分有关)具有一定的相关性。例如,美国食品与营养委员会(FNB)认为营养科学的发展已取得显著进步,下阶段每日推荐摄入量的理念将进一步推动营养学的发展进程。通过宣传每日推荐摄入量对健康的影响,可以进一步减少慢性疾病的风险(IOM, 1994)。尽管健康教育有利于说明食品成分对健康的预防作用,随着时间的推移,退行性疾病症状也将随着人体代谢的变化而有所改变,目前每日推荐摄入量对这一进程并没有显著性的影响(Ames, 2003)。

饮食和食物成分,尤其是保持基因组的完整性,仍然被视为降低疾病风险的一个关键因素。例如,通过细胞机制(如预防、修复或细胞凋亡等),保护 DNA 不受到有害成分的损伤(Ames, 1983; Ames, Gold 和 Willett, 1995; Ames, Atamna 和 Killilea, 2005; Kirkwood, 2008; Willett, 1994)。越来越多的科学数据表明,更高水平的微量营养素与其他营养组分在各种 DNA 稳定性维护中必不可少,目前微量营养素的每日推荐摄入量可以有效防止基因组的不稳定性(Fenech 和 Ferguson, 2001)。微量营养素需求的设定为尽量减少 DNA 损伤提供了新途径(Ames, 2005)。综上所述,其他营养组分可以有效延长人的寿命,例如,科学实验证明多酚类抗氧化剂可以有效抗衰老(Hanekamp 和 Bast, 2007)。

无论是退行性疾病还是在食品成分的范畴,要在原本意图上扩展每日推荐摄入量的应用,强调每日推荐摄入量的不确定因素,并从科学的视角全面地提供一系列总结性的表达数据。从最佳摄入量与人体短期和长期的健康关系的角度出发,通过发散性思维,新的每日推荐摄入量标准强调了其潜在的应用前景(Fenech, 2003)。维生素 D 就是一个很好的事例。在传统意义上,维生素 D 有益于维护机体骨骼的健康。对成年人而言,可以综合考虑骨矿物质含量(BMC)、骨矿物质密度(BMD)、骨折风险与 25(OH) D 血清、甲状旁腺激素浓度的关系,以作为最佳维生素 D 状态的有效指示指标(IOM, 1997)。在人生的不同阶段,合适的每日推荐摄入量也来源于这些标记。

1970—1980 年,发现维生素 D 的新陈代谢核受体 1,25(OH) 2D3 在各种组织中不直接参与体内的钙平衡。许多的蛋白质是通过 1,25(OH) 2D3 进行调节,包括 1,25(OH) 2D3 可以抑制相关的癌基因(Bijlsma et al., 2006; Bijlsma, Peppelenbosch 和 Spek, 2007; Giovannucci et al., 2006)。经典的每日摄入量已

远超过维生素 D 对钙稳定调节的极限值（Rucker，Suttie，McCormirck 和 Machlin，2001）。新的维生素 D3 的每日建议摄入量标准为 25 克，高于目前的建议每日摄入量，该摄入量有助于降低不同种类癌症的发病概率（Garland et al.，2006；Mehta 和 Mehta，2002）。这需要更多的科学研究与证据去进一步证实现阶段每日建议摄入量与慢性疾病的发展之间的关系。

某些其他营养素（如多酚类的黄酮物质）对健康有益。与其他微量营养素不同（如硒、叶酸等），植物的多酚类物质是对人体营养健康有益的一类物质。这类物质并不属于人类健康的必要元素，也并不被认为会导致人体营养不良症的发生。然而，这类物质被认为具有一定的生物效应，包括抗氧化作用、抗突变作用及抗炎作用等（Bagchi et al.，2002；Bartel 和 Matsuda，2003；Ferguson，2001；Philpott et al.，2003）。多酚类物质是食品（水果、蔬菜、谷物、干豆类、巧克力与饮料）当中最广泛的抗氧化剂来源，例如，茶、咖啡与红酒。与维生素和矿物质不同，不同种类的多酚类物质可能是目前市场上分布最广泛的营养补充剂。这类物质包括 800 种不同的已知化学组分。多酚类物质的每日膳食建议摄入量大约为 1 克，不同的饮食习惯其每日建议摄入量有所不同。

流行病学研究表明，从饮食中摄入不同种类的多酚类物质（例如，从绿茶和红酒当中摄入黄烷醇类物质）有助于保护机体免于各种不同的疾病（Li et al.，2006；Manach et al.，2005；Mattivi，Zulian，Nicolini 和 Valenti，2002；Soleas et al.，2002；Williamson 和 Manach，2005）。细胞模型与动物模型表明多酚类物质可以有效降低慢性疾病、癌症、神经退化等疾病的发病率（Bagchi et al.，2003；Lambert et al.，2005）。许多科学证据都表明多酚类物质对人体的益处，例如，绿茶可以降低人体的退行性疾病。绿茶的化学预防和化学保护功效主要来源于其多酚类物质的抗氧化和抗炎功效（Lee et al.，2005）。例如，红酒当中的多酚类物质可以有效抑制啮齿类动物的结肠癌变（化学品诱导），并降低对结肠黏膜的 DNA 的氧化（Dolara et al.，2005）。

## 18.7　每日饮食建议摄入量新标准——基因组正态平衡 U 型积分曲线

微量营养素（包括其他营养物质）的发展预测表述如下（见图 18.3）。我们把微量营养素的 U 型曲线分成两个重叠部分（新的缺乏性缺陷曲线和已知过量曲线）。

图 18.3 与图 18.2 很相似。根据欧洲条约第 95 条（3），我们建议建立或完善

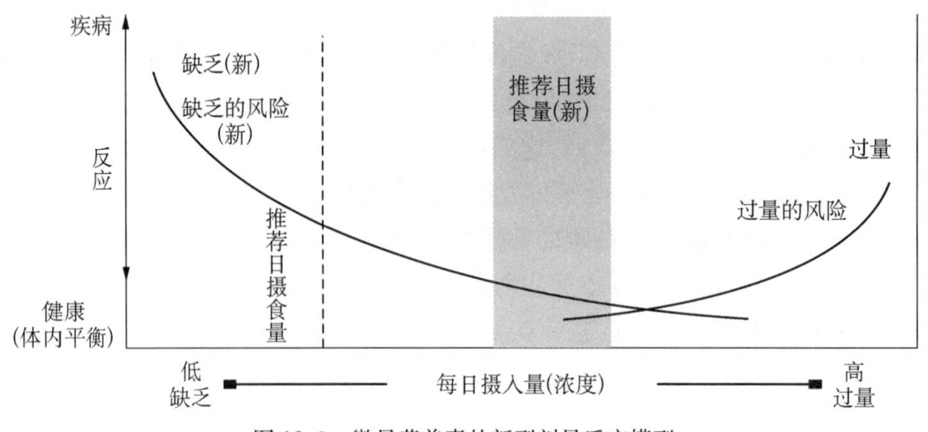


图 18.3 微量营养素的新型剂量反应模型

微量营养素的功能与科学数据之间的关系的新方法。新的营养缺乏症与长期退行性疾病都与微量营养素摄入量有关。在 $X$ 轴上部分曲线超过了每日建议摄入量,该部分曲线与新的每日建议推荐量的关系尚值得推敲。我们认为缺乏营养素风险曲线与过量营养素风险曲线的交点可以用来表示持久性与基因组动态平衡的完整性的摄入量。

图 18.3 考虑到不断完善的微量营养素与长期营养问题的知识库,大体上覆盖了昔日在科学意义上每日建议摄入量固有的不确定性因素。

## 18.8 综合化推荐摄入量(nRDA)在预期模型中的普遍使用,正在朝着成熟的监管方向发展

在前面的章节中,我们提出微量营养素必不可少,因为它们不仅能在短期内改善人体健康,而且能在很长一段时间内持久地维持人类健康。在长期维护人体健康方面,“其他物质”已经成为“创意时尚”。我们尝试着提出把 nRDA 作为一种工具,将其与长期健康问题相结合。但是,在欧盟的内部和外部,我们仍然要面对产品安全性这一监管要求,即在补品和配方中使得最高耐受剂量和衍生物达到其最高水平。相反,即使是在发达的当今社会,与 RDAs(推荐每日摄入量)相关的营养不良现象仍比预想的严重。例如,在荷兰因为天然的荷兰食品中并没有足够的碘,碘的摄入主要依靠摄入碘盐。用于烘烤面包等烘焙产品的碘盐的含碘量(高达每千克盐中含 65 毫克碘)高于其他用途的碘盐含碘量(每千克盐中含 25 毫克碘)。荷兰人大约 50%的碘摄入量从面包中获得(荷兰健康委员会,2008 年 c)。

但人体每日对碘的最高允许摄入量被证实低于目前面包师普遍加碘水平。这将导致荷兰民众碘摄入量的下降,并导致碘缺乏和甲状腺肿大的风险加大。

微量营养素条款规定,无论是欧洲还是其他国家,关于过度摄入的最小安全量有机会成本:要努力确保过量致毒的公共安全性。最初的方案是要有效减少微量营养素缺乏,减轻其对健康长期或短期的影响。为了在 RDAs(推荐每日摄入量)最小需求层次上最大程度的应对这一需求,我们提出了一个具有全球影响性的,能帮助那些在某些情况下不能自主提供微量营养素的地区的特有饮食方案。微量营养素作为食品补充剂和强化剂添加到人类的日常饮食中可能是一个相对安全和节约成本的方案。但我们又该如何更好地对微量营养素进行监管呢?

当我们开始重视"高度保护人的生命和健康"时,首先要重视基于新兴科学知识发展起来的广度和深度(即完整性)。不应该有怀疑的态度或者唯科学主义(Stenmark, 2001 年。宗教在这里是指在更大范围内的对世界的看法)。这与"全证据权重"——一个理想的阐述风险的评估程序(巴纳德,1994)的做法相一致;其次,因此对微量营养素的监管方法不能置之度外;第三,任何一个理性的监管方式必须要合理地确定公共干预的级别。这在实际上就是在市场失灵和政府失灵之间进行权衡。

不可否认,在任何一个民主政体中,个人的自由和责任同政府干预人民利益的特权之间的关系都是一个复杂的难题。我们可以从两个方面来看待这个问题。一方面,民主政府必须重视其公民的个人自由。然而,另一方面,民主政府有责任(通常被写在法律里的)通过公共财产为社会提供丰富的商品。在不同的领域中,财富和健康的分配职责是众多公共政策的强劲动力。在不少情况下这两种职责并不协调。因此有必要重点阐述 John Stuart Mill (1859)的观点:"但是,当只是一个恶作剧而没有确定性的时候,除了他自己,没有人可以判断这个促使他引发风险的动机是否够充分;因此在这种情况下(除非他是一个孩子,或者精神错乱,或者在一些令人兴奋的,或者全神贯注而无法充分利用反射能力的状态下),我想他应该只会被危险警告;而不会被强制阻止将自己暴露在危险前。"

例如,通过应用成本效益和成本高效性分析技术可以评估,维生素 B 强化与年度经济效益有 3.12～4.25 亿美元的关联。估计成本的节约(在直接成本中的减少净额)将会在每年获益 0.88～1.45 亿美元(Grosse, Waitzman, Romano 和 Mulinare 2005)。另一个例子是维生素 D。由于太阳 UVB 照度不充分,饮食习惯或是补品摄入不足使得维生素 D 吸收不足,这导致 2004 年美国六七百万美元左右的经济负担。这些结果表明,在美国、英国和其他地方,通过 UVB 照射,强化食品和保健品来增加体内的维生素 D 可以减少医疗负担(Grant 等,2005)。

如上所述,将干涉者对于微量营养物的风险和利益(两者是相对的)的影响控制在严格的范围内,我们提出了如下原则通过构造一个现实而高效的模型来管理市场中的食品补充剂:①风险环境;②面向事后;③创新为本;④市场导向(公平竞争平台)。特别是,后者将像我们所设想的政策趋势流程图和指导原则一样,使得不可避免地接受预期正常摄入量(INU)(见图 18.4)。

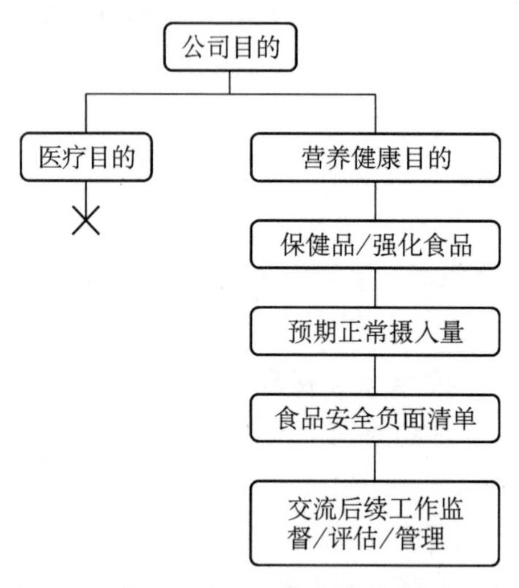


图 18.4 管理微量营养素风险与效益流程图

例如,在日常的安全消费水平中,制造商要明确阐述产品的包装和相应信息,这应该是核心监管和市场订购的原则。可以由此推理,该计划将所有的微量元素,包括"其他物质",放在过去经济发展轻型分析的途径中。制造商需要根据所使用的原料,制作特定的有关产品使用条件的标志。因为产品定义市场,产品的预期正常摄入量(INU)将会立即自动或是考虑将产品放在一个由法律规定的市场里。因此,强化食品和保健品构成的不同市场,不是根据他们的成分或者技术营养特点进行分类,而只是根据他们的预期用途加以区分。

当欧洲食品安全局研究其关于"植物制剂"的讨论稿时,将"植物制剂"定义为:"在不同社区监管框架下的主要取决于其预定用途和具体介绍的多元化商品。"(欧洲食品安全局,2004)。而美国食品和药物管理局(FDA)所提供的关于"植物制剂"的定义为:"含有植物性物质,可以包括植物材料(植物或植物部分(如树皮成品、木材、树叶、茎、根、花、果实、种子或其部分),以及它们的分泌物)、藻类、宏观真菌或这些的组合。组合方式取决于其预定的用途,一种植物产品可以是食品、药品、医疗设备或化妆品”(EFSA, 2004)。

虽然近似法是欧洲议会的首选方法,但几乎可以肯定,其类似于建立在大量商品成员国之间商品自由流动的原则,超越了国家的法律制度。同样,国际食品法典委员会间接地根据主权国家的规则和法律来设定规则。我们的方法建立在商品和主权国家之间的平等关系上,以及食品经营者与消费者之间服务能自由流动的前提下。在欧洲判例法中,这表示为相互承认的原则。在一个相互认可的情况下,公平的阈值是由那些被允许最大自由操作和具有私人职责(与公共责任相对)的市场参与者所建立的。

我们对“相互认可“这一原则的申请被欧盟立法机构于 2008 年 12 月 5 日在向理事会和欧洲议会委员会所做的报告中承认。委员会承认:当面对调控“其他物质”的复杂性及其对人类的健康作用时,最好的做法是让国家级自然精品课程在开放系统下完成互认(欧洲共同体委员会,2008)。

## 18.9　安全、优质生产规范和初始典型试验

在微量营养素食品成品上所提出的预期正常摄入量(INU)应确定它将落实在何种市场。显然,制订预期正常摄入量(INU)及安全规范(如 GFL),必须被食品经营者考虑到。在这方面,科学的作用和安全史的作用(作为长期广泛使用的测定结果)是不同而又互补的,而且需要被内化和/或被生产商阐释[5](无论是通过实验科学研究、理论研究,或者两者兼有)(Ocké, Buurma-Rethans,和 Fransen, 2005)。我们设想一个产品的质量、纯度(适用时)、强度、一致性和稳定性,得到适合和适用的良好的生产规范(GMP)的保证和/或符合当今安全要求的其他行业标准的保证。生产者需要评估、管理和交流,这是安全生产保证的一个重要方面。这可以被定义为食品补充剂和/或强化食品的初始型测试。就食品补充剂而言,个人要能自主地对补品做出选择而不是在不知不觉中地接触到食品内源性化合物(如丙烯酰胺)。因此,如果个人能够自主地购买食品补充剂,较自主地购买强化食品,就能预计这些产品是安全而正确的(Starr, 1969)。

进入市场的食品补充剂和强化食品必须确保其安全性(例如在执行简明的正常推荐摄入量这方面)。即使目前没有监管,食品经营者及其他经济各方都必须考虑到信任与责任,产品安全和消费者保护的问题应引起重视,这一点至关重要。此外,对于具有长期使用化合物,无论是在欧盟(EU, 1997)境内外[6],都应该被普遍认为是安全的(GRAS)(Wheeler 和 Wheeler, 2004)。以茶为例:茶叶据记载已

经消费了上千年，正是由于它长期的安全记录，使得茶叶中潜在的有益物质成为研究和市场推广的一个瞩目热点。

为激励公平的竞争环境和食品领域内的创新发展，我们建议这种分析微量营养素的化合物的方法应事后商定，因为安全性方面不是建立在解决政治上占主导地位的预防思想的基础上，而是在预防的基础上（即对目标的基础上），在可验证的关于安全性的科学数据上，这直接把责任归到生产商的身上。和预防方法相反，这种关于安全性的方法将支持和维持创新的行业。那么最终将有利于公共健康和全球经济。通过无数据无市场战略的"正面清单"将扼杀创新力（Kaput et al.，2005），因为在预防商议下不断增加的监管会阻碍市场的进入和连续性（Burgess，2001）。有一点在电子商务沟通中的预防原则上被阐明：指出了预防措施存在临时性——"没有绑定一个时限而是随着科学知识的发展而改变"（Commission of the European Communities，2000），上述言论通常是一个禁忌。由于对科学的不信任具有普遍性，科学知识很难被认为足以克服人们的知识障碍，所以任何预防性禁令都将有一个"持续的暂时性"（Forrester 和 Hanekamp，2006；Hottois，2000）。

一个有效的对立面应该包含能损害公共健康预防性的"负面清单"（Hanekamp，Frapporti 和 Olieman，2003；Hanekamp 和 Kwakman，2004；Hanekamp 和 Wijnands，2004）。这是被 FFR 选中的来规范在食品补充剂和强化食品中使用"其他物质"的方式。很明显，当面对那些具有较少用途的产品以及超出了科学知识范围的产品时，对这些产品的安全采取预防性的监管措施是很有必要的。这反映了一个总体的趋势，制造商们需要确保他们的食品质量安全，特别是推荐用量，即预期正常摄入量。

总之，在我们的认知范围内，我们认为多数有效的谎言有力地配合了食品企业经营者和他/她的目标。我们之前已经展示了有力的证据，微量元素的摄入在RDA（推荐摄入量）之上时对健康有影响，超过一定量的饮食范围就会有危险。未来可能会为了降低某些疾病的危险而加入这方面的营养物质，以建立新的营养需求（Renwick 等人，2004）。理论上，预期正常摄入量推荐的营养摄入能取得如此大的好处归功于 RDA（推荐摄入量）建立的方法，此方法考虑到了癌症以及衰老的慢性疾病的预防（Ames 和 Wakimoto，2002 年）。

鉴于这一事实，nRDAs（推荐摄入量）或者其他推荐水平的物质可能与原料的最高耐受量重复，通过摄入补充微量元素的食品来监控公共健康是这个计划的另一部分（post-launch 系统与医药生产上的 pharmaco-vigilance 系统类似）。这对政府和企业都有吸引力,因为它透露了摄入模式与潜在危害和益处之间的关联。当监控研究发现潜在的危险与摄入补充微量元素的食物有关时,评估和管理的选项仍然向政府(生产商)敞开。在这一背景下,沟通的好处和风险是一个可行性较高的策略。对于健康和某种保健品的摄入不成比例的断言要进行彻底检查,并且在参考科学的基础上进行公开评论。这将会促成一个全球化的适合安全监管的和谐市场,并有利于人类的健康。

## 注　释

1　食品成分中的抗营养物通过阻碍营养素的发挥功效的方式来导致营养不良,并产生毒副作用。例如,凝集素、植酸和草酸等。详见本章后文。

2　Verwendung von Vitaminen in Lebensmitteln Toxikologische und ern? hrungsphysiologischeAspekte, Teil/2004. Bundesinstitut f u r Risikobewertung. This report can be downloaded from(报告可以从下面的网站下载):http://www. bfr. bund. de/cm/238/verwendung_von_vitaminen_in_lebensmitteln. pdf (accessed 17 February, 2009). Verwendung vonMineralstoffen in Lebensmitteln. Toxikologische und ern? hrungsphysiologischeAspekte. Teil II. 2004. Bundesinstitut f u r Risikobewertung. This report can be downloaded from(报告可以从下面的网站下载):http://www. bfr. bund. de/cm/238/verwendung_von_mineralstoffen_in_lebensmitteln_bfr_wissenschaft_4_2004. pdf (accessed 17 February, 2009)。

3　例如:美国医学会,1998,维生素 B1、B2、B3、B6、叶酸、B12、B5、生物素和胆碱的膳食营养参考摄入量。膳食营养参考摄入量评价常务委员会与叶酸、其他 B 族维生素和胆碱座谈小组以及营养摄入上限附属委员会的报道,食品与营养委员会,美国医学会,美国国家学术出版社,美国。

4　维生素与矿物质研究专家组. 维生素与矿物质安全摄入上限,2003。该报道下载网址:www. food. gov. uk/multimedia/pdfs/vitmin2003. pdf (2009 年 2 月 17 日)。

5　隐性知识(与科学性强的显性知识相反)是我们日常生活的一部分,它通过口口相传而非学校课本或是科技出版物传播。例如,在实验过程中形成的操作技巧和操作惯例被广泛利用,然而这些知识没有通过科学杂志和书本传播。因此,即使是科学知识也需要建立在公共领域,由专业人员通过解释和再加工来应用于实际。

6　事实上,当某种食品或食品原料在欧盟历史上从未有过记录,那么根据规定它就可以被定义为新食品。

## 参考文献

[1] Ames B N. Dietary carcinogens and anticarcino-gens. Oxygen radicals and degenerative diseases [J]. Science, 1983,221:1256 - 1264.

[2] Ames B N, Gold L S, Willett W C. The causes and prevention of cancer [C]. Proceedings of

the National Academy of Sciences of the United States of America, 1995,92:5258 -5265.

[ 3 ] Ames B N. The metabolic tune-up: Metabolic harmony and disease prevention [J]. Journal of Nutrition, 2003,1544S - 1548S.

[ 4 ] Ames B N. Increasing longevity by tuning up metabolism [R]. EMBO Reports, 2005,6: S20 - S24.

[ 5 ] Ames B N, Wakimoto P. Are vitamin and mineral deficiencies a major cancer risk? Nature, 2002,2:694 - 704.

[ 6 ] Ames B N, Atamna H, Killilea D W. Mineral and vitamin deficiencies can accelerate the mitochondrial decay of aging. Molecular aspects of medicine, 2005,26:363 - 378.

[ 7 ] Bagchi D, Bagchi M, Stohs S J, et al. Cellular protection with proanthocyanidins derived from grape seeds. Annals of the New York Academy of Sciences, 2002,957:260 - 270.

[ 8 ] Bagchi D, Sen C K, Ray S D, et al. Molecular mechanism of cardioprotection by a novel grape seed proanthocyanidin extract [J]. Mutation research, 2003,523 - 524:87 - 97.

[ 9 ] Barnard R C. Scientific method and risk assessment. Regulation Toxicology Pharmacy, 1994,19:211 - 218.

[10] Bartel B, Matsuda S P T. Seeing red [J]. Science, 2003,299:352 - 353.

[11] Bijlsma M F, Peppelenbosch M P, Spek C A. Pro-vitamin D as treatment option for hedgehog-related malignancies [J]. Medicine Hypotheses, 2007,70(1):202 - 203.

[12] Bijlsma M F, Spek C A, Zivkovic D, et al. Repression of smoothened by patched-dependent (pro-)vitamin D3 secretion. PLoS Biology, 2006,4(8):1397 - 1410.

[13] Boudreau F G. Nutrition in war and peace. The Milbank Quarterly, 1998,25(3):231 - 246. Bravo, L. Polyphenols: Chemistry, dietary sources, metabolism and nutritional significance. Nutrition Reviews, 1947,56:317 - 333.

[14] Burgess A. Flattering consumption. Creating a Europe of the consumer [J]. Journal of Consumer Culture, 2001,1(1):93 - 117.

[15] CAC. Joint FAO/WHO Food Standard Programme [S]. 2008.

[16] Codex Alimentarius Commission. Report on the 29th Session of the Codex Commission on Nutrition and Foods for Special Dietary Uses [R]. Alinorm 08/31/26, pp. 74 - 75.

[17] Commission of the European Communities. Communication from the Commission on the Precautionary Principle [S]. Brussels, 2000, p. 5.

[18] Commission of the European Communities. Report from the Commission to the Council and the European Parliament on the use of substances other than vitamins and minerals in food supplements [R]. Brussels. 2008.

[19] Darmon N, Ferguson E L, Briend A. A cost con-strained alone has adverse effects on food selection and nutrient density: An analysis of human diets by linear programming [J]. Journal of Nutrition, 2002,132:3764 - 3771.

[20] De Vries J. (Ed.). Food safety and toxicity [M]. New York: CRC Press. 1997。

[21] Dolara P, Luceri C, De Filippo C, et al. Red wine polyphenols influence carcinogenesis, intestinal microflora, oxidative damage and gene expression profiles of colonic mucosa in F344 rats [J]. Mutation research, 2005,591:237 - 246.

[22] EFSA. Discussion paper on botanicals and botanical preparations widely used as food supplements and related products: Coherent and comprehensive risk assessment and

consumer information approaches [R]. Brussels. 2004.

[23] EFSA. European Food Safety Authority, Tolerable Upper Intake Levels for Vitamins and Minerals [R]. Scientific Committee on Food Scientific Panel on Dietetic Products, Nutrition and Allergies, 2006, p. 9.

[24] EU. Regulation (EC) No 258/97 of the European Parliament and the Council of 27 January 1997 concerning novel foods and novel ingredients [J]. Official Journal of the European Communities, 1997, L43,1 - 7.

[25] EU. Regulation (EC) No 178/2002 of the European Parliament and of the Council of 28 January 2002 laying down the general principles and requirements of food law, establishing the European Food Safety Authority and laying down procedures in matters of food safety [J]. Official Journal of the European Communities, 2002a, L31,1 - 24.

[26] EU. Directive 2002/46/EC of the European Parliament and of the Council of 10 June 2002 on the approximation of the laws of the Member States relating to food supplements [J]. Official Journal of the European Communities, 2002b, L183,51 - 57.

[27] EU. Regulation (EC) No 1925/2006 of the European Parliament and of the Council of 20 December 2006 on the addition of vitamins and minerals and of certain other substances to foods [J]. Official Journal of the European Communities, 2006a, L404,26 - 38.

[28] EU. Consolidated versions of the treaty on European Union and of the treaty establishing the European Community [J]. Official Journal of the European Union, 2006b, C321,1 - 331.

[29] Fenech M. Micronutrients and genomic stability: A new paradigm for recommended dietary allowances (RDAs)[J]. Food and chemical toxicology, 2002,40:1113 - 1117.

[30] Fenech M. Nutritional treatment of genome instability: A paradigm shift in disease prevention and in the setting of recommended dietary allowances [J]. Nutrition Research Reviews, 2003,16:109 - 122.

[31] Fenech M, Ferguson L R. Vitamins/minerals and genomic stability in humans [J]. Mutation research, 2001,475:1 - 6.

[32] Ferguson L R. Role of plant polyphenols in genomic stability [J]. Mutation research, 2001,475:89 - 111.

[33] Forrester I, Hanekamp J C. Precaution, science and jurisprudence: A test case [J]. Journal of risk research, 2006,9(4):297 - 311.

[34] Garland C F, Garland F C, Gorham E D, et al. The role of vitamin D in cancer prevention [J]. American Journal of Public Health, 2006,96:252 - 261.

[35] Giovannucci E, Liu Y, Rimm E B, et al. Prospective study of predictors of vitamin D status and cancer incidence and mortality in men [J]. Journal of the National Cancer Institute, 2006,98:451 - 459.

[36] Grant W B, Cedric F, Garland C F, et al. Comparisons of estimated economic burdens due to insufficient solar ultraviolet irradiance and vitamin D and excess solar UV irradiance for the United States [J]. Photochemistry and photobiology, 2005,81:1276 - 1286.

[37] Grosse S D, Waitzman N J, Romano P S, et al. Re-evaluating the benefits of folic acid fortification in the United States: Economic analysis, regulation, and public health [J]. American journal of public health, 2005,95(11):1917 - 1922.

[38] Hanekamp J C, Frapporti G, Olieman K. Chloramphenicol, food safety and precautionary

thinking in Europe [J]. Environmental Liab, 2003,6:209 - 221.
[39] Hanekamp J C, Kwakman J. Beyond zero tolerance: A novel and global outlook on food-safety and residues of pharmacological active substances in foodstuffs of animal origin [J]. Environmental Liab, 2004,1:33 - 39.
[40] Hanekamp J C, Wijnands R J. Analytical technology, risk analysis and residues of veterinary substances: A précis and a proposal for coherent and logical clinical residue legislation [J]. In: Joint FAO/WHO Technical Workshop on Residues of Veterinary Drugs without ADI/MRL. 24 - 26 August, Bangkok, Thailand, 2004, pp. 81 - 86.
[41] Hanekamp J C, Bast A. Why RDA's and UL's are incompatible standards in the U-Shape Micronutrient Model. A philosophically orientated analysis of micronutrients standardisations [J]. Risk Analysis, 2008,28(6):1639 - 1652.
[42] Hanekamp J C, Bast A. Food supplements and European regulation within a precautionary context: A critique and implications for nutritional, toxicological and regulatory consistency [J]. Critical Reviews in Food Science and Nutrition, 2007,47:267 - 285.
[43] Harper A E. Evolution of recommended dietary allowances—new directions? [J] Annual review of nutrition, 1987,7:509 - 537.
[44] Health Council of the Netherlands. 2008a. Towards an adequate intake of vitamin D. The Hague, publication no. 2008/26.
[45] Health Council of the Netherlands. 2008b. Towards an adequate intake of vitamin D. The Hague, publication no. 2008/15E.
[46] Health Council of the Netherlands. Towards maintaining an optimum iodine intake. The Hague, publication no. 2008/14E. 2008c.
[47] Hottois G. A philosophical and critical analysis of the European convention of bioethics [J]. The Journal of medicine and philosophy, 2000,25(2):133 - 146.
[48] IOM. How should the recommended dietary allowances be revised? Washington DC: Food and Nutrition Board, Institute of Medicine. National Academies Press. 1994.
[49] IOM. Dietary reference intakes for calcium, phosphorus, magnesium, vitamin D, and fluoride. Washington DC: Standing Committee on the Scientific Evaluation of Dietary Reference Intakes, Food and Nutrition Board, Institute of Medicine. National Academies Press. 1997.
[50] James P, Kemper F, Pascal G. A European Food and Public Health Authority. The future of scientific advice in the EU, p. 42, http://ec. europa. eu/food/fs/sc/future_food_en. pdf. 1999.
[51] James W P T, Nelson M, Ralph A, et al. Socioeconomic determinants of health: The contribution of nutrition to inequalities in health [J]. British medical journal, 1997,314: 1545 - 1549.
[52] Kaput J, Ordovas J M, Ferguson L, et al. The case for strategic international alliances to harness nutritional genomics for public and personal health [J]. The British journal of nutrition, 2005,94:623 - 632.
[53] Kirkwood T B L. A systematic look at an old problem [J]. Nature, 2008,451:644 - 647.
[54] Lambert J D, Hong J, Yang G, et al. Inhibition of carcinogenesis by polyphenols: Evidence from laboratory investigations [J]. The American journal of clinical nutrition, 81

(suppl), 2005,284S - 291S.

[55] Lee J-S, Oh T-Y, Young-Kyung Kim, et al. Protective effects of green tea polyphenol extracts against ethanol-induced gastric mucosal damages in rats: Stress responsive transcription factors and MAP kinases as potential targets [J]. Mutation research, 2005, 579:214 - 224.

[56] Li H-L, Huang Y, Zhang C-N, et al. Epigallocatechin-3 gallate inhibits cardiac hypertrophy through blocking reactive oxidative species-dependent and independent signal pathways [J]. Free Radical Biological Medicine, 2006,40:1756 - 1775.

[57] Lucock M. Is folic acid the ultimate functional food component for disease prevention? [J] British medical journal, 2004,328:211 - 214.

[58] Manach C, Williamson G, Morand C, et al. Bioavailability and bioefficacy of polyphenols in humans, I. Review of 97 bioavailability studies [J]. The American journal of clinical nutrition, 81(Suppl), 2005,230S - 242S.

[59] Mattivi F, Zulian C, Nicolini G, et al. Wine, biodiversity, technology, and antioxidants [J]. Annals of the New York Academy of Sciences, 2002,957:37 - 56.

[60] Mckinney W J, Hammer Hill H. Of sustain-ability and precaution: The logical, epistemological, and moral problems of the precautionary principle and their implications for sustainable development [J]. Ethics and the Environment, 2000,5(1):77 - 87.

[61] Mehta R G, Mehta R R. Vitamin D and cancer [J]. The Journal of nutritional biochemistry, 2002,13:252 - 264.

[62] Meijers J, Janssen M A P, van de Boekhorst-van der Schueren M, et al. Prevalentie van Ondervoeding: de Lande lijke Prevalentiemeting Zorgproblemen [J] ['Prevalence of Under-nourishment: the National Prevalence Survey Care Problems']. Nederlands Tijdschrift voor Diëtisten, 2005,60(1):12 - 15.

[63] Mill JS. On Liberty. Cited from http://www.utilitarianism.com/ol/five.html (accessed 17 February 2009). 1859.

[64] Moshfeg A, Goldman J, Cleveland L. What we eat in America [R]. NHANES 2001 - 2002: Usual Nutrient Intakes from Food Compared to Dietary Reference Intakes. USDA, Agricultural Research Service. 2005.

[65] MRC Vitamin Study Group. Prevention of neural tube defects: Results of the medical research council vitamin study [J]. Lancet, 1991,338:131 - 137.

[66] Ocké M C, Buurma-Rethans E J M, Fransen H P. Dietary supplement use in the Netherlands. Current data and recommendations for future assessment [R]. RIVM report 350100001/2005, Bilthoven, The Netherlands. 2005.

[67] Philpott M, Gould K S, Markham K R, et al. Enhanced coloration reveals high antioxidant potential in new sweet potato cultivars [J]. Journal of the science of food and agriculture, 2003,83:1076 - 1082.

[68] Renwick A G, Flynn A, Fletcher R J, et al. Risk benefit analysis of micronutrients [J]. Food Chemistry Toxicology, 2004,42:1903 - 1922.

[69] Rucker R B, Suttie J W, McCormick D B, et al. (Eds.) Handbook of vitamins [M]. New York, Basel: Marcel Dekker Inc. 2001.

[70] Scalbert A, Manach C, Morand C, et al. Dietary polyphenols and the prevention of

diseases [J]. Critical Reviews in Food Science and Nutrition, 2005,45:287 - 306.

[71] Scalbert A, Williamson G. Dietary intake and bioavailability of polyphenols [J]. Journal of Nutrition, 2000,130:2073S - 2085S.

[72] Schwitters B, Achanta G, van der Vlies D, et al. The European regulation of food supplements and food fortification. Intended Normal Use—the ultimate tool in organising level playing field markets and regulations or how to break the fairy ring around 'other substances' [J]. Environmental law of Management, 2007,19:19 - 29.

[73] Shohaimi S, Welch A, Bingham S, et al. Residential area deprivation predicts fruit and vegetable consumption independently of individual educational level and occupational social class: A cross-sectional population study in the Norfolk cohort of the European Prospective Investigation into Cancer (EPIC-Norfolk) [J]. Journal of Epidemiology and community health, 2004,58:686 - 691.

[74] Snyder L J. Is evidence historical? In M. Curd & J. A. Cover (Eds.), Philosophy of science. The central issues (pp. 460 - 480). New York: W. W. Norton & Company. 1998.

[75] Soleas G J, Grass L, Josephy P D, et al. A comparison of the anticarcinogenic properties of four red wine polyphenols [J]. Clinical biochemistry, 2002,35:119 - 124.

[76] Starr C. Social benefit versus technological risk [J]. Science, 1969,165:1232 - 1238.

[77] Stenmark M. Scientism. Science, ethics and religion [R]. Burlington: Ashgate Publishing Limited. 2001.

[78] Sunstein C R. Laws of Fear: Beyond the precautionary principle [M]. Cambridge, UK: Cambridge University Press. 2005.

[79] Wheeler D S, Wheeler W J. The medicinal chemistry of tea [J]. Drug development research, 2004,61:45 - 65.

[80] Wiener J B. Precaution in a Multi-Risk World. Duke Law School Public Law and Legal Theory Working Paper Series, Working Paper No. 23. 2001.

[81] Willett W C. Diet and health: What should we eat? [J] Science, 1994,264:532 - 537.

[82] Williamson G, Manach C. Bioavailability and bioefficacy of polyphenols in humans II. Review of 93 Intervention Studies [J]. The American journal of clinical nutrition, 81 (Suppl), 2005,243S - 2552S.

# 第 19 章　营养添加剂:未来的合理配方及其食品安全

## 19.1　引言

人们对在维护人体生长和健康中起重要作用的必需营养物质已十分了解。食品提供了能量、营养物质(脂肪、碳水化合物、蛋白质、维生素、矿物质)和非营养物质(纤维、抗氧化成分、有益酶活动的诱导物、益生元和益生菌),而且人体能很好地利用这些物质。但是,我们对这一复杂的过程还远远没有完全理解。近年来,一系列新的食物组分,例如抗氧化剂、类胡萝卜素、黄酮、硫苷,以及其他类似的非营养物质成为科学研究的焦点。当这些物质从食物中提取分离出来时,它们被称为“营养添加剂”。这个概念是 1979 年由 DeFelice 提出的,其定义为“对疾病的预防和治疗具有医药或保健功能的食品或食品的一部分”。

中国、东南亚、地中海和欧洲的传统食品是富含营养和保健信息的宝藏,对未来市场也可能发挥重要作用。通常,这些传统食品的作用已被科学的营养研究所证实,此类研究结果已用来调整食品的加工和制备方法。世界上许多地区,民族文化千百年来代代相传,其中也蕴藏着传统的食品文化信息。人们可以从历史文献中获取科学资料,使大众群体从中获益。

以米糠中的营养成分在稻米精加工中的流失为例:米糠中含有优质蛋白、膳食纤维、三十烷醇、米糠油、卵磷脂、谷维素、脂肪酸、维生素 E 和甾醇。当我们着眼于提高其营养价值时,重要的是要考虑到其中任何一个成分都是膳食补充剂。所以,民族传统食品中运用膳食补充剂强化食物营养已司空见惯。这些传统膳食补充剂的价值取决于它们的添加和加工方式,这最终决定了它们的营养价值与安全性。

健康因子以及营养食品配方在疾病预防及促进人体健康中所起的作用通过几种渠道实现。生物活性分子通过几种途径进入靶器官,包括口腔的预消化、消化道和消化器官中的生化反应、益生元和益生菌的间接作用,这些作用均可能改变和修饰这些分子。活性分子在食品基质中的存在与否会显著影响最终的生物效应。在本章中,营养添加剂是指从食品原料中提取出的生物活性成分。

## 19.2 营养添加剂所面临的挑战

一个需要讨论的重要问题是:营养添加剂能否真正能对人体健康有显著的贡献。笔者认为,这一切还不甚明朗,仍需进行完整的风险-收益评估。乍看起来,这些独立的生物活性分子大部分被宣称是“健康”的,但这并不绝对正确。芬兰的一个研究就是很好的例证。在此研究中,吸烟者和非吸烟者两类人群服用了早已被认定为具有抗氧化功能的类胡萝卜素。然而,摄入的类胡萝卜素反而损害了吸烟者的健康,因此实验被迫提前终止。类胡萝卜素应起到抗氧化作用,但实际上在这种特定人群中不起作用,甚至起了反作用。这个例子证明,当生物活性分子从它们的自然环境中孤立出来时,可能会产生截然不同的作用。虽然不能一概而论,但是它的确揭示了食品各个组分间的协同作用。

尽管如此,新的保健营养产品从科技和营养角度来看,仍然十分重要。从农产品原材料中制造的新型营养添加剂为非正式的、自发的和有组织的营养添加剂农产品开发项目提供了新的机遇。

在城市中,食品生产和平衡膳食瞬息多变且具有挑战性,食品从乡村走向城市必须使种植者中获益并保护地方环境。从营养添加剂行业的角度,必须清楚地认识高附加值产品开发的目的和受益者。近年来,随着市场需求从数量走向质量,食品生产的重心从田间转向加工和科技研发。此外,可持续化生产和消费已经渗透到了营养和营养添加剂的整个生产链。植物原材料的加工方法,特别是防止活性物质流失也很重要。这就提高了营养和营养添加剂在整个食物系统中的利用率。这也许应该是使人们能够享用营养和健康食物的第一步,这与从婴儿到老年人所需要的基础及微量营养物质息息相关。

人类的饮食由多种食物构成,它们的健康作用不能只考虑单个食物,而要把饮食视为一个整体,即所有最终进入消化系统的成分都会起到作用。功能食品往往选择一个特定的功能为目标,例如补充钙质、补充维生素、降血脂、补充调节肠道功能的益生菌和益生素等。这些功能都是通过整体饮食来实现的。营养添加剂比功能食品做得更进一步,它把生物活性物质从食品原料中提取出来。由此产生了生物活性分子在消化过程中“过量摄入”的危险。在功能食品中,因为摄入的物质被限定在食品的范围内,而人类能够摄入的食品是有限度的,所以不大可能发生此种问题。

我们可以发现饮食的指导方针从“饮食金字塔”到今天营养品和生物活性作用的“植物化学成分复合阶梯”的变化。研究中发现了许多食品的健康功效,例如:大蒜、卷心菜、甘草、大豆、生姜、胡萝卜、芹菜、洋葱、姜黄、全麦食物、亚麻种子、糙米、西红柿、茄子、辣椒、西兰花、花菜、抱子甘蓝、燕麦片、薄荷、牛至、黄瓜、迷迭香、鼠尾草、马铃薯、百里香、细香葱、香瓜、罗勒、咖喱叶、丁香、香菜叶、红辣椒、月桂树叶、辣木树叶、藤黄果、罗望子果、石榴、阿魏、龙嵩叶、大麦等。这些植物原材料中所包含的生物活性成分含量极少,看似和疾病预防功能关联甚少,但从生物利用度来看,这些成分就显得举足轻重。

如果我们从食品安全和市场宣传的角度来看,营养添加剂领域存在着诸多问题。一些典型的难题是:我们如何制定监管营养添加剂安全的政策?多久需要重新审定一次?在发挥营养添加剂的最大健康功能时,必须克服哪些困难?我们现有的食品安全政策是基于科学研究成果吗?食品行业的竞争在小型和大型企业中是否公平?政策制定者是如何评价一个决策所存在的风险在合理的范围内?工业界对新的食品安全激励政策和安全条例的反馈足够好吗?我们是否始终走在科技研发的前沿,使得食品安全具有足够的保证?我们是否有能力保证提供安全和健康的食物,使任何化学污染物的浓度等级都远在有毒害的范围之下,而且潜在的有害病菌微生物的数量也远不足以显著的对消费者造成风险?

当今存在一个全球性问题:肥胖、现代生活方式和习惯的剧变引起的心血管类疾病的高发。这个问题在许多发展中国家成为迅速增长的死亡原因之一。因此,当我们审视饮食问题时,应该把健康的营养膳食方案作为全面提升人民的健康和身体素质的重要环节。换句话来说,向社会大众宣传营养学的知识时,必须注意让人们了解营养饮食的相关知识是解决大众健康问题的一部分。同时,我们必须认识新营养学相关科学研究成果转化为实践应用时所存在的阻碍。

通常情况下,草本植物、调味品,或者香料中的营养物质分子在人体中释放后的活性大小主要取决于食品的加工处理方法。如果这类产品中的营养提取物可以达到同样的活性作用,种植者和小规模加工商就可以统一市场。营养添加剂的生产规范必须考虑更广义的范围。比如,从农业生产、采摘、运输、加工生产等相关行业的规范条例做起,使健康和安全条例在各个环节相互配合运作。在向消费者提供这些产品前,必须要明确它们具有的有益功效,且不存在其他隐患。为了终端市场的消费者和使用者的利益,国际食品法典委员会的规范同地方法规必须一起执行。所有这些要求都需要一条完整的合作和管理体系，尽管这往往不易实现。

## 19.3 分子-基因相互作用

当我们讨论营养添加剂时，必须有“分子-基因相互作用”的概念。这个新的营养基因组学的概念在确定营养添加剂有效的健康功能中起着主导作用，为营养添加剂的功效提供了科学依据。生物分子在细胞水平上一个单独基因型或者表型与一个单独基因或者多基因的多态形的相互作用会为开发新食品和研究营养添加剂的功能提供关键信息。此时需要考虑多个因素，包括代谢、分子结构与功能、信号通路、代谢库，以及植物化学与基因之间的关系。

最终，当我们讨论营养添加剂、膳食补充品和生物活性分子时，考虑食物、医药、保健、锻炼、抗衰老的全面关系作用比单独考虑其中一项作用可能更为重要。把营养添加剂和消费量上的差距因素排除在外，仅仅全球各地区在基本营养补充方面消费水平，仍然存在天壤之别！这些巨大的差别使得这个问题尤为需要细化处理。在营养添加剂领域首当其冲且至关重要的问题是，我们在追求持续增进健康的道路上，研发得到更好的营养添加剂的同时，必须保证这些产品的作用具有足够的科学依据，并具有可供验证的相关书面文件资料。其次，以天然食品的方式每次微量地摄取许多不同的成分可能达到一个有益的协同作用。营养添加剂则不然，它们摄入的剂量必须客观反映可替换的同等制剂或天然食品的剂量。否则，营养添加剂会对人体造成毒害。再次，我们在讨论协同作用时，不能过分注重一个组分的作用而忽视其他的组分。在这一前提下，平衡膳食的营养保健摄入方式总是比单独摄入某种成分的补充品更有益。

最后一个重要的问题是，在我们选择某个分子或某组分子的作为食品的一部分原料来分离提取并摄入它们之前，我们要对这些物质的化学作用有一个清楚的认识。即使学术界完全了解了一些食品组分的作用——甚至当我们明确了它们对一代人的长期健康作用——消费者仍然会心存疑虑，对它们的安全性仍然难以彻底信任。所以，科学家、食品行业的技术人员、生产商、学术界、研究所、政策制定者、执法者、商业界、医疗机构都有责任保证推荐的营养添加剂，无论是以提取富集后还是以食品的形式问世，都是安全的，人们食用它与“普通”食品相比不会引起更复杂的问题。

在食品营养研究中，免疫、疾病预防、体重控制、心脏和骨骼健康、心理健康等诸多课题均和生物活性分子的消化摄入有关。无论这些活性因子是作为日常膳食补充还是作为功能食品,这些食品对上述健康问题是否有促进作用,学术界均有研究。当学术界探讨功能食品时所涉及的几个概念,比如说,特殊目的的日常食品、功能强化食品、保健食品等,往往会造成消费者的困惑。然而,从科学的角度出发,它们都是起着增进健康作用的功能性成分。现在营养添加剂和营养替代品广为全球各地的人们认可和需求,消费者已经默认它们在上市时是安全的。所以,这些物质的安全性是一个十分重要的问题。这些生物活性物质必须符合它们的基本标示和宣传,而且我们必须弄清植物提取物与全球的各种食物搭配使用时,是否符合质量和安全标准。

无论是利用种子提取物治疗过敏症、益生菌促进肠道健康、维生素 C 增进胆囊健康、蔓越橘对乳腺癌的治疗、类胡萝卜素增强眼睛健康、钙质和维生素 D 促进骨骼健康以及一些活性多肽的功能,都需要用现代科学来证明是否这些器官可以通过食用这些东西获益。纳米技术使活性因子食品、营养学和健康可能呈现出不同的功效。问题是:纳米技术能使活性因子或者营养品的工业生产的基础得以产生根本的变革吗?例如,是否需要生产纳米颗粒的高级调味品呢?食品公司的研发部门是否准备纳米技术的变革呢?纳米技术的力量可以通过增强一些物质的物理性质,例如可溶性和可控的释放,来提高活性物质微粒的生物利用率和稳定性;在加工、存储、流通等基本环节中,如果没有纳米技术,这些物质的稳定性是个挑战性的问题。最终,利用靶向纳米储运技术,理论上食品制造商可以革新地实现最优质的健康智能食品系统。

未来对营养品、膳食补充和营养添加剂的需求将越来越个性化。这个趋势已随着个人基因测序的出现而初现端倪。膳食在进行个人评估后,可以针对性地减少某些遗传疾病的潜在风险。对健康有益的调味品的研究有多个层面,从个人、人群差异,以及基因表达的相似度等来鉴别和理解人体对饮食的反应。这样,面向个人营养需求的新产品就能应运而生。

营养添加剂的分析检测手段的稳定性、可靠性对我们判断营养添加剂的安全浓度等级至关重要。目前,新的检测方法,特别是能避免杂质干扰的方法在不断出现。同时,检验营养添加剂功效的方法也日趋严谨。

## 19.4　小结

从全世界来看,大多数国家的政府部门已经制订了与人体健康相关的政策和指导条例。科研机构和学术机构，以及工业界的研发部门也进行了大量的研究。这些研究不仅产生了作坊式的小型生产体系下的新的技术、相关培训和质量标准，而且还推进到大中型生产部门，最终影响遍及全球。它们都将与市场环境下的政府部门和社会福利的食品安全措施相匹配。这项任务是复杂的。无论是否拓展营养添加剂这个广阔的领域，消费大众都必须参与。尽管科学研究展示了营养添加剂市场成长的潜力，但是，不同于我们现在食用的传统食品，由于我们现在涉及的是具有生物活性的物质，现有的分析方法还不够充分。因此，这些食品必须经过全面的风险-收益评估，对它们宣称的健康功效需均要有足够的科学依据。我们需要建立一个全球一体化的和谐途径，让营养添加剂可持续及健康地在全社会发展。

## 补充书刊


[1] Biesalski H K. Nutraceuticals: the link between nutrition and medicine [J]. Cutaneous and Ocular Toxicology, 2002,21:9 - 30.

[2] Chen H, Weiss J, Shahidi F. Nanotechnology in nutraceuticals and functional foods [J]. Food Technology, 2006,60(3):30 - 36.

[3] DeFelice S L. Nutraceuticals: Opportunities in an emerging market, Scrip Mag 9. 1992.

[4] Dillard C, German JB. Review—Phytochemicals: Nutraceuticals and human health [J]. Journal of the Science of Food and Agriculture, 2000,80:1744 - 1756.

[5] Dureja H, Kaushik D, Kumar V. Developments in nutraceuticals [J]. Indian Journal of Pharmacology, 2003,35:363 - 372.

[6] Espin C J, Garcia-Conesa M T, Tomas-Barberan F A. Review. Nutraceuticals: Facts and fiction [J]. Phytochemistry, 2007,68:2986 - 3008.

[7] Fahey J W, Kensler T W. Role of dietary supplements/nutraceuticals in chemoprevention through induction of cytoprotective enzymes [J]. Chemical Research in Toxicology, 2007, 20:572 - 576.

[8] FAO. Report of the Regional Expert Consultation of the Asia-Pacific Network for Food and Nutrition on functional foods and their implications in the daily diet [R]. 2004.

[9] Kottke M K. Scientific and regulatory aspects of nutraceutical products in the United States [J]. Drug Development and Industrial Pharmacy, 1998,24:1177 - 1195.

[10] Kratz A M, Pharm D. Nutraceuticals: New opportunities for pharmacists [J]. JANA, 1998,68:27 - 28.

[11] Ohr L M. Nutraceuticals and functional foods [J]. Food Technology, 2005,59(4):84 - 100.

[12] Omenn G S, Goodman G E, Thornquist M D, et al. Risk factors for lung cancer and for intervention effects in CARET, the Beta-Carotene and Retinol Efficacy Trial [J]. Journal of the National Cancer Institute, 1996,88:1550 - 1559.

[13] Satia J A, Littman A, Slatore C G, et al. Long-term use of β-carotene, retinol, lycopene, and lutein supplements and lung cancer risk: Results from the VITamins And Lifestyle (VITAL) study [J]. American Journal of Epidemiology, 2009,169(7):815 - 828.
[14] The Alpha-Tocopherol, Beta-Carotene Cancer Prevention Study Group. The effect of vitamin E and beta carotene on the incidence of lung cancer and other cancers in male smokers [J]. The New England Journal of Medicine, 1994,330:1029 - 1035.

本章来源于上述文献列表中的信息，以及作者在食品科技研究和开发领域食品安全方向的35年的行业经验。同时，也概括了一些全国性和国际性的营养添加剂和植物化学领域专业学术会议中的讲座的科研成果。

# 第 20 章　国际标准的统一

## 20.1　引言

如果国家和食品加工商希望从全球化中受益，国际标准的统一至关重要。全球化和贸易自由化，无论对出口国还是进口国，都带来了经济增长和市场繁荣。这个过程为贸易双方都创造了新的市场，从而增加对高价值商品及服务的需求。在发展中国家，逐渐增加的可自由支配支出的首要开销就是购买高附加值的食品，其中许多都是进口食品。在发展中国家的食品零售店，贴有“美国制造”标签的产品意味着高质量和高价值。此外，贸易自由化为发达国家的公民提供了便利。例如，国际贸易使美国人一年中几乎任何时间都能吃上新鲜水果和蔬菜，而不需等到其当令销售。

国际食品贸易也不是没有反对之声的。它存在一些政治问题，例如如何补贴那些在国际价格下生产粮食会亏本的农民，再如政府试图保持能够满足本国公民需要的粮食资源的能力。因此，国家会采取行动限制贸易额。除了补贴食品生产，国家可能会制定其他贸易壁垒，例如关税、进口配额，或以食品安全法规之名进行调控。在成熟的自由市场经济体系，食品安全问题正在从质量问题中分离开来。食品安全问题是由政府监管以保护消费者，而质量问题可以靠市场的力量来调节。

从食品加工商的角度来看，将货物运输到全球市场并不是件容易的事。国际市场增加了产品供应链的长度，这带来了额外的复杂性。如果想抓住机遇实现重复销售，必须面对以下新挑战：

(1) 该产品达到或超过进口国食品安全的监管要求。

(2) 该产品符合或优于顾客的需要。

了解政府的法规并不是一件简单的事情。出口国和进口国之间的法规未必是一致的。对于试图发展出口市场的企业，这将会增加不必要的成本。因为，必须针对出口市场建立新的安全体系，而该体系并不能提高产品的安全水平。这凸显出国际标准和法规的统一十分必要。

标准和法规的统一将为国际贸易带来一系列的好处。所有食品加工企业都能清楚了解所必须遵循的基本规则，从而建立国际上广泛认可的食品安全体系。了解这些基本规则，食品加工商就可以参与贸易谈判，并决定需要增加哪些要求，以更好地满足客户的特定需求。

许多组织都致力于通过技术方面的努力以达到管理条例及顾客需求的统一。这些组织包括世界贸易组织（WTO）、国际食品法典委员会（Codex）、国际标准化组织（ISO）和全球食品安全倡议（GFSI）。其中，食品法典委员会和国际标准化组织在提升国际标准上达成了共识，前者制定可被国家用于统一其食品法规的标准，后者开发符合市场需求的标准。

## 20.2　世界贸易组织

WTO 是一个政府间国际组织，总部设在瑞士日内瓦，拥有 153 个成员方。它成立于 1995 年 1 月 1 日，是乌拉圭多边贸易谈判的产物。

WTO 是处理国家之间贸易规则的唯一全球性组织。无论大国小国，该组织都给予相同的权利。因此，如果成员国之间出现贸易纠纷，可交由 WTO 来处理（WTO，2009a）。

WTO 通过协调国家间的贸易规则来实现其职能。所达成的协定必须由会员方的国会或议会批准。WTO 的最终目标是帮助生产商、出口商和进口商开展业务，包括商品、服务以及其他知识产权形式。其总体目标是减少对贸易发展的不利影响，尽可能实现贸易自由化。通过拥有一套贸易规则，将贸易变为可预见的（见表 20.1）。如果成员国之间发生贸易争端，WTO 将提供一个法庭为成员国分析贸易问题和解决贸易争端。其目标是首先协商解决争端，如协商无效，WTO 会实施贸易制裁。这些贸易制裁不能是惩罚性的，且不得超过正式纠纷文件中提出的损失额。

WTO 的目标是发展自由贸易。贸易自由化并不是无限制的，在一些领域，WTO 支持设立贸易壁垒。这其中包括保护消费者的需要，或者阻止人类、动物和植物间的疾病传播（SPS 措施），以及允许某些技术性贸易壁垒（TBT 措施），如标签要求。

**表 20.1 贸易对每个人的公平性**

| |
|---|
| 贸易并不是对所有公民都是公平的。总体来说,一个国家的经济会从国际贸易的增长中受益。<br>一个能评价国际贸易成功的方法是国内生产总值(GDP)的增长。<br>国际贸易具有两面性。在任何特定的贸易领域,都有因为国际贸易而成功的企业。这需要抓住不断扩大的市场潜力并生产出符合新市场顾客需求的产品。另一方面,有很多企业不仅没有从国际贸易中得到发展,反而由于进口产品而失去本国市场份额。很遗憾,这将导致员工的解雇和失业率的增加。<br>从宏观经济角度来看,这能迫使做得不好的企业去研究新的方法进行资源再分配,以使他们能够在国内和国际市场上都具有竞争力 |

### 20.2.1 SPS 措施

WTO 允许各国制定被称为卫生与植物检疫措施或 SPS 措施的食品安全规范。SPS 措施是由两部分组成的:

(1) 卫生(人类与动物健康)。

(2) 植物检疫(植物健康)措施。

SPS 措施必须适用于国内生产的食品或当地的动植物疾病,同样也适用于来自其他国家的产品。

根据 SPS 贸易协定的目标,所有应用于以下目的的措施,都被定义为卫生与植物检疫措施。

(1) 使人类或动物免受由食品中添加剂、污染物、毒素或者致病微生物引起的风险。

(2) 使人类免受植物或动物携带疾病的威胁。

(3) 使动植物免受害虫、疾病或致病生物的威胁。

(4) 防止或限制因害虫进入和传播对一个国家带来的其他危害(WTO, 2009b)。

SPS 协定允许各国制定它们自己的卫生标准。根据 WTO 协定所述,这些规范必须以科学为基础,并鼓励使用基于风险分析的方法。SPS 也倡导各国政府使用国际标准、指南和建议来协调和发展本国的规范。WTO 明确承认 FAO/WHO 国际食品法典委员会(CAC)的食品安全保证体系(见表 20.2),世界动物卫生组织(OIE)的动物卫生保证体系以及国际植物保护公约(IPPC)的植物卫生保证体系。

此外,WTO 还指出,各国制定的法规应该旨在保护人类、动物和植物的生命与健康,不能存在国家间的人为歧视。若某国的法规是基于国际标准,这将自动在 WTO 的贸易争端仲裁中提供有力支持。

WTO 允许建立比现存国际标准更为严厉的法规，但要有科学依据。然而，当新法规执行时引起贸易争端，WTO 将裁决该 SPS 问题是否被用于保护本国供应商。

表 20.2　国际食品法典委员会标准分类（截至 2008 年 7 月）

| 标准类型 | 标准数量 |
| --- | --- |
| 商品标准 | 186 |
| 商品相关文件 | 46 |
| 食品标签 | 9 |
| 食品卫生 | 5 |
| 食品安全风险评估 | 3 |
| 采样和分析 | 15 |
| 检验和验证程序 | 8 |
| 动物性食品生产 | 6 |
| 食品中污染物（最高水平，检测和预防） | 12 |
| 食品添加剂规定（涵盖 292 种添加剂） | 1 112 |
| 食品添加剂相关文件 | 7 |
| 农药残留最高限额（涵盖 218 种农药） | 2 930 |
| 食品中兽药最高限额（涵盖 49 种兽药） | 441 |
| 区域性准则 | 3 |

数据来源：国际食品法典委员会，2009。

### 20.2.2　技术性贸易壁垒措施（TBT 措施）

TBT 措施包括非 SPS 措施的所有技术性规范和自发性标准。因此，它涵盖了很多领域。WTO 指出："标签要求、营养问题和质量与包装规范通常不认为是卫生与植物检疫措施，因此一般应服从 TBT 协定"（WTO，2009c）。

依照 TBT 协定，成员国可以根据基本技术问题或地理因素等原因，判定某国际标准是否在该国适用。

食品标签既是一个 SPS 问题，又是一个 TBT 问题。如果标签处理的是食品安全问题，则具体要求归于 SPS 协定。其他标签要求则归于 TBT 协定。

## 20.3　国际食品法典委员会和其他联合国机构

### 20.3.1　国际食品法典委员会

国际食品法典委员会（Codex）是由两个联合国机构——联合国粮农组织

(FAO)和世界卫生组织(WHO)共同建立的国际组织。它于1963年建立,总部设在意大利罗马,目前有180个成员方。与食品法典委员会对接的是各成员方分管食品安全的国家或联邦机构。美国的食品法典委员会办公室设在美国农业部食品安全检验局内。

Codex制定保护消费者健康的标准,并确保食品贸易的公平。其目标之一是统一各国法规以减少贸易壁垒,并增加食品在国家间的自由流通。其结果是,发展中国家和新兴经济体可以使用法典标准来制定法规和应对贸易便利化问题。

自1963年以来,该组织已经发布了超过4 700种标准、指南或行为准则,涵盖了各种各样的食品安全问题。这些标准的制定需要通过8个步骤。在正式发布之前,必须由成员国达成共识。

制定标准、指南或准则必须遵循以下原则:

(1) 卓越性:Codex采用国际认可的专业知识。该委员会的工作将放在论坛中进行全球性的科学讨论。

(2) 独立性:专家们贡献自身的能力,而不代表一国政府或机构。此外,Codex要求所有专家申报可能存在的利益冲突。

(3) 透明性:所有利益相关者可以在标准制定过程中接触和了解必要的报告、安全性评估和整体评价。

(4) 普适性:Codex使用广泛的科学数据来制定标准。全球所有相关各方都被邀请提供数据(FAO, 2009a)。

Codex通过与其他众多组织合作来完成自己的使命。这些组织包括:FAO/WHO食品添加剂联合专家委员会(JECFA), FAO/WHO微生物风险评估专家联席会议(JEMRA), FAO/WHO农药残留专家联席会议(JMPR)以及世界动物卫生组织(OIE)(Codex, 2009)。

Codex中的两个标准对任何食品加工商都有直接的影响。它们是:食品卫生基本文件和食品安全控制措施验证准则(CAC/GL69—2008)(Codex, 2006)。

食品安全基本文件由以下4部分组成:

(1) 推荐性操作规范——食品卫生通则(CAC/RCP1—1969, 2003年修订)。

(2) 危害分析和关键控制点(HACCP)系统及其应用准则(针对食品卫生基本准则的补充)。

(3) 食品微生物标准设定及应用原则(CAC/GL21—1997);

(4) 微生物风险评估的原则和指南。

食品卫生基本准则提供了国际认可的良好生产规范(见表20.3)。这为实施

HACCP 提供了基础。此外,该文件提供了 HACCP 的国际性定义。其中包括 HACCP 的 5 个基本步骤和 7 个原则。有时也统称为 HACCP 的 12 个步骤。在撰写该准则时,是否将 HACCP 的实施与否作为 SPS 的要求由进口国决定。例如,在欧盟,法律强制要求所有食品加工商通过 HACCP。而在美国,撰写该准则时,法律只强制要求肉类与家禽加工商、海产品加工商和果汁行业通过 HACCP。美国的低酸罐头和酸化食品也被要求以 HACCP 为基准。食品加工行业的许多客户都要求他们的供应商将实施和维持有效的 HACCP 计划作为合同规定的一部分。

对于食品安全控制措施验证的 Codex 标准,是 HACCP 实践过程中的一次重大变革(Codex, 2008)。

该标准对验证和检验进行了区分。此外,还对以下问题提供指导:

(1) 验证的概念。

(2) 验证的特性。

(3) 在验证前需完成的工作。

(4) 验证程序。

(5) 再验证的必要性。

**表 20.3 食品卫生法典基本准则的主要元素**

| | |
|---|---|
| 主要产品 | 害虫控制系统 |
| 环境卫生 | 废物管理 |
| 食品原料的卫生 | 有效监督 |
| 加工、保藏和运输 | 制度:个人卫生 |
| 初级产品的清洁、处理和个人卫生 | 健康状况生病和受伤 |
| 设施:设计和设施 | 个人清洁 |
| 位置 | 个人行为 |
| 处所与房屋 | 参观者 |
| 设备 | 运输 |
| 工具 | 常规的 |
| 操作控制 | 必需的 |
| 食品危害的控制 | 使用和维修 |
| 卫生控制系统的关键 | 产品信息和消费者意识 |
| 来料要求 | 按批鉴定 |
| 包装 | 产品信息 |
| 水 | 标签 |
| 管理和监督 | 消费者教育 |

（续表）

| | |
|---|---|
| 文件和记录 | 培训 |
| 召回流程 | 意识和责任 |
| 设施：维护和卫生 | 培训方案 |
| 维护和清洁 | 教学督导 |
| 清洁流程 | 复习训练 |

来源：食品法典，2003。

该标准认可以下验证方法：

(1) 参考科学或技术文献、先前的验证研究、控制措施执行的历史情况。

(2) 能证明控制措施合理的有效科学实验数据。

(3) 在操作条件下食品加工全程的数据收集。

(4) 数学建模。

(5) 调查(Codex, 2008)。

确认控制措施的必要性是很多食品安全管理标准中的一个重要要求，如ISO 22000。

### 20.3.2 FAO/WHO 食品添加剂联合专家委员会

FAO/WHO 食品添加剂联合专家委员会(JECFA)成立于 1956 年，总部设在意大利罗马，该委员会主要进行风险评估并为成员国和 FAO、WHO 提供建议。除此之外，委员会还给 Codex 提供独立的科学建议以用于标准和指南的建立(FAO, 2006)。自成立以来，JECFA 已经评估了超过 1 500 种食品添加剂、40 多种污染物和天然毒素以及 90 多种兽药残留。

**表 20.4 法典规定的 HACCP 原则**

| 传统编号 | 非传统法典编号 | HACCP 原则 |
|---|---|---|
| 预备步骤 1 | 步骤 1 | 组成 HACCP 小组 |
| 预备步骤 2 | 步骤 2 | 描述产品 |
| 预备步骤 3 | 步骤 3 | 确定预期用途 |
| 预备步骤 4 | 步骤 4 | 绘制流程图 |
| 预备步骤 5 | 步骤 5 | 流程图的现场确认 |
| 准则 1 | 步骤 6 | 危害分析 |
| 准则 2 | 步骤 7 | 确定关键控制点(CCPs) |
| 准则 3 | 步骤 8 | 创建临界值 |
| 准则 4 | 步骤 9 | 创建 CCP 监控系统 |

（续表）

| 传统编号 | 非传统法典编号 | HACCP 原则 |
| --- | --- | --- |
| 准则 5 | 步骤 10 | 当监控表明某个 CCP 不在控制范围时建立纠正措施 |
| 准则 6 | 步骤 11 | 创建程序验证 HACCP 体系运行的有效性 |
| 准则 7 | 步骤 12 | 建立与所有步骤有关的、与其原理和应用相适应的文件和记录 |

来源：食品法典，2003。

### 20.3.3　FAO/WHO 微生物风险评估专家联席会议

FAO/WHO 组织微生物风险性评估专家联席会议（JEMRA）于 2000 年成立，总部设在意大利罗马。其主要承担的活动有：

（1）进行风险评估。

（2）制定不同阶段风险评估的指南。

（3）搜集、建立风险评估数据。

（4）将风险评估程序应用于风险管理。

（5）提供风险评估信息和技术转让。

委员会对微生物食品安全和风险评估提供建议，为相关领域制定指南，如 Codex 和其他联合国健康部门的数据搜集和风险评估应用等领域。

### 20.3.4　FAO/WHO 农药残留联席会议

FAO/WHO 农药残留专家联席会议（JMPR）成立于 1963 年，为 Codex 中农药残留提供独立、科学的专家建议（FAO，2009c）。这些建议为建立食品中农药和其他环境污染物的最大残留量（MRLs）提供依据，另外，委员会也会推荐测定农药和其他环境污染物的样品分析方法。

## 20.4　世界动物健康组织

世界动物健康组织成立于 1924 年，当时名称为世界动物卫生组织（OIE）（OIE，2009）。2003 年 OIE 重命名为世界动物健康组织，但是保留原有的字母缩写。OIE 总部设在法国巴黎，有 167 个成员方。

OIE 收集、分析和宣传动物疾病控制中的兽医学信息。另外，这个组织向发展中国家和欠发达国家提供动物疾病防控和治疗方面的援助。OIE 规则被 WTO 接受,并被作为动物健康的国际卫生标准。

**表 20.5 ISO 22000 系列标准**

| | |
|---|---|
| ISO 15161:2001 | ISO 9001:2000 在食品和饮料行业的应用指南 |
| ISO 22000:2005 | 食品安全管理体系——对整个食品供应链中组织的要求 |
| ISO/TS 22003:2007 | 食品安全管理体系——对提供食品安全管理体系审核和认证机构的要求 |
| ISO/TS 22004:2005 | 食品安全管理体系——ISO 22000:0:25 标准的应用指南 |
| ISO/DIS 22006 | 质量管理体系——ISO 9001:2000 在农产品中的应用指南 |
| ISO 22005:2007 | 饲料和食物链的可追溯性——体系设计和实施的基本原则和要求 |
| ISO/CD 22008 | 食品辐射——食品辐照处理过程中的开发、验证和日常控制要求 |

来源:ISO, 2009d。

## 20.5 国际标准化组织

国际标准化组织(ISO)成立于 1947 年,旨在建立除电工学和通信学外所有领域的产品和加工标准。ISO 已建立超过 17 500 条标准和指南(ISO, 2009a)。

ISO 有超过 150 个成员方,ISO 的合约签署方是每个国家或参与方的标准化组织。就美国而言,是美国国家标准学会(ANSI)。这些标准都是为了满足市场需要而建立的自发性标准。因此,它们代表着产品和加工工艺的行业需求状况。

ISO 标准是在各国大力支持下,通过国际层面上透明而一致的过程建立的。国际团队正在不断地变小,因为每个国家最多只能派遣 3 个国际专家。而且,作为国际专家,他们并不代表本国的立场,而是服务于国际社会。任何来自各国层面的关于某一标准的评论和建议都必须被处理,如果这些评论或建议没有被采纳,各国或国际委员会必须给出相应的理由。这些会议通告会提供给任何一个提出需要的人。

在国家层面上也有由国内专家组成的类似团体,该团体在国家层面上对建议和评论给予回应,以有助于标准的发展,这些意见随后提交到国际委员会以采取行动。一旦 ISO 批准某个标准的建立,该标准必须在五年内制定完成。若没有完成,ISO 可以中止其制定进程。一旦标准制定,在其颁布 3 年后要复审,之后每隔 5 年复审一次,在复审过程中委员会可以决定该标准是保留、修订还是撤销。复审对确保该标准的时效性和不增加贸易壁垒有很重要的作用。

ISO 的标准没有法律强制性,是否符合标准是由私营部门认证的。ISO 通过一个政策发展委员会——CASCO(合格评定委员会)制定一致的评估标准和指南。

合格评估是确定一个产品或工艺流程是否满足标准、规格或规章的要求，这可以通过以下三种不同的审计或评估方式来完成：

(1) 第一方——公司确保他们的产品满足消费者的要求或者他们的工艺流程遵照国家程序。

(2) 第二方——消费者确保其供应商的产品或工艺流程遵循国家要求。

(3) 第三方——或一个独立的第三方，确保公司的产品或工艺流程遵循国家要求。通常第三方站在消费者的立场。

CASCO 明确规定必要条件以确保评定有效进行(ISO，2009c)。

ISO 成立不同的技术委员会(TCs)，这些技术委员负责标准的发展。TC 34 负责制定食品产品标准，该委员会已经制定了 730 多个产品和技术分析标准，另外，该委员会有 120 多个产品标准正在制定中。该委员会负责 ISO 22000 系列标准(表 20.5)，这些标准标记为 ISO 22000 和 ISO 22003，ISO 22000 描述一个食品安全管理系统的要求，该要求基于以下三部分：

(1) 基于 Codex HACCP 的 HACCP 体系。

(2) 必备条件是基于 Codex 的食品良好卫生规范。

(3) 其他的管理体系组成以保证食品安全管理体系的有效、高效运行。

ISO 22003 是为认证机构、鉴定组织和审计人员审查食品安全管理体系提供的一个标准。这个标准处理如下问题，如审计员在食品安全及特殊工艺体系审计方面的知识和审计技术。

## 20.6 PAS220

PAS 是公共可用规范，这是一个基于英国标准模型的文件，针对某一主题的最优操作流程进行标准化使整个行业受益(BSI，2009)。

PAS 220:2008 (BSI，2008)(见表 20.6)是和 ISO 22000 一起认证食品安全管理体系的一个标准，该标准主要被食品加工者使用，提供 7.2 要素细节(必备程序)。

**表 20.6　ISO 22000:2005 的要素——食品安全管理体系——所有食品链中组织的必备条件**

| | |
|---|---|
| 食品安全管理体系 | 产品安全的规划和认识 |
| 　记录 | 　一般原则 |
| 　　一般要求 | 　必备程序 |
| 　　记录要求 | 　初步危害分析 |
| 管理职责 | 　危害分析 |

（续表）

| | |
|---|---|
| 管理承诺 | 创建可操作的必备程序 |
| 食品安全政策 | 建立 HACCP 计划 |
| 食品安全管理体系计划 | 更新预备信息和文档 |
| 责任和权力 | 确定 PRPs 和 HACCP 计划 |
| 食品安全团队负责人 | 核实计划 |
| 交流 | 溯源系统 |
| 紧急突发事件的预防和回应 | 不一致性的控制 |
| 经营调查 | 验证并改进食品安全管理体系 |
| 资源管理 | 一般原则 |
| 储备物资 | 确认联合控制措施 |
| 人力资源 | 监控和测量控制 |
| 基础设施 | 食品安全管理系统验证及完善 |
| 工作环境 | |

来源：ISO，2005a。

## 20.7 全球食品安全倡议

2000 年，CIES——食品商业论坛提出了全球食品安全倡议（GFSI），最初的会员主要是欧洲食品零售商。可是近年来，会员已经扩展到一些其他的组织、零售商的业务供应商、食品生产供应商和合作者（GFSI，2009）。

GFSI 最初的目标是让欧洲食品安全计划有一套共同的标准，现在已经扩展到“使食品安全管理系统持续提高，以保障消费者对获得安全食品的信心”（GFSI，2009）。为了达到这些目标，该组织指定了一系列的指南用来检测食品安全管理系统的认证体系，这个认证体系包括以下组成部分：

（1）食品安全管理系统标准包括基于 Codex HACCP 的 HACCP 体系[7]、良好的操作和管理系统。

（2）一个明确规定的范围。

（3）一个认证系统，包括对审计员的要求、大致审计时长、审计频率以及审计报告的最基本内容。

在编写的时候，由私人机构制定的 5 个标准满足所有的标准要求，这些标准是：英国零售商联盟（BRC）全球食品安全标准第五版、食品安全鉴定基金会 FSSC 22000、国际食品标准（IFS）——品牌食品零售批发审查标准第五版、荷兰 HACCP（B 选项）和食品质量安全 2000 第五版。

2008 年 2 月，食品安全鉴定基金会向 GFSI 提出了一个作为基准管理的审计计划，这个计划以下列标准为基准：ISO 22000、PAS 220（见表 20.7）和 ISO 22003。这个鉴定计划适用于所有 GFSI 对于食品安全管理系统的基准要求（Groenveld，2009）。2009 年 5 月，GFSI 宣布 FSSC 22000 满足其基准要求。

**表 20.7　PAS 220:2008 的要素**

| 标准提出以下先决条件： | |
|---|---|
| 建筑物的建造和布局 | 虫害防治 |
| 工厂及附属场地的布局 | 个人卫生和工人能力 |
| 公共设施——空气　水　能源 | 产品召回程序 |
| 废料处理 | 重新加工 |
| 设备清洗维护 | 仓库储存 |
| 购买材料的管理 | 产品信息和消费者意识 |
| 交叉污染预防措施 | 食品防护 |
| 清洁和消毒 | |

来源：BSI，2008。

## 20.8　小结

标准、规章和法规的一致性对国际贸易至关重要，一致性可以让公司了解最低的国际监管标准和消费者需求，生产出更适合市场的产品。

在标准统一化的过程中，有很多公共组织、私人组织及政府间组织的参与和努力，其主要目标就是减少贸易壁垒，增加食品在国际上的自由流动。这将使企业可以从新兴市场上获取更多经济利益，国家也可以提高其国内生产总值。

## 20.9　国际贸易相关网站

Codex Alimentarius Commission (Codex)：www.codexalimentarius.net

The Joint FAO/WHO Committee on Food Additives (JEFCA)：http://www.fao.org/ag/agn/agns/jecfa_index_en.asp

The Joint FAO/WHO Expert Meetings on Microbiological Risk assessment (JEMRA)：http://www.fao.org/ag/agn/agns/jemra_index_en.asp

The Joint FAO/WHO Meetings on Pesticide Residues (JMPR)：http://www.fao.org/agriculture/crops/core-themes/theme/pests/pm/en/

Global Food Safety Initiative (GFSI):http://www.ciesnet.com/2-wwedo/2.2-programmes/2.2. foodsafety.gfsi.asp

International Organization for Standardization (ISO):www.iso.org

World Organisation for Animal Health (OIE): www.oie.int

World Trade Organization (WTO): www.wto.org

## 注　释

1　本章不深入讨论由政治原因引起的贸易壁垒,或贸易自由化带来的经济利益。表20.1列出了一些国际贸易的利润和成本。如需了解更多信息,可在WTO网站(www.wto.org)上查询,并观看上面的网络视频。

2　在WTO成立之前,关税与贸易总协定(GATT)制订世界贸易的规则。GATT发展成为能在特定领域(制造业)采取措施的临时组织。它在开启贸易自由化中起到了积极的作用。然而,它也存在许多问题,例如在农产品贸易和不断增加的服务业贸易和知识产权贸易方面的漏洞,这些都没有被GATT涵盖。

3　对于一些小国家以及那些被划分为发展中国家或新兴经济体的国家,加入WTO的主要好处之一是当发生贸易争端、需要维护自身地位时,他们拥有同等的权利。此外,WTO提供了一种相对快速解决贸易争端的构架及体系。如果一个国家不服从规则,将遭受贸易制裁。

4　倡导国际标准是因为它们是由国际专家达成共识而制定的。此外,这些标准的形成过程都要接受国际监督与检查。

5　很多时候,验证、检验和监控这三个概念容易混淆。验证:收集信息使HACCP计划能够有效。这是一个在开始运作之前进行的评价。检验:确保HACCP计划的具体要求已被满足,这是一个在运作中或运作后进行的评价。监控:搜集设计好的观测值或测量值,以评估控制措施是否按预期在运作。这是一个在运作中执行的活动。

6　电工标准是由国际电工委员会(IEC)制定的,电信标准是由国际电信联盟(ITU)开发的。

7　良好操作规范包括:良好生产规范,良好农业规范,良好销售规范。

## 参考文献

[1] BSI. PAS 220:2008, Prerequisite programmes on food safety food manufacturing [S]. London UK: British Standards Institution. 2008.

[2] BSI. What is a PAS (Publicly Available Specification)? [S] London, UK: British Standards Institution www.bsiglobal.com (accessed 12 March 2009). 2009.

[3] Codex. Recommended international code of practice, General principles of food hygiene [S]. 2003.

[4] CAC/RCP 1 - 1969, Revision 4 Rome, Italy: Codex Alimentarius Commission [S].

http://www. codexalimentarius. net/web/publications. jsp? lang_en (accessed 13 March 2009).

[5] Codex. Understanding the Codex Alimentarius (Third edition)[S]. Rome, Italy: Codex Alimentarius Commission. 2006.

[6] Codex. Guideline for the validation of food safety control measures [S]. CAC/GL 69 2008. 2008.

[7] Codex. Codex Alimentarius [S]. Rome, Italy: Codex Alimentarius Commission http://www. codexalimentarius. net/web/index_en. jsp (accessed 12 March 2009). 2009.

[8] FAO. What is JEFCA, WHO [S]. Rome, Italy: Food and Agricultural Organization. 2006.

[9] FAO. Codex and science [S]. Rome, Italy: Food and Agriculture Organization http://www. fao. org/docrep/008/y7867e/y7867e06. htm (accessed 12 March 2009). 2009a.

[10] FAO. Food safety and quality FAO [S]. Rome, Italy: Food and Agriculture Organization http://www. fao. org/ag/agn/agns/jemra_index_en. asp (accessed 12 March 2009). 2009b.

[11] FAO. APG-Pesticide management [S]. Rome, Italy: Food and Agriculture Organization http://www. fao. org/agriculture/crops/core-themes/theme/pests/pm/en/( accessed 12 March 2009). 2009c.

[12] GFSI. Global Food Safety Initiative, Paris, France [S]. http://www. ciesnet. com/2-wwedo/2. 2-programmes/2. 2. foodsafety. gfsi. asp (accessed 12 March 2009). 2009.

[13] Groenveld C. FSSC 22000—Food safety system certification scheme—ISO 22000, and PAS 220 [C]. CIES Food Safety Conference, Barcelona, Spain. http://www. ciesfoodsafety. com/. 2009.

[14] ISO. Discover ISO, Geneva, Switzerland: International Organization for Standardization [S]. http://www. iso. org/iso/about/discover-iso_the-scope-of-isoswork. htm (accessed 12 March 2009). 2009a.

[15] ISO. Stages of the development of International Standards [S]. Geneva, Switzerland: International Organization for Standardization http://www. iso. org/iso/standards_development/processes_and_procedures/stages_description. htm (accessed 12 March 2009). 2009b.

[16] ISO. What is conformity assessment? [S] Geneva, Switzerland: International Organization for Standardization http://www. iso. org/iso/resources/conformity_assessment/what_is_conformity_assessment. htm (accessed 12 March 2009). 2009c.

[17] ISO. TC 34-Food products [S]. Geneva, Switzerland: International Organization for Standardization http://www. iso. org/iso/standards_development/technical_committees/list_of_iso_technical_committees/iso_technical_committee. htm? commid_47858(accessed 12 March 2009). 2009d.

[18] OIE. About us OIE [S]. Paris, France: World Organisation for Animal Health http://www. oie. int/eng/OIE/en_about. htm? e1d1 (accessed 12 March 2009). 2009.

[19] WTO. Understanding the WTO: The agreements. Agriculture: Fairer markets for farmers [S]. Geneva, Switzerland: World Trade Organization http://www. wto. org/english/thewto_e/whatis_e/tif_e/agrm3_e. htm (accessed 12 March 2009). 2009a.

[20] WTO. Understanding the WTO Agreement on Sanitary and Phytosanitary Measures [S]. Geneva, Switzerland: World Trade Organization http://www. wto. org/english/tratop_e/

sps_e/spsund_e. htm (accessed 12 March 2009). 2009b.
[21] WTO. Understanding the WTO Agreement on Technical Barriers to Trade [S]. Geneva, Switzerland: World Trade Organization http://www. wto. org/english/tratop_e/sps_e/spsund_e. htm (accessed 12 March 2009). 2009c.

# 第21章　韩国对食品与健康的首部立法

## 21.1　引言

全世界人口老龄化呈指数型增长，由于患慢性疾病（如糖尿病、心血管疾病和癌症）的人数不断增多，老年人正面临医疗费用的财务困境。这一趋势迫使科学家们致力于研究食品中的生理活性成分。这方面知识的积累已表明食品对健康和疾病具有重要作用，从而促使食品行业生产保健食品，如功能性食品或者食品补充剂。食品的保健功能对消费者和生产商都很重要。消费者可以通过这些保健功能做出购买决定，而生产商可以通过强调他们的产品有益于健康而促进产品的销售。因此，相关标签和广告必须清晰而准确地表述以避免产生任何误解或夸大事实。

保护消费者并确保他们对食品生理价值的准确信息具有知情权的要求，促使许多国家建立了食品健康声明的规章制度。根据健康促进法律（Ohama，Ikeda和Moriyama 2006；Shimizu，2003），日本卫生、劳动和福利部（MHLW）于1991年首先建立了相关的监管体系，用来审核和审批食品的保健功能标签的表述。根据1990年颁布的营养标签和教育法案（NLEA），美国食品和药品管理局（FDA）于1993年颁布并实施了对食品预防疾病声明提供授权的新法规。然而，1994年膳食补充剂健康和教育法（DSHEA）将膳食补充剂从食品、药品和化妆品（FD和C）法中对食品添加剂的要求中撤销，从而限制了FDA对膳食补充剂的授权，但以更灵活的食品安全规定来代替，并免除了FD & C法对标签规定中的文字重排规定（Hutt，2000）。韩国国民议会于2002年颁布了保健/功能性食品法案（HFFA），指导韩国食品和药品管理局（KFDA）颁布对食品补充剂进行批准的新法规。这些新法规于2004年1月发布。本章概述了HFFA指导建立的保健/功能性食品的监管体系，重点介绍对保健/功能性食品的新功能成分的评价。

## 21.2 保健/功能性食品法规

HFFA最大成就是将保健/功能性食品(HFFs)法定为一种食品,并对功能性成分安全性和有效性的评估引入了新的考虑因素。

第三条法案将HFFs定义为包含有助于人类健康的成分或者被用来提高或保护人类健康成分的食品。本法案还限定了HFFs的形式只能是片剂、胶囊、颗粒、药丸或液体。因此,“HFF”最初是食品补充剂、膳食补充剂或保健营养品的同义词。但在2008年1月根据HFFA的修订,HFFs的范围已经扩展至了传统食品。

第十五条法案中规定所有的HFFs在出售之前都要在成分或者生理活性成分基础上对声明进行安全性和验证的评估。授权主要有两种不同的形式:①第一种形式是通过监管修正案在HFFs代码中列出授权成分清单,这种方法尽管比较耗时但被广泛使用;②第二种形式是不通过监管修正案而对每一种成分出具证明。生产商或者分销商有责任将声明内容进行验证或者依据现有的信息提供所有的证据来证明他们产品的声明内容。该法案没有定义什么是健康声明以及一种HFF健康声明的“验证”由什么组成。但它授予了KFDA定义健康声明并审核数据的专有权利。除了评估新的功能性成分,这一法规还包含了有关韩国功能性保健食品市场有效性方面的重要条款。根据第16条款,任何关于功能性保健食品功效的标签和广告在进入市场之前都必须经过顾问委员会的批准。此外,为了生产更好的保健功能食品并对其进行质量控制,KFDA也指定了良好的生产规范。

## 21.3 HFFS所允许的健康声明

KFDA有关HFFs标签法规描述了所允许的健康声明内容。只有相关类别的声明被允许用作HFFs的标签和广告,比如营养功能声明,其他功能声明和疾病风险防控声明。任何描述或者暗示具有预防、治疗疾病的特性都是不允许的。这些健康声明的定义与2004年食品法典委员会(CAC)所采用的规定(CCFL,2004)是一致的,具体内容归纳如下:

(1) 营养功能声明——这些声明描述了营养元素在个体生长、发育和正常功能方面的生理作用。该声明应被用于描述那些自身具备RDAs,并有当前通用的营养方面的文字材料作为可能证据来源的营养素。

(2) 其他功能声明——这些声明关注 HFFs 在总饮食中对身体的正常功能或生物活性的特殊功效。该声明包括对健康的积极作用，对一种功能的改进或者调节，和对健康的改善与保护。

(3) 减少疾病风险声明——这些声明描述 HFFs 摄入(在总饮食中)与减少疾病或不良健康状况的风险之间的关系。

## 21.4　HFFS 健康声明的科学验证

这引出了两个应该优先于健康声明验证的问题：①原料或者成分的鉴定及稳定性分析应当通过检验其来源、性质、组成和处理方法进行评估；②安全评价应在风险分析框架中进行。

### 21.4.1　功能性原料或成分的鉴定及其稳定性

功能性原料可以通过萃取、离心、过滤或分馏等工艺制得，并按配方加入到膳食补充剂或者直接加入到传统食品中。为了生产高质量的产品，标准化是必需的。标准化是指使用指标物来优化批次稳定性的过程，但是从原材料处理到最终产品的生产，有很多因素会影响标准化。为了确保 HFFs 中活性成分的质量，KFDA 要求生产商提交指标物含量方面的数据和指标物的分析方法。重要的是，指标物应是活性成分。由于在天然原料中，有许多化学物质含有相似的活性，这就很难确定究竟哪种才是确切的活性成分。除了活性成分，标记物也可用作指标物。标记化合物应该具有代表性和特色，如在分析方法中的特异性、稳定性和普遍性。新研发的分析方法，必须验证确认。申请人应当确立选择性、准确性、检测限和定量范围及再现性的标准。找到指标物和验证分析方法是保证产品质量和保护消费者免受标签信息误导的关键。

### 21.4.2　功能性原料或成分的安全性评价

所有关于安全使用历史、制造过程、暴露评估、营养评价、生物利用率和毒性数据的科学信息对功能性原料或成分的安全性评价都有帮助。安全性评价应该在风险分析的框架内完成。一旦安全有了保证，就需要进一步检验其功效。法规中规定不允许进行收益风险分析。安全性评价的基本原则是对新物质的确认。如果食品中使用的是传统的活性成分，它的安全性则不需要进一步的证明。但如果活性成分是可食用植物的一部分，那么就不能纯粹按植物本身来对待，而需要通过所有可行的方法来证实其安全性。

在准备安全性文件时，为了做出透明而一致的评价，KFDA 指导方针使用表 21.1 所示的决策树方法。考虑的三个主要因素与如下信息相关：①原材料（第一列）；②加工方法（第二列）；③摄入量水平（第三列）。按照原料、加工过程和摄入量水平，在安全性科学证明的等级中共有 4 个类别。第一类是不允许用作功能性成分的原料，这些材料罗列在《禁止作为保健/功能食品的成分条例》中。第二类是需要使用历史、安全信息及摄入水平方面的必要文件的原料。这些原料有用作食物的传统，且和平均摄入水平相比摄入量并没有增加。第三类是那些需要其他安全性文件的原料，因为尽管有作为食物摄入的传统，但摄入量有所增加。第四类原料可能需要毒理学数据，包括所有可用的文件，比如使用历史、摄入量评估等。

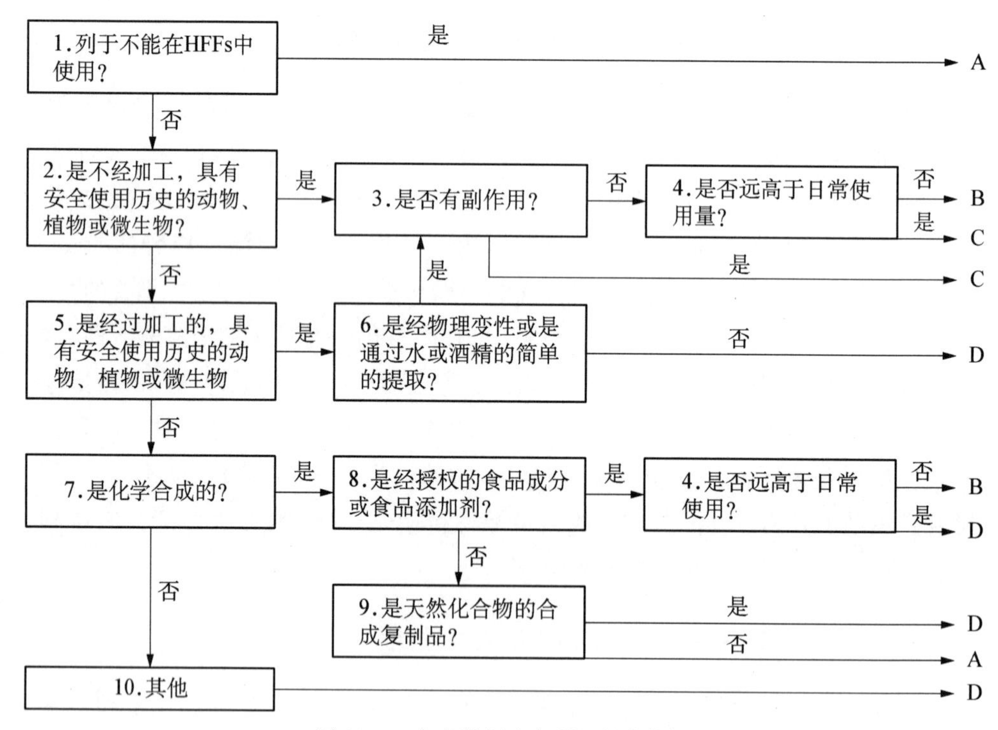


图 21.1　安全数据准备所用的决策树

支持功能性原料安全性所需要的文件：A—不允许使用；B—安全使用的历史，摄入量的估计；C—安全使用的历史，摄入量的估计，毒性/安全信息，营养信息；D—安全使用的历史，摄入量的估计，毒性/安全信息，营养信息，毒理学评价。

### 21.4.3　关于健康声明科学验证的综述

KFDA 提出一套“有效且可靠的科学证据”的标准，不仅为制造商或经销商在证据的精确数量和种类方面提供灵活性，同时也维持了消费者购买保健/功能食品的信心。尽管证实一项声明需要的科学研究数量和种类没有具体的准则，但综述性文章、整合分析和摘要应排除在外。这是由于这类文章没有包含引用文献中具体实验的充足信息，从而无法从此类信息中得出科学结论。

首先，包含的研究内容将会根据其设计类型和科学质量被单独评估。能够证实一项声明有效且可靠的科学证据，一般应当由主要来自于人体实验的数据作为支持。特别是采用随机、双盲、平行组和安慰剂对照组干预研究，被认为是最佳标准。其他诸如动物实验、体外实验、经验类证据、整合分析和综述类文章都只能作为辅助信息，单独任何一项都不能作为验证一项声明的充足证据。但是，如果相关的动物实验、体外实验能够阐释生物化学和生理学机制，或者能证实剂量-效应关系，将是支持健康声明的有力证据。

其次，每一项研究的科学质量将会被评估，该评估基于多项影响因素，包括实验设计与执行、实验样本数、数据采集、结果检测、统计分析和混杂因素(AHRQ，2002)。如果一项研究能够合理考虑到上述绝大多数或所有影响因素，那么该研究就是高质量水平的。为了确定某原料或成分和健康效应间存在指定的联系，可能要利用相关的生物标记或临床指标。生物标记可以根据是否与下述情况相关进行分类：①暴露于食品成分(可以提供一些迹象，但不是绝对证据)；②目标功能或生理反应；③一个合适的中间指标(Aggett et al.，2005；Asp 和 Contor，2003；Cummings，Pannemars 和 Persin 2003；Howlett 和 Shortt，2004；Richardson et al.，2003；US FDA，2005)。

最后，对研究进行总体评估后，接着要评价证据的可信度。尽管每项研究的类型和质量都很重要，每一份数据都应被放在所有可获得的信息中进行总体评估。整体科学依据的可信度应基于数量、一致性和相关性等标准进行综合考虑。从独立进行的研究中取得的数据越多，证据就越具有说服力。如果用于证实科学声明的依据和已知的背景信息保持一致将最为理想；有冲突或不一致的结果都将导致对这项科学声明是否属实产生怀疑。

### 21.4.4　科学证据的评分

由于不断有新的证据在科学文献中出现，因此有必要接纳新兴科学，并建立一个合理系统以确保科学共识和新兴科学之间的连续性。如前文所述，整体科学证据的可信度应基于数量、一致性和相关性等标准进行综合考虑。

有人担忧如果只有在科学上能够达到明显共识的声明才被允许使用在保健/功能食品的标签或广告中，消费者对食品保健功能的认识将可能被局限。因此，KFDA 引入了"基于证据的评级系统"这个概念，该系统参照了 WHO（2004）提出的四种对证据分级的分类方式：有说服力的、有很大可能的、可能的和不足的。这四个等级的设定是基于独立研究的种类、质量以及总体研究的样本数量、一致性和相关性。

对治疗疾病的声明需要最高等级的证据，主要基于设计合理的人类干预实验，且证据足以达到"有说服力的"这一等级。相比之下，其他的功能性科学声明就能使用范围更广的科学证据。尽管人类干预实验是最佳方案，其他研究如动物实验和体外实验，只要与人体代谢相关或非常接近，也可以有效证实保健/功能食品的其他功能。正是考虑到科学依据中的这些变化因素，KFDA 将其他功能的声明归类为 3 个等级，分别是"有很大可能的"、"可能的"和"不足的"。

### 21.4.5 功能性成分的种类

大约有 140 种功能性食物成分，包括 76 种产品特异性成分和 74 种一般成分。一般成分又分为两类。一类是营养物质，包括 14 种维生素、11 种矿物质、蛋白质，必需脂肪酸和膳食纤维；另一类则是用于其他功能性食品中的功能性配料。膳食纤维和蛋白质可以认为既是营养素也是功能性成分。营养物质可以是任何来源的膳食纤维或蛋白质；而功能性食品配料需要有适当的生理功能。膳食纤维共有 14 种，如瓜尔胶/瓜尔胶水解物、抗消化性糊精、聚葡萄糖、大豆纤维、燕麦纤维等。每种膳食纤维都有自己的功能声明和摄入量。例如，瓜尔胶或瓜尔胶水解物具有维持体内健康的胆固醇和餐后血糖水平及保健肠胃的功能；而车前子壳只有维持胃肠健康的功能。截至 2008 年 12 月，77 种成分被认定为产品特定的功能性成分。然而这些成分中有 11 种，尽管缺乏科学证据表明它们是保健/功能食品，但仍被批准。如图 21.2 所示，保健/功能食品有多种多样的功效。约 17%的保健/功能食品声称它们具有"维持肠道健康"的功能，低聚糖、益生菌和膳食纤维是这一类别中主要的活性成分。另一类保健/功能食品，占总量的 14%，声称具有"保持健康的胆固醇水平"的功能，膳食纤维、植物甾醇和大豆蛋白等是这一类中主要的活性成分。

还有两个声明与降低疾病风险有关：一种是钙和骨质疏松症之间的关系，另

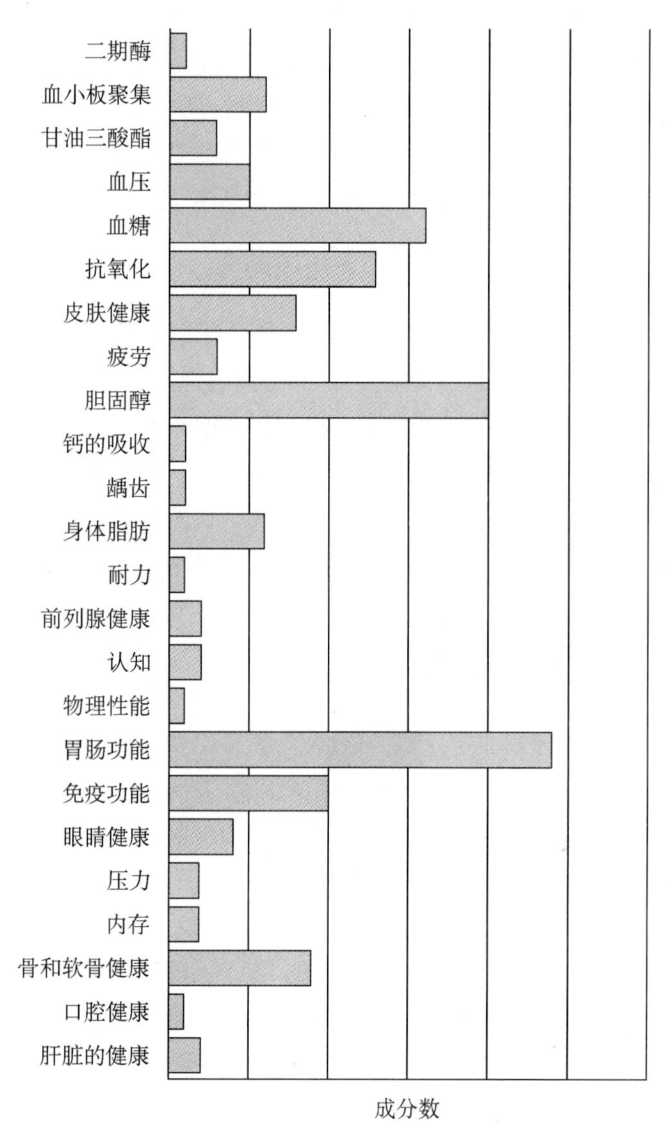


图 21.2　保健/功能食品功效的种类

一种是木糖醇和龋齿之间的关系。

21.4.5.1　钙

根据韩国居民膳食营养素参考摄入量，钙是韩国居民需要更多摄入的营养成分。每日应从保健/功能食品中摄入 210—800 mg 的钙。食品标签应包括以下内容：产品中含有足够的钙，从健康膳食中摄入合适剂量的钙，并配合适当运动，可以保证年轻妇女的骨骼健康并降低今后患骨质疏松症的风险。

21.4.5.2　木糖醇

每日从保健/功能食品中摄入木糖醇的量应在10～25 g。声明中不得暗示食用含非致龋性碳水化合物甜味剂的食物是降低龋齿风险的唯一认可方法。在声明含木糖醇、有防龋齿功能的保健/功能食品中，其他甜味剂应低于50%。此外，若有非木糖醇的碳水化合物存在于保健/功能食品中，该食品在消化后不得产酸。

### 21.4.6　科学评估与向消费者表述相结合

以证据为基础的排名系统将不同等级的科学证据与相关声明的措辞联系起来，即不同层次的证据将导致不同的，与之相适应的声明。然而，因为担心消费者会混淆，KFDA针对消费者对合格措辞的反应进行了调查。在此次调查中，KFDA评估了一系列产品标签格式和信息描述语言。调查者给大约2 000名消费者提供了几种产品标签。结果显示，消费者无法辨别科学证据的强弱水平。为帮助消费者了解产品标签，政府和工业界应促进科学术语向消费者用语的转变。

## 21.5　未来方向

消费者对声明的理解非常重要。保健/功能食品法案（HFFA）最终目标是减少消费者对食品生产商所宣称的保健声明的困惑，并保证相应声明的真实性且不会误导消费者。为了实现这些目标，韩国的研究应着眼于消费者对保健声明的理解，以及开发恰当且有意义的语言和其他表达方式。

2008年初，保健/功能食品法案（HFFA）修订后，将保健/功能食品作为一种膳食补充剂的范围扩大至所有食品，包括传统食品。为了防止一些声明滥用到所有食品，正在修订保健/功能食品的评价条例。营养素度量法以及传统食品健康声明的最低要求将被纳入新法案。同时，新法案也将纳入功能性成分的暴露评估，以确保安全。

## 注　释

1　见2008年3月21日修订的保健/功能食品法。

## 参考文献


[1] Aggett P J, Antoine J M, Asp N G, et al. Process for the assessment of scientific support for claims on foods (PASSCLAIM): Concensus on criteria [R]. Eur J Nutr (Suppl), 44, I/5-I/30. 2005.

[2] AHRQ. Systems to rate the strength of scientific evidence [S]. http://www. ahrq. gov/clinic/epcsums/strengthsum. pdf. 2002.

[3] Asp N G, Contor L. Process for the assessment of scientific support for claims on foods (PASSCLAIM): overall introduction [R]. Eur J Nutr (Suppl), 42, I/3-I/5. 2003.

[4] CAC. Proposed Draft recommendations on the scientific basis of health claims at step 3 [S]. http://ftp. fao. org/codex/ccnfsdu28/nf28_07e. pdf. 2006.

[5] CCFL. Codex guidelines for use of nutritional and health claims. ALINORM 04/27/41 [S]. Codex Committee on Food Labeling. 2004.

[6] Cummings J H, Pannemans D, Persin C. PASSCLAIM, Report of the first plenary meeting including a set of interim criteria to scientifically substantiate claims on foods [R]. Eur J Nutr (Suppl), 42, I/112-I/119. 2003.

[7] Health Canada. Product-specific authorization of health claims for foods [R]. http://www. hc-sc. gc. ca/fn-an/label-etiquet/claims-reclam/final_proposal-proposition_final01-eng. php. 2001.

[8] Howlett J, Shortt C. PASSCLAIM, Report of the second plenary meeting: Review of a wider set of interim criteria for the scientific substantiation of health claims [R]. Eur J Nutr (Suppl), 43, II/174-II/183. 2004.

[9] Hutt P B. US Government regulation of food with claims for special physiological value [M]. In M K Schmidl, T P Labuza (Eds.), Essentials of functional foods (pp. 339-352). Gaithersburg, MD: Aspen Publishers, Inc. 2000.

[10] Ohama H, Ikeda H, Moriyama H. Health foods and with health claims in Japan [J]. Toxicology, 2006,221:95-111.

[11] Richardson D P, Affertshol T, Asp N G, et al. PASSCLAIM, Synthesis and review of existing processes [R]. Eur J Nutr (Suppl), 42, I/96-I/111. 2003.

[12] Shimizu T. Health claims on functional foods: the Japanese regulations and an international comparison [J]. Nutr Res Rev, 2003,16:241-252.

[13] US FDA. Substantiation for dietary supplement claims made under section 403(r)(6) of the Federal Food, Drug, and Cosmetic Act [S]. http://www. fda. gov/Food/Guidance-ComplianceRegulatory Information/GuidanceDocuments/DietarySupplements/ucm073200. htm. 2005.

[14] US FDA. Guidance for Industry: Evidence-based review system for the scientific evaluation of health claims [S]. http://www. fda. gov/Food/GuidanceComplianceRegulatory-Information/Guidance Documents/FoodLabelingNutrition/ucm053850. htm (accessed 11 March 2008). 2007.

[15] WHO. Global strategy on diet, physical activities, and health [S]. http://apps. who. int/gb/ebwha/pdf_files/EB113/eeb113r7. pdf. 2004.

# 第22章　传统食品与民族特色食品的生物活性、营养和安全性

## 22.1　引言

世界上越来越多的研究者和消费者开始关注与饮食相关的疾病(慢性病)以及疾病对社区居民身体健康和生活的影响(Day, et al., 2008; Urquiaga, et al., 2000)。首先,工业化、城市化和市场全球化已影响到人们的生活、饮食方式及其营养状况。例如,在发展中国家,尽管城市化减少了大都市地区营养不良现象,但人们锻炼身体的积极性极大地削弱,同时形成了不良的饮食习惯。因此,在许多发展中国家,营养不良与多种高发病率的慢性病共存,包括特定类型的癌症、肥胖、高血压、心血管疾病以及非胰岛素依赖型糖尿病。其次,发展中国家正面临食品价格不断上涨、土地匮乏和人口日益增长的状况。因此,人们对食品的关注已从营养需求发展到功能保健,包括传统食品中有助于预防营养不良和慢性病的活性成分。

再者,在发达国家中,人们日益增长的环保意识和对食品安全的担忧导致其对天然或有机食品的需求增加,普遍认为食用这些食品比常规种植或转基因食品更健康(Saba, et al., 2003)。另外,全球的民族特色食品影响着人们的饮食,并导致某些慢性疾病。证据表明,从2003年到2006年,英国民族特色食品销售总额翻了一番(Leatherhead Food International, 2004, 2007)。据Leatherhead Food International (2007)预计,从2007年到2011年,爱尔兰民族特色食品年增长率高达10%,而在西班牙、荷兰、丹麦、比利时和意大利其年增长率也达到6%~8%。Khokhar等人(2009)报道,传统/民族特色食品消费量的增加将对人们营养物质的摄入产生影响。

上述情况导致消费者对营养食品尤其是促进人体健康食品的需求;此外,这

还表明，全球不同民族共同关注慢性病食疗解决的健康问题。食品中含有多种对机体生长、保养和修复必不可少的营养物质。近期报道，食品中还含有机体非必需的生物活性物质，它们对人体健康具有潜在益处。越来越多的研究把传统/民族特色食品与生物活性物质相关联，因为这些食品能预防各种慢性病，并赋予人类其他公认的健康效益。因此，提倡食用传统/民族特色食品已成为人们应对世界范围内慢性病挑战的一种途径。然而，传统/民族特色食品中营养和非营养组分的研究数据仍良莠不齐，差异较大，尤其是在发展中国家，相关信息的缺乏影响了有效保健和疾病预防工作。显然，必须对传统/民族特色食品的组分进行更多、更好、更深入地了解，以此发挥其促进人体健康和预防疾病的功效。

## 22.2　目的

本章旨在综述涉及传统和民族特色食品的生物活性、潜在健康功效和安全性的科学文献。所选食品来自拉丁美洲、非洲和亚洲的不同国家和地区。

## 22.3　范畴

基于本章目的，食品生物活性成分定义为：来源于植物、动物和海洋资源的天然存在的人体非必需组分，其对人体的生化、生理、新陈代谢活动具有调节作用，并能够发挥基本营养作用以外的有益功能(ADA, 2004; Denny, et al., 2008; Gry, et al., 2007; Health Canada, 2004; Tejasari, 2007)。这些生物活性成分在体内产生或通过工业酶法(食品加工)生产获得。植物和动物食品中的生物活性成分通常以多种形式呈现，如糖基化、酯化、巯基化或羟基化。植物生物活性成分通常存在于叶、茎、根、块茎、花苞、果实、种子和花朵中，这些成分与植物的颜色、气味、结构、功能和防御系统有关(Cushnie, et al., 2005)。植物中的主要活性成分包括：黄酮类化合物、酚类化合物、类胡萝卜素、植物甾醇、巯代葡萄糖苷等含硫化合物(Denny, et al., 2008)。

传统食品和民族特色食品(这两个词可交替使用)的定义是：长期作为当地或地域性的饮食而被特定人群消费的食品。总之，传统/民族特色食品应该是：①由先祖传承给后代的；②有长期食用的历史；③通常被视为历史和文化的一部分。对传统食品的评价更多是源于维持生计，它与文化特性和人类文明相关联。大部分传统食品的加工是源于淡季保藏食物或食用安全的需要，它是用当地作物或原材料加工生产而成，具有典型的地域或地方特色。随着消费者对预防慢性病的饮食和营养的重视，大大增加了对传统/民族特色食品功效与安全性的研究。

目前尚无充足的科学证据显示，食用传统/民族特色的食品或食品成分可以促进人体健康。许多情况下，对于传统/民族特色食品中生物活性组分及其含量的信息记载非常少。研究范围主要局限于植物类食品或饮品，而动物类食品可能未被包括在内。本篇综述专注于发展中国家（来自拉丁美洲、非洲和亚洲）的传统/民族特色食品，而这些食品可代表世界不同地区的传统/民族特色食品。

## 22.4 方法

查阅现有相关文献，包括科学期刊、行业刊物、杂志、市场报告、会议记录、书籍以及其他出版材料，有时还参考了相关网络资源。使用大量的搜索引擎和数据库收集文献（例如，EBSCOhost，Ingenta，ScienceDirect，Google，Google Scholar），另外还用到图书馆数据库和国际组织的网络图书馆。

## 22.5 综述构架

第1～5节阐述主题和目的，并概括综述的范围和结构；第6～7节讨论食品和慢性病的关系，总结食品生物活性成分的生物学机制；第8节讨论各生物活性成分，以及拉丁美洲（墨西哥）、非洲（南非和乌干达）和亚洲（印度和日本）的传统/民族特色食品的作用与安全性；9～10节为总结和展望，最后包括致谢和参考文献。

## 22.6 食品与慢性疾病

众所周知，特定种类的食品，包括水果和蔬菜，与降低慢性病发生率有关。例如一项针对26个研究的荟萃-分析表明，患乳腺癌的风险与果蔬的摄入水平相关（Gandini，et al.，2000）。在另一个涉及不同种族（日本人、非裔美国人、中国人和白种人）的病例-对照研究中，Kolonel等人（2000）分别以1 619和1 618名男性作为前列腺癌的病例组和对照组，评估了果蔬摄入量对机体的保护功效，结果发现十字花科与橙黄色蔬菜的摄入量与前列腺癌的发病率呈负相关。

Bazzano等人（2002）报道，每日摄入三份以上果蔬可降低中风的发病率。同样地，日均食用不足一份果蔬的人，其中风的发病率较高。Kim 和 Kwon (2009) 指出，食用大蒜可以降低患结肠癌、前列腺癌、食道癌、喉癌、口腔癌、卵巢癌或肾细胞癌的风险，但目前仍缺少足够的证据。Wen 等人(2009)对食品中碳水化合物、血糖指数、血糖负荷和膳食纤维与机体患乳腺癌风险的关系做了前瞻性评估，以确定摄入这些膳食是否受年龄或与胰岛素/雌激素有关的风险因素等的影响。结果表明，伴有高血糖负荷的高碳水化合物饮食，可能与绝经前或小于 50 岁的女性患乳腺癌有关。总之，上述研究显示食品中某些组分与慢性病之间有一定的关系。以下各节将讨论传统/民族特色食品中的一些生物活性成分。

## 22.7　食品生物活性成分的生物学机制

多酚或酚类化合物存在于多种植物中，是人类食品的重要组成部分(Crozier, et al., 2000)。多酚是自然界产量最大、分布最广的生物活性成分，是植物的次级代谢产物(Crozier, et al., 2000)。它是由一个芳香环和一个或多个羟基取代基组成的一系列化合物。在生物体中，多酚能够清除自由基、螯合金属，并防止细胞通信的中断，而所有这一切都是慢性病发生的先兆(Fraga, 2007; Sigler, et al., 1993; Masibo, et al., 2008)。酚羟基是多酚抗氧化能力的基础，这是因为苯氧基上的氢容易被自由基抢夺，但由于共振效应使得反应后的分子结构仍具有化学稳定性(Fraga, 2007)。图 22.1 为多酚与其潜在健康功效的关系示意图。

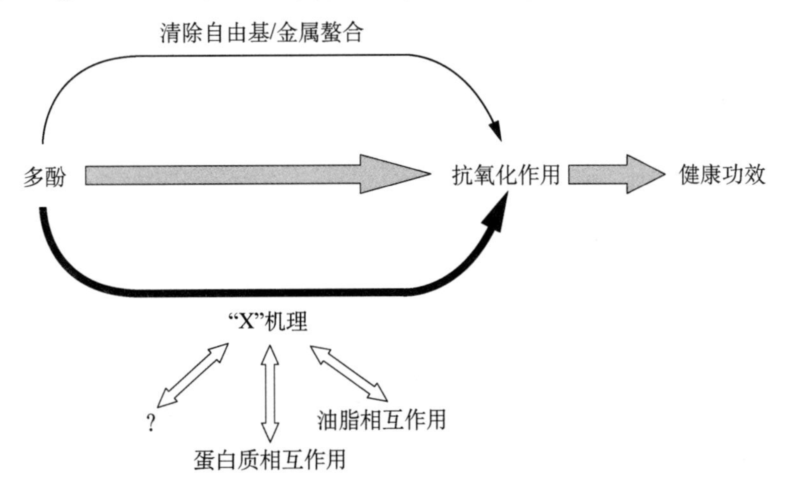


图 22.1　多酚与其健康功效的关系示意图，从中可观察到多酚的抗氧化作用。黑色箭头表示多酚的自由基清除或金属螯合作用的未知机理(Fraga, 2007)。

如图 22.2 所示，黄酮类化合物是植物酚类化合物中最常见的物质，基本结构为 2 -苯基-苯并[α]吡喃或黄烷核，由两个苯环(A 和 B)组成，每个环含有至少一个羟基，可通过一个三碳“桥”连接，并以此成为六元杂环(C)的组成部分(Beecher, 2003; Brown, 1980)。黄酮类化合物根据生物来源分类，例如，黄烷酮和黄烷- 3 -醇是生物合成的中间体和最终产物，可在植物组织中累积。其他黄酮类化合物如花青素、黄酮和黄酮醇仅为生物合成的最终产物(Crozier, et al., 2006)；此外，还包括异黄酮和异类黄酮，其中 3 -苯基是由黄烷酮的 2 -苯基异构化形成。图 22.3 显示黄酮类化合物的分类情况。

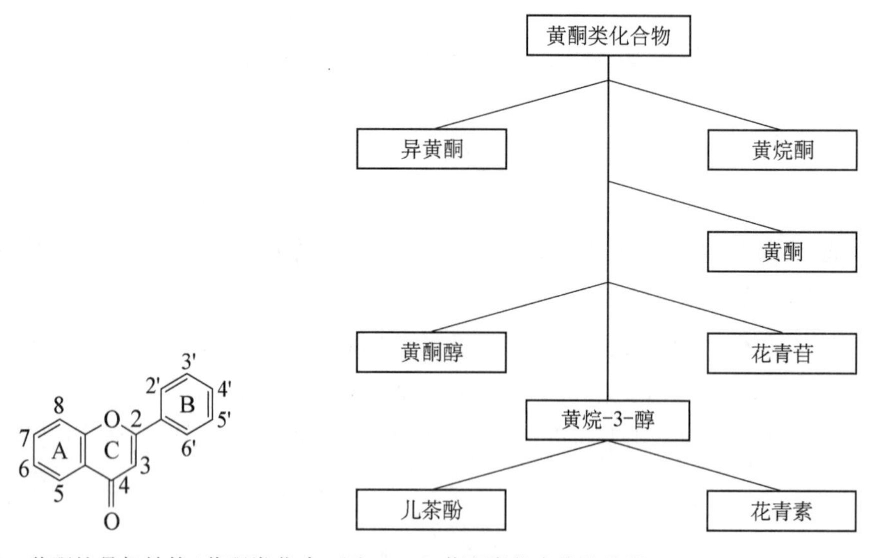


图 22.2 黄酮的骨架结构(黄酮类化合物)(Harborne, et al., 1999)

图 22.3 黄酮类化合物的分类(Denny, et al., 2008)

大多数黄酮类化合物的保健功效源于其抗氧化和螯合能力(Heim, et al., 2002)。抗氧化剂是一类能够抑制细胞氧化、保护机体免受自由基破坏的物质。简单地说，黄酮类化合物能够保护机体免受活性氧(reactive oxygen species, ROS)自由基引起的损伤(Masibo, et al., 2008; Pietta, 2000)。自由基含有未成对电子，具有高度不稳定性和反应活性。由此自由基能够损伤细胞膜，这与癌症、糖尿病和冠心病等慢性病的发病率密切相关(Halliwell, 1994)。

黄酮类化合物通过与活性氧自由基反应使其稳定，从而清除自由基，其反应方程如下所示(Pietta, 2000)：

$$FOH + R\bullet \rightarrow FO\bullet + RH$$

式中，FOH 表示黄酮类化合物；R· 表示自由基；FO· 表示黄酮类化合物的苯氧基自由基，其反应活性小于活性氧。黄酮类化合物还可通过供给氢原子来循环产生抗氧化剂，从而抑制脂质氧化反应（McAnlis, et al., 1999）。Heim 等人（2002）详细阐述了黄酮类化合物的化学性质、代谢特点及其构效关系。食品中的生物活性物质，如多酚和黄酮类化合物都能够防止细胞膜受损、抑制脂质氧化，从而为预防慢性病起到一定的作用。

## 22.8　传统食品/民族特色食品中的生物活性成分

### 22.8.1　拉丁美洲

#### 22.8.1.1　马黛茶的功效

在拉丁美洲传统文化的习俗中，人们使用多种当地植物来生产具有特定功能的食品。其中，土生植物巴拉圭冬青（*Ilex paraguariensis*）常用来制作传统的类茶饮料（马黛茶），尤其是在南美洲国家（Filip, et al., 2001）。成千上万的南美人视马黛茶（yerba mate）为咖啡的健康替代品，并通过饮用此茶来消除疲劳和减少食欲（Cardozo, et al., 2007; Di Gregorio, et al., 2004）。巴拉圭冬青主要生长在阿根廷东北部、巴西南部和巴拉圭东部，这些地方也有人工栽培的巴拉圭冬青（Gorzalczany, et al., 2001）。在南美洲，人们饮用马黛茶的习惯一直保持不变。据报道，在阿根廷、巴拉圭、乌拉圭和巴西，人们广泛饮用马黛茶，其中 30%的人口每日饮用此茶超过一升（Dellacassa, et al., 2001; Filip, et al., 2000; Filip, et al., 2001）。他们通常以热水冲泡高浓度碎干叶（50 g/L）的方式来泡制马黛茶（见图 22.4）。

(a)

(a)

图 22.4　(a) 美洲龙舌兰植物和(b) 干燥的马黛茶叶片

(http://www.florahealth.com/flora/home/Canada/HealthInformation/Encyclopedias/Mate.htm)

马黛茶是一种富含抗氧化物的饮品，南美各国均广泛饮用此茶。其叶片含有许多生物活性成分，如绿原酸和酚酸，这两类物质是马黛茶发挥抗氧化活性的主要组分(Chandra, et al., 2004; Bracesco, et al., 2003; Schinella, et al., 2000; Filip, et al., 2000)。Bastos等人(2006)报道马黛茶的绿叶及其浸液的抗氧化功效能够与BHT (2,6-二叔丁基对甲苯酚，一种常见的酚类抗氧化剂)相媲美。da Silva等人(2008)认为，马黛茶提取物可作为酚类化合物的来源，具有体外抗氧化活性，从而有利于降低心血管疾病的发生。根据da Silva等人(2008)的报道，马黛茶富含几乎所有维持生命所必需的维生素和矿物质。此外，Bixby等人(2005)和Bracesco等人(2003)的研究表明，马黛茶是一种比红酒、绿茶或红茶更有效的抗氧化剂。

da Silva等人(2008)研究了马黛茶饮用量对体外血浆和低密度脂蛋白(LDL)氧化、血浆抗氧化能力以及血小板聚集产生的急性效应。结果表明，马黛茶中的酚类化合物能够增强对血浆和低密度脂蛋白的保护作用，防止其受到体外脂质过氧化，同时对血浆的抗氧化能力也有显著影响。Bravo等人(2007)比较了马黛茶与多种常见商业饮料(橙汁、绿茶、红茶以及红葡萄酒、玫瑰葡萄酒和白葡萄酒)中的多酚总量和抗氧化能力。其中，马黛茶与绿茶、红茶以及橙汁的多酚总量相当，且其抗氧化能力稍高于葡萄酒、橙汁和红茶，但比绿茶低。Prediger等人(2008)研究表明，把马黛茶的水醇提取物急性给药于大鼠，可不同程度地调整其短期和长期学习记忆过程，从而改善大鼠的认知能力。总之，马黛茶不仅具有兴奋和营养功能，还被认为是人体抗氧化剂的一种重要来源(da Silva, et al, 2008)。

#### 22.8.1.2 马黛茶的安全性

虽然评价马黛茶安全性的文献报道较少，但饮用马黛茶可能会诱发口腔癌和上呼吸消化道癌，部分原因可能是饮用茶温过高(Goldberg, et al., 2000; Sewram, et al., 2003)。Di Gregorio等人(2004)报道了阿根廷Apóstoles加工的马黛茶中含有铯-137($^{137}Cs$)(切尔诺贝利核辐射中的放射性污染物)，其浓度为7～10 Bq/kg。有人认为这一污染水平并不会造成公共健康问题。尽管人们意识到这种传统食品含有高效的生物活性成分，但其所含有的污染物浓度和安全性未被详细研究和报道。不过食用传统食品的悠久历史本身就证明了其安全性；显然，如果它们被贴上不安全的标签，那么将被禁止食用。此外，仅仅将科学研究数据应用到传统食品的安全性评估上是不恰当的，还必须考虑到传统食品制作过程中的预防措施，这是完整评价其安全制备和食用的有机组成部分。

#### 22.8.1.3 龙舌兰酒的功效

作为墨西哥最重要的传统非蒸馏型酒精饮料，龙舌兰酒(pulque)由阿兹特克人创造并继承下来，是当代墨西哥饮食的重要组成部分(Escalante, et al., 2004)。它是由几种龙舌兰植物如暗绿龙舌兰(*Agave atrovirens*)和美洲龙舌兰(*Agave americana*)的龙舌兰汁(*aguamiel*)发酵而来(见图 22.4)。龙舌兰植物的汁液含有结晶草酸钙、挥发性油、龙舌兰胶以及其他化合物。龙舌兰酒的加工由一系列复杂的处理过程组成，包括由酵母和某些细菌产生乙醇、多种多样的化合物和某些聚合物，最终产品具有独特的黏稠度(Peña-Alvarez, 2004)。

龙舌兰酒通常作为酒精度较低的健康饮料以及营养补充剂。Backstrand 等人(2001)曾推测，酒精类饮料，如龙舌兰酒在不蒸馏、不过度加工且饮用适量的前提下，能够为日常饮食提供大量的维生素和矿物质。另外，龙舌兰酒还可提供具有重要保健功能的抗坏血酸、非血红素铁、核黄素、叶酸和其他 B 族维生素以及一些生物活性成分(Backstrand, et al., 2001)。总而言之，适度饮用龙舌兰酒可改善机体铁元素营养状况，同时还能提高关键微量营养素的摄入量并改善机体营养状况(Backstrand, et al., 2001)。此外，龙舌兰酒还具有药用价值，人们饮用龙舌兰酒来治疗诸如肾脏感染、食欲不振和胃肠功能紊乱等疾病。

皂角苷是类固醇或三萜烯的天然糖苷，具有多种不同的生物活性和药理功效(Lacaille-Dubois, 2005; Sparg, et al., 2004)。龙舌兰酒含有大量的甾体皂苷，并且大多数具有生物活性。某些龙舌兰品种可用来生产甾体皂苷和皂角苷，可作为合成类固醇激素的原料(Tinto, et al., 2005)。目前，人们正在研究皂角苷的药用价值，包括解痉活性和对癌细胞的毒性作用，其生物活性已有详细综述(Sparg, et al., 2004; Lacaille-Dubois, 2005)。甾体皂苷是山药中最重要的生物活性成分(Yang, et al., 2009)，其相关生物活性，如抗癌性已有报道(见表 22.1)。据报道，皂角苷是人参(*Panax ginseng*)的主要活性成分(Sparg et al., 2004)。龙舌兰中的皂角苷具有降低胆固醇、抗炎和抗菌活性，但其在龙舌兰酒中发挥的功效仍未见详细的文献报道。Backstrand 等人(2002)研究表明，通过墨西哥索利斯谷(Solís Valley, Mexico)的龙舌兰酒消费水平可以预测该地孕妇低铁蛋白和低血红蛋白症状的风险。

**表 22.1　甾体皂苷的生物活性**

| 生物活性 | 参考文献 |
|---|---|
| 抗癌 | Ravikumar 等人(1979)；Sung 等人(1995) |
| 抗血栓 | Peng 等人(1996)；Zhang 等人(1999) |

（续表）

| 生物活性 | 参考文献 |
|---|---|
| 抗病毒 | Aquino 等人(1991) |
| 溶血 | Zhang 等人(1999)；Santos 等人(1997) |
| 降胆固醇 | Sauvaire 等人(1991)；Malinow (1985) |
| 降血糖 | Kato 等人(1995) |

#### 22.8.1.4 龙舌兰酒的安全性

在龙舌兰酒中已鉴别出一些 γ-变形菌；虽然这些细菌无处不在，如淡水、土壤和蔬菜表面等，但有些也是人体中的条件致病菌(Escalante, et al., 2008; Waleron, et al., 2002)。Escalante 等人(2008)推测，龙舌兰酒中检测出的部分 γ-变形菌可能来自龙舌兰汁，而其他 γ-变形菌可能是在提取、加工和贮藏等过程中产生。Backstrand 等人(2001)研究表明，龙舌兰酒的高消费量与墨西哥索利斯谷妇女的低婴儿出生率有关。这是由于孕妇饮用龙舌兰酒时，胎儿暴露于酒精的负面影响风险将增加(Backstrand, et al., 2001)。

如上所述，龙舌兰酒含有甾体皂苷和其他各种微量营养素。尽管对皂角苷的生物活性已有大量报道，但其对龙舌兰酒的功效却仍不清楚，需要进一步研究。另外，在龙舌兰酒的生产加工过程中，需要进一步防止细菌污染并提出相应的解决方案。

### 22.8.2 非洲

#### 22.8.2.1 博士茶的功效

在南非的传统中，许多植物(Aspalathus linearis 和 Cyclopia intermedia)可用来制茶，如博士茶(Rooibos)和蜜树茶(Honeybush)。本节主要讨论博士茶，博士茶取材于南非当地植物 *Aspalathus linearis*(见图 22.5)的叶片和细茎。大约 300 年前，南非西开普省的土著科伊-科伊(khoi-khoi)博士茶植物的叶子制作茶饮，发现其具有特殊的味道和香气(Morton, 1983)。另外，博士茶可以与牛奶和糖一起经热水冲泡饮用，风味更加浓郁(Joubert, et al., 2008)。将博士茶植物的叶片和细茎在水中煮沸，接着以小火慢煮来制茶。每次沏好茶后再向锅中加入水、叶片和细茎继续煎制。Oldewage-Theron 等人(2005)调查指出，博士茶是南非瓦尔三角地区非正式定居者最经常食用的十大食品之一。近年来，人们把博士茶作为草药茶饮用，并根据自己的喜好添加牛奶和糖。

图 22.5　成熟的红灌木植物(*Aspalathus linearis*)。Rooibos Ltd/SunnRooibos (2003)(www. rooibosltd. co. za)

天然的博士茶不含咖啡因,含有少量的单宁,不会造成机体因铁生物利用率(iron bioavailability)低而导致该元素的匮乏,铁生物利用率低常见于喜欢饮茶的人群,主要是由于机体内形成非血红素铁-单宁复合物所致(Erickson, 2003; Morton, 1983)。博士茶植物的茎叶可直接或经过发酵处理后使用。未发酵的博士茶称为绿灌木茶(green Rooibos),而发酵后的博士茶由于多酚的氧化作用使叶片由绿变红,因此称为红灌木茶(red Rooibos)或红茶(McKay, et al. , 2007)。现今,传统的发酵型博士茶仍然采用几百年前土著人的生产和加工方式,但同时也进行了商业推广。

博士茶与机体的抗氧化能力、化学预防潜能、免疫调节作用以及抗过敏作用密切相关(Hesseling, et al. , 1982; Kunishiro, et al. , 2001; Lamosova, et al. , 1997; Nakano, et al. , 1997a; Nakano, et al. , 1997b; Schulz, et al. , 2003)。自由基(失去一个电子的不稳定分子)能够损伤细胞的 DNA,增加慢性病和其他疾病的患病风险。抗氧化剂,如多酚能够在自由基对机体产生伤害前与之结合。多酚中的黄酮和酚酸亚类是潜在的自由基强效清除剂(Erickson, 2003)。冲泡好的绿、红灌木茶富含多种酚类化合物(McKay, et al. , 2007; Dos, et al. , 2005)。已知红灌木茶中含有如下几种酚酸:咖啡酸、阿魏酸、对香豆酸、对羟基苯甲酸、香草酸和原儿茶酸(Rabe, et al. , 1994)。在博士茶中发现的黄酮类化合物主要有阿斯巴汀、异荭草素、荭草素、异牡荆苷素、牡荆苷素、异槲皮素、金丝桃苷、槲皮素、木樨草素、金圣草黄素和芦丁素(McKay, et al. , 2007; Shimamura, et al. , 2006)。其中,阿斯巴汀是一种天然存在的 C-糖基二氢查耳酮,且仅存在于 *Aspalathus linearis* 中(Koeppen, et al. , 1965; Koeppen, 1970; Shimamura, et al.，2006)。

一般而言，绿灌木茶的总多酚含量较高，这主要是因为红灌木茶发酵过程中酶的作用和化学变化降低了总酚含量(Joubert，1996)。例如，在发酵过程中，阿斯巴汀被氧化成二氢异荭草素，其浓度由原先的49.9 mg/g(绿灌木茶)下降至1.2 mg/g(红灌木茶)(Bramati，et al.，2003)。Standley等人(2001)也报道绿灌木茶(41.0%)中的多酚总量高于红灌木茶(35.0%)。在2%(W/V)绿、红博士茶液中，绿茶的多酚总量(绿茶41.2%：红茶29.7%)、黄酮类化合物(绿茶28.1%：红茶18.8%)和非黄酮类化合物(绿茶13.1%：红茶10.9%)，含量更高(Marnewick，et al.，2000)。其他黄酮类化合物如异荭草素、荭草素、异牡荆苷素和牡荆苷素也在*Aspalathus linearis*的发酵过程中发生降解。

其他一些关于动物和体外实验的研究，主要探讨*Aspalathus linearis*潜在的保健功效。Shindo和Kato (1991)报道每周饮用1 500 mL发酵红茶(0.2 g叶片/100 mL水，煮沸20 min)对患不同程度皮肤病的病人均具有疗效。另据报道，饮用博士茶能够降低单纯疱疹和非治愈性人类乳头状瘤病毒感染的发病率。在一项动物实验中，Uličná等人(2006)分别以自由采食和填喂的方式用红茶水提取物(0.25 g叶片/100 mL水，煮沸10 min后浸泡20 min)和碱性提取物(10 g水提取后叶片/100 mL，在45℃下用1%的$Na_2CO_3$萃取3 h)喂养雄性Wistar大鼠(按5 mL/kg体重)。结果显示，提取物(红茶)能够显著降低血浆肌酐含量，减少血浆和晶状体中晚期糖基化终末产物含量以及降低脂质过氧化水平。另外，水提取物还能够抑制肝脏中的脂质过氧化反应。Sissing (2008)通过向雄性Fischer大鼠饲喂红、绿茶的水提取物(2.0 g叶片/100 mL，用新鲜开水提取；浸泡30 min后进行冻干处理)，证明其能够减少由甲苄基亚硝胺诱导的食管乳头状瘤的数量和大小。最近一项研究中，Juráni等人(2008)使用红茶饲喂年龄较大的日本鹌鹑(0.175 g叶片/100 mL水；煮沸10 min后浸泡20 min；自由采食或以3.5 g粉碎植物料/kg强行饲喂)。结果表明，红茶提取物能够延长鹌鹑的繁殖期。Joubert等人(2008)详细讨论博士茶其他的一些潜在的保健功效。

#### 22.8.2.2 博士茶的安全性

总体而言，博士茶是安全的，这与其悠久的饮用历史有关，在南非人的传统饮用习俗中并未出现过博士茶的负面记载。据报道，大鼠缓慢摄入绿色和红色博士茶10周后其肝脏、体重和肾脏并未受到不利影响(Marnewick，et al.，2003)。另一方面，对商业化生产的博士茶进行质量控制主要体现在农药残留和微生物污染上(Joubert，et al.，2008)。然而生产商很少把博士茶的传统使用方式作为检测其安全性和毒性的指标。另外，一些制造商利用多种指标来预测博士茶的品质，例如颜色检测、多酚总量（TP）、总抗氧化活性（TAA）和阿斯巴汀含量（Joubert，1995）。总之，需要更多的科学证据来确立博士茶的饮用安全性。

总之，博士茶的确含有生物活性物质，这有助于预防因自由基损伤引发的癌症、心脏病和中风。但必须注意的是，这些证据都是以动物为模型呈现的，以人类为模型的基础研究仍较少。非发酵型（绿色）博士茶比传统的发酵型（红色）博士茶具有更高的多酚含量，并且在总体上表现出较强的体外抗氧化和抗突变能力。此外，仍需对博士茶中生物活性物质的生物利用度、组织分布及其生物活性做进一步的研究。同样，博士茶在体外和动物模型中的生物活性是否对人体有效还需深入研究。

22.8.2.3　乌墨蒲桃的功效

在乌干达中部，人们习惯将干燥的乌墨蒲桃（*Syzygium cumini*）种子粉末作为草药来治疗哮喘；此外，其果实被幼童广泛食用（Stangeland，et al.，2009）。早在 20 世纪初，印第安人将乌墨蒲桃带到乌干达，他们主要食用乌墨蒲桃的多汁果肉并用其来制作果酱（见图 22.6）。Stangeland 等人（2009）对乌干达多种常见食用果蔬进行生物活性检测，发现乌墨蒲桃的种子和果实都具有很高的抗氧化活性。在一项预实验中，Ndyomugyenyi (2008)证实乌墨蒲桃中的生物活性物质包括甾醇、三萜烯、香豆素、单宁、糖苷（强心苷和类固醇）、生物碱、还原性化合物、花青苷类色素和皂角苷。

图 22.6　乌墨蒲桃树及其果实（*Syzygium cuminii*）（http://www.daleysfruit.com.au/forum/bugagali1/）

Banerjee 等人(2005)认为，乌墨蒲桃的果皮具有显著的抗氧化活性，可能部分功能来自抗氧化性维生素、酚类化合物、单宁和/或花青苷。Veigas 等人(2007)在研究中表征并评价了乌墨蒲桃果皮花青苷类色素的抗氧化能力及其稳定性：提取物中总花青苷含量为 216 mg/100 mL，相当于 230 mg/100 g 水果干重；三种花青苷确认为飞燕草素葡糖苷；另外还指出，乌墨蒲桃提取物是一种比 BHA(丁基羟基茴香醚)更有效的自由基清除剂。食用它可为机体提供大量的抗氧化物，从而起到促进身体健康，预防疾病的功效。

22.8.2.4　乌墨蒲桃的安全性

关于研究乌墨蒲桃安全性的文献尚未见报道。尽管乌墨蒲桃可能含有微生物、抗营养物质、毒素或过敏原，但其仍被认为是安全的。传统食品经常利用特殊的预处理或加工技术来减少与之相关的安全风险。在传统食品悠久的食用历史中，人们掌握了与之相关的知识。不过，对乌墨蒲桃的安全性仍需要更多研究。

### 22.8.3　亚洲

22.8.3.1　芒果的功效(印度)

热带和亚热带水果含有多种的生物活性成分(Ribeiro, et al., 2007)。其中，芒果(*Mangifera indica* L.)是世界上许多热带和亚热带国家经常食用的传统水果(Kim, et al., 2009)。印度次大陆拥有上千年栽培芒果的历史，并分别于公元前 5—4 世纪和公元 10 世纪将芒果栽培技术传播至东亚和东非。后来，芒果被引进至巴西、西印度群岛和墨西哥(Kim, et al., 2009)。当今，巴西、墨西哥、菲律宾、印度、中国、尼日利亚和巴基斯坦是世界上主要的芒果生产国(Kim, et al., 2009; Ribeiro, et al., 2007; FAO, 2007)。成熟的芒果在大小和颜色上存在差异(见图 22.7)。芒果的中心是一个呈单扁状椭圆形的种子，根据品种的不同，其表面可呈纤维状或毛状。成熟的芒果可直接食用，而未成熟的或绿色芒果可用来加工芒果腌渍品或芒果酸辣酱。表 22.2 列出一些发展中国家芒果的传统食用方式。

图 22.7　成熟芒果和绿芒果( *Mangifera indica* L. ) (http://www.spicegrenada.com/)

芒果富含生物活性成分，比如多酚和类胡萝卜素(Kim, et al., 2007; Berardini, et al., 2005; Godoy, et al., 1989)。Ribeiro 等人(2008)在巴西乌托兰芒果果肉中鉴别出黄酮类和氧杂蒽酮苷类化合物:芒果苷、芒果苷酯、异芒果苷酯、山萘酚和槲皮素。值得注意的是，不同种类的芒果所含的生物活性成分也不同。Ribeiro 等人(2007)指出，芒果肉是抗氧化物质的重要来源。Kim 等人(2009)报道游离没食子酸和 4 种没食子单宁是芒果中的主要多酚类化合物，他们同时在芒果中鉴别出低浓度的对羟基苯甲酸、对香豆酸、阿魏酸和儿茶酚。另外，其他被鉴别出的多酚化合物还包括异槲皮素、鞣花酸和 β-葡糖没食子鞣苷(Schieber, et al., 2000)。

芒果中的主要生物活性成分是芒果苷或 C-葡糖基氧杂蒽酮(氧杂蒽酮是一类强效抗氧化剂)。Jagetia 和 Baliga (2005)研究发现，通过使用人外周血淋巴细胞，芒果苷能够抵抗辐射病和骨髓坏死。另外，研究者还发现芒果苷在大鼠体内能够起到抗糖尿病、抗动脉粥样硬化和抗血脂的活性功能(Yoshikawa, et al., 2001; Muruganandan, et al., 2002; Randle, Garland, et al., 1963)。还有报道称芒果苷具有抵抗细菌和真菌的作用(Stoilova, et al., 2005)。

22.8.3.2　芒果的安全性

人类摄食研究表明，每日摄入 1 g 多酚不会对机体产生不利或致命毒性影响(Scalbert 和 Williamson, 2000)。虽然芒果富含多种生物活性成分，但是关于芒果安全性的研究报道较少。总而言之，发展中国家传统食用的芒果及其加工食品都富含生物活性成分;然而，关于其安全性以及加工对生物活性物质影响的研究仍较少。Kim 等人(2009)研究在不同热水处理时间和贮藏条件下，成熟的绿色芒果中多酚和抗氧化剂的变化情况，其结果显示，随着热水处理时间的增加，没食子酸、没食子单宁和可溶性总酚含量呈下降趋势。未来仍需进一步研究确定芒果的安全性以及其生物活性成分是否完整的存在于加工食品中(见表 22.2)。

表 22.2 芒果(*Mangifera indica* L.)在发展中国家的传统食用情况

| 食品 | 国家 | 描述 |
| --- | --- | --- |
| 酸辣酱 | 印度次大陆 | 未成熟的芒果蘸上辣椒或酸橙 |
| Aampadi | 印度 | 将成熟的芒果切成薄片、干燥、折叠后再切 |
| Ayurvedic mango lassi | 印度 | 甜饮,以酸奶和牛奶为基料 |
| Ras | 印度 | 芒果经榨汁后涂抹在各种面包上 |
| 未成熟芒果或绿芒果 | 印度 | 蘸盐或辣椒后食用 |
| | 菲律宾 | 用一种咸糊状发酵鱼或虾酱蘸着吃 |
| | 印度尼西亚 | |
| | 泰国 | 蘸着糖和盐/辣椒 |
| Panha 或 panna | 印度 | 熟芒果生饮 |
| 芒果 | 墨西哥 | 片状芒果蘸上辣椒粉、果汁、冰沙、水果棒等,整个置于辣椒盐混合物中 |
| 腌渍芒果 | 东南亚 | 用鱼酱和白醋腌渍 |
| Amchur | 特立尼达和多巴哥岛、印度、东南亚 | 干燥的未成熟芒果用作调味品 |
| Rujak 或 rojak | 马来西亚、新加坡、印度尼西亚 | 在酸味沙拉中拌入绿芒果 |

22.8.3.3 食用藻类的功效(日本)

在亚洲各国中,日本是海藻的主要消费国,其人均年消费量为 1.6 kg(干重)(Fujiwara-Arasaki, et al., 1984)。自古以来,各种各样的海藻如裙带菜(*Undaria pinnatifida*)和羊栖菜(*Hizikia fusiforme*)是日本主食的一部分(Dawczynski, et al., 2007; Nagai, et al., 2003)。在日本,裙带菜是主要的藻类食品,占其消费量的 50%以上(Davidson, 1999),常被用于汤、沙拉、甜醋、煮熟的食物以及配料中。裙带菜富含岩藻黄素(其也存在于褐色海藻的叶黄素中),可生成含量超过 10%的天然类胡萝卜素(Miyashita, et al., 2006, 2008; Shiratori, et al., 2005)。有研究表明,岩藻黄素及其代谢产物具有抗氧化、抗癌、减肥和抗炎的特性(Miyashita, et al., 2008)。羊栖菜也叫 Hijiki,可作为油炸食品、海莴苣和青海苔食用,也可生吃,但通常经干燥脱水后再食用(Davidson, 1999)。另外,关于日本消费的可食用藻类生物活性成分的研究数据非常少。

众所周知,褐藻比绿藻或红藻含有更多的生物活性成分(Seafoodplus, 2008)。其中部分褐藻已鉴别出生物活性成分包括褐藻素、褐藻多酚、岩藻黄素以及其他一些代谢产物(Hosokawa, et al., 2006)。Nagai 和 Yukimoto (2003)研究了褐藻饮料的制备和功能特性:分别以 4 种海藻(裙带菜,海小号,羊栖菜,海莴苣)制备饮料;其中一种饮料的酚类化合物含量(48.3 mg/g 干重)与绿茶(50.7 mg/g干重)相近。另外,海藻具有较高的抗氧化性质,其抗氧化活性与多酚含量有关。Chandini 等人(2008)对三种印度褐藻进行评价,认为其粗提物和组分具有抗氧化活性,因而海藻可作为天然抗氧化物的来源。

另一种褐藻 haba-nori(*Petalonia binghamiae*(J. Agaradh) Vinogradova)是日本渔业城镇居民广泛食用的传统食品(Kuda, et al., 2006),它在食用之前需干燥并稍经烘烤。不过,关于脱水海藻生物活性的报道较少(Kuda, et al., 2005)。Kuda 等人(2006)研究了 *Petalonia binghamiae* 对人体的功效,发现其水提取物是酚类化合物的良好来源,具有还原和清除自由基的能力。自由基清除活性可通过热处理如干馏而增强,而抗氧化活性依赖于酚类化合物(Kuda, et al., 2006)。

Kuda 等人(2005)还研究了褐藻 *Scytosiphon lomentaria*,在日本 *Scytosiphon lomentaria* 的干燥产物称为 kayamo-nori,是日本石川县能登町地区的传统食品(Kuda, et al., 2005),需要干燥并稍经烘烤后食用。Kuda 等人(2005)指出,食用 *Scytosiphon lomentaria* 前无需浸泡,而其他干燥的藻类通常需用 20～40 倍体积的水溶胀后再食用。研究已证实 *Scytosiphon lomentaria* 含有总酚,并且表现出较强的抗氧化性。另外,Jiménez-Escrig 等人(2001)报道褐藻墨角藻(*Fucus*)在 50℃下干燥 48 h 后其清除自由基的活性将下降 98%。

#### 22.8.3.4 食用藻类的安全性

有报道指出羊栖菜提取物中砷含量较高(Nagai, et al., 2003)。Araki(1983)研究表明,干燥和贮藏处理将会减少藻类产品的生物活性成分。Prabhasankar 等人(2009)研究发现,用裙带菜制作的意大利面烹调时,岩藻黄素将不受影响。

食用海藻中发现的生物活性物质在日常饮用和预防慢性疾病潜在作用巨大,但对此仍需做进一步的研究。

## 22.9 小结

大多数发展中国家和发达国家的日常饮食中包括许多传统食品,其在预防慢性病上起着重要的作用。本章主要阐述了传统/民族特色食品是许多生物活性物质的良好来源,其生物活性物质含量非常高。虽然马黛茶极高的生物活性已得到认可,但其污染物检测和安全性规范仍未见明文规定。龙舌兰酒含有皂角苷和其他微量营养物，而博士茶含有生物活性物质，都可以防止自由基损伤，从而预防癌症、心脏病和中风。研究发现，未发酵的博士茶比发酵的博士茶含有更多的多酚，在体外实验中具有更高的抗氧化和抗突变能力。乌墨蒲桃含有的活性成分是甾醇、三萜烯、香豆素、单宁、糖苷、生物碱、还原性化合物、花青苷类色素和皂角苷。芒果及其加工产品均是生物活性成分的重要来源。然而，这些食品的安全性及加工对其活性的影响都未见详细报道。褐藻（*Scytosiphon lomentaria* 和 *Petalonia binghamiae* Yukimoto）中鉴别出的生物活性物质包括褐藻素、褐藻多酚、岩藻黄素以及其他一些代谢产物。

虽然关于生物活性作用的佐证不断增多，但是离建立完整的数据库还相差甚远。因为这些证据大都来源于体外实验以及药物短期饲喂动物所建立的模型，并不是以人体消耗膳食的方式而得到。此外，对于生物活性物质在人体细胞中的吸收情况、生物利用度及其安全性，人们所知甚少。另外，不同食品提取的活性成分的含量及其生物利用度都存在着显著差异。

## 22.10 展望

希望本章可使传统/民族特色食品的功效、安全性保障以及慢性病预防作用能引起人们的重视。尽管已有关于传统/民族特色食品成分、功效和安全性的研究报道，但仍需深入研究，开发出更为综合的全球化数据库。国家和地方政府、卫生机构、科学家、国际组织、社区组织（CBOs）和非政府组织（NGOs）都需进一步努力，确保相关研究能满足当前的迫切需要，建立并完善数据库以满足消费者日益增长的慢性病食疗预防需求。

总体来说，人们迫切需要长远的系统研究规划，对传统/民族特色食品的功效、安全性和生物利用度进行评价。同时，也要开展对传统/民族特色食品的加工制备研究，即怎样在不影响食品口感、营养和消费特性的前提下，尽可能多地保留其生物活性物质。未来的研究应重点放在建立保障这类食品安全的方案，以及研究其如何作为天然替代物应用于慢性病的预防。

具体来讲，龙舌兰酒中皂角苷的功能还未阐述清楚，仍需进一步研究；另外如何控制龙舌兰酒加工过程中的细菌污染也有待深入研究。同样，博士茶中生物活性成分的生物利用度、组织分布和生物活性，以及其在体外和动物实验中表现出的活性是否在人体内也同样适用，都有待进一步探究。乌墨蒲桃和芒果的安全性，芒果加工产品是否完整保留其活性物质，以及海藻食品中活性物质对慢性病的防治作用都需要更深入的研究。

合理而持续地研究传统/民族特色食品的生物活性成分，可以改善人类的健康状况。随着全球食品体系不断健全和完善，鉴于传统/民族特色食品具有延缓慢性病发展的特点，其生物活性、功效和安全性将会成为未来食品研究中一个非常有趣的方向。

## 致　谢

衷心感谢 Larry Keener 先生在本章书写过程中起到的关键作用。此外，还感谢塔斯基吉大学食品营养和科学系食品营养科学咨询委员会给予的帮助。

## 参考文献

[1] ADA. American Dietetic Association. Position of the American Dietetic Association: Functional foods [J]. Journal of the American Dietetic Association, 2004,104:814 -826.

[2] Araki S. Processing of dried porphyra (nori)[M]. In: The Japanese Society of Scientific Fisheries (Ed.), Biochemistry and utilization of marine algae. Tokyo: Koseisha Koseikaku (in Japanese). 1983.

[3] Aquino R, Conti C, de Simone F, et al. Antiviral activity of constituents of Tamus communis [J]. Journal of Chemotherapy, 1991,3:305 - 309.

[4] Backstrand J R, Allen L H, Black A K, et al. Diet and iron status of nonpregnant women in rural Central Mexico [J]. The American Journal of Clinical Nutrition, 2002,76:156 - 164.

[5] Backstrand J R, Allen L H, Martinez E, et al. Maternal consumption of Pulque, a traditional central Mexican alcoholic beverage: Relationships to infant growth and development [J]. Public health nutrition, 2001,4:883 - 891.

[6] Banerjee A, Dasgupta N, De B. In vitro study of antioxidant activity of Syzygium cumini fruit [J]. Food Chemistry, 2005,90:727 - 733.

[7] Bastos D H M, Ishimoto E Y, Marques M O M, et al. Essential oil and antioxidant activity of green mate and mate tea (Ilex paraguariensis) infusions [J]. Journal of Food Composition and Analysis, 2006,19:538 - 543.

[8] Bazzano L A, He J, Ogden L G, et al. Fruit and vegetable intake and risk of cardiovascular disease in US adults: The first National Health and Nutrition Examination Survey Epidemiologic Follow-up Study [J]. The American Journal of Clinical Nutrition, 2002,76:93 - 99.

[9] Beecher G R. Overview of dietary flavonoids: Nomenclature, occurrence and intake [J]. Journal of Nutrition, 2003,133:3248S - 3254S.

[10] Berardini N, Fezer R, Conrad J, et al. Screening of mango (*Mangifera indica L.*) cultivars for their contents of flavonol O- and xanthone C-glycosides, anthocyanins, and pectin [J]. Journal of Agricultural and Food Chemistry, 2005,53:1563 - 1570.

[11] Bixby M, Spieler L, Menini T, et al. Ilex paraguariensis extracts are potent inhibitors of nitrosative stress: A comparative study with green tea and wines using a protein nitration model and mammalian cell cytotoxicity [J]. Life Science, 2005,77:345 - 358.

[12] Bracesco N, Dell M R A, Behtash S, et al. Antioxidant activity of a botanical extract preparation of Ilex paraguariensis: Prevention of DNA double strand breaks in Saccharomyces cerevisiae and human low-density lipoprotein oxidation [J]. Journal of Alternative and Complementary Medicine, 2003,9:379 - 387.

[13] Bramati L, Aquilano F, Pietta P. Unfermented Rooibos tea: Quantitative characterization of flavonoids by HPLC-UV and determination of the total antioxidant activity [J]. Journal of agricultural and food chemistry, 2003,50:7472 - 7474.

[14] Bravo L, Luis G, Lecumberri E. LC/MS characterization of phenolic constituents of mate (Ilex para-guariensis, St. Hil.) and its antioxidant activity compared to commonly consumed beverages [J]. Food research international, 2007,40:393 - 405.

[15] Brown J P. A review of the genetic effects of naturally occurring flavonoids, anthraquinones and related compounds [J]. Mutation Research, 1980,75:243 - 277.

[16] Cardozo E L, Ferrarese-Filho O, Filho L C, et al. Methylxanthines and phenolic compounds in mate (Ilex paraguariensis St. Hil.) progenies grown in Brazil [J]. Journal of Food Composition and Analysis, 2007,20:553 - 558.

[17] Chandini S K, Ganesan P, Bhaskar N. In vitro antioxidant activities of three selected brown seaweeds of India [J]. Food Chemistry, 2008,107:707 - 713.

[18] Chandra S, Gonzalez de Mejia E. Polyphenolic compounds, antioxidant capacity, and quinone reductase activity of aqueous extract of Ardisia compressa in comparison to mate (Ilex paraguariensis) and green (Camellia sinensis) teas [J]. Journal of Agricultural and Food Chemistry, 2004,52:3583 - 3589.

[19] Crozier A, Burns J, Aziz A, et al. Antioxidant flavonols from fruits, vegetables and beverages: Measurements and bioavailability [J]. Biological Research, 2000,33:79 - 88.

[20] Crozier A, Jaganath I B, Clifford M N. Phenols, polyphenols and tannins: An overview [M]. In A. Crozier, M. N. Clifford, & H. Ashihara (Eds.), Plant secondary metabolites (pp. 1 - 24). Oxford: Blackwell Publishing Ltd. 2006.

[21] Cushnie T P T, Lamb A J. Antimicrobial activity of flavonoids [J]. International Journal of Antimicrobial Agents, 2005,26:343 - 356.

[22] da Silva E L, Neiva T J C, Shirai M, et al. Acute ingestion of yerba mate infusion (Ilex paraguariensis) inhibits plasma and lipoprotein oxidation [J]. Food Research International, 2008,41:973 - 979.

[23] Davidson A. The oxford companion to food [M]. Frome, Somerset, Great Britain: Butler and Tanner Ltd 1999, pp. 831 - 832.

[24] Dawczynski C, Schubert R, Jahreis G. Amino acids, fatty acids, and dietary fibre in edible seaweed products [J]. Food Chemistry, 2007,103:891 - 899.

[25] Day L, Seymour R B, Pitts K F, et al. Incorporation of functional ingredients into foods

10. 1016/j. tifs. 2008. 05. 002 [R]. Trends Food Science and Technology. 2008.
[26] Dellacassa E, & Bandoni A L. El mate [J]. Revista de Fitoterapia, 2001,1:269 - 278.
[27] Denny A, Buttriss J. Synthesis Report No. 4: Plant foods and health: focus on plant bioactives [R]. EuroFIR Project Management Office/British Nutrition Foundation. 2008.
[28] Di Gregorio D E, Huck H, Aristegui R, et al. $^{137}$Cs contamination in tea and yerba mate in South America [J]. Journal of Environmental Radioactivity, 2004,76:273 - 281.
[29] Dos A, Ayhan Z, Sumnu G. Effects of different factors on sensory attributes, overall acceptance and preference of Rooibos (Aspalathus linearis) tea [J]. Journal of Sensory Studies, 2005,20:228 - 242.
[30] Erickson L. Rooibos tea: Research into antioxidant and antimutagenic properties [J]. Journal of American Botanical Council, 2003,59:34 - 45.
[31] Escalante A, Giles-Gómez M, Hernández G, et al. Analysis of bacterial community during the fermentation of Pulque, a traditional Mexican alcoholic beverage, using a polyphasic approach [J]. International Journal of Food Microbiology, 2008,14:126 - 134.
[32] Escalante A, Rodríguez M E, Martínez A, et al. Characterization of bacterial diversity in Pulque, a traditional Mexican alcoholic beverage, as determined by 16S rDNA analysis [J]. FEMS Microbiology Letters, 2004,235:273 - 279.
[33] FAO. FAO Statistical Database, Agriculture [S]. http://apps. fao. org (accessed 11 February 2009). 2007.
[34] Filip R, López P, Giberti P G, et al. Phenolic compounds in seven South American Ilex species [J]. Fitoterapia, 2001,72:774 - 778.
[35] Filip R, Lotito S B, Ferraro G, et al. Antioxidant activity of Ilex paraguariensis and related species [J]. Nutrition Research, 2000,20:1437 - 1446.
[36] Fraga C G. Plant polyphenols: How to translate their in vitro antioxidant actions to in vivo conditions [J]. IUBMB Life, 2007,59:308 - 315.
[37] Fujiwara-Arasaki T, Mino N, Kuroda M. The protein value in human nutrition of edible marine algae in Japan [J]. Hydrobiologia, 1984, 116/117:513 - 516.
[38] Gandini S, Merzenich H, Robertson C, et al. Meta analysis of studies on breast cancer risk and diet: The role of fruit and vegetable consumption and the intake of associated micronutrients [J]. European Journal of Cancer, 2000,36:636 - 646.
[39] Godoy H, Rodriguez-Amaya D B. Carotenoid composition of commercial mangoes from Brazil [J]. Lebensmittel-Wissenschaft und-Technologie, 1989,22:100 - 103.
[40] Goldberg B M, Brinckmann A. Herbal medicine: Expanded commission E monographs [R]. Newton, MA: Integrative Medicine Communications 2000, pp. 249 - 252.
[41] Gorzalczany S, Filip R, Alonso M-R, et al. Choleretic effect and intestinal propulsion of 'mate' (Ilexparaguariensis) and its substitutes or adulterants [J]. Journal of Ethnopharmacol, 2001,75:291 - 294.
[42] Gry J, Eriksen F D, Pilegaard K, et al. EuroFIR-BASIS: A combined composition and biological activity database for bioactive compounds in plant-based food [J]. Trends Food Science and Technology, 2007,18:434 - 444.
[43] Halliwell B. Free radicals, antioxidants and human disease: Curiosity cause or consequence [J]. Lancet, 1994,344:721 - 724.

[44] Harborne J B, Baxter H. The Handbook of Natural Flavonoids (Vols 1 - 2) [M]. Chichester, UK: John Wiley and Sons. 1999.

[45] Health Canada Final policy paper on nutraceuticals/functional foods and health claims on foods. 2004.

[46] Heim K E, Tagliaferro A R, Bobilya D J. Flavonoid antioxidants: Chemistry, metabolism and structure-activity relationships [J]. The Journal of Nutritional Biochemistry, 2002, 13:572 - 584.

[47] Hesseling P B, Joubert J R. The effect of rooibos tea on the type I allergic reaction [J]. South African Medical Journal, 1982,62:1037 - 1038.

[48] Hosokawa M, Bhaskar N, Sashima T, et al. Fucoxanthin as a bioactive and nutritionally beneficial marine carotenoid, A review [J]. Carotenoid Science, 2006,10:15 - 28.

[49] Jagetia G C, Baliga M S. Radioprotection by mangiferin in Dbaxc57bl mice: A preliminary study [J]. Phytomedicin, 2005,12:209 - 215.

[50] Jiménez-Escrig A, Jiménez-Jiménez I, Pulido R, et al. Antioxidant activity of fresh and processed edible seaweeds [J]. Journal of the Science of Food and Agriculture, 2001,81:530 - 534.

[51] Joubert E. HPLC quantification of the dihydrochalcones, aspalathin and nothogagin in rooibos tea (Aspalathus linearis) as affected by processing [J]. Food Chemistry, 1996,55:403 -411.

[52] Joubert E, Gelderblom W C A, Louw A, et al. South African herbal teas: Aspalathus linearis, Cyclopia spp. and Athrixia phylicoides, A review [J]. Journal of Ethnopharmacol, 2008,119: 376 - 412.

[53] Juráni M, Lamošová D, Mácajová M, et al. Effect of rooibos tea (Aspalathus linearis) on Japanese quail growth, egg production and plasma metabolites [J]. British Poultry Science, 2008,49:55 - 64.

[54] Kato A, Miura T, Fukunaga T. Effects of steroidal glycosides on blood glucose in normal and diabetic mice [J]. Biological and Pharmaceutical Bulletin, 1995,18:167 - 168.

[55] Khokhar S, Gilbert P A, Moyle C W A, et al. Harmonised procedures for producing new data on the nutritional composition of ethnic foods [J]. Food Chemistry, 2009,113:816 - 824.

[56] Kim J-Y, Kwon O. Garlic intake and cancer risk: An analysis using the food and drug administration's evidence-based review system for the scientific evaluation of health claims [J]. The American Journal of Clinical Nutrition, 2009,89:257 - 264.

[57] Kim Y, Brecht J K, Talcott S T. Antioxidant phytochemical and fruit quality changes in mango (Mangifera indica L.) following hot water immersion and controlled atmosphere storage [J]. Food Chemistry, 2007,105:1327 - 1334.

[58] Kim Y, Lounds-Singleton A J, Talcott S T. Antioxidant phytochemical and quality changes associated with hot water immersion treatment of mangoes (Mangifera indica L.) [J]. Food Chemistry, 2009,15(3):989 - 993.

[59] Koeppen B H. C-glycosyl compounds in Rooibos tea. Food Industries of South Africa, 49 (April). 1970.

[60] Koeppen B H, Roux D G. Aspalathin: A novel C-glycosylflavonoid from Aspalathin linearis [J]. Tetrahedron Letters, 1965,39:3497 - 3503.

[61] Kolonel L N, Hankin J H, Whittemore A S, et al. Vegetables, fruits, legumes and prostate cancer: A multiethnic case-control study [J]. Cancer Epidemiol Biomark

Prevention, 2000,9:795 - 804.

[62] Kuda T, Hishi T, Maekawa S. Antioxidant properties of dried product 'haba-nori', an edible brown alga, Petalonia binghamiae (J. Agaradh) Vinogradova [J]. Food Chemistry, 2006,98:545 - 550.

[63] Kuda T, Tsunekawa M, Hishi T, et al. Antioxidant properties of dried 'kayamo-nori', a brown alga Scytosiphon lomentaria (Scytosiphonales, Phaeophyceae)[J]. Food Chemistry, 2005,89:617 - 622.

[64] Kunishiro K, Tai A, Yamamoto I. Effects of rooibos extract on antigen-specific antibody production and cytokine generation in vitro and in vivo [J]. Bioscience, biotechnology, and biochemistry, 2001,65:2137 - 2145.

[65] Lacaille-Dubois M-A. Bioactive saponins with cancer related and immunomodulatory activity: Recent developments [J]. Studies in Natural Products Chemistry Elsevier, 2005, 32:209 - 246.

[66] Lamosova D, Jurani M, Greksak M, et al. Effect of Rooibos tea (Aspalathus linearis) on chick skeletal muscle cell growth in culture [J]. Comparative Biochemistry and Physiology. Part C, Pharmacology, toxicology & endocrinology, 1997,116:39 - 45.

[67] Leatherhead Food International. [M]. The European ethnic foods market report (2nd ed.). Leatherhead: LFI. 2004.

[68] Leatherhead Food International. The European ethnic foods market report (3rd ed.)[R]. Leatherhead: LFI. 2007.

[69] Malinow M R. Effects of synthetic glycosides on cholesterol absorption [J]. Annals of the New York Academy of Sciences, 1985,454:23 - 27.

[70] Marnewick J L, Gelderblom W C A, Joubert E. An investigation on the antimutagenic properties of South African herbal teas [J]. Mutation research, 2000,471:157 - 166.

[71] Marnewick J L, Joubert E, Swart P, et al. Modulation of hepatic drug metabolizing enzymes and oxidative status by green and black (Camellia sinensis), rooibos (Aspalathus linearis) and honeybush (Cyclopia intermedia) teas in rats [J]. Journal of agricultural and food chemistry, 2003,51:8113 - 8119.

[72] Masibo M, He Q. Major mango polyphenols and their potential significance to human health [J]. Compr Rev Food Sci Food Safety, 2008,7:309 - 319.

[73] McAnlis G T, McEneny J, Pearce J, et al. Absorption and antioxidant effects of quercetin from onions, in man [J]. European Journal of Clinical Nutrition, 1999,53:92 - 96.

[74] McKay D L, Blumberg J B. A review of the bioactivity of South African herbal teas: Rooibos (Aspalathus linearis) and Honeybush (Cyclopia intermedia)[J]. Phytotherapy research, 2007,21:1 - 16.

[75] Miyashita K, Hosokawa M. Beneficial health effects of seaweed carotenoid, fucoxanthin [M]. In C. Barrow & F. Shahidi (Eds.), Marine nutraceuticals and functional foods (pp. 297 - 320). Boca Raton, USA: CRC Press. 2008.

[76] Morton J F. Rooibos tea, Aspalathus linearis, a caffeineless, low-tannin beverage [J]. Economic Botany, 1983,37:164 - 173.

[77] Muruganandan S, Gupta S, Kataria M, et al. Mangiferin protects the streptozotocin-induced oxidative damage to cardiac and renal tissues in rats [J]. Toxicology and

pharmacology, 2005,176:165 - 173.
[78] Nagai T, Yukimoto T. Preparation and functional properties of beverages made from sea algae [J]. Food Chemistry, 2003,81:327 - 332.
[79] Nakano M, Itoh Y, Mizuno T, et al. Polysaccharide from Aspalathus linearis with strong anti-HIV activity [J]. Bioscience, biotechnology, and biochemistry, 1997a,61:267 -271.
[80] Nakano M, Nakashima H, Itoh Y. Anti-human immunodeficiency virus activity of oligosaccharides from rooibos tea (Aspalathus linearis) extracts in vitro [J]. Leukemia, 1997b,11:128 - 130.
[81] Ndyomugyenyi K E. Nutritional evaluation of Java plum (Syzygium cumini) beans in broiler diets. MSc. Thesis [D]. Available at Makerere University Library, 2008, pp. 35 - 39.
[82] Oldewage-Theron W H, Dicks E G, Napier C E, et al. Situation analysis of an informal settlement in the Vaal Triangle [J]. Development Southern Africa, 2005,22:13 - 26.
[83] Peña-Alvarez A, Díaz L, Medina A, et al. Characterization of three Agave species by gas chromatography and solid-phase microextraction-gas chromatography-mass spectrometry [J]. Journal of Chromatography. A, 2004,1027:131 - 136.
[84] Peng J P, Chen H, Qiao Y Q, et al. Two new steroidal saponins from Allium sativum and their inhibitory effectson blood coagulability [J]. Acta Pharmacol Sinica, 1996,31:613 -616.
[85] Pietta P G. Flavonoids as antioxidants [J]. Journal of Natural Products, 2000,63:1035 - 1042.
[86] Prabhasankar P, Ganesan P, Bhaskar N, et al. Edible Japanese seaweed, wakame (Undaria pinnatifida) as an ingredient in pasta: Chemical, functional and structural evaluation [J]. Food Chemistry, 2009,15(2):501 - 508.
[87] Prediger R D S, Fernandes M S, Rial D, et al. Effects of acute administration of the hydroalcoholic extract of mate tea leaves (Ilex paraguariensis) in animal models of learning and memory [J]. Journal of Ethnopharmacology, 2008,120:465 - 473.
[88] Rabe C, Steenkamp J A, Joubert E, et al. Phenolic metabolites from Rooibos tea (Aspalathus linearis)[J]. Phytochem, 1994,35:1559 - 1565.
[89] Randle P J, Garland P B, Hales C N, et al. The glucose-fatty acid cycle, its role in insulin sensitivity and metabolic disturbances in diabetes mellitus [J]. Lancet, 1963,1:785 - 789.
[90] Ravikumar P R, Hammesfahr P, Sih C J. Cytotoxic saponins form the Chinese herbal drug Yunnan Bai Yao [J]. Journal of Pharmaceutical Sciences, 1979,68:900 - 903.
[91] Ribeiro S M R, Barbosa L C A, Queiroz J H, et al. Phenolic compounds and antioxidant of Brazilian mango (Mangifera indica L. ) varieties [J]. Food Chemistry, 2008,110:620 - 626.
[92] Ribeiro S M R, de Queiroz J M, Lopes M A, et al. Antioxidant in mango (Mangifera indica L. ) pulp [J]. Plant Foods for Human Nutrition, 2007,62:13 - 17.
[93] Saba A, Messina F. Attitudes towards organic foods and risk/benefit perception associated with pesticides [J]. Food Quality and Preference, 2003,14:637 - 645.
[94] Santos W N, Bernardo R R, Pecanha L M T, et al. Haemolytic activities of plant saponins and adjuvants. Effect of Periandra mediterranea saponin on the humoral response to the FML antigen of Leishmania donovani [J]. Vaccine, 1997,15:1024 - 1029.
[95] Sauvaire Y, Ribes G, Baccou J C, et al. Implication of steroid saponins and sapogenins in the hypocholesterolemic effect of fenugreek [J]. Lipids, 1991,26:191 - 197.

[96] Scalbert A, Williamson G. Dietary intake and bioavailability of polyphenols [J]. The Journal of nutrition, 2000,130:2073 - 2085.

[97] Schieber A, Ullrich W, Carle R. Characterization of polyphenols in mango puree concentrate by HPLC with diode array and mass spectrometric detection [J]. Innov Food Sci Emerg Technol, 2000,1:161 - 166.

[98] Schinella G R, Troiani G, Dávila V, et al. Antioxidant effects of Na aqueous extract of Ilex paraguariensis [J]. Biochemical and Biophysical Research Communications, 2000, 269:357 - 360.

[99] Schulz H, Joubert E, Schutze W. Quantification of quality parameters for reliable evaluation of green rooibos (Aspalathus linearis) [J]. European Food Research and Technology, 2003,216:539 - 543.

[100] Seafoodplus. Seafoodplus web page; www. seafoodplus. org/fileadmin/files/news/2004-01-22 SFRTD1launchBrussels. pdf (accessed 11 February 2009). 2008.

[101] Sewram V, De Stefani E, Brennan P, et al. Mate consumption and the risk of squamous cell esophageal cancer in Uruguay [J]. Cancer Epidemiology, Biomarkers and Prevention, 2003,12:508 - 513.

[102] Shimamura N, Miyase T, Umehara K, et al. Phytoestrogens from Aspalathus linearis [J]. Biological and Pharmaceutical Bulletin, 2006,29:1271 - 1274.

[103] Shiratori K, Ohgami I, Ilieva X, et al. Effects of fucoxanthin on lipopolysaccharide-induced inflammation in vitro and in vivo [J]. Experimental Eye Research, 2005,81:422 - 428.

[104] Sigler K, Ruch R J. Enhancement of gap junctional intercellular communication in tumor promoter-treated cells by components of green tea [J]. Cancer Letters, 1993,69:5 - 9.

[105] Sissing A. Investigations into the cancer modulating properties of Aspalathus linearis (rooibos), Cyclopia intermedia (honeybush) and Sutherlandia frutescens (cancer bush) in oesophageal carcinogenesis [D]. MSc Thesis. Available at the University of the Western Cape, Bellville, South Africa. 2008.

[106] Sparg S G, Light M E, van Staden J. Biological activities and distribution of plant saponins [J]. Journal of Ethnopharmacology, 2004,94:219 - 243.

[107] Stangeland T, Remberg S F, Lye K A. Total antioxidant activity in 35 Ugandan fruits and vegetables [J]. Food Chemistry, 2009,113:85 - 91.

[108] Stoilova I, Gargova S, Stoyanova A, et al. Antimicrobial and antioxidant activity of the polyphenol mangiferin [J]. Haematologica Polonica, 2005,51:37 - 44.

[109] Sung M K, Kendall C W C, Rao A V. Effect of saponins and gypsophila saponin on morphology of colon carcinoma cells in culture [J]. Food Chemical Toxicology, 1995,33: 357 - 366.

[110] Tejasari. Evaluation of ginger (Zingiber officinale Roscoe) bioactive compounds in increasing the ratio of T-cell surface molecules of CD3+CD4:CD3+CD8+ In-Vitro [J]. Mal Journal of Nutrition, 2007,13:161 - 170.

[111] Tinto W F, Simmons-Boyce J L, McLean S, et al. Constituents of agave Americana and agave barbadensis [J]. Fitoterapia, 2005,76:594 - 597.

[112] Ulicná O, Vancová O, Božek P, et al. Rooibos tea (Aspalathus linearis) partially prevents oxidative stress in streptozotocin-induced diabetic rats [J]. Physiological

Research, 2006,55:157 - 164.
[113] Urquiaga I, Leighton F. Plant polyphenol antioxidants and oxidative stress [J]. Biological Research, 2000,33:2 - 11.
[114] Veigas J M, Narayan M S, Laxman P M, et al. Chemical nature, stability and bioefficacies of anthocyanins from fruit peel of Syzygium cumini Skeels [J]. Food Chemistry, 2007,105:619 - 627.
[115] Waleron M, Waleron K, Podhajska A J, et al. Genotyping of bacteria belonging to the former Erwina genus by PCR-RFLP analysis of a recA gene fragment [J]. Microbiology, 2002,148:583 - 595.
[116] Wen W, Shu X-O, Li H, et al. Dietary carbohydrates, fiber, and breast cancer risk in Chinese women [J]. The American Journal of Clinical Nutrition, 2009,89:283 - 289.
[117] Yang D-J, Lu T-J, Hwang LS. Effect of endogenous glycosidase on stability of steroidal saponins in Taiwanese yam (Dioscorea pseudojaponica yamamoto) during drying processes [J]. Food Chemistry, 2009,113:155 - 159.
[118] Yoshikawa M, Nishida N, Shimoda H, et al. Polyphenol constituents from salacia species: Quantitative analysis of mangiferin with glucosidase and aldose reductase inhibitory activities [J]. Yakugaku Zasshi, 2001,121:371 - 378.
[119] Zhang J, Meng Z, Zhang M, et al. Effect of six steroidal saponins isolated from Anemarrhenae rhizome on platelet aggregation and hemolysis in human blood [J]. Clinica Chimica Acta, 1999,289:79 - 88.

## 补充书刊

[1] Charmaine S. Asia food. Encyclopedia of Asian food (Periplus editions)[M]. Australia: New Holland Publishers Pty Ltd. 1998.
[2] Henry M, Harris KS. LMH Official dictionary of Jamaican herbs and medicinal plants and their uses [M]. LMH Publishing Ltd. 2002.
[3] Mitchell S A, Ahmad M H. A review of medicinal plant research at the University of the West Indies, Jamaica, 1948 - 2001 [J]. The West Indian Medical Journal, 2006,55:243 - 269.
[4] Ricks R M, Vogel P S, Elston D M, et al. Purpuric agave dermatitis[J]. Journal of the American Academy of Dermatology, 1999,40:356 - 358.
[5] Stangeland T, Remberg S F, Lye K A. Antioxidants in some Ugandan fruits[J]. African Journal of Ecology, 2007,45:29S - 30S.
[6] Vanisree M, Alexander-Lindo R L, DeWitt D L, et al. Functional food components of Antigonon leptopus tea [J]. Food Chemistry, 2008,106:487 - 492.

# 第 23 章　加工问题：丙烯酰胺、呋喃和反式脂肪酸

## 23.1　引言

加工食品已经成为现代社会的一种生活方式(Rupp, 2003)。食品加工能够保障食品供应更加稳定，提升消费的便利性和多样性，而且在通常情况下使得食品更加安全、美味(Rupp, 2003)。通过清洗、修整、研磨、浸出和机械分离等食品加工单元操作，可以清除原料中特定的不利成分，降低一些原材料中的天然毒素物质水平(Sikorski, 2005)。另一方面，食品加工也会降低食品的营养价值和生物利用率，在加工过程中发生的物理和化学变化可能会产生食品安全风险(Rupp, 2003)。热加工可能会导致一些有害物质的产生，例如，各种致突变剂、致癌的杂环芳香胺、多环芳烃、呋喃、丙烯酰胺以及亚硝胺等。食品加工过程中因化学变化而产生的有害物质还包括：油脂氢化过程产生的反式脂肪酸、水解植物蛋白过程中产生的氯丙醇(Hamlet 和 Sadd, 2009; Hunter, 2005)。

食品加工产生的有毒物质，如丙烯酰胺、呋喃和反式脂肪酸等，目前已受到广泛关注。产生这些化合物的前体物质和机理各不相同，但它们都是在食品加工过程中形成的。丙烯酰胺和呋喃是由富含碳水化合物的食物在热加工过程中发生美拉德反应的产物。液态油脂通过部分氢化，可以提高产品的塑性和氧化稳定性，但此过程会导致反式脂肪酸的产生。与膳食中丙烯酰胺、呋喃和反式脂肪酸摄入相关的潜在健康风险已成为公众焦点，因此，大量的研究集中在找到有效的加工方法，达到既减少或防止加工中产生的上述三种有害物质，又不影响食品的安全、感官品质(如滋味、质构和色泽)或营养价值。本章将概述食品加工中丙烯酰胺、呋喃和反式脂肪酸形成的影响因素，并介绍当前用于管控这些化学危害物的方法。

## 23.2 丙烯酰胺

### 23.2.1 前言

在常温下，丙烯酰胺(2-丙烯酰胺)纯品是一种无色、无味的固体。它是一种用于生产聚丙烯酰胺的工业原料。聚丙烯酰胺常用作城市供水处理和工业废水排放前去除固体悬浮物的絮凝剂，其他用途还包括：纸和纸浆加工、化妆品添加剂以及灌浆剂的配方组成。目前已知，丙烯酰胺在动物体内具有神经毒性、基因毒性和致癌性，并被国际癌症研究机构(IARC)划归为可能的人类致癌物(IARC, 1994)。

2002年，瑞典国家食品管理局和斯德哥尔摩大学的研究人员发现，许多富含碳水化合物的热加工食物，如采用油炸、烘焙和炒制方式制作的马铃薯制品、早餐粮谷类食品、面包和饼干中，丙烯酰胺的含量超过1 000 μg/kg (Tareke et al., 2002)。这一报道引起了全球对丙烯酰胺的研究兴趣，包括研究其形成机理、在食物中的分布和含量，以及对人体健康的影响等。丙烯酰胺一般产生于食品的高温(120℃)加工过程，如油炸、烘焙、炒制和挤压。在工厂生产的食品，餐饮服务业销售的食品，或消费者家庭制作的食品中，也发现有丙烯酰胺。丙烯酰胺源于热加工，主要归因于食品中一些氨基酸和还原糖发生的美拉德反应(Mottram, Wedzicha 和 Dodson, 2002; Rydberg et al., 2003; Tareke et al., 2002)。

自从在食品中发现丙烯酰胺以来，人们已经获得了大量关于丙烯酰胺的信息，包括丙烯酰胺在食品中含量、毒理特性、形成机制和减少食品中丙烯酰胺含量的方法。有一些非常好的渠道用于获取有关丙烯酰胺的最新信息，例如，FAO/WHO在2002年6月召开的关于食品中丙烯酰胺健康危害的会议，决定建立FAO/WHO丙烯酰胺食品网站(http://www.foodrisk.org/acrylamide/index.cfm)。该网站提供当前对食品中丙烯酰胺研究的全球性共享资源和研究事项，包括学术研究、监测监控和行业调查。HEATOX项目是由欧盟委员会于2002—2007年资助的国际多学科交叉研究项目，聚焦于研究有害化合物的健康风险，如丙烯酰胺以及其他富含碳水化合物的食物在热加工过程中形成的类似化合物。HEATOX项目的研究课题，包括形成机制、原料组成的影响、阻抑因子，以及烹饪和加工方法对丙烯酰胺等有害化合物形成的影响。人们可以从HEATOX网站(www.heatox.org)了解该项目的研究成果。鉴于本章只简述丙烯酰胺的现状，读者可以参考一些关于丙烯酰胺和其他因热产生有害物质的综合性文献(Friedman 和 Mottram，2005；Skog 和 Alexander，2006；Stadler 和 Lineback，2009)，农业科学和技术委员会(CAST，2006)中有丙烯酰胺的相关报道，《Journal of Agricultural and Food Chemistry》(56 卷，15 期)以及《Food Additives and Contaminants》(24 卷，增刊 1)关于食品中的丙烯酰胺问题专门分析报道。

### 23.2.2　食品中丙烯酰胺及含量

自从 2002 年首次在食品中发现丙烯酰胺以来，美国食品药品监督管理局(FDA)等监管机构、世界卫生组织(WHO)等国际性组织以及欧盟委员会联合研究中心都做了大量的工作，以获取食品中丙烯酰胺含量数据。FDA 已经建立了消费者个人购买食品(FDA，2006a)和总膳食研究样品中(FDA，2006b)的丙烯酰胺含量的数据库。最初，被选为分析对象的食品，是之前被报道含有丙烯酰胺的食品，或者是在婴儿和年轻人膳食中消费最多的食品。对大部分产品，直接检测食品原样，而另一些则在烹调前后分别进行检测。表 23.1 列出了 FDA 对不同食品中丙烯酰胺含量的检测数据。不同的食品类别以及不同品牌的同一类食品中，丙烯酰胺的水平有很大差异。一方面因为食品原料中本身存在的丙烯酰胺含量不同，另一方面，温度、时间等烹饪和加工条件也会产生影响。

表 23.1　不同种类食品中的丙烯酰胺含量[1]

| 食品种类 | 丙烯酰胺含量(μg/kg) | 丙烯酰胺含量最高的产品 |
|---|---|---|
| 婴儿食品 | ND～130 | 磨牙饼干 |
| 法式薯条 | 20～1 325 | 烤薯条 |
| 薯片 | 117～2 762 | 甜薯片 |
| 婴儿配方奶粉 | ND | — |
| 蛋白质食品 | ND～116 | 烤蔬菜汉堡 |
| 面包和烘焙食品 | ND～364 | 深色黑麦面包、烤面包 |
| 谷物 | 52～1 057 | 小麦谷物 |
| 休闲食品(不包括薯片) | 12～1 340 | 蔬菜脆片 |
| 肉汁和调味料 | ND～151 | 山核桃液 |
| 坚果和坚果酱 | ND～457 | 烟熏杏仁 |
| 饼干 | 26～1 540 | 全麦饼干 |
| 巧克力产品 | ND～909 | 好时可可 |
| 罐藏水果和蔬菜 | ND～83 | 烤箱烤制的豆类 |
| 曲奇 | ND～955 | 姜汁饼干 |

（续表）

| 食品种类 | 丙烯酰胺含量($\mu g/kg$) | 丙烯酰胺含量最高的产品 |
|---|---|---|
| 咖啡 | 27～609 | 混合咖啡和菊苣，现磨、非调制 |
| 冷冻蔬菜 | 10 | — |
| 干燥食品 | 11～1 184 | 洋葱汤蘸酱 |
| 乳制品 | ND～43 | 炼乳 |
| 水果和蔬菜 | ND～1 925 | 成熟的橄榄 |
| 热饮料 | 93～5 399 | 即时热饮，现磨、非调制 |
| 果汁 | 267 | 西梅汁 |
| 墨西哥卷饼、脆玉米饼、玉米圆饼等产品 | 29～794 | 原玉米饼 |
| 其他 | ND～804 | 烤玉米 |

1 数据来源于 FDA (2006b)。
ND 未检出(最低检出限为 10 ng/g)。

食品中丙烯酰胺含量的最全面的数据库之一是由欧盟委员会编制的，包含了整个欧洲超过 7 000 种食品样品。总体而言，欧盟委员会编制的数据库与 FDA 的实验数据一致。

一般来说，膳食暴露量最大的食品包括马铃薯制品(薯条、薯片、烤土豆)等加工食品、烘焙谷物食品(面包、麦片、饼干、曲奇、蛋糕)和咖啡。表 23.2 列出了美国丙烯酰胺膳食暴露量排名前 20 位的食品。不同的国家因为饮食习惯和食品加工方式的差异，高含丙烯酰胺的食品类别也不相同(CAST, 2006; Mills, Mottram 和 Wedzicha, 2009)。虽然谷物是丙烯酰胺的主要食物来源，但在总的丙烯酰胺摄入量中，谷物食品贡献丙烯酰胺所占的百分比在不同的人群有较大差异，例如，在瑞典成年人的膳食中占 24%，而在比利时青少年的膳食中占 44%，在美国人膳食中占 40%。马铃薯类食品的丙烯酰胺摄入量占膳食中总丙烯酰胺摄入量的比例跨度也较大，从挪威成年妇女的 29%到荷兰儿童/青少年的 69%，而在美国人膳食中仅占 38%。

**表 23.2 美国膳食中丙烯酰胺摄入量前 20 位的食品[1]**

| 食品种类 | 平均丙烯酰胺摄入量($\mu g/kg$ 体重・天) | 累计百分比 |
|---|---|---|
| 法式薯条(餐厅煎炸) | 0.070 | 0.16 |
| 法式薯条(烤箱烘制) | 0.051 | 0.28 |
| 薯片 | 0.045 | 0.38 |
| 早餐谷物 | 0.040 | 0.47 |
| 曲奇 | 0.028 | 0.53 |

（续表）

| 食品种类 | 平均丙烯酰胺摄入量（μg/kg 体重·天） | 累计百分比 |
|---|---|---|
| 现煮咖啡 | 0.027 | 0.60 |
| 烤面包 | 0.023 | 0.65 |
| 派和蛋糕 | 0.018 | 0.69 |
| 饼干 | 0.017 | 0.73 |
| 软面包 | 0.014 | 0.77 |
| 辣酱汤 | 0.014 | 0.80 |
| 玉米小吃 | 0.011 | 0.82 |
| 爆米花 | 0.007 | 0.84 |
| 椒盐脆饼 | 0.007 | 0.86 |
| 比萨 | 0.006 | 0.87 |
| 卷饼、玉米饼 | 0.006 | 0.88 |
| 花生酱 | 0.003 | 0.89 |
| 裹面包屑炸鸡 | 0.003 | 0.90 |
| 硬面包圈 | 0.003 | 0.90 |
| 汤调料 | 0.003 | 0.91 |

1 数据来自 FDA (2006c)

咖啡对膳食中丙烯酰胺摄入量的贡献在不同的人群中差异也很大，在咖啡消费量大的国家中比例很高，占膳食总丙烯酰胺的百分比从美国的8%、荷兰的13%、挪威成年人的28%，到瑞典成年人的39%(Bagdonaite et al.，2008；Dybing et al.，2005；Friedman和Levin，2008；FDA，2006c)。这些数据表明，在某些人群中，咖啡是膳食摄入丙烯酰胺的重要途径。

一些国家(法国、德国、挪威、英国、荷兰、瑞典、美国)的食品监督管理局对人群丙烯酰胺的日均摄入量进行了评估(Wenzl和Anklam，2007；Wenzl，Lachenmeier和Gökmen，2007)。FAO和WHO食品添加剂联合专家委员会(JECFA)已经对普通人群的丙烯酰胺平均膳食摄入量进行了评估(JECFA，2005)，不同国家的组织也评估了各自国家居民的丙烯酰胺平均膳食摄入量(Wenzl et al.，2007)。JECFA估计，对普通消费者而言，丙烯酰胺日均摄入量为1 g/kg体重·天，而食用含较高丙烯酰胺水平食品的消费者，日均摄入量为4 g/kg体重·天(JECFA，2005)。以上评估数据与美国FDA对美国消费者的评估数据略有不同，美国的数据是，普通消费者丙烯酰胺日均摄入量为0.4 g/kg体重·天，高摄入量消费者为1.0 g/kg体重·天(FDA，2006c)。因为不同国家的饮食习惯、食品种类以及膳食摄入量模型建立的方法不尽相同(Boon et al.，

2005；Fohgelberg，Rosen，Hellenäs 和 Abramsson-Zetterberg，2005)，不同国家的人群丙烯酰胺摄入量评估可能存在差异。Dybing 等全面综述了丙烯酰胺的暴露评估以及与膳食摄入量有关的生物标志物(Dybing et al.，2005)。

### 23.2.3 形成机理

研究显示，食品中丙烯酰胺主要是通过还原糖或羰基化合物与某些氨基酸之间发生的美拉德反应形成的。模拟反应体系表明，天冬酰胺是主要的氨基酸前体(Becalski et al.，2004；Mottram et al.，2002；Stadler et al.，2002；Zyzak et al.，2003)。这就解释了丙烯酰胺为什么主要存在于马铃薯和谷类加工食品中，因为这些食品中游离天冬酰胺的含量较高(Mottram et al.，2002)。但是，美拉德反应产物也赋予了热加工食品所期望的风味和色泽。因此，通常需要控制美拉德反应的程度，以抑制丙烯酰胺的形成，这样就不宜过度追求烹调或加工食品的风味和色泽。

图 23.1 显示了以天冬酰胺和羰基化合物为来源产生丙烯酰胺的主要途径。食品中的丙烯酰胺是在烘焙、煎炸和其他热处理过程中，通过游离天冬酰胺中的氨基和葡萄糖等还原糖中的羰基发生热诱导反应(温度 120℃)形成的。研究表

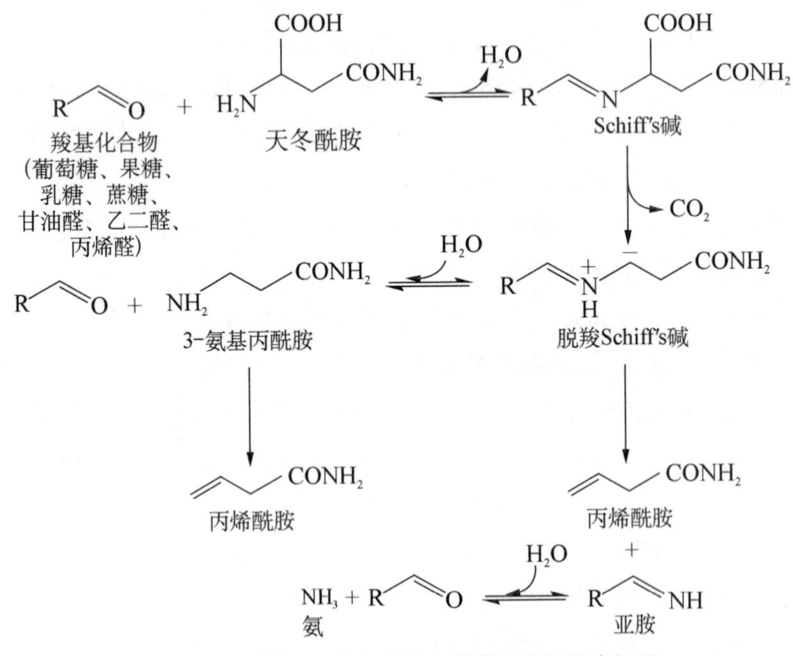


图 23.1 热加工、烹饪食品中丙烯酰胺的形成机理

明，食品中丙烯酰胺形成的主要途径包括 Shiff's 碱的脱羧反应，以及脱羧 Shiff's 碱的进一步降解。降解步骤包括一个碳—氮键的断裂，断裂过程有两种不同的机理。一是，脱羧 Shiff's 碱通过消除亚氨基，直接降解生成丙烯酰胺，另一机理包括脱羧 Shiff's 碱的水解反应，生成氨基丙酰胺和一种羰基化合物（Blank et al.，2005；Claus et al.，2006；Granvogl 和 Schieberle，2006；Friedman 和 Levin，2008；Stadler et al.，2004；Zyzak et al.，2003）。需要指出，在简单模拟反应体系中，丙烯酰胺的产率是很低的，仅仅不到 1% 的天冬酰胺转化为丙烯酰胺（Becalski et al.，2003；Stadler et al.，2002；Stadler，2006；Surdyk，Rosén，Andersson 和 Aman，2004）；而在食品系统中，产率会更低。

在丙烯酰胺的形成路径中，每一步机理可能取决于食品的种类（羰基化合物的类型）、化学环境（水分含量、pH 值），以及加工或烹调的温度（Mills et al.，2009）。Stadler 等（2002）报道了在 180℃条件下，果糖、葡萄糖和蔗糖在理想模拟体系中与天冬酰胺的反应活性相同。与此相反，Claeys、DeVleeschouwer 和 Hendrickx（2005）发现，在 140～200℃的温度范围内，蔗糖与天冬酰胺反应形成丙烯酰胺的反应活性大约是葡萄糖的一半。虽然丙烯酰胺可在水的存在下形成，但更易于在干燥的环境中生成，如面包的表皮和炸土豆的外表面（Friedman 和 Levin，2008；Surdyk et al.，2004）。

## 23.2.4　丙烯酰胺形成的影响因素

### 23.2.4.1　加工条件

在理想模拟反应体系和食品（马铃薯产品、谷类食品、烤杏仁、咖啡等）中，加工和烹调条件（如，加工温度和时间），是影响丙烯酰胺含量的重要因素（Amreinet al.，2007；Friedman 和 Levin，2008；Jackson 和 Al-Taher，2005；Mottram et al.，2002；Stadler et al.，2002；Tareke et al.，2002；Taubert et al.，2004）。然而，热量传递到食品的方式（例如油炸、烘焙、炒制和微波加热）并不影响丙烯酰胺的形成速率（Stadler et al.，2004）。一般情况下，在 120～185℃的温度范围内，丙烯酰胺的含量会不断增加，但当食物被加热到更高的温度时，其含量会降低（Mottram et al.，2002；Rydberg et al.，2003；Tareke et al.，2002）。丙烯酰胺在较高温度下的降解机制还不清楚，但已经有人提出假设，认为丙烯酰胺发生了进一步反应，或发生了不生成丙烯酰胺的其他反应（CAST，2006）。

在深度煎炸的薯条中，当煎炸条件为 150℃、6 分钟时，丙烯酰胺含量为 265 μg/kg；但在 190℃煎炸 5 分钟的条件下，丙烯酰胺含量升至 2 130 μg/kg

(Jackson 和 Al-Taher, 2005)。油炸温度为 180～190℃时,薯条中丙烯酰胺含量在油炸过程后期急剧增加(Jackson 和 Al-Taher, 2005)。对于具有较小比表面积(SVRs)的马铃薯切片,丙烯酰胺含量随油炸温度和油炸时间的增加而增加,最大值达到 2 500 μg/kg。然而,对于具有较高比表面积(SVRs)的样品,丙烯酰胺含量在 160～180℃的温度下最高,峰值高达 18 000 μg/kg,之后随着煎炸温度的升高和煎炸时间的延长而下降(Taubert et al., 2004)。

有一项研究评估了加工时间和温度对小麦面包中丙烯酰胺形成的影响(Surdyk et al., 2004),结果表明,绝大部分(99%)的丙烯酰胺形成于面包的表皮,而且其含量随烘焙时间和温度的增加而增加。一项关于烘焙时间和温度(180℃和 200℃)对姜味饼干中丙烯酰胺形成影响的研究显示,在 20 min 的烘焙过程中,丙烯酰胺的形成呈线性增长(Amrein et al., 2004)。

就丙烯酰胺的形成和控制而言,咖啡是一种较难研究的复杂基质。已有研究表明,烘烤的时间和温度影响咖啡豆中丙烯酰胺的形成(Taeymans et al., 2004)。虽然咖啡豆的烘烤温度非常高(240～300℃),但仅在烘烤过程的最初几分钟内,丙烯酰胺的生成量十分明显,在烘烤过程的后期,丙烯酰胺含量则急剧减少(Stadler, 2006; Taeymans et al., 2004)。罗布斯塔和阿拉比卡两种咖啡豆中丙烯酰胺的含量最高值(分别为 380 μg/kg, 500 μg/kg),都发生在烘烤过程的最初几分钟(Guenther, Anklam, Wenzl,和 Stadler, 2007)。动力学模型和丙烯酰胺的同位素标记示踪实验表明,形成于咖啡豆中的丙烯酰胺有 95%在烘烤过程中降解了(Bagdonaite et al., 2008)。这些发现也许可以解释,为什么轻度炒制工艺生产的咖啡中的丙烯酰胺含量高于深度炒制的咖啡(Guenther et al., 2007)。

在大多数情况下,丙烯酰胺含量与烹调或加工的马铃薯、谷类食品表面的褐变程度高度相关(Amrein, Schonbachler, Escher 和 Amado, 2004; CAST, 2006; Jackson 和 Al-Taher, 2005; Surdyk et al., 2004)。由于丙烯酰胺和烹调食品的褐色都是在美拉德反应过程中形成的,丙烯酰胺很可能是伴随褐变反应形成的。因此,食品表面褐变程度可作为烹饪过程中丙烯酰胺形成的标志。然而,当食品中添加了碳酸氢铵等食品添加剂(Amrein et al., 2004),或者原料中含有天冬酰胺(Surdyk et al., 2004)时,褐变程度不一定能作为表征食品中丙烯酰胺含量的标志。

#### 23.2.4.2 原材料的组成

前体物质的存在和浓度会影响丙烯酰胺的形成。但是,在美拉德反应中与还原性糖或氨基酸竞争的化合物也是很重要的影响因素。对于马铃薯产品,未加工的马铃薯块茎中的葡萄糖和果糖浓度与丙烯酰胺的含量高度相关，然而，天冬酰胺的水平不能预测马铃薯产品中丙烯酰胺的含量(Amrein et al.，2003；Becalski et al.，2004；CAST，2006；Haase，2006)。在相似的加工条件下，热加工的马铃薯产品中丙烯酰胺的含量取决于马铃薯的品种，主要因为不同品种的马铃薯中还原糖的含量不同(Amrein et al.，2003；Haase，2006)。

在相同品种的马铃薯之间，还原糖的含量也存在很大的差异，这一现象表明，马铃薯的贮存条件更能影响块茎中还原糖的含量(Noti et al.，2003)。有研究发现，在 4℃条件下短期贮存马铃薯(例如，在一家超市的冰箱中)，丙烯酰胺形成的潜在风险显著增加(Biedermann et al.，2002；Noti et al.，2003)。当储藏温度低于 10℃时，因马铃薯中还原糖的含量增加，会促进丙烯酰胺的形成(Biedermann et al.，2002；Jackson 和 Al-Taher，2005；Noti et al.，2003)。将室温下储藏的马铃薯改为较低温度储藏，能使还原糖的含量显著降低，进而能减轻丙烯酰胺的形成(Haase，2006)。

种植过程中降低氮肥的用量、干燥和炎热的天气也能够导致马铃薯中还原糖含量的增加，从而促进了丙烯酰胺的形成，其中前一因素可使油炸马铃薯产品中丙烯酰胺的含量增加 30%～65%。(De Wilde et al.，2006)。上述研究表明，可以通过农业生产实践，或仔细挑选还原糖水平低的马铃薯品种，来降低马铃薯食品中丙烯酰胺的含量。

在以谷物为主料的食品中，丙烯酰胺的含量水平与天冬酰胺的含量相关性更高，而不是还原糖含量(Konings，Ashby，Hamlet 和 Thompson，2007)。尚无研究发现，热加工的面粉或面包中还原糖的含量与加工过程中产生的丙烯酰胺含量存在相关性(Claus et al.，2006)。与此相反，面粉中天冬酰胺的水平显著影响产品中丙烯酰胺含量，丙烯酰胺的含量取决于 5 个因素，这些因素则是由游离天冬酰胺和粗蛋白含量的显著差异而产生的。

在粮谷类作物的生长过程中使用氮肥，会使谷物中氨基酸和蛋白质的含量增加，从而增加了面包产品中丙烯酰胺的含量(Claus et al.，2006)。因此，为了最大限度地减少丙烯酰胺含量，氮肥的使用量应调整到作物的最低需求水平。

### 23.2.5　丙烯酰胺的预防和控制

国际食品监测机构已经与食品工业界和学术界合作，提出了减少食品中丙烯酰胺含量的策略。欧洲食品生产商已经与欧盟食品和饮料工业联合会(CIAA)的研究人员合作，制定了一系列被称为“CIAA 丙烯酰胺工具箱”的指导策略，以减少不同种类食品中(马铃薯制品、谷物食品、咖啡和咖啡混合产品)的丙烯酰胺含量(CIAA, 2006)。制定减少丙烯酰胺含量的策略往往是一个很大的挑战,因为同时可能会对食品质量与其他安全指标产生不利的影响。

可将降低丙烯酰胺含量的策略分为5个主要方面:①阻断丙烯酰胺的合成反应;②降低丙烯酰胺前体物质的水平;③降低烹调或加工的时间和温度;④改变产品的配方;⑤农艺方法(Amrein et al., 2004; CAST, 2006; Jung, Choi, & Ju 2003; Mestdagh et al., 2008; Muttucumaru et al., 2008; Taubert et al., 2004)。下面概述了这5个策略,有关具体方法的详细描述可参考相关文献,如:Friedman和Levin (2008), Konings等(2007), Guenther等(2007), Foot, Haase, Grob和Gondé(2007)。

23.2.5.1 阻断反应的方法

许多通过抑制丙烯酰胺合成过程中关键反应的方法,都能够有效地抑制丙烯酰胺的形成。降低食品的pH值,能够阻断天冬酰胺与羰基化合物的亲核加成,从而抑制丙烯酰胺合成过程中的一种关键中间体——Shiff's碱的形成(Mestdagh et al., 2008)。尽管这种方法可以成功降低油炸马铃薯制品中丙烯酰胺的含量(Jackson和Al-Taher, 2005; Jung et al., 2003),但是,降低食品的pH值可能会导致食品具有不良风味(Pedreschi, Kack和Granby, 2008)。另一种方法是,通过向食品中加入一价或二价的阳离子($Na^+$或$Ca^{2+}$),抑制Shiff's碱的形成,从而降低丙烯酰胺的含量(Gökmen和Senyuva, 2007; Lindsay和Jang, 2005; Park et al., 2005; Mestdagh et al., 2008; Sadd, Hamlet和Liang, 2008)。还有研究报道表明,向食品中添加除天冬酰胺以外的蛋白质或氨基酸(赖氨酸、谷氨酰胺、甘氨酸、半胱氨酸),也可以减少丙烯酰胺的形成,这是通过竞争性反应或通过Michael加成反应与丙烯酰胺共价结合实现的(Claeys et al., 2005; Hanley et al., 2005; Mestdagh et al., 2008; Sadd et al., 2008)。这些添加物能在一定程度上减少马铃薯和谷类食品中丙烯酰胺的含量。

23.2.5.2 减少丙烯酰胺前体形成的措施

由于还原糖和游离天冬酰胺是食品中丙烯酰胺合成的主要前体,除去其中任何一种物质,都能够减少丙烯酰胺的形成(CAST, 2006)。减少食品中游离天冬酰胺和还原糖含量的方法有:清洗、热烫处理、使用天冬酰胺酶或微生物发酵,以及控制储存条件(马铃薯产品)。

漂洗、浸泡和热烫处理能够有效阻止马铃薯制品中丙烯酰胺的形成(Jackson和Al-Taher, 2005; Grob et al., 2003; Pedreschi et al., 2008)。油炸前,马铃薯片在室温水中浸泡至少15分钟，能够使丙烯酰胺含量减少50%(Grob et al.，2003；Jackson和Al-Taher，2005)。与浸泡相比，经过温水或热烫处理，能够清除更多的葡萄糖和天冬酰胺(Pedreschi et al.，2008)，从而减少丙烯酰胺的形成。

天冬酰胺酶是一种将天冬酰胺水解成天冬氨酸和氨的酶，目前已经成功地应用于降低马铃薯和小麦为主的烘焙产品中丙烯酰胺的含量(Amrein et al.，2004；Ciesarova，Kiss和Boegl，2006；Pedreschi et al.，2008；Vass et al.，2004；Zyzak et al.，2003)。Amrein等(2004)报道，用天冬酰胺酶处理姜饼面团，可使游离的天冬酰胺含量降低75%，从而使得烘焙产品中的丙烯酰胺的含量减少55%。目前，已有两种商品化的天门冬酰胺酶制剂：由米曲霉生产的Acrylaway®(Novozymes，Denmark)和由黑曲霉制得的Preventase™(DSM Food Specialties，Denmark)，由黑曲霉制得的天冬酰胺酶已经被FDA认定为公认安全物质(GRAS)(FDA，2009)。

通过酵母发酵消除游离的天冬酰胺，也是一种降低面包中丙烯酰胺含量的方法(Konings et al.，2007；Fredricksson，Tallving，Rosen和Aman，2004)。延长全麦和黑麦面团的发酵时间(2个小时)，能使全麦和黑麦面包中丙烯酰胺的浓度分别降低87%和77%(Fredricksson et al.，2004)。与酸性面团发酵相比，酵母发酵能更有效地减少面团中的天冬酰胺水平(Fredricksson et al.，2004)。

在谷类的产品烘焙过程中，一些添加剂可能会增加丙烯酰胺的形成。Amrein等(2004)的研究表明，碳酸氢铵可能通过生成更多的活性羰基化合物，促进烘焙产品中丙烯酰胺的形成，而使用碳酸氢钠会使丙烯酰胺含量降低60%以上(Amrein et al.，2004)。同样，使用蔗糖，而不是蜂蜜或转化糖浆，可减少饼干、面包和蛋糕中丙烯酰胺的形成(Gökmen，Acar，Köksel和Acar，2007；Amrein et al.，2004)。

23.2.5.3 改变加工或烹饪条件

减少烹饪时间和降低温度，可以降低食品中丙烯酰胺的含量。然而，与丙烯酰胺的形成有关的美拉德反应，也是形成热加工食品理想风味和色泽的条件，因此，减少烹调时间和降低温度也可能会影响食品的色泽、风味和质构。使油炸马铃薯片中丙烯酰胺含量最低的加工条件，就是在煎炸和烘焙时达到表面颜色金黄和酥脆质构的最低条件(Grob et al.，2003；Jackson和Al-Taher，2005)。现有的资料表明，总体而言，减少谷类食品烘焙过程中丙烯酰胺的形成，应避免长时间烘烤或过度褐变(Konings et al.，2007)。由于烘焙过程中丙烯酰胺的形成是线性增加的，最大限度地减少丙烯酰胺形成的重要因素，是要确定适当的烹调结束点。这表明,表面褐变程度可以在烹饪过程中被用作丙烯酰胺形成的评判指针。

23.2.5.4 *农艺因素*

通过马铃薯和谷物的选择性育种,可降低丙烯酰胺合成前体(分别为还原糖和天冬酰胺)的水平,从而控制丙烯酰胺的含量(CAST, 2006)。自 2002 年以来,一些研究人员已经证实,品种选择对控制马铃薯产品中丙烯酰胺的含量十分重要(Foot et al., 2007; Grob et al., 2003; Rydberg et al., 2003)。Amrein 等(2003)发现,不同品种的马铃薯总还原糖含量相差 50 倍,低还原糖含量的马铃薯品种被认为更适合高温烹调或加工(炸薯条、薯片)。除了品种选择,减少马铃薯种植过程的施肥量,也可降低食品中丙烯酰胺的含量(De Wilde et al., 2006)。

天冬酰胺是决定以谷物为主要基料的食品中丙烯酰胺形成的主要因素。Claus 等人(2006)的研究揭示,品种和化肥施用量显著影响烘焙产品中丙烯酰胺的含量,其主要原因是品种和施肥直接导致了原料中天冬酰胺和粗蛋白质含量的差异(Konings et al., 2007)。一项研究表明,施用氮肥能提高作物中氨基酸和蛋白质的含量,进而使面包中丙烯酰胺含量从 10.6 μg/kg 增加至 55.6 μg/kg (Claus et al., 2006)。当小麦生长环境中缺乏硫酸盐时,天冬酰胺的水平为 3 600~5 200 μg/kg,若在土壤中施加适当量的硫酸盐肥料,天冬酰胺的含量水平降为 600~900 μg/kg (Friedman 和 Levin, 2008)。

关于影响食品中丙烯酰胺形成的因素,还需要进一步深入研究。更好地了解这些因素,将使食品制造商在不影响食品安全和质量的前提下,最大限度地减少食品中丙烯酰胺的含量。

### 23.2.6 膳食中丙烯酰胺对健康的影响

大量的动物实验表明,丙烯酰胺具有神经毒性、遗传毒性及致癌性(CAST, 2006; Doerge et al., 2008; Klaunig, 2008; Rice, 2005; LoPachin 和 Gavin, 2008)。丙烯酰胺的慢性摄入对大鼠和小鼠都是具有致癌性的,通过饮用水或其他方式摄入时,能够导致许多器官产生肿瘤(Bull et al., 1984; Johnson et al., 1986; Friedman, Dulak 和 Stedhman, 1995; Klaunig, 2008)。在小鼠身上,丙烯酰胺增加了患肺癌和皮肤癌的可能性(Bull et al., 1984)。在对大鼠的两项实验研究中发现,饮水中的丙烯酰胺会导致睾丸间皮瘤、甲状腺肿瘤和乳腺肿瘤的产生(Friedman et al., 1995; Johnson et al., 1986)。在一项大鼠实验中,丙烯酰胺还引发了垂体瘤、嗜铬细胞瘤、子宫癌和脑瘤的形成(Johnson et al., 1986)。

关于丙烯酰胺在实验动物中引起癌症的机制并不清楚。遗传毒性和非遗传毒性的机理都曾被提出(Hogervorst et al., 2008)。在动物体内,丙烯酰胺通过含细胞色素P450 2E1酶的反应,氧化成环氧丙酰胺(2,3-环氧丙酰胺)。丙烯酰胺和环氧丙酰胺都能够与DNA中的氨基反应,形成血红蛋白加合物(Bagdonaite et al., 2008)。丙烯酰胺致癌的非遗传毒性机制是指,丙烯酰胺与谷氨酰胺发生的反应可能影响细胞的氧化还原状态或者可能影响DNA的修复(Hogervorst et al., 2008)。基于对鼠类的致癌性研究,国际癌症研究机构(IRAC)认为,通过环氧丙酰胺的形成,丙烯酰胺是一种可能的人类致癌物(IARC, 1994)。

FDA的国家毒理学研究中心(NCTR)在国家毒理学计划资助下,完成了一项为期两年的实验,其内容是以大鼠和小鼠为研究对象,进行啮齿类动物慢性致癌实验。该项目包括量效关系研究、组织病理学研究以及目标组织中加合物水平和肿瘤发生率的相关性研究。这项研究指出,早期致癌性实验方法存在缺陷,并提供了更多由丙烯酰胺摄入量引起潜在致癌风险的可靠数据(Robin, 2007)。这项关于丙烯酰胺的慢性致癌性研究结果将会很快被总结和报道。

美国及欧洲人口消耗的超过三分之一的卡路里是从含有丙烯酰胺的食物中获得的(Friedman和Levin, 2008)。人类膳食中丙烯酰胺的摄入量为每天100 g,它的影响是不可忽略的(Galesa et al., 2008; Mottram et al., 2004)。已经完成的许多研究,可用来判断人类膳食中丙烯酰胺的含量是否是造成癌症的一个非常重要的因素。大多数关于膳食丙烯酰胺与结肠癌、直肠癌、肾癌、膀胱癌和乳房癌关系的流行病学研究表明,摄入含有丙烯酰胺的食品和患癌症的风险是没有联系的(Mucci et al., 2003; Mucci, Lindblad, Steineck和Adami, 2004; Mucci, Adami和Wolk, 2006; Mucci和Wilson, 2008)。然而,Hogervorst等(2008)以及Olesen, Olsen和Frandsen (2008)的流行病学研究表明,从食品中摄入的丙烯酰胺增加了患肾脏癌和卵巢癌的风险。毫无疑问,需要有更多的研究来评判膳食中摄入的丙烯酰胺对人体健康的影响。

### 23.2.7 法规现状/风险管理

由于丙烯酰胺潜在的致癌性和低暴露量限定,丙烯酰胺被认为是一种潜在危害健康的物质(JECFA, 2005)。因此,许多国家的食品监管部门要求,食品生产商应采取相应措施,限制产品中丙烯酰胺的形成(Amrein, Andres, Escher和Amado, 2007)。在2002年,德国消费者保护与食品安全联邦办公室(BVL)提出了丙烯酰胺最小化的理念。这个理念是德国消费者保护与食品安全联邦办公室、德意志联邦食品农业及消费者保护部(BMELV)、德国联邦州政府和有影响力的产业股东共同通过的。丙烯酰胺最小化理念的目的是，通过抑制丙烯酰胺产生，逐渐减少食品中丙烯酰胺的含量。这就要求，在降低食品中丙烯酰胺含量的同时，进行不改变食品特性的工艺研发(Göbel 和 Kliemant，2007)。

如今，美国 FDA 及其他监管机构仍然在搜集关于丙烯酰胺的信息，尚没有制订任何监管行动(Robin，2007)。制订适当的丙烯酰胺限制措施将会十分困难，除非专家科学委员会和监管机构对丙烯酰胺的形成机制和毒理学机制的研究更加清楚(Mills et al.，2009；Robin，2007)。关于丙烯酰胺长期致癌性实验研究结果将会很快被公布，这些研究结果很可能促成未来关于丙烯酰胺规章制度和风险管理制度的出台(Mills et al.，2009)。

关于食品中丙烯酰胺的问题，一直是国际食品法典委员会(CAC)讨论的领域，CAC 是由世界卫生组织和联合国粮食及农业组织共同建立的国际化组织，其宗旨是保护消费者健康，促进食品的公平贸易。CAC 已经发表了一篇关于这一问题的讨论稿(CAC，2006；Mills et al.，2009)。食品添加剂和污染物法典委员会(CCFAC)出版了降低食品中丙烯酰胺含量操作规程的初稿(CAC，2008)。该操作规程正在向全球推广，这些信息的广泛传播将有助于减少国际贸易食品中丙烯酰胺的含量，并对无法独立开展调查丙烯酰胺问题的政府提供帮助(Mills et al.，2009)。该操作规程包括已经建立在商业实践中使用的降低食品中丙烯酰胺含量的方法，这一规程已在国际食品法典委员会第 32 届会议中审定通过(Rome，2009.6.29 - 2009.7.4)。

在一些国家，相关监管和研究机构已经为消费者提出了减少食品中丙烯酰胺暴露量的建议(FDA，2008；Health Canada，2009；HEATOX，2007；Food Standards Agency，2005)。总体而言，这些部门建议消费者不要对饮食习惯做出重大的改变，但要注意饮食均衡，选择反式脂肪和饱和脂肪含量低的各种食品，以及富含高纤维的谷物、水果和蔬菜。

## 23.3 呋喃

### 23.3.1 引言

呋喃是发现于香烟烟雾中的一种挥发性环醚(沸点 31.4℃)，可用于树脂、涂料、农药、药物等的生产(Goldmann，Périsset，Scanlan 和 Stadler，2005)。很早就发现，在食品加热过程中会产生呋喃及其衍生物，这有助于改善食品的感官特性(Maga, 1979; Zoller, Sager 和 Reinhard, 2007)。然而，各种各样的热加工食品(咖啡、果汁、汤、罐头食品、罐装果蔬、婴儿食品)中都含有呋喃，这引起了美国FDA 的关注，之后，美国 FDA 在网站上发布了 2004 年食品污染物的数据，将呋喃作为一个“可能的人类致癌物质”(Group 2B)(IARC, 1995)，并发现呋喃在啮齿类动物体内具有致癌性(National Toxicology Program, 1993)。在美国 FDA 公布食品中呋喃含量数据后不久，科学和法规处组织测定了不同种类食品中呋喃的污染量和暴露量，并开始研究呋喃的形成机制和减少食品中呋喃含量的方法。以下总结了当前所了解的食品中呋喃的存在以及含量水平、形成机制、加工影响因素、毒理效应和监管状态。

### 23.3.2　食品中呋喃的存在及其含量

鉴于呋喃已成为一个潜在的食品安全问题，几个国际食品机构如美国 FDA 和欧洲食品安全局(EFSA)专门设立项目，用以监测特定食品和饮料中呋喃的含量(Altaki, Santos 和 Galceran, 2009)。然而，仅仅获得了关于不同食品中呋喃浓度和膳食呋喃暴露量的有限数据(Bolger, Tao，和 Dinovi, 2009)。

美国 FDA 公开了对 2004—2006 年的热处理食品中呋喃含量的调查信息(FDA, 2007a)，表 23.3 总结了美国 FDA 对不同食品中呋喃含量的调查，调查包括婴儿和婴儿食品(罐装食品和婴儿配方食品)，混合罐头(汤、酱、肉汤、辣椒)，鱼罐头，肉制品，水果罐头，果汁和蔬菜，面包，果仁，啤酒和其他食品。在这些食品中，呋喃含量比较高的有：罐装婴儿/幼儿食品(甘薯，73～108 ppb)，烤豆罐头(56～122 ppb)，水煮咖啡(34～84 ppb)，以及含有肉和菜的汤类罐头(50～125 ppb)。

表 23.3　不同种类的食品中呋喃含量的总结[1]

| 食品类别 | 呋喃浓度(μg/kg) | 呋喃含量最高的的食品 |
|---|---|---|
| 婴幼儿食品 | 0.8～108 | 罐装甜土豆 |
| 婴儿配方食品 | ND～26.9 | 婴儿配方奶 |
| 配合料(汤，酱汁，肉汤，辣椒) | 5.0～125 | 蔬菜牛肉汤 |
| 鱼类 | 5.0～8.1 | 茄汁沙丁鱼罐头 |
| 果蔬罐头类 | ND～122 | 猪肉烤豆 |
| 果蔬汁饮料类 | ND～30.5 | 李子汁 |
| 面包 | ND～2.0 | 全麦面包 |
| 早餐谷物 | 9.2～47.5 | 玉米片 |
| 饼干、薄饼 | 4.2～18.6 | 全谷物薄脆饼干 |

（续表）

| 食品类别 | 呋喃浓度（μg/kg） | 呋喃含量最高的的食品 |
|---|---|---|
| 烘烤谷物产品 | ND～8.9 | 全麦饼干 |
| 肉类 | ND～31.6 | 罐装肉类食品 |
| 坚果、坚果黄油类 | 6.1～7.5 | 花生酱 |
| 啤酒 | ND～1.6 | — |
| 营养饮料 | ND～66.5 | 草莓奶昔 |
| 乳制品和鸡蛋 | 10.9～15.3 | 炼乳 |
| 油脂 | ND～5.4 | 植物起酥油 |
| 果酱、果冻、蜜饯 | 1.2～15.9 | 涂抹黄油的苹果 |
| 调味肉汁 | 13.3～173.6 | 烤火鸡肉汁 |
| 甜点 | 0.8～13 | 大米布丁 |
| 零食 | 3.2～64.7 | 椒盐脆饼干 |
| 糖果 | 0.8～1.7 | 巧克力棒 |
| 混合巧克力饮料、可可、巧克力糖浆、巧克力饮料 | 0.4～3.3 | 巧克力糖浆 |
| 其他 | ND～88.3 | 蜂蜜 |

1 数据来自 FDA (2007a)。
ND—未检出。

关于欧洲、非洲和亚洲的农产品中呋喃含量的调查数据十分有限。Altaki 等人(2009)分析了西班牙的食品，发现呋喃含量最高的是两种速溶咖啡粉(820 ppb)和一种含意大利通心面的罐装婴儿食品(1 100 ppb)，以及牛肉(40 ppb)；对瑞士的食品进行呋喃含量分析表明(Reinhard, Sager, Zimmermann 和 Zoller, 2004; Zoller et al., 2007)，在包含肉和蔬菜(21～153 ppb)的罐装婴儿食品中，呋喃含量比只含肉、蔬菜或水果的婴儿食品中的呋喃含量要高，只含肉或水果的罐装婴儿食品中呋喃含量最少，分别是 3～6 ppb，1～16 ppb。与美国 FDA 的调查类似，Zoller 等人(2007)发现罐装蔬菜食品中含有呋喃(17～80 ppb)，面包中含有30 ppb的呋喃，其中大多数的呋喃存在于面包皮中(Zoller et al., 2007)。磨烤咖啡中呋喃含量高达 5 900 ppb，然而在水煮咖啡中，呋喃含量只有 13～151 ppb (Zoller et al., 2007)。

2004 年，美国 FDA 对呋喃膳食暴露量进行了评估，并于 2007 年进行了修订(FDA, 2007)。FDA2007 年的评估指出，两岁宝宝的呋喃膳食暴露量的平均值和第 90 百分位数分别为 0.26 和 0.61 μg/kg・d，0 到 1 岁的宝宝从母乳和婴儿食品中得到呋喃膳食暴露量分别为 0.41 和 0.99 μg/kg・d (Bolger et al., 2009)。基于 FDA 的暴露量评估(FDA, 2007b)，咖啡是成人饮食中呋喃的主要来源，其次是辣椒、谷物、零食和肉汤(见表 23.4)。

表 23.4　成人的食物类型的呋喃暴露量[1]

| 食品类型 | 呋喃的摄入量/(mg/kg 体重 · d) |
| --- | --- |
| 煮的咖啡 | 0.15 |
| 辣椒 | 0.04 |
| 谷类食品 | 0.01 |
| 咸的零食 | 0.01 |
| 肉汤 | 0.01 |
| 猪肉、黄豆 | 0.004 |
| 罐装面食 | 0.004 |
| 罐装面食 | 0.004 |
| 罐装豆角 | 0.004 |
| 意粉酱 | 0.001 |
| 果汁 | 0.001 |
| 金枪鱼罐头 | 0.000 008 |

1　来自 FDA (2007b)。

显然，对于扩大食品中呋喃含量的数据库，尤其是地区和民族食品中的数据，测定品牌内和品牌间的差异，以及家庭烹饪对呋喃水平的影响，还有很多的工作要做。欧洲食品安全署呼吁建立一个关于食品和饮料中呋喃含量的数据库。这些信息在 2009 年整理归纳，将有利于进行更好的膳食暴露评估，达到风险评估的目的。

## 23.3.3　形成机理

各种食品因成分不同，呋喃形成的途径也不同。已经发现了一些食品在热加工中会形成呋喃的前体物质，它们包括：抗坏血酸及其衍生物，美拉德反应中的还原糖和氨基酸，含不饱和脂肪酸与类胡萝卜素的脂质，以及有机酸(Becalski 和 Seaman, 2005; Fan, 2005; Fan, Huang 和 Sokorai, 2008; Frankel, Neff, Selke 和 Brooks 1987; Limacher, Kerler, Conde-Petit 和 Blank, 2007; Locas 和 Yaylayan, 2004; Maga, 1979; Mottram, 1991)。以氨基酸、碳水化合物、抗坏血酸和多不饱和脂肪酸为前体形成呋喃的主要途径，如图 23.2 所示。

Locas 和 Yaylayan (2004)研究了食品中呋喃的形成机理，采用的模拟反应体系是在 250℃下，对 $^{13}C$ 同位素标记的糖类、氨基酸和抗坏血酸进行加热。在前体的研究中，最有可能形成呋喃的是抗坏血酸，其次是葡萄糖醛/丙氨酸赤藓糖核糖/丝氨酸蔗糖/丝氨酸果糖/丝氨酸葡萄糖/半胱氨酸。在类似的实验中，Mark

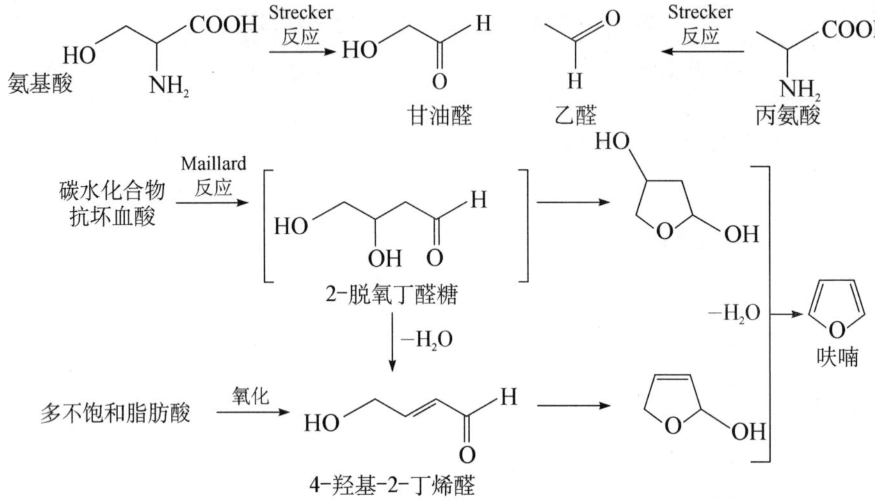

图 23.2 热加工食品中以氨基酸、碳水化合物、抗坏血酸和多不饱和脂肪酸为前体形成呋喃的机制。引自 Crews and Castle (2007), Mark et al. (2006) and Locas and Yaylayan (2004)

等人(2006)发现,在简单的模拟反应体系中,抗坏血酸形成呋喃的潜力高于其他的前体(亚麻酸甘油酯,亚麻酸,亚油酸甘油酯和赤藓糖)。

目前认为,抗坏血酸及其衍生物(异抗坏血酸,脱氢抗坏血酸)是食品不同加工形式下(热解、热分解、炒制、干馏、辐照)呋喃形成的主要前体(Becalski 和 Seaman, 2005; Fan, 2005; Fan 和 Geveke, 2007)。在实验中,使用简单的模拟反应体系,形成的呋喃含量范围从 0.1 μmol/mol(呋喃/抗坏血酸)到1 mmol/mol(呋喃/抗坏血酸)(Limacher et al., 2008)。在更复杂的反应体系如食品中,Limacheret 等人(2007, 2008)发现,由于竞争反应,抗坏血酸形成呋喃的能力显著降低。这些结果表明,难以用简单的模拟反应体系来预测食品中呋喃的形成量。

在极端温度下,糖的热解导致呋喃和烷基化衍生物的形成。已糖、戊糖、丁糖和多糖生成呋喃及其衍生物,然而甘油醛和丙糖生成呋喃的效率低(Locas 和 Yaylayan, 2004)。总的来说,糖或氨基酸单独加热时不易生成呋喃(Fanet al., 2008; Locas 和 Yaylayan, 2004),但是,当两者混合受热时,它们就成了热加工食品中呋喃形成的重要前体物质。在糖的研究中,只有当加热到 250℃,赤藓糖才易于生成呋喃,但此温度并不是食品加工的典型条件(Locas 和 Yaylayan, 2004; Mark et al., 2006)。Limacher 等人(2008)使用同位素标记的糖进行实验,确定了糖形成呋喃的两个主要途径:①从完整糖骨架;②通过结合 C2 和 C3 碎片。丝氨酸、苏氨酸和丙氨酸通过结合 C2 片段（如乙醛和葡萄糖醛），促进呋喃的形成（Vranova 和 Ciesarova，2009）。

有一些氨基酸，如丝氨酸和半胱氨酸，可以进行热降解产生呋喃；而另一些氨基酸，如丙氨酸、苏氨酸和天冬氨酸，需要还原糖、丝氨酸或半胱氨酸的存在，才能产生呋喃（Locas 和 Yaylayan，2004）。还原糖和氨基酸进行美拉德反应生成的活性中间体最终能够形成呋喃。一些氨基酸的存在，如苏氨酸、丝氨酸、丙氨酸，能够促进糖形成呋喃（Limacher et al.，2008）。在简单的模拟反应体系中，在模拟的炒制条件下，糖和特定氨基酸反应，形成呋喃和甲基呋喃的总量可高达 330 μmol/mol前体物质（Limacher et al.，2008）。

不饱和脂肪酸受热也会导致呋喃的产生，并且呋喃的产量随着脂肪酸不饱和度的增加而增加（Becalski 和 Seaman，2005；Crews 和 Castle，2007；Hasnip，Crews 和 Castle，2006）。Becalski 和 Seaman（2005）发现，在温度升高的条件下，多不饱和脂肪酸可以通过氧化形成呋喃，添加抗氧化剂如生育酚乙酸酯，可以阻止呋喃的生成。总的来说，呋喃的形成与自由基的氧化过程有关（Crews 和 Castle，2007；Locas 和 Yaylayan，2004）。

在包含各种各样的前体物质的模拟反应体系中，我们获得了关于形成呋喃及其衍生物（2-甲基呋喃和深度烷基化衍生物）的许多知识。虽然这些研究为呋喃的形成机制提供了重要信息，但是它们不能真实反映食品中呋喃的形成，因为食品很复杂，而且加工条件也相对温和得多。

### 23.3.4　影响食品中呋喃形成的因素

很多因素会影响到呋喃的形成，其中最主要的影响因素是食品的成分以及加工或烹饪的条件。然而，现还很难清晰地确定这些因素对食品中呋喃水平的影响程度。这也许是由于呋喃的挥发性，导致量化研究的困难。事实上，呋喃形成的机制不止一种，而且不同食品中还有不同的前体物质。当查阅资料（FDA，2007a；Zoller et al.，2007）和实验数据（Limacher et al.，2008）时，不难发现，富含碳水化合物、脂肪酸和蛋白质的复杂食物中的呋喃水平要明显高于成分单一的食物。如前所述，食品的热加工过程可以产生呋喃。在食品体系中，如苹果汁（含有大量糖和少量的抗坏血酸和脂肪酸），在 120℃持续加热 10 分钟，仅能形成微量的呋喃。而对于南瓜酱，加热时会产生更多的呋喃，因为南瓜酱是含有淀粉、单糖、脂肪酸、类胡萝卜素和抗坏血酸的复杂食物基质（Limacher et al.，2008）。

食品的 pH 值和磷酸盐的含量也可能会影响呋喃的形成，在含有抗坏血酸和果糖的模拟反应体系中，磷酸盐可以促进呋喃的形成(Fan et al.，2008)。有研究者认为，美拉德反应能够形成活性中间体化合物，这些化合物的重组可以产生呋喃，磷酸盐通过影响美拉德反应能够促进糖形成呋喃(Fan et al.，2008)。当 pH 值从 8 降到 3 时，抗坏血酸或蔗糖溶液受热会生成更多呋喃(Fan，2005；Fan et al.，2008)。

目前，还没有系统的研究证明，食物烹调、加工的温度和时间对产生呋喃的影响。在密封的罐或瓶中加热时，食品中呋喃的水平更高，因为在密闭容器中形成的呋喃不会流失。Fan 等人(2008)指出，只有在较高温度(100℃)和时间(4 分钟)的条件下，苹果汁中才会产生大量的呋喃。同样地，Hasnipet 等人(2006 年)也曾指出，在 170～200℃烤面包，呋喃生成量比在 140～160℃时高。

研究发现，瓶装和罐装食品中呋喃的水平最高(Roberts et al.，2008)。一些报告(Goldmann et al.，2005；Hasnip 和 Castle，2006；Roberts et al.，2008)表明，在开瓶、低温烹饪，或者搅拌混合的过程中，瓶装罐装食物中的呋喃会损失掉。在烹饪方法的研究中，与微波炉中加热相比，在一个不加盖的锅里加热罐头和瓶装食物，会导致呋喃的大量损失(Roberts et al.，2008)。烹饪过的食物和饮料中的呋喃含量会减少，食用前搅拌食物，也会减少呋喃的含量(Goldmann et al.，2005；Roberts et al.，2008)。也有研究表明，先将罐装婴儿食品在热水中加热，然后再搅拌，可以降低呋喃的含量(Goldmann et al.，2005；Roberts et al.，2008)。

总的来说，已有研究表明，食用前进行正常加热，零售食品中的呋喃仍会有残留(Hasnip et al.，2006)。然而，一些处理方法，比如食用之前在开口的容器中加热、烹饪或者搅拌食物会减少消费者的呋喃摄入量。为了明晰食品准备、加工过程对食品中呋喃含量的影响，还有很多工作要做。研究者需要深入研究呋喃的形成机制，从而找出减少食品中呋喃的方法。

### 23.3.5 膳食呋喃对健康的影响

小鼠和大鼠实验都表明，呋喃是一种肝致癌物，能够诱发肝细胞癌和胆管癌(NTP，1993)。在雄性和雌性大鼠白血病单核细胞中，已经证实呋喃能够引起剂量依赖性(NTP，1993)。呋喃在啮齿动物体内的致癌机制尚未明了，可能是由于呋喃通过肝脏细胞色素 P450 激活了肝脏内的有毒性代谢物顺式-2-丁烯-1,4-二醛(Fransson-Steen，Goldsworthy，Kedderis 和 Maronpot，1997；Hamadeh et al.，2004)。有证据表明，顺式-2-丁烯-1,4-二醛可以与靶细胞中的 DNA 反应，诱导肿瘤的产生（Wilson，Goldsworthy，Popp 和 Butterworth，1992；Chen，Hecht 和 Peterson 1995）。

至今，对呋喃在人类生殖和发育的毒害及其毒理学效应研究甚少（Heppner 和 Schlatter，2007）。Jun 等人（2008）检测了正常饮食的健康个体中尿液呋喃的含量，发现一半以上（56%）的受试者体内呋喃含量高达 3.14 ppb。在以上受试者体内，肝脏疾病的标志物谷氨酰转肽酶的含量与尿液呋喃浓度密切相关。这项研究指出，我们需要研究膳食呋喃的代谢途径和潜在毒性。

### 23.3.6　法规现状

至今，对食品中呋喃的研究兴趣远不及对丙烯酰胺的研究。然而，当我们了解更多呋喃膳食暴露量和化学毒性的信息时，这种情况可能会发生变化（Robin，2007）。写这篇文章的时候，美国 FDA 没有发起任何对呋喃的监管措施。欧洲食品安全局（EFSA）表示，呋喃对大鼠和小鼠具有明显的致癌性，有证据表明，呋喃的致癌性可能归因于遗传毒性机制（EFSA，2004a）。在欧洲食品安全局，负责食物链中污染物的专家小组详细阐述了呋喃的分析、存在、形成及暴露毒性（EFSA，2004a）。现有的数据表明，与实验动物由于遗传毒性机制引起的致癌剂量相比，人群之间的呋喃暴露量可能存在相对较小的差异。然而，目前食品中可用数据十分有限，难以开展有效的呋喃膳食暴露量评估。欧洲食品安全局呼吁获得更多关于食品中呋喃的数据和信息。

## 23.4　反式脂肪酸

### 23.4.1 引言

因反式脂肪酸（TFA）对人类健康的不利影响，在过去的几年中受到人们的广泛重视，有研究指出，反式不饱和脂肪可能比饱和脂肪的危害更大。反式脂肪酸像饱和脂肪酸一样，能使血液中低密度脂蛋白（LDL）和胆固醇的水平升高，从而增加冠心病的风险。在膳食摄入量相同的情况下，反式脂肪酸增加冠心病的风险比饱和脂肪酸要高。这是因为，与饱和脂肪酸不同，反式脂肪还导致血液中高密度脂蛋白（HDL）胆固醇水平的降低，并增加血液中甘油三酯水平（Ascherio 和 Willett，1997；EFSA，2004b；Huet al.，1997；Judd et al.，1994）。一项研究估计，美国每年有 3 万～10 万死于心脏病的人是因反式脂肪酸的过度摄入所致

(Mozaffarian et al.，2006)。根据这些发现，建议消费者严格限制反式脂肪酸的摄入量。

反式脂肪是含有反式脂肪酸的不饱和脂肪的统称。反式脂肪可能是单不饱和脂肪或多不饱和脂肪。由于反刍动物的瘤胃中的细菌能转化不饱和脂肪酸，一些天然动物性食物(如牛奶和牛脂)中也含微量的反式脂肪(Dijkstra，Hamilton 和 Hamm，2008；IFIC，2003)。大多数植物油脂中也含有微量的反式脂肪酸；在很多的食品中，包括含氢化油的食物，如焙烤食品、油炸食品和一些黄油产品，反式脂肪酸的含量存在差异(Food Standards Australia New Zealand，2005；Institute for International Research，2006)。一般来说，普通的植物油，如大豆油、玉米油、棉籽油、葵花籽油、花生油和橄榄油中，饱和脂肪酸和反式不饱和脂肪酸的含量稍微低一点。在食品加工过程中，往往会通过氢化来改善植物油的氧化稳定性，延长其保质期，获得更愉悦的质构(IFIC，2003；List，2004)。例如，使用部分氢化的植物油制成的人造奶油，生产商可以生产出比黄油饱和脂肪含量更低更易涂抹的产品。同样地，生产商可以生产起酥油，用于制作油炸薯条、片状馅饼皮和脆饼干(IFIC，2003)。

采用氢化制成的反式脂肪酸是没有营养价值的。油脂氢化是在催化剂的作用下，将氢原子加到顺式不饱和脂肪酸上的过程，氢化使饱和度增加，氢化后的脂肪熔点更高，有利于焙烤并可以延长其保质期。然而，这个不完全的氢化过程经常把一些顺式的脂肪酸转变成反式不饱和脂肪酸(Dijkstra et al.，2008；Institute for International Research，2006)。反式脂肪对健康的潜在影响令人担心，尤其是那些部分氢化植物油得到的反式脂肪。因此，在包括美国、加拿大和欧洲一些国家在内的许多国家，要么限制食品加工中反式脂肪的使用量，或者更常见的是要求在标签上标明反式脂肪含量。

### 23.4.2 法规现状/风险管理

一些国家已经采取措施来减少反式脂肪的摄入。在 2003 年 3 月，丹麦成为第一个通过颁布法令(Order no. 160)来严格监管食品中反式脂肪含量的国家。当时的法令还没有涉及动物脂肪中的反式脂肪酸，但禁止部分氢化油(Dijkstra et al.，2008；List，2004b)。食用油脂中反式脂肪应该限制在 2%以下，如果产品中反式脂肪的含量不到 1%，可以认为是不含反式脂肪的(包括所有 C14 - C22 的反式异构体)(Dijkstra et al.，2008；List，2004b)。紧随丹麦之后，瑞士也颁布了反式脂肪的禁令，并于 2008 年 4 月开始实施相同的规定(Anonymous，2008)。欧盟(EU)的规定倾向于自愿标注，但许多人造奶油制品即使不含反式脂肪，其包装上也标注了反式脂肪含量。目前，欧盟正在审查食品工业中的反式脂肪(List，2004b)。同样地，澳大利亚和新西兰的食品标准法典也不强制要求制造商标注食品中反式脂肪酸含量，除非他们做一个对胆固醇、饱和、不饱和或反式脂肪酸的营养说明。虽然法定自愿标注，然而，许多澳大利亚和新西兰的食用油生产商还是都选择主动标注产品中的反式脂肪(Food Standards Australia New Zealand，2005)。

2003 年 7 月 11 日，FDA 宣布最终的规定，要求在传统食品和膳食补充剂营养标签上标注反式脂肪酸(Dijkstra et al.，2008；FDA，2003)。截至 2006 年 1 月1 日，在食品营养成分标签中反式脂肪的含量被单独标示出来。食品中反式脂肪的含量小于 0.5 克/份时，可以在营养成分标签上标注 0 克反式脂肪(Dijkstra et al.，2008；FDA，2003)。

2005 年 12 月以来，加拿大卫生部对于大多数的食品，已要求标签列表要有反式脂肪这一指标。产品中含有小于 0.2 克/份的反式脂肪，可以认为无反式脂肪(Canadian Food Inspection Agency，2005)。2006 年 6 月，加拿大卫生部和心脏与中风基金会共同组织了一个工作组，推荐加拿大境内所售产品的反式脂肪应控制在总脂肪的 5%，人造奶油应该限制在总脂肪的 2%(Health Canada，2006)。2007 年 6 月 20 日，加拿大政府同意根据 2006 年的建议来监管反式脂肪(Health Canada，2007)。2008 年 1 月 1 日，加拿大卡尔加里首次禁止餐厅和快餐连锁店销售反式脂肪，并规定食用油脂中反式脂肪的含量不得超过总脂肪的 2%(Anonymous，2007)。

### 23.4.3 氢化

油脂工业之所以需要氢化，有两个原因。第一，将液体油转化为半固体或可塑脂肪可以有特殊的应用，如起酥油和人造奶油；第二，它提高了油脂的氧化稳定性(Dijkstra et al.，2008；Nawar，1996)。氢化反应是吸附在金属催化剂上的氢气与不饱和液态油脂的反应。油脂与合适的催化剂(通常是镍)混合，加热(140～225℃)，然后与压力为 60 psi 的氢气接触、搅拌反应(Nawar，1996)。首先，在烯键的任一端形成金属碳素复合体，然后，这一中间复合体与吸附在金属表面的氢原子反应，生成不稳定的半氢化状态的物质，其中烯烃与催化剂只通过单键连接，能够自由旋转。半氢化的化合物可以与另一个氢原子反应，与催化剂分离并生成饱和的产物，或者失去一个氢原子到镍催化剂上，恢复双键。再生双键可以与未经氢化的双键在相同的位置(顺式)，或者是原始双键的几何异构体(反式)(Dijkstra et al.，

2008；Nawar，1996）。通常，可以通过折射率的变化来监测氢化过程，折射率与油脂的饱和度有关。然后冷却氢化油，过滤除去催化剂（Nawar，1996）。

氢化和反式脂肪酸的形成速度取决于工艺条件（氢气压力、搅拌强度、温度、催化剂的种类和浓度）。多年来，氢化油脂生产商一直试图改善加氢过程，使异构化最小化，同时避免大量形成完全饱和的脂肪（Nawar，1996；Patterson，1994）。

温度是控制反式异构体形成的最重要因素。当将温度降到传统水平的140℃以下时，反式异构体的形成量明显减少，但是饱和脂肪的量会增加（Patterson，1994）。在镍催化剂的作用下，氢化温度为40～60℃，仅产生6%的反式脂肪，但这会导致催化活性的降低。因此，使用低温催化剂是很重要的。对于常规的氢化反应，典型的反应起始温度在110～150℃（Patterson，1994）。

### 23.4.4 降低油脂中的反式脂肪酸

在2001、2002年，全球共消耗大约9 200万吨的食用油脂。其中59%是大豆油（2 900万吨）和棕榈油（2 540万吨）。尽管大豆油中的饱和脂肪酸（15%）含量低，但是它是美国膳食中反式脂肪的重要来源，因为它需要部分加氢才能用于色拉食用油、涂抹酱和起酥油。通常色拉油和涂抹酱包含9%～11%的反式脂肪，起酥油中含有12%～25%的反式脂肪（List，2004b）。另一方面，棕榈油不含反式脂肪，但它含约50%饱和脂肪酸。这使得棕榈油在这些产品中，尤其是经过酯交换或分提后，棕榈油产品在上述应用中极具吸引力（List，2004a）。

1995年，欧洲国家人造奶油协会（IMACE）建议，所有产品中反式脂肪应该少于5%，一旦实施，饱和脂肪和反式脂肪的总量不能增加。2002年，IMACE建议，欧洲零售人造奶油和涂抹酱的反式脂肪不能超过1%，用于加工食品中的反式脂肪不超过5%，总饱和脂肪和反式脂肪的总量不得增加（List，2004b）。

欧洲生产商已经采用了一些技术来减少反式脂肪酸的含量，包括月桂酸型油（椰子、棕榈仁）、棕榈提取物、完全氢化的植物油（硬脂酸）、酯交换、低温脱臭降低反式脂肪酸等形成，化学精炼而不是物理精炼（List，2004b）。制备具有特定物化特性的调和油的方法有：不同油脂的调和、单级或多级分提、酯交换，以及这些加工方法的综合使用。例如，将月桂酸型油与非月桂酸型油混合，然后完全氢化，通过酯交换，使完全氢化的脂肪酸随机分布，分提出酯交换产物，以减少高熔点或低熔点的甘油三酯，将油酸甘油酯或者中间馏分与液态油混合，利用以上方法，可以制造出无反式脂肪的人造奶油。为了减少混合脂肪中的饱和脂肪酸含量，也可以直接进行酯交换（Dijkstra et al.，2008）。

### 23.4.5　酯交换

20 世纪 50—60 年代，随机酯交换反应曾在欧洲得到应用。这种反应可以改变甘油三酯中脂肪酸的原始分布序列。化学和酶法酯交换过程可改变脂肪酸的熔化特性，或者在某种条件下改变油脂的结晶行为来影响脂肪酸的物理特性。商业上，应用酯交换反应加工食用油脂，用于生产糖果、涂抹油脂、人造奶油、食用油、煎炸油、起酥油以及有特定用途的产品（O'Brien，2004）。与氢化不同，酯交换不影响脂肪酸的饱和度，也不会使脂肪酸的双键发生异构反应。在酯化反应中，甘油三酯分子中的脂肪酸在催化剂的作用下被除去，然后重新随机地分布，形成新的甘油三酯（List，2004a；O'Brien，2004）。

在美国，酯交换反应尚未得到广泛应用（O'Brien，2004）。美国的酯交换产品主要是猪油。通过加入完全氢化的脂肪来随机地改善猪油的结晶和起酥特性（Patterson，1994）。然而，化学酯交换反应也有其缺点，它会形成诸如肥皂、甲基酯和偏甘油酯等副产物，从而需要在反应之后，采取一定的措施除去这些副产物（List，2004b）。

在欧洲，商业上目前主要采用酶促酯交换法生产人造奶油和起酥油。酶促酯交化法优于一般化学法的主要优点是，脂肪酶催化剂是特定的而且反应易于控制（O'Brien，2004）。经脂肪酶改性的油脂在高达 160 ℉（70℃）的脱水条件下，仍能保持良好性能。虽然催化剂（酶）价格较贵，但不会产生副产物，无需后处理过程（List，2004 b；O'Brien，2004）。

2003 年，Archer Daniels Midland 引进了 Nova-Lipid™生产线，该生产线是用大豆油、氢化大豆油和棉籽油进行酶促酯化反应。其产品包括烘焙起酥油、糕点起酥油和烘焙人造奶油，其反式脂肪酸的含量都很低。对于含 9％的反式脂肪酸，可以允许在营养标签上标注 1 克反式脂肪/份。由 ADM 制造的其他反式脂肪酸产品包括起酥油、馅饼起酥油、蛋糕和酥皮用起酥油，以及由含 4.5％～5.5％反式脂肪酸的棉籽油和酯化大豆油配制的植物起酥油（List，2004b）。酯交换反应可以用来制备含有较少的饱和或反式脂肪酸的产品（O'Brien，2004）。以硬脂酸棕榈油与完全氢化的高芥酸菜籽油作为原料，通过酯交换，可以生产出不含反式脂肪酸且饱和脂肪酸低的人造奶油（Patterson，1994）。

### 23.4.6　分提

可以通过分提酯交换的产物，以除去高熔点和低熔点的甘油三酯，然后将油酸甘油酯、中间馏分与液态油脂混合，生产出无反式脂肪的人造奶油（Patterson，

1994)。干法分提是分提的标准工艺。分提最常用的油是棕榈油。将棕榈油(IV 51—53)分馏出油酸甘油酯馏分(IV 56—59)和棕榈酸甘油酯馏分(IV 32—36)(List, 2004a)。分提产物的性能是各不相同的。脂肪通过冷却结晶,然后过滤,将晶体从母液中分离出来。结晶被截留在滤饼中,称为硬脂部分,滤液是油酸甘油酯部分。(O'Brien, 2004)。

单级分提可以得到具有 10℃浊点的馏分。该馏分可作为煎炸烹饪用油的替代品,也可进一步分馏(O'Brien, 2004)。油酸甘油酯馏分(强的流动性)可以被分提成中间馏分、超级馏分和顶级馏分。而棕榈油的中间组分(IV 42—48)可以进一步加工成更硬的组分(IV 32—36)。硬脂(更硬的)(IV 32—36)可以分馏出更软的和更高级的硬脂(分别是 IV 40—42 和 17—21)。这些组分可以添加到人造奶油、起酥油和糖果用脂肪中。然而,用高度饱和的棕榈油馏分来取代反式脂肪将增加饱和脂肪酸含量(List, 2004a)

棕榈油的多级分提可以应用到四级的超级油酸甘油酯(IV 65)和软质棕榈油中间馏分(S-PMF, IV 45—47)的生产中。四级的超级三油酸甘油酯兼具低浊点和氧化稳定性较高的优点,因此可以作为煎炸油和色拉油使用。作为无反式脂肪的硬质原料,S-PMF 正逐渐被用来生产人造奶油和起酥油(O'Brien, 2004)。干法分提也被用来改性其他植物油(如棉籽油,部分氢化大豆油等)、动物油(猪油,鱼油等)(Dijkstra et al., 2008)。

### 23.4.7 改变脂肪酸组成

几种转基因和植物育种技术已被用来改变油料种子的脂肪酸组成。这些油料包括低亚麻酸大豆、高油酸玉米和大豆,高油酸和中油酸葵花籽,以及高饱和脂肪酸系列油料(List, 2004 b)。低亚麻酸大豆油、高油酸葵花籽油、大豆油和玉米油可以用作煎炸油,而且可以降低油炸零食中的反式脂肪酸含量。高油酸油脂(或高棕榈酸油脂,或高硬脂酸油脂),无需氢化即可用于煎炸食物,而且稳定性很高。高饱和脂肪酸油脂可用来制造人造黄油、涂抹油脂和起酥油,为了一些特定用途,它们可能还需要与一些更高熔点的油脂(即棕榈油、棉籽/大豆硬脂油)调和,或者进行酯交换反应(List, 2004b)。

## 23.5 小结

在现代社会,为了提供安全、美味、营养的食品和保持食品持续稳定供应,食品加工的作用不可忽视。食品加工尽管有诸多优点，但是加工过程会产生有害化学物质，比如，因热产生的有毒物质（丙烯酰胺和呋喃）和油脂氢化的产物（反式脂肪酸）。本章探讨的三种化合物已经被证明对实验动物生理会产生不良影响，而且也可能会对人类健康产生副作用。丙烯酰胺和呋喃是在产生愉悦风味和色泽的食品化学反应中生成的。反式脂肪酸则是在为改善油脂质构、提高油脂氧化稳定性的氢化加工过程中产生的。改变加工条件，可以减少丙烯酰胺、呋喃和反式脂肪酸的形成，但又会对食品的质量和其他安全性带来不利影响。监管机构与食品工业和学术界的合作重点是，获得更详尽的关于这些物质的形成机制，以及膳食暴露量对健康的影响等方面的信息，这些信息将为如何管控食品中这些有害化合物找到解决办法。

## 参考文献

[1] Altaki M S, Santos F J, Galceran M T. Automated headspace solid-phase microextraction versus headspace for the analysis of furan in foods by gas chromatography-mass spectrometry [J]. Talanta, 2009,78:1315 - 1320.

[2] Amrein T M, Andres L, Escher F, et al. Occurrence of acrylamide in selected foods and mitigation options [J]. Food Additives and Contaminants, 2007,24(S1):13 - 25.

[3] Amrein T M, Schonbachler B, Escher F, et al. Acrylamide in gingerbread: Critical factors for formation and possible ways for reduction [J]. Journal of Agricultural and Food Chemistry, 2004,52:4282 - 4288.

[4] Amrein T M, Bachmann S, Noti A, et al. Potential of acrylamide formation, sugars, and free asparagine in potatoes: A comparison of cultivars and farming systems [J]. Journal of Agricultural and Food Chemistry, 2003,51:5556 - 5560.

[5] Anonymous. Calgary moves against trans fat. CBC News. 2007 - 12 - 29 [R]. http://www. cbc. ca/canada/story/007/12/29/calgary-fats. html (accessed 9 February 2009). 2007.

[6] Anonymous. Deadly fats: why are we still eating them? [R] The Independent. http://www. independent. co. uk/life-style/health-and-wellbeing/healthy-living/deadly-fats-why-are-we-still-eating-them-843400. html (accessed 16 June 2008). 2008.

[7] Ascherio A, Willett W C. Health effects of trans fatty acids [J]. The American Journal of Clinical Nutrition, 1997:66(suppl), 1006S-1010S.

[8] Bagdonaite K, Derler K, Murkovi M. Determination of acrylamide during roasting of coffee [J]. Journal of gricultural and Food Chemistry, 2008,56:6081 - 6086.

[9] Becalski A, Lau BP-Y, Lewis D, et al. Acrylamide in French Fries: Influence of free amino acids and sugars [J]. Journal of Agricultural and Food Chemistry, 2004, 52: 3801 -3806.

[10] Becalski A, Seaman S. Furan precursors in food: A model study and development of a simple headspace method for determination of furan [J]. Journal of AOAC International, 2005,88:102 - 106.

[11] Biedermann M, Noti A, Biedermann-Brem S, et al. Experiments on acrylamide formation and possibilities to decrease the potential of acrylamide formation in potatoes [J]. Mitteilungen Lebensmittel Hygiene, 2002,93:668 - 687.

[12] Blank I, Robert F, Goldmann T, et al. Mechanism of acrylamide formation: Maillard-induced transformations of asparagine [M]. In M. Friedman & D. Mottram (Eds.), Chemistry and safety of acrylamide in food (pp. 171 - 189). NY: Springer. 2005.

[13] Bolger P M, Tao SS-H, Dinovi M. Hazards ofdietary furan. In R. H [M]. Stadler & D. R. Lineback (Eds.), Induced food toxicants: Occurrence, formation, mitigation and health risks (pp. 117 - 134). Hoboken, NJ: John Wiley & Sons. 2009.

[14] Boon P E, de Mul A, van der Voet H, et al. Calculations of dietary exposure to acrylamide [J]. Mutation Research, 2005,580:143 - 155.

[15] Bull R J, Robinson M, Laurie R D, et al. Carcinogenic activity of acrylamide in the skin and lung of Swiss-ICR mice [J]. Cancer Letters, 1984,24:209 - 212.

[16] CAC. Discussion paper on acrylamide in food [R]. ftp://ftp. fao. org/codex/ccfac38/fa38_35e. pdf (accessed 6 February 2009). 2006.

[17] CAC Report of the 2nd Session of the CODEX Committeeon Contaminants in Foods, The Hague, The Netherlands, March 31 - April 4, 2008 [R], ftp://ftp. fao. org/codex/alinorm08/al31_41e. pdf (accessed 6 February 2009). 2008.

[18] Canadian Food Inspection Agency. [S]. Information letter: Labelling of trans fatty acids. http://www. inspection. gc. ca/english/fssa/labeti/inform/20050914e. shtml. 2005.

[19] CAST. Acrylamide in food [S]. June 2006, Number 32 (available at: http://www. cast-science. org/websiteU-ploads/publicationPDFs/acrylamide_ip. pdf). 2006.

[20] Chen L J, Hecht S S, Peterson L A. Identification of cis-2 - butene-1, 4 - dial as a microsomal metabolite of furan [J]. Chemical Research, 1995,8:903 - 906.

[21] CIAA. The CIAA acrylamide 'Toolbox', confederation of food and drink industries of the EU [R]. http://www. ciaa. be/documents/brochures/CIAA _ Acrylamide _ Toolbox _ Oct2006. pdf (accessed 23 September 2009). 2006.

[22] Ciesarova Z, Kiss E, Boegl P. Impact of L-asparaginase on acrylamide content in potato products [J]. Journal of Food and Nutrition Research, 2006,45:141 - 146.

[23] Claeys W L, DeVleeschouwer K, Hendrickx M E. Kinetics of acrylamide formation and elimination during heating of an asparagine-sugar model system [J]. Journal of Agricultural and Food Chemistry, 2005,53:9999 - 10005.

[24] Claus A, Weisz G M, Scieber A, et al. Pyrolytic acrylamide formation from purified wheat gluten and gluten-supplemented wheat bread rolls [J]. Molecular Nutrition and Food Research, 2006,50:87 - 93.

[25] Crews C, Castle L. A review of the occurrence, formation and analysis of furan in heat-processed foods [J]. Trends in Food Science and Technology, 2007,18:365 - 372.

[26] De Wilde T, De Meulenaer B, Mestdagh F, et al. Influence of fertilization on acrylamide formation during frying of potatoes harvested in 2003 [J]. Journal of Agricultural and Food

Chemistry, 2006,54:404 - 408.

[27] Dijkstra A J, Hamilton R J, Hamm W. (Eds.), Trans fatty acids [M]. Hoboken, NJ: Wiley-Blackwell. 2008.

[28] Doerge D R, Young J F, Chen J J, et al. Using dietary exposure and physiologically based pharma-cokinetic/pharmacodynamic modeling in human risk extrapolations for acrylamide toxicity [J]. Journal of Agricultural and Food Chemistry, 2008,56:6031 - 6038.

[29] Dybing E, Farmer P B, Andersen M, et al. Human exposure and internal dose assessments of acrylamide in food [J]. Food and Chemical Toxicology, 2005,43:271 - 278.

[30] EFSA. Report of the scientific panel on contaminants in the food chain on provisional findings of furan in food [R]. http://www. efsa. europa. int/science/contam/contam_ documents/760/contam_furan_report7 - 11 - 05. pda. EFSA Journal, 2004a,137:1 - 20.

[31] EFSA. European Commission Press Release. Trans fatty acids: EFSA Panel reviews dietary intakes and health effects. August 31, 2004 [R]. http://www. efsa. europa. 2004b.

[32] eu/EFSA/efsa (accessed 30 January 2009). European Commission (2006)[S]. European Union Acrylamide Monitoring Database. http://irmm. jrc. be/html/activities/acrylamide/ database. htm (accessed 3/14/09).

[33] Fan X. Formation of furan from carbohydrates and ascorbic acid following exposure to ionizing radiation and thermal processing [J]. Journal of Agricultural and Food Chemistry, 2005,53:7826 - 7831.

[34] Fan X, Geveke D J. Furan formation in sugar solution and apple cider upon ultraviolet treatment [J]. Journal of Agricultural and Food Chemistry, 2007,55:7816 - 7821.

[35] Fan X, Huang L, Sokorai K J B. Factors affecting thermally induced furan formation [J]. Journal of Agricultural and Food Chemistry, 2008,56:9490 - 9494.

[36] FDA. Food labeling: Trans fatty acids in nutrition labeling [S]. Federal Register, 2003, 68:41433 - 41506.

[37] FDA. Survey data on acrylamide in food: Individual food products [S]. US Food and Drug Administration, Center for Food Safety and Applied Nutrition, 2006, http://www. cfsan. fda. gov/~dms/acrydata. html (accessed 4 February 2009). 2006a.

[38] FDA. Survey data on acrylamide in food: Total diet survey results. US Food and Drug Administration, Center for Food Safety and Applied Nutrition, 2006 [S], http://www. cfsan. fda. gov/~dms/acrydata2. html (accessed 4 February 2009). 2006b.

[39] FDA. The 2006 exposure assessment for acrylamide. FDA/CFSAN [S]. http://www. cfsan. fda. gov/~dms/acryexpo/acryex1. htm. (accessed 4 February 2009). 2006c.

[40] FDA. Exploratory data on furan in food: Individual food products [S]. U. S. Food and Drug Administration, Center for Food Safety and Applied Nutrition, October 2006. http://www. cfsan. fda. gov/~dms/furandat. html. (accessed 4 February 2009). 2007a.

[41] FDA. An updated exposure assessment for furan from consumption of adult and baby foods [S]. US Food and Drug Administration, Center for Food Safety and Applied Nutrition, April 2009. http://www. cfsan. fda. gov/~ dms/furanexp/sld01. htm (accessed 5 February 2009). 2007b.

[42] FDA. Additional Information on Acrylamide, Diet, and Food Storage and Preparation.

May 2008 [S]. http://www. fda. gov/Food/FoodSafety/FoodContaminants Adulteration/ChemicalContaminants/Acrylamide/ucm151000. htm (accessed 5 February 2009). 2008.

[43] FDA. Numerical listing of GRAS notices [S]. US Food and Drug Administration, Center for Food Safety and Applied Nutrition, April 2009. http://www. foodsafety. gov/～rdb/opa-gras. html (accessed 4 April 2009). Fohgelberg, P. , Rosen, J. , Hellens, K. -E. , & Abramsson-Zetterberg, L. (2005). The acrylamide intake via some common baby food for children in Sweden during their first year of life—an improved method for analysis of acrylamide [J]. Food and Chemical Toxicology, 2009,43:951 - 959.

[44] Food Standards Agency. (2005)[S]. Acrylamide: Your Questions Answered. Jan. 2005. http://www. food. gov. uk/safereating/chemsafe/acrylamide_branch/acrylamide_study_faq/(accessed 7 February 2009). Food Standards Australia New Zealand. (2005). Trans

[45] Fatty Acids [R]. 12 April 2005. Fact Sheets. http://www. foodstandards. gov. au/newsroom/factsheets/factsheets2005/(accessed 9 January 2009).

[46] Foot R J, Haase N U, Grob K, et al. Acrylamide in fried and roasted potato products: Areview on progress in mitigation [J]. Food Additives and Contaminants, 2007,24(S1):37 - 46.

[47] Frankel E N, Neff W E, Selke E, et al. Thermal and metal-catalyzed decomposition of methyl linolenate hydroperoxides [J]. Lipids, 1987,22:322 - 327.

[48] Fransson-Steen R, Goldsworthy T L, Kedderis G L, et al. Furan-induced liver cell proliferation and apoptosis in female B6C3F1 mice [J]. Toxicology, 1997,118:195 - 204.

[49] Fredricksson H, Tallving J, Rosen J, et al. Fermentation reduces free asparagine in dough and acrylamide content in bread [J]. Cereal Chemistry, 2004,81:650 - 653.

[50] Friedman M, Levin C E. Review of methods for the reduction of dietary content and toxicity of acrylamide [J]. Journal of Agricultural and Food Chemistry, 2008,56:6113 - 6140.

[51] Friedman M A, Dulak L H, Stedham M A. Lifetime oncogenicity study in rats with acrylamide [J]. Fundamental and Applied Toxicology, 1995,27:95 - 105.

[52] Göbel A, Kliemant A. The German minimization concept for acrylamide [J]. Food Additives and Contaminants, 2007,24(S1):82 - 90.

[53] Gökmen V, Acar O, Köksel H, et al. Effects of dough formula and baking conditions on acrylamideand hydroxymethylfurfural formation in cookies [J]. Food Chemistry, 2007, 104:1136 - 1142.

[54] Gökmen V, Senyuva H Z. Acrylamide formation is prevented by divalent cations during the Maillard reaction [J]. Food Chemistry, 2007,103:196 - 203.

[55] Goldmann T, Périsset A, Scanlan F, et al. Rapid determination of furan in heated foodstuffs by isotope dilution solid phase micro-extraction-gas chromatography-mass spectrometry (SPME-GC-MS)[J]. The Analyst, 2005,130:878 - 883.

[56] Granvogl M, Schieberle P. Thermally generated 3 - aminopropionamide as a transient intermediate in the formation of acrylamide [J]. Journal of Agricultural and Food Chemistry, 2006,54:5933 - 5938.

[57] Guenther H, Anklam E, Wenzl T, et al. Acrylamide in coffee: Review of progress in analysis, formation and level reduction [J]. Food Additives and Contaminants, 2007,24(S1):60 - 70.

[58] Haase N U. The formation of acrylamide in potato products [M]. In K. Skog & J. Alexander (Eds.), Acrylamide and other hazardous compounds in heat-treated foods (pp. 41 - 59). England: Woodhead Publishing, Cambridge. 2006.
[59] Hamadeh H K, Jayadev S, Gaillard E T, et al. Integration of clinical and gene expression endpoints to explore furan-mediated hepatotoxicity [J]. Mutation Research, 2004,549:169 - 183.
[60] Hamlet CG, Sadd PA. Chloropropanols and chloroesters [M]. In R H Stadler, D R Lineback (Eds.), Process-induced food toxicants (pp. 175 - 214). Hoboken, NJ: Wiley. 2009.
[61] Hanley A B, Offen C, Clarke M, et al. Acrylamide reduction in processed foods [M]. In M Friedman, D Mottram (Eds.), Chemistry and safety of acrylamide in food (pp. 387 - 392). New York: Springer. 2005.
[62] Hasnip S, Crews C, Castle L. Some factors affecting the formation of furan in heated foods [J]. Food Additives and Contaminants, 2006,23:219 - 227.
[63] Health Canada. TRANS forming the food supply. Trans Fat Task Force [R]. http://www. hc-sc. gc. ca/fn-an/nutrition/gras-trans-fats/tf-gt-rep-rap-eng. php (accessed 4 February 2009). 2006.
[64] Health Canada. Canada's new government calls on industry to adopt limits for trans fat [R]. http://www. hcsc. gc. ca/ahc-asc/media/nr-cp/2007/2007_74_e. html (accessed 8 January 2009). 2007.
[65] Health Canada. Acrylamide. What you can do to reduce exposure [R]. February 2009, http://www. hc-sc. gc. ca/fn-an/securit/chem-chim/food-aliment/acrylamide/acrylamide_rec-eng. php (accessed 5 March 2009). 2009.
[66] HEATOX. Guidelines in home cooking and consumption [S]. http://www. slv. se/upload/heatox/documents/D59_guidelines_to_authorities_and_consumer_organisations_on_home_cooking_and_consumption. pdf (accessed 12 January 2009). 2007.
[67] Heppner C W, Schlatter J R. Data requirements for risk assessment of furan in food [J]. Food Additives and Contaminants, 2007,24(S1):114 - 121.
[68] Hogervorst J G, Schouten L J, Konings E J, et al. Dietary acrylamide and the risk of renal cell, bladder and prostate cancer [J]. The American Journal of Clinical Nutrition, 2008,87:1428 - 1438.
[69] Hu F B, Stampfer M J, Manson J E, et al. Dietary fat intake and the risk of coronary heart disease in women[J]. The New England Journal of Medicine, 1997,337:1491 - 1499.
[70] Hunter J E. Dietary levels of trans-fatty acids: Basis for health concerns and industry efforts to limit their use [J]. Nutrition Research, 2005,25:49 - 513.
[71] IARC. Acrylamide. Some Industrial Chemicals; Monographs on the Evaluation of Carcinogenic Risks to Humans [R]; International Agency for Research on Cancer, Lyon, France. 1994.
[72] IARC. Furan. IARC Monographs on the Evaluation of Carcinogenic Risks to Humans [R], International Agency for Research on Cancer, Lyon, France. 1995,63:3149 - 3407.
[73] IFIC. Questions and Answers about Trans fats [R]. International Food Information Council. http://www. ific org/publications/qa/transqa. cfm. (accessed 30 January 2009). 2003.
[74] Institute for International Research. Fats and Oils—Tapping into oil innovation [R]. http://foodreview. ihs com/news/2006/fatty-acids. htm (Accessed 30 January 2009). 2006.
[75] Jackson L, Al-Taher F. Effects of consumer food preparation on acrylamide formation

[M]. In M Friedman, D Mottram (Eds.), Chemistry and safety of acrylamide in food: Vol. 561(pp. 447 - 465). New York: Springer. 2005.
[76] JECFA. Summary and Conclusions of the Sixty-fourth Meeting of the Joint FAO/WHO Expert Committee on Food Additives [C]. Joint FAO/WHO Expert Committee on Food Additives JECFA/65/SC. 2005.
[77] Johnson K A, Gorzinski S J, Bodner K M, et al. Chronic toxicity and oncogenicity study on acrylamide incorporated in the drinking water of Fischer 344 rats [J]. Toxicology and Applied Pharmacology, 1986,85:154 - 168.
[78] Judd J T, Clevidence B A, Muesing R A, et al. Dietary trans fatty acids: Effects on plasma lipids and lipoproteins of healthy men and women [J]. The American Journal of Clinical Nutrition, 1994,59:861 - 868.
[79] Jun H-J, Lee K-G, Lee Y-K, et al. Correlation of urinary furan with plasma-glutamyltranspeptidase levels in healthy men and women [J]. Food and Chemical Toxicology, 2008,46:1753 - 1759.
[80] Jung M Y, Choi D S, Ju J W. A novel technique for limitation of acrylamide formation in fried and baked corn chips and in French fries [J]. Journal of Food Science, 2003,68:1287 - 1290.
[81] Klaunig J E. Acrylamide toxicity [J]. Journal of Agricultural and Food Chemistry, 2008, 56:5984 - 5988.
[82] Konings E J M, Ashby P, Hamlet C G, et al. Acrylamide in cereal and cereal products: A review on the progress in level reduction [J]. Food Additives and Contaminants, 2007,24 (S1):47 - 59.
[83] Limacher A, Kerler J, Conde-Petit B, et al. Formation of furan and methylfuran from ascorbic acid in model systems and food [J]. Food Additives and Contaminants, 2007,24 (S1):122 - 135.
[84] Limacher A, Kerler J, Davidek T, et al. Formation of furan and methylfuran by Maillard-type reactions in model systems and food [J]. Journal of Agricultural and Food Chemistry, 2008,56:3639 - 3647.
[85] Lindsay R C, Jang S J. Chemical intervention strategies for substantial suppression of acrylamide formation in fried potato products [M]. In M. Friedman & D. Mottram (Eds.), Chemistry and safety of acrylamide in food (pp. 393 - 404). New York: Springer. 2005.
[86] List G R. Decreasing trans and saturated fatty acid content in food oils [J]. Food Technology, 2004a,58:23 - 31.
[87] List G R. Processing and reformulation for nutrition labeling of trans fatty acids [J]. Lipid Technology, 2004b,16:173 - 177.
[88] Locas C P, Yaylayan V A. Origin and mechanistic pathways of formation of the parent furan—A foodtoxicant [J]. Journal of Agricultural and Food Chemistry, 2004, 42: 6830 -6836.
[89] LoPachin R M, Gavin T. Acrylamide-induced nerve terminal damage: Relevance to neurotoxic and neurodegenerative mechanisms [J]. Journal of Agricultural and Food Chemistry, 2008,56:5994 - 6003.
[90] Maga J A. Furans in foods[J]. CRC Critical Reviews in Food Science and Nutrition, 1979, 11:355 - 400.

[91] Mark J, Pollien P, Lindinger C, et al. Quantitation of furan and methylfuran formed in different precursor systems by proton transfer reaction mass spectrometry [J]. Journal of Agricultural and Food Chemistry, 2006,54:2786 - 2793.

[92] Mestdagh F, Maertens J, Cucu T, et al. Impact of additives to lower the formation of acrylamide in a potato model system through pH reduction and other mechanisms [J]. Food Chemistry, 2008,107:26 - 31.

[93] Mills C, Mottram D S, Wedzicha B L. Acrylamide [M]. In R. H. Stadler & D. R. Lineback (Eds.), Process-induced food toxicants (pp. 23 - 50). Hoboken, NJ: Wiley. 2009.

[94] Mottram D S. Meat. In H. Maarse (Ed.), Volatile compounds in foods and beverages: Vol. 44 (pp. 107 - 177)[M]. New York: Marcel Dekker. 1991.

[95] Mottram D S, Wedzicha B L, Dodson A T. Acrylmide is formed in the Maillard reaction [J]. Nature, 2002,419:448 - 449.

[96] Mozaffarian D, Katan M B, Ascherio A, et al. Trans fatty acids and cardiovascular disease [J]. The New England Journal of Medicine, 2006,354:1601 - 1613.

[97] Mucci L A, Adami H O, Wolk A. Prospective study of dietary acrylamide and risk of colorectal cancer among women [J]. International Journal of Cancer, 2006,118:169 - 173.

[98] Mucci L A, Dickman P W, Steineck G, et al. Dietary acrylamide and cancer of the large bowel, kidney and bladder: Absence of an association in a population study in Sweden [J]. British Journal of Cancer, 2003,88:84 - 89.

[99] Mucci L A, Lindblad P, Steineck G, Adami HO. Dietary acrylamide and risk of renal cell cancer [J]. International Journal of Cancer, 2004,109:774 - 776.

[100] Mucci L A, Wilson K M. Acrylamide intake through diet and human cancer risk [J]. Journal of Agricultural and Food Chemistry, 2008,56:6013 - 6019.

[101] Muttucumaru N, Elmore J S, Curtis T, et al. Reducing acrylamide precursors in raw materials derived from wheat and potato [J]. Journal of Agricultural and Food Chemistry, 2008,56:6167 - 6172.

[102] Nawar W. Lipids [M]. In O. R. Fennema (Ed.), Food chemistry (3rd ed) (pp. 225 - 319). New York: Marcel Dekker, Inc. 1996.

[103] Noti A, Biedermann-Brem S, Biedermann M, et al. Storage of potatoes at low temperatures should be avoided to prevent increased acrylamide formation during frying or roasting [J]. Mitteilungen Lebensmittel Hygiene, 2003,94:167 - 180.

[104] NTP. Toxicology and Carcinogenesis Studies of Furan in F-344/N Rats and B6C3F1 Mice [R]. National Toxicology Program Technical Report 402. US Department of Health and Human Services, Public Health Service, National Institute of Health, Research Triangle Park, NC, USA. 1993.

[105] O'Brien R D. Fats and oils: Formulating and processing for applications (2nd ed)[M]. Boca Raton, Fl: CRC Press. 2004.

[106] Olesen P T, Olsen A, Frandsen H. Acrylamide exposure and incidence of breast cancer among postmenopausan women in the Danish diet, cancer and health study [J]. International Journal of Cancer, 2008,122:2094 - 2100.

[107] Park Y W, Yang H W, Storkson J M, et al. Controlling acrylamide in French fry and

potato chip models and a mathematical model of acrylamide formation—acrylamide: Acidulants, phytate and calcium [M]. In M Friedman, D Mottram (Eds.), Chemistry and safety of acrylamide in food (pp. 343 - 356). New York: Springer. 2005.

[108] Patterson H B W. Hydrogenation of fats and oils: Theory and practice [M]. Champaign, IL: AOCS Press. 1994.

[109] Pedreschi F, Kaack K, Granby K. The effect of asparaginase on acrylamide formation in French fries [J]. Food Chemistry, 2008,109:386 - 392.

[110] Reinhard H, Sager F, Zimmermann H, Zoller O. Furan in foods on the Swiss market-method and results 543 - 535 [J]. Mitteilungen aus Lebensmitteluntersuchung und Hygiene, 2004,95.

[111] Rice J M. The carcinogenicity of acrylamide [J]. Mutation Research, 2005,580:3 - 20.

[112] Roberts D, Crews C, Grundy H, et al. Effect of consumer cooking on furan in convenience foods [J]. Food Additives and Contaminants, 2008,25:25 - 31.

[113] Robin L. Regulatory Report. Acrylamide, furan and the FDA. Food Safety Magazine [R], June/July 2007, vol. 13(3), 2007, pp. 17 - 21. http://www.foodsafetymagazine.com/articlePF.asp? id 1967&sub sub1. (accessed 6 August 2008).

[114] Rupp H. Chemical and physical hazards produced during food processing, storage and preparation [M]. In R. H. Schmidt & G. E. Rodrick (Eds.), Food Safety Handbook (pp. 233 - 263). Hoboken, NJ: John Wiley & Sons. 2003.

[115] Rydberg P, Erikson S, Tareke E, et al. Investigations of factors that influence the acrylamide content of heated foodstuffs [J]. Journal of Agricultural and Food Chemistry, 2003,51:7012 - 7018.

[116] Sadd P A, Hamlet C G, Liang L. Effectiveness of methods for reducing acrylamide in bakery products [J]. Journal of Agricultural and Food Chemistry, 2008,56:6154 -6161.

[117] Sikorski Z E. G The effect of processing on the nutritional value and toxicity of foods [M]. In W M Dabrowski, Z E Sikorski (Eds.), Toxins in Food (pp. 285 - 312). Boca Raton, FL: CRC Press. 2005.

[118] Skog K, Alexander J. (Eds.). Acrylamide and other Hazardous Compounds in Heat-treated Foods [M]. Cambridge, England: Woodhead Publishing. 2006.

[119] Stadler R H. The formation of acrylamide in cereal products and coffee [M]. In K. Skog & J. Alexander (Eds.), Acrylamide and other hazardous compounds in heat-treated foods (pp. 23 - 40). Cambridge, England: Woodhead Publishing. 2006.

[120] Stadler R H, Blank I, Varga N, et al. Acrylamide formed in the Maillard reaction [J]. Nature, 2002,419:449.

[121] Stadler R H, Lineback D R. (Eds.). Process-induced food toxicants [M]. Hoboken, NJ: Wiley & Sons. 2009.

[122] Stadler R H, Robert F, Riediker S, et al. In-depth mechanistic study on the formation of acrylamide and other vinylogous compounds by the Maillard reaction [J]. Journal of Agricultural and Food Chemistry, 2004,52:5550 - 5558.

[123] Surdyk N, Rosén J, Andersson R, Aman P. Effects of asparagine, fructose, and baking conditions on acrylamide content in yeast-leavened wheat bread [J]. Journal of Agricultural and Food Chemistry, 2004,52:2047 - 2051.

[124] Taeymans D, Wood J, Ashby P, et al. A review of acrylamide: An industry perspective on research, analysis, formation, and control [J]. Critical Reviews in Food Science and Nutrition, 2004,44:323－347.

[125] Tareke E, Rydberg P, Karlsson P, et al. Analysis of acrylamide, a carcinogen formed in heated foodstuffs [J]. Journal of Agricultural and Food Chemistry, 2002,50:4998－5006.

[126] Taubert D, Harlfinger S, Henkes L, et al. Influence of processing parameters on acrylamide formation during frying of potatoes [J]. Journal of Agricultural and Food Chemistry, 2004,52:2735－2739.

[127] Vass M, Amrein T M, Schönböchler B, et al. Ways to reduce the acrylamide formation in cracker products [J]. Czech Journal of Food Science, 2004,22:19－21.

[128] Vranova J, Ciesarova Z. Furan in food, A review [J]. Czech Journal of Food Science, 2009,27:1－10.

[129] Wenzl T, Anklam E. European Union database of acrylamide levels in food: Update and critical review of data collection [J]. Food Additives and Contaminants, 2007,24(S1):5－12.

[130] Wenzl T, Lachenmeier D W, Gökmen V. Analysis of heat-induced contaminants (acrylamide, chloropropanols and furan) in carbohydrate-rich foods [J]. Analytical and Bioanalytical Chemistry, 2007,389:119－137.

[131] Wilson D M, Goldsworthy T L, Popp J A, et al. Evaluation of genotoxicity, pathological lesions, and cell proliferation in livers of rats and mice treated with furan [J]. Environmental and Molecular Mutagenesis, 1992,19:209－222.

[132] Yaylayan V A, Locas C P, Wronowski A, et al. Mechanistic pathways of formation of acrylamide from different amino acids [M]. In M. Friedman & D. S. Mottram (Eds.), Chemistry and safety of acrylamide in food (pp. 191－204). NY: Springer. 2005.

[133] Zoller O, Sager F, Reinhard H. Furan in food: Headspace method and product survey [J]. Food Additives and Contaminants, 2007,24(S1):91－107.

[134] Zyzak D V, Sanders R A, Stojanovic M, et al. Acrylamide formation mechanism in heated foods [J]. Journal of Agricultural and Food Chemistry, 2003,51:4782－4787.

# 第 24 章　对于食品中低剂量化学污染事件的响应

## 24.1　引言

澳大利亚和新西兰居民们都期望食品是安全的，通常，对于大部分人，在大多数时间这一心愿是可以满足的。但是，食品安全取决于许多因素，并非所有的因素都能由政府立法和监管来控制。大部分食品安全的责任是由农业部门和食品加工行业来分担，以确保可靠的预防程序来生产持续安全的食品。食品销售者、消费者也有责任确保在食品加工和制备过程中不产生新的风险。

食品风险广泛来自于微生物，化学和物理因素。本章将重点介绍由化学性危险导致的食品污染。化学物质可能通过正当使用或人为添加而存在于食品中，比如杀虫剂、兽药和其他农用化学品；也可通过在食品加工中使用食品添加剂和加工助剂等化学品。食品化学污染也可能来自于由环境中的重金属、食品中天然存在的化学物质如某些植物毒素、包装材料中化学物质的迁移物和食品加工过程中的产物。

食品中的化学污染物对人体健康的潜在影响虽然有限，但是影响是多种多样的。从微弱影响（例如对酶活力和体重的影响）到显著危害（如出生缺陷和癌症）（世界卫生组织，2008a）。这些影响可能在过往或最近接触化学污染物后的几个月甚至几年后才呈现。人们对化学物质的潜在健康危害的认识，随着医药科学的发展和分析工具的更新而越来越深入，因为通过研究，可以发现新的化学物质并能检测到更加微量的化学物质。

本章旨在探索食品中低剂量化学污染的响应策略。以几个重要的案例为基础，包括环境污染食品（海产品中的二噁英）、天然污染食品（木薯类零食中的生氰糖苷）和故意污染食品（乳制品中的三聚氰胺）来阐述响应的方法。对每个案例都通用的方法叫风险分析，该法可以在一个结构化的框架内确定、评估和管理与食物相关的健康危害。

## 24.2　风险分析

风险分析可以广泛应用,即使现有数据有限,也能产生有效的管理策略。在澳大利亚和新西兰使用的是基于由食品法典委员会(Codex, 2004)批准的总体框架。正如以下的简要讨论,风险分析框架由三个不同但互相关联的部分组成,即风险评估、风险管理和风险交流。

风险评估是一个以科学为基础的方法,它运用实验或其他可用表述风险的数据,通过分析,得出相关食品或食品配料的潜在风险结论。风险管理是用来协助定义风险评估的适用范围和需要解答的问题,同时也考虑对在更广范畴中已确定的食品危害选项的管理,并考虑到食品的潜在效益和相关政策、消费者行为和与使用食品有关的经济话题。

风险交流是指整个风险评估过程中所有当事人或利益有关者对于相关风险、风险相关的因素和风险预测的互动交流。这是一个持续的过程,它让利益相关者和大众在最大可能的程度上做出判定。风险交流可以缩小存在于科学评估和消费者对于健康危害预测之间的差距。任何风险分析框架都需要由一些指导原则来支持。这些原则应该包括以下几点。

(1) 使用最佳的现有数据和方法。科学、经济和其他数据等来自于发表和未发表的信息,但是数据应该尽可能可靠且客观。对现有数据的危险评估是建立食品安全基础和后续风险管理决策的一个十分重要的因素。在可能的情况下,应该寻求与国内和国际的其他专家或组织进行合作。

(2) 认识风险分析中的不确定性。在科学不确定性情况下,做出一些食品安全相关的决定是不可避免的。在决定风险管理选项时,应该适当认识、记录和标明科学不确定性。根据不确定性的水平和性质,我们可能要执行一个谨慎风险评估的方法来确保总体低风险,比如对如今的食品法规提议修改。但是,当有合理的证据表明有潜在健康危害时,科学不确定性不应该成为不采取措施的原因。因为新的证据随着时间推移不断出现,所以风险管理选项应该不断修订和更新。

(3) 让风险管理方法更具针对性。在管理与食物相关的健康危害时,通常有一系列选项可用,这取决于风险的性质。将不同风险定量和对比是比较困难的,但是通常可以用结果的严重性和风险的可能性等标准来进行定性比较。在决定风险管理方法时,需要考虑潜在危害的水平。在食品的案例中,也取决于在总膳食或对特定人群情况下食物的重要性。另一个在特殊情况下影响保护程度的因素是社区可接受危害的程度。

(4) 让感兴趣和受影响的团体参与进来。可以通过提供科学数据增强这个过程;标识出相关的社会、道德和经济因素;提议另外的管理方法。尽管参与机制的过程和规则需要明确,感兴趣和受影响的团体有利于建立信任和贡献可信度,给成功实施最终风险管理决定提供机会。

(5) 以一个开放和透明的方式进行交流。有关于食物相关健康危害的风险管理选项的文档通常应该是公开的,且公众对这些文件的意见应该考虑到管理决定中。机密的商业信息可以保护起来。与行业、消费者和健康专家关于食物监管方法的对话对于风险分析过程来说是完整的。这种交流是通过鼓励利益相关者评论有关风险管理选项的概括文件来协助进行的。

(6) 检查监管对策。在有些案例中,很难预测有关食品的监管决定的正确性。在一段时间后,应对监管的影响做检查,以确保已经达到预测的结果和/或关于评估的假设的正确性。对食品供应链和利益相关团体的调查,比如食品工业、健康专家、执法人员或者消费者,通常可以提供信息来评估结果,并决定是否需要更多的监管措施。

支撑风险分析框架的总则是与响应频繁出现的事件相关的,但是,时间限制可能会影响到框架内的步骤序列,这取决于个案的基础。

## 24.3 化学物质的一般控制措施

许多国家已经对食品中的化学污染物设定了监管水平。这对于农药或兽药物质来说就是最大残留限量(MRL),或对于食品中的天然毒物或污染物来说就是最大剂量(ML)。例如,澳新食品标准法典概括了食品中农药、兽药残留、污染物的限量。化学物质含量超过 MRL 或 ML 的食物,就可视为违反了食品标准法典并将受制于国内和边境的监管执法行动。

### 24.3.1 食物中农药和兽药残留的最大残留限量

最大残留限量是一种化学物质在食物中合法允许接受的最高残留浓度。最大残留限量并不表明一直存在于食物中的化学物质的含量,但是它表明可能来自于按照规定条件使用下的最大残留量。检测食品中的农药、兽药残留量,可以帮助查明是否按照规定条件使用的农药或兽药,且当最大残留限量超标时则表明这种化学产品可能被误用。另外，尽管最大残留限量与公众健康无直接关系，但是它可以通过使食品中的残留物最少化来保护公众健康和安全，同时让害虫和疾病得到有效的控制。

澳新食品标准法典的标准 1.4.2 列出了对食物中可能出现的农药和兽药残留量。如果一个特定农药或兽药化学-商品组合的最大残留限量没有被列出，那么默认是食品中必须不得检出该物质。这意味着尽管在标准 1.4.2 中没有相关的最大残留限量值，但如果检测出该物质残留，则该农产品不能被出售。在现今的澳大利亚监管系统中，在通过对农作物或动物使用农药和兽药化学物质的最大残留限量，从采用法典到应用于销售食品有一个时间间隔。

在评估农药和兽药残留对公众健康和安全的影响时，所有膳食中的化学残留量将与相关参考健康标准作对比，比如每日允许摄入量(ADI)和/或急性参考剂量(ARfD)。进行膳食暴露评估需要以下步骤：

(1) 测定食品中的化学残留物质。

(2) 利用来自国家营养调查的食物消费数据，并与可接受的参考健康标准对比，来计算该食物的膳食暴露量。

### 24.3.2　食品中污染物的最大剂量

在法典标准 1.4.1 中列出了污染物质和天然毒物的最大剂量，标明最大剂量可以作为一个有效的风险管理功能，并且只对全部膳食暴露有较大贡献的食物有效。标准 1.4.1 中没有列出的食物可以含有低剂量的污染物质或天然毒物。作为一个综合的原则，无论最大剂量是否存在，所有食品中的污染物和天然毒物剂量应该保持在合理可行、尽量低的水平(ALARA 原则)(Abbott et al., 2003)。

在实践中，最大剂量是设定在一个略高于普通食品的水平变化范围中，以避免对食物生产和贸易的过度影响(ANZFA, 1998)。但是，最大剂量不是直接的安全限值，也不能仅以此作为制订直接安全限定值的依据。这是因为与估计公众健康影响最相关的是来自整个食品供应的某种污染物的暴露值，而不是对一种指定食物的暴露值。

所以，对许多污染物/食品组合，当风险评估显示健康危害较低时，最大剂量值没有被设定或不能被证明，这不能说明没有监管水平的化学污染事件可以被忽视或者被搁置。在没有设定最大剂量值的化学污染情况下，有必要在一个较短的时间框架内，采取对这个特定情况的风险评估。评估化学污染相关风险的第一个步骤是了解在化学污染物暴露下潜在的不利健康影响，如果可能，需要设定一个膳食暴露的安全水平。对于许多污染物来说，缺乏一个可靠的数据去认定和描述潜在的危害，从而应设定人体暴露的一个安全水平。

当数据可用时，设定一个参考健康标准或所谓的“可耐受摄入量”是可能的，这可以根据每天、每周或更长时间计算出来。这些参考值通常由联合国粮农组织和世界卫生组织(FAO/WHO)下的食品添加剂联合专家委员会(JECFA)设定。可耐受摄入量也可以被认为是“暂定的”，因为低水平下的人类暴露结果经常缺少这些数据，且新的数据可能会导致可耐受水平的变化。

对于随时间推移在体内累积的污染物比如铅、镉、二噁英和汞，暂定可耐受周摄入量(PTWI)或者暂定可耐受月摄入量(PTMI)当做参考值，从而使膳食暴露的每天变化显著性最小化。对于不易在体内累积的污染物比如砷，暂定可耐受日摄入量(PTDI)当做参考值。PTDI、PTWI、PTMI 可应用于全部暴露(比如食物和非食物用途)和参考健康标准(WHO, 1987)相比时需要考虑到的暴露量。

许多污染物没有一个规定的参考健康标准，且有限的数据无法设定一个暂定可耐受摄入量(PTI)。在这些案例中，可以用一种边缘暴露方法来确定危害的潜在水平，即通过将不利影响可能发生的最低水平(或基准剂量下限)与暴露估计水平相比较的方法。

对于污染物的膳食暴露估计，取决于污染物在各种食品中的总数据和每一种食品在各类人群中的消费水平数据。数据越广泛越健全，暴露估计就越精确。然后这些信息将与参考健康标准相比较，或者与一种已知的对膳食危害水平定量测定可造成不利影响的水平相比较。这种食品安全的风险管理同时适用于化学物质控制及危机事件处理。

### 24.3.3 国家食品事件响应协议

在澳大利亚和新西兰，确保食品安全风险的管理是政府和行业的共同责任。食品行业的义务是生产安全及合适的食物，而政府的义务是以风险为基础进行监管，以确保食品行业拥有生产安全及合适食物的机制。

澳大利亚新西兰的监管框架在第 2 章全球食品法规发展 2.6 节中已更详细地讨论过了。简而言之，这个框架含有 4 个要素：利益相关者的投入、政策发展、标准设定及实施。这个框架的一个首要的成果就是澳新食品标准法典。该法典通过每个澳大利亚的州和领地及新西兰的食品法规来实施。例如，在新南威尔士州(NSW)这个框架通过食品法令 2003 来实现。州和领地的主管部门具有执行和制定法典的责任。所有在澳大利亚销售的食物(进口的或在本土制造的)必须符合法典的要求。当食品事件发生时,主管部门依法采取行动。

食品事件不仅能导致公众健康和安全危害,而且能造成广泛的顾客担忧和对国内外贸易较大的破坏。当大部分食品事件可能局限于一个本地区域或管辖范围内时,食品分配和零售的现代化增加了食品事件对一系列管辖区的影响。澳大利亚食品监管机构对于响应国家食品事件的以往经验,强调了食品事件管辖区间的协调和对合适的响应达成共识(比如食品召回的水平和程度)的重要性。对于同一事件,不同管辖区之间的响应不一致,可能致使所有管辖区难以承受批评和审查,且导致消费者的困惑。

国家食品事件响应协议(澳大利亚政府,2007)因此而产生。在 2007 年食品监管常务委员会和澳新食品监管部长理事会的所有成员批准该协议生效。这个协议使不同管辖区间响应国家食品事件的现有安排变得正规化。该协议没有推翻现有的(紧急情况)个体机构或管辖区的响应协议,而是提供给需要为食品安全和食品话题负责的澳大利亚政府和州、管辖区机构协议的一种联系。

响应一个国家食品事件有三个主要阶段:

警戒阶段;

行动阶段;

暂停阶段。

图 24.1 概括了一个国家食品事件的响应步骤。不是所有事件都会启动这个协议。比如,在一个可能影响公众健康且分布全国的食物中,如果检测到一个化学污染物就需要一个国家响应并且启动该协议。而检测到单一管辖区内制造并分布的食物中有更高水平的化学污染物就不需要启动这个协议。当国家响应时,其他地方管辖区的机制是不需要的。

## 24.4　CASE STUDIES 案例研究

尽管风险分析提供了一个结构化的框架处理化学污染的问题,执行者不应该期望它能不断带来相同的响应结果。当然,这个框架根据个案的基础提供了响应的灵活性。这能从以下几个案例研究中很好地显示出来。

### 24.4.1　环境污染物:二噁英

#### 24.4.1.1　问题

悉尼港(港口及其河口)已经运作了 100 多年,拥有许多产业。比如沿着赫姆

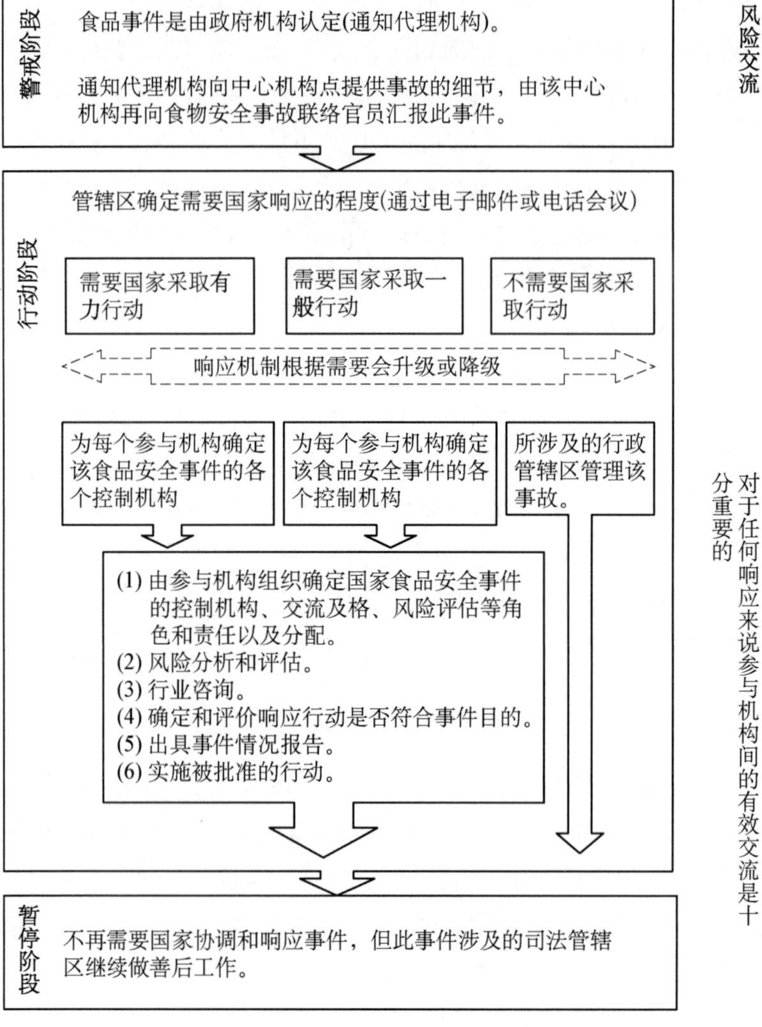


图 24.1 响应一个国家食品事件所需的步骤

布什湾的罗兹半岛，从 1928 年起几个化学工厂连续在此建立(见图 24.2)。联合碳化物公司是其中一个生产含有二噁英的化学物质的公司，包括叫做橙剂的除草混剂。被污染的材料和来自工业用地的流水的填筑工程造成了在赫姆布什湾的沉积物的污染问题。在 20 世纪 80 年代中期，这些化工厂被关闭。之后对土壤和沉积物的检测显示出显著的化学污染。从 1988 年到 1993 年进行了初期陆地修复工程。从 1989 年到 1991 年，当二噁英在赫姆布什湾和悉尼港的其他地方的鱼虾样品中被检测出来时，就实行了各种捕鱼禁令，至今仍生效。

在 2004 年，作为国家二噁英项目的一部分，对沉积物中二噁英的国家调查指

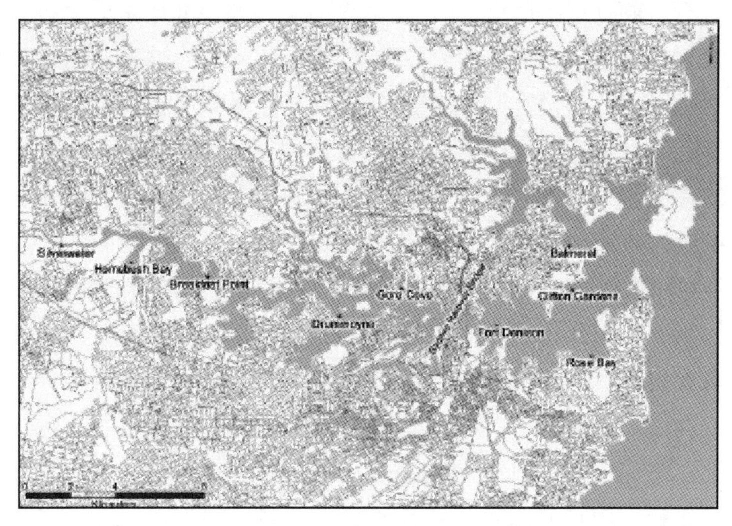


图 24.2 悉尼港海鲜采样区域

出：澳大利亚环境含有从 0.002 到 520 pg TEQ/g[1] 干重的二噁英(Müller et al., 2004)。一点也不奇怪的是，最高含量是在赫姆布什湾的附近发现的，尤其是在下游和海湾的西部(100 和 520 pg TEQ/g)和一些海湾东部的区域(78 和 130 pg TEQ/g)，包括 2006 年开始修复工程的几乎赫姆布什湾区域 10%的沉积物。

在实施修复工程之前，新南威尔士州海事机关投资了一项调查悉尼港鱼虾二噁英含量的研究。这个项目旨在提供基线数据来与修复工程后的数据对比，从而展示修复工程的效果。第一批结果在 2005 年 11 月出炉，并包括了 Silverwater 和 Drummoyne 之间五个地区的虾样品(见图 24.2)。除了来自外部禁止的商业捕鱼区的样品也呈现出高含量的二噁英，这些结果与之前检测出的含量相似。新州食品监管局，作为负责新南威尔士州出售的食品安全的主管部门，被提醒告知启动响应。

24.4.1.2 *危害*

“二噁英”是一组由 210 个持久存在于环境中的化学物质的通用术语。它包括 17 种相关的多氯联苯类(PCDDs)和多氯二苯并呋喃(PCDFs)，被世界卫生组织认定对人体有巨大毒性。除了一组 209 种 PCBs(欧盟委员会，2000)，二噁英组还包括 12 种化合物，即类二噁英多氯化联二苯(PCBs)。二噁英里最危险的化学物质是 2,3,7,8-四氯二苯并-p-二噁英(TCDD)。1997 年，世界卫生组织的一部分：国际癌症研究机构(IARC)将该化合物列为一级致癌物，意味着一种“已知的人体致癌物”(IARC, 1997)。

二噁英不是被有意制造出来的，是由火山运动和森林或草地大火等自然过程形成。澳大利亚政府认为丛林大火导致了20%～30%的类二噁英化合物的总释放量(澳大利亚政府，2004a)。千百年来，人类已经暴露在持续低浓度的类二噁英环境中。二噁英也是工业生产的副产物，比如垃圾焚烧、纸浆和纸的漂白和部分化学物质的合成。另一方面，PCBs已经制造了大约50年，用来作为变压器和其他电器的绝缘流体组分，然后就不再生产了。

二噁英可以在环境中存在很长一段时间。因为他们是脂溶性，所以可以在食物链中进行生物累积并且在许多食物中发现，比如乳制品、肉类、鱼类和贝壳类。国际上和澳大利亚的研究表明，95%的二噁英通过动物源的膳食传递，其中肉类、奶制品和鱼类作为首要来源(澳大利亚政府，2004b)。未出生的孩子在母亲子宫内暴露于类二噁英化合物，而婴儿会暴露于存在于母乳中的污染物。人们可能还会通过其他途径有限地暴露于这些物质中，比如在二噁英污染的空气中呼吸(如在丛林大火的烟雾中呼吸或焚化炉排放)，但是二噁英通过这些途径的暴露是不显著的。

已经有一些被广泛报道的二噁英污染食品事件：

(1) 1999年二噁英成为比利时食品恐慌的原因并影响了禽蛋类。可能的来源是动物摄入被PCB油污染过的饲料。

(2) 同样在1999年德国的牛奶中发现了二噁英，并追溯到二噁英污染的巴西柑橘浆团，它们被进口到欧洲并当做牛的饲料组分。

(3) 2008年爱尔兰当局策划了一次对鲜猪肉和处理过的猪肉的大型召回，因为消费的产品中检测出了二噁英，可能是因为饲料污染而导致的。

(4) 2005年之前澳大利亚当局还没有碰到该类事件。关于澳大利亚环境中二噁英的了解，主要来自于国家的二噁英项目。该项目由澳大利亚政府投资并由环境和遗产部(DEH)在2001—2004年进行管理。环境和遗产部收集了类二噁英化合物在澳大利亚包括空气、土壤和沉积物等环境中的浓度信息，并收集了不同区域人口的血清中二噁英浓度数据。

在相关的项目中，澳新食品标准局(FSANZ)测定了各种食物及不同人群的膳食中二噁英含量。澳大利亚健康和老龄化部(DHA)测定了母乳中的类二噁英化合物；澳大利亚农业渔业和林业部(DAFF)报告了包括肉类、牛奶和鱼类等农产品中二噁英浓度。一份澳大利亚对二噁英暴露的总体风险评估报告(澳大利亚政府，2004b)说明：

(1) 澳大利亚人可以对目前的类二噁英化合物背景暴露比较有信心，因为与相似国家相比这个含量普遍较低。

(2) 根据许多类二噁英化合物的环境持久性和长期生物半衰期，必须采取一切合理的步骤来降低该物质浓度。

尽管二噁英对人体健康的精确影响还没有完全理解，但是许多政府已经实行措施来让食品供应中的二噁英保持在尽可能低的水平。例如，欧盟委员会在2006年2月3日，采用了一个鱼类和鱼类制品肌肉中的最大含量为4 pg TEQ/g鲜重(PCDD/Fs)和一个8 pg/g鲜重(PCDD/Fs和类二噁英的PCB的混合物总和)的指标。这个指标在2006年11月开始实施(欧盟委员会，2006)。澳大利亚没有设定过这样的含量水平，于是澳新食品标准局决定食品中二噁英暴露量应该低于设定好的参考健康标准(澳大利亚二噁英可耐受月摄入量TMI，是70 pg TEQ二噁英/kg体重·月)。

关于悉尼港，新州海事机关测试虾样品的二噁英含量与国家二噁英项目报告的水平进行了比较，也与欧盟使用的最大水平(新州食品监管局，2006)进行了比较，决定进行更多的虾样品(metapenaeus macleayi)检测，并且再检测鲷鱼样品(acanthopagrus australis)，因为鲷鱼是一个可能含有更高二噁英含量的食物链底端喂食的物种代表。总之，从悉尼港和其支流的九个地区采取了样品，如图24.2所示。

国家计量研究所利用高分辨率气相色谱/高分辨率质谱方法，分析了虾和鲷鱼样品中的总二噁英含量。利用世界卫生组织毒性当量因子，把检测到的含量转换为pg TEQ/g鲜重(WHO, 1998)，从而检测出29种WHO认为具有危害性的二噁英同类物质。

从7个地区(Silverwater, Parramatta River near Homebush Bay, Breakfast Point, Drummoyne, Gore Cove, Fort Denison, and Clifton Gardens)采集了36种虾样品，二噁英在样品中的含量从3.1～22.9 pg TEQ/g鲜重，其中化合物2,3,7,8- TCDD(被认为最有毒性的二噁英物质)含量最高。这些地区样品的平均值为11.3 pg TEQ/g鲜重。

从8个地区(从西部的Silverwater到东部的Balmoral)采集了40种鲷鱼样品。二噁英在样品中的含量从6.6～141 pg TEQ/g鲜重。除了一个样品中类二噁英的PCB化合物含量最高外，2,3,7,8 - TCDD在所有样品中含量最高。除了来自Homebush Bay地区的已知高度污染的样品，样品平均值为19.5 pg TEQ/g鲜重。

与欧洲的鱼类肌肉二噁英限量(4pg TEQ二噁英和呋喃/g鲜重和8 pg TEQ

总二噁英/g鲜重)对比,悉尼港和其支流(2005/2006)商业重要物种中的二噁英检测结果更高。因为休闲钓鱼在悉尼港也是允许的,所以又测试了14种其他专门针对休闲钓鱼的海产品。检测的品种有蟹、比目鱼、国王鱼、三尖、无鳔石首鱼、鲻鱼、银鲈、银鲹、泰勒、斑鳕、游鳍叶鲹、鱿鱼、宽头鲬和单棘鲀。从2006年3月到9月,有243个甲壳动物、鱼类和软体动物被采集。二噁英浓度在不同种类鱼之间有显著差异。比如,鲻鱼、银鲈、银鲹和泰勒的二噁英平均浓度分别为99、41、29、38 pg TEQ/g。

整个地理采样区域的甲壳动物中的二噁英平均浓度为11 pg TEQ/g,鱼类是25 pg TEQ/g,软体动物是17 pg TEQ/g。悉尼海港大桥被作为一个参考点,因为它是个比较易识别的地标。海产品的二噁英浓度在大桥的东西两侧有很大的不同,且与被污染的赫姆布什湾地区相关。大桥东面的鱼类平均二噁英浓度为11 pg/TEQ g,而在大桥西面的鱼类平均二噁英浓度明显更高,为37 pg TEQ/g。当分析大桥东西两侧的甲壳动物样品时,平均二噁英浓度分别为6 pg TEQ/g和13 pg TEQ/g。大桥东面的软体动物平均二噁英浓度为6 pg TEQ/g,大桥西侧为24 pg TEQ/g。

24.4.1.3 风险

2005年12月,新州食品监管局举办了关于二噁英的专家研讨会(新州食品监管局,2006),为悉尼港海产品中的二噁英含量造成的公众健康危害提供建议。研讨会由毒理学、海洋生物学、环境科学、分析测试、医药、风险管理、食品监管、膳食暴露评估和风险交流的各方专家组成。

第一份对此问题的膳食暴露评估是基于来自悉尼港重要的商业物种(主要是虾和鲷鱼)的检测结果,且由FSANZ (2006)实施。这表明对于悉尼港抓捕到的海产品,频繁的食用者(比如那些吃了自己捕获鱼类的休闲或商业钓鱼者)可能超过二噁英的参考健康标准,并且与29种WHO关注的二噁英同类物质相关(澳大利亚TMI是70 pg TEQ二噁英/kg体重·月)。几乎不消费悉尼港海产品的人们(两到三次每年或更少)的膳食中二噁英浓度就不太可能超过参考健康标准。

悉尼港海产品中二噁英的含量比澳大利亚其他地区的海产品要高。之前对澳洲其他地区的调查揭露了在所有其他鱼类样品中的二噁英含量小于1 pg TEQ/g。另外,对于悉尼港(除去不允许捕鱼的赫姆布什湾本身)的鱼类和虾类,如果人类平均每月摄入多于1份150 g鱼类供应量或者两份150 g虾类供应量就可以导致超过推荐的二噁英TMI值。

二噁英专家研讨会的信息表明,悉尼港海产品的二噁英污染已经扩散较广。

虾和鲷鱼作为“指示”物种的二噁英含量，与世界上其他高污染地区的含量相等或者更高。研讨会建议，如果新的实验数据没有在物种个案的基础上产生，那么任何应用到商业捕鱼的风险管理策略都应该应用到所有物种上去。

基于之前的数据，研讨会总结说，悉尼港商业捕鱼者抓捕到的海产品构成了一个可能的公众健康危害，是否长期地被消费需要更多的数据显示该产品的安全性。但是，纳入膳食暴露评估限制的消费模式不应暗示对健康的影响。二噁英专家研讨会同意，来自悉尼港的鱼和虾每月应分别不超过一份 150 g、两份 150 g。

第二份膳食暴露评估是基于悉尼港休闲捕鱼的重要物种的检测结果（见表 24.1），且也是由 FSANZ (2007)执行的。对于悉尼海港大桥东西两侧的膳食模型提供给二噁英专家研讨会。研讨会说根据物种个例，在超过参考健康标准前，一个人可以消费的平均每月份数差异很大。在考虑大桥西侧的海产品样品的二噁英含量时，研讨会指出了那个地区物种二噁英含量提高的普遍趋势。研讨会认为，修改海港内捕获的海产品的膳食建议是合适的，并建议在大桥西侧捕获的海产品不能被消费。研讨会建议的关键点如下：

（1）休闲捕鱼者应该避免消费大桥西侧捕获的海产品。

（2）食用各种捕获于大桥东侧海产品的休闲捕鱼者，可以每周消费来自于此的 150 g 海产品。

（3）频繁食用大桥东侧指定物种海产品的休闲捕鱼者，需要获得更多基于物种个例的细节信息，来确保摄入量低于参考健康标准（见表 24.1）。

（4）如果对于某个特定物种缺乏数据，关于东西两侧的以上综合建议应该指导任何的风险管理策略。

**表 24.1　可耐受月摄入量(TMI)超标前的最大数目估计(150 g/份)**

悉尼海港大桥东侧

| 海产品 | 样品数量[1] | 平均二噁英浓度(pg TEQ/g) | TMI 超标前的最大克数 | TMI 超标前的数目(150 克/份) |
|---|---|---|---|---|
| **所有甲壳动物** | **12** | **6** | **625～748** | **每月 4 份** |
| 虾 | 6 | 6 | 625～748 | 每月 4 份 |
| 蟹 | 6 | 5 | 750～898 | 每月 5 份 |
| **所有鱼类** | **146** | **11** | **341～408** | **每月 2 份** |
| 鲷鱼 | 15 | 18 | 208～249 | 每月 1 份 |
| 比目鱼 | 9 | 2 | 1 876～2 245 | 每月 12 份 |
| 国王鱼 | 8 | 2 | 1 876～2 245 | 每月 12 份 |

（续表）

| 海产品 | 样品数量[1] | 平均二噁英浓度(pg TEQ/g) | TMI 超标前的最大克数 | TMI 超标前的数目(150 克/份) |
|---|---|---|---|---|
| 三尖 | 16 | 2 | 1 876～2 245 | 每月 12 份 |
| 无鳔石首鱼 | 23 | 3 | 1 251～1 496 | 每月 8 份 |
| 鲻鱼 | 8 | 70 | 54～64 | 每 3 个月 1 份 |
| 银鲈 | 14 | 23 | 163～195 | 每月 1 份 |
| 银鲹 | 6 | 5 | 750～898 | 每月 5 份 |
| 泰勒 | 6 | 24 | 156～187 | 每月 1 份 |
| 斑鳍 | 21 | 2 | 1 876～2 245 | 每月 12 份 |
| 游鳍叶鲹 | 14 | 3 | 1 251～1 496 | 每月 8 份 |
| **软体动物(鱿鱼)** | **15** | **6** | **625～748** | **每月 4 份** |

1　一个样品由 10 个样品混合而成。

24.4.1.4　回应

澳大利亚签署了关于持久性有机污染物(POPs)的斯德哥尔摩公约，因此致力于减少甚至消除释放到环境中的生产和持久性有机污染物。二噁英是本公约所涵盖的化学品群体之一。之前，为了解决在悉尼海港出现的海鲜二噁英的问题，在 2005 年 10 月澳大利亚政府发布了解决二噁英的国家行动计划。在食物方面，该计划指出，澳大利亚食品供应所含的二噁英水平相比世界其他地区较低，并且在资源允许的条件下，致力于确保到了 2010 年澳大利亚重新审视澳大利亚食品供应时，情况能维持现状(澳大利亚政府，2005)。

澳大利亚并没有设立关于食品中所允许的最大二噁英含量的标准，为了帮助管理悉尼海港的二噁英的问题，政府组织了一个临时的二噁英专家组。这并不是一个强制执行行动，而是在逐案的基础上适当的反制措施。这次临时行动的主要目的是引出进一步关于高含量二噁英原因的调查。超出本临时行动中含量范围的海鲜将会展开关于风险评估的消费模式的调查。

评估海鲜的临时行动所采用的数据有：

来自澳洲统计局年均消费中的平均每 150 g 海鲜量(澳大利亚统计局，2000)；平均体重 70 kg；当前背景下所估算的澳大利亚的食品中暴露的二噁英的含量高于 TMI(澳洲新西兰食品标准管理局，2004)，导致超出了建议的每个月 70 pg TEQ/kg 国际毒性当量 54 pg TEQ/kg。这超出的 54 pg 相当于每周额外摄入 13 pg TEQ。

临时行动含量计算为以每周可接受的摄入量、平均体重/平均每餐食品大小来衡量的。计算结果(13、70/150)显示，在悉尼海岸的海鲜中摄入的二噁英达到每 kg 海鲜有 6 pg TEQ。

在悉尼海港的海鲜中存在的二噁英问题需要回应两个方面的问题：①商业渔业；②休闲渔业。在悉尼，商业渔业是一个小行业，只贡献了在国家市场上不到 2%的鱼类和不到 1%的虾类产量。悉尼渔业涉及的商业渔民有 44 人。目前考虑了几种风险管理建议，并且和利益相关者(商业渔民、海鲜市场、政府部门)讨论之后，能保护好消费者的方法有：

(1) 从悉尼海港产出的海鲜应该贴上标签，并且和消费群的意见一起与其他地方的海鲜分开(相关人士认为这样的话消费者就不可能购买悉尼海港的海鲜，因此悉尼海港的渔业会受到更大的负面影响)。

(2) 鉴于只有高含量的二噁英才会使消费者处于危险中，因此将悉尼海港的海鲜和其他地方的海鲜混合在一起，就能减少一个消费者摄入过多的二噁英而导致 TMI 超标的情况发生。这个建议需要考虑到消费者的教育水平(利益相关者担心这样消费者会对产品的质量有疑惑，并因此造成其减少对于海鲜的日常摄入)。

(3) 只提供消费建议(利益相关者担心这样消费者会对产品的质量有疑惑并因此造成其减少甚至杜绝对于海鲜的日常摄入)。

(4) 禁止悉尼海港的商业捕捞(利益相关者觉得这是保护民众和其他行业的最好选择)。

自 2006 年开始，悉尼海港实施对于商业捕捞的全面禁止，有效期至 2011 年。

风险评估和随后的风险管理通过行业会议、媒体(报刊、电台、电视)、滨海牌、网站、信件形式发送给相关利益者，向商业渔民发送相关的小册子。新南威尔士州政府宣布用 580 万澳元来自愿性收购商业捕鱼企业，进一步测试鱼类中二噁英的含量，和向休闲渔民宣传关于食用在海港中捕捉到的海鲜的危险。

关于在悉尼海港的休闲渔业，正如二噁英专家组建议的桥的西面的鱼不可以食用，只有两条路可以走：

(1) 通过落实一条禁止任何在悉尼海港(桥东和桥西)捕鱼的条款。

(2) 制订沟通策略以确保休闲渔民都能意识到食用建议。

方案 2 更优选，原因如下：

强制性的“抓了又放”对于警察来说难以执行，并且造成了一种虚假的安全感；

一个完全封闭的策略会不必要地阻止休闲渔民在二噁英含量较低的桥东的捕鱼。

咨询选项能更好地与渔民进行积极有效的交流，传播其他信息并且帮助建立更高效良性的互动。类似信息表明，在海港对于商业渔业完全关闭时落实到位的咨询项目能运作良好。

在桥东捕获的海鲜中只含有低浓度的二噁英含量，的确有给咨询建议项目带来松懈的可能。但是风险评估者普遍同意作为预防措施，现行的关于每个月不超过 150 g 混合海鲜的摄入建议应该保持。这是因为钓鱼者可能无法区分物种并且不能得到更详细有效的建议。通过滨海牌、说明书和新南威尔士州食品管理局的网站(www. foodauthority. nsw. gov. au)，通知休闲渔民审核所食用海鲜的种类，并且根据品种调整消费习惯。

表 24. 2 提供了针对该问题的大致时间方案。

**表 24. 2　对于悉尼海港中海鲜中二噁英污染的解决方案的关键事件**

| 重　心 | 事　件 | 关 键 事 件 |
|---|---|---|
| 整治工作 | 2005 年 11 月 | 通知食品安全局，检测表明虾类海鲜中含有高浓度的二噁英 |
| 二噁英和商业捕鱼 | 2015 年 11 月 | 从鳊鱼和虾类开始计划的测试悉尼港关闭对于虾类的商业捕捞 |
| | 2015 年 12 月 | 组织二噁英专家组 |
| | 2006 年 1 月 | 由专家组审核的测试结果确定 |
| | 2006 年 2 月 | 悉尼港关闭所有商业捕鱼，直到 2011 年 |
| | 2006 年 2 月 | 新南威尔士州宣布用 580 万澳元承包此次计划（包括进一步的测试和风险交流的资金） |
| 二噁英和休闲渔业 | 2006 年 3 月 | 海鲜类等相关的休闲渔业测试开始 |
| | 2006 年 11 月 | 二噁英专家组宣布对于在桥东和桥西的休闲垂钓的建议，并且确定了食用桥西的海产品的风险更大 |
| | 2006 年 12 月 | 为休闲渔民在桥东和桥西的垂钓制定风险管理和交流策略 |
| | | 公开发布对于桥东和桥西休闲垂钓的建议 |
| 整治工作 | 2007 年 1 月 | 在霍姆布什湾继续进行整治工作 |

## 24. 4. 2　自然发生的污染：氰甙

24. 4. 2. 1　事件

从其他国家的传统饮食转变为西式饮食习惯，会给消费者带来不曾预料到的潜在危害，通常是由化学因素所致。例如，木薯（木薯族，巴豆亚科）是一种在许多热带地区生长并用来当做食材的耐寒植物，多年来木薯作为原料提供给西方消费者食用，并且制作商根据它无麸质的特点生产了更多的各式产品，尤其在休闲食品行业，为面粉不耐受的消费者提供更多种的选择。在自然条件下，木薯中含有一种叫做氰甙的化合物，在某些情况下，以木薯为原料的产品可能会给消费者带来负面影响（卡多索等人，2005）。如果没有适当的处理，木薯中较高含量的氰甙会被人体肠道中的细菌分解为氰化物（或氢氰酸）。

2008 年 1 月，新南威尔士州食品管理局收到从日本发来的关于新南威尔士州制作的木薯薯片/饼干氢氰酸含量超标的检测报告。日本当局认为 59 mg/kg 的含量水平是“对人体健康的威胁”（译）。木薯薯片和饼干的原料都来自一种由木薯粉和鲜木薯制作的木薯球。木薯球经过油炸、调味、包装和分发后零售各地。

24.4.2.2　危害

亚麻苦苷（93％）和百脉根苷（7％）是木薯中主要氰甙成分（FSANZ，2008a）。氢氰酸的生成是由内源酶催化的两个步骤所形成的（见图 24.3）。最初，α-葡萄糖苷酶（亚麻苦苷酶）水解葡萄糖和羟基腈（氰醇）间的糖苷键，然后氰化氢（或氢氰酸）经非酶或酶解途径，从丙酮氰醇（或从丁酮氰醇解离的百脉根苷）解离而得。

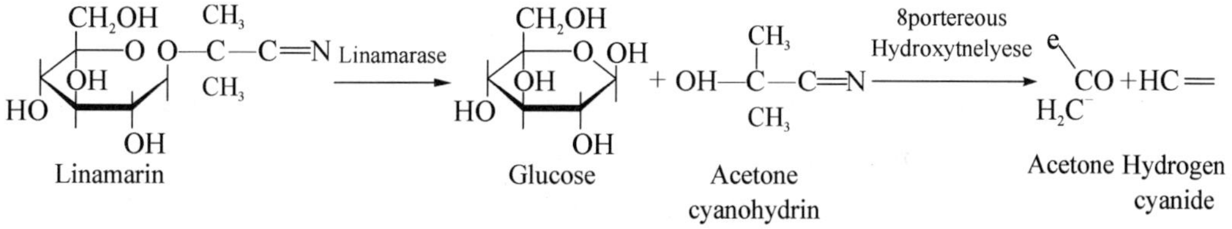

图 24.3　在亚麻苦苷中形成氢氰酸的化学反应

非酶途径是 pH 依赖性的。当 pH 为 6 时，会发生高速率的解离，但是在 pH 为 5 时，氢氰酸的产率会低很多（库克，1978）。尽管如此，不同加工的木薯产品中，氰醇与其他完整的葡萄糖苷和氢氰酸共同存在。因此，氰化物木薯产品中可能有三种形式：①苷类（亚麻苦苷和百脉根苷）；②氰醇；③自由的氰化氢。

至关重要的是，有特定的处理方法可以降低原料木薯的亚麻苦苷含量（布拉德伯里，2006；古巴，秒恩，克里夫和巴拉德伯里，2007；世界粮农组织，1977）。氰化物会抑制线粒体氧化。如果暴露的氢氰酸含量超过正常机理所能解毒的能力，可能导致死亡。急性氰化物（尤其是非致死剂量）的临床表现，通常包括头痛、头晕、胃痛或者精神紊乱。

这些症状酷似过量或者轻度的肠胃道干扰。由于剂量-反应曲线是陡峭的，而中毒症状在摄入几个小时之后出现，在致死剂量症状出现之前可能无法及时发现危险症状。氢氰酸在人体中的致死剂量为0.58 mg/kg体重。

在一些以木薯为主要碳水化合物来源的发展中国家，目前存在的主要问题是长期暴露于亚致死浓度的氰甙，如konzo。该物质可导致不可逆的运动性神经元病，其临床症状表现为无法行走，手臂运动受限，言语困难(埃内斯托等人，2002；oluwole，2008)。在发达国家例如澳大利亚，摄入的木薯产品毒素不足以导致以上临床症状。木薯引起的轻度临床症状不会在医院急症室或者普通医院出现，所以也不会被曝光或统计。

正确加工处理生木薯必须确保亚麻苦苷含量在可接受的范围内。该处理方式使用不同组合的脱皮、切割、水中浸泡和温和的热处理来使得天然的亚麻苦苷转化为氢氰酸。形成的氢氰酸易变性或者释放到空气中，而不是留在食物里。要确定剩余的亚麻苦苷含量风险，澳大利亚新西兰食品管理局考虑直接对亚麻苦苷的进行毒性实验，并在动物实验急性毒性实验的最大剂量70 mg/kg基础上，建立了人体最大致毒剂量0.7 mg/kg。可获得的数据表明，在口服相关产品后，在粪便中没有检测到不发生变化的亚麻苦苷，因此说明在盲肠中有足够的细菌完成水解大量的亚麻苦苷。

由于氢氰酸的总含量比亚麻苦苷的含量更容易确定，因此将亚麻苦苷的急性参考剂量转化为氢氰酸的急性参考剂量更便于分析。如果完全水解，那么一摩尔亚麻苦苷可以水解为一摩尔氢氰酸，在这个基础上，在0.08 mg/kg木薯中测得的亚麻苦苷急性参考剂量就与氢氰酸的急性参考剂量相等。氢氰酸的致命剂量最低为0.58 mg/kg体重。

木薯作为原料已经在西方消费者群体中食用了很多年，并且食用的方式有很多种，从面粉到蔬菜沙拉再到甜点。随着制作商利用其无麸质的特点为淀粉不耐受的消费者提供多样化的选择，木薯的用途也逐渐增大，尤其在休闲食品行业。尽管在发展中国家，木薯的消费水平不如西方国家那么高，工厂和政府仍然需要评估任何潜在的健康因素，并处理好这些因素。

各类食品中的氢氰酸限制额度为：糖果，25 mg/kg；硬水果糖，5 mg/kg；杏仁，50 mg/kg；1%酒精饮料，1 mg/kg；甜木薯根据标准1.1.2—补充食品，含有鲜重小于50 mg/kg的氢氰酸。苦的木薯品种(在标准1.4.4—植物和真菌中被禁止的植物品种)，需要更好的处理来除去氰甙，因为它们往往均匀分布于根部。当出现问题时，澳大利亚并没有颁布针对木薯为主的休闲产品的标准。

在欧盟，氰化氢最高允许含量如下：食品中1 mg/kg，饮料中1 mg/kg，牛轧糖或者杏仁及其他类似产品中 50 mg/kg，酒精饮料中则是 1 毫克每酒精度，水果罐头中的是 5 mg/mL。美国在食品和饮料中最大可接受水平为 25 mg/mL。

作为日本拒绝澳大利亚制作产品的后续行动，日本开展了包括国内和进口的所有木薯薯片和饼干的检查工作。而经过一种由 Bradbury、Egan 和 Bradbury 开发的分析方法(1999)表明，其他来源的产品也同样含有高浓度氢氰酸。这次共检查了 300 个即食的木薯薯片样品(见表 24.3)，结果表明氢氰酸的含量有很大的变化。

**表 24.3　在本地和进口木薯饼干中发现的总氢氰酸含量**

| 产源地 | 品牌 | 总氢氰酸含量样品数 | 毫克每千克平均水平(标准偏差) | 最小值 | 最大值 |
|---|---|---|---|---|---|
| 澳大利亚 | 品牌 1 | 193 | 66.6(27.7) | 10 | 145 |
| 澳大利亚 | 品牌 2 | 10 | 10.1(0.8) | 10 | 12 |
| 澳大利亚 | 品牌 3 | 68 | 45.8(14.4) | 24 | 86 |
| 澳大利亚 | 品牌 4 | 5 | 10 | 10 | 10 |
| 中国 | | 3 | 10 | 10 | 10 |
| 印度尼西亚 | 品牌 1 | 5 | 77.0(6.9) | 71 | 85 |
| 印度尼西亚 | 品牌 2 | 2 | 10 | 10 | 10 |
| 印度尼西亚 | 品牌 3 | 3 | 38.3(22) | 13 | 53 |
| 印度尼西亚 | 品牌 4 | 1 | 10 | 10 | 10 |
| 韩国 | | 5 | 10 | 10 | 10 |
| 马来西亚 | | 5 | 10 | 10 | 10 |
| 总计 | | 300 | 55.8(29.6) | 10 | 145 |

测试还包括 12 个木薯球(油炸后形成薯片状)。结果显示也有显著性差异，其中氢氰酸的含量从 10～237 mg/kg(平均 96.7 mg/kg)。目前还不清楚这些含量水平的不同是由于加工的过程造成的，还是由于木薯品种问题。

24.4.2.3　风险

确定木薯薯片中氢氰酸的总含量很困难，因为意味着考虑形成过程发生的所有酶解反应产生的总和(见表 24.4)，目前还没有一个标准或者相应的参考分析方法可以做到这一点。如果想知道更多相关的分析方法，可以在第 5 章(分析方法的全球标准)找到。目前，有的实验室已经发现了测定水中氢氰酸含量的方法，因而只能确定“游离”的氢氰酸含量，导致食物中总的氢氰酸的含量报道不足。

表 24.4 关键事件应对的饼干/芯片木薯氰苷的时间表

| 焦点 | 日期 | 关键事件 |
|---|---|---|
| 公告 | 2008/01 | 新南威尔士州粮食局报告在日本当局的木薯饼干中氰化氢的检测 |
| | | 毒理学咨询专家和国家食品事件响应协议激活 |
| | | 自愿从市场召回产品 |
| | | 实验室建立了一个总的氢氰化物的试验方法,试验开始 |
| 监测 | 2008/02 | 消费者的公告 |
| | | 初步的风险评估完成的 25 mg/kg 的指导水平 |
| | | 测试结果导致额外的自愿性产品撤回 |
| | | 新南威尔士州粮食局要求澳大利亚新西兰食品标准需要考虑这些产品的适当标准 |
| 标准 | 2008/03 | 提出了氢氰酸(HCN)在即食木薯中的标准为 10 mg/kg,发表了公开评论 |
| | 2008/09 | 最终验收报告(包括修订的风险评估)公开发布的评论 |
| | 2008/12 | 部长理检验所提出的标准要求 |
| | 2009/04 | 食品标准法典的修订 |

复制日本当局的方法是不可能的,因为那是一个结合热量和酶的方法。个别专家建议把 Bradbury 方法(Bradbury et al., 1999)确定为目前最合适的测定方法。澳洲食品标准局采用了测定 300 个澳大利亚市场上的木薯薯片品种作为测定样本,以确定对于木薯薯片中氢氰酸的膳食暴露评估。评估主要有两个关键和可变参数:薯片中所能发现的总的氰化氢含量范围和一系列不同生产日期的可变暴露因子范围。

膳食暴露评估所采用的数据来自 1995 年澳大利亚全国营养调查(澳大利亚统计局,1999)和 1997 年新西兰全国营养调查(新西兰政府,1999)的消费数据。即食薯片的消费量并没有单独的报道,而是被归类在"压缩食品"和"其他小吃"中。纵观膳食暴露评估,利用等量的咸味食品(薯片、膨化食品等)的消耗量来估计一天可能被消费的即食木薯薯片的量,前提是消费者可以用任何类似的咸味食品代替木薯薯片。

确定的评估报告是以在即食木薯薯片中总的氢氰酸的急性膳食摄入量为基础,并估算了澳大利亚和新西兰的人口总数、年龄和性别组成。结果表明,在 2008 年 1 月所销售的木薯薯片中氢氰酸的平均含量为 63 mg/kg(样品是从国产和进口的多个不同的主要供应商的渠道获得),对于各个年龄层来说都超过急性参考剂量。按照 25 mg/kg,大部分组别,尤其是儿童,这个数值仍然超过急性参考剂量。按照报道中的最低剂量 10 mg/kg，这个值对于 2～4 岁的儿童来说仍然存在风险。但是，这样的危险情况只会在一个小孩一次性吃掉 100 g 木薯薯片时发生。年龄组中不规律的饮食习惯和较低体重者会增加风险。

暴露评估采用的统计学方法，这种方法可以更好地与 2～4 岁年龄段的最易受到危险的人群的参数结合在一起评估。通过随机将各个咸味食品的消费量和每个氢氰酸浓度相乘得到的实际和模拟分布，成功计算了在可能的膳食摄入量和超过急性参考剂量的概率的计算之间的分布关系。2～4 岁的澳大利亚儿童平均摄入 69 mg/kg 木薯薯片，将超过标准 56%，即约 1/2 的情况下氢氰酸的摄入量超过急性参考剂量。

25 mg/kg 的摄入量将超过急性参考剂量的可能降到了 17%～22%，10 mg/kg的摄入量则将这个值降至 2%～4%，而标准的参考范围是 5～10 mg/kg。但是由于氢氰酸易分解的特性，超过急性参考剂量与否还与摄入时间有关，一次性摄入或者一天分批摄入会产生不同的结果。因此，超过急性参考剂量的概率并不等同于处于不良事件(疾病)的概率。目前已知的食品消费数据并没有区分一次性摄入和单日分批摄入，所以不可能得到精细的计算结果。然而，97.5%的 2～4岁儿童(男女一致)摄入咸味食品的量都在 100 g 左右，并且基本上都是一次性摄入。

对于 2～4 岁的儿童来说，将从木薯薯片中摄入的平均氢氰酸的量控制在 10 mg/kg，能将超过急性参考剂量的潜在风险降低 93%～97%。而控制在 25 mg/kg，将降低 61%～70%的风险。

学术界和政府部门的毒理学家审查了膳食暴露评估之后，指出原木薯的加工不当造成的在澳大利亚市场上检测到的相关产品的氢氰酸的残留量明显过高，该事件是一个典型的公共卫生风险案例。最危险的人群显然是儿童。由国际专家组成的审查团队评估的结果都表示赞成和支持。

24.4.2.4　回应

在收到日本通知的 24 小时内，国家食品事件响应协议就发布出来，并且专业的毒理学建议受到广泛好评。最初专家的建议是：如果食用过量(100～200 g)，将会表现出轻微的症状，例如：呕吐、腹泻、焦虑、喉咙痛、头晕和虚弱。在这方面，儿童是最脆弱的群体。在这之后，联系到制造商并且告知了相应的结果和人员的健康状况。作为回应，该公司主动召回了他们所有的无麸质产品。澳大利亚各地的司法管辖区通过媒体建议消费者，尤其是儿童，应避免食用过量的木薯制成的蔬菜薯片或者饼干产品。

该问题的严重程度是通过检测在澳大利亚目前市场上的已有产品来判定。为了支持这项活动，由澳洲新西兰食品标准管理局进行了初步的风险评估，提供了木薯薯片的总氢氰酸安全水平含量为 25 mg/kg(澳洲新西兰食品标准管理局，2008a)。

木薯粉产品的生产商和进口商被告知，其产品的氰化氢含量超出 25 mg/kg 的标准。勒令与此相关的企业采取各种措施使产品达标，大部分公司自愿将此产品退出市场。

报刊告诫消费者要减少木薯类产品的消耗使其达到平均水平，这一行为赢得了媒体的支持。然而，这些信息的长期效果没有被看做是长期冒险经营策略的基础。此外，测试表明木薯类产品的氰化氢总量有很大的可变性。

对公众的初始风险沟通信息建立在测试结果上。成品含量的测试为平均 80 mg/kg。据估计，安全消耗的标准含量为一个体重为 20 kg 的孩子 200 g 的木薯片。然而，在一些即食木薯片食品中检测到含量高达 145 mg/kg，也就是说安全消耗数据“打了折扣”。对产品中氰化氢总量进行一批批检查，往往是为了安抚公众有关安全消耗的标准。同样表明了生产商需要更严格控制使用木薯片(以及其他包含木薯成分的即食食品)成分，这样氰化氢的总量便能达到合理标准。达到标准的产品生产方法有充分的文件记录。

由于上述种种原因，澳新食品标准局准备了一项 P1002 计划，用以评估有关即食木薯食品中氢氰酸含量的公众健康风险。这份评估在 2008 年 3 月 6 日对外公布，于 2009 年 4 月 30 日刊登。现在即食木薯食品中氢氰酸含量已不超过 10 mg/kg。

### 24.4.3 人为污染物：三聚氰胺

#### 24.4.3.1 问题的出现

2008 年 9 月，澳新食品标准局关注到媒体的报道，在中国超过 50 000 的婴幼儿由于食用掺杂三聚氰胺的婴幼儿食品导致肾管堵塞及肾结石而求医。全世界任何地方都不准在食品或者婴幼儿产品中添加三聚氰胺。直到 2008 年 11 月底，中国卫生部报道 294 000 名婴幼儿受到三聚氰胺的影响，其中 6 名儿童死亡。据了解，在检测牛奶中氮含量时，测出三聚氰胺被添加入牛奶中充当蛋白质成分。这种被掺杂过的牛奶后来作为生产婴幼儿产品的成分。澳大利亚检疫检验局及澳大利亚婴幼儿产品生产局很快确认了澳大利亚没有向中国进口婴幼儿产品。然而，在新加坡诸如软糖果之类的其他产品中，发现了这些掺杂过的牛奶成分。

首例检测到的这些产品是中国的大白兔奶糖。澳大利亚检疫检验局确认了已进口这类以及其他有关蛋白质的产品。

24.4.3.2　危害物

三聚氰胺树脂用于餐具、塑料树脂、阻燃纤维和纸及纸板的制作。这种树脂可能在食品生产过程中接触到食品。这可能会导致在食品中含有微量的三聚氰胺，但对人体健康不构成任何风险。

2007 年，美国当局探测到类似涉及三聚氰胺的食品掺假。掺假的宠物食品配料（面筋）从中国进口，导致猫和狗肾衰竭和死亡。一些掺假的宠物食品残渣中检出三聚氰胺和一些与三聚氰胺相关的组分（例如三聚氰酸、酰胺、二酰胺）。

美国食品和药物管理局（FDA）通过制备三聚氰胺和相关的化合物的临时风险评估来回应该事件（美国 FDA，2007）。此风险评估建立了每日允许摄入量（TDI）为 0.63 mg/kg 体重・d，包括一个 100 倍的安全系数并考虑人们消费那些来源于食用含三聚氰胺化合物的动物所提供的肉和鸡蛋可能风险。风险评估的结论是这种方式的膳食风险对于人们是非常低的。

调查显示，在 2007 年因肾结石死亡的宠物中，肾结石中有三聚氰胺氰尿酸盐的成分。紧接着的实验中证实了，猫咪在食用掺杂过三聚氰胺和氰尿酸（组合）的猫粮后，死于因肾小管阻塞引起的肾衰竭。相反，猫咪食用仅掺杂三聚氰胺或者氰尿酸中任何一种物质的食物后没有死亡。

证据表明，三聚氰胺和三聚氰酸的协同作用比两种物质分别单独作用的效果更强，这使得需要重新考虑在人体健康风险评估中三聚氰胺 TDI 值的量。为了解决这个问题，美国食品和药物管理局提出对于接触三聚氰胺及其衍生物的食品，应用考虑其他不确定性因素来对其进行风险评估（美国 FDA，2008）。基于其最坏的暴露情况，FDA 的结论是，如果 50％的饮食被三聚氰胺及其衍生物污染，水平在 2.5 毫克三聚氰胺/公斤食品，一个人的每日暴露量将是 0.063 毫克/公斤体重・天（mg/kg・d）。因此，在估计膳食暴露量和在动物体内不引起任何毒性的三聚氰胺水平之间存在 1 000 倍的差距。其他国家也进行了类似的膳食暴露测定。在欧洲，基于 TDI 值为 0.5 mg/kg・d（EFSA，2008），在加拿大，基于一种三聚氰胺毒性参考剂量：0.35 mg/kg・d（加拿大政府，2008）。

2008 年 12 月，世界卫生组织召开了一个专家小组，研究由三聚氰胺引起的毒理学风险。会议的结果确立了一个 0.2 毫克/公斤体重的三聚氰胺 TDI 值。基于该结果，指出一个体重为 50 kg 的人每天能承受 10 mg 的三聚氰胺。TDI 值仅应用于三聚氰胺时候，为 1.5 mg/kg 体重。而三聚氰胺与氰尿酸三聚氰胺共同作用似乎毒性更强，但现有的数据并不能用于计算混合时候的最大限量值。

24.4.3.3 风险

微量的三聚氰胺和相关化合物不具有毒性，可以合理地存在于食物中。其含量在食品加工时可能会由于与食品级三聚氰胺材料的接触而提高。虽然没有公开的关于三聚氰胺在食品中浸出含量的报告，但一些研究表明在极端的条件下，三聚氰胺可能从三聚氰胺厨具中浸出。三聚氰胺可能在一些饮料中检出，在咖啡、橙汁、酸奶和青柠汁中分别为 0.5、0.7、1.4 和 2.2 mg/kg (Ishiwata, Inoue, Yamazaki, Yoshihira, 1987)。在酸、热条件下(95℃，30 分钟)，它们从由三聚氰胺甲醛树脂制作的杯子材料中释放出。考虑在极端条件得到的数据，2.5 毫克三聚氰胺/公斤食品能作为食品中合理的存在最高值。因此，三聚氰胺在食品中超过 2.5 mg/kg，可被视为食品掺假。

在 2008 年 10 月，澳新食品标准局对全体人口(澳大利亚年龄在 2 岁及以上，新西兰 15 岁及以上)以及澳大利亚 2～3 岁和 4～8 岁的人口亚组进行了一个初步的膳食暴露评估。基于对大白兔奶糖(从中国进口到新西兰，见下一节)中三聚氰胺水平的测定，浓度为 180 mg/kg 三聚氰胺量被运用到类似大白兔奶糖的食品中(如软的、耐嚼的糖果)。为了确定三聚氰胺的潜在暴露水平是否会造成公共健康和安全问题，用估计的膳食暴露与 0.63 mg/kg · d 的 TDI 值做比较(FDA 值)。对于所有成人和 4～8 岁的儿童，膳食暴露估计低于 TDI 值。对 2～3 岁的儿童，在 90%三聚氰胺暴露量下，膳食暴露量是 TDI 值的 115%。对于一个体重 30 kg 的儿童，约 105 g 的糖果会在超过 TDI 值前被消耗掉。然而在一般情况下，中国制造的糖果消耗少，所以它们不是一种三聚氰胺的高风险食品。

风险评估的总体结论是：

在婴儿配方中允许加入不超过 1 mg/kg 的三聚氰胺；

在乳制品或者包含乳制品成分的食物中允许添加不超过 2.5 mg/kg 的三聚氰胺；

三聚氰胺的含量超过 2.5 mg/kg 的食物被认为是掺假；

在婴儿配方中，如果婴儿只食用这种配方产品，即使掺杂含量相对较低的三聚氰胺也会增加每日摄入耐受量对婴儿的影响；

像糖果饼干这种低乳成分的食物中，可能不经常或很少食用，因此即使这些食品中掺杂了三聚氰胺，也不被认为其会对人们的健康产生威胁。

24.4.3.4 响应

国家食品安全事件响应协议在启动 24 小时内，从中国和国际新闻媒体报道中得到消息。新西兰政府参与了该响应协议。在第一个实例中，澳大利亚和新西兰的监管当局主要在高亚洲人口的地区部署人员检查场所，重点对提供婴幼儿配方奶粉销售的原产地国家检查。这些检查中没有发现来源于中国的婴儿配方产品。通过边境管制当局对进口信息的加强管理，婴儿配方产品不允许从中国进口到澳大利亚。

一些从亚洲零售网点和进口商购买的奶制品被提交到三聚氰胺检测实验室检测。检测食品中包括：软糖果点心、饮料、汤类、冰淇淋、甜炼乳、饼干和甜味剂。新西兰政府第一时间收到检测结果。在某一批大白兔奶糖中，三聚氰胺的含量检测结果为 180 mg/kg。因此，在新西兰所采用的风险管理策略是允许消费者和进口商自愿撤回产品。

在澳大利亚，为了响应在新西兰的检测结果，全国上下通过了一个双管齐下的方法。第一，澳新食品标准管理局目前发出了一份有关新西兰大白兔奶糖中三聚氰胺含量的公告。第二，所有已知的这些产品的进口商都接到了澳新食品标准管理局的测试及调查结果，在结果尚未公布前，可以自愿将其产品退出市场。进口商们非常乐意响应这一项要求。

在澳大利亚的第一轮测试结果还表明，在某些批次大白兔奶糖中三聚氰胺阳性水平的范围为 35～168 mg/kg。由于这些产品作为进口商的积极举措已经自愿退出市场，并不需要任何进一步的行动。

对于来自中国的可能含有三聚氰胺掺假的产品，在 2008 年 10 月启用了国家协调监控产品所含成分。一般来说，对于海外调查呈阳性结果的产品；进口乳制品为基础的产品；和可能具有高风险掺假的乳制品被基础成分的食品，会迅速引起澳大利亚或海外当局的关注。这扩展到了从中国到澳大利亚的那些由含氮量测定确定的蛋白质成分决定价格的进口产品，例如，面筋、大豆、玉米，可能通过添加三聚氰胺来提高含氮量的食品。

随着一系列广泛产品的检测结果，形成了一个国家的风险管理策略。建立了为提供指导方法和统一管理食品中三聚氰胺的决策树，如图 24.4 所示。决策树应用于最终食品，而不是食品中的添加组分，也不适用于婴幼儿配方奶粉。决策树用于风险评估与三聚氰胺掺假（含）乳制品的参考水平之间的关联性。(FSANZ，2008b)。

无论是作为澳大利亚产品测试的结果，还是由于其他地方的测试结果，制造商正在采取预防措施。下面的产品已退出澳大利亚市场需求：大白兔奶糖、乐天饼干、麒麟奶茶、猎户座意大利提拉米苏蛋糕、大理院品牌的牛乳香草风味饮

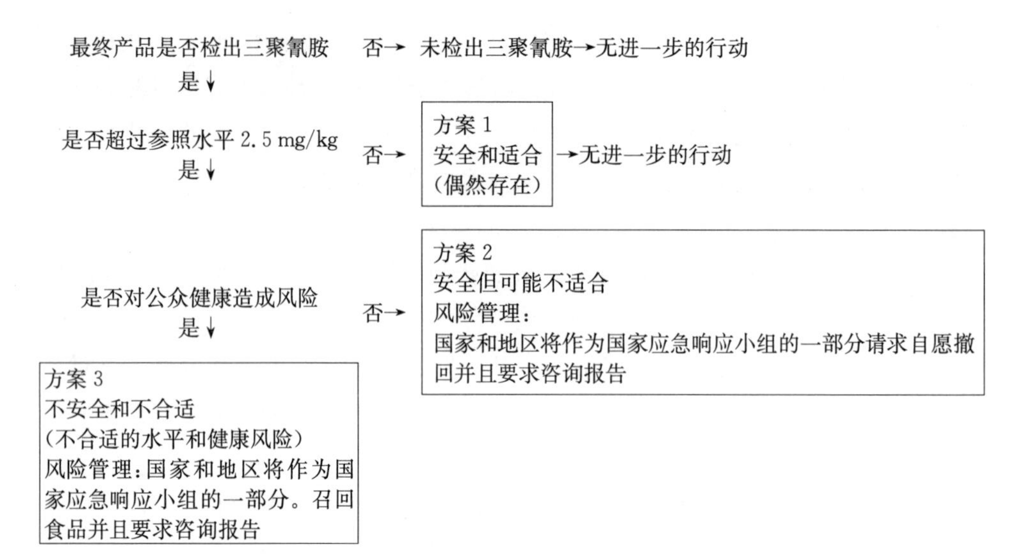


图 24.4 三聚氰胺在含乳制品成分中(不包括婴儿配方奶粉)的风险管理决策树

料、麦奇小饼干、蛋糕(三种口味)、丹科华芙饼干与蒙牛牛奶。

虽然对于三聚氰胺掺假产品的检测水平在国际上已达到一致认可,但是风险管理的响应在不同的国家各不相同。澳大利亚和新西兰在逐案基础上做出评估。美国和中国香港地区当局表示,除婴儿配方奶粉之外的食品,不允许超过2.5 mg/kg的三聚氰胺。欧盟、加拿大和中国为乳制品建立一个水平为2.5 mg/kg的标准。比如在中国香港、内地和美国婴儿配方奶粉的水平为三聚氰胺1 mg/kg。到 2008 年 12 月份,在加拿大婴幼儿配方奶粉和营养单一的产品包括膳食替代产品最大水平含量为三聚氰胺 1 mg/kg。根据 2008 年 12 月份举行的世界卫生组织专家会议加拿大对婴幼儿产品修改了标准,比如采用 0.5 mg/kg 的标准为现有标准和用于其他婴幼儿标准。欧盟和澳大利亚目前不允许从中国进口任何婴儿配方奶粉。

表 24.5 提供了对这一问题的响应时间线轮廓。

**表 24.5 关键的事件响应于乳基食品三聚氰胺掺假的时间表**

| 焦点 | 日期 | 关 键 事 件 |
|---|---|---|
| 公告 | 2008/09 | 媒体报道在中国由三聚氰胺掺假的婴儿配方奶粉引起的疾病<br>在新加坡发现糖果中含有高浓度的三聚氰胺<br>由 AQIS 确认,没有中国婴儿配方奶粉进口到澳大利亚<br>消费者的公告和进口商的糖果接触 |

（续表）

| 焦点 | 日期 | 关键事件 |
|---|---|---|
| | | 从市场上主动撤回产品<br>毒理学咨询专家 |
| 监测 | 2008/10 | 实验室适应食品产品范围的测试方法<br>风险评估和风险管理决策树开发完成<br>监控设计和实施的程序<br>测试结果导致额外的产品撤回 |
| | 2008/09 | 最终验收报告(包括修订的风险评估)公开发布 |
| | 2008/11 | 测试结果导致额外的产品撤回 |
| | 2008/12 | 高风险产品的监测(2009 年 3 月完成) |

## 24.5　小结

应对低化学污染物的需求往往由新近食品安全事故而启动。该事件需要在当地、国家或国际水平在很短的时间内做出反应。案例研究说明了风险分析如何为食品事件提供一个结构清晰灵动性强的框架。结合风险评价的关键部分，风险管理、风险沟通、风险分析针对严重的危机和当地状况，建立和实施了风险管理选择，并提供了系统的规范的方法。

清楚说明每个案例是风险管理者需要的。在任何情况下，风险评估结果所包含一定程度的不确定性，取决于可用的数据的质量。科学知识的进步都会对这些风险管理决策产生影响。回顾风险管理决策是必需的，用于判定先进的知识是否能够影响原用于政策管理或行动决策的科研服务。

**致　　谢**

作者赞美具有专业精神、奉献精神和参与应对案例研究问题的国家与国际监管的同事和科学专家的诚信品质。这一章的一些材料可在政府网站下载：新南威尔士州粮食局（www.foodauthority.nsw.gov.au）和澳大利亚新西兰食品标准（www.foodstandards.gov.au）。所有材料链接已附在参考文献的部分。

## 注　释

1　二噁英的混合物的总体毒性用 TEQ 或者毒性当量来表示。当被检测到的每种化学物质表示为毒性量等同于二噁英组分中最有毒的物质 2,3,7,8 -四氯二苯并- p -二噁英(TCDD)时,其总和就是毒性当量。

## 参考文献

[1] Abbott P, Baines J, Fox P, et al. Review of the regulations for contaminants and natural toxicants [J]. Food Control, 2003,14:383 - 389.

[2] ANZFA. The regulation of contaminants and other restricted substances in food: Policy paper [S]. Canberra: Australia New Zealand Food Authority. 1998.

[3] Australian Bureau of Statistics. 4804. 0—National Nutrition Survey: Foods Eaten [R]. Australia, 1995 (available at: http://www. abs. gov. au/AUSSTATS/abs @. nsf/ProductsbyCatalogue/9A125034802F94CECA2568A9001393CE? OpenDocument). 1999.

[4] Australian Bureau of Statistics 4306. 0—Apparent Consumption of Foodstuffs, Australia, 1997 - 98 and 1998 - 99 [R] (available at: http://www. abs. gov. au/AUSSTATS/abs@. nsf/0/123FCDBF086C4DAACA2568A90013939A? OpenDocument). 2000.

[5] Australian Government. Department of the Environment and Heritage, Dioxins in Australia: A Summary of the Finding of Studies Conducted from 2001 to 2004, National Dioxin Program [R]. Australian Government Department of the Environment and Heritage, Canberra, Australia. 2004a.

[6] Australian Government. Department of Health and Ageing, Office of Chemical Safety, Human Health Risk Assessment of Dioxins in Australian [R]. National Dioxin Program, Technical Report No. 12. Australian Government Department of the Environment and Heritage, Canberra, Australia. 2004b.

[7] Australian Government. Environment Protection & Heritage Council [R]. National Dioxins Program. National Action Plan for Addressing Dioxins in Australia. Environment Protection & Heritage Council, Canberra, Australia. 2005.

[8] Australian Government. Department of Health and Aging National Food Incident Response Protocol [R] (available at: http://www. health. gov. au/internet/main/publishing. nsf/Content/CDA339ACBEE60CF8CA25709600193198/ $ File/response. pdf). 2007.

[9] Bradbury J H. Simple wetting method to reduce cyanogen content of cassava flour [J]. Journal of Food Composition and Analysis, 2006,19:388 - 393.

[10] Bradbury M G, Egan S V, Bradbury J H. Picrate paper kits for determination of total cyanogens in cassava roots and all forms of cyanogens in cassava products [J]. Journal of the Science of Food and Agriculture, 1999,79:593 - 601.

[11] Canadian Government. Health Canada's Human Health Risk Assessment Supporting Standard Development for Melamine in Foods [R] (available at: http://www. hc-sc. gc. ca/fn-an/pubs/melamine_hra-ers-eng. php). 2008.

[12] Cardoso A P, Mirione E, Ernesto M, et al. Processing of cassava roots to remove cyanogens [J]. Journal of Food Composition and Analysis, 2005,18:451 - 460.

[13] Codex. Working Principles for Risk Analysis for Application in the Framework of the Codex Alimentarius [S]. In: Codex Alimentarius Commission Procedural Manual Ed. 14. Joint FAO/WHO Food Standards Programme, Rome. 2004.

[14] Cooke R D. An enzymatic assay for the total cyanide content of cassava (manihot esculenta crantz)[J]. Journal of the Science of Food and Agriculture, 1978,29(4):345 - 352.

[15] Cumbana A, Mirione E, Cliff J, et al. Reduction of cyanide content of cassava flour in Mozambique by the wetting method [J]. Food Chemistry, 2007,101:894 - 897.

[16] Ernesto M, Cardoso A P, Nicala D, et al. Persistent konzo and cyanogen toxicity from cassava in Northern Mozambique [J]. Acta Tropica, 2002,82:357 - 362.

[17] European Commission. Health and Consumer Protection Directorate-General Opinion of the Scientific Committee on Food on the Risk Assessment of Dioxins and Dioxin-like PCBs in Food [R]. Document SCF/CS/CNTM/DIOXIN/8 Final, 23 November 2000. Brussels, Belgium: European Commission. 2000.

[18] European Commission. Commission Regulation (EC) No 199/2006 of 3 February 2006 amending Regulation (EC) No 466/2001 setting maximum levels for certain contaminants in foodstuffs as regards dioxins and dioxin-like PCBs [S] (available at: http://europa. eu. int/eurlex/lex/LexUriServ/site/en/oj/2006/l _ 032/l _ 032200 60204en00340038. pdf). 2006.

[19] EFSA. Statement of EFSA on risks for public health due to the presences of melamine in infant milk and other milk products in China [R] (available at: http://www. efsa. europa. eu/cs/BlobServer/Statement/contam _ ej _ 807 _ melamine, 0. pdf? ssbinary true). The EFSA Journal, 2008,807:1 - 10.

[20] FAO. Cassava processing. FAO Plant Production and Protection Series No 3 [S]. Food and Agriculture Organization (available at: http://www. fao. org/docrep/X5032E/x5032E00. htm). 1977.

[21] FSANZ. Dioxins in food: Dietary Exposure Assessment and Risk Characterisation [R]. Technical Report Series No. 27. Food Standards Australia New Zealand (available at: http://www. foodstandards. gov. au/technicalreportseries/index. cfm). 2004.

[22] FSANZ. Dioxins in Prawns and Fish from Sydney Harbour: An Assessment of the Public Health and Safety Risk [R]. Technical Report Series No. 43. Food Standards Australia New Zealand (available at: http://www. food-standards. gov. au/technicalreportseries/index. cfm). 2006.

[23] FSANZ. Dioxins in Seafood from Sydney Harbour. A Revised Assessment of the Public Health and Safety Risk (updated)[R]. Technical Report Series No. 44. Food Standards Australia New Zealand (available at: http://www. food-standards. gov. au/technicalreportseries/index. cfm). 2007.

[24] FSANZ. Proposal P1002 Hydrocyanic acid (hydrogen cyanide) in ready-to-eat cassava

chips: Assessment report [R]. Food Standards Australia New Zealand (available at: http://www. foodstandards. gov. au/srcfiles/P1002 Cassava in Vege chips AR. pdf). 2008a.

[25] FSANZ. Risk assessment and referral levels for dairy foods and foods containing dairy-based ingredients adulterated with melamine [R]. Food Standards Australia New Zealand (available at: http://www. foodstandards. gov. au/news-room/factsheets/factsheets2008/melamineinfoods-fromchina/riskassessmentandref4064. cfm). 2008b.

[26] IARC. IARC Monographs on the Evaluation of Carcinogen Risks to Humans [R]. Vol 69. Polychlorinated Dibenzo-para-dioxins and Polychlorinated Bibenzofurans. Lyon, France: International Agency for Research on Cancer. 1997.

[27] Ishiwata H, Inoue T, Yamazaki T, et al. Liquid chromatographic determination of melamine in beverages [J]. Journal-Association of Official Analytical Chemists, 1987,70: 457 - 460.

[28] Müller J, Muller R, Goudkamp K, et al. Dioxins in the Aquatic Environments in Australia, National Dioxin Program [R]. Technical Report No. 6. Canberra, Australia: Australian Government Department of the Environment and Heritage. 2004.

[29] New Zealand Government. Ministry of Health: 1997 National Nutrition Survey [S] (available at: http://www. moh. govt. nz/moh. nsf/0/8F1DBEB1E0E1C70C4C2567D80009B770). 1999.

[30] NSW Food Authority. Dioxins in Seafood in Port Jackson and its Tributaries: Report of the Expert Panel [R]. (available at: http://www. foodauthority. nsw. gov. au/consumer/pdf/Report of the Expert Panel on Dioxins in Seafood. pdf). 2006.

[31] Oluwole O S A. Cyanogenicity of cassava varieties and risk of exposure to cyanide from cassava food in Nigerian communities [J]. Journal of the science of Food and Agriculture, 2008,88:962 - 969.

[32] US FDA. Interim Melamine and Analogues Safety/Risk Assessment [S]. United States of America Food and Drug Administration (available at: http://www. cfsan. fda. gov/~dms/melamra. html). 2007.

[33] US FDA. Interim Safety and Risk Assessment of Melamine and Melamine-related Compounds in Food [S]. United States of America Food and Drug Administration (available at: http://www. fda. gov/bbs/topics/NEWS/2008/NEW01895. html). 2008.

[34] WHO. Principles for the safety assessment of food additives and contaminants in food [C]. International Programme on Chemical Safety. Geneva, Switzerland: World Health Organisation. 1987.

[35] WHO. Assessment of the Health Risks of Dioxins: Re-Evaluation of the Tolerable Daily Intake (TDI) [C]. Executive Summary of the WHO Consultation, 25 - 29 May 1998, Geneva, Switzerland. 1998.

[36] WHO. Chemical risks in food [R] (available at: http://www. who. int/foodsafety/chem/en/). 2008a.

[37] WHO. Expert meeting to review toxicological aspects of melamine and cyanuric acid [C] (available at: http://www. who. int/foodsafety/fs _ management/infosan _ events/en/index. html). 2008b.

# 附加材料

## 摘要1　整合风险评估与成本效益分析:从经济学视角看国际贸易和食品安全

**摘要**

WTO的成立是为了消除国际贸易中的歧视和促进国际贸易自由化。WTO协议中加入动植物卫生检疫措施协议(SPS),其目的在于以科学的风险评估、平衡、协调为基础,保护人类、动物和植物生命及健康,避免传播性风险,促进贸易发展(Roberts, D. 和 Unnevehr, L., 2005, Resolving trade disputesarising from trends in food safety regulation: the role of the multilateral governance framework. World Trade Rev, 4,469 - 497)。一些研究表明,WTO条例在促进贸易自由化方面并不完全奏效(Rose, A. K., 2002, Do WTO members have a more liberal trade policy? NBER Working Paper, No. 9347, Cambridge, MA: NBER; Subramanian, A. 和 Wei, S. J., 2006, The WTO promotes trade, strongly but unevenly. NBER Working Paper, No. 10024, Cambridge, MA: NBER, and IMF Working Paper)。SPS协议的风险分析并没有促进发展中国家的贸易,而该地区恰恰是风险最高的。风险分析为决策者和监督者提供了一种框架,他们可以运用风险评估、风险管理和风险交流来减少风险的公共影响,尤其是减少健康和安全风险所带来的影响。该协议允许各国自主选择适当的(风险)保护水平,甚至包括零风险水平,这相当于实行进口禁令(Gruszczynski, L., 2008, Risk management policies under the WTO Agreement on the application of sanitary and phytosanitary measures. AJWH, Vol. 3, March 2008, No. 1)。

本摘要的出发点是为了将风险评估和成本效益分析(CBA)整合到SPS风险分析框架中去,更好地帮助成员国确定风险保护的成本效益水平,减少非必要的基于零风险水平的进口禁令。随之产生的进口政策可能反而更加透明、更可能促进贸易。尽管很多风险评估与经济分析同时进行,但这两种分析结合不紧密。单独分析可能会引起出发点的不同或目标不同,甚至两者均不同。缺乏共性指标会导致从分析到政策决策过程的混乱和时间滞后。如果不能将风险评估和经济分析整合起来,有限的资源可能仅仅用于减少较低的风险,而忽视了更高的风险(Williams, R. A. 和 Thompson, K. M., 2004, Integrated analysis: combining risk and economic assessments while preserving the separation of powers. RiskAnalysis, 24(6),1613-1623)。

## 摘要 2 食品添加剂及其他食品添加物

### 摘要

有关直接或间接用于人类食品中添加物的相关监控规定和标准,全球存在巨大差异。对允许加入到食品和食品配料中的各种物质,无论是规定还是分类,一些国家都制定了严格的标准。同样地,有一些国家立法颁布了详细的允许添加于人类食品中的各种物质。相比之下,参与全球食品及其配料贸易的其他国家,他们关于食品添加剂相关标准和法规条款的精细度和可靠度都要差很多。

总的来说,食品中的物质可以划归为以下 6 类:①残留物;②不可避免的污染物;③禁用物质;④补充剂;⑤食品添加剂;⑥化妆品添加剂。上述分类也包括增色剂、增味剂和增香剂,以及残留农药、兽药和环境污染物(Schultz, H. W., 1981, Food law handbook, Westport CT: AVI Publishing)。

根据美国爱荷华州、堪萨斯州和内布拉斯加州的推广中心的统计报告(Redlinger 和 Nelson, 1993),美国目前有超过 2800 种食品添加剂被批准使用。在美国,每年有超过 4 亿磅的食品添加剂用于肉制品加工业(Food Product Development, 1980)。据报道,美国人均每年要摄入 140 至 150 磅的食品添加剂(Redlinger 和 Nelson, 1993)。全世界约 98%消耗的添加剂是食糖、玉米甜味剂、食盐、柠檬酸、胡椒、植物色素、芥末、酵母和发酵粉(Redlinger 和 Nelson, 1993)。在美国,除了那些先前核准和公认安全的物质(GRAS)外,其他所有食品添加剂都要进行安全性试验。从 1978 年到 2008 年期间,美国的食品添加剂年销售额从约 10 亿美元增长到近 130 亿美元。

根据国际食品法典,“食品添加剂”的定义是:“食品添加剂是为了工艺目的(包括感官)而人为添加到食品中的物质。无论是否有营养价值,食品添加剂本身不能食用,也不是食品的主要成分。但其在生产、加工、制备、处理、包装、运输或贮存过程中具有一定的功能，本身或者副产品（直接或间接产生）可成为食品中的一部分，或能影响食品的特性”。定义还表明，条款中不包括“污染物、为保持或增加营养价值而加入到食品中的物质，以及氯化钠”（The Codex General Standard for the Labeling of Prepackaged Foods，CODEX STAN 1－1985）。显而易见，使用“什么是食品添加剂、什么不是食品添加剂”这样的定义，会导致混乱接踵而至。例如，美国食品和药物管理局承认，食品添加剂包括“增进健康”、“提升营养”和“丰富与稳定风味”的功能，显然，这些功能特性与国际食品法典关于食品添加剂的定义相冲突。如食盐既用于丰富风味、又利于食品保藏，由此引出了一个问题，食盐到底是不是食品添加剂呢？

食品加工助剂、残留化合物以及食品添加剂的细分，也是一个十分令人困惑的问题。按照国际食品法典，食品加工助剂是“一个混乱的主题”，各成员国因各自的经验和长期发展历史不同，对食品加工助剂有着不同的见解（Codex Alimentarius Commission，Guidelines and Principles on the use of Processing Aids；Codex discussion paper CCFAC；New Zealand Delegation）。各国制定的相关法规也比较混乱，这一点可参照美国联邦食品药品和化妆品法规定的关于食品加工助剂的定义和使用原则（US Food and Drug Administration，1986，US Code of Federal Regulations，21CFR101.100(a)(3)）。然而相比之下，美国农业部食品安全检验局则在食品加工助剂问题上只字不提。同样地，加拿大食品检验局也没有对食品加工助剂做出具体规定（Salminen，2005，Chemical Health Hazard Assessment Division，Health Products and Food Branch，Health Canada，Personal Communication）。

日本对食品加工助剂的定义是：“①在食品加工过程中添加的且在最终包装出售前从食品中除去的物质；②在食品加工过程中添加的最终变为食品中通常存在的成分，但这一成分的天然含量并不会显著增加；③因加工技术或功能需求而添加的物质，且在最终产品中只有微量存在，该物质的量对制成品在储藏销售过程中没有任何技术或功能上的影响。”（Codex Alimentarius Commission，Guidelines and Principles on the use of Processing Aids，Codex discussion paper CX/FAC 02/0905）。

国际食品法典的定义与日本略有不同，国际食品法典还定义了相应添加剂的类别：“食品加工助剂既不是加工设备或器具中的物质或材料，本身也不能作为食品配料被食用，而是在食品加工或处理过程中为实现某一工艺目的，在原料、食品及基料的加工中人为使用的物质，使用食品加工助剂可能不可避免地导致助剂本身及其衍生物在最终产品中的残留”(The Codex General Standard for the Labeling of Prepackaged Foods, CODEX STAN 1 - 1985)。

食品加工助剂是一类重要而复杂的食品添加剂。它们在许多食品中起到稳定和保存的作用。譬如,过氧化氢被用于液态蛋品加工,其作用是:可以使得蛋液在温和的热处理条件下进行巴氏杀菌,而不会导致蛋白质变性。这种温和热处理与过氧化氢联合的加工方法,还需使用另一种食品加工助剂——过氧化氢酶,去除残留的过氧化氢,以符合美国法规要求。使用过氧化氢的目的在于促进分离、澄清、搅拌、混合与抑制泡沫形成,以及有利于控制食品原料流动特性。食品加工助剂包括非常广泛的化学和生物制剂,它们可通过生物技术或者化学合成生产,也可取自其他天然食品资源。

就允许添加于食品中的物质而言,食品加工助剂具有独特地位,许多国家在食品标签上不标识食品加工助剂,这会带来监管人员和消费者对公众健康和食品安全的质疑和关切:到底哪些物质被添加了?食品加工助剂标识规定具有多样性和巨大的差异性,这往往会影响国际贸易。

本摘要探讨了食品添加剂及食品加工助剂的相关定义,及其协调统一的可能性和困难,以及它们的使用限量和标识。

## 摘要3 全球食品法规的协调:有机食品的优势和风险

### 摘要

目前各国对有机食品的研究,主要是关于有机食品的法规、标准的协调,有机产品的安全与健康以及有机产品市场的维持和发展。

欧盟食品法对有机食品的质量及安全已有一个框架性的描述。近来对有机食品安全的一些特殊问题(如农药残留、硝酸盐、致病微生物、霉菌毒素)和潜在的营养物(如多酚类物质、抗氧化物、蛋白质)等已取得了一些基础科学研究证据。但有关有机食品或常规食品直接影响动物和人类的健康方面的研究较少。总的来说,这些研究都还不足已证明食品生产方式是否对人类的健康有明显的影响。

对于有机食品和种植体系的研究,可以极大推动整个农业和食品生产的可持续发展。科学家们提出的相关优先领域的建议,将会促进高质量食品的生产。过去十年中持续进行的关于有机食品的可靠性、安全性和营养价值的相关科学研究,至今仍有研究价值。

# 缩　略　语

25(OH)D (25 - hydroxyvitamin D)　25 羟基维生素 D

2 - AAF (2 - acetylaminofluorene)　2 -乙酰基氨基芴

3 - MC (3 - methylcholantene)　3 -甲基胆蒽

4 - AAF (4 - acetylaminofluorene)　4 -乙酰基氨基芴

AB (Alamar blue)　阿尔玛蓝

AB (Appellate Body)　世贸组织上诉机构

ACFCR (ASEAN Common Food Control Requirements)　东盟共同体食品控制要求

ADA (American Dietetic Association)　美国饮食协会

ADFCA (Abu Dhabi Food Control Authority)　阿布扎比食品监督局

ADI (acceptable daily intake)　每日允许摄入量

ADME (absorption, distribution, metabolism and Excretion)　吸收、分布、代谢和排泄

AFB1 (aflatoxin B1)　黄曲霉毒素 B1

AFM (atomic force microscope)　原子力显微镜

AFNOR (Association Française de Normalisation (*French*))　法国标准化协会

AFSC (Australian Food Standards Code)　澳大利亚食品标准法规

AIDS (acquired immune deficiency syndrome)　获得性免疫缺陷综合征(艾滋病)

AK (adenylate kinase)　腺苷酸激酶

ALARA (as low as reasonably achievable)　理论最低原则

ALOP (appropriate level of protection)　合理保护水平

ALS (amyotrophic lateral sclerosis)　肌萎缩性脊髓侧索硬化

AMA (American Medical Association)　美国医学会

AMPA (- amino - 3 - hydroxy - 5 - methyl - 4 - isoxazole propionate)　-氨基-

3-羟基-5-甲基-4-异噁唑丙酸

ANSI (American National Standards Institute) 美国国家标准学会

ANZCERTA (Australia New Zealand Closer Economic Relations Trade Agreement) 澳新紧密经济关系贸易协定

ANZFA (Australia New Zealand Food Authority (*renamed* FSANZ)) 澳新食品管理局(新命名为 FSANZ)

AOAC (Association of Analytical Communities (*formerly* Association of Official Analytical Chemists)) 国际分析协会(旧称美国官方化学分析家协会)

APEC (Asia-Pacific Economic Cooperation) 亚太经济合作组织

AQIS (Australian Quarantine and Inspection Service) 澳大利亚检疫检验局

AQSIQ (General Administration of Quality Supervision, Inspection and Quarantine of PRC) 中华人民共和国国家质量监督检验检疫总局

ARfD (acute reference dose) 急性参考剂量

ARLs (ASEAN Reference Laboratories) 东盟国家参比实验室

ASEAN (Association of Southeast Asian Nations) 东南亚国家联盟(东盟)

ATP (adenosine triphosphate) 三磷酸腺苷

AU (African Union) 非洲联盟(非盟)

B(a)P (benzo(a)pyrene) 苯并(a)芘

B(e)P (benzo(e)pyrene) 苯并(e)芘

BHA (butylated hydroxyanisole) 叔丁基-4-羟基茴香醚

BHT (butylated hydroxytoluene) 2,6-二叔丁基对甲酚

BIS (Bureau of Indian Standards) 印度标准局

BLEB (buffered Listeria enrichment broth) 缓冲李斯特菌增菌肉汤

BMC (bone mineral content) 骨矿物质含量

BMD (bone mineral density) 骨矿物质密度

BMELV (Federal Ministry of Food, Agriculture and Consumer Protection (Bundesministerium für Ernährung, Landwirtschaft und Verbraucherschutz, *German*)) 德国联邦食品、农业和消费者保护部

BNF (British Nutrition Foundation) 英国营养基金会

bp (base pair) 碱基对

BRC (british retail consortium) 英国零售商协会

BSE (bovine spongiform encephalopathy) 牛脑海绵状病(疯牛病)

BSI (British Standards Institution 英国标准学会

BVL: Federal Office of Consumer Protection and Food Safety (Bundesamt für Verbraucherschutz und Lebensmittelsicherheit, *German*) 德国联邦消费者保护与食品安全办公室

bw (body weight) 体重

CAC (Codex Alimentarius Commission) 国际食品法典委员会

CACCLA (Codex Alimentarius Coordinating Committee for Latin America) 国际食品法典委员会拉丁美洲协调委员会

CACM (Central American Common Market) 中美洲共同市场

CAFTA (Council of Food Technology Associations) 澳大利亚食品工艺协会理事会

CAP (chloramphenicol) 氯霉素

CARICOM ((Caribbean Community and Common Market) 加勒比共同体和共同市场

CASCO (Committee on Conformity Assessment) 国际标准化组织合格评定委员会

CAST (Council for Agricultural Science and Technology) (美国)农业科学与技术理事会

CBA (cost-benefit analysis) 成本效益分析

CBOs (community-based organizations) 社区组织

CCFAC (Codex Committee on Food Additives and Contaminants) 食品添加剂和污染物法典委员会

CCFH (Codex Committee on Food Hygiene) 食品卫生法典委

CCFL (Codex Committee on Food Labelling) 食品标签法典委员会

CCFNSDU (Codex Committee on Nutrition and Foods for Special Dietary Uses) 特殊膳食与营养法典委员会

CCP (critical control point) 关键

CDC (Centers for Disease Control and Prevention) 疾病预防控制中心

CEDI (cumulative estimated daily intake) 日累积估计摄入量

CEDR: European Council for Agricultural Law (Comité Européen de Droit Rural, *French*) 欧洲农业法规理事会

CEF (EFSA Panel on food contact materials, enzymes, flavourings and processing aids) 欧洲食品安全局食品接触材料、酶制剂、调味剂和加工助剂小组

CEN (European Committee for Standardization (Comité Européen de Normalisation, *French*)) 欧洲标准化委员会

CEO (chief executive officer) 首席执行官

CEPI (Confederation of European Paper Industries) 欧洲纸业联合会

CETEA - ITAL (Packaging Technology Center-Institute of Food Technology) 意大利食品技术学会包装技术中心

CF (consumption factor) (食品)消费系数

CFIA (Canadian Food Inspection Agency) 加拿大食品检验局

CFR (Code of Federal Regulations) 美国联邦法规

CFSAN (Center for Food Safety and Applied Nutrition) 美国食品安全和应用营养中心

CFSI (Caribbean Food Safety Initiative) 加勒比食品安全倡议

CFTRI (Central Food Technological Research Institute) 印度中央食品技术研究所

CFU (colony-forming unit) 菌落形成单位

CHO (Chinese hamster ovary) 中国仓鼠卵巢细胞系

CIA (Central Intelligence Agency) 美国中央情报局

CIAA (Confederation of the Food and Drink Industries of the EU (Confédération des Industries Agro-Alimentaires de l' UE, *French*)) 欧盟食品和饮料工业联合会

CIES (The Food Business Forum (Comité International d'Entreprises à Succursales, *French*)) 欧洲食品商业论坛

CMC (Common Market Council (Consejo del Mercado Común, *Spanish*)) 共同体市场理事会

COAG (Council of Australian Governments) 澳大利亚政府委员会

CoE (Council of Europe) 欧盟委员会

COPAIA (Pan American Commission for Food Safety (Comisión Panamericana de Inocuidad de los Alimentos, *Spanish*)) 泛美食品安全委员会

CP (cyclophosphamide) 环磷酰胺

CRS (chinese restaurant syndrome) 中餐馆综合征

CSREES (Cooperative State Research, Education, and Extension Service) 美国农业部合作研究、教育和推广服务署

CUT (come-up time) 升温时间

CYP (cytochrome P450) 细胞色素 P450

CytK (cytotoxin K) 细胞毒素 K

DAFF (Department of Agriculture, Fisheries and Forestry) 澳大利亚农渔林业部

DC (dietary concentration) 膳食浓度

D-E (deficiency-excess) 缺失-过量

DEFT (direct epifluorescent filter technique) 直接表面荧光膜技术

DEH (Department of Environment and Heritage) 澳大利亚环境与遗产保护部

DG (Directorate General (Directorat Général, *French*)) 总署

DG SANCO (Directorate General for Health and Consumers (Directorat Général de Santé et Protection des Consommateurs, *French*)) 欧盟健康与消费者保护总署

DIG (digoxigenin) 地高辛

DM (dry matter) 干物重

DMN (dimethylnitrosamine) 二甲基亚硝胺

DMSO (dimethyl sulfoxide) 二甲基亚砜

DNA (deoxyribonucleic acid) 脱氧核糖核酸

DON (aeoxynivalenol) 脱氧雪腐镰刀菌烯醇

DP (degree of polymerization) 聚合度

DRF (simulant D reduction factor) 模拟 D 折减系数

DSB (Dispute Settlement Body) 世界贸易组织争端解决机构

dsDNA (double-stranded DNA) 双链脱氧核糖核酸

DSHEA (Dietary Supplement Health and Education Act) (美国)膳食补充剂健康教育法案

DV (daily value) 每日需求量

EAR (estimated average requirement) 平均需要量

EC (European Commission) 欧盟委员会

EC Treaty (European (Economic) Community Treaty (of 1957)) 欧洲经济共同体协定(1957)

ECCS (electrolytic chromium coated steel *also see* TFS) 电镀铬钢(参见 TFS)
EDI (estimated daily intake) 估计日摄入量
EDTA (ethylenediaminetetraacetic acid) 乙二胺四乙酸
EEC (European Economic Community) 欧洲经济共同体
EFFoST (European Federation of Food Science and Technology) 欧洲食品科技联合会
EFLA (European Food Law Association) 欧盟食品法协会
EFSA (European Food Safety Authority) 欧洲食品安全局
EFTA (European Free Trade Association) 欧洲自由贸易协会
EHEDG (European Hygienic Engineering and Design Group) 欧洲卫生工程设计组织
EIA (enzyme immunoassay) 酶免疫试验
ELIFA (enzyme-linked immunofiltration assay) 酶联免疫过滤试验
ELISA (enzyme-linked immunosorbent assay) 酶联免疫吸附试验
ELOSA (enzyme-linked oligosorbent assay) 酶联寡核苷酸吸附试验
ENM (engineered nano materials) 工程纳米材料
EPA (environmental protection agency) (美国)环境保护署
EPHX1 (epoxide hydrolase 1) 环氧化物水解酶 1
ERIC (enterobacterial repetitive intergenic consensus) 肠杆菌基因间的重复共有序列
ERP (Expert Review Panel) 专家审查小组
ERS (Economic Research Service) (美国农业部)经济研究局
EtOH (ethanol) 乙醇
EU (European Union) 欧盟
EuCheMS - FCD (European Association for Chemical and Molecular Sciences-Food Chemistry Division) 欧洲化学与分子学会食品化学分会
EVM (expert group on vitamins and minerals) 维生素及矿物质专家组
FAO (Food and Agriculture Organization) 联合国粮农组织
FASEB (Federation of American Societies for Experimental Biology) 美国实验生物学会联合会
FCCP (carbonyl cyanide 4 - trifluoromethoxy Phenylhydrazone) 碳酰氰- 4 -三氟甲氧基苯胺

FCD Act (Foodstuffs, Cosmetics and Disinfectants Act) (美国)食物材料、化妆品和消毒剂法案 FCM：食品接触材料

FCM (food contact material) 食品接触材料

FCN (food contact notification) 食品接触通告

FCS (food contact substance) 食品接触物

FCS (food control system) 食品控制系统

FD&C Act (Federal Food, Drug and Cosmetic Act (*also* FFDCA, FDCA)) (美国)联邦食品、药品和化妆品法案(亦称 FFDCA 或 FDCA)

FDA (food and drug administration) 美国食品药品管理局

FDAMA (Food and Drug Administration Modernization Act) (美国)食品药品管理现代化法案

FFDCA (Federal Food, Drug and Cosmetic Act (*also* FDCA, FD&C)) (美国)联邦食品、药品和化妆品法案(亦称 FDCA 或 FD&C)

FFR (food fortification regulation) 膳食营养强化法

FLAG (food legislation advisory group) 食品立法顾问组

FMC (Food Microbiology Subcommittee) 食品微生物分委员会

FNB (Food and Nutrition Board) (美国医学研究所)食品和营养委员会

FRF (fat reduction factor) 脂肪换算系数

FSANZ (Food Standards Australia New Zealand (*formerly* ANZFA)) 澳新食品标准法(旧称 ANZFA)

FSC (Food Standards Committee) 食品标准委员会

FSD (Food Supplements Directive) 膳食补充剂法令

FSIS (Food Safety and Inspection Service) (美国农业部)食品安全检验局

FSO (Food Safety Objective) 食品安全目标

FSSAI (Food Safety and Standards Authority of India) 印度食品安全和标准局

fT (Food-type distribution factor) 食品分配系数

FT - IR (Fourier transform infrared) 傅里叶变换红外光谱法

FVO (Food and Veterinary Office) (欧盟)食品和兽药管理办公室

GA (glutamic acid) 谷氨酸

GABA (Gamma - aminobutyric acid) γ 氨基丁酸

GAPs (good agricultural practices) 良好农业规范

GATT (General Agreement on Tariffs and Trade) 关税及贸易总协定

GC (gas chromatography) 气相色谱法
GC/MS (gas chromatography/mass spectrometry) 气相色谱/质谱联用
GCC (Gulf Cooperation Council) 海湾阿拉伯国家合作委员会
GCS (γ-glutamylcysteine synthetase) γ谷氨酰半胱氨酸合成酶
GDP (Gross Domestic Product) 国内生产总值
GFL (General Food Law) 通用食品法
GFSI (Global Food Safety Initiative) 全球食品安全倡议
GHI (Global Harmonization Initiative) 全球统一化倡议
GHPs (good hygienic practices (*also* good hygiene practices)) 良好卫生规范
GI (gastrointestinal) 胃肠道
GLPs (good laboratory practices) 良好实验室规范
GM (genetically modified) 转基因
GMC (Common Market Group (Grupo Mercado Común, *Spanish*)) 共同体市场小组
GMO (genetically modified organism) 转基因生物
GMP (disodium 5'-guanosine monophosphate) 鸟嘌呤核苷酸
GMPs (good manufacturing practices) 良好生产规范
GRAS (generally recognized as safe) 公认安全级
GSFA (General Standard for Food Additives) 食品添加剂通用标准
GSH (glutathione) 谷胱甘肽
HAA (heterocyclic aromatic amine) 杂环胺
HACCP (hazard analysis critical control point) 危害分析与关键控制点
HBL (hemolysin BL) 溶血素 BL
HCN (hydrogen cyanide (hydrocyanic acid)) 氰化氢(氢氰酸)
HDL (high-density lipoprotein) 高密度脂蛋白
HEATOX (heat-generated food toxicants, identification, characterization and risk minimization) 热致食品毒物的鉴定分析及风险最小化
HFFA (Health/Functional Food Act) 健康功能食品法案
HFFs (health/functional foods) 健康/功能食品
HHP (high hydrostatic pressure) 高静水压
HHS (Department of Health and Human Services) 美国卫生与公众服务部
HMPA (hexamethylphosphoramide) 六甲基磷酰胺

HPP (high pressure processing)　高压处理

HPP (hydrolyzed protein product)　水解蛋白产品

HPRT (hypoxanthine Phosphoribosyltransferase)　次黄嘌呤磷酸核糖转移酶

HPS (Health Physics Society)　保健物理学会

HT－2 (HT－2 toxin)　HT－2 毒素(一种单端孢霉烯族毒素)

IARC (International Agency for Research on Cancer)　国际癌症研究中心

ICC (International Association for Cereal Science and Technology (*formerly* International Association for Cereal Chemistry)　国际谷物科技学会(旧称国际谷物化学学会)

ICMSF (International Commission on Microbiological Specifications for Foods)　国际食品微生物标准委员会

IDB (Inter-American Development Bank)　美洲开发银行

IDF (International Dairy Federation)　国际乳品联合会

IEC (International Electrotechnical Commission)　国际电工委员会

IFIC (International Food Information Council)　国际食品信息理事会

IFS (International Food Standard)　国际食品标准

IFT (Institute of Food Technologists)　美国食品科技学会

Ig (immunoglobulin)　免疫球蛋白

IHR (International Health Regulations)　国际健康条例

IMACE (International Margarine Association of the Countries of Europe)　欧洲国家国际人造黄油协会

IMF (International Monetary Fund)　国际货币基金组织

IMP (disodium 5'－Inosine monophosphate)　次黄嘌呤核苷酸

INFOSAN (International Food Safety Authorities Network)　国际食品安全当局网络

INTI (National Institute of Industrial Technology)　国家工业技术研究所

INTN (National Institute of Technology and Standardization)　国家技术标准化研究所

INU (Intended Normal Use)　合理规范用药

IOM (Institute of Medicine)　美国医学研究所

IPCC (Intergovernmental Panel on Climate Change)　联合国政府间气候变化专门委员会

IPCS (International Programme on Chemical Safety) 世界卫生组织国际化学品安全规划

IPPC (International Plant Protection Convention) 国际植物保护公约

IQ (2 - amino - 3 - methylimidazo[4,5 - *f*]quinoline) 2 -氨基- 3 -甲基咪唑并(4,5 - f)喹啉

IRAM (Argentine Standardization Institute (Instituto Argentino de Normalización y Certificación, *formerly* Instituto Argentino de Racionalización de Materiales, *Spanish*)) 阿根廷标准化研究所

ISI (Indian Standards Institution) 印度标准学会

ISO (International Organization for Standardization) 国际标准化组织

ISR (International Sanitary Regulations) 国际卫生条例

ITU (International Telecommunication Union) 国际电信联盟

IUFoST (International Union of Food Science and Technology) 国际食品科技联盟

IVO (Iran Veterinary Organization) 伊朗兽医组织

JECFA (Joint FAO/WHO Expert Committee on Food Additives) FAO/WHO 食品添加剂联合专家委员会

JEMRA (Joint FAO/WHO Expert Meetings on Microbiological Risk Assessment) FAO/WHO 微生物风险评估专家联席会议

JETRO (Japan External Trade Organization) 日本对外贸易机构

JFDA (Jordan Food and Drug Administration 约旦食品药品管理局

JHAVC (Japan Hygienic Association of Vinylidene Chloride) 日本氯乙烯卫生协会

JHOSPA (Japan Hygienic Olefin and Styrene Plastics Association) 日本清洁石蜡和苯乙烯塑料协会

JMPR (Joint FAO/WHO Meetings on Pesticide Residues FAO/WHO) 农药残留专家联席会议

JRC (Joint Research Centre) 联合研究中心

KFDA (Korea Food and Drug Administration) 韩国食品药品管理局

KFT (Karl Fischer titration) 卡尔·费歇尔滴定法

LATU (Technological Laboratory of Uruguay (Laboratorio Tecnológico del Uruguay, *Spanish*)) 乌拉圭技术实验室

LbL (layer-by-layer) 叠层

LC-MS-MS (liquid chromatography-mass spectrometry-mass spectrometry) 液相色谱串联质谱法

LDL (low-density lipoprotein) 低密度脂蛋白

LEB (Listeria enrichment broth) 李斯特菌增菌肉汤

L-GA (L-glutamic acid) L-谷氨酸

LNT (linear non-threshold) 线性非阈值

LOAEL (lowest-observed-adverse-effect-level) 最低可见不良作用剂量水平

LOD (limit of detection) 检测限

LOQ (limit of quantitation) 定量限

LPM (lithium chloride-phenylethanol-moxalactam) 氯化锂-苯乙醇-拉氧头孢

LT (linear threshold) 线性阀值

M/S (ratio (mass of food stuff contained/contact surface area of FCM)) 食品质量与接触食品面积比

MALDI-MS (matrix-assisted laser desorption/ionization mass spectrometry) 基质辅助激光解吸/电离质谱法

MC (microbiological criteria) 微生物学准则

MDG (Millennium Development Goal) (联合国)千年发展目标

MED (minimum effective dose) 最小有效量

MeIQ (2-amino-3,4-dimethylimidazo[4,5-*f* Quinoline) 2-氨基-3,4-二甲基咪唑并(4,5-f)喹啉

MeIQX (2-amino-3,8-dimethylimidazo[4,5-*f*]Quinoline) 2-氨基-3,8-二甲基咪唑并(4,5-f)喹啉

MERCOSUR (Common Market of the South (Mercado Común del Sur, *Spanish*)) 南方共同市场(西班牙语缩写)

MERCOUSUL (Common Market of the South (Mercado Commum do Sul, *Portuguese*)) 南方共同市场(葡萄牙语缩写)

mGST-1 (microsomal Glutathione-S-Transferase) 微粒体谷胱甘肽 S-转移酶

MHLW (Ministry of Health, Labour and Welfare) (日本)厚生劳动省

ML (maximum level) 最大水平

MLA (mcBride Listeria agar) 李斯特菌琼脂

MN 微核
MoA (Ministry of Agriculture (India)) (印度)农业部
MOA (Ministry of Agriculture (Japan)) (日本)农林水产省
MoC (Ministry of Commerce) 商务部
MoCA (Ministry of Consumer Affairs) 消费者事务部
MoFPI (Ministry of Food Processing Industries) 食品加工产业部
MoHFW (Ministry of Health and Family Welfare) 卫生和家庭福利部
MOHWF (Ministry of Health, Welfare and Family Affairs) 卫生、福利和家庭事务部
MOU (Memorandum of Understanding) 谅解备忘录
MOXA (modified Oxford agar) 改良 Oxford 琼脂
MPA (medroxyprogesterone acetate) 醋酸甲羟孕酮
MPN (most probable number) 最大似然数
MPPO (modified polyphenylene oxide) 改良聚苯醚
MRC (Medical Research Council) (英国)医学研究理事会
MRL (maximum residue limit) 最大残留限量
mRNA (messenger ribonucleic acid) 信使核糖核酸
MRPL (minimum required performance limit) 最小执行限量
MRSA (methicillin-resistant Staphylococcus aureus) 耐甲氧西林金黄色葡萄球菌
MSG (mono-sodium glutamate) 谷氨酸钠
MTR (maximum tolerable risk) 环境最大容忍限度
NAFTA (North American Free Trade Agreement) 北美自由贸易协定
NASA (National Aeronautics and Space Administration) (美国)国家航空航天局
NAT (*N*-acetyl transferase) *N*-乙酰转移酶
NAT1 (*N*-acetyl transferase)1 *N*-乙酰转移酶 1
NCFST (National Center for Food Safety and Technology) (美国)国家食品安全与技术中心
NCTR (National Center for Toxicological Research) (美国 FDA)国家毒理学研究中心
ND (not detected/not detectable) 未检出
NEPA (National Environmental Policy Act) (美国)国家环境政策法案

NFA (National Food Authority) 国家粮食局
NFP (nutrition facts panel) 营养成分表
NGFIS (Netherlands Government Food Inspection Service) 荷兰政府食品检验局
NGOs (non-governmental organizations) 非政府组织
NHE (non-hemolytic enterotoxin) 非溶血性肠毒素
NHMRC (National Health and Medical Research Council) (澳大利亚)国家健康与医学研究委员会
NIAS (non-Intentionally added substances) 非故意添加物
NIOSH (National Institute for Occupational Safety and Health) (美国CDC)国家职业安全与健康研究所
NIP (nutrition information panel) 营养信息表
NIR (near infrared) 近红外法
NLEA (Nutrition Labeling and Education Act) (美国)营养标签和教育法案
NMDA (N-methyl-D-aspartate) N-甲基-D-天冬氨酸
NMSP (Nanoscale Materials Stewardship Program) (美国环保署)纳米级材料管理计划
NNI (National Nanotechnology Initiative) (美国)纳米科技启动计划
NOAEL (no-observed-adverse-effect-level) 无可见不良作用剂量水平
NOEL (no-observed-effect-level) 无可见作用剂量水平
NordVal (Nordic System for Validation of Alternative Microbiological Method) 北欧微生物替代方法验证系统
NRC (National Research Council) (美国)国家研究委员会
NRCS (National Regulator for Compulsory Specifications) 国家强制性规范管理部门
nRDA (new recommended daily allowance) 新每日推荐摄入量
NRV (nutrient reference value) 营养素参考值
NSW (New South Wales) (澳大利亚)新南威尔士州
NTP (National Toxicology Program) (美国)国家毒理学计划
OAS (Organization of American States) 美洲国家组织
OD (oven drying) 烘炉干燥
OECD (Organisation for Economic Cooperation and Development) 经济合作与

发展组织

OIE (World Organisation for Animal Health (*formerly* Office International des Epizooties, *French*)) 世界动物卫生组织(旧称国际兽疫局)

OLF (other legitimate factor) 其他合理因素

OMA (official methods of analysis) 官方分析方法

OML (overall migration limit (expressed in mg/kg or mg/dm$^2$) (EU and MERCOSUR (=LMT, Límite de Migración Total, *Spanish*)) 总迁移限量(表示为 mg/kg 或 mg/dm$^2$,欧盟和南方共同市场采用 LMT 来表示)

OSHA (Occupational Safety and Health Administration) (美国)职业安全与保健管理总署

OTA (ochratoxin A) 赭曲霉毒素 A

OWCs (organic wastewater contaminants) 有机废水污染物

OXA (Oxford Agar) Oxford 琼脂

PA (polyamide) 聚酰胺

PAHO (Pan American Health Organization) 泛美卫生组织

PALCAM (Polymyxin Acriflavine Lithium chloride Ceftazidime Aesculin Mannitol) 多黏菌素-吖啶黄-氯化锂-头孢他啶-七叶苷-甘露醇

PAS (publicly available specification)公开有效的规范

PATP (pressure assisted thermal processing) 压力辅助热处理

PC (polycarbonate) 聚碳酸酯

PCBs (polychlorinated biphenyls) 多氯联苯

PCDDs (polychlorinated dibenzodioxins) 多氯代二苯并二噁英

PCDFs (polychlorinated dibenzofurans) 多氯代二苯并呋喃

PCR (polymerase chain reaction) 聚合酶链反应

PE (polyethylene) 聚乙烯

PEF (pulsed electric fields) 脉冲电场

PEMBA (polymyxin pyruvate egg-yolk mannitol bromothymol blue agar) 多粘菌素-丙酮酸盐-卵黄-甘露醇-溴百里酚蓝琼脂

PEN (Project on Emerging Nanotechnologies) 新兴纳米技术项目

PET (polyethylene terephthalate) 聚对苯二甲酸乙二醇酯

PFA (Prevention of Food Adulteration Act) 防止食品掺假法案

PFAC (Pure Food Advisory Committee) 纯净食品咨询委员会

PFGE (pulsed field gel electrophoresis) 脉冲场凝胶电泳

PhIP (2 - amino - 1 - methyl - 6 - phenylimidazo [4,5 - *b*] pyridine) 2 -氨基-1 -甲基- 6 -苯基咪唑[4,5 - b]吡啶

PLA (polylactic acid) 聚乳酸

PMMA (polymethyl metracrylate) 聚甲基丙烯酸甲酯

PMP (poly(4 - methyl - 1 - pentene)) 聚(4 -甲基- 1 -戊烯)

PO (performance objective) 执行目标

POPs (persistent organic pollutants) 持久性有机污染物

PP (polypropylene) 聚丙烯

ppb (parts per billion (1 in $10^9$)) 十亿分之一浓度

PPCPs (pharmaceuticals and personal care products) 药品和个人护理产品

ppm (parts per million (1 in $10^6$)) 百万分之一浓度

ppt (parts per trillion (1 in $10^{12}$)) 万亿分之一浓度

PRC (People's Republic of China) 中华人民共和国

PRPs (prerequisite programs) 前提方案

PS (polystyrene) 聚苯乙烯

PTDI (provisional tolerable daily intake) 暂定日耐受摄入量

PTH (parathyroid hormone) 甲状旁腺激素

PTI (provisional tolerable intake) 暂定耐受摄入量

PTMI (provisional tolerable monthly intake) 暂定月耐受摄入量

PTWI (provisional tolerable weekly intake) 暂定周耐受摄入量

PVA (polyvinyl alcohol) 聚乙烯醇

PVC (polyvinyl chloride) 聚氯乙烯

PVDC (polyvinylidene chloride) 聚偏二氯乙烯

QM (Quantity in Material (limit on the residual quantity of a substance left in the finished material expressed in mg/kg) (EU and MERCOSUR (=LC, Límite de Composición, *Spanish*))) 在材料或制品中"残留"物质量允许的最大值(表示为 mg/kg)(欧盟和南方共同市场采用 LC 来表示)

QM(T) (group concentration limit (limit on the residual quantity left in the finished material expressed as total of moiety or substance(s) indicated, in mg/kg)(EU and MERCOSUR (=LC(T), Límite de Composición grupal, *Spanish*) 在材料或制品中"残留"物质量允许的最大值,以总数的二分之一表

达或物质的简要说明(表示为 mg/kg)(欧盟和南方共同市场采用 LC(T)来表示)

QMA (Quantity in Material per surface Area (limit on the residual quantity of a substance left in the finished material expressed as mg per 6 $dm^2$ of the surface in contact with the food) (EU and MERCOSUR (= LCA, Límite de Composición por Area de superficie de contacto, *Spanish*))) 在材料或制品的成品中"残留"物质量允许的最大值(表示为 mg/$dm^2$ 接触食品的表面积)(欧盟和南方共同市场采用 LCA 来表示)

QMA(T) (group concentration limit (limit on the residual quantity left in the finished material expressed as mg of total of moiety or substance(s) indicated per $dm^2$ of the surface in contact with the food) (EU and MERCOSUR (= LCA(T), Límite de) Composición grupal por Area de superficie de contacto, *Spanish*))) 在材料或制品的成品中"残留"物质量允许的最大值,以总数的二分之一表达或物质的简要说明(表示为 mg/$dm^2$ 接触食品的表面积)(欧盟和南方共同市场采用 LCA(T)来表示)

QMRA (Quantitative Microbiological Risk Assessment) 微生物定量风险评估

R&D (research and development) 研究和开发

RAPD (Randomly Amplified Polymorphic DNA) DNA 随机扩增多态性

RASFF (Rapid Alert System for Food and Feed) (欧盟)食品和饲料快速预警系统

RD (reference drying) 参考干燥法

RDAs (recommended daily allowances (*also* recommended dietary allowances)) 每日推荐摄入量 (又名推荐膳食摄入量)

RDIs (reference daily intakes (*also* recommended daily intakes)) 参考日摄入量(又名建议日摄入量)

RF (Russian Federation) 俄罗斯联邦

RFLP (restriction fragment length polymorphism) 限制性片段长度多态性

RIA (radioimmunoassay) 放射免疫试验

RIVM (National Institute for Public Health and the Environment (Rijksinstituut voor Volksgezondheid en Milieu, *Dutch*)) (荷兰)国家公共卫生与环境研究所

RNA (ribonucleic Acid) 核糖核酸

ROS (reactive oxygen species) 活性氧簇

RPHA (reverse passive haemagglutination) 反向被动血凝试验
RPLA (reverse passive latex agglutination) 反向被动乳胶凝集试验
rRNA (ribosomal ribonucleic acid) 核糖体核糖核酸
RTE (ready-to-eat) 即食食品
RTQ (real-time quantitative) 实时定量
S/M (ratio (contact surface area of FCM/mass of foodstuff or simulant) 接触食品面积与食品(模拟物)质量之比
SABS (South African Bureau of Standards) 南非标准局
SAIC (State Administration for Industry and Commerce) 国家工商行政管理总局
SAIF (surface adhesion immunofluorescence) 表面黏附免疫荧光试验
SARS (severe acute respiratory syndrome) 严重急性呼吸综合征
SCENIHR (Scientific Committee on Emerging and Newly Identified Health Risks) 欧洲新兴及新鉴定健康风险科学委员会
SCGE (single cell gel electrophoresis) 单细胞凝胶电泳
SEM (semicarbazide) 氨基脲
SF (sampling frequency) 采样频次
SFDA (Saudi Food and Drug Authority) 沙特食品药品管理局
SFDA (State Food and Drug Administration) 国家食品药品监督管理局
SGT 3 (MERCOSUR Working Sub-Group 3 (Sub-Grupo de Trabajo 3, *Spanish*)) 南方共同市场第3特别工作小组
SIG (special interest group) 专门兴趣小组
SML (Specific Migration Limit (expressed in mg/kg)(EU and MERCOSUR (= LME, Límite de Migración Especifica, *Spanish*))) 在食物或模拟食物中特定迁移极限(单位 mg/kg)(欧盟和南方共同市场采用 LME 表示)
SML(T) (Group Migration Limit (expressed as total of moiety or substance(s) indicated, in mg/kg) (EU and MERCOSUR (= LME (T), Límite de Migración grupal, *Spanish*))) 在食物或模拟食物中特定迁移极限,以总数的二分之一表达或物质的简要说明(单位 mg/kg)(欧盟和南方共同市场采用 LME(T)表示)
SPC (standard plate count) 标准平板计数法
SPM (scanning probe microscopy) 扫描探针显微术
S-PMF (soft palm mid-fraction) 软棕榈油中间分提物

SPS (Sanitary and Phytosanitary Measures) 动植物卫生检疫协定

SULs (safe upper limits) 安全上限

SULT (sulfotransferase) 磺基转移酶

SVRs (surface-to-volume ratios) 表面与体积比

T-2 (T-2 toxin) T-2毒素(一种单端孢霉烯族毒素)

TAA (total antioxidant activity) 总抗氧化活性

TB (tuberculosis) 肺结核

TBS (Tanzania Bureau of Standards) 坦桑尼亚标准局

TBT (Technical Barriers to Trade) 技术性贸易壁垒

TC (Technical Committee) 技术委员会

TCDD (2,3,7,8-tetrachlorodibenzo-para-dioxin) 2,3,7,8-四氯二苯并二噁英

TDI (tolerable daily intake) 日耐受摄入量

TD-NMR (time-domain nuclear magnetic resonance) 时域核磁共振

TEQ (toxic equivalent) 毒力当量

TFA (trans fatty acids) 反式脂肪酸

TFDA (Tanzania Food and Drugs Authority) 坦桑尼亚食品药品管理局

TFS (Tin-Free Steel *also see* ECCS) 无锡钢(参见 ECCS)

TIE (toxicologically insignificant exposure) 毒理学非显著性暴露

TMI (tolerable monthly intake) 月耐受摄入量

TNase (thermostable (heat-resistant) nuclease) 耐热核酸酶

TNC (transnational corporation) 跨国公司

TOR (threshold of regulation) 规定阈值

TP (total polyphenol) 总多酚

TRF (total reduction factor) 总折减系数

TRIPS (Trade-Related Aspects of Intellectual Property Rights) 与贸易有关的知识产权协议

Trp-P-1 (3-amino-1,4-dimethyl-5H-pyrido [4,3-*b*]indole) 3-氨基-1,4-二甲基-5H-吡啶[4,3-b]吲哚

Trp-P-2 (3-amino-1-methyl-5H-pyrido [4,3-*b*]indole) 3-氨基-1-甲基-5H-吡啶[4,3-b]吲哚

TTC (threshold of toxicological concern) 毒理学关注阈值

TTMRA (Trans-Tasman Mutual Recognition Arrangement) 跨塔斯曼海相+

互承认协定
UAE（United Arab Emirates） 阿拉伯联合酋长国
UBSL（Universally Banned Substances List） 全球禁用物质清单
UDPGT（UDP-glucuronosyl transferase） 尿苷二磷酸-葡萄糖醛酸转移酶
UF（uncertainty factor） 不确定系数
UGT（glucuronosyltransferase） 葡萄糖醛酸转移酶
UK（United Kingdom） 英国
UN（United Nations） 联合国
UNECA（United Nations Economic Commission for Africa） 联合国非洲经济委员会
UNFPA（United Nations Population Fund（*formerly* United Nations Fund for Population Activities）） 联合国人口基金(旧称联合国人口活动基金)
UNIDO（United Nations Industrial Development Organization） 联合国工业发展组织
UNWTO（United Nations World Tourism Organization） 世界旅游组织
URAA（Uruguay Round Agreement on Agriculture） 乌拉圭回合农业协定
US RDAs（US Recommended Daily Allowances） 美国推荐日摄入量
US/USA（United States（of America）） 美国
USC（United States Code） 美国法典
USDA（United States Department of Agriculture） 美国农业部
UV（ultraviolet） 紫外线
UVB（ultraviolet B） 紫外线 B
UVM（University of Vermont） 佛蒙特大学
VCM（vinyl chloride monomer） 氯乙烯单体
WC（water content） 水分含量
WEF（World Economic Forum） 世界经济论坛
WFS（World Food Summit） 世界粮食首脑会议
WG（Working Group） 工作组
WHO（World Health Organization） 世界卫生组织
WTO（World Trade Organization） 世界贸易组织

# 作者名单及单位

第 1 章　*Julie Larson Bricher*　美国,伊利诺伊州,国家食品安全与技术中心,伊利诺伊州研究所,国际食品微生物专业委员会

第 2 章　*Bernd M. J. van der Meulen*　荷兰,瓦赫宁根大学

第 3 章　*Christine E. Boisrobert*　美国,德克萨斯州,休斯敦,法国液化空气公司

*Larry Keener*　美国华盛顿州西雅图市国际产品安全顾问

*Huub L. M. Lelieveld*　荷兰,弗拉尔丁恩,前联合利华研发部

第 4 章　国际食品微生物专业委员会

第 5 章　*Pamela L. Coleman and Anthony J. Fontana*　美国 IL Silliker 有限公司

第 6 章　*Heinz-Dieter Isengard*　德国,斯图加特,霍恩海姆大学,食品科学与生物技术研究所

第 7 章　*Firouz Darroudi, Axelle Wuillot, Thibaut Dubois*　荷兰,莱顿,荷兰莱顿大学医学中心,遗传毒理学系

*Veronika Ehrlich, Siegfried Knasmüller*　奥地利,维也纳,维也纳医科大学医学系,癌症研究所

*Volker Merch-Sundermann*　德国,弗莱堡,弗莱堡大学医学中心,环境健康科学系

第 8 章　*Larry Keener*　美国,华盛顿州,西雅图市,国际产品安全顾问

第 9 章　*Mandyam C. Varadaraj*　印度迈索尔中心食品技术研究所人力资源开发部

第 10 章　*Cynthia M. Stewart* Silliker　美国依利诺伊州南荷兰食品科学中心

*Frank F. Busta*　美国,明尼苏达,美国明尼苏达大学

第 11 章　*Jaap C. Hanekamp*　荷兰,米德尔堡,罗斯福研究院,荷兰,特梅尔,HAN 研究中心

*Jan H. J. M. Kwakman*　海鲜进口商和处理联盟董事长

第 12 章　*Rebeca López-García*　墨西哥，墨西哥城，劳格瑞国际食品科学咨询中心

第 13 章　*Kalapanda M. Appaiah*　印度，迈索尔，食品科技研究中心，食品安全与质量控制实验室

第 14 章　*Gisela Kopper*　哥斯达黎加，圣何塞，哥斯达黎加大学

*Alejandro Ariosti* INTI　阿根廷，布宜诺斯艾利斯，(国家工业技术协会)塑料中心

第 15 章　*Syed S. H. Rizvi*，*Carmen I. Moraru*　美国，纽约，伊萨卡，康奈尔大学，食品科学专业

*Hans Bouwmeester* RIKILT　荷兰，瓦赫宁根，瓦赫宁根大学，食品安全研究所

*Frans W. H. Kampers*　荷兰，瓦赫宁根，瓦赫宁根大学

第 16 章　*Gustavo V. Barbosa-Canovas*，*Daniela Bermudez-Aguirre*　美国，华盛顿州，普尔曼，华盛顿州立大学，食品非热处理研究中心

第 17 章　*Adelia C. Bovell-Benjamin*，*Elaine Bromfield*　美国，亚拉巴马州，塔斯基吉，塔斯基吉大学，食品和营养科学系

第 18 章　*Japp C. Hanekamp*　荷兰，米德尔堡，罗斯福学院，荷兰，祖特尔梅尔，Han -研究所

*Bert Schwitters*　荷兰，国际营养公司

第 19 章　*V. Prakash*　印度，迈索尔，食品工艺技术研究中心

*Martinus A. J. S. van Boekel*　荷兰，瓦赫宁根，瓦赫宁根大学研究中心，产品设计和技术管理组

第 20 章　*John G. Surak*　美国南卡罗来那州克莱姆森大学，及其同事

第 21 章　*Yeon Kim*　韩国，首尔，韩国食品与药品监督局，营养与功能性食品局，营养与功能性食品部

*Oran Kwon*　韩国，首尔，梨花女子大学，营养科学与食品管理部

*Sangsuk Oh*　韩国，首尔，梨花女子大学，食品科学与工程部

第 22 章　*Adelia C. Bovell-Benjamin*　美国，亚拉巴马州，塔斯基吉市，塔斯基吉大学食品与营养科学系

第 23 章　*Lauren S. Jackson*　美国，食品安全和技术国家中心，美国食品药品管理局

*Fadwa Al-Taher*　美国，食品安全和技术国家中心，伊利诺理工大学

第 24 章 *Elizabeth A. Szabo*, *Edward Jansson*, *David Miles* 澳大利亚,新南威尔士,新南威尔士州食品局

*Tracy Hambridge*, *Glenn Stanley*, *Janis Baines*, *Paul Brent* 澳大利亚,堪培拉,澳大利亚新西兰食品标准局

附加材料

摘要 1 *Cristina McLaughlin*, *Peter Vardon*, *Clark Nardinelli* 美国,马里兰州,食品安全和应用营养学中心,美国食品药品监督管理局

摘要 2 *Larry Keener* 美国,华盛顿州,西雅图,国际产品安全咨询公司

摘要 3 *Alain Maquet* 比利时,加尔,参考材料和测量研究所,DG 联合研究中心,欧洲委员会